普通高等教育“十二五”规划教材
食品科学与工程系列教材

食品微生物学

主　编　殷文政　樊明涛
副主编　朱丽霞　刘　慧　段　艳　赵春燕

科学出版社
北　京

内 容 简 介

本教材在食品微生物学基本知识和进一步深化的基础上，结合近年来食品微生物学的发展动态，融入并强化了一些新的知识点，其中包括微生物与食源性疾病、微生物与食品安全、微生物生长模型与安全预警技术等内容。本教材着眼于国内外食品微生物学的研究与发展现状，不但对食品生产中的微生物予以较多关注，而且对涉及食品安全方面微生物问题的阐述较目前同类教材更为系统全面。

本教材可供高等院校食品科学与工程、食品质量与安全、酿酒工程、包装工程、生物工程、生物技术、营养与食品卫生及相关专业的广大师生参考，对于相关专业的科技人员及相关生产领域的专业人员也具有参考价值。

图书在版编目（CIP）数据

食品微生物学/殷文政，樊明涛主编. —北京：科学出版社，2015.2（2021.1 重印）

普通高等教育“十二五”规划教材

ISBN 978-7-03-043104-2

Ⅰ. ①食… Ⅱ. ①殷… ②樊… Ⅲ. ①食品微生物–微生物学–高等学校–教材 Ⅳ. ①TS201.3

中国版本图书馆 CIP 数据核字（2015）第 022510 号

责任编辑：杨 岭 刘 琳 / 责任校对：宋玲玲

责任印制：余少力 / 封面设计：墨创文化

科学出版社出版

北京东黄城根北街 16 号

邮政编码：100717

http：//www.sciencep.com

成都锦瑞印刷有限责任公司 印刷

科学出版社发行 各地新华书店经销

*

2015 年 2 月第 一 版 开本：787×1092 1/16

2021 年 1 月第十次印刷 印张：26

字数：600 000

定价：50.00 元

（如有印装质量问题，我社负责调换）

《食品微生物学》编委会名单

主　编： 殷文政　（内蒙古农业大学）

樊明涛　（西北农林科技大学）

副主编： 朱丽霞　（塔里木大学）

刘　慧　（北京农学院）

段　艳　（内蒙古农业大学）

赵春燕　（沈阳工学院）

编　委：（以姓氏拼音为序）

白丽娟　（辽宁医学院）

丹　彤　（内蒙古农业大学）

郭东起　（塔里木大学）

侯小歌　（周口师范学院）

李丽杰　（内蒙古农业大学）

刘　芳　（四川大学华西第二医院）

谢远红　（北京农学院）

于庆华　（内蒙古财经大学）

赵　勤　（四川农业大学）

朱传合　（山东农业大学）

序

食品微生物学是研究与食品有关的微生物及其与食品关系的一门科学，由医学、农业、工业微生物学中与食品生产相关的部分相互融合而成。它包括的内容主要有：微生物学的基础知识；有益微生物在食品加工过程中的应用；有害微生物在食品加工、贮藏等过程的预防、控制和消除；主要的微生物检验技术及微生物与食品安全的关系等。

随着微生物学及生命科学的迅速发展，食品微生物学也从中获得了许多新的知识和新的技术，并应用这些新知识和新技术来生产更多富有营养和安全的食品，如生物工程技术已广泛地应用于食品贮藏、加工及食品安全检测等方面，并已获得了许多成果。食品中的微生物可以通过它的发酵作用，生产出各种饮料、酒、醋、酱油、味精、酸奶、馒头和面包等发酵食品；可以引起食品的腐败与变质；还可以引起食源性疾病，包括引起人的食物中毒和使人、动植物感染而发生传染病。

《食品微生物学》是一部关于食品微生物学基本理论及微生物在食品行业中应用的实用技能型教材，简单介绍了食品微生物学的发展历史和研究内容，详述了食品微生物的形态、培养、遗传变异及在食品加工、保藏等领域的应用。主要包括食品微生物的形态，微生物的培养，微生物菌种的选育和保藏，微生物与食品变质，微生物与食品保藏，微生物在食品发酵工业中的应用，微生物检验技术与食品安全控制等内容。

教材的核心部分，即基本理论、基本知识和基本技能，集中反映在理论与实践（应用）两个侧面，具有新的内涵，编者以21世纪的眼光审视和更新内容，使之与整个生命科学的发展息息相通，同时，注意与本学科发展前沿相衔接，使学生了解食品微生物学的昨天、今天和明天，掌握当今食品微生物学研究的热点和争论的问题，进而促进开拓与创新。在内容的取舍与编排方面，重点突出，层次分明，尽量体现以新成果并以成熟的内容替代陈旧的内容。选择有代表性的内容进行阐述，对微生物的应用与控制，微生物与食品生产、食品安全的关系进行了详细描述。明确了食品微生物学的理论和技术作为食品科学领域的重要基础和作用。食品微生物学本身又有其自身的特殊性，它是实践性很强的学科，可以推动生物学科更快发展。教材内容丰富，理论联系实际，注重与实践相结合，尤其是对微生物应用、微生物与食品安全及微生物与食源性疾病等内容进行了合理的融合和表述。有利于学生对内容的理解和掌握，培养学生分析问题与解决问题的能力。该教材可作为食品相关专业学生学习用书，也可供相关科技人员参考。

浙江大学

2014年9月于杭州

前　言

食品微生物学是研究与食品有关的微生物的特性、微生物与食品的相互关系及其生态条件的科学。内容主要包括：微生物学的基础知识，微生物在食品加工过程中的应用，有害微生物在食品加工、贮藏等过程中的预防和消除等。随着生物科学的迅速发展，食品微生物学也从中获得了许多新的知识和新的技术，并应用这些新知识和新技术来生产更多富有营养和安全的食品。例如，生物工程技术已广泛地应用于食品贮藏、加工及食品安全检测方面，并取得了许多成果。生物制造业和食品安全科学已进入一个全新的时期，因此食品微生物学的研究也将进入一个新时代，这对教材编写工作提出了更高的要求。本教材编委由不同院校的 10 多位专家组成，每位专家所编写的部分均为各自所熟悉的教学和科研内容，涉及面广，融合了本学科研究的新理论和新技术，使学生便于了解学科的前沿发展。

本教材编写集中体现了以下特点。

1. 在内容的编排方面，重点突出；参考文献新而广。同时要求每位编写人员都要结合自己的教学科研成果编写，尽量把学科前沿知识编入教材。

2. 在编写形式方面，力求便于学生掌握知识和提高自学能力，每章结尾附有少而精的思考题，以方便学生巩固所学知识，举一反三，活学活用。

3. 食品微生物学是一门应用性很强的专业基础课，在编写内容上考虑了本课程的特点，尽量做到理论与生产实践相结合、图文并茂，以培养学生学习兴趣。

本教材编写人员的分工为：第 1 章由朱丽霞编写，第 2 章由殷文政、于庆华编写，第 3 章由樊明涛编写，第 4 章由刘慧编写，第 5 章由赵春燕编写，第 6 章由郭东起编写，第 7 章由丹彤编写，第 8 章由段艳编写，第 9 章由李丽杰编写，第 10 章由朱传合编写，第 11 章由侯小歌、谢远红编写，第 12 章由赵春燕、段艳编写，第 13 章由赵勤、李丽杰编写，第 14 章由赵勤编写，第 15 章由朱丽霞、白丽娟编写。内蒙古农业大学食品科学与工程学院硕士韩磊、李佳、黎杰、万海霞、王美仁、王东玉、杨帆和殷鹏等参与了全书统稿和校对工作，参与统稿工作的还有内蒙古财经大学的于庆华老师和四川大学的刘芳老师，在此一并致谢。同时也对科学出版社的大力支持表示感谢。

由于编者水平有限，不足之处在所难免，希望广大读者和同行专家提出宝贵意见。

编　者

2013 年 12 月 30 日

目　　录

第1章 绪　论

概述

当你清晨起床后，呼吸着清新的空气，一边喝着可口的酸奶，一边品尝着美味的面包或馒头，这时你正在享受着微生物给你带来的恩惠；当你因为吃了不洁的食物而躺在病床上经受病痛的折磨时，你正在承受着食源性有害微生物对你身体的侵害。微生物是一把十分锋利的双刃剑，在食品行业，小到涉及每家每户的日常饮食，大到营业额上万亿元的食品工业，都离不开微生物的作用。同时，有害微生物对食品的侵染是食品安全的巨大挑战，甚至有时威胁到人类的生存。

食品微生物学主要研究与食品生产、食品安全有关的微生物的特性，研究如何更好地利用有益微生物为人类生产各种各样的食品及改善食品质量，防止有害微生物引起食品腐败变质、食物中毒，并不断开发新的食品微生物资源。

食品微生物学是一个令人着迷与兴奋的领域，研究它们既充满挑战又充满乐趣。在学习中，食品微生物远非微小生物的认识，它需要更加严谨的思考、更加新颖的研究方法、更加大胆的怀疑态度。学生需要不断地强化学习技能和创新思维方式，以便能够解决明天出现的新问题。

1.1　微生物及其特点

微生物是指一类肉眼看不见的，必须借助于显微镜，放大数十倍、数百倍甚至数千倍才能观察到的，有一定的结构和形态并能在适宜环境中生长繁殖的细小生物。微生物是一大群种类各异、独立生活的生物体。这些微小的生物包括无细胞结构不能独立生活的病毒、亚病毒（类病毒、拟病毒、朊病毒），原核细胞结构的真细菌、古细菌和有真核细胞结构的真菌（酵母、霉菌等），有的也把藻类、原生动物包括在其中。在以上这些微生物群中，大多数是肉眼看不见的，如病毒等生物体，即使在普通光学显微镜下也不能看到，必须在电镜下才能观察到；有的微生物尤其是真菌、大型食用真菌，毫无疑问是可见的。近年来，德国科学家在纳米比亚海岸的海底沉积物中发现的硫细菌（sulfur bacterium）被命名为 *Thiomargarita namibiensis*，即纳米比亚珍珠硫细菌，是一种可见的细菌（大小为 0.1～0.3mm，有些可达 0.75mm）。以上足以说明“微生物”是一个微观世界里生物体的总称，它们的数量众多，达天文数字，种类繁杂，只真菌就可达 7 万种。

微生物和动植物一样具有生物最基本的特征即新陈代谢，有生命周期，还有其自身的特点。

1.1.1　种类多、分布广

据统计，已发现的微生物种类达 10 万种以上，广泛分布于自然界中。按其结构、组成等分为三大类。

1）非细胞型微生物：体积极微小，能通过滤菌器，只能在活细胞内生长繁殖，病毒就属于这一类。

2）原核细胞型微生物：仅有原始的核，无核膜和核仁，缺乏完整的细胞器，如细菌、衣原体、支原体、立克次氏体、螺旋体和放线菌。

3）真核细胞型微生物：细胞核的分化程度较高，有核膜、核仁和染色体，细胞内有完整的细胞器，真菌和微细藻类即为真核细胞型微生物。

微生物在自然界的分布是极其广泛的，上至几万米的高空，下至数千米的深海；高达 90℃的温泉，冷至−80℃的南极；盐湖、沙漠、人体内外、动植物组织、化脓的伤口等都有微生物的足迹，真可谓无孔不入。凡是有高等生物存在的地方，就有微生物的存在，甚至没有高等生物的地方，也有微生物的存在。微生物之所以分布广，与其本身小而轻是密切相关的。衡量微生物个体的大小，通常以微米（μm）为单位，例如，大肠杆菌的大小为（0.4～0.7）μm×（1.0～4.0）μm。从质量上来讲，细菌的质量一般只有 1×10^{-10}～1×10^{-9}mg，也就是说，大约 10 亿个细菌才有 1mg 重。病毒就更小了。

微生物虽然分布广泛，但其分布密度是不一样的，它随着外界环境条件的不同而不同。一般来说，外界环境条件适宜，即有机物质丰富的地方，微生物的种类和数量就多。一个感冒患者，打一个喷嚏就含有 1500 万左右个病毒。土壤更是微生物的大本营，在 1g 肥沃的土壤里，含有几十亿个微生物。相反，如果在营养缺乏、条件恶劣的地方，微生物的种类和数量就大大减少了。

1.1.2　繁殖速度快

繁殖快是微生物最重要的特点之一。因为单个细胞的生命周期是有限的，不会保持很长时间，所以微生物很快就会发展成为一个种群。

以细菌为例，通常 20～30min 即可分裂 1 次，繁殖 1 代，其数目比原来增加 1 倍。如果 20min 分裂 1 次，而且每个克隆子细胞都具有同样的繁殖能力，那么 1h 后就是 2^3 个，2h 后就是 2^6 个，24h 后就是 2^{72} 个，即由一个原始亲本变成了 2^{72} 个细菌。

普通的大肠杆菌在牛乳组成的基质中，如果给其提供最适的培养条件，那么菌体繁殖一代仅需 12.5min。以此速度计算，在理想条件下，一个大肠杆菌细胞一昼夜就能繁殖 115 代，数量可增殖到 4.15×10^{34} 个，干菌体质量可达约 10^{16}t（通常每克干的细菌菌体约 4.5×10^{12} 个）。按每 10^9 个细菌重 1mg 计，2^{72} 个细菌的质量超过 4722t。

当然这种惊人的增殖速度在现实中是无法实现的。只在细菌的生长对数期才有如此的增殖速度。这种高增殖速度可为人类所利用。例如，以石油为原料，通过微生物发酵生产蛋白质，8～12h 收获 1 次。获得同等数量的蛋白质，利用微生物合成的速度比利用植物合成要快500倍，比利用动物合成要快2000倍。有人计算，如果每日能生产4500t酵母，其所含蛋白质就相当于10 000头牛。也可利用酵母生产乙醇，例如，用1kg酵母菌可在24h内发酵消耗几千克糖，生成乙醇；也可利用乳酸菌生产乳酸，每个细胞生产的乳酸是其体重的10^3～10^4倍。

在遗传学的研究上，选用微生物作为实验材料，可大大缩短研究周期。但微生物繁殖速度快这一特性给动植物疫病的防治，食品的防腐、保鲜等方面带来了巨大的挑战。

由于微生物个体结构简单、繁殖快，因此，容易受到环境条件变化的影响，发生遗传变异。据统计，细菌自发突变的频率为10^{-10}～10^{-8}。人为地利用各种物理、化学诱变因子处理微生物，可以促进其发生变异，提高变异率。微生物容易变异的特性虽然为选用优良菌种提供了方便，但也给优良菌种的保藏带来了困难。

微生物具有强大的分解能力和细胞物质合成能力，可以在简单的营养基质中生长，除了少数特殊类型外，大多数微生物很容易在人为提供的环境中进行人工培养。因此，可以利用微生物的这一特性来生产人们所需的物质。

1.1.3 代谢旺盛

微生物虽然个体很小，但“胃口”却很大，能“吃”会“拉”，代谢能力非常强，素有“小型化工厂”之称。从单位质量来看，微生物的代谢强度比高等动物大几千到几万倍。例如，1kg酒精酵母1d内能消耗掉几千克糖，转变成乙醇。从工业生产的角度来看，微生物能够将基质较多地转变为有用的产品。例如，用乳酸菌生产乳酸，每个细胞（菌体）可以产生其菌体质量10^3～10^4倍的乳酸。

代谢旺盛的另一个表现形式就是微生物的代谢类型非常多，而且有些是动植物不具有的，如生物固氮作用等。

在生产实践中，应用微生物的这个特点，不但可以获得种类繁多的发酵产品，而且可以找到比较简单的生产工艺。在理论研究上，可以更好地揭示生命的本质。但是，在食品卫生方面，在食品遇到腐败微生物的发酵过程中发生了污染，微生物代谢越旺盛，则污染就越严重。如果病原微生物在人和动物体内代谢旺盛的话，将会引发各种传染性疾病。

1.1.4 适应性强、易变异

微生物对外界环境条件具有很强的适应能力，有些微生物在其身体外面形成保护层，以提高自己对外界环境的抵抗力。微生物有极其灵活的适应性，这是高等动植物所无法比拟的。

微生物的个体一般都是单细胞、简单多细胞或非细胞的。它们通常都是单倍体，加之它们具有繁殖快、数量多和与外界直接接触等特点，即使其变异频率十分低，也可以在较短时间内产生大量后代。最常见的变异形式是基因突变，涉及许多方面，包括形态结构、代谢途径、生理类型，以及代谢产物的质和量等的变异。在生产实践中，常利用这个特点来保藏菌种和诱变育种。例如，人们常常利用物理或化学的因素迫使微生物诱变，从而改变它的遗传性质和代谢途径，使其适应新的人为的环境条件，以满足人类生产生活的需要。

1.1.5　食谱杂、易培养

微生物利用物质的能力很强，例如，蛋白质、糖类及无机盐、纤维素、石油、塑料等。另外，有一些对动植物有毒的物质，例如，氰、酚、聚氯联苯等，也有一些微生物能对付它们。

容易培养。由于微生物的食谱较杂，它们对营养的要求一般不高，培养基原料来源广泛，因而容易培养。许多不易被人和动植物所利用的农副产品、工厂下脚料，如麸皮、酒糟、酱渣等都可以用来培养微生物。从效益角度来讲，不仅解决了微生物培养的原料问题，还为工农业生产中的废料处理找到了出路，做到了综合利用，变废为宝，大大提高了经济效益。另外，大多数微生物反应条件温和，一般能在常温常压下生长繁殖，进行各种新陈代谢和生命活动，不需要复杂昂贵的设备。除此之外，微生物培养不受季节、气候的影响，因而，可以长年累月地进行工业化生产。

总而言之，微生物的这些特点使其在生物界中占据了特殊的地位。它们不但被广泛地用于生产实践，而且已成为进行生命科学研究的理想材料，从而推动和加快了生命科学研究的发展进程。特别是在当今的新技术浪潮中，微生物学作为理论基础更加受到人们的重视，新的成果不断涌现，微生物工程也作为生物工程的突破口而得到迅速发展。

1.2　微生物与人类的关系

虽然微生物的个体小到肉眼难以分辨的程度，但它们在自然界中扮演的角色却是举足轻重的。微生物在自然界中所起的最重要的作用是其分解功能，它们分解生物圈内存在的动物、植物和微生物残体等复杂有机物质，并最后将其转化成最简单的无机物，供植物等其他生物利用。

微生物参与所有物质的循环。微生物也是自然界生态系统中化合物的初级生产者。有些微生物可像植物一样，直接利用太阳能作为能源，将简单的无机物合成有机化合物；也有些微生物以无机物氧化产生的化学能作为能量来源，以无机物为原料合成有机化合物。微生物的这一特性使人类有可能摆脱土地资源的束缚，实现可持续发展。微生物通过感染植物与动物，以控制它们的群体增长水平。

微生物对人类生活的有益影响在食品方面尤为突出。例如，人们日常生活中需要的味精、酱油、醋等调味品均是微生物发酵的产物；白酒、啤酒、葡萄酒等酒类及有些饮料也是微生物发酵的产物；面团经微生物生长产气，可制成松软可口的馒头或面包。近年来，利用微生物生产活性多糖、功能性低聚糖等被广泛关注，这些产品对改善人类生活质量、提高人们的健康水平等有非常重要的作用。大型真菌如各种蘑菇、木耳、银耳，具有药用价值的灵芝、冬虫夏草也都是微生物，为人类高档保健食品。微生物对人体健康至关重要。

在工业方面，利用微生物发酵可生产各种有机酸、维生素、酶制剂等重要的食品添加剂，各类抗生素及多种工业有机合成所需的原料。

在农业方面，利用微生物的固氮作用可产生农作物生长所需的含氮化合物，利用微生物产生的生物农药可防治农业害虫，避免了生产、使用化肥、农药造成的环境污染，是农业可持续发展的重要保证。利用这些微生物防治农林害虫，可以减少农药的使用量，减轻对环境的污染。

水域污染治理的生物学的处理方法具有经济方便、效果好的突出优点，被广泛应用。有些微生物能将水中的含碳有机物分解成二氧化碳等气体；将含氮有机物分解成氨、硝酸等物质；将汞、砷等对人体有毒的重金属盐在水体中进行转化，以便回收或除去。利用一些微生物将农作物的秸秆及人、畜粪便等有机物进行发酵，获得沼气。

微生物在食品、工业产品等上面的生长将导致它们品质的变化，甚至使它们失去使用价值，从而给人类的生命财产造成巨大的损失。但随着科学的发展和人们认识的进一步深入，微生物对人类社会的危害作用将会越来越小。

1.3　微生物学的发展简史

自古以来，人类在日常生活和生产实践中，已经觉察到微生物的生命活动及其所发生的作用。

因为微生物很小，构造又简单，所以人们容易充分认识它，并将其发展成为一门学科。与其他学科比起来，微生物学的发展还是很晚的，是从有显微镜开始的。微生物学发展经历了 3 个时期：形态学时期、生理学时期和现代微生物学的发展。

1.3.1　形态学时期

17 世纪，荷兰人列文虎克（Antony van Leeuwenhoek，1632～1723 年）用自制的简单显微镜（可放大 160～260 倍）观察牙垢、雨水、井水和植物浸液后，发现其中有许多运动着的“微小动物”，并用文字和图画科学地记载了人类最早看见的“微小动物”——细菌的不同形态（球状、杆状和螺旋状等）。1695 年，列文虎克把自己积累的大量结果汇集在《安东·列文虎克所发现的自然界秘密》一书里。他的发现和描述首次揭示了一个崭新的生物世界——微生物世界，这在微生物学的发展史上具有划时代的意义。过了不久，意大利植物学家米凯利（Mikkeli）也用简单的显微镜观察了真菌的形态。

1838 年，德国动物学家埃伦贝格（Ehrenberg）在《纤毛虫是真正的有机体》一书中，把纤毛虫纲分为 22 科，其中包括 3 个细菌的科（他将细菌看作动物），并且创用细菌一词。1854 年，德国植物学家科恩发现杆状细菌的芽胞，他将细菌归属于植物界，确定了此后百年间细菌的分类地位。在列文虎克发现微生物世界以后的 200 年间，微生物学的研究基本上停留在形态描述和分类阶段。

1.3.2　生理学时期

微生物学的发展从 19 世纪 60 年代开始进入生理学阶段。19 世纪中叶，以法国的巴斯德（Louis Pasteur，1822～1895年）和德国的柯赫（Robert Koch，1843～1910年）为代表的科学家才将微生物的研究从形态描述推进到生理学研究阶段，揭示了微生物是造成腐败发酵和人、畜疾病的原因，并建立了分离、培养、接种和灭菌等一系列独特的微生物技术。从而奠定了微生物学的基础，同时开辟了免疫医学和工业微生物学等分支学科。巴斯德和柯赫是微生物学的奠基人。

巴斯德对微生物学的贡献主要有以下几点。①论证了酒和醋的酿造，以及一些物质的腐败都是由一定种类的微生物引起的发酵过程，并不是发酵或腐败产生微生物；②认为发酵是微生物在没有空气的环境中的呼吸作用，而酒的变质则是有害微生物生长的结果；③进一步证明了不同微生物种类各有独特的代谢机能，各自需要不同的生活条件并产生不同的作用；④提出了防止酒变质的加热灭菌法，后来被称为巴氏消毒法，使用这一方法可使新生产的葡萄酒和啤酒长期保存。后来，巴斯德开始研究人、禽、畜的传染病（如狂犬病、炭疽病、鸡霍乱等），创立了病原微生物是传染病因的正确理论，以及应用菌苗接种预防传染病的方法。巴斯德在微生物学各方面的科学研究成果，促进了医学、发酵工业和农业的发展。巴斯德对微生物生理学的研究为现代微生物学奠定了基础。

与巴斯德同时代的德国微生物学家柯赫对新兴的医学微生物学做出了巨大贡献。柯赫首先论证了炭疽杆菌是炭疽病的病原菌，接着又发现了结核病和霍乱的病原细菌，并提倡采用消毒和杀菌方法防止这些疾病的传播。同时提出证明某种微生物是否为某种疾病病原体的基本原则——柯赫法则。由于柯赫在病原菌研究方面的开创性工作，19世纪70年代至20世纪20年代成了发现病原菌的黄金时代，所发现的各种病原微生物不下百种，其中还包括植物病原菌。随后，他的学生也陆续发现白喉、肺炎、破伤风、鼠疫等的病原细菌，引起了当时和以后数十年间人们对细菌的高度重视。

柯赫除了在病原菌方面取得了伟大成就外，他在微生物基本操作技术方面的贡献更是为微生物学的发展奠定了技术基础。他首创了细菌的染色方法和用固体培养基分离纯化微生物的技术。细菌着色法、分离纯化技术和配制培养基技术是进行微生物研究的基本方法和技术，一直沿用至今，尤其是后两项技术不但是具有微生物研究特色的重要技术，而且为当今动植物细胞的培养做出了十分重要的贡献。巴斯德和柯赫的杰出工作，使微生物学作为一门独立的学科开始形成。

1860年，英国外科医生李斯特应用药物杀菌，并创立了无菌的外科手术操作方法。1901年，著名细菌学家和动物学家梅契尼科夫发现了白细胞吞噬细菌的作用，对免疫学的发展做出了贡献。

微生物学家维诺格拉茨基于1887年发现硫磺细菌，1890年发现硝化细菌，他论证了土壤中硫化作用和硝化作用的微生物学过程，以及这些细菌的化能营养特性。他最先发现嫌气性的自生固氮细菌，并运用无机培养基、选择性培养基及富集培养等原理和方法，研究土壤细菌各个生理类群的生命活动，揭示了土壤微生物参与土壤物质转化的各种作用，为土壤微生物学的发展奠定了基础。

1892年，俄国植物生理学家伊万诺夫斯基发现烟草花叶病原体是比细菌还小的、能通过细菌过滤器的、光学显微镜不能窥测的生物，称为过滤性病毒。1897年，德国学者毕希纳发现酵母菌的无细胞提取液能与酵母一样具有发酵糖液产生乙醇的作用，从而认识了酵母菌乙醇发酵的酶促过程，将微生物生命活动与酶化学结合起来。

20世纪以来，生物化学和生物物理学向微生物学渗透，再加上电子显微镜的发明和同位素示踪原子的应用，推动了微生物学向生物化学阶段的发展。1915～1917年，特沃特和埃雷尔观察细菌菌落上出现噬菌斑及培养液中的溶菌现象，发现了细菌病毒——噬菌体。病毒的发现使人们对生物的概念从细胞形态扩大到了非细胞形态。

诺伊贝格等对酵母菌生理的研究和对乙醇发酵中间产物的分析，克勒伊沃对微生物代谢的研究及他所开拓的比较生物化学的研究方向，其他许多人以大肠杆菌为材料所进行的一系列基本生理和代谢途径的研究，都阐明了生物体的代谢规律和控制其代谢的基本原理，并且在控制微生物代谢的基础上扩大利用微生物，发展酶学，推动了生物化学的发展。

从20世纪30年代起，人们利用微生物进行乙醇、丙酮、丁醇、甘油、各种有机酸、氨基酸、蛋白质、油脂等的工业化生产。

1.3.3 现代微生物学的发展及其前景

20世纪上半叶微生物学事业欣欣向荣。微生物学沿着两个方向发展，即应用微生物学和基础微生物学。

20世纪80年代以来，现代微生物学在分子水平上对微生物的研究迅速发展，分子微生物学应运而生。经历约150年成长起来的微生物学，在21世纪将在分子层面形成统一的生物学理论，其中两个活跃的前沿领域将是分子微生物遗传学和分子微生物生态学。

微生物产业在21世纪将呈现全新的局面。微生物从发现到现在短短的300年间，特别是20世纪中叶以来，已在人类的生活和生产实践中得到广泛的应用，并形成了继动物、植物两大生物产业后的第三大产业。这是以微生物的代谢产物和菌体本身为生产对象的生物产业，所用的微生物主要是从自然界筛选或选育的自然菌种。21世纪，微生物产业除了更广泛地利用和挖掘不同生境（包括极端环境）的自然微生物外，通过基因工程将形成一批强大的工业生产菌，生产外源基因表达的产物，特别是药物的生产将出现前所未有的新局面，结合基因组学在药物设计上的新策略将出现以核酸（DNA或RNA）为靶标的新药物（如反义寡核苷酸、肽核酸、DNA疫苗等）的大量生产，人类将完全征服癌症、艾滋病及其他疾病。此外，微生物工业将生产各种各样的新产品，例如，降解性塑料、DNA芯片、生物能源等。在21世纪将出现一批崭新的微生物工业，为全世界的经济和社会发展做出更大的贡献。

在微生物学的发展过程中，按照研究内容和目的的不同，相继建立了许多分支学科：研究微生物基本性状的有关基础理论的有微生物形态学、微生物分类学、微生物生理学、微生物遗传学和微生物生态学；研究微生物各个类群的有细菌学、真菌学、藻类学、原生动物学、病毒学等；研究在实践中应用微生物的有医学微生物学、工业微生物学、农业微生物学、食品微生物学、乳品微生物学、石油微生物学、土壤微生物学、海洋微生物学、饲料微生物学、环境微生物学、免疫学等。

由于微生物学各分支学科相互配合、互相促进，以及与生物化学、生物物理学、分子生物学等学科的相互渗透，其在基础理论研究和实际应用两方面都有了迅速的发展。

1.3.4 食品微生物学发展的大事记

有关食品微生物学在不同时期的发展、食品的保藏、食品的腐败、食源性感染和食物中毒等重大事件见表 1-1。

表 1-1　食品微生物学发展的大事记

时间	事件
4000 年 B.C.	通过发酵法生产人类食物
1659 年	Kircher 证实了牛乳中含有细菌
1680 年	列文虎克发现了酵母细胞
1780 年	Scheele 发现酸乳中主要酸是乳酸；1782 年，瑞典化学家开始使用罐贮的醋
1813 年	Donkin Hall 和 Gamble 对罐藏食品采用后续工艺保温技术，认为可使用 SO_2 作为肉的防腐剂
1820 年	德国诗人 Justinus Kemer 描述了香肠中毒（可能是肉毒梭菌中毒）
1839 年	Kircher 研究发黏的甜菜汁，发现了可在蔗糖液中生长并使其发黏的微生物
1843 年	I. Winslow 首次使用蒸汽杀菌
1853 年	R. Chevallier-Appert 食品的高压灭菌获得专利
1857 年	巴斯德证明乳酸发酵是微生物引起的；在英国 Penrith，W. Taylor 指出牛乳是伤寒热传播的媒介
1860 年	巴斯德发现乙醇发酵酵母菌的作用
1861 年	巴斯德用曲颈瓶实验，证明微生物非自然发生，推翻了“自然发生说”
1864 年	巴斯德创建了巴氏灭菌法
1867～1868 年	巴斯德研究了葡萄酒的难题，并采用加热去除不良微生物的方法进入工业化实践
1867～1877 年	柯赫证明了炭疽病由炭疽杆菌引起
1873 年	Gayon 首次发表由微生物引起鸡蛋变质的研究，李斯特第一个在纯培养中分离出乳酸乳球菌
1874 年	在海上运输肉过程中首次广泛使用冰
1876 年	发现腐败物质中的细菌总是可以从空气、物质或容器中检测到
1878 年	首次对糖的黏液进行微生物学研究，并从中分离出肠膜明串球菌
1880 年	在德国开始对乳制品采用巴氏灭菌法
1881 年	柯赫等首创明胶固体培养基分离细菌，巴斯德制备了炭疽杆菌疫苗
1882 年	柯赫发现结核分枝杆菌，从而获得诺贝尔生理学或医学奖，Krukowisch 首次提出臭氧对腐败菌具有毁灭性作用
1884 年	梅契尼科夫阐明吞噬作用，柯赫发明了细菌染色和细菌的鞭毛染色

续表

时间	事件
1885年	巴斯德研究狂犬疫苗成功，开创了免疫学
1888年	Miguel 首先研究嗜热细菌；Gaertner 首先从57人食物中毒的肉食中分离出肠炎沙门氏菌
1890年	美国对牛乳采用工业化巴氏杀菌工艺
1894年	Russell 首次对罐贮食品进行细菌学研究
1895年	荷兰的 von Geuns 首先进行牛乳中细菌的计数工作
1896年	van Remenegem 首先发现了肉毒梭状芽胞杆菌，并于1904年鉴定出A型和E型肉毒梭状芽胞杆菌
1897年	Bucher 用无细胞存在的酵母菌抽提液对葡萄糖进行乙醇发酵成功
1901年	E. von Ehrlich（GR）发现白喉抗毒素
1902年	提出嗜冷菌概念，0℃条件下生长的微生物
1906年	确认了蜡样芽胞杆菌食物中毒
1907年	F. Metchnikoff 及合作者分离并命名保加利亚乳杆菌；B.T.P. Barker 提出苹果酒生产中产乙酸菌的作用
1908年	P. Ehrlich（GR）、E. Metchnikoff（R）提出了免疫工作
1908年	美国官方批准苯甲酸钠作为某些食品的防腐剂
1912年	嗜高渗微生物，描述高渗环境下的酵母菌的特性
1915年	B.W. Hammer 从凝固牛乳中分离出凝结芽胞杆菌
1917年	P.J. Donk 从奶油状的玉米中分离出嗜热脂肪芽胞杆菌
1919年	J. Bordet（B）发现免疫性
1920年	Bigelow 和 Esty 发表了关于芽胞在100℃条件下耐热性的系统研究。Bigelow、Bohart、Richardson Ball 提出计算热处理的一般方法，1923年 C.O. Ball 简化了这个方法
1922年	Esty 和 Meyer 提出肉毒梭状芽胞杆菌的芽胞在磷酸缓冲液中的 Z 值为10℃
1926年	Linden、Tumer 和 Thom 提出了首例链球菌引起的食物中毒
1928年	在欧洲首次采用气调方法贮藏苹果
1929年	Fleming 发现青霉素
1938年	找到弯曲菌肠炎暴发的原因是食用了变质的牛乳
1939年	Schleifstein 和 Coleman 确认了小肠结肠炎耶尔森氏菌引起的胃肠炎
1943年	美国的 B.E. Proctor 首次采用离子辐射保存汉堡肉
1945年	Mcclung 首次证实食物中毒中产气荚膜梭菌的病原机制
1951年	日本 T. Fujino（J）提出副溶血性弧菌是引起食物中毒的原因
1952年	Hershey 和 Chase 发现噬菌体将 DNA 注入宿主细胞；Lederberg 发明了影印培养法
1954年	乳酸链球菌肽在乳酪加工中控制梭状芽胞杆菌腐败的技术在英国获得专利
1955年	山梨酸被批准作为食品添加剂
1959年	Rodney Porter 发现免疫球蛋白结构
1960年	F.M. Bumet（Au）、P.B. Medawar（GB）发现对于组织移植的获得性免疫耐受性
1960年	Moller 和 Scheible 鉴定出F型肉毒梭状芽胞杆菌：首次报告黄曲霉产生黄曲霉毒素

续表

时间	事件
1969 年	Edeman 测定了抗体蛋白分子的一级结构；确定产气梭状芽胞杆菌的肠毒素，Gimenez 和 Ciccarelli 首次分离到 G 型肉毒梭状芽胞杆菌
1971 年	美国马里兰州首次暴发食品介导的副溶血弧性胃肠炎，第　次暴发食物传播的大肠杆菌性胃肠炎
1972 年	G. Edelman（US）研究抗体结构
1973 年	Ames 建立细菌测定法检测致癌物
1975 年	Kohler 和 Milstein 建立生产单克隆抗体技术；L.R. Koupal 和 R.H. Deible 证实沙门氏菌肠毒素
1976 年	B. Blumberg（US）、D.C. Gajdusck（US）阐明乙型肝炎病毒的起源和传播的机制：进行慢病毒感染的研究
1977 年	Woese 提出古生菌是不同于细菌和真核生物的特殊类群；Sanger 首次对 ϕX174 噬菌体 DNA 进行了全序列分析
1977 年	R. Yalow（US）发现放射免疫试验技术
1978 年	澳大利亚首次出现 Norwalk 病毒引起食物传播的胃肠炎
1980 年	B. Benarcerraf（US）、G. SneU（US）、J. Dausaet（F）发现组织相容性抗原
1981 年	美国暴发了食物传播的李斯特病。1982～1983 年在英国发生食物传播的李斯特病
1982～1983 年	美国首次暴发食物介导的出血性结肠炎。Ruiz-Palacios 等描述了空肠弯曲杆菌肠毒素
1983～1984 年	Mullis 建立 PCR 技术
1984 年	C. Milstein（GB）、G.J.F. Kohler（Gr）、N.K. Jerne（D）建立单克隆抗体形成技术（Milstein 和 Kohler）；开展免疫学的理论工作（Jerne）
1985 年	在英国发现第一例疯牛病
1987 年	S. Tonegawa（J）发现抗体多样性产生的遗传原理
1988 年	在美国，乳酸链球菌肽被列为“一般公认安全”（GRAS）
1990 年	在美国对海鲜食品强调实施危害分析与关键控制点（HACCP）体系
1990 年	第一个超高压果酱食品在日本问世
1995 年	第一个独立生活的流感嗜血杆菌全基因组序列测定完成
1995 年	英国已证实有 10 万～15 万头疯牛病病例，而且蔓延到欧洲其他一些国家和日本
1996 年	第一个自养生活的古生菌基因组测序完成，詹姆氏甲烷球菌基因组测序工作完成
1996 年	大肠杆菌 O157：H7 在日本流行
1996 年	D.C. Doherty（Au）、R.M. Zinkernagel（Sw）发现 T 细胞识别病毒感染的细胞机制
1997 年	第一个真核生物酵母菌基因组测序完成，大肠杆菌基因组测序完成；发现纳米比亚珍珠硫细菌，这是已知的最大细菌
1997 年	S. Prusiner（US）发现朊病毒
1999 年	美国“超高压技术”在肉制品商业化应用
2000 年	发现霍乱弧菌有两个独立的染色体

从上述记录的微生物学发展历史事件中总结出了微生物学发展的两个黄金时代。第一个黄金时代是 19 世纪中期到 20 世纪初（1857～1914 年），微生物研究作为一门独立的学科已经形成，并因在传染病方面取得的巨大成就而迅速发展。此外，在微生物的纯

培养、分类等技术方面也获得重大突破，出现了微生物学发展的第一个黄金时代。这个时期的微生物学，进行着自身的独立发展，还未与当时生物学的主流相汇合。

第二个黄金时代是20世纪40年代到70年代末（1944～1977年），微生物学走出了独自发展，以应用为主的研究范围，与生物学发展的主流汇合、交叉，获得全面、深入的发展，形成了该领域的许多分支学科。生命科学由整体或细胞研究水平进入分子水平，取决于许多重大理论问题（遗传密码、基因概念、遗传的物质基础等）的突破，其中微生物学起了重要甚至关键的作用；微生物中的许多新发现（转化、转导、接合、操纵子模型、质粒、转座子、限制性内切核酸酶、反转录酶、三域学说等）不但使微生物学的理论和应用获得长足发展，而且极大地推动了现代生物学即分子生物学的建立和发展，为基因工程、重组 DNA 技术的建立做出了巨大贡献，可以说，分子生物学早期的建立和发展源于微生物，那时，任何想从事现代生物科学研究的人，无论是有意还是无意，都不得不成为微生物学家。微生物学再一次被推到了整个生命科学发展的前沿，形成了微生物学发展的第二个黄金时代。

20世纪70年代末到90年代初，微生物学的发展却处于低谷。微生物学本身的研究成果不突出，从微生物学教科书中，以表格形式列举的“微生物学发展中的一些重要事件”可看出，在1979～1995年这段时间，除了分离和鉴定了人免疫缺陷病毒这一项重大微生物成果外，几乎没有其他重要进展。在生命科学的发展中，似乎是处于一种尴尬的副手地位。

但近20年来，随着基因组学、结构生物学、生物信息学、PCR技术、高分辨率荧光显微镜及其他物理化学理论和技术等的应用，微生物学的研究取得了一系列突破性进展，揭示了许多令人惊奇的生命现象，从微观（细胞结构和功能、基因和基因组、生物大分子）到宏观（微生物生态、环境微生物学）研究微生物获得的成果，开始或正在改变许多传统的概念和观点；微生物学家开始从传统的实验室纯培养物的研究走向自然环境，研究自然环境（包括浩瀚海洋海底黑烟囱和沉积物及其他极端环境）中微生物的生理、遗传及其群体间的相互作用，使人们对微生物的生物多样性、巨大的生物量及其对整个地球物质循环重要性的理解翻开了新的一页。微生物学进入它的第三个黄金时代。

从近年来发表在国际权威杂志 *PNAS*、*Science*、*Nature*、*Molecular Microbiology* 等上的有关微生物学的文章来看，今后微生物学的发展将侧重于：微生物生态学、环境微生物、极端细菌和古菌、微生物细胞生物学、与人类健康和疾病相关等方面的研究。

1.3.5 我国微生物学的发展

我国是具有5000年文明史的古国。我国对微生物的认识和利用是最早的几个国家之一，特别是在酿制酒、酱油、醋等发酵食品方法及采用种痘、麦曲等方法进行防病治病方面具有卓越的贡献。

但将微生物作为一门科学进行研究，我国起步较晚。我国学者开始从事微生物学研究在20世纪初，那时一批到西方留学的我国科学家开始较系统地介绍微生物知识，从事微生物学研究。

我国科学家于20世纪30年代早期才开始进行酿酒微生物学的科学研究，在高校设立酿造科目和农产品制造系，以酿造为主要课程，创建了一批与应用微生物学有关的研究机构。其代表人物有陈驹声、魏岩寿、金培松、方心芳、朱宝镛等老一辈的科学家。他们为酿酒微生物学研究和人才培养做出了重大贡献。

陈驹声（1899～1992年）是我国最早的发酵工业专家之一。在微生物研究与应用方面做出了突出贡献：1932年开始从南京等地酒药中分离出15株酵母及数种曲霉，并对其进行形态和生理的研究；1934年从我国酒药中分离出一种根霉，试用阿明诺法发酵，效率达80%以上；同年又从湖南酒药中分离出一株发酵力较强的酒精酵母；1935年再从严州酒药中分离出一株根霉，其糖化力与德氏根霉相似；1940年开始研究以根霉酒母麸曲混合法制造乙醇，结果甚佳，发酵效率可达90%以上；1955年首先提出开展液体曲的研究，于1959年完成并在生产中应用。他对我国传统酱油酿造工艺改良做出了贡献。例如，他从酱油中分离出蛋白酶活性很强的米曲霉，用于制成纯种曲，酿造酱油成功，引起国内酿造界的重视，被认为是我国酱油改革的先声。

魏岩寿（1900～1973年）是我国微生物学先驱、我国第一代现代微生物学家。他长期研究我国传统发酵食品，特别在腐乳方面的研究取得了突出的成就。

魏岩寿的学生方心芳（1907～1992年）是我国现代工业微生物学开拓者和应用微生物学研究传统发酵食品的先驱者之一，著名工业微生物学家，在保藏菌种方面也做出了突出贡献。他选择的5株根霉在全国推广，为我国传统小曲改革提供了优良菌种并指明了方向。他领导了酵母菌分类、遗传育种，以及青霉、曲霉、根霉、乳酸菌、产乙酸菌等的分类研究，选育出了大批优良菌种应用于工业生产，还开展了丙酮丁醇、氨基酸、调味核苷酸发酵生产研究，创立了烷烃发酵生产长链二元酸的生产工艺。他在研制白酒新品种时采用了纯种发酵法，同时提出了茅台酒特有风味主要来自耐高温细菌的理论。20世纪70年代异地仿制茅台酒时，这一研究成果起了重要作用。

朱宝镛（1906～1995年）是我国发酵科学的著名教育家、科学家、著名的酿酒专家。由他经手，1950年在无锡江南大学创立我国第一个食品工业系，是江南大学食品专业的奠基人。1952年在南京工学院创建我国第一个发酵专业。

1910～1921年，伍连德用近代微生物学知识对鼠疫和霍乱病原进行探索和防治，在我国最早建立起卫生防疫机构，培养了第一支预防鼠疫的专业队伍，在当时这项工作居于国际先进地位。20世纪20～30年代，我国学者开始对医学微生物学有了较多的试验研究，其中汤飞凡等在医学细菌学、病毒学和免疫学等方面的某些领域做出过较高水平的成果，例如，沙眼病原体的分离和确认是具有国际领先水平的开创性工作。戴芳澜和俞大绂等是我国真菌学和植物病理学的奠基人；陈华癸和张宪武等对根瘤菌固氮作用的研究开创了我国农业微生物学；高尚荫创建了我国病毒学的基础理论研究和第一个微生物学专业。

总的来说，在新中国成立之前，我国微生物学的力量较弱且分散，未形成我国自己的队伍和研究体系，也没有我国自己的现代微生物工业。

新中国成立以后，微生物学在我国有了划时代的发展，一批主要进行微生物学研究的单位建立起来了，一些重点大学创设了微生物学专业，培养了一大批微生物学人才。现代化的发酵工业、抗生素工业、生物农药和菌肥工作已经形成一定的规模，特别是改革开放以来，我国微生物学在应用和基础理论研究方面都取得了重要的成果，例如，我国抗生素的总产量已跃居世界首位，我国的两步法生产维生素C的技术居世界先进水平。近年来，我国学者瞄准世界微生物学科发展前沿，进行微生物基因组学的研究，现已完成痘苗病毒天坛株的全基因组测序，最近又对我国的辛德毕斯毒株（变异株）进行了全基因组测序。1999年又启动了从我国云南省腾冲地区热海沸泉中分离得到的泉生热袍菌全基因组测序，目前取得可喜进展。我国微生物学进入了一个全面发展的新时期。但总体来说，我国的微生物学发展水平除个别领域或研究课题达到国际先进水平，为国外同行承认外，绝大多数领域与国外先进水平相比，尚有相当大的差距。因此，如何发挥我国传统应用微生物技术的优势，紧跟国际发展前沿，赶超世界先进水平，还需做出艰苦的努力。

1.4　食品微生物学及其研究的对象、内容与任务

1.4.1　食品微生物学定义

食品微生物学（food microbiology）是专门研究微生物与食品之间的相互关系的一门科学。它是微生物学的一个重要分支。它是一门综合性的学科，融合了普通微生物学、工业微生物学、医学微生物学、农业微生物学与食品相关的部分，同时又融合了生物化学、机械学和化学工程相关的内容。食品微生物学是食品科学与工程专业的专业基础课，学习这门课程的目的是为食品专业的学生打下牢固的微生物学基础和熟练的食品微生物学技能。

食品微生物学与微生物学的其他分支学科是互相渗透的。例如，食品微生物学离不开普通微生物学这一基础；食品的原料来源于农业，因而食品微生物学的研究必然包含部分农业微生物学的内容；食品的加工属工业范畴，因此它与工业微生物学有密切的联系；食品中包含一些可引起人类疾病的微生物类群及有毒的微生物代谢产物，其疾病传播方式、致病机制、预防措施等也是医学微生物学需要研究的内容。

1.4.2　食品微生物学的研究对象

食品微生物学的研究对象包括与食品生产、贮藏、流通、消费等环节相关的各类微生物，其中主要为细菌、放线菌、酵母菌、霉菌四大类微生物中的某些类群；病毒中的噬菌体在食品发酵生产中有很大的危害性，因而也是食品微生物学研究的范畴。随着现代食品科学的发展，食品研究的范畴不断被拓宽，食品微生物学研究的微生物类群也不断增多。例如，近年来人们发现疯牛病不但对英国及其他国家的牛饲养业造成灾难性的危害，而且可通过食品传播使人患病，从而引起世界各国对疯牛病的病原因子——朊病毒的高度关注；为了开发人类可持续发展的食品及营养物质资源，人们研究培养螺旋藻

等作为营养食品，其他能进行光合作用的藻类也逐渐成为食品微生物学研究的对象。

1.4.3　食品微生物学的研究内容

1）研究与食品有关的微生物的活动规律。

食品在生产、加工、贮存、运输、销售等各个环节中会涉及各种类型的微生物，它们在食品中存在的数量、类群及与食品品质和人类健康的关系与这些微生物本身的生理特性、遗传特性等因素有关，因此食品微生物学要对这些相关的微生物类群进行重点分析，研究它们的形态特征、生理特征、遗传特性及生态学特点。研究与食品相关的微生物的形态特征有助于人们识别它们，检验它们在食品中的存在状态和数量；微生物的生理特征、生态学和遗传学特性也是检测许多微生物类群的基础；同时，通过深入研究微生物的这些性质，对促进生产上应用的微生物按照人们的愿望进行生长、代谢，合成人类所需物质，以及抑制危害性微生物对食品品质的破坏和食源性微生物疾病的传播等都有重要的意义。

2）研究利用有益微生物为人类制造食品。

微生物在食品工业中的应用对食品的影响虽有有害的一面，但也有有益的一面。微生物细胞本身是良好的蛋白质资源，微生物是发酵食品生产的主角，微生物分解与合成代谢可生产各种人们生活所需的食品及食品添加剂，微生物的酶制剂是现代食品生产不可或缺的原料。由于微生物在食品工业中的应用大都牵涉复杂或独特的工艺，每一类通常都有专门的论著，因此，在食品微生物学中一般对此不进行详细的探讨，而是以提纲或综述的方式论述微生物在食品工业中的诸多应用。

3）研究如何控制有害微生物、防止食品发生腐败变质。

微生物在食品中生长繁殖不但会引起食品的腐败变质，而且可经食品传播疾病，危害人体的健康，如与食品相关的细菌性食物中毒、食源性传染病、真菌毒素中毒等。食品微生物学要研究引起食源性疾病的微生物的特性，生长、产毒的条件，致病的机制及预防措施。对于食品安全问题，过去的研究主要注重个体的防范，即从某一食品制作单位及消费者的角度进行预防。随着社会经济的发展、食品科学水平的提高及有关食品安全法律、法规的建立和健全，越来越多的国家要求各种食品从初级生产开始直到消费者食用的各个环节均设立关键控制点，防范可能出现影响食品安全的因素。因此，这一问题已经成为食品微生物学研究的重要内容之一。

防止食品腐败变质是人类自有食品生产以来一直追求的目标。由于微生物种类的多样性及食品类型、特性的丰富多彩，至今仍无普遍适用的食品防腐方法。许多可以抑制微生物生长的措施有些可能因为其毒性的问题不能在食品中应用，有些可能因为对食品的风味、特色有影响而使其应用范围受到限制。食品微生物学将对各种可以在食品中应用的防腐方法的特点、应用范围、影响因素等进行探讨，解决食品生产、贮藏、流通等环节中的食品防腐保鲜问题。

4）研究检测食品中微生物的方法，制定食品中微生物指标，从而为判断食品的卫生质量提供科学依据。

对食品中存在的微生物类群和数量的演变进行检验和监测是食品防腐保鲜的关键环节，也是确保食品安全性的重要手段。许多食品防腐方法往往对某一类微生物有效，或当食品中这类微生物处于某种生理状态、数量范围内时才有效；通过食品微生物检验，掌握准确的信息是最大限度发挥防腐措施的效能、降低对食品品质的影响及创造最高食品生产经济效益的保证。同样，要保证食品的安全性，避免食品污染致病性微生物及可以潜在产生有毒物质的微生物是最有效的方法，这些目标的实现也有赖于准确地应用微生物检验技术。

因此，食品微生物检验技术是食品微生物学的基础和重要组成部分，除了要研究传统的食品带菌量检测方法，还要根据微生物的形态、生理生化特性、免疫学特性、遗传学特性等探讨其直接或潜在的致病性及对食品品质的危害性；同时，检验技术的突破在很大程度上也促进了食品微生物学的发展。近年来，随着现代生物学、免疫学、酶学、电化学及电子技术的发展，为食品微生物检验技术的进步创造了非常有利的条件，检验技术正在朝着更准确、更快捷、更易操作的方向发展。

1.4.4 食品微生物学的研究任务

微生物在自然界广泛存在，在食品原料和大多数食品中都存在着微生物。但是，不同的食品或在不同的条件下，其微生物的种类、数量和作用也不相同。食品微生物学研究的内容包括与食品有关的微生物的特征、微生物与食品的相互关系及其生态条件等，因此从事食品科学的人员应该了解微生物与食品的关系。一般来说，微生物既可在食品制造中起有益作用，又可通过食品给人类带来危害。我国幅员辽阔，微生物资源丰富。开发微生物资源，并利用生物工程手段改造微生物菌种，使其更好地发挥有益作用，为人类提供更多更好的食品，是食品微生物学的重要任务之一。

（1）有益微生物在食品制造中的应用

以微生物供应或制造食品，这并不是新的概念。早在古代，人们就采食野生菌类，利用微生物酿酒、制酱。但当时并不知道微生物的作用。随着对微生物与食品关系的认识日益深刻，逐步阐明了微生物的种类及其机制，也逐步扩大了微生物在食品制造中的应用范围。概括起来，微生物在食品中的应用有4种方式。

1）微生物菌体的应用。食用菌就是受人们欢迎的食品；乳酸菌可用于蔬菜和乳类及其他多种食品的发酵，因此，人们在食用酸牛奶和酸泡菜时也食用了大量的乳酸菌；单细胞蛋白（SCP）就是从微生物体中所获得的蛋白质，也是人们对微生物菌体的利用。

2）微生物代谢产物的应用。人们食用的食品是经过微生物发酵作用的代谢产物，如酒类、食醋、氨基酸、有机酸、维生素等。

3）微生物酶的应用。如豆腐乳、酱油。酱类是利用微生物产生的酶将原料中的成分分解而制成的食品。微生物酶制剂在食品及其他工业中的应用日益广泛。

4）微生物风味物质。风味和芳香物质对于食品是非常重要的。目前大部分的风味化合物是通过化学合成或萃取的方法生产的。但消费者对向食品中添加化学制品越来越反感和抵制，这就使得人们产生了用生物法生产风味物质的强烈愿望，即生产所谓的天然或生物风味物质。目前植物是香精风味物质的主要来源。然而植物中的有效成分含量少，分离较困难，风味物质价格昂贵。因此，利用微生物发酵生产风味物质的方法，以及采用合适前体物质通过生物转化生产风味物质的方法应运而生，且前途广泛。

（2）有害微生物对食品的危害及防止

微生物引起的食品有害因素主要是食品的腐败变质，从而使食品的营养价值降低或完全丧失。有些微生物是使人类致病的病原菌，有的微生物可产生毒素。如果人们食用含有大量病原菌或含有毒素的食物，则可引起食物中毒，影响人体健康，甚至危及生命。因此食品微生物学工作者应该设法控制或消除微生物对人类的这些有害作用，采用现代的检测手段，对食品中的微生物进行检测，以保证食品安全性，这也是食品微生物学的任务之一。

总之，食品微生物学的任务在于，为人类提供既有益于健康，营养丰富，又保证生命安全的食品。

1.4.5　国内外食品微生物学的发展与展望

对食品微生物学的未来发展很难预测，但十分清楚的是人们对食品品质与安全性要求越来越高，人们对微生物的要求越来越高。

一些来自医学微生物学上的新型发明与发现一贯会以全新的理念移植于食品微生物而不断促使食品微生物学的发展，如微生物发酵和微生物快速检测技术。在我国 50 年的实践中，食品微生物学的发展体现了如下特点：病原菌的检测、鉴定技术由传统的微生物生化鉴定发展到生化、免疫、分子生物学与仪器自动化的多元技术；由检验送检或抽检的食品样品发展到全国范围食品中病原菌的主动监测、食品中分离株的耐药性、脉冲场凝胶电泳（PFGE）及指纹图谱等溯源技术研究；并紧跟国际热点，开展食品中重要微生物危害的危险性评估及生物标志物等研究。由此，可以说，发生在今天生物医学的热点有可能为食品微生物学明天发展的方向。

世界食物的供给中有 1/3 是由于腐败而损失掉的。随着人类寿命的增加及人口的膨胀，这些损失掉的食品显得十分重要。食品发酵作为低能耗食品加工的有效途径在食品保藏中将会显得越来越重要。微生物本身将会变为食物来源之一。细菌益生素有可能进入人们的菜谱而维持他们的健康，杀虫剂已经被克隆到植物中以杀死病原菌，抑菌基因有可能被克隆到食品杀灭腐败菌及食源性病菌。微生物中还有 99%的内容不为人类所知。

占世界人口 1/3 的人群由于担心食物的营养过剩而正在寻求更加安全健康的食品。做到食品零危险是不可能的，同时要做到接近零危险的安全食品，其成本代价将以指数形式增长。由此，问题出现了，什么样的食品安全可以被接受？什么时候社会才能对食物资源由安全忧虑转变为易得需求？超国界的国际贸易需要一个和谐一致的标准，但这些食物的全球性供给面临着新的巨大挑战，理想的是第一世界与第三世界应当遵循相近的卫生标准。但对无自来水、冰箱等基本卫生设施的地方群众，他们如何能达到这一标准？

在过去微生物发展的 300 年间，人类对微生物的研究似乎基于它们是彼此不来往的生物个体，现在知道它们之间通过化学和传感信号进行彼此对话。这些帮助微生物群体之间联系的信号决定了它们的行为方式（如对感染强度的影响）。如果细菌能够对话，它们在说什么?如果我们知道他们说什么，我们是否能够通过阻断、无其他生化噪声的干扰、消除这些信号而预防食品的腐败及食源性疾病的传播?这些微生物的基因库是什么？如何利用这些基因及其他的产品使得我们的食品品质更好、更安全?如何处理围绕基因工程引入食物的道义争论？

在食品微生物学中，将微生物科学应用和控制与期望能够有效联系起来的是以微生物生长为基础而建立起来的数学模型，即预测微生物学。随着技术的发展，将微生物生理与分子信息引入模型建立中，显得更加必要与重要。由此，预测微生物学不但在今后的食品微生物学中应用更加广泛，而且由食品微生物学扩及其他生态系统。

总之，随着微生物学发展的第三个黄金时代的到来，微生物学将全面发展，如基因组学研究全面展开，微生物生态学、环境微生物学、细胞卫生学等生物学长足发展，对微生物生命现象的特性与共性共同发掘，微生物与其他学科广泛交叉，食品微生物学将获得新的快速发展，食品微生物产业将出现崭新局面。

食品微生物学最令人激动的时代是不久的将来。那时同学们将会在微生物学上撰写人类辉煌历史篇章。为此需要准备，需要同学们掌握今天该领域的基础知识，学会如何批判而又具有创新性的思考，学会如何热爱这些虽小但无比聪明的微小生物。

思考题

1. 什么是微生物学？
2. 什么是食品微生物学？它与微生物学有什么相同与不同？
3. 你认为食品微生物学研究的重点领域应该包括哪些方面？
4. 讨论 3 件对今天食品微生物学仍有影响与作用的食品微生物学历史事件或发明创造。
5. 阐明微生物奠基人之一巴斯德的主要贡献。
6. 阐明微生物奠基人之一柯赫的主要贡献。
7. 列出你自己能想到的社会中所用的直接依赖于食品微生物学的活动及其事务。
8. 列出 2000 年至今在食品微生物学方面发生的大事，同时设想在未来 50 年的可能事件？

参考文献

陈向东，沈萍. 2010. 微生物学复兴的机遇、挑战和趋势. 微生物学报, 1: 1-6.
董明盛，贾英民. 2006. 食品微生物学. 北京：中国轻工业出版社.
樊明涛，雷晓凌，赵春燕. 2011. 食品微生物学. 郑州：郑州大学出版社.
何国庆，贾英民，丁立孝. 2009. 食品微生物学. 北京：中国农业大学出版社.
江汉湖. 食品微生物学. 2002. 北京：中国农业出版社.
李平兰. 2011. 食品微生物学教程. 北京：中国林业出版社.

Bradley P. 2008. Status of microbial modeling in food process models. Comprehensive Reviews In Food Science And Food Safety, 7(1): 137-143.

Newell DG, Koopmans M, Verhoef L, et al. 2011. Food-borne diseases-the challenges of 20 years ago still persist while new ones continue to emerge. International Journal of Food Microbiology, 145(2-3): 493.

Tom McMeekin, John Bowman, Olivia McQuestin, et al. 2008. The future of predictive microbiology: Strategic research, innovative applications and great expectations. International Journal of Food Microbiology, 128: 2-9.

第 2 章　原核细胞型微生物

概述

现代的生物学观点认为，整个生物界可以区分为细胞生物和非细胞生物两大类群。非细胞生物包括病毒和噬菌体，细胞生物包括一切具有细胞形态的生物，可以区分为原核生物和真核生物。根据 1978 年 R.H. Whittaker 和 L. Margulis 提出的三原界（Urkingdom）学说可将所有生物划分为三原界，即古细菌（Archaebacteria）原界、真细菌（Eubacteria）原界和真核生物（Eucaryotes）原界。1990 年，Woese 在大量基因研究的基础上，建议将三原界改为细菌（Bacteria）、古生菌（Archaea）和真核生物（Eucarya）3 个域，其中前两者属于原核生物。原核细胞型微生物主要包括细菌、放线菌、蓝细菌，以及形态结构比较特殊的立克次氏体、支原体、衣原体、螺旋体等。原核生物个体微小、形态简单，细胞结构复杂，具备进行独立生命活动的全部功能。原核生物与真核生物的比较见表 2-1。本章重点介绍细菌、古生菌和其他原核细胞型微生物。

表 2-1　原核生物和真核生物的区别

比较项目		原核生物	真核生物
细胞形态		细菌：单细胞。放线菌：菌丝体	酵母菌：单细胞。霉菌：菌丝体
细胞大小		较小（通常直径＜2μm）	较大（通常直径＞2μm）
细胞壁		多数为肽聚糖	葡聚糖、甘露聚糖、几丁质、纤维素
细胞膜中固醇		无（支原体例外）	有
细胞膜含呼吸或光合组分		有	无
细胞器		无	有
细胞核	结构	原核（拟核），无核膜和核仁	真核，有核膜和核仁
	DNA	核内只有一条不与组蛋白相合的DNA 构成的环状染色体	核内有一条至数条染色体，DNA 与组蛋白结合，形成复合体
	组蛋白	少	有
	有丝分裂	无	有
	减数分裂	无	有
生理特征	氧化磷酸化部位	细胞膜	线粒体
	光合磷酸化部位	细胞膜	叶绿体
	生物固氮能力	有些有	无
	化能合成作用	有	无
	营养类型	细菌：自养型、异养型	酵母菌：异养型，未见自养型
	呼吸类型	专性好氧、兼性厌氧、专性厌氧	好氧、兼性厌氧，未见专性厌氧
		放线菌：多数异养型，少数自养型	霉菌：异养型，未见自养型
		多数好氧，少数厌氧或微好氧	专性好氧，未见专性厌氧
	生长 pH	中性或微碱性	偏酸性

续表

比较项目		原核生物	真核生物
细胞质	线粒体	无	有
	内质网	无	有
	溶酶体	无	有
	叶绿体	无	有
	真液泡	无	有
	高尔基体	无	有
	微管系统	无	有
	流动性	无	有
	核糖体	在细胞质中，沉降系数为 70S	细胞质中，沉降系数为 80S，线粒体和叶绿体中沉降系数为 70S
	间体	部分有	无
	贮藏物	聚β-羟基丁酸（PHB）等	淀粉、糖原等
基因组		一个环状染色体（不具有核膜）和质粒	一个环状染色体（具有核膜）和质粒
鞭毛结构		简单、细	复杂、粗（为 9+2 型结构）
鞭毛运动方式		旋转马达式	挥鞭式
遗传重组方式		传导、转化、接合、原生体融合等	有性杂交、准性杂交、原生质体融合等
繁殖方式		一般为无性繁殖（二等分裂）	无性繁殖和有性繁殖，方式多种

2.1 细菌

2.1.1 细菌个体形态和大小

2.1.1.1 细菌个体形态

细菌是单细胞原核生物，即细菌的个体是由一个原核细胞组成，虽然细菌的个体只是一个细胞，但是它们的形态并不相同。细菌具有 3 种基本形态：球状、杆状和螺旋状，分别称为球菌、杆菌和螺旋菌。

1. 球菌

球形或近似球形的细菌。有的单独存在，有的连在一起。球菌分裂之后产生新的细胞，常保持一定的排列方式，这种排列方式在分类学上很重要，可分为以下几种。

（1）单球菌

分裂后的细胞分散而单独存在的为单球菌，如尿素微球菌（*Micrococcus ureae*）。

（2）双球菌

分裂后两个球菌成对排列，如肺炎双球菌（*Diplococcus pneumoniae*）。

（3）四联球菌

沿两个相垂直的平面分裂，分裂后每 4 个细胞在一起呈田字形，称四联球菌，如四联微球菌（*Micrococcus tetragenus*）。

（4）八叠球菌

按3个互相垂直的平面进行分裂后，每8个球菌在一起呈立方形，如尿素八叠球菌（*Sarcina ureae*）。

（5）链球菌

分裂过程沿一个平面进行，分裂后细胞排列成链状，如乳链球菌（*Streptococcus lactis*）。

（6）葡萄球菌

分裂面不规则，多个球菌聚在一起，像一串串葡萄，如金黄色葡萄球菌（*Staphylococcus aureus*）（图2-1）。

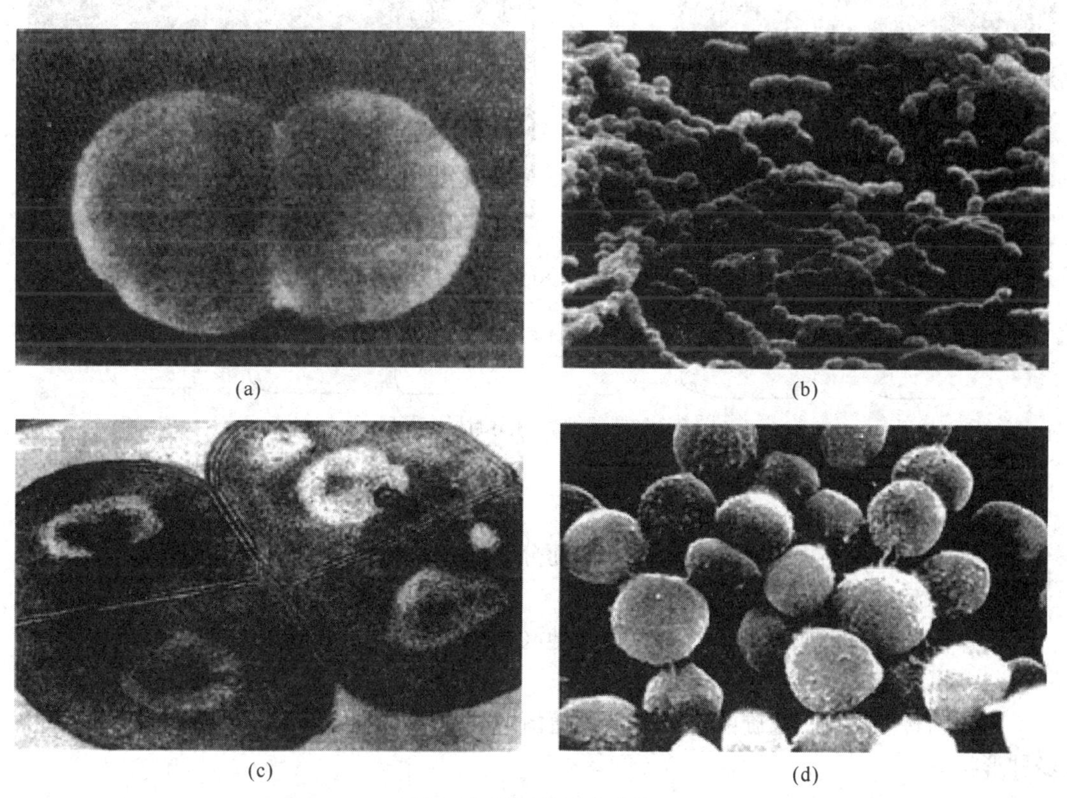

图2-1 球菌的形态结构

（a）双球菌；（b）链球菌；（c）四联球菌；（d）葡萄球菌

2. 杆菌

杆菌是细菌中种类最多的类型，杆菌细胞是长形，其长度大于宽度，由于比例不同，杆菌的长短差别往往很大。长的杆菌呈圆柱形，有的甚至呈丝状，短的杆菌有时接近椭圆形，几乎和球菌一样，易与球菌混淆，称为短杆菌（图2-2）。杆菌的形态也依种的不同而有所差异，有的菌体呈纺锤状，有的杆菌有明显分支。杆菌的两端常呈各种不同的形状，有半圆形的、钝圆形的、平截的、略有尖的。杆菌两端的不同形状，常作为鉴别菌种的依据（图2-3）。有些杆菌一端膨大另一端细小，形如棒状的称为棒状杆菌，形如梭状的称为梭状杆菌。此外菌体排列的形式也有不同，排列成对的称双杆菌，形成链状的称链杆菌。还有些杆菌可以产生芽胞称为芽胞杆菌，而不产生芽胞的称为无芽胞杆菌。杆菌的形状与排列有一定的分类鉴定意义。工农业生产中用到的细菌大多数是杆菌，例如，用来生产淀粉酶与蛋白酶的枯草芽胞杆菌（*Bacillus subtilis*），生产谷氨酸的北京棒状杆菌（*Corynebacterium pekinense*），乳品工业中的保加利亚乳杆菌（*Lactobacillus bulgaricus*）等。

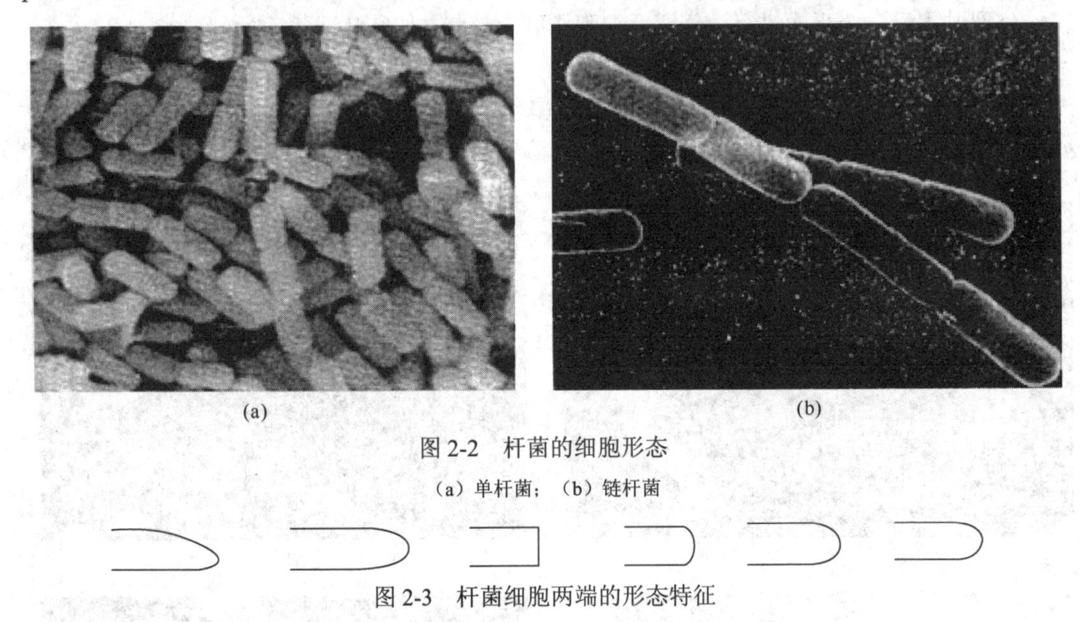

(a) (b)

图 2-2 杆菌的细胞形态

（a）单杆菌；（b）链杆菌

图 2-3 杆菌细胞两端的形态特征

3. 螺旋菌

细胞呈弯曲状，根据其弯曲程度不同而分为弧菌和螺旋菌。

（1）弧菌

菌体弯曲呈弧形或逗号形，如逗号弧菌（*Vibrio comma*）是霍乱病的病原菌。

（2）螺旋菌

菌体回转如螺旋，螺旋的多少及螺距随菌种不同而不同（图 2-4）。细分起来则有 30 多种形状。

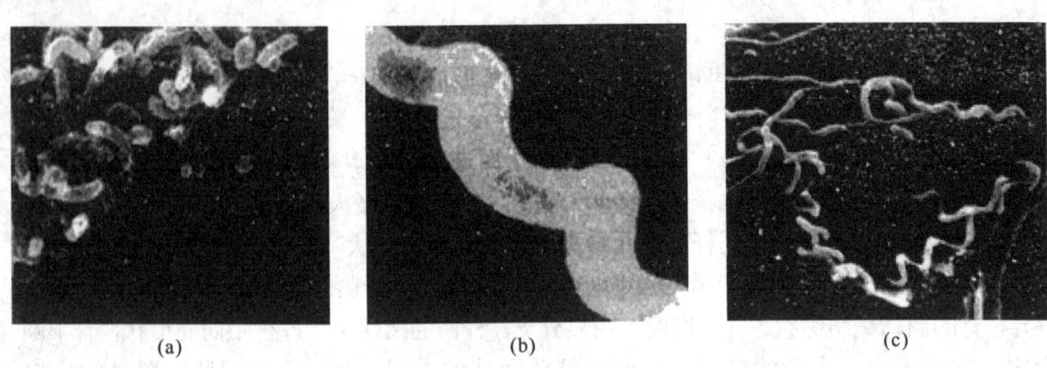

(a) (b) (c)

图 2-4 弧菌、螺旋菌和螺旋体的细胞形态

（a）弧菌（*Vibrio cholerae*，×4 800）；（b）螺菌（*Campylobacter jejunl*，×17 000）；

（c）螺旋体（*Treponema pallidum*，×4 000）

细菌的形态与环境因子有关，如培养温度、培养基的成分与浓度、培养的时间。各种细菌在幼龄时和适宜的环境条件下表现出正常形态，当培养条件变化或菌体变老时，常常引起形态的改变，尤其是杆菌。有时菌体显著伸长呈丝状、分枝状或膨大状，这种不整齐形态称为异常形态。异常形态中又依其生理机能的不同分为畸形和衰颓形两种。畸形就是由于化学或物理因素的刺激，阻碍细胞的发育引起形态的异常变化，如巴氏醋酸杆菌（*Acetobacter pasteurianus*）在正常情况下为短杆菌，由于培养温度改变而呈纺锤形、丝状和链锁状。衰颓形是由于培养时间过久，细胞衰老，养分缺乏或由于自身代谢产物积累过多等而引起的异常形态。此时细胞繁殖终止，形体膨大构成液泡，染色力弱，有时菌体虽然存在但实际上已死亡。例如，乳酪芽胞杆菌（*Bacillus casri*）在正常情况下培养为长杆菌，老熟时变成无繁殖力的分枝状的衰颓形，若再将它们转移到新鲜培养基上，并在合适的条件下生长，它们又将恢复其原来的形状。

2.1.1.2　细菌个体的大小

细菌个体一般都很小，必须借助光学显微镜才能观察到，因此测量细菌的大小通常要使用放在显微镜中的显微测微尺来测量。细菌的长度单位为微米（μm）。如果用电子显微镜观察细胞构造更小的微生物时，要用更小的单位纳米（nm）或埃（Å）来表示。

细菌细胞的大小也是细菌鉴定中必不可少的内容。球菌的大小以细胞的直径来表示，杆菌和螺旋菌则是用宽×长来表示，螺旋菌的长度是以其自然弯曲状的长度来计算，而不是以其真正的长度计算的。它们都用微米（μm）作为量度单位，一般球菌的直径是 0.5～1.25μm，如金黄色葡萄球菌（*Staphylococcus aureus*）为 0.8～1.0μm。杆菌的宽度一般为 0.2～1.25μm，长度为 0.3～8.0μm，如大肠杆菌的大小为（0.4～0.7）μm×（1.0～4.0）μm，螺旋菌为（0.3～1.0）μm×（1.0～5.0）μm。

由于细菌个体大小有很大差异，以及所用固定和染色方法的不同，测量结果可能不一致。一般在干燥与固定过程中，细菌明显收缩，测量结果往往只能得到近似值。有关细菌大小的记载常常是平均值或代表值。

影响细菌形态变化的因素同样也影响细菌个体的大小，除少数例外。一般幼龄的菌体比成熟的或老龄的菌体大得多，但宽度变化不明显。细菌细胞大小还可能与代谢产物的积累或培养基中渗透压增加有关。

2.1.1.3　细菌的群体形态

细菌形体微小，肉眼看不见，但在营养基质中，细菌局限在一处大量繁殖，形成群体的团块则是肉眼可见的。这种细胞团块的形态也有一定的稳定性和专一性，称为群体形态，也称培养性状。认识群体形态，除鉴定的需要外，对检查菌种纯度、辨认菌种等也都是很重要的。

2.1.2　细菌的细胞结构

细菌细胞的结构包括基本结构和特殊结构，其基本结构包括细胞壁、细胞膜、细胞质和细胞核。有些细菌还有荚膜、芽胞、鞭毛及纤毛等特殊结构（图 2-5）。基本结构是任何一种细菌都具有的，而特殊结构只限于某些种类的细菌才有，是细菌分类鉴定的重要依据。

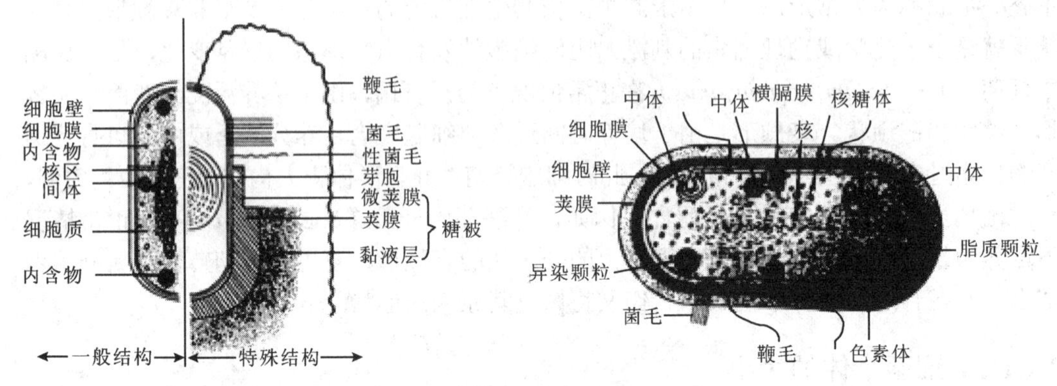

图 2-5　细菌细胞结构模式图

2.1.2.1　细菌细胞的基本结构

1. 细胞壁（cell wall）

细胞壁在细菌菌体的最外层，为坚韧、略具有弹性的结构，厚度均匀一致。细胞壁占细胞干重的 10%～20%。用染色法、质壁分离法在电镜下观察细菌的超薄切片或以溶菌酶水解细胞壁的方法，均可以证明细胞壁的存在。各种细菌细胞壁的厚度不等，一般为 10～80nm。

（1）细菌细胞壁的化学组成与结构

构成细菌细胞壁的主要成分为肽聚糖（peptidoglycan）。肽聚糖是由 *N*-乙酰葡糖胺（*N*-acetylglucosomine）、*N*-乙酰胞壁酸（*N*-acetylmuramic acid）及短肽聚合成多层网状结构的大分子化合物（图 2-6）。不同种类的细菌细胞壁中肽聚糖的结构与组成不完全相同。一般是由 *N*-乙酰葡糖胺与 *N*-乙酰胞壁酸重复交替链接构成骨架，短肽接在胞壁酸上，相邻的短肽通过一定的方式将肽聚糖亚单位交叉联结成重复结构。

此外，磷壁酸，又名垣酸，是大多数革兰氏阳性菌细胞壁中所特有的化学成分，是多元醇和磷酸的聚合物，能溶于水。在革兰氏阳性菌细胞壁中脂类含量低，一般为 1%～4%，而革兰氏阴性菌细胞壁中脂类含量高，一般可达 11%～22%。

以上是细菌细胞壁的化学组成。从细胞壁结构来看，革兰氏阴性菌比革兰氏阳性菌要复杂。革兰氏阳性菌和革兰氏阴性菌细胞壁的结构比较见图 2-7。

革兰氏阳性菌细胞超薄切片在电子显微镜下观察可见细胞壁为厚 20～80nm 的致密的肽聚糖层，最外边还有一层较厚（2～10nm）的外壁层（outer wall layer）。革兰氏阴性菌细胞壁中肽聚糖层比革兰氏阳性菌相应部分薄得多，而且内贴细胞质膜，不易与细胞质膜分离。细菌细胞壁的化学组成也与细菌的抗原性、致病性及对噬菌体的敏感性有关。

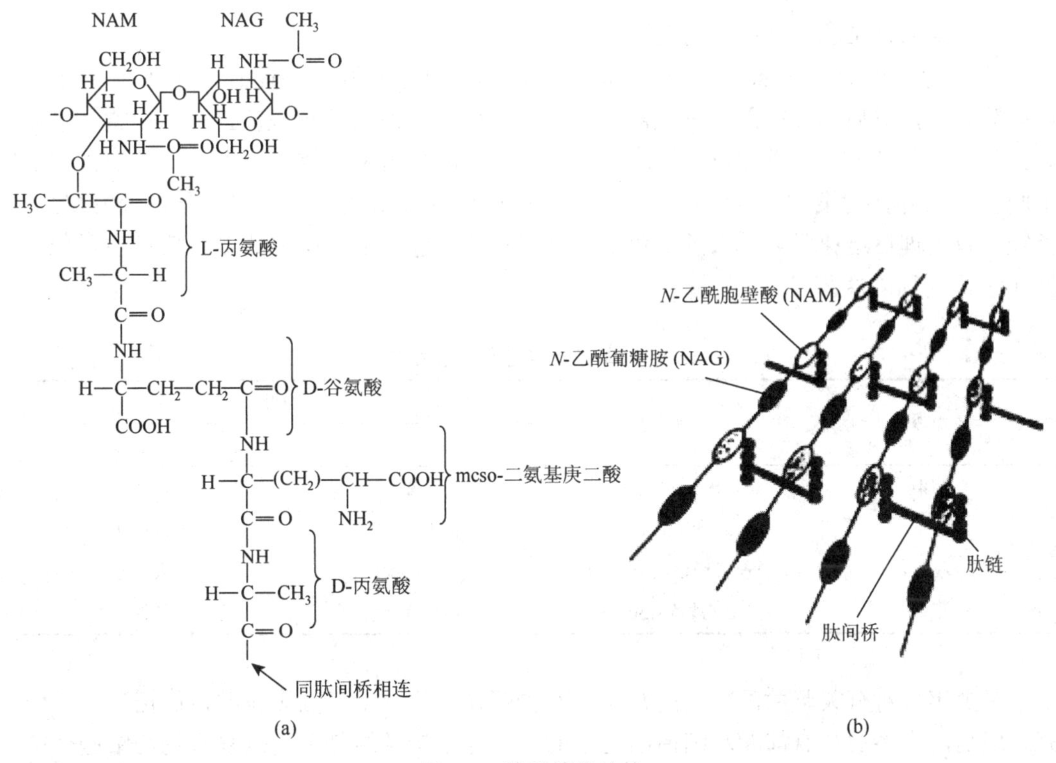

图 2-6　肽聚糖的结构

（a）肽聚糖亚单位；（b）肽聚糖各组分的交叉连接

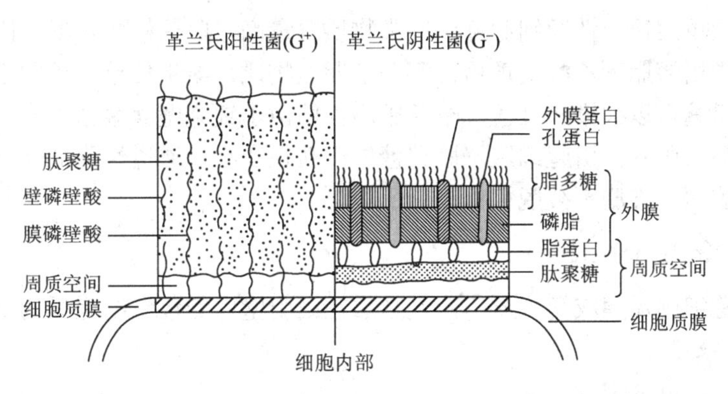

图 2-7　革兰氏阳性菌和革兰氏阴性菌细胞构造的比较

（2）细胞壁的功能

细胞壁具有保护细胞及维持细胞外形的功能，失去细胞壁的各种形态的菌体都变成了球菌。细菌在一定范围的高渗溶液中细胞质收缩，但细胞仍然可保持原来的形状，在一定的低渗溶液中细胞则会膨大，但不致破裂，这都与细胞壁具有一定坚韧性及弹性有关。有鞭毛的细菌失去细胞壁后仍具有鞭毛，但不能运动，可见细胞壁的存在是鞭毛运动所必需的，可能是为鞭毛运动提供可靠的支点。此外，细胞壁实际上是多孔性的，可允许水及一些化学物质通过，并对大分子物质有阻拦作用。

（3）革兰氏染色与细胞壁的关系

革兰氏染色（Gram staining）是微生物学中常用的一种染色方法，一般先用草酸铵结晶紫染色，然后加媒染剂——碘液，使细胞着色，继而用乙醇脱色，最后用番红（沙黄）复染。具体方法见表 2-2。经此法染色可将细菌分为两大类：一类是经乙醇处理后不脱色，保持其初染时的蓝紫色，称为革兰氏染色反应阳性（G^+，也称阳性菌）；另一类经乙醇处理后迅速脱去原来的颜色而呈现沙黄的颜色（红色），称为革兰氏染色反应阴性（G^-，也称阴性菌）。

表 2-2　革兰氏染色程序和结果

步骤	方法	结果	
		阳性（G^+）	阴性（G^-）
初染	草酸铵结晶紫 3min	蓝紫色	蓝紫色
媒染	碘液 3min	仍为蓝紫色	仍为蓝紫色
脱色	95%乙醇溶液 10～30s	保持紫色	脱去紫色
复染	番红（沙黄）30～60s	仍显蓝紫色	红色

多少年来对有关革兰氏染色的机制有不少解释，但都不能圆满说明，尚需进一步研究。但是，许多的观点都涉及细菌细胞壁的组成与结构及结晶紫—碘复合物与细胞壁的关系。用人工方法破坏细胞壁后，再经革兰氏染色，则所有细菌都表现为阴性反应，这说明了细胞壁在革兰氏染色中的作用。革兰氏阳性菌与革兰氏阴性菌细胞壁的化学成分不尽相同，其中革兰氏阴性菌细胞壁中脂类物质含量高，肽聚糖含量低。因而认为在革兰氏染色过程中用溶脂剂乙醇处理后，溶解了脂类物质，结果使革兰氏阴性菌细胞被脱色，用番红复染就可以被染成红色。革兰氏阳性菌由于细胞壁肽聚糖含量高，脂类含量低，乙醇处理后被脱水，引起细胞壁肽聚糖层中孔径变小，通透性降低使结晶紫—碘复合物保留在细胞内，细胞不被脱色仍为紫色。

2. 细胞膜（cell membrane）

细胞膜又称细胞质膜或简称质膜，是紧靠在细胞壁内侧包围细胞质的一层柔软而富有弹性的半透性薄膜。

（1）细胞膜的成分

细菌细胞经质壁分离后，可用中性或碱性染料使细胞膜染色而显现，用四氧化锇（osmium tetroxide）染色的细菌细胞超薄切片，在电子显微镜下观察可见细胞膜厚度为7～8nm，是由两层厚度约为 2nm 的电子致密层，中间夹着一层透明层构成的。细菌细胞膜约占细胞干重的 10%，其中含 60%～70%的蛋白质、20%～30%的脂类和少量（2%）的多糖。所含的脂类均为磷脂，磷脂多由磷酸、甘油、脂肪酸和含氮碱基构成。

（2）细胞膜的结构

在细胞膜中所含的磷脂既有疏水性的非极性基团，又有带正负电荷的亲水的极性基团，它在水溶液中很容易形成具有高度定向性的双分子层。细胞膜就是以双层脂类（磷脂）分子构成的分子层与骨架，每个磷脂分子是由一个不溶于水的“头部”（亲水部分）和两条脂肪链的“尾部”（疏水部分）组成。在磷脂双分子层中，其亲水端朝向膜内外两表面层，而疏水端均朝向膜中央（图2-8）。

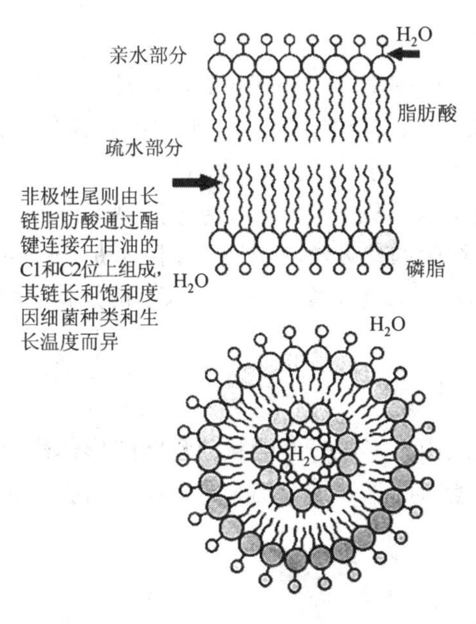

图2-8　细胞膜结构模式图

在双分子层中有的蛋白质结合于膜双分子层表面或镶嵌于双分子层中，有的甚至可以从双分子层的一侧穿过双分子层而暴露于另一侧之外，这些蛋白质称为膜蛋白，膜蛋白不是由单一种类构成，而是由许许多多不同种类的分别执行不同生理功能的蛋白质所构成。由于这些蛋白质都是α-螺旋结构，因此都是球形蛋白。嵌入于双分子层的蛋白质或穿过双分子层于另一侧的蛋白质又称内在蛋白，占膜蛋白含量的70%～80%。位于膜外的蛋白质又称外在蛋白或表面蛋白。

（3）细胞膜的功能

一是细胞内外物质转运的控制；二是呼吸和磷酸化作用，细胞膜上具有呼吸酶，电子传递体；三是在细胞壁的合成中起作用，细胞壁亚单位在质膜内侧组装，然后连接到质膜类脂载体上，再转到膜上，最后连接到细胞壁生长点上。

3. 细胞质（protoplast）

细胞质是位于细胞膜内的无色透明黏稠状胶体，是细菌细胞的基础物质，其基本成分是水、蛋白质、核酸和脂类，也含有少量的糖和无机盐类。细菌细胞质与其他生物细胞质的主要区别是其核糖核酸含量高，核糖核酸的含量可达固形物的15%～20%。近代研究表明，细菌的细胞质可分为细胞质区和染色质区。细胞质区富含核糖核酸，染色质区含有脱氧核糖核酸。由于细菌细胞质中富含核糖核酸，因而嗜碱性强，易被碱性和中性染料所着色，尤其是幼龄菌。老龄菌细胞中核糖核酸常被作为氮和磷的来源而被利用，核酸含量少，故着色力降低。

细胞质具有生命物质所有的各种特征，含有丰富的酶系，是营养物质合成、转化、代谢的场所，不断地更新细胞内的结构和成分，使细菌细胞与周围环境不断地进行新陈代谢。

4. 细胞核（nucleus）

细菌只具有比较原始形态的核或称拟核（nucleoid）。它没有核膜、核仁，只有一个核质体或染色质体。一般呈球状、棒状或哑铃状，由于细胞核分裂在细胞分裂之前进行，因此，在生长速度低时只有一个或两个核。

细菌核质体比其周围的细胞质电子密度较低，在电子显微镜下观察呈现透明的核区域，用高分辨率的电镜可观察到细菌的核为丝状结构，实际上是一个巨大的、连续的环状双链 DNA 分子（其长度可达 1mm），比细菌本身长，以多倍折叠缠绕形成。细胞核在遗传性状的传递中起重要作用。

5. 中体（mesosome）或中间体

细菌的细胞膜折皱陷入细胞质内，形成一些管状或囊状的形体称为中体或中间体，其中酶系发达，是能量代谢的场所。此外，细菌细胞分裂时与细胞壁的隔膜的合成，以及核的复制有关。

6. 核糖体（ribosome）

核糖体是细胞中核糖核蛋白的颗粒状结构，由核糖核酸（RNA）与蛋白质组成，其中 RNA 约占 60%，蛋白质占 40%，核糖体分散在细菌细胞中，其沉降系数为 70S，是细胞合成蛋白质的场所，其数量的多少与蛋白质合成有直接关系，因菌体生长速度而异，当细胞生长旺盛时，每个菌体可有 10^4 个，生产缓慢时只有 2000 个。细胞内核糖体常串联在一起，称为多聚核糖体。

7. 细菌细胞的内含物

细胞质内的主要内含物有以下几种。

（1）气泡（gas vacuole）

某些细菌如盐杆菌属（*Halobacterium*）含有气泡，气泡吸收空气以其中氧气组分供代谢需要，并帮助细菌漂浮到盐水上层吸收较多的大气。

（2）颗粒状内含物

细菌细胞内含有各种较大的颗粒，大多为细胞贮藏物，颗粒的多少随菌龄及培养条件的不同而有很大变化。

异染颗粒（metachromatic granule）　异染颗粒是普遍存在的贮藏物，其主要成分是多聚偏磷酸盐，有时也被称为捩转菌素（volutin），多聚磷酸盐颗粒对某些染料有特殊反应，产生与所有染料不同的颜色，因而得名异染颗粒。如用甲苯胺蓝、次甲基蓝染色后不呈蓝色而呈紫红色。棒状杆菌和某些芽胞杆菌常含有这种异染颗粒。当培养基中缺磷时，异染颗粒可作为磷的补充来源。

聚 β-羟基丁酸（poly-β-hydroxybutyric acid）颗粒　聚 β-羟基丁酸是一类类脂物，

一些细菌如巨大芽胞杆菌、根瘤菌、固氮菌、肠杆菌的细胞内均含有聚β-羟基丁酸脂的颗粒（是碳源与能源贮藏物的物质）。由于易被脂溶性染料如苏丹黑（Sudan black）着色，常被误认为是脂肪滴或油滴。

肝糖（glycogen）粒与淀粉粒（granulose）　某些肠道杆菌和芽胞杆菌体内可积累一些葡萄糖的多聚体，用碘液可染成红棕色的即为肝糖。有些梭状芽胞杆菌在形成芽胞时有细菌淀粉的积累，可被碘液染成蓝色。

脂肪粒　这种颗粒折光性较强，可用苏丹III（Sudan III）染成红色，随着细菌的生长，细菌体内脂肪粒的数量会增加，细胞破裂后脂肪粒游离出来。

硫滴　硫磺细菌，如紫色硫细菌和贝氏硫细菌等。当环境中含有 H_2S 的量很高时，它们可以把 H_2S 氧化成硫，在体内积累起来，形成大分子的折光性很强的硫滴，为硫素贮藏物质。如果环境 H_2S 不足时，又可以把硫进一步转变成硫酸盐，从中获得能量。

液泡　许多细菌当其衰老时，细胞质内就会出现液泡。其主要成分是水和可溶性盐类，被一层含有脂蛋白的膜包围，用中性红染色可显现出来。

由于细菌的发育阶段不同，以及营养和环境有差异，各种细菌甚至同种细菌之间，内含物的数量和成分也可不同，但是同一菌种在相同的环境条件下常含有相同的内含物，这一点有助于细菌的鉴定。

8. 质粒（plasmid）

在许多细菌细胞中存在着原核 DNA 以外的共价闭合环状双链 DNA，称为质粒。质粒分布在细胞质中或附着在染色体上，其分子质量比细胞核 DNA 小，通常为（1×10^6～100×10^6）Da，含有几个到上百个基因。一个菌体内可有一个或多个质粒。质粒是很多细菌细胞中染色体外的遗传因子，分散在细胞质中，能自我复制。而附着在染色体上的质粒称为附加体，它们也是遗传信息贮存、发出及遗传给后代的物质基础。

质粒的主要特征如下。

1）可自我复制和稳定遗传。

2）属于非必要的遗传物质，通常只控制生物的次要性状。

3）可转移。某些质粒可以较高的频率（$>10^{-6}$）通过细胞间的接合作用或其他机制，由供体细胞向受体细胞转移。

4）可整合。在一定条件下，质粒可以整合到染色体 DNA 上，并可重新脱落下来。

5）可重组。不同质粒或质粒与染色体上的基因可以在细胞内或细胞外进行交换重组，并形成新的重组质粒。

6）可消除。经高温、吖啶橙或丝裂霉素 C 等处理可以消除宿主细胞内的质粒，同时质粒携带的表型性状也随之消失。

质粒的种类有以下几种。

1）抗性质粒。抗性质粒又称为 R 因子或 R 质粒，只对某些抗生素或药物表现出抗性。

2）接合质粒。接合质粒又称为 F 因子、致育因子或性因子，是决定细菌性别的质粒，与细菌有性结合有关。

3）细菌素质粒。细菌素质粒使细菌产生细菌素，以抑制其他细菌生长。

4）降解质粒。降解质粒可使细菌利用通常难以分解的物质。

5）Ti 质粒。Ti 质粒又称诱瘤质粒，根瘤土壤杆菌（*Agrobacterium tumefaciens*）的 Ti 质粒可引起许多双子叶植物的根瘤症。

6）固氮质粒。因固氮质粒比一般质粒大几十到几百倍，故又称巨大质粒，与根瘤菌属的固氮作用有关。

质粒不但对微生物本身有重要意义，而且已经成为遗传工程中的重要载体。

2.1.2.2 细菌细胞的特殊结构

细菌的特殊结构包括鞭毛、荚膜、芽胞、纤毛等，特殊结构在细菌分类鉴定上具有重要意义。

1. 鞭毛（flagella）

某些细菌能从体内长出纤细呈波状的丝状物，称为鞭毛，是细菌的运动器官，具有抗原性。在电镜下观察能看到鞭毛起源于细胞质膜内侧，细胞质区内一个颗粒状小体，此小体称为基粒（basal body）。鞭毛自基粒长出穿过细胞壁延伸到细胞外部（图 2-9）。

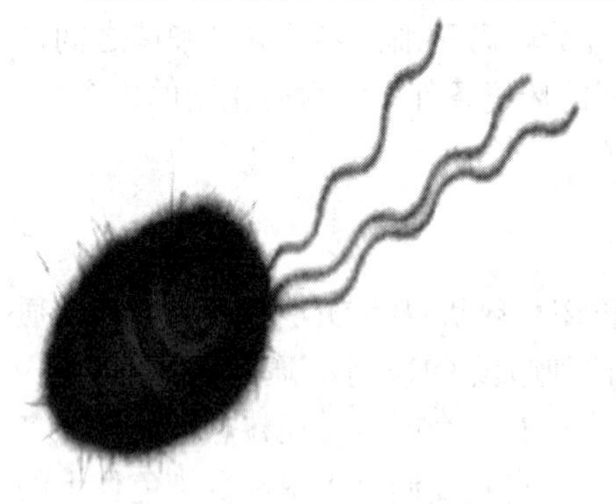

图 2-9 细菌的鞭毛形态

鞭毛长度一般可超过菌体若干倍，而直径极微小，为 10～25nm，由于已超过普通光学显微镜的可视度，只有用电镜直接观察，或经过特殊的染色方法（鞭毛染色），使染料堆积在鞭毛上，因而鞭毛加粗，才可用光学显微镜观察到。另外，用悬滴法及暗视野映光法观察细菌的运动状态，以及用半固体琼脂穿刺培养，从菌体生长扩散情况也可以初步判断细菌是否具有鞭毛。

大多数球菌不生鞭毛，杆菌中有的生鞭毛有的不生鞭毛，弧菌与螺旋菌都生鞭毛。鞭毛着生的位置、数目是细菌种的特征，依鞭毛的数目与位置可分为下列几种。

1）单生。偏端单生鞭毛菌，在菌体的一端长一根鞭毛，如霍乱弧菌（*Vibrio cholerae*）；两端单生鞭毛菌，在菌体两端各生一根鞭毛，如鼠咬热螺旋体（*Spirochaeta morsus-muris*）。

2）丛生。偏端丛生鞭毛菌，在菌体一端丛生鞭毛，如铜绿假单胞杆菌（*Pseudomonas aeruginosa*）；两端丛生鞭毛菌，在菌体两端都丛生鞭毛，如红色螺菌（*Spirillum rubrum*）。

3）周生。菌体周生鞭毛称周毛菌，如枯草芽胞杆菌（*Bacillus subtilis*）、大肠杆菌等。图 2-10 是几种鞭毛类型的示意图。

鞭毛主要的化学成分是鞭毛蛋白，它与角蛋白、肌球蛋白、纤维蛋白属于同类物质，因此鞭毛的运动可能与肌肉收缩相似。鞭毛具有抗原性。

鞭毛是细菌的运动器官，有鞭毛的细菌在液体中借助鞭毛运动，其运动方式依鞭毛着生位置与数目不同而不同。单毛菌和丛毛菌多做直线运动，运动速度快，有时也可轻微摆动。周毛菌常呈不规则运动，而且常伴有活跃的滚动。但鞭毛并非是细菌具有运动性的唯一结构，例如，称为螺旋体的螺旋性细菌无鞭毛但有运动性。

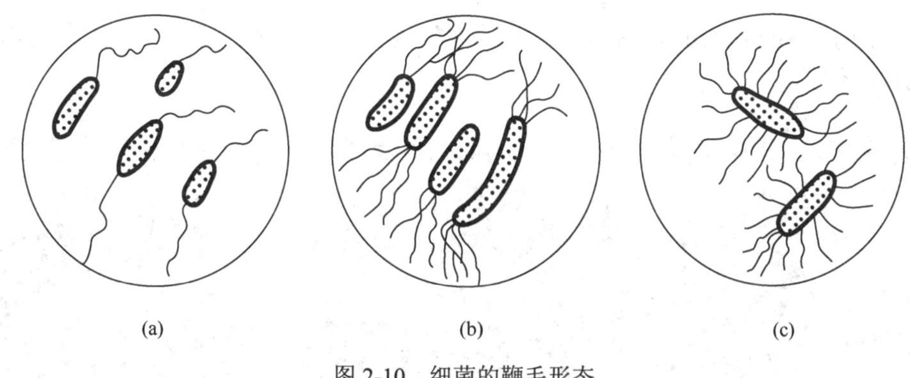

图 2-10　细菌的鞭毛形态

（a）单毛菌；（b）丛毛菌；（c）周毛菌

鞭毛虽是某些细菌的特征，但是不良的环境条件如培养基成分的改变、培养时间过长、干燥、芽胞形成、防腐剂的加入等都会使细菌丧失生长鞭毛的能力。

2. 荚膜（capsule）

一些细菌在生命过程中在其表面会分泌一层松散透明的黏液物质，这些黏液物质具有一定外形，相对稳定地附于细胞壁外面，称为荚膜。没有明显边缘，可以扩散到环境中的称为黏液层。荚膜一般围绕在每一个细菌细胞的外面，但也有多个细菌的荚膜连在一起，其中包含着许多细菌，称为菌胶团（图 2-11）。

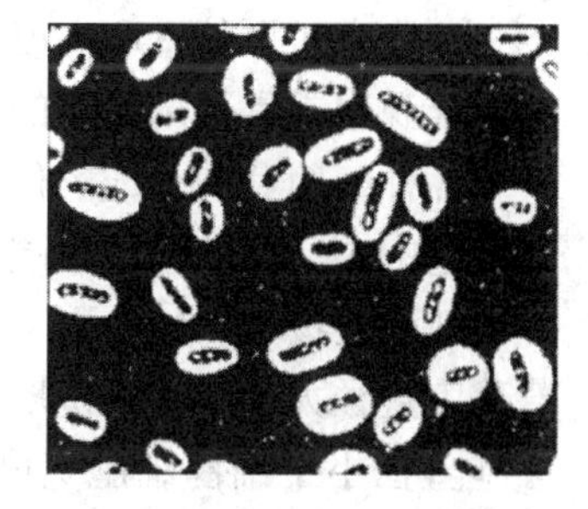

图 2-11　细菌的荚膜形态

荚膜折光率很低，不易着色，必须用特殊的荚膜染色方法，荚膜的观察一般用负染色法，即背景和菌体着色，而荚膜不着色，使之衬托出来，可用光学显微镜观察到。

荚膜含有大量水分，约占 90%，还有多糖和多肽聚合物。荚膜的形成既由遗传特性所决定，又与环境条件密切相关。生长在含糖量高的培养基上的菌容易形成荚膜，如肠膜明串珠菌（*Leuconostoc mesenteroides*），只有在含糖量高、含氮量低的培养基中才能产生荚膜。某些病原菌如炭疽杆菌只在寄主体内才形成荚膜。在人工培养基上不形成荚膜，形成荚膜的细菌也不是整个生活期内都形成荚膜，如肺炎双球菌在生长缓慢时形成荚膜。某些链球菌在生长早期形成荚膜，后期则消失。

荚膜不是细菌的主要结构，通过突变或用酶处理，失去荚膜的细菌仍然生长正常。荚膜对菌体有保护作用，有的细菌毒性与荚膜有关。荚膜具有一定的生理功能，由于荚膜的存在可以保护细菌在机体内不易被白细胞所吞噬，细菌具有比较强的抗干燥作用。当营养物缺乏时可作为碳源及能源被利用，某些细菌由于荚膜的存在而具有毒力，如具有荚膜的肺炎双球菌毒力很强，当失去荚膜时，则失去毒性。

3. 芽胞（spore）

有些细菌生长到一定时期，繁殖速度下降，菌体的细胞原生质浓缩，在细胞内形成一个圆形、椭圆形或圆柱形的孢子，对不良环境条件具有较强的抗性的休眠体，称为芽胞或内生孢子（endospore）。图 2-12 是细菌的芽胞形态，菌体在未形成芽胞之前称为繁殖体或营养体。

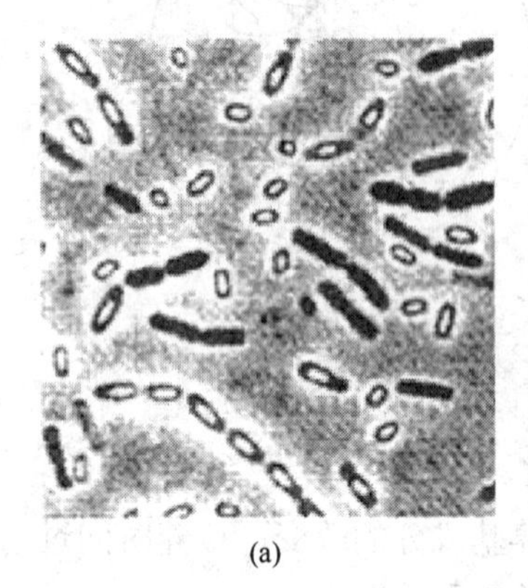

(a)

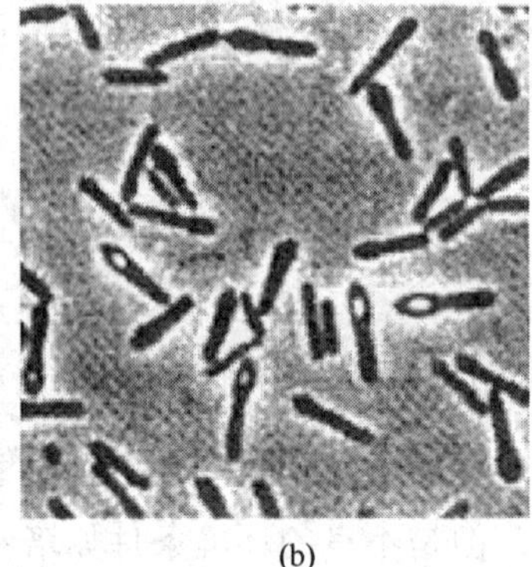

(b)

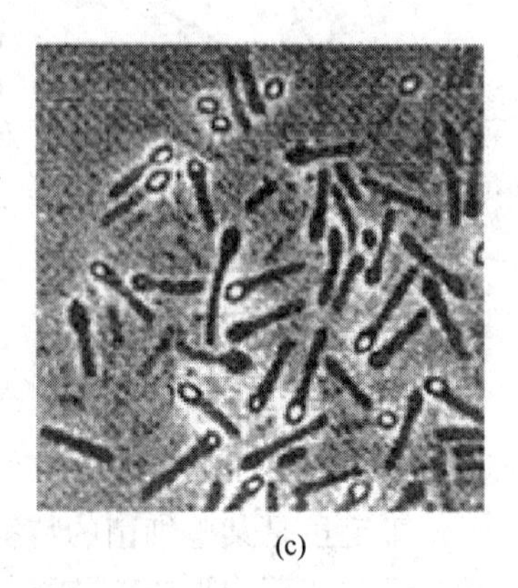

(c)

图 2-12 细菌的芽胞形态及其在胞内的位置

能否形成芽胞是细菌种的特征，受其遗传性的制约，在杆菌中形成芽胞的种类较多，在球菌和螺旋菌中只有少数菌种可形成芽胞。

芽胞有较厚的壁和高度折光性，在显微镜下观察芽胞为透明体。芽胞难以着色，为了便于观察常常采用特殊的染色方法——芽胞染色法。

各种细菌芽胞形成的位置、形状与大小是一定的，是细菌鉴定的重要依据。有的位于细胞中央，有的位于顶端或中央与顶端之间，芽胞在中央，如其直径大于细菌的宽度时，细胞呈梭状，如丙酮丁醇梭菌（*Clostridium acetobutylicum*）。芽胞在细菌细胞顶端，若芽胞直径大于细菌的宽度，则细胞呈鼓槌状，如破伤风梭菌（*Clostridium tetani*）；若芽胞直径小于细菌细胞宽度，则细胞不变形，如常见的枯草芽胞杆菌、蜡样芽胞杆菌（*Bacillus cereus*）等。芽胞的形状、大小和位置见图 2-13。

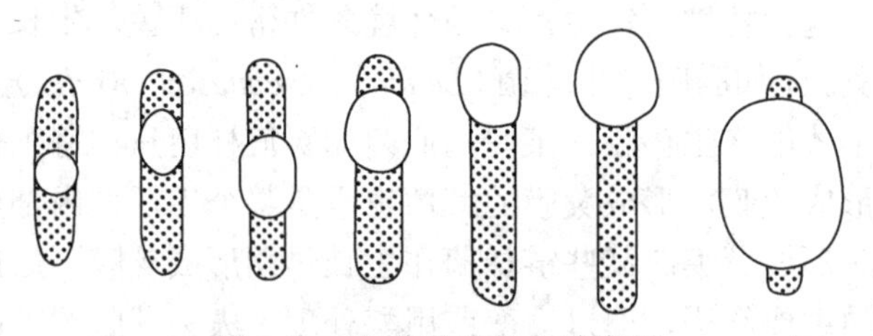

图 2-13 细菌芽胞的各种类型

细菌是否形成芽胞是由其遗传性决定的，但也需要一定的环境条件。菌种不同，需要的环境条件也不同，大多数芽胞杆菌是在营养缺乏、温度较高或代谢产物积累等不良条件下，在衰老的细胞体内形成芽胞的。但有的菌种需要在营养丰富、适宜温度的条件下才能形成芽胞，如苏云金芽胞杆菌（*Bacillus thuringiensis*）在营养丰富、温度和通气等适宜条件下在幼龄细胞中大量形成芽胞。

细菌形成芽胞包括一系列复杂过程（图 2-14），在电镜下观察芽胞形成的过程是：开始时细胞中核物质凝集，向细胞一端移动，细胞膜内陷延伸形成双层膜，构成芽胞的横隔壁，将核物质与一部分细胞质包围而形成芽胞。

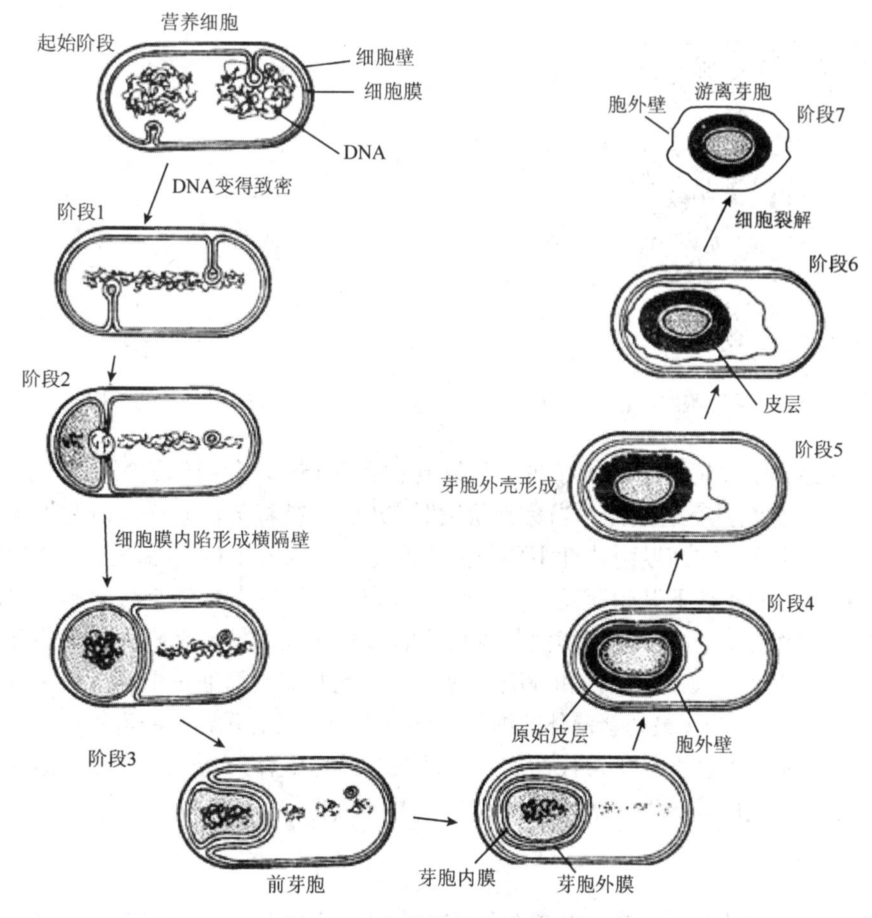

图 2-14　细菌芽胞的形成过程

无论在什么条件下形成的芽胞其对不良的环境都有很强的抵抗能力，对热、干燥、化学消毒剂、辐射等表现为很强的抗性。有的芽胞在不良的条件下可保持活力数年、数十年，甚至更长的时间。

芽胞之所以具有较强的抵抗力，其原因如下。

1）含水量少，只有 40%，且多为结合水，因而蛋白质受热不变性。酶含量少，分子内键作用稳定。

2）有多层厚而致密的包膜，无透性，有保护性，能阻止水及化学药物渗入。

3）在芽胞形成的同时，合成了一些特殊的酶类，这些酶较营养体内的酶更具耐热性。

4）2, 6-吡啶二羧酸（DPA）的作用（图 2-15）。

芽胞尤其耐高温，一般营养体，加热 60℃ 10min 即可杀死，肉毒梭菌芽胞需 180℃ 10min 才能杀灭，有的则需几小时或十几小时的煮沸才会杀灭。又如破伤风梭菌在沸水中可存活 3h。经研究证明，芽胞耐高温的原因是芽胞形成时可同时形成 2, 6-吡啶二羧酸（dipicolinic acid，DPA），在细菌的营养细胞和其他生物的细胞中均未发现有 DPA 存在。

DPA 的结构式见图 2-16。

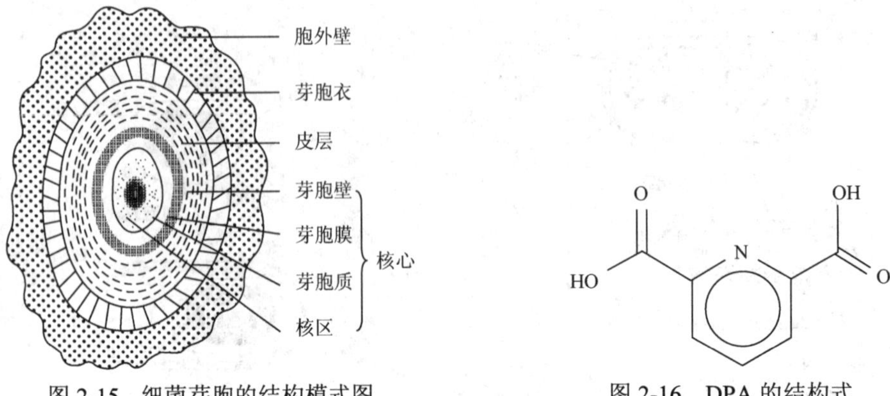

图 2-15 细菌芽胞的结构模式图

图 2-16 DPA 的结构式

DPA 在芽胞中以钙盐的形式存在，占芽胞干重的 15%。芽胞形成时 DPA 很快形成，DPA 形成后芽胞就具有耐热性，当芽胞萌发时 DPA 就被释放出来，同时芽胞也就丧失耐热能力，因此芽胞的高度耐热性主要与其含水量低、含有 DPA 及致密的芽胞壁有关。

芽胞在合适的条件下开始萌发，如营养、水分、温度等条件适宜时芽胞即可萌发。芽胞萌发开始吸收水分、盐类和其他营养物质而体积涨大、折光率降低、染色性增强，释放 DPA，耐热性消失，酶活性和呼吸力提高。芽胞壁破裂而通过中部、顶端或斜上方伸出新菌体（图 2-17）。最初新菌体的细胞质比较均匀，没有颗粒、液泡等，以后逐渐出现内含物，菌体细胞也恢复正常代谢。芽胞是细菌的休眠体，一个细胞内只形成一个芽胞，一个芽胞萌发也只产生一个营养体。

4. 纤毛（pili）

某些革兰氏阴性菌，少数革兰氏阳性菌，在菌体上着生一种比鞭毛数量多，较短、较直、较细的毛发状细丝称为纤毛。它不是运动器官，也见于非运动的细菌中。大肠杆菌表面生长有 0.01μm×（0.3～1.0）μm 的纤毛。纤毛的化学组成为蛋白质（管状），纤毛有许多类型，不同类型其功能不同，有的作为细菌接合时传递质粒等遗传物质的通道，称为性纤毛（sex pili），如 F-纤毛（F-pili）；有的是细菌、病毒吸附的位点；有的可增加细菌附着其他细菌或物体的能力，与细菌致病性有关。

2.1.3 细菌的繁殖与菌落形态特征

2.1.3.1 细菌的繁殖

1. 细菌的生长繁殖

细菌繁殖以无性繁殖为主，也称裂殖。分裂时首先菌体伸长，核质体分裂，菌体中部的细胞膜从外向中心做环状推进，然后闭合而形成一个垂直于细胞长轴的细胞质隔膜，把菌体分开，细胞壁向内生长把横隔膜分为两层，形成子细胞壁，然后子细胞分离形成两个菌体（图 2-17）。球菌依分裂方向及分裂后子细胞的状态，可以形成各种形态的群体，如单球菌、双球菌、四联球菌、八叠球菌、葡萄球菌等。杆菌繁殖其分裂面都与长轴垂直，分裂后的排列形式也因菌种不同而形态各异，有单生、双生，有的结成短链或长链，有的呈八字形，有的呈栅状排列（图 2-18）。

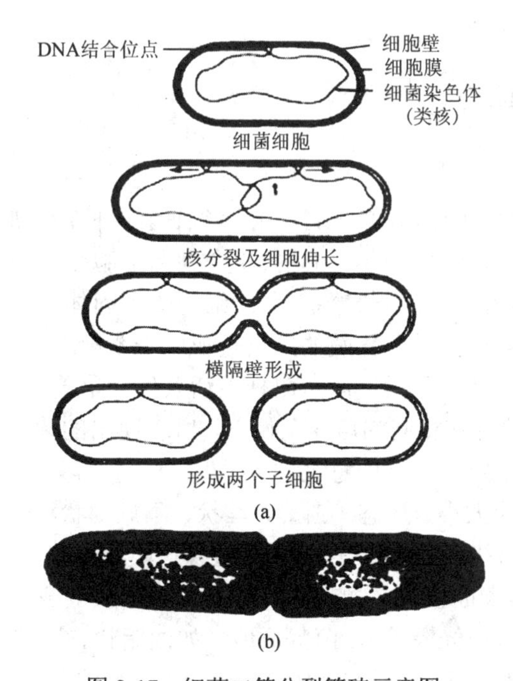

图 2-17　细菌二等分裂繁殖示意图

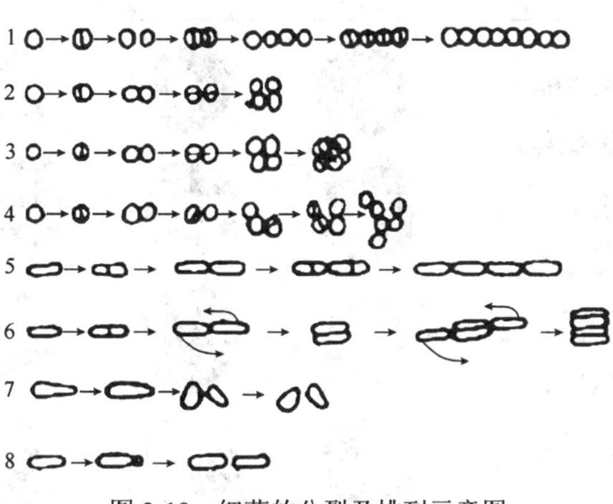

图 2-18　细菌的分裂及排列示意图

除无性繁殖外，经电镜观察及遗传学研究证明细菌也存在有性结合，但是细菌的有性结合发生的频率极低。

2. 细菌生长繁殖的条件

1）营养：碳素化合物、氮素化合物、水分、无机盐类和生长素等。

2）温度：低温型，10～15℃；中温型，25～37℃；高温型，45～55℃。

3）氢离子浓度：pH 7.0～7.6。

4）渗透压：等渗，生理盐水（0.85%）。

5）需氧和厌氧呼吸环境：好氧菌、厌氧菌、微好氧菌、兼性厌氧菌，有些细菌在生长过程中需要加入CO_2或N_2。

2.1.3.2 细菌菌落特征

1. 菌落

菌落（colony）是指在固体培养基上，由一个细菌生长繁殖形成的集落或细菌细胞群体。细菌个体小，肉眼是看不到的，如果把单个细菌细胞接种到适合的固体培养基上，在适合的温度等条件下便能迅速生长繁殖，由于细胞受到固体培养基表面或深层的限制，不像在液体培养中那样自由扩散，繁殖的结果是形成一个肉眼可见的细菌细胞群体。

不同的菌种，其菌落特征不同；同一菌种生活条件（培养条件）不同，菌落形态也不尽相同。但是，同一菌种在相同的培养条件下，所表现出的菌落特征是一致的，因此，菌落形态特征对菌种的鉴定有一定的意义。

菌落特征包括菌落的大小、形态（圆形、丝状、不规则状、假根状等），菌落隆起程度（如扩展、台状、低凸状、乳头状等），菌落边缘（如边缘整齐、波状、裂叶状、圆锯齿状、有鞭毛等），菌落表面状态（如光滑、皱褶、颗粒状龟裂、同心圆状等）、表面光泽（如闪光、不闪光、金属光泽等），菌落质地（如油脂状、膜状、黏、脆等）、颜色与透明度（如透明、半透明、不透明等）（图 2-19）。

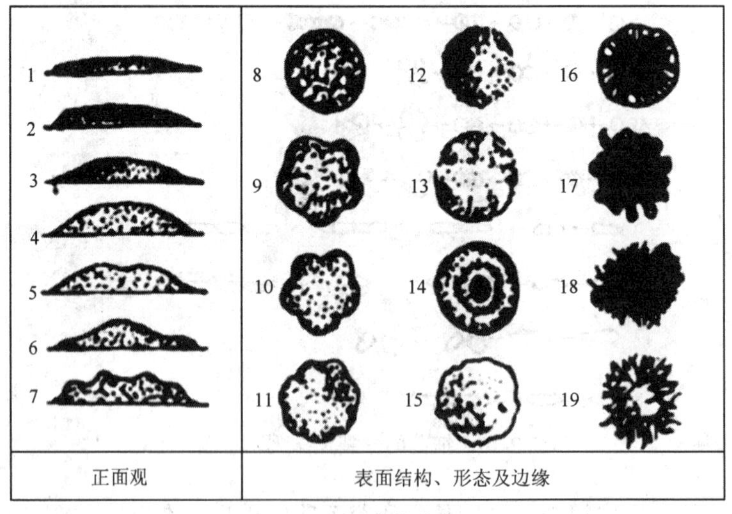

图 2-19　细菌菌落特征

1. 扁平；2. 隆起；3. 低凸起；4. 高凸起；5. 脐状；6. 乳头状；7. 草帽状；8. 圆形，边缘完整；9. 不规则，边缘波浪；10. 不规则颗粒状，边缘叶状；11. 规则，放射状，边缘叶状；12. 规则边缘呈扇边状；13. 规则，边缘齿状；14. 规则，有同心环，边缘完整；15. 不规则，似毛毯状；16. 规则，似菌丝状；17. 规则，卷发状，边缘波状；18. 不规则，呈丝状；19. 不规则，根状此外菌落特征也受其他方面的影响，如产荚膜的菌落表面光滑、黏稠状，为光滑型（S-型）；不产荚膜的菌落表面干燥、皱褶，为粗糙型（R-型）。菌落的形态、大小有时也受培养空间的限制，如果两个相邻的菌落相靠太近，由于营养物有限、有害代谢物的分泌和积累而生长受阻。因此作为菌落的形态观察时一般以培养 3～7d 为宜，观察时要选择菌落分布比较稀疏处于孤立的菌落。

2. 试管斜面

观察试管斜面上菌苔的形态要用划直线接种，在适宜的条件下培养 3～5d，观察其斜面培养特征，细菌的斜面培养特征包括菌苔生长程度（生长良好、微弱、不成长）、形状（线状、串珠状、扩展、根状等）、隆起情况（如扁平、苔状、凸起等）、表面状况、光泽、透明度、质地及颜色等（图 2-20）。

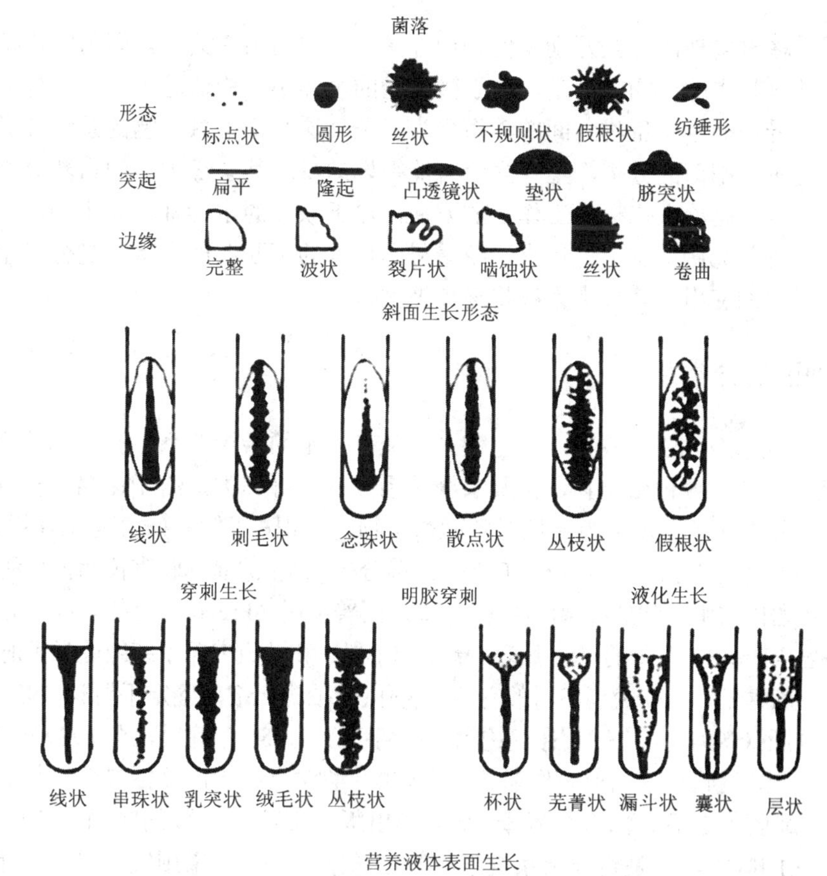

图 2-20　细菌的培养特征（杨苏声，1997）

3. 半固体培养特征

细菌半固体培养采用穿刺接种法，在适宜的条件下培养 1～3d，观察其斜面培养特征，细菌的斜面培养特征主要是生长物呈线状、扩展状、试管刷状等。还可以观察细菌的运动性，判断产气的情况等。这种培养方法也可用于菌种保存。

4. 液体培养

液体培养时，将细菌接入液体培养基一般培养 1～3d，细菌的液体培养特征包括表面状况（如菌膜、菌环等）、混浊程度、沉淀的状况、有无气泡和颜色等（图 2-20）。

2.1.4　细菌的分类与鉴定

生物虽然多种多样，千差万别，但它们都具有一定的亲缘关系，因为它们都是自然界中生物进化过程中的产物。但是，由于微生物的个体小，构造简单，易受外界条件的影响而发生变异，而且微生物之间的关系极为复杂，这些都给微生物的系统分类带来了困难，特别是关于细菌的分类，至今尚没有能很好地反映其亲缘关系的自然分类系统。分类的另一个意义是给人们提供工作上的方便，对于众多的生物种，如不加以整理和排列，科学工作者将无所依据。近年来，随着科学技术的不断发展，特别是分子生物学技术在细菌分类中的应用，其分类系统将逐步被完善。

2.1.4.1　细菌的分类系统

微生物种类繁杂，姿态各异，但它们之间又有一定的亲缘关系。微生物分类，就是把看起来杂乱无章的各种微生物，按其亲缘关系进行分群归类，给予命名并排列为一个系统。微生物分类的意义在于为人们对各种微生物的认识、了解和研究等工作提供方便。

关于细菌的分类，应用较为广泛的有 3 个细菌分类系统：①前苏联克拉西里尼科夫（Cola Siri Nikor）编著的《细菌和放线菌的鉴定》；②法国普雷沃（Prevot）著的《细菌分类学》；③美国布瑞德（Breed）编著的《伯杰氏细菌鉴定手册》和《伯杰氏系统细菌学手册》。目前影响较大和较普遍的、为研究者参考的有两部著作：《伯杰氏细菌鉴定手册》，1923 年以来已出版至第 9 版（1994 年）；《伯杰氏系统细菌学手册》，1984 年问世，至 1989 年出齐，共 4 卷，目前正在出版新版。这两部著作都是由美国微生物学会组织世界各国有关专家编写的。

《伯杰氏细菌鉴定手册》第 9 版于 1994 年出版，相距第 8 版的时间有 20 年。第 9 版不同于过去的版本，它是将细菌系统学和鉴定学结合起来，采用细菌系统学手册中的分类体系对已定名的细菌按鉴定学的要求来编排的。编者主要以细菌的形态和生理类型为依据，也参考系统发育关系，明确其目的是用于细菌的鉴定。《伯杰氏系统细菌学手册》将所有原核生物分为 33 个部，第 9 版《伯杰氏细菌鉴定手册》设立了 35 个群，“部”和“群”是对应的，但在顺序上有所调整。《伯杰氏细菌鉴定手册》不但增加了一些新名，而且将古细菌部改编为 5 个群，全书描写了约 500 个属。属的描述基本上摘录于《伯杰氏系统细菌学手册》，对属下各个种没有分别描述，只是以表格的形式列出了它们之间的差别。这样的编排方式便于检索。《伯杰氏细菌鉴定手册》将 35 群原核微生物归纳为四大类（或 4 个门）。

第一类　具细胞壁的革兰氏阴性真细菌

第二类　具细胞壁的革兰氏阳性真细菌

第三类　无细胞壁的真细菌

第四类　古细菌

由 George Garrity 主编的《伯杰氏系统细菌学手册》第 2 版分为 5 卷，从 2000 年起陆续出版。这一版纳入了研究核糖 RNA 测序所产生的许多概念，并同常规分类信息结合起来，向自然（系统发育）分类系统迈进了。第 2 版采用界（kingdom）而不用域（domain）。新的系统分为细菌和古细菌 2 个界，下设 18 门、27 纲、73 目、186 科，包括 870 余属和许多种，分为 31 个部（section）详细描述。

除了上述两部著作外，还有一部多卷本的《原核生物》，也是重要的细菌分类书籍。该书第 2 版（1992 年）有 4100 多页，正在修订，以反映原核生物分类和系统发育研究的进展，并将定期更新内容，电子版已于 1999 年发行，可在互联网上查阅。

原核生物中研究得最多的是真细菌（bacteria），它们种类多，广泛地分布在自然界中，此类微生物与人类的生产、生活和健康有着密切关系。

根据 16S rRNA 碱基序列的比较，目前在真细菌中已鉴别出相当于门的 14 个类群，并把它们描绘成系统发育树（phylogentic tree）的形状（图 2-21）。从中可以看出在细菌世界中存在很大的差异性，很多人们熟悉的细菌，如大肠杆菌（*Escherichia coli*）、芽胞杆菌（*Bacillus* spp.）的种和淋病奈瑟氏菌（*Neisseria gonorrhoeae*）等均只是位于少数的门中。随着对来自不同生境细菌的测序，门的数目还会增加。

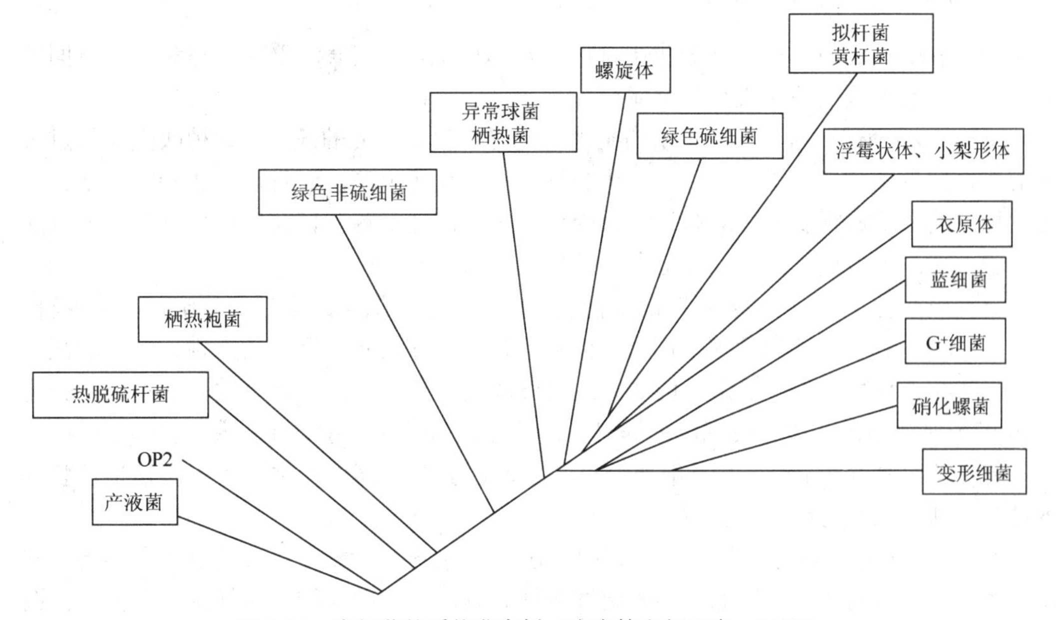

图 2-21　真细菌的系统发育树（李阜棣和胡正嘉，2000）

2.1.4.2 细菌分类的命名法则和分类单位

1. 细菌分类的命名法则

命名的原则采用双名法，这是一个统一的命名法则，由瑞典植物学家林奈于 1753 年创立，即由两个拉丁文或希腊文组成一个学名。

前面一个是属名，通常是一个描述生物形态的名称或发现该生物的人名，该字的第一个字母必须大写，后面一个字是种名，表示该生物的某种特征，字母一律小写，在印刷时学名用斜体字。例如，金黄色葡萄球菌 *Staphylococcus aureus*，其中，*Staphylococcus* 是属名，表示葡萄球菌的意思，*aureus* 是一个拉丁文的形容词，表示金黄色的意思，合起来即为金黄色葡萄球菌。

另外，有时为了避免同物异名或同名异物的混乱，要在正式的拉丁文名称后面附上定名人的姓名及发表的年份，例如，*Staphylococcus aureus* Bergey 1939。

有时，只讲属名而不讲具体种名或没有种名，只有属名时，要在属名后面加 sp. 或 spp. 来表示，例如，*Staphylococcus* sp. 表示葡萄球菌之意。这里 sp. 是单数，spp. 是复数，都是种（species）的缩写。

2. 细菌的分类单位

细菌的分类单位和其他生物分类单位相同：界、门、纲、目、科、属、种。在两个主要分类单位之间，还可以加次要分类单位，例如，亚门、亚纲、亚科、亚属、亚种等。

3. 与细菌分类相关的基本概念

种（species）：种是微生物分类中采用的基本单位，种代表一群在形态和生理方面彼此十分相似或形状间差异微小的个体。

变种（variety）：指一个微生物的某种特性已发生了明显的改变，这种改变是与过去人们在自然界中分离获得的菌种所描述的特征相比较而定的，而且这种变异的特征又是比较稳定的，把这种变异了的菌种称为变种。例如，枯草芽胞杆菌黑色变种，在酪氨酸培养基上能产生黑色素；产乙酸菌中的恶臭醋杆菌混浊变种。

亚种或小种（subspecies）：在微生物实验室中，把微生物的稳定变异菌种称为亚种。

型（type）：有许多细菌属于同种，但它们之间存在着难以区分的特性，它们的区分仅仅反映在某种特殊的性状上。例如，沙门氏菌根据免疫原性（抗原性）的不同，分为 2000 多个血清型；结核分枝杆菌根据寄生性的差别可分为人型、牛型和禽型 3 种。

菌株或品系（strain）：不是细菌分类的名词，通过分离、纯化，经多次移植性状基本稳定的都可以称为菌株。

群（group）：生物在自然进化过程中，由于发生变异，一个物种的后代向不同方向发展而形成不同的变种。例如，大肠菌群包括大肠埃希氏菌、柠檬酸杆菌、克雷伯氏菌和阴沟肠杆菌。

2.1.4.3　细菌分类鉴定的依据和方法

细菌形体微小、类型多，在形态学特征、生理生化特征、免疫学特征或遗传学特征等方面存在着极大的多样性。因此，细菌的分类远较其他生物复杂，其鉴定也比较繁琐。有下面 3 类方法来进行分类和鉴定。

1. 经典方法

经典方法即常规鉴定法，主要根据细菌形态和结构及生理生化特性来确定它们在分类系统中的地位。一般采用下列各项目。

（1）细胞的形状、大小、结构和染色反应

细胞的形状：细菌的形状和排列对属和属以上的分类很重要。

细胞的大小：细胞的大小也是细菌鉴定中必不可少的内容。

细胞的结构和染色反应：细菌细胞的结构在细菌分类中占有重要地位。前面已对构成细菌细胞的各个部分进行了介绍，如细胞壁、芽胞、荚膜、鞭毛、内含物等细胞结构都是必须检测的项目，因为不同细菌的这些结构存在差异。为了在光学显微镜下获得良好的辨析效果，对不同的结构部分需要采用相应的染色方法，如革兰氏染色法、芽胞染色法、荚膜染色法、鞭毛染色法等。辨明这些结构的特征关系到科、属的划分。

（2）细菌的群体形态

细菌形体微小，肉眼看不见，但在营养基质中，细菌局限在一处大量繁殖，形成群体的团块则是肉眼可见的。这种细胞团块的形态也有一定的稳定性和专一性，称为群体形态，也称培养性状。认识群体形态，除鉴定的需要外，对检查菌种纯度、辨认菌种等都是很重要的。群体形态包括菌落形态特征、斜面菌苔特征、液体培养特征等。

（3）细菌的生理生化反应

单凭形态特征，细菌只能被划分成很少的类群。许多科、属的划分都是以生理生化性质为依据，因此，细菌的生理生化反应在细菌的分类鉴定中占有十分重要的地位。常规鉴定中常做的生理生化试验包括如下项目：过氧化氢酶试验、葡萄糖氧化、糖发酵、乙酰甲基甲醇（V. P.）试验、明胶液化、淀粉水解、硝酸盐还原、产氨试验、硫化氢的产生、吲哚（indole）试验、石蕊牛奶和碳源与氮源的利用等。

（4）细菌的生态条件

细菌的生长繁殖，除营养条件外，对其他生活条件也有一定要求，如温度、pH、需氧性和耐盐性等。不同细菌对这些生态条件的反应不一致，它们之间在这方面的差异也是分类鉴定时重要的依据或参考。

（5）细胞的化学组成

细胞的化学组成或化学结构因不同细菌而异。细菌细胞壁的主要成分是肽聚糖，肽聚糖在革兰氏阳性菌细胞壁中所占比例很大，而在革兰氏阴性菌细胞壁中含量较少。随着分子生物学技术的发展和应用，微生物的蛋白质组成、DNA 碱基的组成、16S rRNA 序列、脂肪酸组成、磷脂质组成、细胞色素等已成为重要的分类依据。

（6）血清学反应

在细菌分类中，常用血清学反应对种以下的分类进行确定，根据血清学反应鉴别的细菌称为血清型。一种细菌可有几个、几十个、几百个或更多的血清型，如沙门氏菌属（*Salmonella*）有 2000 多个血清型。通常先用已知含有某种抗原物质的菌种、菌型或菌株制成抗血清，根据其是否与未知的细菌发生特异性的血清学反应，来确定未知菌种、菌型或菌株。用于分类鉴定的抗原物质包括鞭毛抗原、荚膜抗原和细胞壁多糖等物质，一般将鞭毛抗原称为 H 抗原，将荚膜抗原称为 K 抗原，将菌体细胞壁抗原称为 O 抗原。

2. 细菌的数值分类

数值分类法（numerical taxonnmy）又称聚类分类法或安德生（Adanson）法。

细菌的性状和特征虽然是分类的依据，但如何利用测定的各项指标，特别是表型特征，来划分细菌的分类地位使之尽量符合进化规律是一个重要问题。在 20 世纪上半叶的细菌分类工作中，研究者常常认为细菌的某些性状是主要标志，而另一些则是次要的。这种主观性往往妨碍人们寻找生物的客观进化规律。20 世纪 50 年代末发展起来的数值分类法就是一种企图客观地利用生物各个性状来进行分类的方法。所谓数值分类法就是用数理统计的方法来处理细菌的各种特征，求出相似值，以其相似值的大小决定细菌在分类学中的关系，并把它们分为各个类群。数值分类与传统分类有显著的不同，它的特点是采用较多的分类特征，并根据“等重原则”，对各个分类特征不分主次，同等对待。而传统分类采用分类特征少，对选用的特征有主次之分。

数值分类中有两个重要概念，表观群（phenon）和运转分类单位（operation taxonomic unit，OTU）。表观群指建立在表面特征相似的基础上的类群，一般是数值分类得到的类群。OTU 指分类研究的个体，细菌分类中一般是指菌株。数值分类工作的程序可以分为 5 个步骤。

（1）选择菌株和待测性状

分类研究都是在拥有大量菌株的基础上进行的，因此要认真选择待测菌株，注意代表性，并应包括相关已知种的模式菌株。菌株数目从几十到几百个，依研究目的和条件而定。拟测定的性状就是数值分类的试验项目，包括前述的形态、生理生化和生态等各项指标。聚类分析时以单项性状为单位。这种单位性状是指生物所具备的能产生单项信息的属性，从逻辑上讲它在研究过程中不能再分割，它所表现的是性状的状态。如细胞长度是一个性状，若某菌株长为 1.5μm，则此具体长度是它的性状状态。性状的数目没有规定，从几十到几百个，最少 50 个以上。

（2）性状编码

将测得的性状状态记录转变成计算机能够识别运算的符号。如果是两态特征，阳性结果记录为“+”，阴性为“−”，输入计算机时阳性是“1”，阴性用“0”，资料缺失用“N”表示。如果是多态特征，则按相关规定将其分解为多个两态特征，或转换为二态特征。

（3）相似性计算

根据性状测定结果计算出相似的系数，它是各个 OTU 之间相似程度的量值。相似系数中用得较多的有 Ssm（匹配系数）和 sj（相似系数）。它们的计算公式如下：

$$\mathrm{Ssm}=(a+d)/(a+b+c+d);\quad \mathrm{sj}=a/(a+b+c)$$

式中，a 表示两个 OTU 性状编码皆为“1”的个数；b 表示一个 OTU 为“1”，另一个 OTU 为“0”的性状个数；c 表示一个 OTU 为“0”，另一个 OTU 为“1”的性状个数；d 表示两个 OUT 皆为“0”的性状个数。计算机依据原始数据对菌株进行两两比较，从小分别计算出上述 a、b、c、d，再按公式运算，依次计算出全部菌株间的相似性系数。

（4）进行簇群分析

簇群分析也称聚类分析，是在考察各个 OTU 之间的相似性后，按相似的大小进行分群分类，以揭示各个 OTU 之间的相关性。

（5）分类结果的表示

聚类分析结果可用树状图或矩阵图表示（图 2-22）。矩阵图是以不同阴影的方块代表不同的相似百分数。树状图中最高的分枝表示相似值较高的簇群，往下则为相似值较低的簇群，分类结构一目了然。通过对现有已知种的描述和大量数据的调查，确定相似值 80%以上的相当于种。

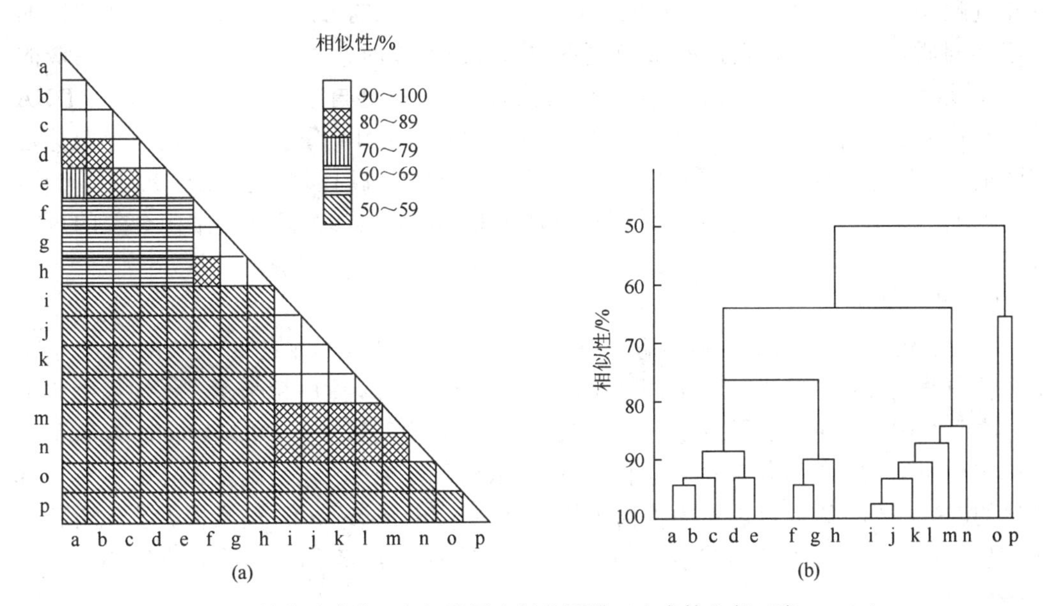

图 2-22 数值分类的三角矩阵图和树状图谱（李阜棣和胡正嘉，2000）

（a）阴影相似矩阵图；（b）树状图谱

3. 分子分类法

DNA 是遗传信息的主要携带者，是遗传的物质基础。各种细菌种内菌株之间的亲缘关系不可能只根据表现特征来确定，遗传学指标尤为重要。包括遗传机制和生物大分子的组成，前者如菌株之间遗传物质相互转移的情况，后者包括蛋白质分子和核糖核酸（RNA）与脱氧核糖核酸（DNA）。作为分类指标，信息大分子的组成特性尤其重要。

（1）G+C 含量分析

DNA 是生物中起主导作用的遗传物质，其中 4 种碱基：腺嘌呤（A）、胸腺嘧啶（T）、鸟嘌呤（G）和胞嘧啶（C）总是规律地 A—T 配对和 G—C 配对，称为碱基对。它的顺序、数量和比例都是很稳定的，不受菌龄和外界条件的影响。因此，亲缘接近的同种、同属或同科的细菌，尽管表型性状多少有些不同，但它们 DNA 的 4 种碱基的比值不会有很大的变化。在鉴定中，若发现同一种或同一属的细菌的 4 种碱基比值出现了很大差别，就表明那些差别大的菌种的亲缘关系是很远的，不应纳入该种或该属内。但碱基对的特征毕竟只是一项指标，即使碱基对的数量或比例相同者也不一定是相同或相似的种属。因此在分类鉴定中，DNA 碱基的测定还必须与形态和生理生化方面的测定结合起来。由于细菌中 G 与 C 百分比值［即 G+C 占 4 种碱基总量的摩尔分数（mol%）］的变化幅度较大，为 27～75mol%，因此利用这一特征为细菌的分类指标更有实际意义。

（2）核酸杂交

当对双链 DNA 分子进行加热处理时，温度提高到一定程度双链即可解链成为两股单链 DNA（变性）；当温度再降到变性温度以下时，DNA 的两条互补链又可重新恢复为稳定的双链分子（复性）。根据这一原理，可以比较不同菌株之间 DNA 的碱基排列顺序。因此，核酸杂交方法可以用于考察两菌株的 DNA 单链相互形成双链的程度（同质程度），了解它们的亲缘关系的远近。操作时，用同位素标记一个菌株的 DNA 单链作为参考菌株，然后取另一个菌株的 DNA 单链与之杂交，若两菌株的 DNA 的碱基排列顺序相同，通过互补配对则可以形成双链 DNA 分子，说明这两个菌株是同源的；若只有部分区段的碱基排列可以互补，只能形成局部双链，则称这部分 DNA 是同源的。同源性越高，亲缘关系越相近，因此 DNA—DNA 杂交是细菌分类的可靠依据之一。

（3）核酸序列分析

16S rRNA 碱基测序，生物细胞中 rRNA 约占细胞 RNA 总量的 80%，rRNA 分子在生物体中普遍存在。随着核酸测序技术的迅速发展，RNA 测序越来越广泛地用于微生物分类研究中。现在主要用原核生物的 16S rRNA 序列和真核生物的 18S rRNA 碱基序列测定不同生物间的进化关系。这种小分子 rRNA 的许多区段是高度保守的，也含有变化的碱基序列，因此可以作为生物进化计时钟（chronometer），而且根据测序所获得的信息，通过一种称为进化枝学（cladistics）技术的分析，即可绘出生物真实的系统发育谱系图。

现在分子生物学方法日益受到重视，有人建议如果鉴定菌株的 16S rRNA 序列与其他已知细菌种的差别大于 3%，就应考虑是新种。因为两种细菌相同 16S rRNA 序列小于 97%时 DNA 杂交同源性会小于 70%，这是同种细菌的最低值。如果 16S rRNA 序列的差别大于 5%～7%，则可以考虑是新属（《布氏微生物生物学》第 9 版，2000）。当然，种的确定还应该同其他鉴定指标一起综合判断。

2.1.5 食品中常见的细菌

在日常生活、生产实践和科学研究中，人们经常利用细菌制造一些食品或药品，这些都是体现了细菌的有益方面。反之，食品也常常受到细菌的污染，甚至给人类带来危害。表 2-3 是食品中相对重要的细菌和原生动物的主要来源。

表 2-3　食品中相对重要的细菌和原生动物的 8 个来源

微生物	土壤和水	植物和植物产品	食品器皿、用具	人与动物的肠道	食品生产者	动物饲料	畜皮	空气和尘埃
细菌								
不动杆菌	××	×	×				×	×
气单胞菌	××[a]	×						
产碱菌	×	×	×	×			×	××
交替单胞菌	××[a]							
芽胞杆菌	××[b]	×	×		×	×	×	××
索丝菌		××	×					
弯曲杆菌				××	×			
肉杆菌	×	×	×					
柠檬素杆菌	×	××	×	××				
梭状芽胞杆菌	××[b]	×	×	×	×	×	×	××
棒杆菌	×	××	×				×	
肠杆菌	×	×	×	××	×	×	×	×
肠球菌	×	××	×					
欧文氏菌	×	×		××	×			
埃希氏菌	×	××					×	
黄杆菌	×	×		××			×	
哈夫尼菌	×	×	×		×		×	×
考克氏菌		××	×	×			×	
乳球菌		××	×	×			×	
乳杆菌		××	×	×			×	
明串珠菌	×	××		×	×	×	×	
李斯特氏菌	×	×	×		×	×	×	××
微球菌	×	×					×	
莫拉氏菌	××	×	×					××
类芽胞杆菌	×	×		×				
泛菌		××	×	×				
片球菌	×	×	×	×	×		×	
变形菌	××	×	×				×	
假单胞菌	××	×	×				×	
嗜冷杆菌				××		××		
沙门氏菌	×	×	×	×		×	×	
沙雷氏菌	×	×						
希瓦氏菌				××				
志贺氏菌				×	××			
葡萄球菌	××			××				
漫游球菌	××[b]			×				
弧菌		××	×					
魏斯氏菌	×	×		×				
耶尔森氏菌								

注：“××”表示为非常重要的来源；“a”表示主要为水中来源；“b”表示主要为土壤来源。

以下是食品中常见的菌属。

1. 乳酸菌（*Lactobacillus*）

乳酸菌是一类可发酵碳水化合物（主要指葡萄糖）主要产生乳酸的细菌通称。乳品工业中与食品关系密切的常见的乳酸菌属有：乳杆菌、双歧杆菌、肠球菌、乳球菌、明串珠菌等。乳酸菌分布广、种类多、繁殖快、极少致病性。

按照乳酸发酵产物可将乳酸菌分为两大类，即正（同）型乳酸发酵类菌和异型乳酸发酵类菌。正型乳酸发酵：发酵产物主要是乳酸，也就是理论上将糖类 100%地转化成了乳酸，菌种主要包括乳酸链球菌、保加利亚乳杆菌、德氏乳杆菌、嗜酸乳杆菌等。异型乳酸发酵：发酵产物除乳酸外，还有乙醇、乙酸、二氧化碳、甘油和氢气，发酵菌包括短乳杆菌、芽胞乳杆菌、大肠菌群类菌等。

（1）乳酸杆菌属（*Lactobacillus*）

形态特征：细胞形态以杆状为主的多样形，有长形、细长状、棒形、弯曲形、短杆状、球杆状等。一般排列成链，通常不运动。部分有周身鞭毛，能运动。G^+，无芽胞，有些菌株革兰氏染色呈两极性，内部有颗粒物或呈现出条纹状。

培养特性：微好氧性，在固体培养基上培养时，通常需厌氧条件或减少氧压、或充有 5%～10%的 CO_2，可增加其表面生长物，有些菌株在初次分离时就需厌氧条件。

生长温度：2～53℃，最适温度 30～40℃。该类菌的耐酸性较强，最适 pH 5.5～6.2。

生化特性：极少数菌株硝酸盐还原试验阳性；联苯胺试验、接触酶试验、明胶液化试验、酪素分解试验、硫化氢试验和吲哚试验均为阴性。DNA 中 G+C 含量为 32～53mol%（G 为鸟嘌呤，GTP；C 为胞嘧啶，CMP）。

（2）乳球菌属（*Lactococcus*）

乳球菌细胞为球形或卵圆形，单生、成对或链状。G^+，兼性厌氧菌，不运动。有时因细胞伸长似杆状，致使原来将某些乳球菌错误地划分到乳杆菌属内，例如，*Lactobacillus xylosus* 和 *Lactobacillus hordniae* 现已重新分类，分别作为乳酸乳球菌的两个亚种。通常不溶血，仅有某些乳酸乳球菌的菌株显示微弱的 α-溶血反应。所有的乳球菌通常能在 4%NaCl 的条件下生长，仅乳酸乳球菌乳脂亚种只耐 2%NaCl。乳球菌能在 10℃条件下生长，但不能在 45℃条件下生长，这是区分其和链球菌及肠球菌的特性。大多数的乳球菌能与 N 型抗血清起反应，从鸡粪和河水中分离的和 N 型抗血清起反应的某些运动菌株在遗传学方面与乳球菌、肠球菌及链球菌无密切关系。

（3）双歧杆菌属（*Bifidobacterium*）

本属菌属于不规则形的，G^+，专性厌氧菌。1974 年，《伯杰氏细菌鉴定手册》第 8 版将其作为正式确定为双歧杆菌属。

栖居环境：人和动物（牛、羊、兔、鼠、猪、鸡和蜜蜂等）的肠道内，反刍动物的瘤胃，人的牙齿缝穴、阴道和污水等处。除齿双歧杆菌（*Bifidobacterium dentium*）可能是病原菌外，其他种尚无致病性的报道。

形态特征。多样形态，短杆较规则形、纤细杆状带有尖细末端的、球形、长而稍弯曲状的、分枝或分叉形、棍棒状或匙形。排列方式有单个或链状、“V”形、栅栏状、凝聚成星状等。G^+，无抗酸性、无芽胞、不运动。

培养特性。厌氧，好氧条件下不能在固体平板上生长，但不同菌株对氧的敏感性有差异，某些种在有 CO_2 存在时能增加对氧的耐受性，大多数种培养在一个大气压下，含多量空气和 CO_2（90%空气、10%CO_2）的气相斜面上不能生长。

最适温度为 37～41℃，初始生长最适 pH 6.5～7.0。

生理生化特性：分解葡萄糖，产生乙酸、乳酸，二者的比例为 3∶2，当葡萄糖以独特的 6-磷酸果糖途径降解时，产生大量乙酸、少量甲酸和乙醇，且乳酸的产生量相对减少。不产生 CO_2（葡萄糖盐酸降解除外），不产生丁酸和丙酸，接触酶试验阴性（星状双歧杆菌、蜜蜂双歧杆菌例外）。

DNA 中 G+C 的含量为 55～67mol%。

模式种：两歧双歧杆菌（*Bifidobacterium bifidum*）。

（4）明串珠菌属（*Leuconostoc*）

分布较广，常常在牛乳、蔬菜、水果中发现。菌体呈圆形或卵圆形，链状排列，G^+。肠膜明串珠菌能利用蔗糖合成大量荚膜物质——葡聚糖，已被用来生产右旋糖酐，可作为血浆代用品的主要成分。但是，明串珠菌常因污染食品而造成麻烦，例如，牛乳的变黏；制糖工业中由于增加糖液的黏度，影响过滤，延长生产周期，降低产量。

2. 埃希氏杆菌属（*Escherichia*）

埃希氏杆菌属菌体细胞呈杆状，大小为（0.4～0.7）μm×（1.0～4.0）μm，通常单个出现，周身鞭毛，可运动或不运动，G^-，好氧或兼性厌氧，化能有机型。存在于人类及牲畜的肠道中，在水和土壤中也极为常见。

大肠杆菌（*Escherichia coli*）：大肠埃希氏菌，俗称大肠杆菌。

形态特征：符合埃希氏杆菌属特征。

培养特性：需氧或兼性厌氧，在普通琼脂培养基上生长良好，最适生长温度为 37℃，最适 pH 7.2～7.4。在普通琼脂（营养琼脂）培养基上生长 24h 后，形成的菌落为圆形、直径 2～3mm、近似灰白色、隆起、光滑、半透明、湿润、边缘整齐。在麦康凯琼脂培养基上培养 18～24h 后，形成红色菌落；在伊红亚甲蓝琼脂培养基上生长的菌落为黑色并带有金属光泽；在远藤氏培养基上培养，可形成红色带金属光泽的菌落。

生化特性：能发酵多种碳水化合物，产酸产气，绝大多数菌株能发酵乳糖，迟缓发酵或不发酵者仅为少数。约半数菌株能发酵蔗糖。硫化氢试验阴性，不分解尿素，乙酰甲基甲醇（V. P.）试验和柠檬酸试验阴性，甲基红（MR）和吲哚试验阳性。

致病性：根据大肠杆菌的致病机制，将其分为 4 个类型。

1）肠致病性大肠杆菌（EPEC），主要引起婴幼儿的腹泻。

2）侵袭性大肠杆菌（EIEC），可引起肠道局部性炎症和溃疡，与痢疾杆菌毒力相同。

3）产肠毒素大肠杆菌（ETEC），能产生肠毒素，引起霍乱样腹泻。

4）肠出血性大肠杆菌（EHEC），血清型为 O157∶H7，主要引起肠出血性大肠炎。O157∶H7 属于人体病原微生物，是一种能引发人出血性肠炎的病原菌，故又名出血性埃希氏大肠杆菌。它是一种扩散性的病原菌，可通过餐饮过程传播和污染。此传染病于 1982 年首次在美国报道，1984 年以来，日本曾发生过多次由该病原引起的中毒事件。在我国虽然未见有关肠出血性大肠杆菌（EHEC）疾病暴发的报道，但是，并不意味着没有 EHEC 存在。1987 年以来，我国北京、江苏、山东等地先后发生过 O157：H7 的感染。

5）肠道聚集黏附性大肠杆菌（EAEC），引起肠上皮细胞的炎性反应，导致水样腹泻。

6）产志贺样毒素大肠杆菌（ESTEC），主要引起儿童腹泻。

3. 沙门氏菌属（*Salmonella*）

形态为短杆状，G^-，不产生芽胞和荚膜，周身鞭毛，能运动，兼性厌氧，最适温度为 37℃，能分解葡萄糖产酸产气，不分解乳糖和蔗糖。该菌为人类重要的肠道病原菌，可引起肠道传染病或食物中毒。另外，志贺氏菌属（*Shigella*）的生物学特性及危害性与该菌基本相同。

4. 葡萄球菌属（*Staphylococcus*）

葡萄球菌广泛地分布于自然界中，如空气、饲料、饮水、地面及物体表面，人及畜禽的皮肤、黏膜、肠道、呼吸道及乳腺中也有寄生。

致病性葡萄球菌常引起各种化脓性疾患、败血症和脓毒败血症。当污染食品时，可引起食物中毒。

一般特性：葡萄球菌为圆形的细胞，直径 0.5～1.5μm，G^+，排列方式为单个、成对或葡萄串状，不形成芽胞和鞭毛，无运动性。某些葡萄球菌能形成荚膜或黏液层。细胞壁中含有肽聚糖和磷壁酸两种主要成分，还有蛋白质。由于菌株不同，磷壁酸可为甘油型或核糖醇型。

DNA 中 G+C 的含量为 30～40mol%。

分类：传统的分类法按照葡萄球菌所产生的色素共分为 3 种，即金黄色葡萄球菌（*Staphylococcus aureus*）、白色葡萄球菌（*Staphylococcus albus*）、柠檬色葡萄球菌（*Staphylococcus citreus*）。《伯杰氏细菌鉴定手册》第 8 版，根据其生理及化学组成，即脱氧核糖核酸 G+C 的含量、细胞壁的成分、在厌氧条件下生长及发酵葡萄糖的能力，列为微球菌科的一个属——葡萄球菌属。又将本属分为以下 3 个种：金黄色葡萄球菌（*Staphylococcus aureus*）、表皮葡萄球菌（*Staphylococcus epidermidis*）、腐生葡萄球菌（*Staphylococcus saprophyticus*）。

致病性：①金黄色葡萄球菌，可引起各种化脓性疾患，污染乳肉制品后引起食物中毒。因此，在公共卫生方面是一个重要的细菌。②表皮葡萄球菌，它是动物皮肤及黏膜的常在菌，是致病菌，主要是随金黄色葡萄球菌一起侵入机体后，可致动物化脓性炎症。还可引起心内膜炎、败血症等。另可产生肠毒素，引起食物中毒。③腐生葡萄球菌，广泛分布于自然界中，常存在于尿液、乳产品和动物体表。多数为非病原菌，少数菌株可引起尿道感染。

5. 假单胞杆菌属（*Pseudomonas*）

形态为直的或弯曲杆状，（0.5～1）μm×（1.5～4）μm，G^-，极生鞭毛，可运动，不生芽胞。需氧，化能有机营养菌。本菌在自然界分布很广。某些菌株具有很强的分解脂肪和蛋白质的能力，它们污染食品后，如果环境条件适宜，可在食品表面迅速生长，一般产生水溶性色素、氧化产物和黏液性物质，引起食品产生异味或变质。很多菌在低温下能很好地生长，导致冷藏食品腐败变质。例如，荧光假单胞菌在低温下可引起肉、乳及乳制品的腐败。

6. 醋酸杆菌属（*Acetobacter*）

醋酸杆菌的分布很普遍，一般从腐败的水果、蔬菜、果汁、变酸的酒类等食品中都能分离出醋酸杆菌。细菌细胞呈椭圆形杆状，G^-，排列成单个或链状，不生芽胞，运动或不运动，需氧。本属菌具有很强的氧化能力，可将乙醇氧化成乙酸。

本菌有两种类型的鞭毛：一种类型为周身鞭毛，可将氧化生成的乙酸进一步氧化成 H_2O 和 CO_2。另一种类型为极生鞭毛，不能进一步氧化乙酸。醋酸杆菌是制醋的生产菌株，另在日常生活中常常危害水果与蔬菜，使酒、果汁变酸。

7. 无色杆菌属（*Achromobacter*）

通常分布于水和土壤中，形态为短杆状，G^-，有鞭毛，能运动。多数能分解葡萄糖和其他糖类产酸而不产气，能使肉类和海产品变质、发黏。

8. 产碱杆菌属（*Alcaligenes*）

分布极广，主要存在于水、土壤、饲料和人畜的肠道内，形态为杆状，G^-，不能分解糖类产酸，能产生灰黄色、棕黄色或黄色色素。能使乳制品及其他动物性食品产生黏性而变质，并能在培养基上产碱。

9. 黄色杆菌属（*Flavobacterium*）

形态为杆状，G^-，有鞭毛，能运动，对碳水化合物的作用较弱，能在低温中生长。能产生脂溶性色素，颜色有黄、橙、红色等。具有较强的分解蛋白质的能力，可引起多种食品如乳、肉、蛋、鱼等发生腐败变质。

10. 变形杆菌属（*Proteus*）

分布于泥土、水、人和动物的粪便中，G^-，有鞭毛，能运动。有极强的分解蛋白质的能力，是食品的腐败菌，并且可以引起人类的食物中毒。

11. 芽胞杆菌属（*Bacillus*）

在自然界分布极广，尤其常见于土壤和水中。细菌为杆状，有些很大，（0.3～2.2）μm×（1.2～7.0）μm，排列为单个、成对或短链状，G^+，端生或周生鞭毛，运动或不运动，好氧或兼性厌氧。可形成芽胞，芽胞具有一定的对热的抵抗力，因此，是食品工业中经常出现的污染菌。例如，蜡样芽胞杆菌污染食品后，引起食品变质，还可引起食物中毒。枯草芽胞杆菌常造成面包腐败。但它们产生蛋白酶的能力较强，经常作为蛋白酶的生产菌种。炭疽杆菌能引起人畜共患的烈性传染病——炭疽病。

12. 梭状芽胞杆菌属（*Clostridium*）

梭状芽胞杆菌为 G^+厌氧杆菌，是引起罐装类食品腐败的主要菌种。例如，解脂嗜热梭状芽胞杆菌可分解糖类，引起罐装水果、蔬菜等食品的产气性变质；腐败梭状芽胞杆菌，可引起蛋白质食物的变质；肉毒杆菌，形成的芽胞位于菌体的中央或极端，芽胞耐热性极强，能产生很强的毒素，是肉类罐装食品最重要的有害菌。

13. 微球菌属（*Micrococcus*）

在自然界分布很广，从土壤、水、人和动物体表都可以分离到。形态为小球状，G^+，菌落呈黄色、淡黄色、绿色或橘红色。需氧或兼性厌氧。属于非致病菌，污染食品后可引起变色。该菌有耐热性和较高的耐盐性，有些菌可在低温下生长，故可引起冷藏食品的腐败变质。

14. 链球菌属（*Streptococcus*）

菌体细胞为球形、卵形。排列成短链或长链，G^+，很少有运动性，化能异氧型。好氧或兼性厌氧。该菌当中的一些是人类或家畜的病原菌。例如，酿脓链球菌可从人类的口腔、喉、呼吸道、血液等有炎症的地方或渗出物中分离出来，是机体发红发烧的病原，是溶血性的链球菌。乳房链球菌、无乳链球菌是引起牛乳房炎的病原菌，有些也是引起食品变质的腐败菌。

2.2 古生菌

古生菌（Archaea），又称为古细菌（Archaebacteria）或称古菌，是一个在进化途径上很早就与真细菌和真核生物相互独立的生物群，主要包括一些独特生态类型的原核生物。它们在生物化学和大分子结构方面与真核生物和真细菌都有明显的差异。古细菌一词是美国人 Woese（沃斯/伍斯）于 1977 年首先提出来的。

1977 年，Woese 以 16S rRNA 和 18S rRNA 的寡核苷酸序列比较为依据，提出独立于真细菌和真核生物之外的生命的第 3 种形式。随着分子数据的增加，并比较其同源性水平后，提出了不同于以往生物界级分类的新系统，即生命的三域学说（three domains theory）。三域是指细菌域（Bacteria）、古生菌域（Archaea）和真核生物域（Eukarya）。古生菌在分类地位上与真细菌和真核生物并列，并且在进化谱系上更接近真核生物。在细胞构造上与真细菌较为接近，同属原核生物。

2.2.1 生命三域学说的提出及古菌在生物界中的地位

多年来科学界一直认为地球上细胞生物由原核生物和真核生物两大类组成。1977 年，Woese 等在研究了 60 多种不同细菌的核糖体小亚基 16S rRNA 核苷酸序列后，发现产甲烷细菌的序列奇特，认为这是地球上细菌生物的第 3 种生命形式。由于这类具有独特基因结构或系统发育的单细胞生物，通常生活在地球上极端的环境（如超高温、高酸碱度、高盐）或生命出现初期的自然环境中（如无氧状态），因此把这类生物命名为古细菌。

Woese 之所以选择 16S rRNA 作为研究生物进化的大分子，是因为它具有如下特点：①作为合成蛋白质的必要场所，16S rRNA 存在于所有生物中并执行相同的功能。②素有细菌“活化石之称”，具有生物分子计时器特点，进化相对保守，分子序列变化缓慢，能跨越整个生命进化过程。③分子中含有进化程度不同的区域，可用于进化程度不同的生物之间的系统发育研究。

1987 年，Woese 根据 16S rRNA 核苷酸序列分析为主的一系列研究结果，将原核生物区分为两个不同的类群，并由此提出生物分类的新建议，将生物分为 3 个原界（Kingdom），即生命由真细菌（Eubacteria）、古细菌（Archaebacteria）和真核生物（Eucaryote）构成。因此生物的发展不是一个简单的由原核生物发展到更为复杂的真核生物的过程，生物界明显地存在 3 个发展不同的基因系统，现代生物都是从一个共同祖先——前细胞（pre-cell）分 3 条线进化形成的，并构成有根的生物进化总系统发育树（图 2-23）。1990 年，Woese 为了避免人们将 Eubacteria 和 Archaebacteria 都误认为细菌，建议将 Eubacteria（真细菌）改名为 Bacteria（细菌）；将 Archaebacteria（古细菌）改名为 Archaea（古生菌或古菌）。同时将 Eucaryote 改名为 Eukarya。这样上述三大类生物（界）改称为 3 个域（domain），成为生物学的最高分类单元。之后人们研究了其他序列保守的生命大分子（如 RNA 聚合酶亚基、延伸因子 EF-Tu、ATPase 等），其研究结果也都支持 Woese 的生命三域说。

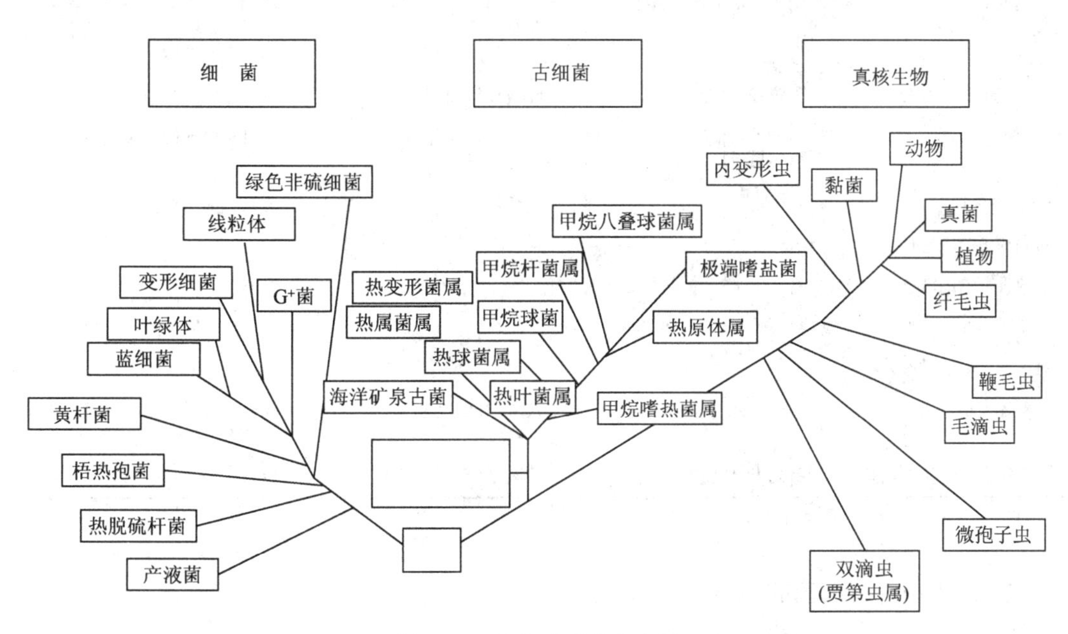

图 2-23　生物总系统发育树

根据 16S rRNA 序列比较绘制，《布氏微生物生物学》，2000

2.2.2　古生菌与细菌、真核生物的异同

尽管古生菌在菌体大小、结构及基因组结构方面与细菌相似。但其在遗传信息传递和可能标志系统发育的信息物质方面（如基因转录和翻译系统）却更类似于真核生物。因而目前普遍认为古生菌是细菌的形式，是真核生物的内涵。

古生菌细胞具有独特的细胞结构，其细胞壁的组成、结构，细胞膜类脂组分，核糖体的 RNA 碱基序列，以及生命环境等都与其他生物有很大区别，生活在多种极端环境中。3 个生命域中唯有细菌域具有细胞质（肽聚糖），其他两个域中都未发现细胞质；古生菌域中细胞质的缺乏和多种类型细胞壁和细胞外膜多聚体的存在，成为两个原核生物域之间最早的生物化学区分指标之一。

1. 3 类生物主要特征的比较

古细菌的 16S rRNA 与真核生物的 16S rRNA 在序列上比古细菌与真细菌的更为接近。这说明古细菌核酸分子版本（version）比另外两个版本中的一个或两个更接近于共同祖先——始祖生物的版本。表 2-4 列出了真细菌、古细菌和真核生物三者的异同。

表 2-4　真细菌、古细菌和真核生物细胞的主要区别特征

特征	真细菌	古细菌	真核生物
细胞大小	通常 1μm 左右	通常约 1μm	通常为 1μm 或更大
细胞结构	原核	原核	真核
细胞壁	一般有，常含有胞壁酸	一般有，无胞壁酸和 D-氨基酸	动物细胞无壁，植物、真菌多样化，有纤维素、几丁质等，无胞壁酸
细胞膜中类脂组分	脂肪酸、甘油酸、固醇	醚链连接类异戊二烯	甘油脂肪酸，通常含有固醇
基因组	一个环状染色体（不具有核膜）和质粒	一个环状染色体（不具有核膜）和质粒	具有核膜的线状染色体
RNA 聚合物	4 个亚基	复杂，多个亚基（9～12）	复杂，多个亚基（12～15）
对利福平的敏感性	+	–	–
对茴香霉素的敏感性	–	+	+
对氯霉素的敏感性	+	–	–
对白喉毒素的敏感性	–	+	+
核糖体大小	70S（30S、50S）	70S（30S、50S）	80S（40S、60S）（细胞器中 70S）
蛋白质合成开始的氨基酸	甲酰甲硫氨酸	甲硫氨酸	甲硫氨酸

注：“+”表示敏感，“–”表示不敏感。

2. 古生菌与真细菌的主要区别

Woese 认为所有细胞生物划分为原核和真核两大类型曾长期妨碍许多生物学家把古细菌与真细菌从本质上区别开。人们虽然认为这两类生物非常不同，但仍然坚持把它们同归于原核生物界，甚至有共同后缀——“细菌（bacteria）”，也给人们以同一大类的印象。任何这种想法和感觉都会干扰人们对真细菌和古细菌关系的深刻理解。因此，强调这两类细菌的区别是很重要的。

1）在形态学上，古细菌有扁平直角几何形状的细胞，而在真细菌中从未见过，意味着两者在细胞建造上的根本区别。

2）在中间代谢上，古细菌有独特的辅酶。如产甲烷菌含有 F_{420}、F_{430} 和辅酶 M（CoM）及 B 因子。

3）在有无内含子（intron）上，许多古细菌有内含子。

4）在膜结构和成分上，古细菌膜含二醚而不是酯，其中甘油以醚键连接长链碳氢化合物异戊二烯，而不是以酯键同脂肪酸相连。

5）在基因调节机制上，未发现过古细菌具有真细菌那样的基因调节机制。

6）在生境上，古细菌喜高温，而绝大多数真细菌不是好热型的。

7）在呼吸类型上，严格厌氧是古细菌的主要呼吸类型。

8）在代谢多样性上，古细菌单纯，不似真细菌那样多样性。

9）在分子可塑性（molecular plasticity）上，古细菌比真细菌有较多的变化。

10）在进化速率上，古细菌比真细菌缓慢，保留了较原始的特性。

2.2.3　古生菌的细胞

1. 古生菌的细胞形态

古生菌细胞的形态包括球形、裂片状、螺旋形、片状或杆状，也存在单细胞、多细胞的丝状体和聚集体，其单细胞的直径为 0.1～15μm，丝状体长度可达 200μm。其形态见图 2-24。

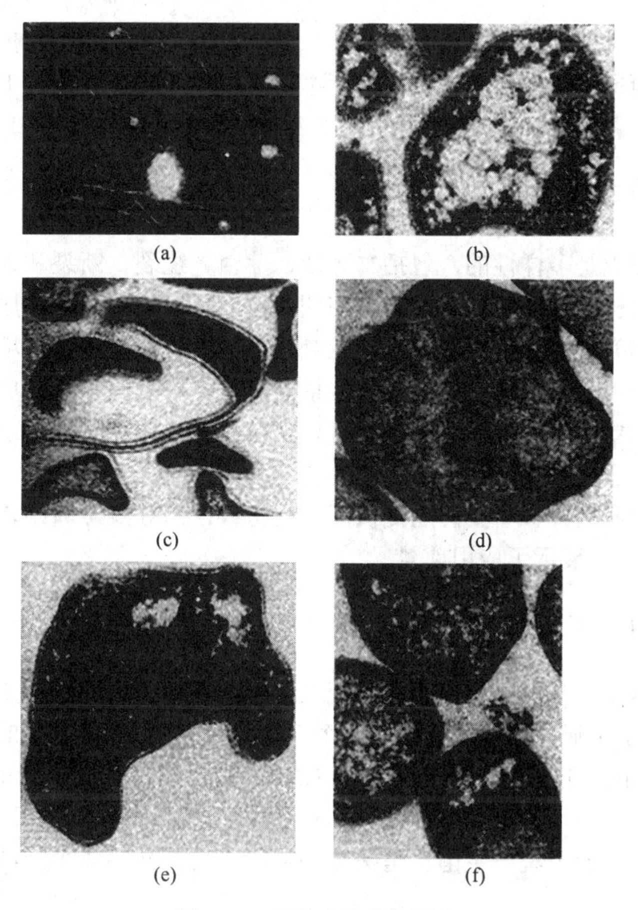

(a)　(b)　(c)　(d)　(e)　(f)

图 2-24　几种古生菌的形态

古生菌菌落颜色有红色、紫色、粉红色、橙褐色、黄色、绿色、绿黑色、灰色和白色。

2. 古生菌的细胞结构与功能

古生菌独有特性是在细胞膜上存在聚异戊二烯甘油醚类脂（甘油以醚键连接异戊二烯）；细胞壁骨架为蛋白质或假肽聚糖，且缺乏胞壁酸（肽聚糖中），不像细菌那样都有共同的细胞壁多聚体——胞壁质，而且衍生出多样化的细胞被膜。在古生菌同一目中，由于其不同类型的细胞壁，革兰氏染色结果可以是阳性或阴性的。革兰氏染色阳性菌种具有假磷壁酸（假肽聚糖）、甲酸软骨素和杂多糖组成的细胞壁，而革兰氏阴性菌种则具有由晶体蛋白或糖蛋白亚单位（S 层）构成的单层细胞膜被（表面）。假肽聚糖与肽聚糖的差别在于它的聚糖链是由 *N*-乙酰氨基糖（氨基葡萄糖或氨基半乳糖）和 *N*-乙酰-L-氨基塔洛糖醛酸以 β（1→3）键结合组成，交联聚糖链的亚单位通常由连续的 3 个 L-氨基酸（Lys、Glu、Ala）组成。而肽聚糖是由 *N*-乙酰葡糖胺、*N*-乙酰胞壁酸交替连接构成骨架，交联聚糖链的短肽是由 L-丙氨酸、D-谷氨酸、L-赖氨酸和 D-丙氨酸组成。有些古生菌能生活在多种极端环境中，可能与其特殊细胞结构、化学组成及体内特殊酶的生理功能等有关。

另外，古生菌有其独特的辅酶，如产甲烷菌含有 F_{420}、F_{430} 和辅酶 M（CoM）及 B 因子。古生菌代谢途径单纯，不似细菌那样多样性，在二氧化碳固定上古生菌未发现有卡尔文循环，许多古生菌有内含子（intron），从而否定了“原核生物没有内含子”之说。

2.2.4　古生菌的繁殖及生活特征

古生菌的繁殖也是多样性的，包括二分裂、芽殖、缢裂、断裂和未明的机制。古生菌多生活在地球上极端的环境或生命出现初期的自然环境中，主要栖居在陆地和水域，存在于超高温（100℃以上）、高酸碱度、无氧或高盐的热液或地热环境中；有些菌种也作为共生体而存在于动物消化道内。它们包括好氧菌、厌氧菌和兼性厌氧菌，其中严格厌氧是古生菌的主要呼吸类型；营养方式有化能自养型、化能异养型或兼性营养型；古生菌喜高温（嗜热菌），但也有中温菌。这些都为研究生物的系统发育，微生物生态学及微生物的进化、代谢等许多重要问题提供了实验材料；为寻找全新结构的生物活性物质（如特殊的酶蛋白）等展示了应用前景。

2.2.5　古生菌的代表属种

根据 16S rRNA 碱基测序所推断的系统发育树，古细菌原界包括 3 个主要类群。在《伯杰氏系统细菌学手册》第 2 版介绍了两个门，分为 6 纲 12 目。有的古细菌尚不能在实验室纯培养，只能从自然环境中提取细胞 DNA，进行核酸杂交来确定其类别。系统发育类群和生理群之间不很一致，有的种类具有几种突出生理特征，如硫酸盐还原古细菌也是极端嗜热菌，有的甲烷产生菌也是极端嗜热的。这里介绍 4 个类群。

1. 产甲烷菌

产甲烷菌是一群严格厌氧的微生物。它们通常生长在与氧气隔绝的水底、反刍动物的瘤胃和厌氧消化器中，能在利用 H_2 还原 CO_2 生成甲烷时获得能量生长。除利用简单的 C_1 化合物（甲酸、甲醇、甲胺）和乙酸盐外，它们不分解代谢糖类和蛋白质及 C_3 以上的有机物。甲烷产生菌的细菌中含有特殊的辅酶 F_{420}，在荧光显微镜下镜检时，甲烷产生菌有自发荧光，这是识别甲烷产生菌的一个重要方法。

这类微生物的代表是甲烷杆菌属（*Methanobacterium*），它的主要特点是：细胞呈弯曲至直的杆状或长丝状，宽 0.5～1.0μm，不形成芽胞，产生菌毛，不运动［图 2-24（a）］。革兰氏染色反应不定。严格厌氧菌。嗜中温种最适生长温度为 37～45℃，嗜热种为 55℃或更高。通过将 CO_2 还原成 CH_4 从而获得能量生长，电子供体限于 H_2、甲酸和 CO。氨为唯一氮源，硫化物可作为硫的来源。甲烷产生菌各代表种的特征见第 9 章 9.1。

2. 极端嗜盐菌

这些细胞在盐湖和晒盐场等高盐环境中普遍存在，在用晒制粗盐腌制的食品中也常见。按照公认的定义，极端嗜盐菌最少需要 1.5mol/L（约 9%）NaCl 才能生长，大多数种类最适生长的盐浓度为 2～4mol/L（12%～25%），所有种类均能在 5.5mol/L NaCl 的饱和浓度下生长。当然，有的种类这时生长很慢。

极端嗜盐古细菌的细胞呈杆状或球状。其主要特点是细胞膜上存在细菌视紫红质（bacteriorhodopsin），它具有利用光能驱动质子泵的作用，故极端嗜盐细菌利用质子梯度所产生的能量合成 ATP。

该类古细菌的典型代表是盐杆菌属（*Halobacterium*），其主要特征为：在最适条件下生长时，细胞呈杆状，（0.5～1.2）μm×6.0μm。在老的液体培养基和固体培养基上生长时，常出现多形性，为弯曲和膨大的杆状、棒槌形、球形，未发现有休眠期，革兰氏染色阴性，以丛生鞭毛运动，有的菌株有气泡，细胞以缢缩分裂方式繁殖。大多数菌株严格好氧，但有的兼性厌氧。生长需要镁离子（5～50mmol/L），在蒸馏水中细胞能溶解。生长最适温度为 35～50℃，最高温度为 55℃，最低温度为 15～20℃，在 pH 5.5～8.5 条件下生长，化能异养。生长需要氨基酸。大多数菌株分解蛋白质。

3. 极端嗜热菌

这类古细菌的突出特性是偏喜高温，能够在水的沸点之上的温度中生活。最适温度在 80℃以上，有的种类最适温度为 105℃，如热网菌属（*Pyrodictium*）。它们分布在火山地区、富硫温泉和泥沼地、含元素硫和硫化物的水体中，有的生境温度可达 100℃以上。这种高热的富硫生境称为热硫滩（solfatacas），从微碱性到强酸性，有的地点达 pH 1 以下，因地质情况而异。这类细菌还存在于地热厂排出的沸水中，绝大多数为专性厌氧菌。化能有机营养型和化能无机营养型的种类均有，许多属种是兼性营养菌。元素硫（S^0）既可以作电子受体又可以作电子供体。化能有机营养极端嗜热古细菌在无氧条件下以 S^0 作电子受体氧化各种有机物质，化能无机营养型的菌以 H_2 作能源。有的菌以 H_2 作电子供体时可以进行好氧生长。化能无机营养方式还包括：氧化 H_2 或 Fe^{2+}，同时还原 NO_3^-，产生 NO_2，最后形成 N_2 或 NH_4^+，如热叶菌属（*Pyrdobus*）和铁叶菌属（*Ferroglobu*）。因此极端嗜热古细菌能以不同呼吸方式获得能量，但是在很多情况下元素硫起关键作用，因为它有电子供体和电子受体双重作用。这类古细菌在自然界硫素循环中起重要作用。

已研究的极端嗜热古细菌主要是从火山地区分离的，包括陆地和海洋。在形态上，不同属种差别很大，除了一般杆状和球状外，还有圆盘状、不规则球状、圆盘上带附丝、杆状外面有包被等，显示细菌外形的多样性。

2.3　其他原核细胞型微生物

2.3.1　放线菌

放线菌是真细菌的一个大类群。革兰氏阳性，在《伯杰氏系统细菌学手册》中属厚壁菌门、放线菌纲。它们是具多核的单细胞原核生物。比较原始的放线菌细胞是杆状分叉或只有基质菌丝没有气生菌丝。典型的放线菌除发达的基质菌丝外，还有发达的气生菌丝和孢子丝（图 2-25）。放线菌在自然界分布很广，在水、土壤及空气中都可存在。绝大多数是腐生，很少有寄生。放线菌在抗生素工业生产中非常重要，目前使用的抗生素大部分是通过放线菌来生产的。

图 2-25　放线菌的形态

1. 营养菌丝；2. 气生菌丝；3. 孢子丝；4. 孢子

1. 放线菌的个体形态特征

放线菌菌体由分枝状菌丝组成，菌丝无隔膜，为多核（原核）单细胞菌丝，菌丝较细，与球菌的直径相似，G^+。放线菌细胞壁含有胞壁酸和二氨基庚二酸。放线菌的菌丝按其形态与功能的不同，可分为 3 种类型。

基内菌丝。生长于培养基之中吸收营养成分的菌丝，又称基质菌丝、营养菌丝，是紧贴固体培养基表面并向培养基里面生长的菌丝。能产生黄、橙、红、紫、蓝、绿、灰、褐、黑等色素或不产色素。色素脂溶性或水溶性，水溶性色素在培养过程向培养基中扩散可使菌落周围培养基呈现颜色。

气生菌丝。当基内菌丝发育到一定阶段时，自培养基表面向空气中生长的菌丝，有波曲、螺旋、轮生等各种形态。

孢子丝。气生菌丝发育到一定阶段，在气生菌丝上分化出可形成孢子的菌丝，称为孢子丝。放线菌孢子丝类型见图 2-26。

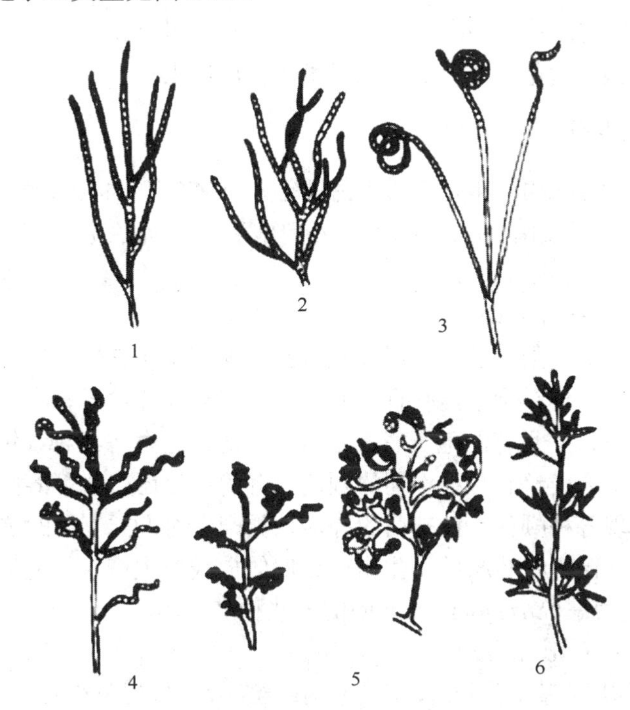

图 2-26　放线菌孢子丝类型

1. 直形；2. 波浪形；3. 螺旋状；4. 松螺旋；5. 紧螺旋；6. 轮生

2. 放线菌的菌落特征

放线菌的菌落呈放线状，故名放线菌。菌落由菌丝体组成，菌丝分枝相互交织缠绕，形成质地致密、表面为较紧密的绒状（或者坚实、干燥、多皱）、体小而向外延伸的菌落。

放线菌的菌落特征因种而异，大致分为两类：一类是以链霉菌为代表，其早期菌落类似细菌，后期由于气生菌丝和分生孢子的形成而变成表面干燥、粉粒状并常有辐射皱褶的菌落。菌落一般小、质地较密、不易挑起，并常有各种不同的颜色。另一类以诺卡氏菌为代表，菌落一般只有基质菌丝，结构松散、黏着力差、易于挑起，也有特征性的颜色。

3. 放线菌的繁殖

放线菌主要通过形成无性孢子的方式进行繁殖。在液体培养基中，放线菌也可通过菌丝断裂而形成新菌体，起到繁殖作用。放线菌的孢子有球形、椭圆形或瓜子形等各种形状，孢子呈白、黄、绿、淡紫、粉红、蓝、褐、灰等颜色。

一般孢子形成方式有 3 种。

1）凝聚分裂在孢子丝中：从顶端的基部细胞质起，分段围绕核物质凝聚成一串大小相似的小段，然后每小段的外面产生新的孢子壁，最后形成圆形或椭圆形的孢子，孢子成熟后被释放出去。大部分放线菌是以此种形式产生孢子的。

2）横隔分裂：孢子丝发育到一定阶段，在其中形成横隔膜，待成熟后在横隔膜处断裂形成孢子。

3）产生孢子囊：有些放线菌，在气生菌丝、基内菌丝上形成孢子囊，又在孢子囊内产生孢子囊孢子，孢子囊孢子成熟后从孢子囊内释放出来。

4. 放线菌的代表属

关于放线菌的分类根据中国科学院微生物研究所，1975 年，将放线菌目下分 6 个科，即放线菌科、链霉菌科、嗜皮菌科、寡胞菌科（小单孢菌科）、弗兰克氏菌科和游动放线菌科。

常见放线菌代表种如下。

（1）链霉菌属（*Streptomyces*）

链霉菌在固体培养基上生长时，形成发达的基内菌丝和气生菌丝。气生菌丝生长到一定阶段分化产生孢子丝，孢子丝有直、波曲、螺旋形等各种形态。孢子有球形、椭圆形、杆状等各种形态，并且有的孢子表面还有刺、疣、毛发等各种纹饰（图 2-27）。链霉菌的气生菌丝和基内菌丝有各种不同的颜色，有的菌丝还产生可溶性色素分泌到培养基中，使培养基呈现各种颜色。链霉菌的许多种类产生对人类有益的抗生素。链霉菌属是抗生素的主要生产菌，约 90%的抗生素由该属的放线菌生产。如链霉素、红霉素、四环素等都是由链霉菌属（*Streptomyces*）中的一些种产生的。

（2）诺卡氏菌属（*Nocardia*）

诺卡氏菌在固体培养基上生长时，只有基内菌丝，没有气生菌丝或只有很薄的一层气生菌丝，靠菌丝断裂进行繁殖（图 2-28）。诺卡氏菌属用于石油脱蜡、烃类发酵等，有些种也可产生抗生素。对结核分枝杆菌和麻风分枝杆菌有特效的利福霉素就是由该属菌产生的。

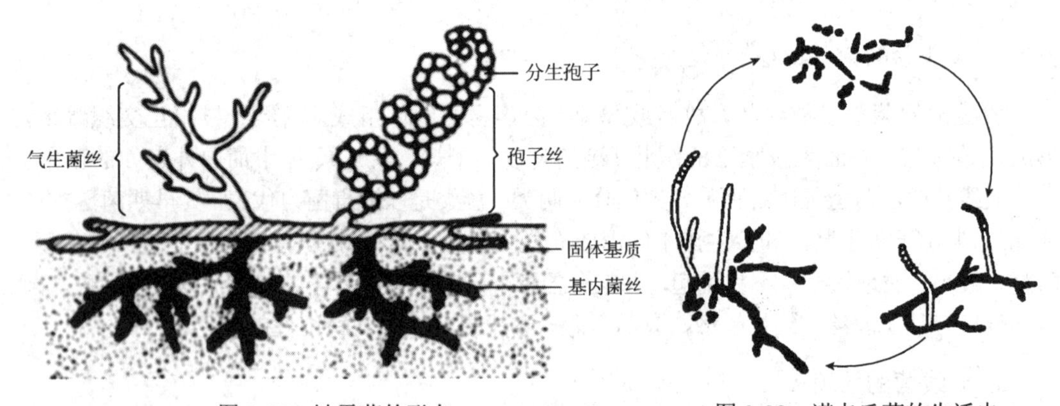

图 2-27　链霉菌的形态　　　　图 2-28　诺卡氏菌的生活史

（3）小单孢菌属（*Micromonospora*）

菌丝体纤细，只形成基内菌丝，不形成气生菌丝，在基内菌丝上长出许多小分枝，顶端着生一个孢子（图 2-29）。此属也是产生抗生素较多的一个属，如庆大霉素就是由该属的降红小单孢菌（*Micromonospora purpurea*）和棘抱小单孢菌（*Micromonaspora echinospora*）产生的。

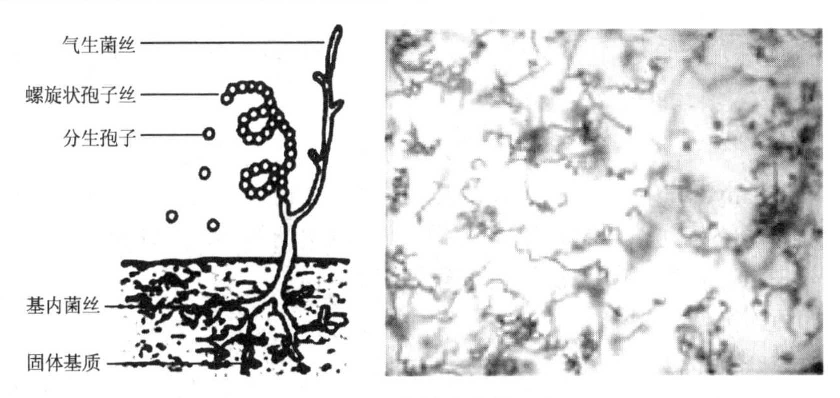

图 2-29　小单孢菌的形态

（4）链孢囊菌属（*Streptosporagium*）

本属菌有不少种可产生抗生素，例如，分红链孢囊菌，可产生抑制 G^+和 G^-细菌、病毒及肿瘤的多霉素。

（5）放线菌属（*Actinomyces*）

本属菌多为致病菌，如引起牛颚肿病的牛型放线菌。

2.3.2　蓝细菌

蓝细菌（cyanobacteria），细胞为蓝绿色。在以前的分类中，蓝细菌隶属于蓝绿藻，后来发现其细胞核是原核，不是像其他藻类的核都是真核，因此将其确立为原核生物界，称为蓝细菌。分布很广，在淡水、海水和土壤内都有。可利用少量湿气和日光生活，有些也可固定大气氮作为代谢的氮源。

2.3.3　螺旋体

螺旋体（spirochetes）是原核生物中的一个独立的类群，形态呈螺旋状，大小为（0.09～0.75）μm×（2.0～500）μm，G^-，有鞭毛，可运动，通过螺旋横向二分分裂繁殖，厌氧或兼性厌氧，寄生或腐生，腐生分布于淡水、海水、污水、沼泽、动物器官等中；寄生分布于昆虫消化道，人类、猿类、猪、狗、鼠等的大肠上皮细胞，人类的口腔等中。最重要的寄生性螺旋体有两种，即密螺旋体和疏螺旋体，密螺旋体存在于人类和动物的肠道、口腔和生殖道内，该螺旋体是诱发人类接触性和先天性梅毒的病原体。

2.3.4　支原体

支原体（mycoplasmas），又名霉形体、类菌质体，分布于土壤、污水、昆虫、脊椎动物及人体中，是介于细菌和立克次氏体之间的微生物。最早从牛的传染性胸膜肺炎患畜体内分离出来，其个体很小，是已知可自由生活的最小生物，也是最小的原核生物。支原体无细胞壁，因此细胞柔软且高度多形性，在同一培养基中，常出现球状、长短不一的丝状和分枝状，大小为（0.2～0.25）μm×150μm，G^-，大多数以二分分裂繁殖。可在营养丰富的人工培养基上生长。多数是人和动物呼吸道疾病的病原体。

2.3.5 衣原体

衣原体（chlamydia）的形态、构造、大小、染色特性等都同立克次氏体。仅能在细胞质内繁殖，G^-，不运动，一般为球状，体积较立克次氏体小，直径为0.2～1.5μm，化学组成包括蛋白质、核酸、脂类和多糖。属病原微生物。

2.3.6 立克次氏体

立克次氏体（rickettsia），Ricketts于1909年研究落基山斑疹热时发现此病原菌。次年他感染斑疹伤寒而丧命，为纪念他，把这类病菌命名为立克次氏体。立克次氏体比细菌小，一般为（0.3～1.0）μm×（0.2～0.5）μm，基本形态为球状和杆状，在不同宿主中或不同发育阶段表现出不同形态，如球状、双球状、杆状和丝状。除Q热立克次氏体外，其余均不能通过细菌滤器。繁殖方式为二分分裂式。立克次氏体的致病性很强，是引起人类斑疹伤寒的病原体。

思考题

1. 概念及名词解释：菌落、荚膜、芽胞、鞭毛、纤毛、菌株、双名法、乳酸菌、大肠菌群。
2. 细菌有哪些基本形态？
3. 简述革兰氏阳性菌与革兰氏阴性菌细胞壁化学组成的异同。
4. 阐述细菌的特殊结构。
5. 何谓乳酸发酵？
6. 细菌生长繁殖的条件是什么？
7. 为什么芽胞具有较强的抵抗力？
8. 论述乳杆菌属、埃希氏杆菌属、葡萄球菌属的主要特性。
9. 简述大肠杆菌的致病性。
10. 细菌分类鉴定的方法有哪些？
11. 论述细菌革兰氏染色的方法与原理。
12. 古生菌与真细菌的主要区别是什么？

参考文献

董明盛, 贾英民. 2006. 食品微生物学. 北京: 中国轻工业出版社.
樊明涛, 赵春燕, 雷晓凌. 2011. 食品微生物学. 郑州: 郑州大学出版社.
何国庆, 贾英民, 丁立孝. 2009. 食品微生物学. 北京: 中国农业大学出版社.
江汉湖. 2002. 食品微生物学. 北京: 中国农业出版社.
李阜棣, 胡正嘉. 2000. 微生物学. 北京: 中国农业出版社.

李平兰. 2011. 食品微生物学教程. 北京：中国林业出版社.

刘慧. 2011. 食品微生物学. 北京：中国轻工业出版社.

沈萍，陈向东. 2006. 微生物学. 北京：高等教育出版社.

杨苏声. 1997. 细菌分类学. 北京：中国农业大学出版社.

Md Fakruddin1, Reaz Mohammad Mazumder, Khanjada Shahnewaj Bin Mannan. 2011. Predictive microbiology: Modeling microbial responses in food. Ceylon Journal of Science (Bio Sci.), 40 (2): 121-131.

Newell DG, Koopmans M, Verhoef L, et al. 2011. Food-borne diseases-the challenges of 20 years ago still persist while new ones continue to emerge. International Journal of Food Microbiology, 145 (2-3): 493.

Tom McMeekin, John Bowman, Olivia McQuestin, et al. 2008. The future of predictive microbiology: Strategic research, innovative applications and great expectations. International Journal of Food Microbiology, 128: 2-9.

第3章　真核细胞型微生物

概述

通常把具有明显核膜、能进行有丝分裂、细胞质中含有线粒体等多种细胞器的一大类微生物称为真核微生物，主要包括属于菌物界的真菌（fungi）、植物界的显微藻类（algae）和动物界的原生动物（protozoa）及黏菌（myxomycota）、假菌（chromista）等，其中真菌是最重要的真核微生物，和食品工业的关系也特别密切，单细胞的酵母（yeast）和丝状的霉菌（mould 或 mold）在食品工业中的应用范围很广。

3.1　酵母菌

酵母菌不是生物学上的分类术语，通常是能发酵糖类、一般以芽殖或裂殖进行无性繁殖的单细胞真菌的统称。一般不形成分枝，但有些芽殖速度特别快的酵母菌，子细胞还没有脱离母细胞的时候又开始芽殖，多个细胞连接起来，形成一种类似的菌丝结构，通常把这种菌丝称为假菌丝。少数酵母菌可以产生子囊孢子进行有性繁殖。

酵母菌分布广泛、种类繁多，因其喜偏酸性、含糖较多的环境，所以在生产水果、蔬菜、花蜜的环境及有类似环境的植物叶子上，分布的酵母菌种类较多，如果园、葡萄园的上层土壤中含有大量的酵母菌。大多数为腐生，有的酵母菌与动物特别是昆虫共生，如球拟酵母菌属（*Torulopsis*）存在于昆虫肠道、脂肪体及其他内脏中，也有少数种类寄生，引起人、动物、植物的病害。酵母菌已知约有 56 个属 500 多种，分属于子囊菌亚门、担子菌亚门和半知菌亚门。

酵母菌的基本特点是：①多数为单细胞；②主要以出芽的形式进行繁殖，可能形成假菌丝结构；③可以厌氧发酵糖类产生乙醇；④细胞壁含有甘露聚糖；⑤多在含糖量较高的偏酸性环境中生活。

3.1.1　酵母菌的形态结构

1. 酵母菌的个体形态及大小

酵母菌大多数为单细胞，形状因种而异，其基本形状为球形、卵圆形和圆柱形。有些酵母菌形状特殊，可呈柠檬形、瓶形、三角形、弯曲形等（图 3-1）。有的酵母菌，例如，热带假丝酵母，在无性繁殖过程中子细胞不与母细胞脱离，其间以极狭小的面积相连，形成藕节状的细胞串，称为“假菌丝”（图 3-2）。该丝状结构与霉菌的丝状结构不同，霉菌细胞与细胞相连的横隔面与细胞直径基本一致，而酵母细胞之间相连的部分较细。

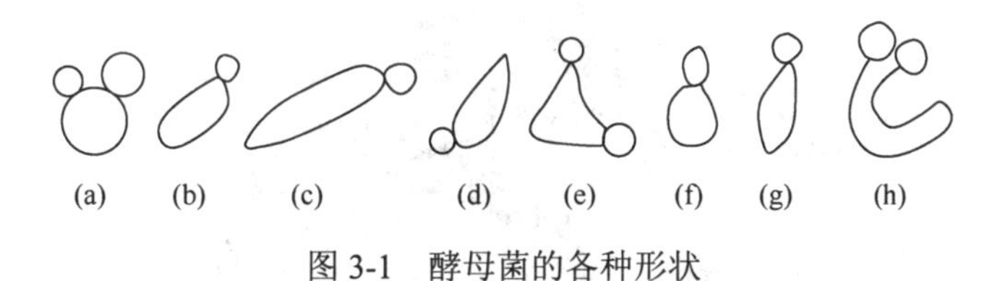

图 3-1　酵母菌的各种形状

（a）球形；（b）卵圆形；（c）长形；（d）尖顶形；（e）三角形；（f）长颈瓶形；（g）柠檬形；（h）弯曲形

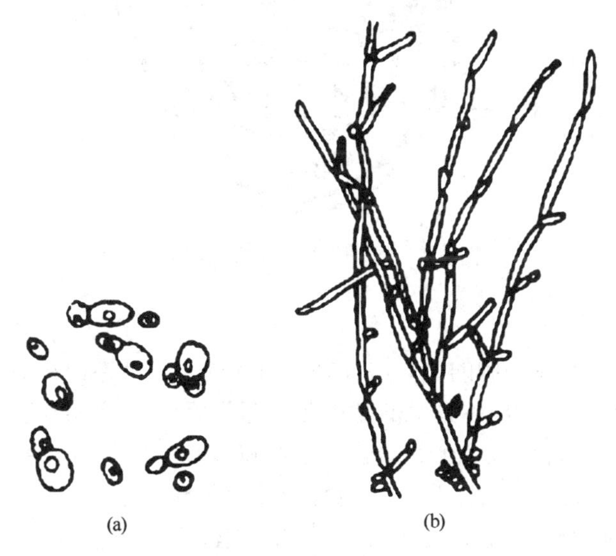

图 3-2　热带假丝酵母

（a）营养细胞；（b）假菌丝

不同种类的酵母菌的大小有一定的差别，个体一般为（1～5）μm×（5～30）μm，为细菌细胞大小的 5～10 倍，但有些种的酵母菌大小可达 20～50μm，甚至还有 100μm 大小的酵母菌。其宽度变化较小，通常为 1～5μm。最重要的酿酒酵母（*Saccharomyces cerevisiae*）的细胞大小为（2.5～10）μm×（4.5～20）μm。发酵生产中常用酵母菌的细胞直径平均为 5μm。同细菌细胞一样，酵母菌的形状和大小也随菌龄及环境条件的变化而变化。

2. 酵母菌的细胞结构和功能

酵母菌是典型的真核微生物，细胞结构与其他真核微生物相似。酵母菌的细胞有细胞壁、细胞膜、细胞核、细胞质、线粒体、内质网、液泡和核糖体等，有些种还具有荚膜、菌毛等结构（图 3-3）。

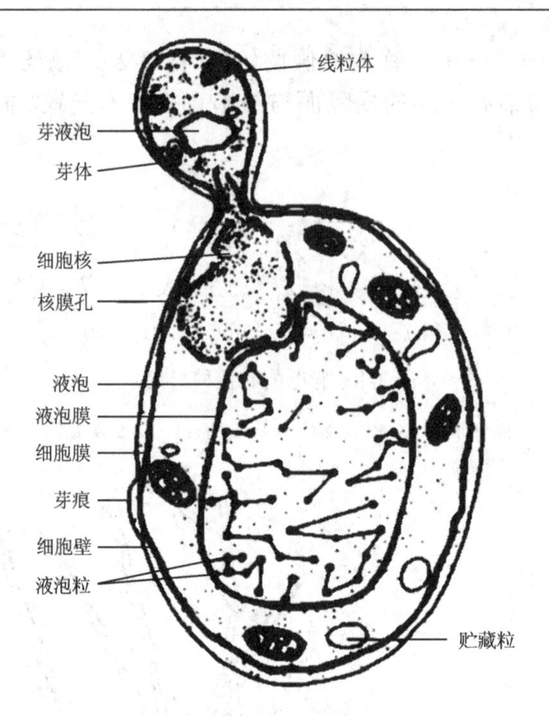

图 3-3　典型酵母菌的形态结构

（1）细胞壁

细胞壁（cell wall）在细胞的最外层，幼龄时较薄，有弹性，以后逐渐变硬、变厚，成为一种坚韧的结构。有些出芽繁殖的酵母菌，芽脱落后，在母细胞的壁上留下腋痕，称为芽痕（bud scar）。每产生一个芽，就在母细胞的壁上产生一个芽痕，通过计算芽痕的数目，可确定某一细胞已产生过的芽体数，预测酵母菌菌龄。

细胞壁较厚，为 25～70nm，占细胞干重的 25%。细胞壁的主要成分是葡聚糖和甘露聚糖，均为分支状聚合物，共占细胞壁干重的 75%以上，还含有 8%～10%的蛋白质、8.5%～13.5%的脂类。几丁质（chitin）（*N*-乙酰葡糖胺的多聚物）含量因种而异，酿酒酵母（*Saccharomyces cerevisiae*）含约 1%几丁质，有些假丝酵母含 2%的几丁质，多分布在芽痕周围，裂殖酵母属（*Schizosaccharomyces*）一般不含甘露聚糖而含较多的几丁质。葡聚糖是细胞壁的主要结构成分，位于壁的内层，赋予酵母菌细胞一定的机械强度，将它除去细胞壁就会完全解体。葡聚糖分为两类：一类由 β-1, 3 糖苷键连接，占含量的 85%，相对分子质量较大，呈长扭曲的链状；另一类以 β-1, 6 糖苷键的方式连接，含量较低，呈分支的网状分子。甘露聚糖是甘露糖分子以 α-1, 6 糖苷键相连的分支状聚合物，位于细胞壁外侧，呈网状，除去甘露聚糖不改变细胞外形。蛋白质夹在葡聚糖和甘露聚糖中间，呈三明治状，它连接着葡聚糖和甘露聚糖，在细胞壁中起着重要作用（图 3-4）。蛋白质含量一般仅占甘露聚糖的 1/10。它们除少数为结构蛋白外，多数是起催化作用的酶，如葡聚糖酶、甘露聚糖酶、蔗糖酶、碱性磷酯酶和酯酶等；有的与细胞壁的扩增和结构变化有关，如蛋白质二硫键还原酶。几丁质在酵母菌细胞壁中的含量很低，仅在其形成芽体时合成，然后分布于芽痕的周围。

有的酵母菌细胞壁外有荚膜，如汉逊酵母属（*Hansenula*）的碎囊汉逊酵母（*Hansenula capsulata*）荚膜的化学成分为磷酸甘露聚糖。少数子囊菌的酵母菌细胞表面有发丝状的结构，称为真菌菌毛（fimbriae）。菌毛的化学成分是蛋白质，起源于细胞壁下面，可能与有性繁殖有关。

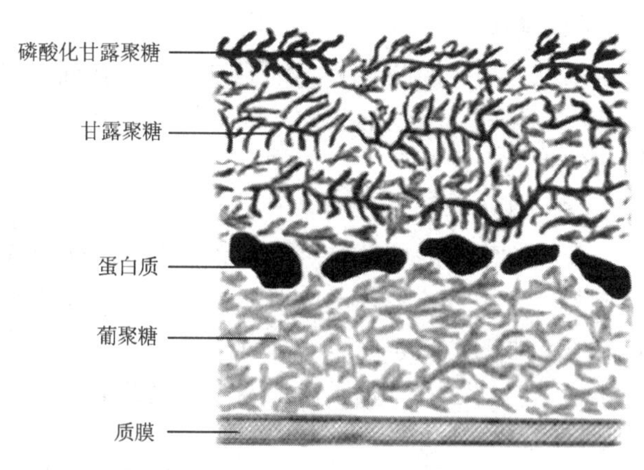

图 3-4　酵母菌细胞壁主要成分及排列示意图

不同种、属酵母菌的细胞壁成分差异也很大，且并非各种酵母菌都含有甘露聚糖。例如，点滴酵母（*Saccharomyces guttulatus*）和荚膜内孢霉（*Endomyces capsulata*）的细胞壁成分以葡聚糖为主，只含少量甘露聚糖；一些裂殖酵母（*Schizosaccharomyces* spp.）则含较多的葡聚糖，不含甘露聚糖，含有少量的几丁质。

（2）细胞膜

细胞膜（cell membrane）紧贴于细胞壁内侧，厚约 7.5nm，外表光滑，结构与细菌的细胞膜相似，但酵母菌细胞膜的功能不如原核细胞膜那样具有多样性，细胞膜的功能主要是控制细胞内外物质的交换、调节渗透压、参与细胞壁和部分酶的合成。

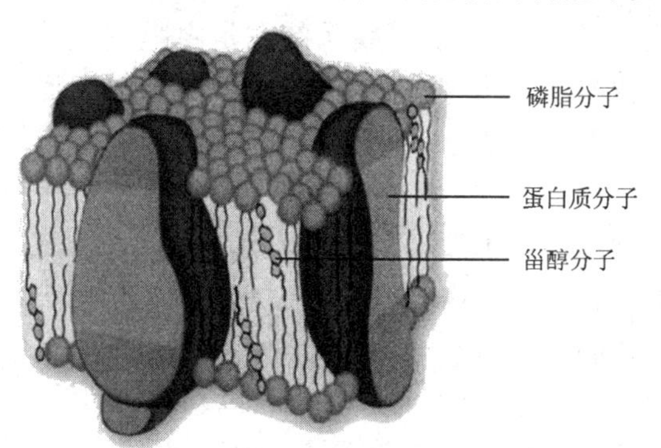

图 3-5　酵母菌细胞膜结构

酵母菌的细胞膜由 3 层结构构成，主要成分是蛋白质（约占细胞干重的 50%）、类脂（约占 40%）和少量的糖类及甾醇等（图 3-5）。酵母菌细胞膜上富含麦角甾醇，它是维生素 D 的前体，经紫外线照射后可以转化为维生素 D_2，因此酵母菌可以作为维生素 D 的来源。

（3）细胞核

酵母菌具有核膜包被的细胞核（nucleus），细胞核呈球形，直径约 2μm，多位于细胞中央，与液泡相邻，有核膜、核仁和染色体。核膜是一种双层膜，在细胞的整个生殖周期中保持完整状态，外层与内质网紧密相接。核膜上有许多直径为 40～70nm 的核孔，这些核孔是细胞核与细胞质大分子物质交换的通道，能让核内制造的核糖核酸转移到细胞质中，为蛋白质的合成提供模板等。核内有新月状的核仁和半透明的染色质，由 DNA 与组蛋白结合而成。核仁是核糖体 RNA 合成的场所。在核膜外有中心体，与出芽和有丝分裂有关。细胞核载有酵母菌的遗传信息，是代谢过程的控制中心。

真核微生物 DNA 的含量比原核微生物高 10 倍左右，遗传信息除存在于细胞核 DNA 外，还存在于酵母菌的线粒体和质粒中。线粒体 DNA 为环状，占细胞总 DNA 的 15%～25%。质粒是一个高度螺旋的闭合环状 DNA 分子，占细胞总 DNA 的 3%，它们能相对独立地复制。

（4）细胞质

细胞质（cytoplasm）是细胞进行新陈代谢，以及代谢物贮存和运输的场所。它是一种透明、黏稠、流动的胶体溶液。幼小细胞的细胞质稠密而均匀，老龄细胞的细胞质则含有较大的液泡和各种贮藏物质。

（5）核糖体

真核微生物的核糖体沉降系数为80S，由60S大亚基和40S小亚基组成，酵母菌也不例外。大多数核糖体形成多聚核糖体，是蛋白质合成的场所。在繁殖旺盛时其含量可达细胞干重的15%以上。一部分核糖体与mRNA结合，形成多核糖体；另一部分是80S的单核糖体状态，分别以内质网结合型和游离型两种形式存在。

（6）线粒体

线粒体（mitochondrion）通常呈杆状或球状，一般位于核膜及中心体表面。细胞内线粒体数量变化较大，数十个至数百个不等，长1.5～30μm，直径为0.5～1.0μm。线粒体具有双层膜，内膜向内卷曲折叠成脊，脊上有许多排列整齐的圆形颗粒——基粒，它是线粒体上传递电子的基本功能单位。线粒体是能量转化的场所，也是氧化还原的中心，含有呼吸所需要的各种酶。酵母菌只有在有氧代谢时才需要线粒体，在厌氧条件下或葡萄糖过多时线粒体的形成被阻遏，只能形成简单无脊线粒体，不能进行氧化磷酸化。线粒体内还含一个长达25μm的环状双链DNA分子。

（7）内质网

内质网（endoplasmic reticulum，ER）是一个复杂的双层膜系统，是由膜围成的管状或囊状结构。内质网外与细胞膜相连，内与核膜相通。内质网起物质传递和通信联络作用，还有合成脂类和脂蛋白的功能，供给细胞质中所有细胞器的膜。

（8）其他胞质结构

除上述细胞器外，酵母细胞中还有一些细胞结构：①液泡，酵母细胞中有一个或几个大小不一的液泡（vacuole）。幼龄细胞的液泡很小，老龄细胞液泡较大，位于细胞中央，外具一层液泡膜。液泡内含有盐类、糖类、脂类、氨基酸，有的种类含蛋白酶、酪酶、核糖核酸酶。液泡是离子和代谢产物交换、贮藏的场所，并调节细胞渗透压。②微体，是酵母细胞质中由一层膜所包围的颗粒，比线粒体小，内含DNA。在葡萄糖上生长时微体较少，而以烃为碳源时较多。从热带假丝酵母分离获得的微体中含有13种酶。微体可能在以烃和甲醇为碳源的代谢中起作用。③贮藏物质，主要包含3类化合物，即多糖、脂质和多磷酸，它们可作为碳源和能源的特殊贮备物，在光学显微镜下呈现为颗粒状内含物。④异染颗粒，在老龄细胞中形成的折光性较强的颗粒结构，为细胞的营养贮藏物，主要成分为高能磷酸盐，对碱性染料有极大的亲和力。⑤肝糖粒，是糖类的贮藏物。⑥脂肪滴，大小不一，折光性很强。有些种类的细胞中积累大量的蛋白质、多糖和脂类物质，如黏红酵母（*Rhodotorula glutinis*）脂类含量可达细胞干重的50%。

3.1.2　酵母菌的繁殖

酵母菌的繁殖方式主要以无性繁殖为主，有的酵母菌进行有性繁殖。有人把进行无性繁殖的酵母称为“假酵母”，把可以进行有性繁殖的酵母称为“真酵母”。

无性繁殖方式主要包括芽殖、裂殖和无性孢子繁殖；有性繁殖主要是产生有性的子囊孢子和结合孢子。

1. 无性繁殖

酵母菌的无性繁殖方式主要是芽殖，少数为芽裂，个别为裂殖。

（1）出芽繁殖（芽殖，budding）

芽殖是酵母菌最常见的一种繁殖方式，各属酵母菌都存在。通过芽殖产生的个体为芽体，又称芽胞子（budding spore）（图 3-6）。酵母菌生长到一定阶段在母体上长出芽体。芽体形成时，首先在邻近细胞核的中心体产生一个小突起，在将要形成芽体的部位，细胞壁变薄，在细胞表面形成一个小的突起，新形成的细胞物质堆积在芽体的起始部位。然后，母细胞核分裂成两个子核，一个随母细胞的部分细胞质进入芽体，当芽体长大到接近母细胞的大小时，即成为子细胞，子细胞从母细胞得到一套完整的核结构、线粒体、核糖体等细胞物质，待芽体长大后便在与母细胞交界处形成由葡聚糖、甘露聚糖和几丁质组成的隔壁。最后，子细胞与母细胞在隔壁层处分离成为独立的新个体。

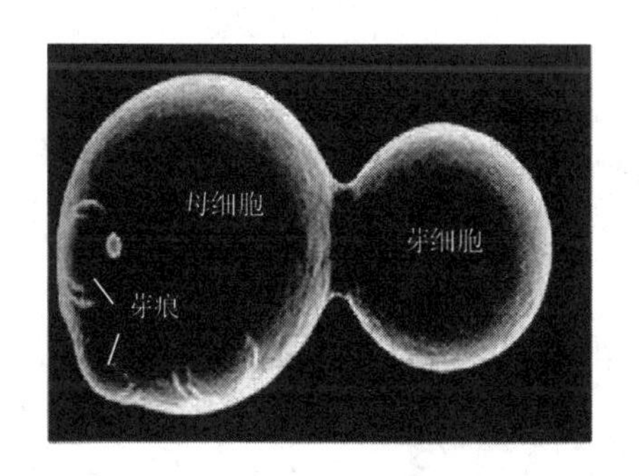

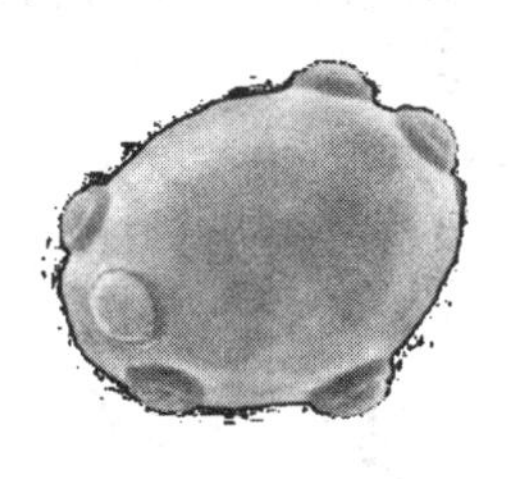

图 3-6　酵母菌出芽繁殖方式

芽体成熟后脱离母体，在母细胞上留下一个痕迹，即芽痕（bud scar）。在子细胞相应的位置上留下一个痕迹，即蒂痕（birth scar）。芽痕可以有多个，而蒂痕只有一个。在生长良好的酵母菌的芽体上还可以生出新的芽体。长大的芽体与母细胞不立即分离，而是以一个狭小的面积相连，形成类似藕节状的细胞串，即假菌丝（pseudohyphae），如产阮假丝酵母（*Candida utilis*）。出芽生殖可以分为多边出芽、三边出芽、两端出芽、单边出芽等形式。

（2）裂殖（fission）

少数种类的酵母菌像细菌一样进行二分分裂繁殖，如裂殖酵母属（*Schizosaccharomyces*）的八孢裂殖酵母（*Schizosaccharomyces octosporus*），当球形或卵圆形细胞长到一定大小后，细胞伸长，核分裂为二，细胞中间形成隔膜，然后两个子细胞分离，末端变圆，形成两个新个体（图 3-7）。在快速生长时期，细胞可以没有形成隔膜而核分裂，或者形成隔膜而子细胞暂时不分开，形成细胞链，

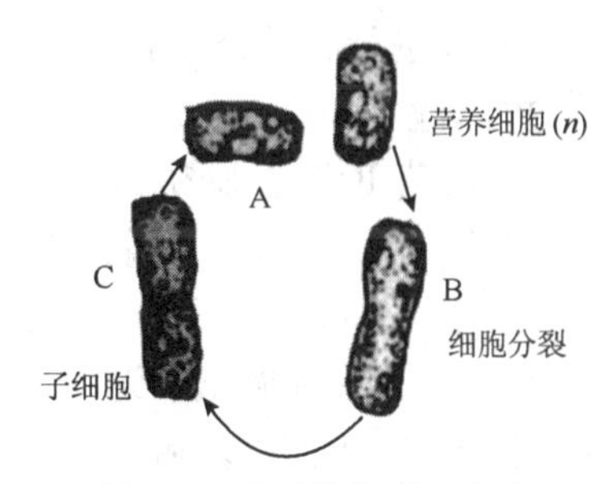

图 3-7　酵母菌的裂殖方式

类似于菌丝，但最后细胞仍然会分开。

（3）芽裂

有的酵母菌在一端出芽，并在芽基处形成隔膜，把母细胞与子细胞分开，子细胞呈瓶状。这种在出芽的同时又产生横隔膜的方式称为芽裂或半裂殖（图 3-8）。

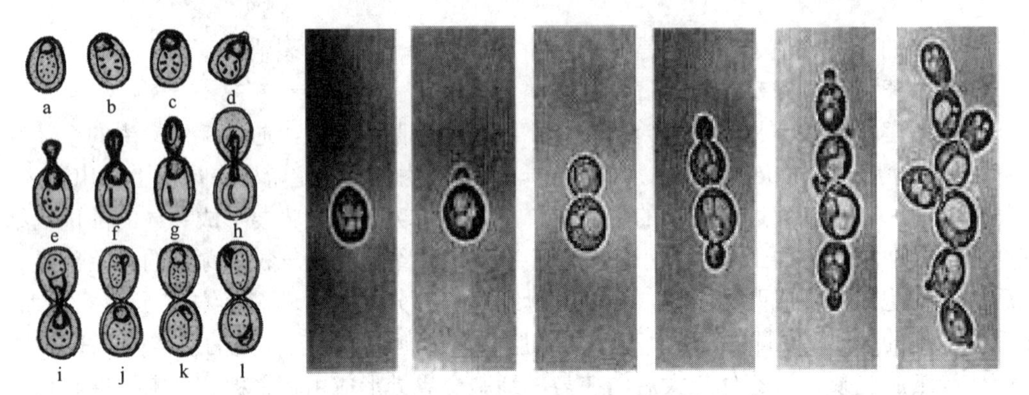

图 3-8　*Saccharomyces cerevisiae* 芽裂过程

（4）孢子繁殖

有的酵母菌可产生掷孢子（ballistospore）、厚垣孢子（chlamydospore），或在小梗上形成无性孢子等。

1）掷孢子。有的酵母菌在营养细胞上长出小梗，其上产生肾型的孢子，成熟后射出，地霉属（*Geotricum*）的酵母菌产生掷孢子（图 3-9）。

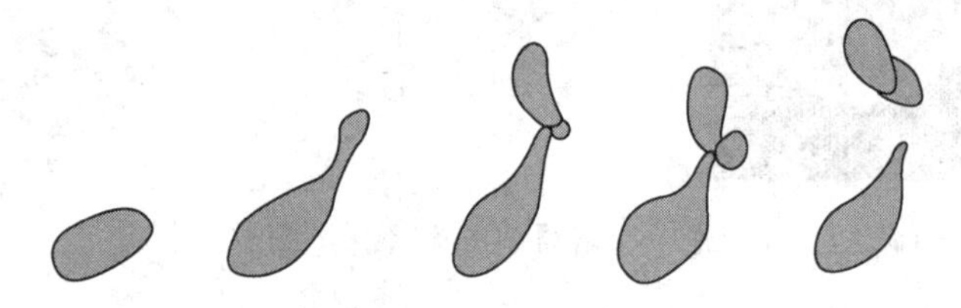

图 3-9　酵母菌掷孢子的形成与射出过程

2）厚垣孢子。有的酵母菌如 *Candida albicans* 等能在假菌丝的顶端产生厚壁的孢子。

2. 有性繁殖

凡能进行有性繁殖的酵母菌称为真酵母，真酵母以形成子囊孢子（ascospore）的方式进行有性繁殖。

酵母菌可以通过形成子囊（ascus）和子囊孢子（ascospore）进行繁殖。酵母菌发育到一定阶段，两个性别不同的细胞（a 细胞和 b 细胞）接近，各伸出一小突起而相接触，接触处的细胞壁溶解，并形成一个管道，两个细胞内的细胞质通过管道融合，称为质配。随后两个单倍体的核移到融合管道中融合形成二倍体核，此时称为核配。二倍体接合子可在融合管的垂直方向形成芽，然后二倍体核移入芽内。此二倍体芽可以从融合管道脱离下来，再开始二倍体营养细胞的出芽繁殖。很多酵母菌的二倍体细胞可以进行多代的营养生长繁殖。通常二倍体营养细胞较大，且生活力、发酵力强，故发酵工业上多采用二倍体细胞进行生产。在合适条件下，接合子的核进行减数分裂，成为4个或8个核（一般形成4个核），以核为中心的原生质浓缩，在其表面形成一层孢子壁而成为孢子。原来的接合子称为子囊，其内的孢子称子囊孢子（图3-10）。子囊破裂，子囊孢子被释放出来，萌发成单倍体营养细胞。

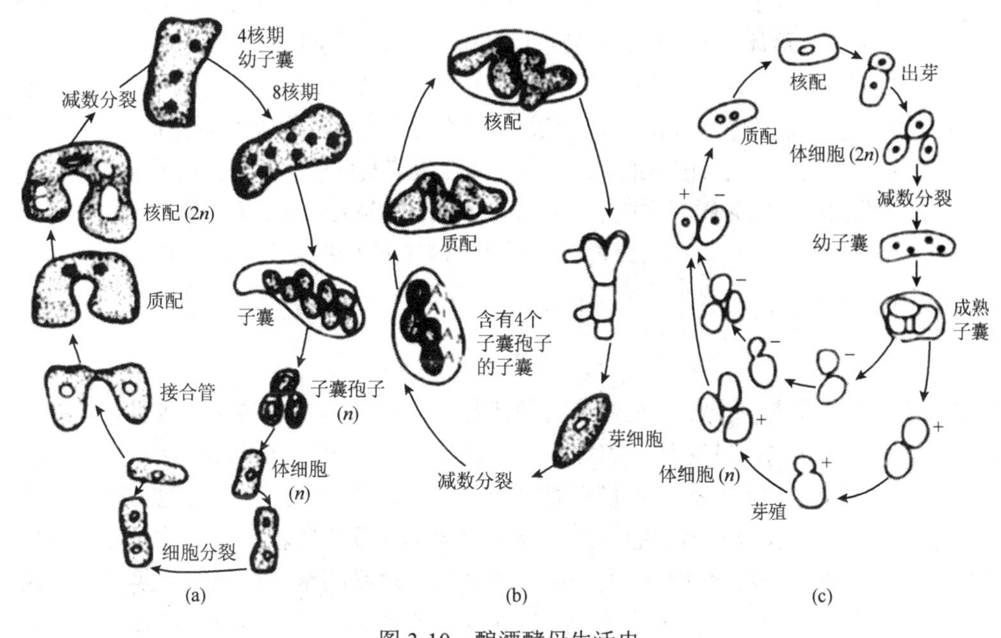

图3-10　酿酒酵母生活史

（a）八孢裂殖酵母；（b）路德酵母；（c）酿酒酵母

酵母菌形成子囊孢子需要一定的条件。生长旺盛的幼龄细胞容易形成孢子，老龄细胞不易形成，还需要适宜的培养基和良好的生长条件。酵母菌产生的子囊孢子的形状因菌种不同而异，如球形、椭圆形、半球形、帽子形、柑橘形、柠檬形、肾形、镰刀形、针形等。孢子表面有平滑的、刺状的，孢子的皮膜有单层的、双层的，这些都是酵母菌分类鉴定的重要依据。

3. 酿酒酵母的生活史

生活史（life history）是指上一代个体经生长发育产生下一代个体的全部过程。不同酵母菌的生活史不同。有的营养体既可以单倍体形式存在也可以二倍体形式存在，如酿酒酵母（*Saccharomyces cerevisiae*）；有的营养体只能以单倍体形式存在，如八孢裂殖酵母（*Schizosaccharomyces octosporus*）；有的只能以二倍体形式存在，如路德酵母（*Saccharomycodes ludwigii*）。

酿酒酵母的生活史：酿酒酵母是生产上最常用的酵母，在一般情况下都以营养体状态进行出芽繁殖，营养体既可以单倍体的形式存在，又能以二倍体的形式存在，在特定的条件下可以进行有性繁殖。①子囊孢子在适宜条件下发芽产生单倍体营养细胞；②单倍体营养细胞进行出芽繁殖；③两个性别不同的营养细胞彼此结合，在质配后立即发生核配，形成二倍体营养细胞；④二倍体营养细胞不进行核分裂，而是不断进行出芽繁殖；⑤在特定条件下二倍体营养细胞转变成子囊，细胞核进行减数分裂，形成 4 个子囊孢子；⑥子囊破壁后其中的子囊孢子释放出来（图 3-10）。

八孢裂殖酵母的生活史：在生活史中单倍体阶段较长，二倍体细胞不能独立生活，故二倍体阶段很短。其过程要点为：单倍体营养细胞借裂殖繁殖，两个营养细胞接触发生质配，质配后立即核配；二倍体核通过减数分裂形成 4 个或 8 个单倍体子囊孢子（图 3-10）。

路德酵母的生活史：在生活史中，单倍体不能独立生活，仅以子囊孢子形式存在于子囊中，单倍体阶段较短，二倍体营养阶段较长。其过程要点为：单倍体子囊孢子在囊内成对结合，发生质配和核配，形成二倍体细胞；该二倍体细胞萌发形成的芽管穿过子囊壁而成为芽生菌丝，在此菌丝上长出芽体，子细胞与母细胞间形成横隔后迅速分开，这些二倍体细胞转变为子囊，每个囊内的核通过减数分裂产生 4 个单倍体的子囊孢子（图 3-10）。

4. 酵母菌的菌落

（1）固体培养

酵母菌在固体培养基上形成类似细菌的菌落，一般菌落表面湿润、透明、光滑，菌落容易挑起、质地均匀，正反面、边缘与中央部位的颜色一致。酵母菌的细胞比细菌大，细胞内颗粒较明显，细胞间隙含水量相对较少，不能运动，故反映在宏观上就产生了较大、较厚、外观较稠和较不透明的菌落。酵母菌菌落的颜色比较单一，一般为乳白色、土黄色、红色。不产假菌丝的酵母菌，菌落都隆起、边缘圆整；产生假菌丝的酵母菌，菌落扁平、表面及边缘粗糙。菌落的颜色、光泽、质地、表面和边缘等特征都是酵母菌菌种鉴定的依据。酵母菌的菌落一般有酒香气，是因为酵母菌可发酵糖类产生乙醇。

（2）液体培养

在液体培养基上，不同的酵母菌生长的情况不同，好气性生长的酵母可在培养基表面形成菌膜或菌醭，其厚度因种而异；有的酵母菌在生长过程中始终沉淀在培养基底部；有的酵母菌在培养基中均匀生长，使培养基呈浑浊状态。

5. 酵母菌与人类的关系

酵母菌与人类的关系极为密切，多数是人类重要的有益微生物，少数种类对人类有害。酵母菌是人类利用最早的微生物之一，在食品工业中占有十分重要的地位，利用酵母菌可以酿造出营养丰富的调味品、饮料、酒类和面包等；在医药方面可以生产酵母片、核糖核酸、核黄素、细胞色素、维生素、氨基酸、脂肪酶等；在化工方面可以利用酵母菌生产甘油、有机酸等；在农业方面可以生产动物饲料，如单细胞蛋白等。酵母菌属于单细胞真核微生物，其细胞结构和高等生物单个细胞的结构基本相同，同时它具有世代时间短、容易培养、单个细胞能完成全部生命活动的特性，因此成为分子生物学、分子遗传学等重要理论研究的良好材料，在生物工程方面，酵母菌可以作为基因工程的受体菌等。

少数酵母菌可以引起人或动植物的病害，腐生性酵母菌能使食物、纺织品和其他原料腐败变质；少数耐高渗的酵母菌和鲁氏酵母、蜂蜜酵母可使蜂蜜和果酱等败坏；

有的酵母菌是发酵工业的污染菌，影响发酵的产量和质量；某些酵母菌会引起人和动物的病害，例如，白假丝酵母（白色念珠菌）可引起皮肤、黏膜、呼吸道、消化道等多种疾病。

3.2　丝状真菌——霉菌

霉菌（mould 或 mold）是在固体营养基质上生长，能形成绒毛状、蜘蛛网状或棉絮状菌丝体的丝状真菌（filamentous fungi）的一个通称，不是分类学上的名词，这里的丝状真菌不包括产生大型肉质子实体结构的真菌（通常称食用菌）。在分类学上，霉菌分属于鞭毛菌亚门、接合菌亚门、子囊菌亚门和半知菌亚门，种类繁多，性状差异较大，目前人类已知的约有 4 万种。

3.2.1　霉菌细胞的形态和结构

菌丝是构成霉菌的基本单位，在功能上有一定的分化。其直径一般为 2～10μm，比细菌和放线菌菌丝粗几倍到十几倍。分枝或不分枝的菌丝交织在一起，构成菌丝体。幼龄菌丝体一般无色透明。有的霉菌菌丝产生色素，呈现不同的颜色。

霉菌细胞由细胞壁、细胞膜、细胞质、细胞核、核糖体、线粒体和其他内含物组成。幼龄菌丝的细胞质均匀透明，充满整个细胞；老龄菌丝的细胞质黏稠，出现较大的液泡，内含许多贮藏物质，如肝糖粒、脂肪滴及异染颗粒等。

3.2.1.1　霉菌的细胞壁

细胞壁厚 100～250nm，除少数低等的水生霉菌细胞壁中含有纤维素外，大部分霉菌的细胞壁由几丁质组成（占细胞干重的 2%～26%）。几丁质与纤维素结构很相似，都属于多糖类化合物，由数百个 *N*-乙酰葡糖胺分子以 *β*-1, 4 糖苷键连接而成。几丁质和纤维素分别构成了高等和低等霉菌细胞壁的网状结构，它包埋在基质中。细胞壁中还有脂类等复杂物质。

粗糙脉孢菌（*Neurospora crassa*）的细胞壁，其最外层由 *β*-1, 3 糖苷键和 *β*-1, 6 糖苷键连接的无定形葡聚糖组成（厚 87nm），接着是由糖蛋白组成的、嵌埋在蛋白质基质层中的粗糙网（厚 49nm）；再下为蛋白质层（厚 9nm）；最内层的壁由放射状排列的几丁质微纤维丝组成（厚 18nm）（图 3-11）。

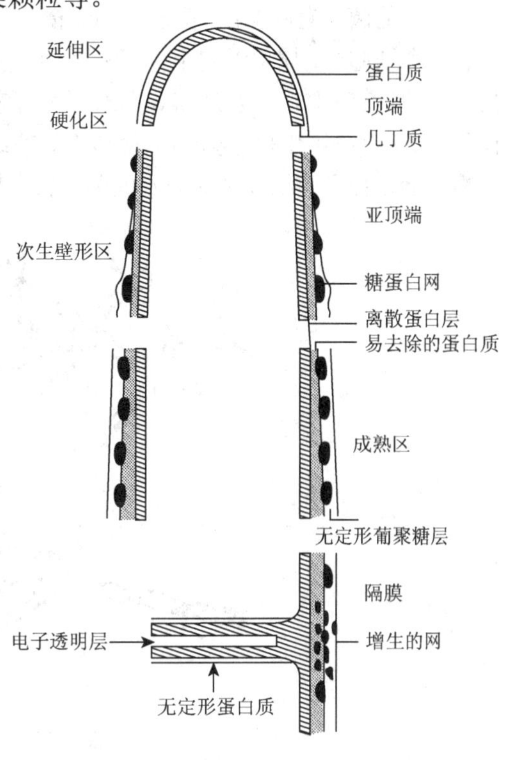

图 3-11　粗糙脉孢菌菌丝细胞壁结构

3.2.1.2　霉菌的细胞膜

细胞膜厚 7～10nm，其结构和功能与酵母菌等其他真核细胞相似。

在细胞壁与细胞膜之间还有一种由单层膜包围而成的特殊结构——膜边体（lomasome），其形状为管状、囊状、球状、卵圆形或多层折叠状，分布于细胞周围，类似于细菌的间体，膜边体可能与细胞壁的形成有关。

3.2.1.3　霉菌的细胞核及其他细胞器

细胞核的直径为 0.7～3μm，有核膜、核仁和染色体。核膜上有直径 40～70nm 的核膜孔，核仁的直径约 3nm。在有丝分裂时，核膜、核仁不消失，这是与其他高等生物的不同之处。

霉菌细胞中还有与其他高等生物相似的线粒体和核糖体等细胞器，其结构与酵母菌细胞基本相同。

3.2.1.4　霉菌的菌丝体

霉菌的基本单位是菌丝，当霉菌孢子落在适宜的基质上后，就发芽生长并产生菌丝。由许多菌丝构成了相互分枝交错的霉菌的菌丝集团，即菌丝体。

霉菌的菌丝有两类：一类菌丝中无横隔，主要是低等真菌，整个菌丝体就是一个单细胞，含有多个细胞核，属单细胞个体，藻状菌纲中的毛霉、根霉、犁头霉等的菌丝属于这种类型；另一类菌丝有横隔，主要是高等真菌，每一隔段就是一个细胞，整个菌丝体由多个细胞构成，横隔中央留有极细的各类小孔，使细胞间的细胞质、养料、信息等互相沟通，属多细胞个体。子囊菌纲、担子菌纲和半知菌类的菌丝皆有横隔，如曲霉和青霉属真菌（图 3-12）。

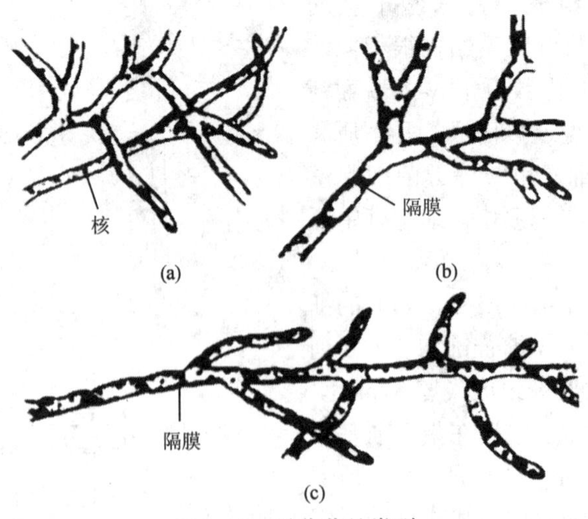

图 3-12　霉菌菌丝类型

（a）无隔多核菌丝；（b）有隔无核菌丝；（c）有隔多核菌丝

霉菌的菌丝根据生长部位和功能可以分为 3 种类型：①营养菌丝或基内菌丝，是指生长在固体培养基的基质中的那部分菌丝，主要功能是吸收养料和固定菌体；②气生菌丝，是指向空中延伸生长的菌丝；③繁殖菌丝，是指有的气生菌丝生长发育到一定阶段，可以形成特殊分化且具有繁殖能力的菌丝。有的菌丝为了适应环境形成了许多特化形态，如营养菌丝体可形成假根、吸器、附着胞、附着枝、菌核、菌索、菌环、菌网、匍匐菌丝等。气生菌丝体可形成各种形态的子实体。

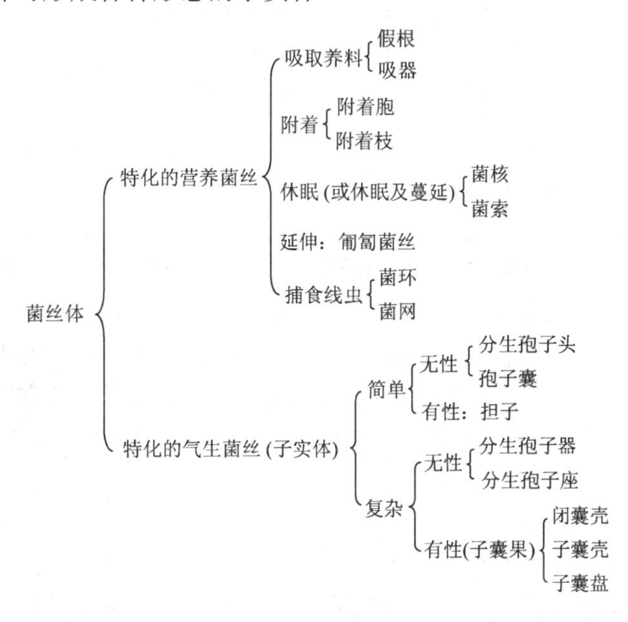

1. 营养菌丝体的特化形态

（1）假根（rhizoid）

从根霉属（*Rhizopus*）霉菌等低等真菌匍匐菌丝与固定基质接触处分化出来的根状结构（图 3-13），即在菌丝下部生长的能伸入基质吸收营养物质并支撑上部的菌丝体，功能为固着和吸取养料，其形状犹如植物的根，故称假根。

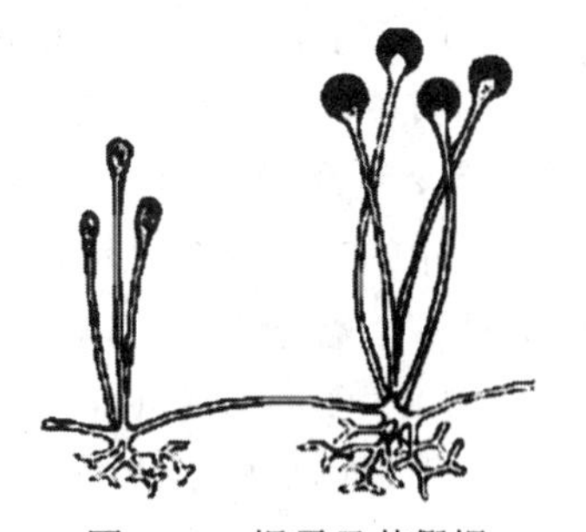
图 3-13　根霉及其假根

（2）吸器（haustorium）

专性表面寄生性真菌（锈菌、霜霉菌和白粉菌等），常从菌丝的某处生出球形、掌形的旁枝，侵入寄主细胞内分化成指状、球状或丝状的变态结构，称为吸器，其功能是专门吸收营养物质（图 3-14）。

（3）附着胞（adhesive cell）

有些植物寄生真菌在其芽管或者菌丝顶端发生膨大，并分泌黏状物，借以牢固地黏附在宿主的表面，该结构就是附着胞。附着胞上再形成纤细的针状感染菌丝，以侵入宿主的角质层吸取养料。

（4）附着枝（adhesive branch）

有些寄生真菌的菌丝细胞生长出 1～2 个细胞的短枝，其作用是将菌丝附着于宿主上，

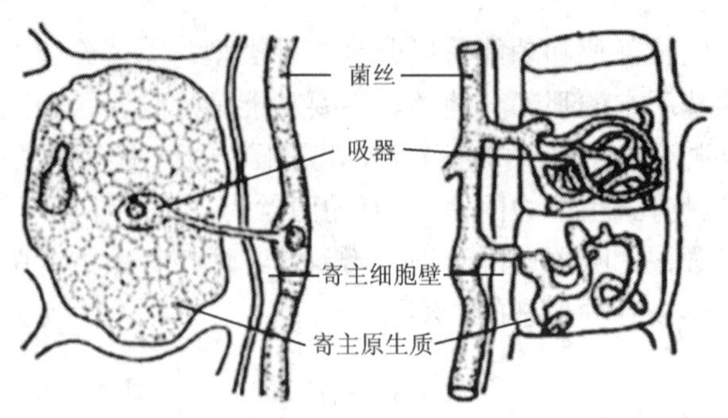

图 3-14　特化营养菌丝——吸器

该特殊结构称为附着枝。

（5）菌核（sclerotium）

由真菌菌丝扭结形成的一种坚实的、能抵抗不良环境的块状或其他形状的一种休眠的菌丝组织。菌核在不良环境条件下可存活数年之久。菌核一般为圆形、长圆形或不规则状，深色，质地硬，大小不一，大者如婴儿头，小者如鼠粪或在显微镜下才能看到。从菌核横断面可以看出，菌核外层为厚壁深色小细胞，致密，中部为薄壁浅色大细胞，疏松，有的菌核中夹杂有少量植物组织，称为假菌核。形成菌核时菌丝首先大量分枝并增加横隔，菌丝细胞逐渐变成圆桶状。许多产生菌核的真菌是植物病原菌，也有许多真菌产生有经济价值的菌核，如茯苓、猪苓、雷丸等。

（6）菌索（rhizomorph）

真菌大量菌丝纵向平行聚结在一起，并高度分化形成的绳索状、根状结构的特殊组织称为菌索。整根菌索直径达 4mm，分布在地下或树皮下，肉眼可见，呈白色或其他各种色泽，主要起吸收、蔓延、抵抗不良环境、帮助菌丝生长等作用，伞菌、假密环菌等部分真菌具有菌索。

（7）菌丝束（mycelial strand）

有些没有任何特殊分化的菌丝平行排列并聚集在一起形成的束状结构称为菌丝束。在菌丝束内，菌丝相互交织和融合，外侧菌丝常卷曲成疏松的一层，外观如同一绺粗毛。菌丝束的功能主要是输送水分和养分。在子囊菌、担子菌和半知菌中均可发现菌丝束。某些栽培蘑菇形成的菌柄就是菌丝束。

（8）匍匐菌丝（stolon）

毛霉目真菌形成的具有延伸功能的匍匐状菌丝，称为匍匐菌丝。在固体基质表面上的营养菌丝分化为匍匐状菌丝，隔一段距离在其上长出假根，伸入基质，假根之上形成孢囊梗；新的匍匐菌丝不断向前延伸，以形成不断扩展的、长度无限制的菌落。根霉具有典型的匍匐菌丝。

（9）捕捉菌丝（hyphal trap）

真菌中一些具有捕食能力的菌种产生的特殊菌丝结构，它们多数是捕虫霉目和半知菌类真菌（图 3-15）。该结构可以捕捉微小动物、原生动物、根足虫和线虫等。它们的捕虫方式有两种：一种靠黏着，一种靠机械捕捉，或者两者兼有。靠机械捕捉的真菌，其菌丝侧生短分枝，短分枝末端膨大成拳头状，当线虫通过该部位时被抓住。有的真菌由 3 个膨大细胞组成环状圈套，当线虫不慎落入这个套环时，这 3 个细胞立即缩紧将线虫卡住。套环内表面对摩擦特别敏感，虫子越扭动，3 个菌丝细胞越膨大，菌丝内环越小，把线虫卡得越紧，使线虫难以逃脱。靠黏着功能捕食的真菌无特殊的菌丝构造，仅靠菌丝表面分泌黏液黏捕线虫等微小生物。有些菌种同时具备两种能力，它们的侧菌丝弯曲，彼此结合，交织成三维网状结构，同时分泌黏液，使落入网内的微小生物逐渐被消化。

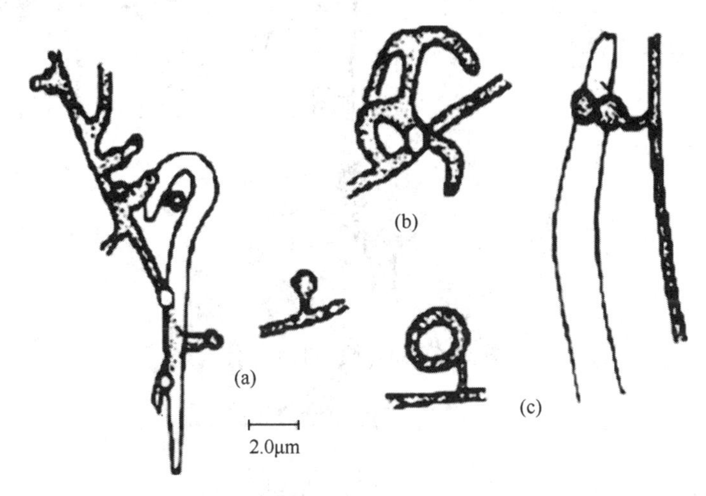

图 3-15　真菌的捕捉菌丝结构

（a）菌钩；（b）菌网；（c）菌环

2. 气生菌丝体的特化形态

气生菌丝体主要特化成各种形状和结构的菌丝体组织，常称为子实体（sporocarp 或 fruiting body），在其内部或上面（气生菌丝体）可产生无性或有性孢子。

结构简单的子实体：产生无性孢子的简单子实体主要有两种，一种是分生孢子头（conidial head），代表霉菌为青霉属（*Penicillium*）和曲霉属（*Aspergillus*）；另一种为孢子囊（sporangium），根霉属（*Rhizopus*）和毛霉属（*Mucor*）的无性孢子由孢子囊产生（图 3-16）。担子（basidium）是担子菌产生有性孢子的简单子实体，它是由双核菌丝的顶端细胞膨大形成的。担子内的两性细胞核经过核配后形成一个双倍体细胞核，再经减数分裂便产生 4 个单倍体核，担子顶端同时长出 4 个小梗，小梗顶端稍膨大，4 个单倍体核分别进入小梗的膨大部位，形成 4 个外生的单倍体担孢子（basidiospore）。

结构复杂的子实体：产生无性孢子的子实体主要有分生孢子器（pycnidium）、分生孢子座（sorodochium）和分生孢子盘（acervulus）（图 3-17）。分生孢子器是一个球形或瓶形结构，在其内壁四周表面或底部长有极短的分生孢子梗，在梗上产生分生孢子。分生孢子座是由分生孢子梗紧密聚集成簇而形成的垫状结构，分生孢子长在梗的顶端，这是瘤座孢科（Tuberculariaceae）真菌的共同特征。分生孢子盘是分生孢子梗在寄主角质层或表皮下簇形成的盘状结构，盘中有时夹杂有刚毛。

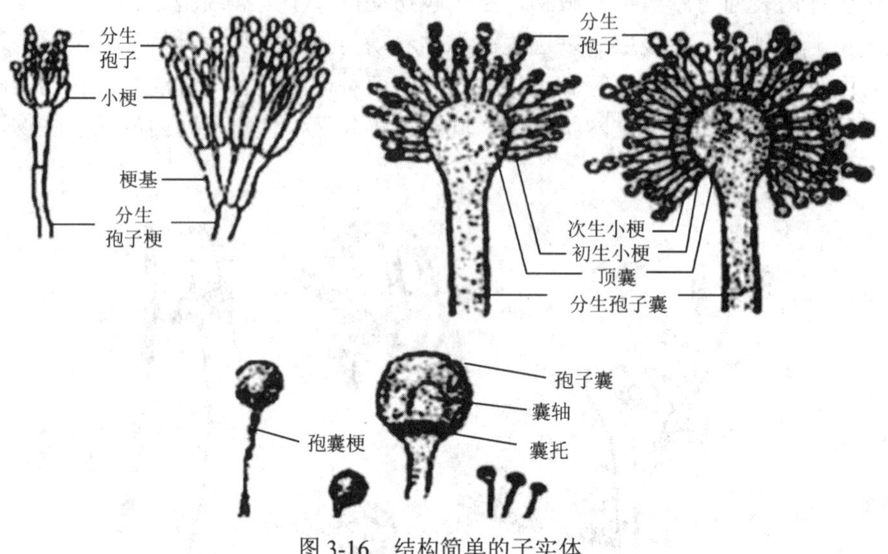

图 3-16　结构简单的子实体

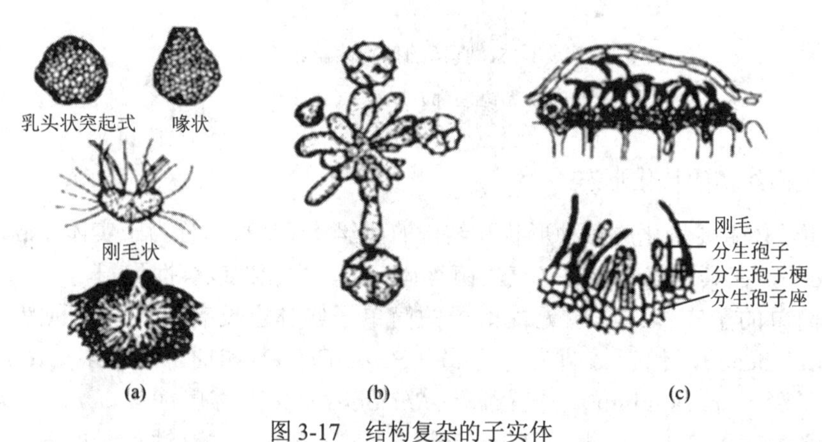

图 3-17　结构复杂的子实体

（a）分生孢子器；（b）分生孢子座；（c）分生孢子盘

产生有性孢子、结构复杂的子实体称为子囊果（ascocarp）。在子囊与子囊孢子发育过程中，从原来的雄器和雌器下面的细胞上生出许多菌丝，它们有规律地将产囊菌丝包围，形成有一定结构的子囊果。子囊果按其外形可分为 3 类：①闭囊壳，为完全封闭式，呈圆球形，是不整囊菌纲（部分青霉和曲霉）的特征；②子囊壳，形状如烧瓶，子囊果封闭，仅留有小孔口，是核菌纲真菌的典型构造；③子囊盘，开口的盘状子囊果称为子囊盘，是盘菌纲真菌的特有结构（图 3-18）。

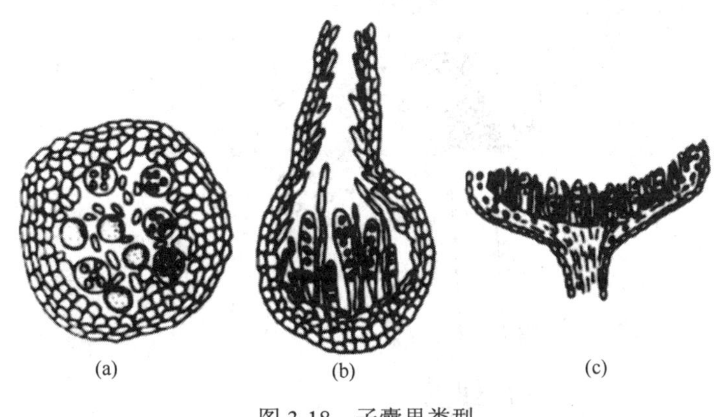

图 3-18　子囊果类型

（a）闭囊壳；（b）子囊壳；（c）子囊盘

3.2.2　霉菌的繁殖

霉菌的繁殖能力一般都很强，而且方式多样，除了菌丝断片可以生长成新的菌丝体外，还可通过无性或有性的方式产生多种孢子。霉菌的孢子具有小、轻、干、多、休眠期长、抗逆性强等特点。根据孢子的形成方式、孢子的作用及本身的特点，又可分为多种类型。

- 霉菌繁殖
  - 无性孢子
    - 内生孢子——孢囊孢子
    - 外生孢子——
      - 分生孢子
      - 节孢子
    - 菌丝细胞形成——厚垣孢子
  - 有性孢子
    - 卵孢子
    - 接合孢子
    - 子囊孢子
  - 菌丝片段伸长，产生分枝——断裂繁殖

1. 无性繁殖

无性繁殖是不经过两性细胞的结合，只是通过营养细胞的分裂或营养菌丝的分化而形成同种新个体的过程。霉菌主要以无性孢子进行繁殖，菌丝不具隔膜的霉菌一般形成孢囊孢子，菌丝具隔膜的霉菌多数产生分生孢子。

（1）孢囊孢子（sporangiospore）

这种孢子形成于囊状结构的孢子囊中，故称孢囊孢子。霉菌发育到一定阶段，气生菌丝加长，顶端细胞膨大成圆形、椭圆形或梨形的“囊状”结构。囊的下方有一层无孔隔膜与菌丝分开而形成孢子囊，并逐渐长大。在囊中的核经多次分裂，形成许多密集的核，每一核外包围原生质，囊内的原生质分化成许多小块，每一小块的周围形成孢子壁，将原生质包起来，发育成一个孢囊孢子。膨大的细胞壁就成了孢子囊壁。孢子囊下方的菌丝称为孢子囊梗。孢子囊与孢子囊梗之间的隔膜是凸起的，使孢子囊梗伸入孢子囊内部，伸入孢子囊内的膨大部分称为囊轴。孢囊孢子成熟后，孢子囊壁破裂，孢子飞散出来（图 3-19）。有的孢子囊壁不破裂，孢子从孢子囊上的管或孔口溢出。孢子在适宜的条件下，可萌发成为新个体。

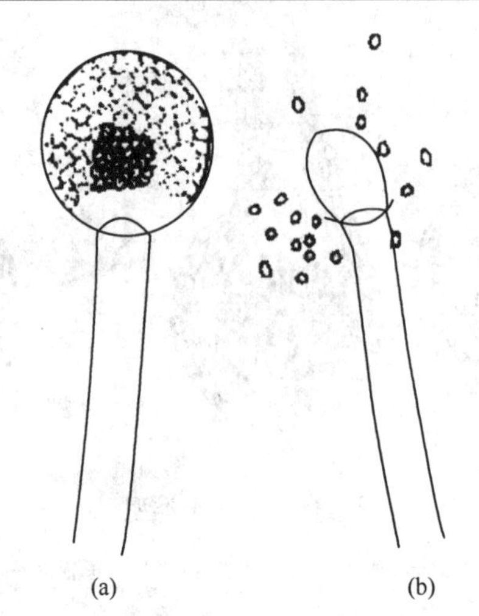

图 3-19 高大毛霉的孢子囊和孢囊孢子

（a）孢子囊梗和幼年孢囊孢子；（b）孢子囊破裂后露出囊轴和孢囊孢子

孢囊孢子按其运动性可分为两类：一类是水生霉菌产生的具鞭毛、在水中能游动的孢囊孢子，称为游动孢子，可随水传播；另一类是陆生霉菌所产生的无鞭毛、不能游动的孢囊孢子，称为不动孢子，可在空气中传播。

（2）分生孢子（conidium）

这是霉菌中最常见的一类无性孢子，大多数霉菌以此方式繁殖。分生孢子是由菌丝顶端细胞或菌丝先分化成分生孢子梗，分生孢子梗的顶端细胞再分割缢缩而形成单个或成簇的孢子。这类孢子生于细胞外，故称为外生孢子，可借助空气传播。分生孢子的形状、大小、结构、着生方式是多种多样的。红曲霉属（*Monascus*）、交链孢霉属（*Alternaria*）等的分生孢子着生在菌丝或其分枝的顶端，单生、成链或成簇排列，分生孢子梗的分化不明显［图 3-20（a）、图 3-20（b）］。曲霉属（*Aspergillus*）和青霉属（*Penicillium*）具有明显分化的分生孢子梗，分生孢子着生情况两者又不相同。曲霉的分生孢子梗顶端膨大形成顶囊，顶囊的表面着生一层或两层呈辐射状排列的小梗，小梗末端形成分生孢子链。青霉的分生孢子梗顶端多次分枝成帚状，分枝顶端着生小梗，小梗上形成串生的分生孢子［图 3-20（c）、图 3-20（d）］。

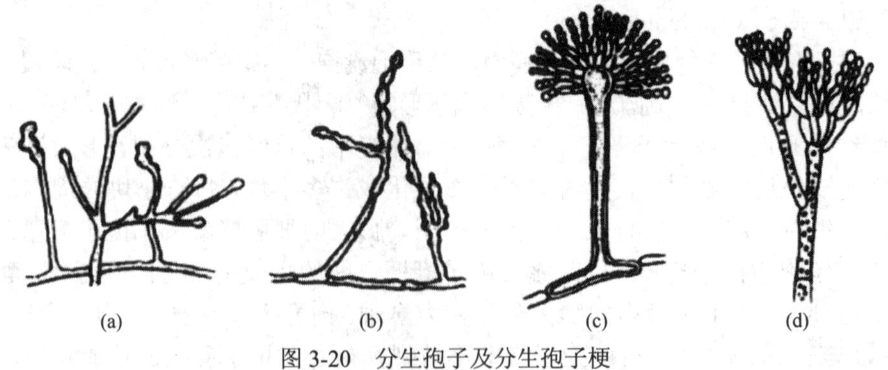

图 3-20 分生孢子及分生孢子梗

（a）红曲霉；（b）交链孢霉；（c）曲霉；（d）青霉

（3）节孢子（arthrospore）

节孢子又称粉孢子，它是由菌丝断裂形成的孢子。节孢子的形成过程是：菌丝生长到一定阶段，菌丝上出现许多横隔膜，然后从横隔膜处断裂，产生许多短柱状、筒状或两端呈钝圆形的节孢子。如白地霉（*Geotrichum candidum*）幼龄菌体多细胞、丝状，老龄菌丝内出现许多横隔膜，然后自横隔膜处断裂，形成成串的节孢子。

（4）厚垣孢子（chlamydospore）

这种孢子具有很厚的壁，故又称厚壁孢子，很多霉菌能形成这类孢子。其形成过程是：在菌丝中间或顶端的个别细胞膨大，原生质浓缩、变圆，类脂物质密集，然后在四周生出厚壁或者原来的细胞壁加厚，形成圆形、纺锤形或长方形的厚垣孢子（图 3-21）。它是霉菌抵抗热与干燥等不良环境的一种休眠体，寿命较长，当条件适宜时，能萌发成菌丝体。但有的霉菌在营养丰富、环境条件正常时照样形成厚垣孢子，这可能与遗传特性有关。毛霉中有些种，特别是总状毛霉（*Mucor racemosus*），常在菌丝中间部分形成厚垣孢子。

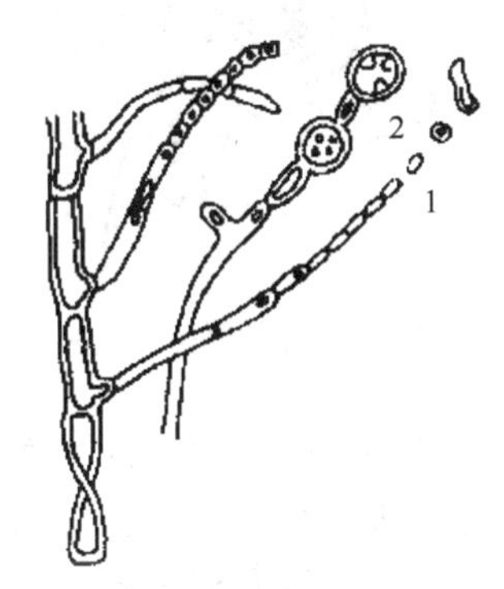

图 3-21　地霉属的节孢子和厚垣孢子

1. 节孢子；2. 厚垣孢子

2. 有性繁殖

经过两个性细胞结合而产生新个体的过程称为有性繁殖。霉菌有性孢子的形成过程一般分为 3 个阶段。①质配：即两个性细胞接触后细胞质融合在一起，但两个核不立刻结合，每一个核的染色体数目都是单倍的，这个细胞称双核细胞。②核配：质配后双核细胞中的两个核融合，产生二倍体接合子核，其染色体数是双倍的。③减数分裂：核配以后，双倍体核通过减数分裂，细胞核中的染色体数目又恢复到单倍体状态。霉菌形成有性孢子有不同方式：一种方式是经过核配以后，含有双倍体核的细胞直接发育形成有性孢子，这种孢子的核处于双倍体阶段，它在萌发的时候才进行减数分裂，卵孢子和接合孢子属于此种情况；另一种方式是在核配以后，双倍体的核进行减数分裂，然后再形成有性孢子，这种有性孢子的核处于单倍体阶段，子囊孢子就是这种情况；还有一种是两个性细胞结合形成合子后，直接侵入寄主组织，形成休眠体孢子囊，囊内的双核在萌发时才进行核配和减数分裂。

霉菌的有性繁殖发生的概率不大，大多发生在特定条件下，在一般培养基上不常见。霉菌常见的有性孢子有卵孢子、接合孢子和子囊孢子。

（1）卵孢子（oospore）

由两个大小不同的配子囊结合后发育而成，其形成过程是：先在菌丝顶端产生雄器和藏卵器，雄器为小型配子囊，藏卵器为大型配子囊。藏卵器中的原生质与雄器配合以前，收缩成一个或数个原生质团，成为单核卵球。有的藏卵器原生质分化为两层，中间的原生质浓密，称为卵质，其外层称为周质，卵质所形成的团就是卵球。当雄器与藏卵器配合时，雄器中的细胞质和细胞核通过授精管进入藏卵器与卵球配合，此后卵球生出厚的外壁即成为卵孢子（图 3-22）。卵孢子的成熟过程较长，需数周或数月。刚形成的卵孢子没有萌发能力，要经过一个时期的休眠。卵孢子是双倍体。许多形成卵孢子的菌

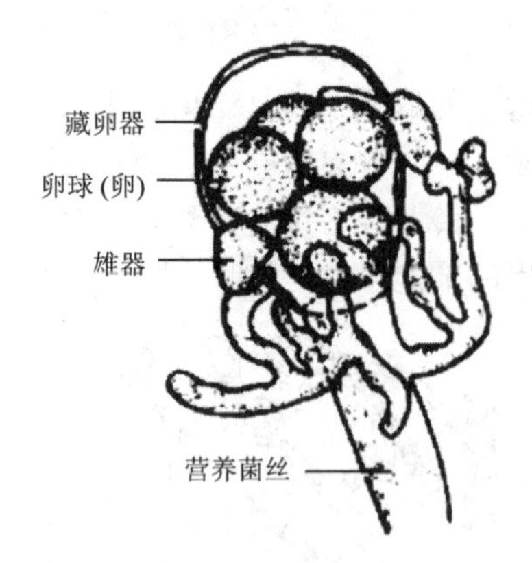

图 3-22　水霉的卵孢子

种在其整个营养时期都为双倍体，在发育成雄器和卵球时才进行减数分裂。

（2）接合孢子

接合孢子由菌丝生出的结构基本相似、形态相同或略有不同的两个配子囊接合而成。接合孢子的形成过程是：首先，两条相近的菌丝各自向对方伸出极短的侧枝，称为接合子梗。两个接合子梗成对地相互吸引，并在它们的顶部融合形成融合膜。两个接合子梗顶端膨大成为原配子囊。然后，每个原配子囊中形成一个横隔膜，使其分隔成两个细胞，即一个顶生的配子囊和配子囊柄细胞。随后融合膜消失，两个配子囊发生质配与核配，成为原接合孢子囊。原接合孢子囊再膨大发育成具有厚而多层壁、颜色很深、体积较大的接合孢子囊，在其内部产生一个接合孢子。接合孢子经过一段休眠后，在适宜的条件下才能萌发，长成新的菌丝体（图 3-23）。接合孢子的核是双倍体的，其减数分裂有的在萌发前进行，有的在萌发时才进行。

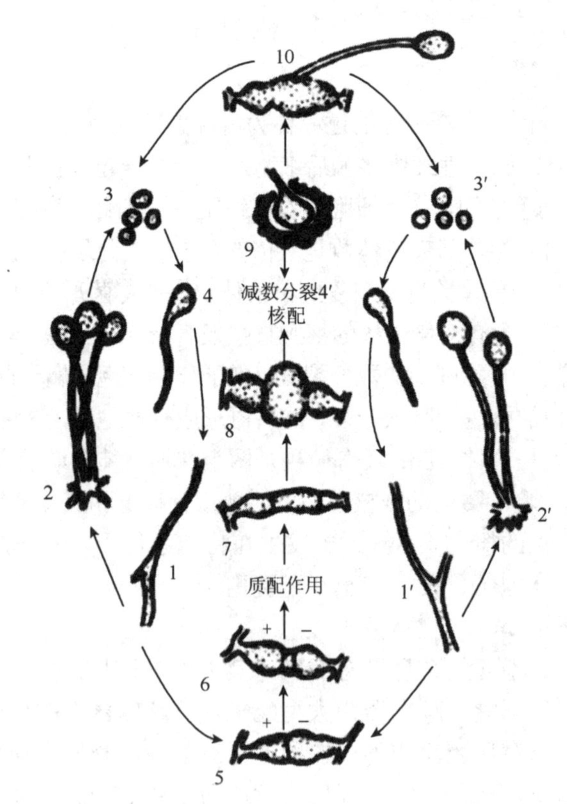

图 3-23　匍枝根霉的接合孢子及生活史

1. 菌丝；2. 假根、孢子囊梗；3. 孢囊孢子；4. 孢囊孢子萌发；5. 原配子囊；6. 配子囊；7. 原接合孢子囊；8. 成熟接合孢子；9. 接合孢子萌发；10. 发芽孢子囊根据产生接合孢子菌丝来源和亲和力的不同，一般可分为同宗接合和异宗接合，由同一个体的两个配子囊所形成的接合孢子称为同宗接合。如有性根霉（*R. sexualis*）同一菌丝上不同的分枝间也会接触形成接合孢子。由不同个体的两个配子囊所形成的接合孢子称为异宗接合，如匍枝根霉（*R. stolonifer*）、高大毛霉（*Mucor mucedo*）等均以此方式形成接合孢子。这两种不同质的菌丝，在形态上无法区别，但生理上可能有一定的差异，一般用“+”和“–”符号来表示。

（3）子囊孢子（ascospore）

在子囊中形成的有性孢子称为子囊孢子。形成子囊孢子是子囊菌的主要特征。子囊是一种囊状结构，有圆球形、棒形或圆筒形、长形或长方形等多种形状（图3-24）。

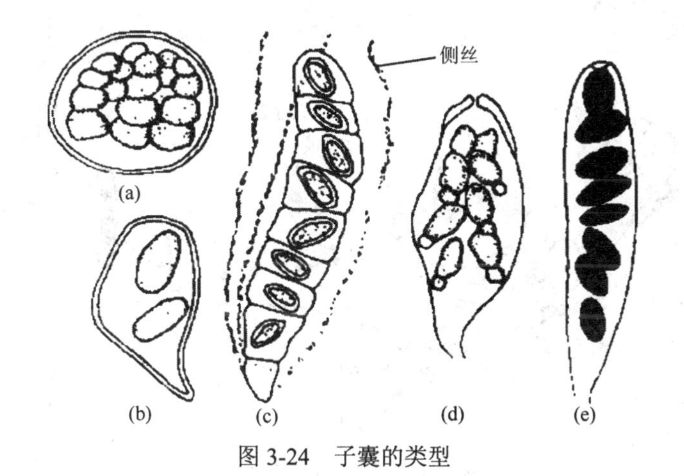

图3-24　子囊的类型

（a）球形；（b）宽卵形，有柄；（c）分隔形；（d）棍棒形；（e）圆筒形

不同的子囊菌形成子囊的方式不同。最简单的是两个单倍体营养细胞互相结合后直接形成，如酿酒酵母。霉菌形成子囊孢子的过程较复杂，首先是同一或相邻的两个菌丝形成两个异形配子囊，即产囊器和雄器，两者配合，经过一系列复杂的质配和核配后，形成子囊。然后，子囊中的二倍体细胞核经过减数分裂形成8个核，每个核的周围环绕一团浓厚的原生质并产生孢壁，形成一个子囊孢子。每个子囊内通常含有8个子囊孢子，虽有数量变化，但总数为2*n*个。子囊孢子的形态有很多类型，其形状、大小、颜色、纹饰等为子囊菌的分类依据。

子囊和子囊孢子在发育过程中，在多个子囊的外部由菌丝体形成共同的保护组织，整个结构成为一个子实体，称为子囊果。子囊果成熟后，子囊顶端开口或开盖射出子囊孢子，也有的子囊壁溶解放出子囊孢子。在适宜条件下，子囊孢子萌发成新的菌丝体。

霉菌的生活史是指霉菌从一种孢子开始，经过一定的生长发育，最后又产生同一种孢子的过程，它包括有性繁殖和无性繁殖两个阶段。典型的生活史如下：霉菌的菌丝体（营养体）在适宜条件下产生无性孢子，无性孢子萌发形成新的菌丝体，如此重复多次，这是霉菌生活史中的无性阶段。

霉菌生长发育的后期，在一定的条件下，开始发生有性繁殖，即从菌丝体上形成配子囊，质配、核配形成双倍体的细胞核，经过减数分裂产生单倍体孢子，孢子萌发成新的菌丝体（图 3-25）。

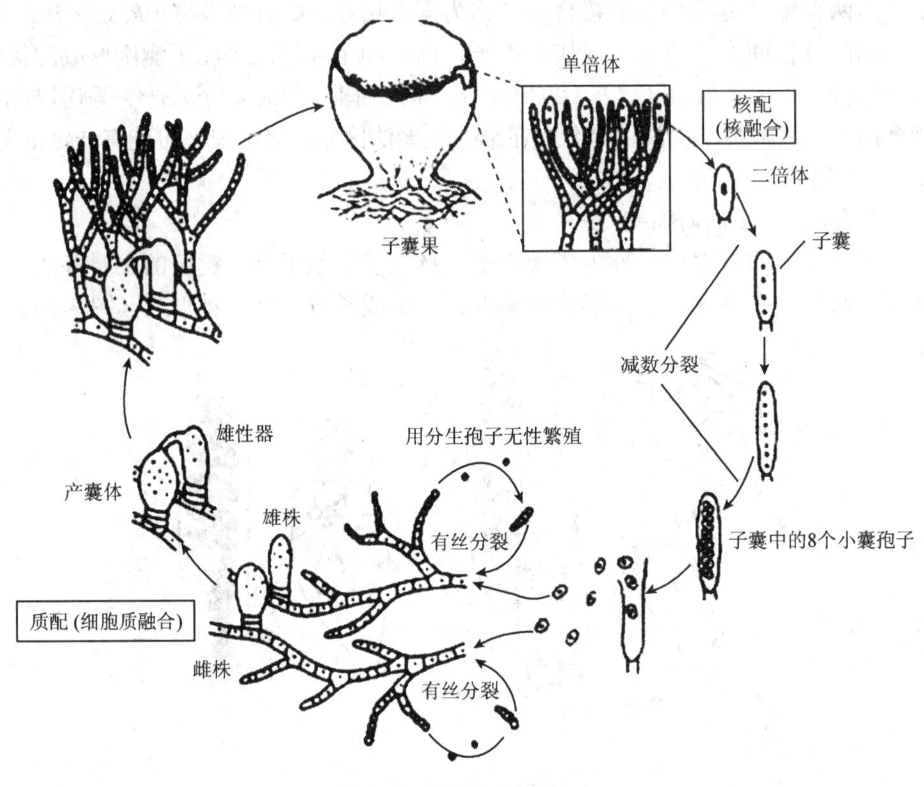

图 3-25 子囊菌的生活史

3. 霉菌的菌落

霉菌菌落是由分枝状菌丝组成的，在固体培养基上形成营养菌丝（基内菌丝）和气生菌丝。气生菌丝间无毛细管水，所形成的菌落与细菌、酵母菌的菌落不同，与放线菌的菌落接近。霉菌菌落形态较大，质地比放线菌疏松，外观干燥，不透明，呈现或紧或松的蛛网状、绒毛状或棉絮状。菌落与培养基连接紧密，不易挑取。少数霉菌，如根霉、毛霉、脉孢菌生长很快，菌丝生长没有局限，可在固体培养基表面蔓延以至扩展到整个培养皿，看不到单独菌落。在固体培养基上菌落最初常呈浅色或白色，当菌落产生各种颜色的孢子后，菌落表面往往呈现出肉眼可见的不同结构和颜色，如绿、青、黄、棕、橙等。菌落正反面的颜色及边缘与中心的颜色常不一致。菌落正反面颜色不同是由于气生菌丝及其分化出来的子实体（孢子等）的颜色比分散于固体基质内的营养菌丝的颜色较深。菌落中心气生菌丝的生理年龄大于菌落边缘的气生菌丝，其发育分化和成熟度较高，颜色较深，形成菌落中心与边缘气生菌丝在颜色与形态结构上的明显差异。

同一种霉菌，在不同成分的培养基上和不同条件下培养，形成的菌落特征有所不同，但各种霉菌在一定的培养基上和一定的条件下形成的菌落大小、形状、颜色等却相对稳定。霉菌菌落特征是鉴定霉菌的重要依据之一。

当霉菌在液体培养基中进行通气搅拌或振荡培养时，霉菌的菌丝体会呈现特化形态，它们的菌丝体会相互紧密扭结，纠缠成一种特殊构造，呈颗粒状的菌丝球（mycelial bead），均匀地悬浮在发酵液中且不会长得过密，因而发酵液外观较稀薄，有利于发酵的进行。在静止培养时，菌丝常生长在培养液表面，培养液不混浊，有时可用来检查培养物是否被细菌所污染。

4. 霉菌与人类的关系

霉菌在自然界分布极为广泛，存在于土壤、空气、水体和生物体内外等处，它们同人类的生产、生活关系极为密切，是人类认识和利用最早的一类微生物。

霉菌除应用于传统的酿酒、制酱、食醋、酱油和制作其他的发酵食品外，在发酵工业中还广泛用来生产乙醇、有机酸（柠檬酸、葡萄糖酸、延胡索酸等）、抗生素（青霉素、灰黄霉素、头孢霉素等）、酶制剂（淀粉酶、蛋白酶、纤维素酶等）、维生素（核黄素）等；在农业上用于生产发酵饲料、植物生长调节剂（赤霉素）、杀虫农药（白僵菌剂）等；利用真菌提取生物活性物质，如从某些真菌中提取麦角碱、核苷、甘露醇，从红豆杉内生真菌中提取紫杉醇（taxol）等；也可以利用某些霉菌能转化甾族化合物的特性生产甾体激素类药物；腐生型霉菌具有分解复杂有机物的能力，在自然界物质转化和环境净化中具有重要作用；霉菌也可以作为基因工程的受体菌，在理论研究中具有重要价值，如对粗糙脉孢菌（*Neurospora crassa*）的研究为生化遗传学的建立提供了大量资料。

霉菌对人类也有有害的一面。霉菌是造成谷物、水果、食品、衣物、仪器设备及工业原料发霉变质的主要微生物。据统计，全世界平均每年由于霉变而不能食（饲）用的谷物约占总产量的 2%，经济损失很大。霉菌能产生多种毒素，严重威胁人和动物的健康。目前已知的真菌毒素达 300 多种，其中毒性最强的是由黄曲霉产生的黄曲霉毒素，可引起实验动物致癌，黄曲霉在霉变的花生、大米、玉米中最多。此外，霉菌还是人和动植物多种疾病的病原菌，引起植物和动物疾病，如马铃薯晚疫病、小麦锈病、稻瘟病和皮肤病等。

3.3　真核微生物的分类系统

真菌的分类系统很多，各派分类论点各不相同，下面就其中两种较有代表性的真菌分类系统进行介绍。

3.3.1　安斯沃思（Ainsworth）的分类系统

该系统在 Whittake 将真菌独立成界的基础上，将真菌界分为两个门（真菌门和黏菌门），在真菌门内根据有性孢子的类型、菌丝是否有隔膜等性状分为 5 个亚门，即鞭毛菌亚门、接合菌亚门、子囊菌亚门、担子菌亚门和半知菌亚门。这一分类系统在 20 世纪较有影响，但显然这一系统仍属“人为分类”，而非真正按亲缘关系和客观反映系统发育关系对真菌的“自然分类”。黏菌是介于动植物间的真核生物，无细胞壁，体形为变形虫状，以具纤维素壁的孢子繁殖。

3.3.2 《真菌字典》的分类系统

1995 年，根据 18S rRNA 序列的研究、生物化学和细胞壁组分，以及 DNA 序列分析的结果，第 8 版《真菌字典》（*Dictionary of Fungi*）中，将原来的真菌界划分为原生动物界、藻界和真菌界。真菌界仅包括了 4 个门，即壶菌门、接合菌门、子囊菌门和担子菌门。卵菌、丝壶菌和网黏菌与硅藻类和褐藻类亲缘关系较近，这一类群被称为藻界，而其他黏菌被认为属于原生动物界。第 8 版《真菌字典》的分类系统较安斯沃思的分类系统有了进步，但是否代表了真正的“自然分类”仍需探讨。1995 年以后，尽管有一些变化，但基本还是基于 1995 年的分类系统。表 3-1 是真菌的两个分类系统比较。

表 3-1 真菌分类系统比较

Ainsworth 等.（1973）	真菌字典（1995）
真菌界	真菌界（Fungi）
黏菌门（螺菌门）	壶菌门
真菌门	接合菌门
鞭毛菌亚门	接合菌纲
壶菌纲	毛菌纲
丝壶菌纲	子囊菌门
假肿菌纲	担子菌门
卵菌纲	担子菌纲
接合菌亚门	冬孢菌纲
接合菌纲	黑粉菌纲
毛菌纲	菌界（Chromisla）
子囊菌亚门	丝壶菌门
半子囊菌纲	网黏菌门
不整囊菌纲	卵菌门
核菌纲	原生动物界（Protozoa）
腔菌纲	集胞菌门
虫囊菌纲	网柄菌门
盘菌纲	黏菌门
担子菌亚门	根肿菌门
冬孢菌纲	
层菌纲	
腹菌纲	
半知菌亚门	
芽胞纲	
丝孢纲	
腔孢纲	

思考题

1. 真菌有哪些主要特征?
2. 简述真菌细胞壁的化学成分、真菌的繁殖方式及无性孢子、有性孢子的主要类型。
3. 简述酵母菌的主要构造、生理功能和繁殖特点。
4. 简述酿酒酵母的生活史。
5. 简述真核微生物细胞的结构、成分特点。
6. 酵母菌与人类的关系如何？
7. 霉菌与人类的关系如何？
8. 试述霉菌的形态结构及其功能。
9. 什么是真菌、酵母菌、霉菌、吸器、假根、菌索、菌核、菌环、子实体、质配、核配、同宗结合、异宗结合?
10. 什么是菌丝、菌丝体、菌丝球、真酵母、假酵母、芽痕、蒂痕、真菌丝、假菌丝？

参考文献

蔡信之, 黄君红. 2002. 微生物学. 北京: 高等教育出版社.
车振明. 2008. 微生物学. 武汉: 华中科技大学出版社.
沈萍. 2000. 微生物学. 北京: 高等教育出版社.
周德庆. 2002. 微生物学教程. 第 2 版. 北京: 高等教育出版社.

第 4 章　非细胞型微生物

概述

在食品工业中，病毒不像细菌和真菌那样有直接的作用。但是，在涉及食品卫生等方面则显得十分重要，例如，肝炎病毒、轮状病毒、噬菌体和传染性非典型肺炎（SARS）病毒等。如果说肝炎病毒、轮状病毒、SARS 病毒与食品的安全性有关的话，噬菌体的危害则主要发生在发酵工业当中。在利用微生物发酵生产食品的过程中，在乳酸发酵、乙酸发酵、氨基酸发酵等过程中，发酵菌如果受到相应的噬菌体感染时，发酵作用将会减慢甚至停止，不积累代谢产物，菌体很快消失，整个发酵生产受到破坏。现代科学研究中，病毒的作用是显著的，在分子生物学和分子遗传学等方面产生了巨大的影响。

4.1　病毒

病毒是在 19 世纪末才被发现的一类微小病原体——非细胞型生物。1892 年，俄国学者伊万诺夫斯基首次发现烟草花叶病毒以来，大量的植物病毒、动物病毒、噬菌体、真菌病毒、藻病毒、古菌病毒等相继被发现。近年来，随着电子显微镜、X 射线衍射仪和超速离心机等先进仪器的应用，使研究病毒的生物学本质及其与寄主的相互作用的病毒学得到了飞速发展，并成为微生物学的重要分支。病毒学是以病毒为研究对象，通过病毒学与分子生物学之间的相互渗透与融合而形成的一门新兴学科。病毒学的研究极大地丰富了微生物学乃至分子生物学和分子遗传学的理论与技术。例如，在分子生物学研究中，噬菌体作为基因载体应用于遗传工程上。此外，人们利用噬菌体对细菌作用的专一性进行细菌分型鉴定或对细菌性疾病进行治疗。研究病毒学对于有效控制和消灭人和有益生物的病毒性病害具有重要意义。人类传染病中有 80%由病毒引起，人类恶性肿瘤中约 15%由病毒感染而诱发，因此，掌握病毒的特性，认识病毒的传染和发病特点，对控制病毒带给人类的危害，防止病毒对食品造成污染，以及减少食品发酵生产中因噬菌体污染而造成的经济损失均有一定意义。

在病毒学研究工作中，又发现了比病毒更小、更简单的特殊病毒致病因子——亚病毒，故将非细胞生物——病毒分成真病毒和亚病毒两大类。真病毒是前面所指典型意义的病毒。

病毒（virus）在细胞外环境以毒粒（virion），即成熟的病毒颗粒形式存在。毒粒具有一定的大小、形态、化学组成和理化性质，甚至可以结晶纯化，如同化学大分子不表现任何生命特征，但具有感染性。

4.1.1　病毒的基本特点

1）个体极其微小。其大小通常以纳米表示，它是细菌的千分之一，可通过细菌滤器，只能在电子显微镜下观察到。

2）不具有细胞结构。其化学成分较简单，仅有核酸和蛋白质，而且只含 DNA 或 RNA 一类核酸。

3）缺乏完整的酶系统和独立的代谢能力。只能利用寄主（又称宿主）活细胞的酶类、产能代谢与生物合成机构合成自身的核酸与蛋白质组分，以核酸和蛋白质等“元件”的装配实现其大量增殖。

4）超级专性寄生。只能在特定的寄主活细胞内增殖，否则不能增殖。

5）病毒的核酸从一个宿主细胞传递给另一个宿主细胞。有些病毒的核酸还能整合到宿主细胞的基因组中，随寄主细胞 DNA 的复制而增殖，导致持续性感染或细胞转化，形成肿瘤。

6）病毒具有感染态和非感染态双重存在方式。在宿主活细胞内营专性寄生，呈感染态；在活细胞之外能以无生命的生物大分子颗粒状态长期存在，并保持其感染活性。

7）对一般抗生素不敏感，但对干扰素敏感。

8）病毒（包括噬菌体）可因基因突变改变寄主范围（病毒能够感染并在其中复制的寄主种类和组织细胞种类）。噬菌体通过理化因素作用引起基因突变，而不寄生于原寄主细胞；或因某个寄主细胞基因突变，可以抗噬菌体，而不被原来噬菌体侵染。

可以认为，病毒是一类超显微的、没有细胞结构的、在寄主细胞内能自我复制和专性活细胞内寄生的非细胞生物。由于病毒对寄主感染具有专一性，人们通常根据寄主范围将病毒分为噬菌体（包括细菌、放线菌和蓝细菌病毒）、植物病毒和动物病毒（包括脊椎动物、昆虫和其他无脊椎动物病毒），以及真菌病毒、藻病毒和原生动物病毒等。

4.1.2　病毒的形态结构和化学成分

4.1.2.1　病毒的形态

病毒的形态根据外形特征可分为 5 种：球形或近球形、杆形或丝形、砖形或菠萝状、弹形、蝌蚪形。杆形多见于植物病毒，如烟草花叶病毒、苜蓿花叶病毒等；蝌蚪形多见于微生物病毒——噬菌体，如 T 偶数噬菌体和 λ 噬菌体等；球形、砖形和弹形多见于人和动物病毒，如腺病毒、疱疹病毒、脊髓灰质炎病毒等呈球形，天花病毒、牛痘病毒呈砖形，狂犬病病毒、水泡性口膜炎病毒呈弹形。各种病毒的形态如图 4-1 所示。

4.1.2.2　病毒的结构

病毒的结构可分为存在于所有病毒中的基本结构和仅为某些病毒所特有的特殊结构。病毒粒子的结构模式见图 4-2。

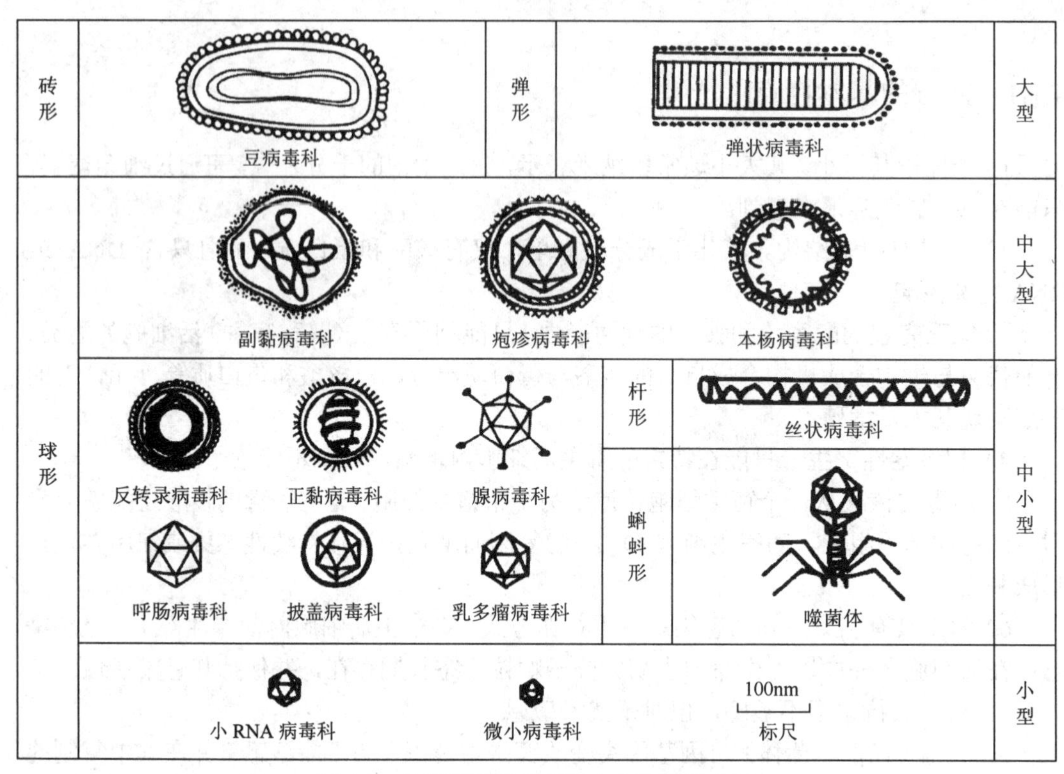

图 4-1　各种病毒的形态与大小比较模式图

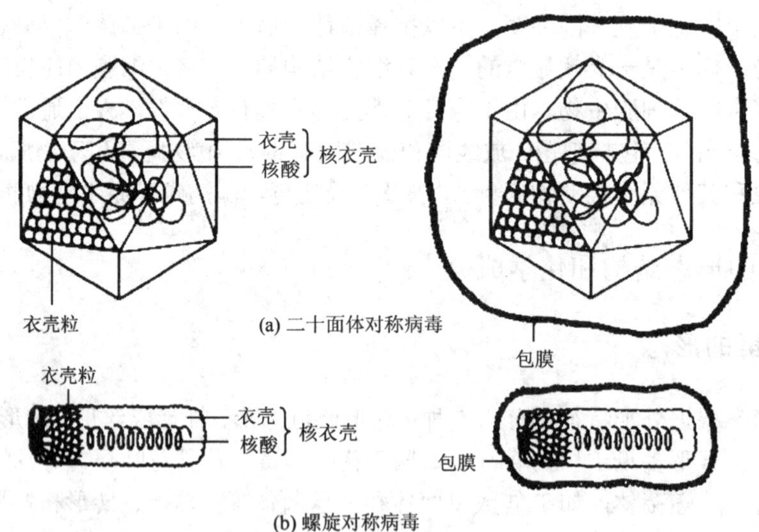

(a) 二十面体对称病毒

(b) 螺旋对称病毒

图 4-2　病毒粒子的结构模式

1. 基本结构

病毒由基因组和蛋白衣壳组成的核衣壳构成。

(1) 基因组

核酸构成了病毒的基因组，基因组构成了病毒的核心，是病毒遗传变异的物质基础，具有编码病毒蛋白、控制病毒性状、决定病毒增殖及感染细胞的功能。大部分病毒的遗传物质为DNA，少数为RNA。

（2）蛋白衣壳

蛋白衣壳包裹或镶嵌于病毒核酸外面，是由病毒基因组编码的一层蛋白质。蛋白衣壳由一定数量的衣壳粒组成。每个衣壳粒由一条或几条多肽链折叠构成，电镜下可见衣壳粒呈特定的排列形式。衣壳是病毒粒子的主要支架结构和抗原成分，对核酸有保护作用，如保护病毒核酸免受核酸酶和其他不利理化因素的破坏等。

2. 特殊结构

在某些病毒核衣壳之外，尚有包膜、包膜刺突、基质蛋白或被膜、触须等辅助结构。

（1）包膜

包膜又称囊膜，是包裹在病毒核衣壳外面的一层较为疏松、肥厚的膜状结构。根据病毒有无包膜，可将其分为有膜病毒和无膜病毒（又称裸病毒）。包膜主要由脂类和糖蛋白等组成。由于病毒包膜的脂类来源于宿主细胞，其种类和含量均具有对寄主细胞的特异性，即脂类具有对寄主细胞的亲嗜性，故可决定病毒特定的侵害部位。有包膜的病毒易被乙醚、氯仿和胆汁等脂溶剂破坏而灭活，可以此鉴定病毒有无包膜。有的包膜表面还长有刺突或包膜突起等附属物。包膜刺突能与细胞表面的受体结合，使病毒黏附于靶细胞表面，并构成病毒的表面抗原，与病毒的分型、致病性和免疫性等有关，赋予病毒某些特殊功能。

（2）病毒的包涵体

在某些感染病毒的寄主细胞内，形成结构特殊、有一定染色特性、在光学显微镜下可见的大小、形态和数量不等的小体，称为包涵体。包涵体是寄主细胞被病毒感染后形成的蛋白质结晶体，内含一个到几个病毒粒子。多数包涵体位于细胞质内，如天花病毒，具嗜酸性；少数位于细胞核内，如疱疹病毒，具嗜碱性；也有在细胞质和细胞核内都存在的类型，如麻疹病毒。包涵体具有保护病毒粒子的作用，其主要成分是多角体蛋白，不易被蛋白酶水解，在自然界较稳定，于土壤中能保持活性几年到几十年。包涵体从细胞中移出，再接种到其他细胞可引起感染。

3. 病毒衣壳的对称性

由于病毒核酸的螺旋构型不同，在衣壳上衣壳粒的数目和排列形式也不同，因此构成衣壳的对称性有立体对称、螺旋对称和复合对称3种类型，可作为病毒分类与鉴定的重要依据之一。

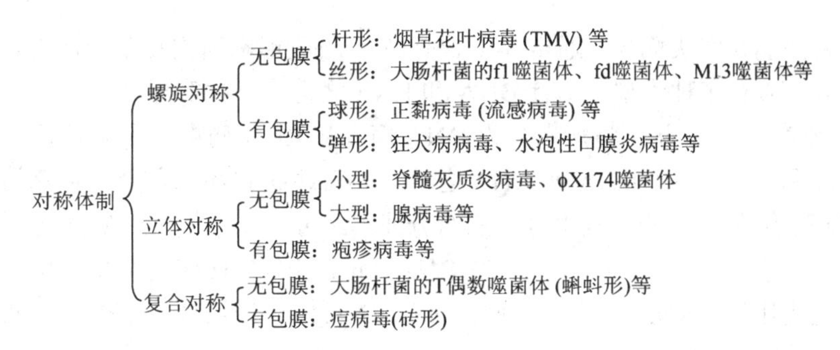

（1）立体对称

由于病毒核酸浓集在一起形成球形或近似球形，使多数球形病毒的衣壳都是立体对称。立体对称是指病毒衣壳上的衣壳粒有规律地“包被”在核酸分子的外面，并排列组合成对称的多面体。在立体对称的病毒中，大多数都是二十面体立体对称，腺病毒为此种对称的典型代表［图 4-3（a）］。

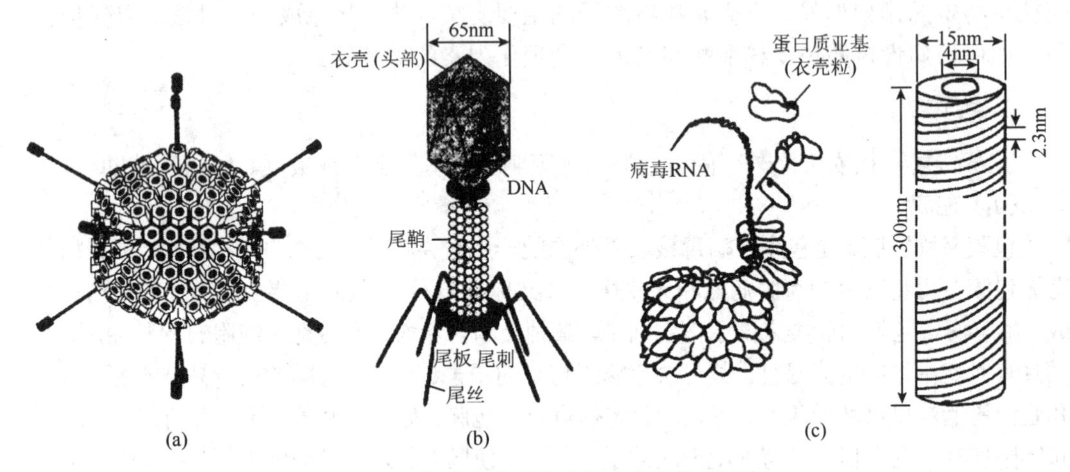

图 4-3　3 种对称类型的典型病毒结构示意图

（a）立体对称（腺病毒）；（b）螺旋对称（烟草花叶病毒）；（c）复合对称（大肠杆菌 T 偶数噬菌体）

（2）螺旋对称

病毒核酸呈盘旋状，壳粒沿核酸走向呈螺旋对称排列，形成杆形的核衣壳。螺旋对称是指病毒衣壳上的衣壳粒以病毒核酸分子为轴心旋转装配。多数杆形或丝形和弹形病毒的衣壳多属于螺旋对称，烟草花叶病毒（TMV）为此种对称的典型代表［图 4-3（b）］。

（3）复合对称

病毒的衣壳中既有立体对称部分，又有螺旋对称部分，称为复合对称。砖形病毒和蝌蚪形病毒的衣壳多属于复合对称。大肠杆菌的 T 偶数噬菌体（即 T_2、T_4 和 T_6）为复合对称的典型代表［图 4-3（c）］，它由二十面体立体对称的头部和螺旋对称的尾部构成。

4.1.2.3　病毒的化学成分

1. 病毒核酸

核酸含量因病毒种类而异，通常为 1%～50%，一般形态结构复杂的病毒，其核酸含量较多。病毒核酸有多种类型。①有 DNA 和 RNA 之分。一种病毒体内仅含一种类型的核酸：DNA 或 RNA，据此可将病毒分为 DNA 病毒和 RNA 病毒两大类。②有单链（ss）DNA 或 RNA 和双链（ds）DNA 或 RNA 之分。③有线状和环状之分。④有闭环和缺口环之分。⑤基因组是单组分、双组分、三组分或多组分。⑥单链 RNA 病毒根据核酸能否起 mRNA 的作用，分正链 RNA 和负链 RNA。正链 RNA 具有侵染性，并具有 mRNA 的功能，可直接作为 mRNA 合成蛋白质；负链 RNA 没有侵染性，必须依靠病毒携带的转录酶转录成正链RNA（负链RNA的互补链）后，才能作为mRNA合成蛋白质。

2. 病毒蛋白

蛋白质含量因病毒种类而异，如狂犬病病毒的蛋白质含量约占整个病毒粒子的96%，而大肠杆菌T_3噬菌体、T_4噬菌体则只占40%。病毒蛋白多数位于病毒颗粒的外层，包在核酸外面，以保护核酸免受破坏。有些病毒蛋白与吸附细胞受体有关（如流感病毒的血凝素等）；有些则是一些酶，如噬菌体的溶菌酶、白血病病毒的DNA聚合酶、RNA肿瘤病毒的反转录酶等。它们在病毒的侵染和增殖过程中发挥作用。

3. 脂类和糖类

少数有包膜的大型病毒除含有蛋白质和核酸外，还含有脂类和糖类等其他成分。病毒所含的脂类主要是一些磷脂、胆固醇和中性脂肪，多数存在于包膜中。病毒所含的糖类主要有葡萄糖、龙胆二糖、岩藻糖、半乳糖等，它们或以糖苷键直接与碱基相连，或与氨基酸残基相连，以糖蛋白的形式存在。糖蛋白位于有包膜病毒的表面，已知它与血清学反应有关。

4.1.3　病毒增殖的一般过程

病毒的增殖是基因组在寄主细胞内自我复制与表达的结果，又称病毒的复制。病毒是以其基因组为模板，借寄主细胞DNA聚合酶（多聚酶）或RNA聚合酶（多聚酶），以及其他必要因素，指令细胞停止合成细胞的蛋白质与核酸，转为复制病毒的基因组，经转录和翻译出相应的病毒蛋白，然后装配成新的病毒粒子，最终释放出子代病毒。各种病毒的增殖过程基本相似，一般可分为吸附、穿入（侵入）、脱壳、生物合成、装配与成熟、释放6个阶段，称为复制周期。

1. 吸附

病毒表面蛋白的吸附位点与寄主细胞膜上特定的病毒受体发生特异性结合的过程，称为吸附。吸附过程取决于两个条件。一是吸附温度，以决定病毒感染的真正开始，促使与酶反应相似的化学反应；二是病毒对组织的亲嗜性和病毒感染寄主的范围，以决定病毒吸附位点与细胞膜上受体的特异性。细胞表面能吸附病毒的物质结构称为病毒受体，如呼吸道上皮细胞和红细胞表面的糖蛋白是流感病毒的受体；肠道上皮细胞的脂蛋白是脊髓灰质炎病毒的受体。吸附过程一般可在几分钟至几十分钟内完成。

2. 穿入

病毒吸附于寄主细胞膜上，可通过几种方式使核衣壳进入细胞内的过程称为穿入。有包膜病毒，多数通过吸附部位的酶作用及病毒包膜与细胞膜的同源性等，发生包膜与寄主细胞膜的融合，使病毒核衣壳进入细胞质内。无包膜病毒，一般通过细胞膜以胞饮方式将核衣壳吞入。即病毒与细胞表面受体结合后，细胞膜折叠内陷，将病毒包裹其中，形成类似吞噬泡的结构使病毒原封不动地穿入细胞质内，此过程称为病毒胞饮。噬菌体吸附于细菌后，可能由细菌表面的酶类帮助噬菌体脱壳，使噬菌体核酸直接进入细菌细胞质内。

3. 脱壳

穿入细胞质中的核衣壳脱去衣壳蛋白，使基因组核酸裸露的过程称为脱壳。脱壳是病毒能否复制的关键，病毒核酸如不暴露出来则无法发挥指令作用，病毒就不能进行复制。脱壳必须有特异性水解病毒衣壳蛋白的脱壳酶参与。多数病毒的脱壳依靠寄主细胞溶酶体酶的作用。

4. 生物合成

病毒基因组核酸一经脱壳释放，即利用寄主细胞提供的低分子物质合成大量病毒核酸和结构蛋白，此过程称为生物合成。病毒核酸在寄主细胞内主导生物合成的程序是：复制病毒自身的核酸、转录成 mRNA 和 mRNA 翻译病毒蛋白。病毒 mRNA 翻译病毒蛋白是基于寄主细胞的蛋白质合成机构。

5. 装配与成熟

由病毒在寄主细胞内复制生成的基因组与翻译成的蛋白质（壳粒、包膜突起）装配组合，形成成熟的病毒体。除痘类病毒外，DNA 病毒均在细胞核内装配成核衣壳，RNA 病毒与痘类病毒则在细胞质内装配。

6. 释放

成熟病毒向细胞外释放有下列两种方式。

（1）*破胞释放*

无包膜病毒的释放通过细胞破裂完成。当一个病毒感染细胞时，经复制周期可增殖数百至数千个子代病毒，最后寄主细胞破裂而将病毒全部释放至胞外。

（2）*出芽释放*

有的有包膜病毒在细胞核内装配成核衣壳，移至核膜处出芽获得细胞核膜成分，然后进入细胞质中穿过细胞膜释放而又包上一层细胞膜成分，由此获得内外两层膜构成包膜。有些病毒在细胞核内装配成核衣壳后，通过细胞核裂隙进入细胞质，然后由细胞膜出芽释放，获得细胞膜成分构成包膜。

4.1.4 病毒的分类

对病毒进行有序的分类和科学的命名，无论在病毒的起源、进化等研究方面，还是在病毒的鉴定和病毒性疾病防治方面都具有重要意义。

1. 病毒分类的依据

病毒分类的主要依据（原则）包括病毒的形态、结构、基因组、化学组成和对脂溶剂的敏感性等的毒粒性质，病毒的抗原性质，以及病毒在细胞培养上的特性，对除脂溶剂外的理化因子的敏感性和流行病学特点等的生物学性质。其中病毒的形态与结构特点是病毒分类的重要依据。根据电子显微镜下对超薄切片病毒样本的形态与结构的观察，可将多数与人类疾病相关的病毒进行分类。

2. 病毒的分类系统

病毒的分类系统依次采用目（order）、科（family）、属（genus）、种（species）为分类等级，在未设立病毒目的情况下，科则为最高的病毒分类等级。病毒目由一群具有某些共同特征的病毒科组成，目名的词尾为“virales”，如 Mononegavirales（单分子负链 RNA 病毒目）、Nidovirales（套病毒目）、Caudovirales（有尾噬菌体目）等。病毒科由一群具有某些共同特征的病毒属组成，科名的词尾为“viridae”，如 Picornaviridae（小 RNA 病毒科）、Togaviridae（披膜病毒科）和 Paramyxoviridae（副黏病毒科）等。病毒属由一群具有某些共同特征的病毒种组成，属名的词尾为“virus”，如 *Picornavirus*（小 RNA 病毒属）、*Paramyxovirus*（副黏病毒属）等。科与属之间可设或不设亚科，亚科名的词尾为“virinae”。病毒种是指构成一个复制谱系，占据特定的生态环境，并具有多原则分类特征（包括基因组、毒粒结构、理化特性、血清学性质等）的病毒。

病毒分类是将自然界存在的病毒种群按照其性质相似性和亲缘关系加以归纳分类。在 1995 年国际病毒分类委员会（ICTV）第 6 次报告中，将有无反转录特性及病毒基因组的特性作为重要的分类标准。经过以后的几次修改和补充，现在的分类系统将已发现的 4000 多种病毒分为 dsDNA 病毒、ssDNA 病毒、DNA 和 RNA 反转录病毒、dsRNA 病毒、负意 ssRNA 病毒、正意 ssRNA 病毒、裸露 RNA 病毒和亚病毒因子共 8 大类，它们分属于 3 个病毒目、62 个病毒科、11 个病毒亚科、233 个病毒属。将卫星病毒、类病毒和朊病毒归在亚病毒因（粒）子中。

4.1.5　亚病毒

亚病毒（subvirus）是病毒学的一个新分支，突破了原先以核衣壳为病毒体基本结构的传统认识，将只含有核酸或蛋白质一种成分的非典型病毒称为亚病毒。目前已发现的亚病毒包括卫星病毒、类病毒和朊病毒。卫星病毒包括卫星 RNA（旧称拟病毒）、植物卫星病毒、丁型肝炎病毒等。

卫星病毒多与植物感染有关，少数与人或动物感染相关，与人类疾病相关的仅有丁型肝炎病毒一种；类病毒主要引起植物病害；朊病毒可引起人和动物海绵脑病或白质脑病。

1. 类病毒

类病毒（viroid）是一类无蛋白衣壳，仅有一条裸露的闭合环状单链 RNA 分子，能感染寄主细胞并在其中自我复制，使寄主产生病症的最小病原体，如马铃薯纺锤形块茎病和柑橘裂皮病的病原体是一种只有侵染性小分子 RNA，而没有蛋白质的感染因子。类病毒的分子质量小，仅为最小 RNA 病毒的 1/10 左右，由 246～600 个核苷酸组成。类病毒对热和脂溶剂有抗性。

所有类病毒 RNA 均无 mRNA 活性，其基因组不具有编码衣壳蛋白的能力，也不具有编码核酸聚合酶的能力，因此，只能利用植物寄主细胞核内的 DNA 依赖的 RNA 聚合酶Ⅱ才能进行复制，并直接干扰寄主细胞的核酸代谢。由于类病毒为环状单链 RNA 分子，滚环式复制机制均适合于该类病毒。类病毒复制过程中产生的负链 RNA 可与细胞核内低分子 RNA 形成碱基对，使细胞核内低分子 RNA 失去作用，阻碍了正常 RNA 的连接，从而导致细胞高分子合成系统障碍而致病。

迄今已鉴定的类病毒达 20 多种，每种类病毒都有一定的寄主范围。类病毒能引起马铃薯、番茄、苹果、柑橘、椰子等许多经济植物发生缩叶病、矮化病等严重病害。至于类病毒与人类和动物疾病之间的关系尚不清楚。

2. 卫星病毒

卫星病毒（satellite virus）具有单链 RNA 基因组，基因组长度为 500～2000 个核苷酸，它必须依赖辅助病毒才能复制，但与辅助病毒基因组之间无核酸序列的同源性。

有些卫星病毒被划归为亚病毒，如腺病毒（AAV）、大肠杆菌噬菌体 P_4、卫星烟草坏死病毒（STNV）、卫星烟草花叶病毒（STMV）、丁型肝炎病毒（HDV）等。卫星病毒有两种类型：一类可编码自身衣壳蛋白（如 HDV）；另一类不可编码自身衣壳蛋白，仅为病毒 RNA 分子，后者称卫星 RNA。

（1）植物卫星病毒

植物卫星病毒已发现多种，它们都依赖辅助病毒提供复制酶进行复制，并都编码衣壳蛋白。植物卫星病毒对辅助病毒的依赖性相当专一，如 STNV 的复制只能依赖烟草坏死病毒（TNV）的辅助。

（2）丁型肝炎病毒

丁型肝炎病毒（HDV）必须利用乙型肝炎病毒的包膜蛋白才能完成其复制，土拨鼠肝炎病毒也能辅助其复制。HDV 的环状单链 RNA 基因组与类病毒相似，并具有编码衣壳蛋白质的能力。HDV 和类病毒一样，以其 RNA 为模板，利用寄主的依赖 DNA 的 RNA 聚合酶，通过滚环式复制产生子代共价环状 RNA 分子。

（3）卫星 RNA

卫星 RNA 是指一些被包裹于辅助病毒的衣壳内，必须依赖辅助病毒进行复制的小分子单链 RNA 片段。虽然卫星 RNA 本身对于辅助病毒的复制不是必需的，但是许多卫星 RNA 能显著影响其辅助病毒在寄主中所产生的症状。它对辅助病毒所引起的症状的修饰作用，与卫星 RNA 的核苷酸序列、空间结构和复制特征有关。由于很多卫星 RNA 能减轻辅助病毒所引起的宿主症状，因此已被用于防治植物病毒病害，将卫星 RNA 的 cDNA 转入植物所构建的抗病毒的转基因植物早已获得成功。

3. 朊病毒

朊病毒（prion）也称朊粒，是一类很小的、具有很强传染性并在寄主细胞内复制的蛋白质致病颗粒。它是 1982 年美国 S.B. Prusiner 命名的一组引起中枢神经系统慢性退化性疾病的病原体。朊病毒与现行的生物中心法则 DNA→RNA→蛋白质的依赖关系背道而驰，故有人又称之为奇异病毒。

朊病毒无基因组，无免疫原性，其化学本质是构象异常的朊病毒蛋白（prion protein，PrP）。由宿主细胞基因编码的朊蛋白称为细胞朊蛋白（简称 PrP^c）（图 4-4），其分子质量为（2.7～3.0）×10^4u，是构成朊病毒的基本单位。电镜下，朊病毒为直径 25nm、长 100～200nm 的杆状颗粒，大约由 1000 个 PrP 构成，呈丛状排列，且大小和形状不一。朊病毒对各种理化因子有较强的抵抗力。对γ射线、紫外线、蛋白酶、消毒剂［乙醇、双氧水（H_2O_2）、高锰酸钾、碘、甲醛］、去垢剂、有机溶剂和高压灭菌的抵抗力强。在高于 132℃的温度下至少处理 2h 才能失活。用 1.6%的氯、2mol/L 的 NaOH 及医用甲醛溶液等处理均不能使之失活。

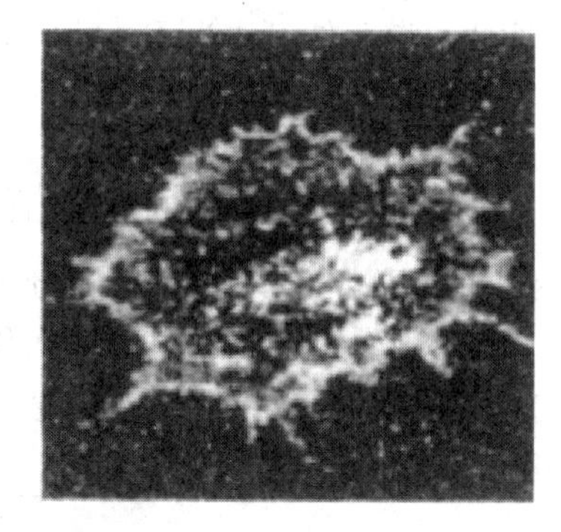

图 4-4 聚集在细胞表面的 PrP^c

近几年，人们发现朊病毒可通过食物链传染，引起人畜共患的中枢神经系统慢性退化性疾病。已知引起的疾病有：①人的震颤病（发现于新几内亚东部高原的一种中枢神经系统退化症）；②克雅氏病（简称 CJD）或传染性病毒痴呆；③格斯综合征（简称 GSS）；④致死性家族失眠病（简称 FFI）；⑤羊瘙痒病（scrapie）；⑥大耳鹿慢性消瘦病；⑦牛海绵脑病（简称 BSE，俗称疯牛病）；⑧猫海绵脑病；⑨传染性雪貂白质脑病。这些疾病的共同特征是：患者产生认知和运动功能的严重衰退，表现为丧失自主控制力、痴呆、麻痹、消瘦并最终死亡。其病理学特点是：大脑皮质的神经元细胞退化，空泡变性、死亡、消失，被星状细胞、微小胶质细胞取而代之，以及致病性朊病毒蛋白质（PrP）积累，因而出现海绵状态，使大脑皮质变薄、变性相对增加，导致海绵脑病或白质脑病。朊病毒的致病机制尚不清楚。对于该种病毒致病因子本质有 3 种成形学说。其中比较公认的是 S.B. Prusiner 提出的，他认为羊瘙痒因子是一种传染性蛋白质颗粒，不含有核酸，此种蛋白质可以通过反转译指导自身复制，由此导致朊病毒蛋白在脑中积累，引起中枢神经系统慢性退化性疾病。

至 1995 年，英国有 12 人已确诊因食用病牛肉受到传染而患克雅氏病，目前病例已上升到百人。实验证明，1996 年在英国发现疯牛病的 PrP 确实能传染给人类。许多研究者认为该病的潜伏期可达数年到数十年，未来将可能有更多的患者陆续出现。至今世界上对此类人畜共患的疯牛病尚无办法治疗，一般患者均在发病后半年内死亡。因此，疯牛病的出现引起全世界尤其是欧盟各国的恐慌。目前对此疫病处理的对策是将病牛宰杀，并用温度超过 1000℃的焚化炉处理，防止病原因子扩散，同时禁止用动物肉、骨粉制品尤其是动物的脑和脊髓喂养动物，避免疫病的传播。

4.2 噬菌体

4.2.1 噬菌体的概念与主要类型

噬菌体（bacteriophage，phage）是寄生于微生物体内并引起寄主菌（细菌、放线菌、真菌、螺旋体、单细胞藻类等）裂解的一种病毒。它具有严格的寄主特异性，必须在活的寄主细胞内增殖，而且噬菌体的核酸仅有一种类型，即 DNA 或 RNA，也能通过细菌滤器。噬菌体已成为重要的研究生物的复制和探索生命现象本质的工具，已广泛应用于分子生物学和基因工程领域。它广泛存在于自然界中，如土壤、腐烂有机物、污水、发酵废液中都有噬菌体的存在。噬菌体与食品发酵工业关系密切。如果生产菌种污染了噬菌体，造成菌体裂解，不能积累发酵产物，常发生倒罐事件，造成较大的经济损失。因此，如何防止噬菌体污染十分重要。

噬菌体分蝌蚪状、微球状和细杆状（线状或丝状）3 种形态，根据结构又可分为 A、B、C、D、E、F 6 种类型（表 4-1）。多数噬菌体呈蝌蚪状。

表 4-1　噬菌体的形态分类及其特征

类型	形状	形态图	头部	尾部	核酸类型	噬菌体举例
A	蝌蚪		二十面体	可收缩的长尾、有尾鞘	dsDNA	大肠杆菌 T_2 噬菌体、T_4 噬菌体、T_6 噬菌体；枯草芽孢杆菌 SP_{50}、PBS_1
B	蝌蚪		二十面体	不能收缩的长尾、无尾鞘	dsDNA	大肠杆菌 T_1 噬菌体、T_5 噬菌体、λ 噬菌体；β、γ-白喉杆菌噬菌体
C	蝌蚪		二十面体	不能收缩的短尾、无尾鞘	dsDNA	大肠杆菌 T_3 噬菌体、T_7 噬菌体；枯草芽孢杆菌 ϕX29 噬菌体、Nf 噬菌体；鼠伤寒沙门氏菌 P_{22} 噬菌体
D	微球		二十面体，顶角有较大壳微粒	无尾	ssDNA	大肠杆菌 ϕX174 噬菌体、ϕR 噬菌体、S_{13} 噬菌体
E	微球		二十面体，顶角有较小壳微粒	无尾	ssRNA	大肠杆菌 f_2 噬菌体、MS_2 噬菌体、M_{12} 噬菌体、QB 噬菌体、fr 噬菌体
F	细杆		不分头尾	不分头尾	ssDNA	大肠杆菌 f_1 噬菌体、fd 噬菌体、M_{13} 噬菌体；铜绿假单胞杆菌 pf_1 噬菌体、pf_2 噬菌体

4.2.2　噬菌体的结构

以蝌蚪形大肠杆菌 T_4 噬菌体为例（图 4-5）进行说明。噬菌体由头部、颈部和尾部 3 部分构成。

（1）头部

头部由线状 dsDNA 和衣壳构成。衣壳由衣壳粒有规律地对称排列，呈椭圆形正二十面体立体对称。头部内藏有由线状 dsDNA 构成的核心。

（2）颈部

颈部由颈环和颈须构成。颈环为一个六角形的盘状构造，其上长有 6 根颈须，用于裹住吸附前的尾丝。

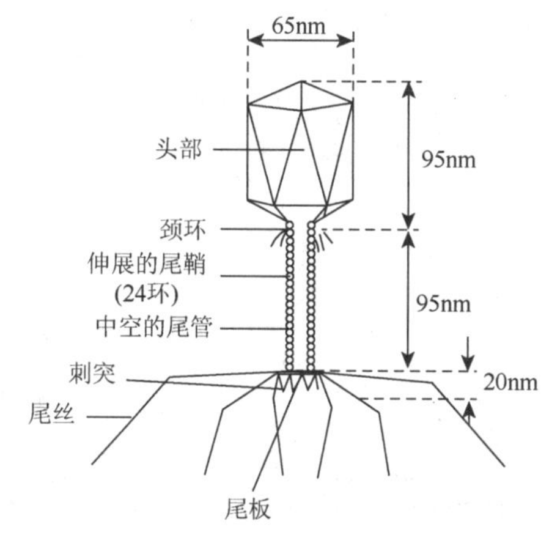

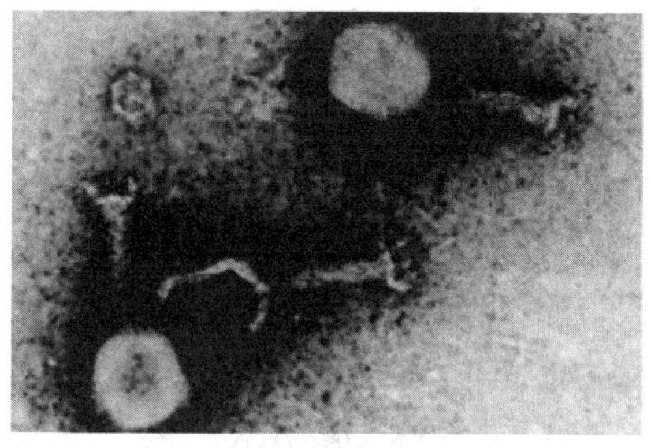

图 4-5　大肠杆菌 T_4 噬菌体结构模式（右：电镜图）

（3）尾部

尾部由尾鞘、尾管、尾板（基板或基片）、尾丝和刺突（尾刺）5 部分构成。尾鞘由衣壳粒缠绕成的 24 环螺旋组成，呈螺旋对称。尾鞘收缩时，其衣壳粒发生复杂的移位效应，使原有尾鞘的长度缩成一半。中空的尾管是头部核酸（基因组）注入寄主细胞时的必经之路。尾板是一个有中央孔的六角形盘状物，其上长有 6 个短直的刺突和 6 根细长的尾丝。刺突有吸附功能，而尾丝具有专一吸附在敏感寄主细胞表面相应受体（如性菌毛、G^-细菌外膜蛋白等）上的功能。T_4 噬菌体通过尾丝吸附于寄主大肠杆菌细胞表面后，刺激尾板的构型变化，中央孔开口，分泌和释放溶菌酶溶解寄主细胞壁，继而尾鞘蛋白发生收缩，将尾管插入寄主细胞内，注入头部的核酸，而蛋白质衣壳、尾鞘、尾丝、刺突等留在外面。

4.2.3　毒性噬菌体的增殖与溶菌作用

根据噬菌体与寄主菌的关系，可将噬菌体分为两类。一类在寄主菌细胞内复制增殖，产生许多子代噬菌体，并最终使寄主菌细胞裂解，这类噬菌体被称为毒（烈）性噬菌体。另一类感染寄主菌后不立即增殖，而是将其核酸整合到寄主菌核酸中，随寄主菌核酸的复制而复制，并随细菌的分裂而传代，这类噬菌体被称为温和噬菌体或溶源性噬菌体。

毒性噬菌体感染寄主细胞后进行大量增殖并最终引起细菌裂解。其溶菌过程包括吸附、侵入、复制、装配（成熟）和释放（裂解）5 个阶段（图 4-6）。从吸附到寄主菌细胞裂解释放子代噬菌体的过程，称为噬菌体的复制周期或溶菌周期。

1. 吸附

噬菌体能否感染寄主细胞，取决于噬菌体能否吸附在寄主细胞壁表面的受点上。寄主细胞壁上具有的吸附噬菌体的特殊结构称为受点。吸附是噬菌体的受体与敏感寄主细胞的特异性受点发生结合的过程。其结合具有高度的特异性，如痢疾志贺氏菌（*Shigella dysenteriae*）噬菌体只能感染痢疾志贺氏菌而不能感染伤寒沙门氏菌（*Salmonella typhi*）。有

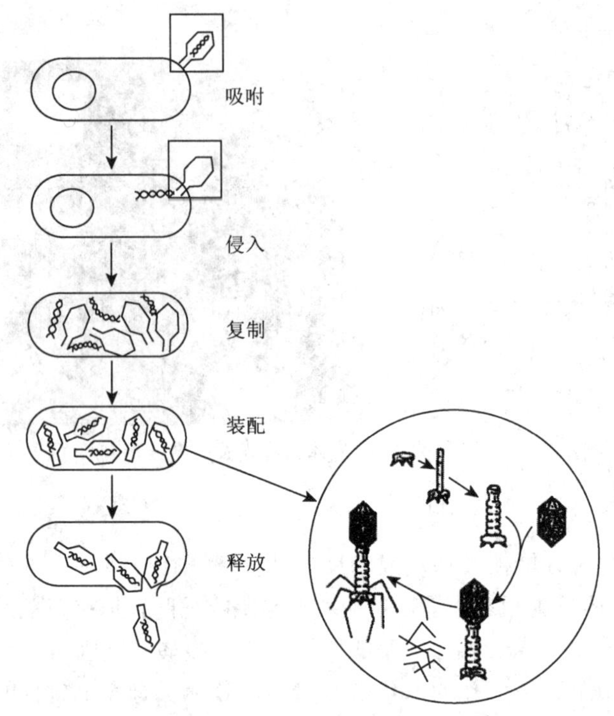

图 4-6　T 偶数噬菌体的侵染复制过程

尾噬菌体借助刺突和尾丝吸附于细菌细胞特异性受点部位——细胞壁组分，如磷壁酸、脂多糖或脂蛋白；微球噬菌体则依赖其表面结构吸附于细菌的性菌毛、鞭毛等；细杆状噬菌体以其顶端吸附于性菌毛的顶端。吸附过程不仅与上述因素有关，而且受环境因素（如温度、pH、离子等）的影响，例如，Ca^{2+}、Mg^{2+}、K^{+}、Na^{+}等阳离子能促进噬菌体的吸附，而一些抗生素、有机酸、表面活性剂及染料等却阻碍其吸附过程。

2. 侵入

当噬菌体吸附于细菌细胞壁的受点后，由尾刺或吸附部位的顶端分泌溶菌酶，将细菌的细胞壁溶解成一小孔，然后尾鞘蛋白收缩，露出尾管，尾管插入寄主细胞内注入头部的核酸，而蛋白质外壳留在菌体细胞外。从吸附到侵入的时间间隔很短，只有几秒到几分钟。当噬菌体侵入后，寄主细胞表面变成粗糙状态，细胞壁和细胞膜对物质的通透性增大，常有细胞质漏出；细胞质染色不均匀，有破碎的细胞出现，代谢活动随之失常。

3. 复制

当噬菌体核酸（DNA）进入寄主菌细胞后，操纵寄主细胞的代谢机能，并利用寄主细胞的整套合成机构（如核糖体、tRNA、酶、ATP 等），以其 DNA 为模板转录 mRNA，在菌体的核糖体上翻译合成噬菌体的结构蛋白与合成 DNA 所需的酶类等，同时以其 DNA 为模板复制大量的子代噬菌体 DNA。

4. 装配（成熟）

当子代噬菌体的核酸与蛋白质壳体（包括 DNA、衣壳、尾鞘、尾管、尾板、尾丝、刺突等部件）合成后，在寄主菌细胞质内按一定程序装配成完整成熟的噬菌体。其装配过程大致分为 4 步：蛋白质衣壳包裹 DNA 聚缩体成为头部；由尾板、尾管和尾鞘装配成尾部；头部与尾部相互衔接；最后单独装配的尾丝与尾部相接成为完整的噬菌体。

5. 释放（裂解）

当子代噬菌体粒子成熟后并达一定数量时（20～1000 个不等），寄主菌细胞突然裂解，释放出大量子代噬菌体，完成毒性噬菌体的溶菌周期。其裂解原因：成熟的噬菌体粒子能诱导形成酯酶和溶菌酶，分别作用于细胞膜磷脂、细胞壁肽聚糖，产生溶解效应，从而导致寄主菌细胞裂解。有些细杆状噬菌体可以出芽的方式释放。噬菌体裂解细菌的现象在液体培养基中可使混浊的菌悬液浊度下降，液体澄清；在固体培养基上出现菌落的噬菌斑。

噬菌体增殖所需时间因噬菌体的种类、培养基成分、温度等不同而异。最短约为 10min，最长可达 5h 以上，例如，大肠杆菌 T 系噬菌体在合适温度等条件下仅为 15～25min。平均每一寄主菌细胞裂解后产生的子代噬菌体数称为裂解量。一个寄主菌细胞可释放数十到数百个成熟噬菌体，例如，T_2 噬菌体为 150 左右（5～447），T_4 噬菌体约为 100。

4.2.4　温和噬菌体与溶源性细菌

温和噬菌体感染寄主菌后不立即增殖，而是将其基因组整合到寄主菌的核酸中，并随寄主菌核酸的复制而复制，且伴随寄主菌分裂而分配到两个子代细菌基因中，即为溶源状态。整合在寄主菌核酸中的噬菌体基因组称为原噬菌体（或前噬菌体）；染色体上带有温和噬菌体基因组的细菌称为溶源性细菌。溶源性细菌有如下特点。

1. 自发裂解

多数溶源性细菌不发生裂解现象，能够正常繁殖，并将原噬菌体传至子代菌体中。只有极少数（发生率为 10^{-5} 左右）溶源性细菌（如芽胞杆菌、大肠杆菌、假单胞菌、棒状杆菌、沙门氏菌、葡萄球菌、弧菌、链球菌、变形杆菌、乳杆菌等）的原噬菌体脱离寄主菌的 DNA，并在寄主菌体内增殖产生成熟噬菌体，导致寄主菌细胞裂解，这种现象称为溶源性细菌的自发裂解。也就是说极少数溶源性细菌中的温和噬菌体变成了毒性噬菌体。

2. 诱发裂解

用低剂量的紫外线照射，或用 X 射线、丝裂霉素 C、氮芥等其他理化因素处理，能够诱发大部分甚至全部溶源性细菌大量裂解，释放出噬菌体粒子，这种现象称为诱发裂解。故温和噬菌体既有溶源周期，又有溶菌周期，而毒性噬菌体只有溶菌周期。

3. 复愈

有极少数溶源性细菌其中的原噬菌体消失了，成为非溶源性细菌，此时既不会发生自发裂解现象，又不会发生诱发裂解现象，称为溶源性细菌的复愈或非溶源化。

4. 对同源噬菌体的感染具有免疫性

溶源性细菌对本身产生的噬菌体或外来的同源噬菌体不敏感。这些噬菌体虽然可以进入溶源性细菌，但不能增殖，也不能导致溶源性细菌裂解。如含有 λ 原噬菌体的溶源细菌对 λ 原噬菌体的毒性有免疫性。

5. 溶源性转变

噬菌体 DNA 整合到细菌基因组中而改变了细菌的基因型，使溶源性细菌相应性状发生改变，称为溶源性转变。如白喉棒状杆菌（*Corynebacterium diphtheriae*）不产生毒素，当其被 *β*-白喉棒状杆菌温和噬菌体感染而溶源化后，由于后者带有毒素蛋白的结构基因（tox^+），可编码毒素蛋白，因而变成产白喉外毒素的致病菌，细菌失去该噬菌体即丧失产毒能力。此外，一些肉毒梭菌（*Clostridium botulinum*）神经毒素的产生，某些金黄色葡萄球菌（*Staphylococcus aureus*）溶血素的产生，以及某些沙门氏菌属（*Salmonella*）、志贺氏菌属（*Shigella*）等的抗原结构和血清型别都与细菌的溶源性转变有关。

溶源性细菌的检测方法：将待测菌样于合适的液体培养基中培养，并在对数生长期进行紫外线照射，诱导原噬菌体复制；进一步培养，将培养物过滤，去除活菌体，将少量的滤液与大量的敏感指示菌（敏感的非溶源性菌株，易受溶源菌释放出的噬菌体感染发生裂解者）相混合，然后与营养琼脂混匀倒入平板，经培养后溶源菌长成菌落。当溶源菌中部分细胞发生诱发裂解或自发裂解释放出病毒粒子时，这些病毒粒子会感染溶源菌菌落周围的敏感指示菌，并反复侵染形成噬菌斑。最后形成了中央是溶源菌菌落，四周为透明裂解圈的特殊菌落（图 4-7）。也可将滤液加到指示菌的液体培养物中，培养后观察菌液能否变清。

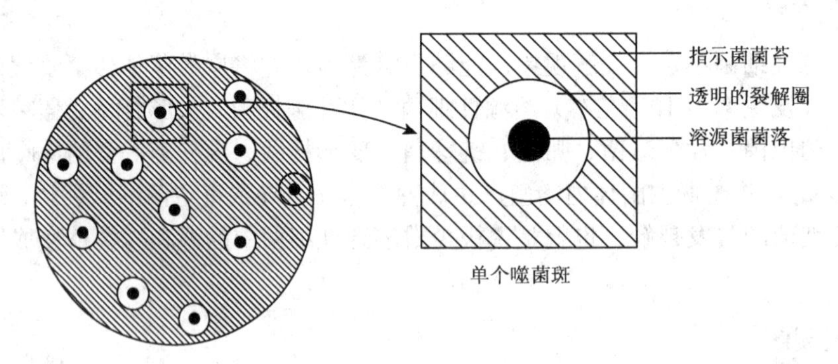

图 4-7　溶源菌及其特殊菌落

4.2.5　噬菌体与食品发酵工业的关系

1. 噬菌体对食品发酵工业的危害

在食品发酵工业中，噬菌体的危害是污染生产菌种，造成菌体裂解，发生倒罐事件，经济损失极其严重。例如，生产谷氨酸的北京棒状杆菌（*Corynebacterium pekinense*），生产酸乳的乳酸菌（lactic acid bacteria），生产食醋的产乙酸菌（acetic acid bacteria），生产丙酮、丁醇的丙酮丁醇梭菌（*Clostridium acetobutylicum*），生产链霉素的灰色链霉菌（*Streptomyces griseus*）等，若受到相应噬菌体感染则出现异常发酵。异常发酵常表现为发酵缓慢，菌体因细胞裂解而数量下降，发酵液变得澄清，pH异常，不能积累发酵产物等，严重的造成倒罐、停产。故在食品发酵工业中，需采取防治措施，减少由噬菌体造成的损失。

2. 噬菌体在食品发酵工业中的防治

噬菌体在自然界中分布广泛，在土壤、腐烂的有机物和空气中均有存在。一般来说，造成噬菌体污染必须具备有噬菌体、活菌体、噬菌体与活菌体接触的机会和适宜的环境等条件。由于噬菌体寄主（活菌体）大量存在，以及噬菌体有时也能脱离寄主在环境中长期存在，同时噬菌体对干燥有较强的抗性，因此在实际生产中，空气的传播，常使噬菌体潜入发酵的各个环节，从而造成污染。因此，环境污染噬菌体是造成噬菌体感染的主要根源。至今最有效的防治噬菌体的方法是以净化环境为中心的综合防治措施。

1）搞好发酵工厂的环境清洁卫生和生产设备、用具的消毒杀菌工作。

2）妥善处理好发酵废液，对排放或丢弃的活菌液要严格灭菌后才能排放。

3）严格无菌操作，防止菌种被噬菌体污染，对空气过滤器、管道和发酵罐要经常严格灭菌。

4）采用适宜的药物，抑制发酵罐内噬菌体的生长。

5）定期轮换生产菌种和使用抗噬菌体的生产菌株。由于噬菌体对寄主专一性较强，一种噬菌体通常只侵染细菌的个别品系，因此一旦发现生产菌种被噬菌体污染，通过轮换不同品系的生产菌种，或选育和使用抗噬菌体的生产菌株，每隔一定时间轮换使用1次等办法，可以达到防治噬菌体的目的。噬菌体的防治是一项系统工程，从培养基的制备、培养基灭菌、种子培养、空气净化系统、环境卫生、设备、管道、车间布局及职工工作责任心等诸多方面，分段检查把关，才能做到根治噬菌体的危害。

思考题

1. 试述病毒的主要化学组成与结构。病毒有何特点？
2. 溶源性细菌有哪些特点？
3. 图示大肠杆菌T偶数噬菌体的结构，并指出各部分的特点和功能。
4. 简述毒性噬菌体的增殖过程。研究噬菌体有何实践意义？
5. 简述噬菌体对食品发酵工业的危害及防治措施。
6. 名词解释：病毒、亚病毒、噬菌体、毒性噬菌体、温和噬菌体、溶源性细菌、溶源性转变。

参考文献

董明盛, 贾英民. 2006. 食品微生物学. 北京: 中国轻工业出版社.
贺小贤. 2008. 生物工艺原理. 第 2 版. 北京: 化学工业出版社.
李阜棣, 胡正嘉. 2007. 微生物学. 第 6 版. 北京: 中国农业出版社.
刘慧. 2011. 现代食品微生物学. 第 2 版. 北京: 中国轻工业出版社.
吕嘉枥. 2007. 食品微生物学. 北京: 化学工业出版社.
沈萍, 陈向东. 2006. 微生物学. 第 2 版. 北京: 高等教育出版社.

第 5 章　微生物的营养

概述

微生物在生命活动过程中，无时无刻不在进行着新陈代谢。为了生长和繁殖，微生物必须不断地从周围环境中吸收各种营养物质，以合成新的细胞组分和形成代谢产物，维持细胞内一定的 pH 及离子浓度。营养物质是微生物赖以生存的物质基础，微生物从外界摄取营养物质，通过新陈代谢作用将其转化为自身细胞组成物质，同时从中获得生命活动所必需的能量。

5.1　微生物细胞的化学组成

微生物细胞的化学组成与其他生物细胞的化学组成基本相同，细胞最基本的组成单位都是各种化学元素，由不同元素构成细胞内物质，并进一步形成相应的大分子化合物。微生物所需要的营养物质主要取决于细胞及其代谢产物的化学成分。

5.1.1　化学元素组成

构成微生物细胞的主要化学元素包括碳、氢、氧、氮、硫、磷、钾、镁、钙、铁、锌、锰、钠、氯、钼、硒、钴、铜、钨、镍等。根据微生物对各种化学元素需求量的不同，可以分为主要元素和微量元素。需求量在 10^{-4}mol/L 以上的元素为主要元素，需求量在 10^{-4}mol/L 以下的元素为微量元素。虽然微生物种类不同，细胞中所含的各种元素的数量也有差异，但是元素的种类基本相同。微生物细胞中所含的主要元素如表 5-1 所示。

表 5-1　主要元素占细胞干物质质量　　　　（单位：%）

化学元素	碳	氧	氮	氢	磷	硫	钾	钠	钙	镁	氯	铁
质量分数	50	20	14	8	3	1	1	1	0.5	0.5	0.5	0.2

微量元素如锌、锰、钼、硒、钴、铜、钨、镍等，在细胞中的含量均在 0.2%以下。

5.1.2　化学物质组成

组成细胞的化学物质主要成分包括水分、碳水化合物、蛋白质、核酸及脂类等。微生物细胞中主要的化学物质含量如表 5-2 所示。

表 5-2 微生物细胞中主要物质含量 （单位：%）

微生物	水分	干物质	占细胞干物质百分数			
			蛋白质	核酸	碳水化合物	脂肪
细菌	75～85	15～25	58～80	10～20	12～28	5～20
酵母菌	70～80	20～30	32～75	6～8	27～63	2～5
丝状真菌	85～95	5～15	14～52	1～2	27～40	4～40

1. 水

水是维持细胞正常生命活动必不可少的重要物质。微生物细胞含水量比较高，占细胞质量的70%～90%。细胞内水主要以两种形式存在，一种是结合水，另一种是自由水。结合水与细胞中其他化合物紧密结合，直接参与细胞结构的组成；自由水通常以游离态存在，为细胞新陈代谢提供一个液态环境。细胞中水的生理功能主要体现在以下几个方面：①作为细胞组成成分；②细胞生理反应的介质；③直接参与新陈代谢作用；④调节细胞内温度；⑤维持细胞内蛋白质、核酸等生物大分子天然构象的稳定。

2. 碳水化合物

微生物细胞中碳水化合物含量受微生物种类影响较大。某些细胞中碳水化合物含量可占固形成分的30%以上。碳水化合物在细胞中的存在方式也比较复杂，包括单糖、双糖和多糖等多种形式，其中主要以多糖形式存在。单糖包括己糖和戊糖。己糖是组成双糖或多糖的基本单位，戊糖是核糖的组成成分。多糖包括荚膜多糖、脂多糖、肽聚糖、纤维素、半纤维素、淀粉、糖原等，它们有的是组成细胞结构的物质，有的是细胞内贮藏物质，可作为碳源和能源被微生物分解利用。

3. 蛋白质

蛋白质是细胞干物质的主要成分，占细胞固形成分的40%～80%，分布在细胞壁、细胞膜、细胞质、细胞核等细胞结构中。按照化学组成，微生物细胞内的蛋白质通常可分为简单蛋白质和结合蛋白质。简单蛋白质是水解后只产生氨基酸的蛋白质；结合蛋白质是水解后不仅可以产生氨基酸，而且可以产生其他有机或无机化合物（如碳水化合物、脂质、核酸、金属离子等）的蛋白质。结合蛋白质的非氨基酸部分称为辅基。简单蛋白质包括球蛋白、鞭毛蛋白及一些水解酶蛋白等。结合蛋白质包括核蛋白、糖蛋白、脂蛋白等。在微生物细胞中核蛋白含量特别高，占蛋白质总量的30%～50%。蛋白质在微生物细胞中发挥着重要的生物学作用，微生物的各种生理现象和生命活动都离不开蛋白质。蛋白质的功能主要体现在以下几个方面：①参与微生物细胞结构组成；②多数以酶形式存在，催化细胞内各种生理生化反应；③参与营养物质的跨膜运输。

4. 核酸

微生物细胞内的核酸有两种，即脱氧核糖核酸（DNA）和核糖核酸（RNA），占细胞固形成分的 10%～15%。微生物种类不同，细胞内 DNA 存在形式也不同。原核微生物细菌和放线菌的 DNA 基本是裸露的，主要以游离形式存在于细胞核中，少量以质粒的形式存在于细胞质中。质粒是一种分子质量比较小的共价闭合环状 DNA 分子，质粒通常携带特殊遗传信息，决定细菌某些特殊遗传性状。真核微生物的 DNA 与蛋白质结合，形成与高等生物类似的染色体。RNA 一般存在于细胞质中，除少量以游离状态存在外，大多数与蛋白质结合，形成核蛋白体。RNA 主要参与蛋白质的生物合成。

核酸是生物遗传的物质基础。对于细胞型微生物而言，DNA 上携带全部的遗传信息，通过 DNA 的复制和细胞分裂将遗传信息传递给子代。在仅含 RNA 的某些病毒和类病毒中，它们的侵染力和遗传信息的传递均由 RNA 所决定。

细菌和酵母菌细胞中核酸的含量高于霉菌。在同一种微生物中，RNA 的含量常随着生长时期的变化而变化，但是 DNA 的含量则是恒定的。DNA 碱基对顺序、数量和比例通常是不变的，不受菌龄和一般外界因素的影响，因此，可以用 DNA 碱基比例或 G+C 的百分比值作为微生物菌种分类鉴定的指标，这种分类方法已经在某些细菌和酵母菌的分类中得到应用。

5. 脂类

细胞中脂类物质含量占固形成分的 1%～7%。脂类物质主要包括脂肪酸、磷脂、糖脂、蜡脂和固醇等，在细胞中以游离状态存在或与蛋白质等结合。它们存在于细胞壁、细胞膜和细胞质中。磷脂是构成微生物细胞内各种膜的主要成分；脂蛋白、脂多糖及固醇则是微生物细胞的重要组分；脂肪酸可以结合糖或蛋白质，也可以以游离状态存在，游离态的脂肪酸也是微生物细胞内的能源物质。

微生物细胞内脂肪含量因种类不同而相差很大，培养条件对脂肪含量也有影响，碳源含量高的培养基能促进脂肪累积。

6. 维生素

有些微生物细胞内还会有数量不等、种类不同的维生素，主要是构成细胞内各种酶的辅酶，在微生物代谢过程中起重要作用。

7. 无机盐类

无机元素占细胞干重的 10%左右，包括磷、硫、镁、铁、钾、钠等。一般以磷含量最高，硫细菌中含硫量较高，铁细菌中含铁量较高。这些无机元素在细胞中除少数以游离状态存在之外，大部分都以无机盐形式存在或结合于有机物质之中。

5.2　微生物的营养物质及生理功能

微生物从外界获得的营养物质主要包括水、碳源、氮源、能源、生长因子及无机盐等。每种营养物质均具有一定的生理功能。

5.2.1　水

水是微生物生长所必需的成分，微生物不能脱离水而生存，微生物所需要的营养物质，也只有溶解于水后，才能被微生物很好地吸收利用。水具有传热快、比热高、热容量大等特点，有利于调节细胞温度。

5.2.2　碳源

凡是可提供微生物细胞组成和代谢产物中碳素来源的物质均可称为碳源。碳源种类很多，从简单的无机含碳化合物，如二氧化碳、碳酸盐等，到复杂的有机含碳化合物，如糖类、醇类、有机酸、蛋白质及其分解产物、脂肪和烃类等，都可以被不同微生物所利用。大多数微生物以有机含碳化合物作为碳源和能源，其中糖类是最好的碳源，绝大多数微生物均能利用。几乎所有微生物都能利用葡萄糖和果糖等单糖，蔗糖和麦芽糖等双糖也是微生物普遍能够利用的碳源。多糖是单糖或其衍生物的聚合物，包括淀粉、纤维素、半纤维素、甲壳素、果胶质和木质素等，其中淀粉是大多数微生物都能利用的碳源。纤维素、半纤维素、甲壳素、果胶质和木质素等则只能被少数微生物所利用。

有机酸作为碳源的效果不如糖类，主要原因是有机酸不容易透过细胞，难以被微生物吸收利用。另外，有机酸被吸收后，常会导致细胞内环境 pH 降低，影响微生物生长繁殖。有些有机酸如柠檬酸和酒石酸还具有强烈的螯合金属离子的能力，可使微生物因得不到金属离子而生长受阻。

碳源的功能主要有两个方面：①提供细胞组成物质中碳素来源；②提供微生物生长繁殖过程中所需能量。因此碳源具有双重功能，在微生物营养需求中，对碳需求量最大。

5.2.3　氮源

凡是可提供微生物细胞组成和代谢产物中氮素来源的物质均可称为氮源。微生物利用氮源在细胞内合成氨基酸和碱基，进而合成蛋白质、核酸等细胞成分及含氮的代谢产物。氮源一般不提供能量，但硝化细菌能利用铵盐或硝酸盐作为氮源和能源。在碳源物质缺乏的情况下，某些厌氧微生物在厌氧条件下也可以利用某些氨基酸作为能源物质。

氮源的范围很广，一般可以分为 3 种类型：①分子态氮，大气中氮气来源充足，但只有少数具有固氮能力的微生物（如自生固氮菌、根瘤菌）能利用；②无机态氮，如铵盐、硝酸盐等，绝大多数微生物均可利用；③有机态氮，如蛋白质及各种分解产物、尿素、嘌呤碱、嘧啶碱等。尿素需要被微生物先分解成 NH_4^+后才能被吸收利用，氨基酸能被微生物直接吸收利用，蛋白质类复杂的有机含氮化合物则需先经微生物分泌的蛋白酶水解成氨基酸或进一步分解成无机含氮化合物才能被吸收利用。在发酵工业中，用作氮源的物质主要有鱼粉、蚕蛹粉、各种饼粉、玉米浆、血粉等。在实验室中则常用蛋白胨、牛肉膏、酵母浸出汁等作为氮源。蛋白质不是微生物良好的氮源，蛋白质分子质量较大，必须先经过菌体胞外酶水解后才能被细胞吸收利用。

5.2.4　生长因子

凡是微生物不能自行合成，但生命活动又不可缺少的微量有机营养物质，都可称为生长因子。生长因子不是所有微生物生长都需要的营养物质，只是某些微生物所必需的，这类微生物细胞内一般缺乏某种酶类，自身不能合成其生长所必需的某种营养成分，只能从外界吸取。从广义上讲，生长因子包括氨基酸、嘌呤和嘧啶、维生素；从狭义上讲，专指维生素。与微生物生长有关的维生素主要是 B 族维生素，只有少数微生物需要维生素 K。生长因子的功能主要表现在：①构成细胞组成成分，如嘌呤、嘧啶是构成核酸的成分；②调节代谢，维持正常生命活动，如许多维生素是各种酶的辅基成分，直接影响酶活性。

在科研和生产实践中，通常利用酵母膏、玉米浆、蔬菜汁、肝脏浸出液等动植物组织提取液作为生长因子的来源。天然培养基如麸皮、米糠、肉汤等都含有比较丰富的生长因子，因此不必另外补充。

5.2.5　无机盐

无机盐是微生物生长过程中不可缺少的营养物质。微生物需要的无机盐一般包括硫酸盐，磷酸盐，氯化物，含钾、钠、镁、铁等的化合物。无机盐在微生物生命活动过程中起着重要的作用，主要表现在以下几个方面：①构成细胞组成成分，如磷是核酸的组成元素之一；②作为酶的组成成分或酶的激活剂，如铁是过氧化氢酶、细胞色素氧化酶的组成成分，钙是蛋白酶的激活剂；③调节微生物生长的物理化学条件，如调节细胞渗透压、氢离子浓度、氧化还原电位等，磷酸盐就是重要的缓冲剂；④作为某些自养型微生物的能源，如硫细菌以硫作为能源。一些无机元素的生理功能如表 5-3 所示。

表 5-3　无机元素的生理功能

元素名称	主要的生理功能
磷	核酸、磷脂、某些辅酶的组成成分
	形成高能磷酸化合物
	缓冲剂
硫	蛋白质、某些辅酶（辅酶 A 等）的组成成分
	某些自养微生物的能量
钾	细胞中的主要无机阳离子
	许多酶的激活剂
	与原生质胶体特性和细胞膜透性密切相关
镁	细胞中重要的阳离子
	许多酶（己糖磷酸化酶等）的激活剂
	细菌叶绿素的组成成分

续表

元素名称	主要的生理功能
钙	某些酶（如蛋白酶）的激活剂
	细菌芽胞的组成成分
	降低细胞的透性，调节酸度
铁	细胞色素、某些酶（如过氧化氢酶）的组成成分
	影响细菌毒素的形成
	铁细菌的能源
铜、钴、锰、钼、锌	某些酶的组成成分
	酶的激活剂
	促进固氮作用

5.3　微生物对营养物质的吸收方式

微生物在生命活动过程中，不断地从外界吸收各种营养物质，然后又将体内的代谢废物排泄到细胞外。微生物的物质交换过程都是在细胞表面进行的。微生物对营养物质的吸收可以分为被动扩散、促进扩散、主动运输、基团转位 4 种方式。

5.3.1　被动扩散

被动扩散又称单纯扩散。营养物质在细胞内外浓度不一样，利用细胞膜内外存在的浓度差从高浓度向低浓度进行扩散，是顺浓度梯度进行扩散的。被动扩散是一个物理过程，在扩散过程中不需要消耗能量，它是非特异性的，扩散速度比较缓慢，营养物质在细胞膜内外浓度差的大小决定扩散速度的快慢。被动扩散是一个可逆过程，营养物质是通过细胞膜上的小孔进出细胞的。通过被动扩散运输的物质主要是一些小分子物质，例如，H_2O、O_2 和 CO_2 等小分子物质就是以被动扩散的方式进行跨膜运输的，乙醇、甘油等小分子物质也可以通过这种方式进出细胞，大肠杆菌中钠离子的吸收是通过被动扩散进行的，较大的分子、离子和极性物质则不能通过被动扩散进行跨膜运输。

5.3.2　促进扩散

促进扩散运输物质的方式与被动扩散相似，也是一种被动的物质跨膜运输方式，运输过程依赖于细胞膜内外营养物质浓度差的驱动，顺浓度梯度进行，在扩散过程中也不需要消耗代谢能量。

与被动扩散不同的是促进扩散在运输过程中需要有专一性的载体蛋白参加。载体蛋白也称为透性酶，是一种存在于细胞膜上的蛋白质。在载体蛋白协助下，营养物质跨膜运输速度可以大幅度提高。载体蛋白对所运输的物质具有较强的专一性，每种载体蛋白只能选择性地运输与之结构相关的某类物质。载体蛋白运输营养物质的速度与营养物质浓度梯度密切相关，一般情况下，促进扩散的速度会随着细胞内外营养物质浓度差的增加而加快。但是当营养物质的浓度达到一定数值时，载体会产生饱和效应，促进扩散的速度就不再受细胞内外营养物质浓度差大小的影响了，这一点与酶和底物之间的关系非常类似。

在促进扩散过程中，营养物质在细胞膜外表面与载体蛋白相结合，载体蛋白构象随之发生变化，载体蛋白携带营养物质横跨细胞膜，将之运送至细胞膜内并加以释放，然后载体蛋白恢复其原来构象，并返回细胞膜外表面，并随时准备与细胞胞外营养物质进行结合，开始下一次运输（图 5-1）。当然这一运输过程也是可逆的，如果细胞内某种营养物质的浓度高于细胞外，那么该物质也可以通过促进扩散的运输方式被运送到细胞外，但是，由于细胞通过新陈代谢作用能够将进入细胞内的营养物质迅速消耗，因此营养物质外流的情况一般不会发生。通过促进扩散运输的营养物质是非脂溶性的。大肠杆菌、鼠伤寒沙门氏菌、假单胞菌、芽胞杆菌等细菌可以通过促进扩散的方式运输甘油。促进扩散在真核细胞中的作用更为明显，很多糖类和氨基酸都是通过这种运输方式进入细胞的。

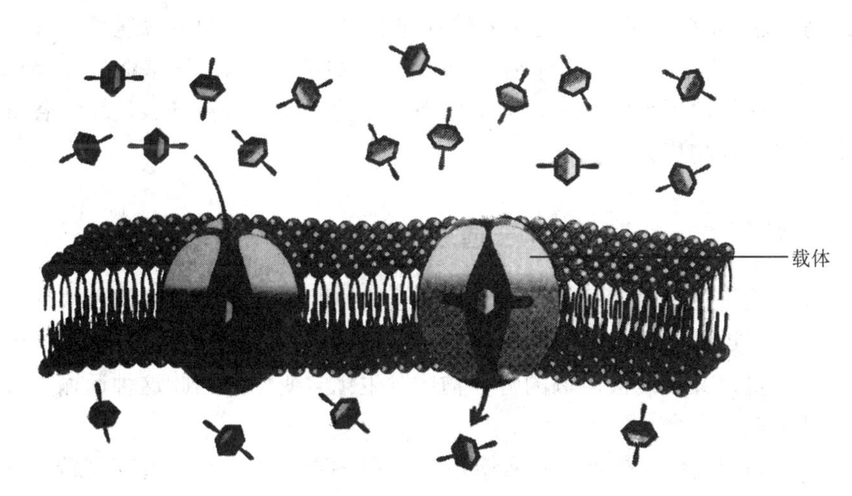

图 5-1　促进扩散示意图

5.3.3　主动运输

通过促进扩散虽然可以快速地将细胞外营养物质顺着浓度梯度运送至细胞内。但前提条件是细胞外营养物质浓度必须高于细胞内，实际上，细胞外营养物质浓度通常比较低，而促进扩散不能在细胞内营养物质浓度高时进行逆浓度梯度运输。在这种情况下，必须有其他运输方式，其中最主要的运输方式是主动运输和基团转位。

主动运输是一种可以将营养物质进行逆浓度梯度运输的方式，在这一过程中需要消耗能量（图 5-2）。主动运输在某些方面类似于促进扩散，两者都需要载体蛋白参与。载体蛋白具有较强的专一性，性质相近的分子会竞争性地与载体蛋白结合，在营养物质浓度较高时也会出现饱和效应。但是，两者之间仍然存在较大差别。主动运输需要消耗能量，并且可以逆浓度梯度进行运输，促进扩散则不能。新陈代谢抑制剂可以阻止细胞产生能量而

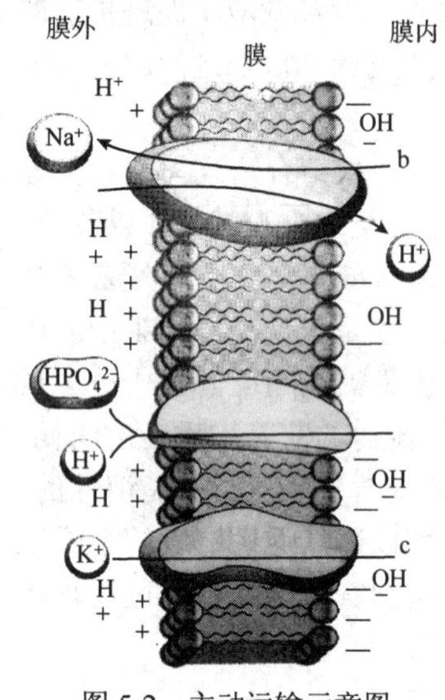

图 5-2　主动运输示意图

抑制主动运输，但对促进扩散没有影响。

关于主动运输的机制有两种观点。第一种观点认为外界环境中营养物质先与细胞膜上载体蛋白结合，形成复合物，此复合物在细胞膜中由于吸收能量而发生构象改变，使载体对营养物质亲和力下降，从而将其释放至细胞内，然后载体再恢复至原来构象，继而可重新与营养物质结合。第二种观点认为载体是一种变构蛋白质（或称为透性酶），它们在细胞膜中可以被比作一个能旋转的门，这个“门”有一个口，朝向细胞膜外，可以和营养物质专一性结合，引起蛋白质变形，使之旋转，当口朝向细胞内时，由于吸收能量（ATP）而使载体蛋白对营养物质亲和力下降，从而将营养物质释放出来，载体蛋白则恢复至原来构象，又可重新与营养物质进行结合。以主动运输这种方式运送至菌体细胞中的营养物质主要包括氨基酸、糖类、无机离子等。例如，大肠杆菌用这种方式运输半乳糖、阿拉伯糖、麦芽糖、核糖、谷氨酸、组氨酸、亮氨酸等营养物质。

5.3.4　基团转位

通过主动运输进行跨膜运输的营养物质在运输过程中并没有被修饰和改变。许多原核微生物还可以通过基团转位吸收营养物质，这种运输方式既需要特异性载体蛋白的参与和消耗代谢能量，又会使被运输的营养物质发生化学变化，因此这种运输方式又不同于一般的主动运输。

许多糖类（如葡萄糖、果糖、甘露糖和 *N*-乙酰葡糖胺等）是通过基团转位这种方式进入原核生物细胞内的，其运输机制在大肠杆菌中研究得比较清楚，运输过程主要靠磷酸转移酶系统进行，即磷酸烯醇丙酮酸-糖磷酸转移酶系统。运输过程主要涉及以下反应：

$$\text{PEP（磷酸烯醇丙酮酸）+} \xrightarrow{\text{Enz I, Mg}^{2+}} \text{Pyr（丙酮酸）+ P-HPr}$$

$$\text{P-HPr+糖} \xrightarrow{\text{Enz II}} \text{6-磷酸-葡萄糖+ HPr}$$

磷酸转移酶系统由两种酶（Enz Ⅰ 和 Enz Ⅱ）和一个低分子质量的热稳定蛋白（HPr）组成。HPr 和 Enz Ⅰ 均存在于细胞质中，Enz Ⅱ 结构多变，常由 3 个亚基或结构域组成。在运输过程中，磷酸烯醇丙酮酸（PEP）起着高能磷酸载体的作用。无论是 Enz Ⅰ 还是 HPr 都不与糖类结合，因此它们不是载体蛋白。而催化第 2 个反应的 Enz Ⅱ 是一种复合蛋白，存在于细胞膜上，对不同的糖类具有高度专一性。当微生物在含有葡萄糖的培养基中进行培养时，可诱导生成相应的 Enz Ⅱ，催化将磷酸基团从 P-HPr 转移到葡萄糖的反应过程，形成 6-磷酸-葡萄糖。当微生物在含有甘露糖的培养基中进行培养时，Enz Ⅱ

可以催化将 P-HPr 磷酸基团转移到甘露糖上，形成 6-磷酸甘露糖。

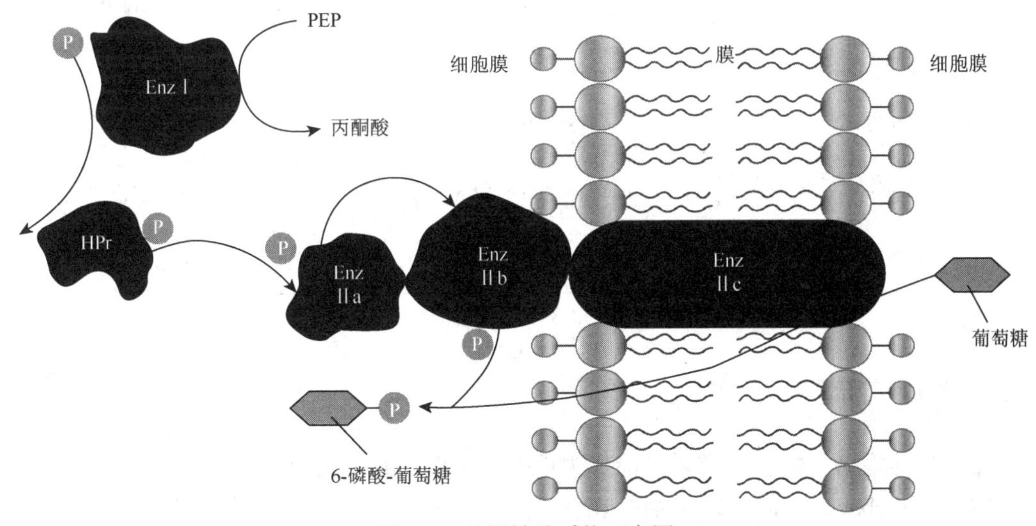

图 5-3　基团转移系统示意图

在一些细菌中，人们已经发现葡萄糖、果糖和乳糖等糖类物质的跨膜运输是依靠基团转位进行的。在严格的好气菌中可能不存在这种运输过程。基团转位运输的特点是：①运输的产物是 6-磷酸-葡萄糖，可以立即进入代谢途径；②虽然在运输过程中消耗了一分子 PEP，但能量并未浪费，而是有效地保存在 6-磷酸-葡萄糖中；③磷酸化的糖类不易透过细胞膜，对细胞相对安全。

5.4　微生物的营养类型

根据微生物对营养物质的要求不同，可以将微生物分成两种类型。一种是合成能力差，不能利用简单的无机物，如不能利用二氧化碳和无机盐作为营养物质进行生长繁殖，而需要利用复杂的有机物，如蛋白质及其降解产物（胨、氨基酸）和糖类等营养物质才能进行生长繁殖，具有这种营养要求的微生物被称为有机营养型（或异养型）；另一种是合成能力强，可以利用简单的无机物如二氧化碳和无机盐作为营养物质，合成复杂的细胞物质进行生长，具有这种营养要求的微生物被称为无机营养型（或自养型）。大多数微生物是以复杂的有机物作为碳源，只有少数微生物能够以二氧化碳作为唯一碳源。根据微生物生长所需要的能源不同，又可以将微生物分成两种类型，即光能营养型和化能营养型。光能营养型微生物通过特殊的色素和光合系统将光能吸收后再转变成化学能供微生物细胞利用。化能营养型微生物通过无机物或有机物的分解反应产生能量，这种能量再以 ATP 的形式贮存起来，逐步为细胞所利用。

虽然微生物的代谢类型多种多样，但是，一般根据它们对碳源和能源的需求不同，将其划分为 4 种营养类型：光能自养型微生物、光能异养型微生物、化能自养型微生物和化能异养型微生物。其中光能自养型微生物和化能异养型微生物占绝大多数。微生物的主要营养类型如表 5-4 所示。

表 5-4 微生物的主要营养类型

营养类型	能源	氢/电子	碳源	微生物代表类群
光能自养型微生物	光能	无机物	CO_2	藻类、紫硫细菌、绿硫细菌、蓝细菌
光能异养型微生物	光能	有机物 H/e^-供体	有机物	紫色非硫细菌、绿色非硫细菌
化能自养型微生物	化学能（无机物氧化）	无机物 H/e^-供体	CO_2	硫化细菌、氢细菌、硝化细菌、铁细菌
化能异养型微生物	化学能（有机物氧化）	有机物	有机物	原生动物、真菌、大多数非光合细菌

5.4.1 光能自养型微生物

光能自养型微生物是一类以光能作为能源，以 CO_2 或 CO_3^{2-} 作为唯一碳源的微生物。蓝细菌（cyanobacterium）、绿硫细菌属（*Chlorobium*）和红螺细菌属（*Chromatium*）的菌体内均含有光合色素，能以日光为能源，以无机化合物作为供氢体，将 CO_2 还原，生成有机物质。蓝细菌同高等植物一样，以水作为供氢体，除了生成有机物质之外，同时还可产生氧气，它们以日光为能源，通过 ADP 的磷酸化产生 ATP。而红螺细菌和绿硫细菌是以无机物硫化氢作为供氢体，进行不产氧的光合作用，并析出硫。光能自养型微生物主要光合反应式如下：

$$\text{蓝细菌：} CO_2+2H_2O \xrightarrow[\text{叶绿素}]{\text{光能}} (CH_2O)+H_2O+O_2\uparrow$$

$$\text{绿硫细菌：} CO_2+2H_2S \xrightarrow[\text{菌绿素}]{\text{光能}} (CH_2O)+H_2O+2S$$

通过比较以上两个反应式，可以将光能自养型微生物的反应通式概括如下：

$$CO_2+2H_2A \xrightarrow[\text{菌绿素}]{\text{光能}} (CH_2O)+H_2O+2A$$

5.4.2 光能异养型微生物

光能异养型微生物是以日光为能源，以有机物作为电子供体和碳源的一类微生物。例如，属于紫色非硫细菌的红螺菌（*Rhodospirillum rubrum*）可以利用简单的有机酸作为电子供体，而不能利用 H_2S 为唯一电子供体。该菌在光照厌氧条件下能够进行光合作用，可以利用异丙醇作为供氢体，同化 CO_2 并积累丙酮。光能异养型微生物主要光合反应式如下：

$$2(CH_3)_2CHOH+CO_2 \xrightarrow[\text{菌绿素}]{\text{光能}} 2CH_3COCH_3+(CH_2O)+H_2O$$

光能异养型微生物通常生活在有机物含量比较高的湖泊和河流中，但是，这类微生物在黑暗和有氧的条件下也可以利用有机物氧化产生的能量进行新陈代谢作用。

5.4.3 化能自养型微生物

化能自养型微生物是利用无机物氧化产生的能量作为能源，如含铁、氮、硫等元素的无机物的氧化，以 CO_2 为碳源合成细胞物质的一类微生物。该类微生物一般生长比较缓慢，有机物质的存在通常对其有毒害作用。化能自养型微生物主要包括以下几类。

1. 硝化细菌

硝化细菌（nitrobacteria）是能氧化铵盐或亚硝酸获得能量的化能自养型微生物。硝化细菌分为亚硝化细菌和硝化细菌两大类群。

亚硝化细菌包括亚硝化螺菌属（*Nitrospira*）、亚硝化单胞菌属（*Nitrosomonas*）、亚硝化球菌属（*Nitrosococcus*）等，该类微生物可将铵氧化为亚硝酸，以获得能量，反应式如下：

$$2NH_4^{+}+3O_2 \rightarrow 2NO_2^{-}+2H_2O+4H^{+}+552.3kJ$$

硝化细菌包括硝化杆菌属（*Nitrobacter*）、硝化球菌属（*Nitrococcus*）等，该类微生物可将亚硝酸进一步氧化为硝酸，以获得能量，反应式如下：

$$NO_2^{-}+1/2O_2 \rightarrow NO_3^{-}+75.7kJ$$

2. 硫化细菌

硫杆菌属（*Thiobacillus*）的细菌是一类能氧化还原态无机硫化物（H_2S、S、$S_2O_3^{2-}$和 SO_3^{2-}等）以获得能量的好气性细菌及兼厌气性细菌，大多数为专性的化能自养型微生物。其主要反应式如下：

$$H_2S+1/2O_2=H_2O+S+209.6kJ$$
$$S+3/2O_2+H_2O=H_2SO_4+626.8kJ$$

硫化细菌的代表类群有硫杆菌属（*Thiobacillus*）、硫小杆菌属（*Thiobaterium*）、硫微螺菌属（*Thiomicrospira*）等。因为硫化细菌能够产酸，能够将环境的 pH 降低到 2.0 以下，因此可以利用硫化细菌进行冶金，从低品位、废矿渣中回收贵重金属。

3. 铁细菌

铁细菌包括铁杆菌属（*Ferrobacillus*）、嘉氏铁细菌属（*Grenathrixpolyspora*）等，大多分布在含二价铁浓度较高的水体中，此类细菌可从氧化 Fe^{2+}为 Fe^{3+}的过程中获取能量，反应式如下：

$$2Fe^{2+}+1/2O_2+2H^{+}=2Fe^{3+}+H_2O+88.7kJ$$

4. 氢细菌

氢细菌具有氢化酶，能够氧化氢，以此获取能量，反应式如下：

$$H_2+1/2O_2=H_2O+237.2kJ$$

严格地说，化能自养型氢细菌只有一个氢细菌属（hydrogen bacteria），虽然一些化能异养型细菌也能氧化氢获取能量，但它们不能同化 CO_2。

5.4.4　化能异养型微生物

化能异养型微生物是一类可以利用有机物作为能源和碳源的微生物，能源来自有机物的氧化分解，ATP 通过氧化磷酸化产生，碳源是有机碳化物，电子供体也为有机物，电子受体为 O_2、NO_3^-、SO_4^{2-}或有机物。此类微生物种类很多，包括自然界中绝大多数细菌、全部的放线菌、真菌和原生动物。主要反应式如下：

$$C_6H_{12}O_6+6O_2 \longrightarrow 6CO_2+6H_2O+\text{能量}$$

根据生态习性不同又可以将化能异养型微生物分为以下几种类型。

1. 腐生性微生物

这类微生物从无生命的有机物中获取营养物质。引起食品腐败变质的某些霉菌和细菌属于这一类型，如引起食品腐败的梭状芽胞杆菌、毛霉、根霉、曲霉等。

2. 寄生性微生物

这类微生物必须寄生在活的有机体内，从寄主体内获得营养物质，营寄生生活。寄生又分为专性寄生和兼性寄生两种，如果只能在活的生物体内营寄生生活则为专性寄生，例如，引起人、动物、植物等病害的病原微生物。

有些微生物既能生活在活的生物体上，又能在已经死亡的有机残体上生长，这类微生物称为兼性寄生微生物，例如，生活在人和动物肠道内的大肠杆菌便是寄生性微生物，但是，它若随粪便排出体外，又可在水、土壤和粪便之中营腐生生活。引起瓜果腐烂的某些霉菌的菌丝可以侵入果树幼苗的胚芽基部进行寄生生活，也可以在土壤中长期进行腐生生活。

微生物营养类型的划分并非绝对的。绝大多数异养型微生物也能吸收利用 CO_2，可以把 CO_2 加至丙酮酸上生成草酰乙酸，这是异养型微生物普遍存在的反应。因此，划分异养型微生物和自养型微生物的标准不在于它们能否利用 CO_2，而在于它们是否能够利用 CO_2 作为唯一的碳源。在自养型和异养型微生物之间，光能型和化能型微生物之间还存在一些过渡类型。例如，氢单胞菌属（*Hydrogenmonas*）的细菌就是一种兼性自养型微生物类型，可以在完全无机的环境中进行自养生活，利用氢气的氧化获得能量，将 CO_2 还原成细胞物质。但是，如果环境中存在有机营养物质时，也可以直接利用有机物进行异养型生活。

某些微生物也会随着环境条件的改变而改变其代谢类型。例如，许多紫色非硫细菌在无氧条件下为光能异养型，在一般有氧条件下可氧化无机物获取能量，而在低氧条件下可以同时进行光合作用和氧化代谢。微生物这种在代谢上的灵活性似乎混乱，但是，这无疑也是它们能够适应复杂多变环境的一个优势。

5.5 培养基

人类想要研究和利用微生物，首先就要培养微生物。若要培养微生物，除了提供满足微生物生长繁殖所需要的适宜环境条件之外，还应提供适宜的营养条件。由人工配制而成的适合微生物生长繁殖或积累代谢产物的营养基质，即称为培养基。

5.5.1 培养基配制的基本原则

微生物的种类繁多，营养要求也千差万别，各不相同，要设计和配制出满足微生物生长要求的培养基，一般应该遵循某些原则。首先，要确定研究目的，明确微生物的营养类型，同时应该了解微生物的类群、生活环境；其次，应当查阅大量文献，总结和借鉴前人工作经验；最后，具体问题具体分析，本着既要满足微生物的生长繁殖或积累大量代谢产物的要求，又要降低成本的原则，人们通常从碳源、氮源、碳氮比、矿质营养、微量元素、生长因子、酸碱度、渗透压及氧化还原电位等诸多方面综合考虑，以配制适合微生物生长繁殖或积累代谢产物的培养基。

1. 碳源

对于大多数化能异养型微生物而言，碳源就是能源。一般微生物的碳源以糖类物质为主，微生物能够直接利用单糖和双糖，而多糖必须先经过菌体细胞分泌的胞外水解酶水解，将其分解为双糖或单糖后才能被菌体吸收利用。在实验室或进行种子生产时，若以获得微生物菌体为主要目的，则碳源多以单糖、双糖为主。在进行工业生产或以获得微生物代谢产物为主要目的时，碳源常以农副产品为主，如玉米粉、淀粉、麦麸等。

在培养基内加入有机含碳化合物时，必须注意化合物的种类和用量。例如，加入糖类时，需采用适当的灭菌方法。有些糖类，如葡萄糖和木糖等在高温高压下很容易被破坏，多糖和双糖也容易被水解，在对微生物进行营养要求实验时尤其需要注意上述问题。

2. 氮源

除了培养固氮菌可以不必在培养基内添加氮源之外，培养其他微生物时均需加入无机氮源或有机氮源。铵盐一般适合作为细菌生长的氮源，许多细菌不能利用硝酸盐。而大多数真菌既可以利用铵盐，又可以利用硝酸盐。细菌虽然能够利用无机氮源生长，但生长效果却不如利用有机氮源。常用的有机氮源主要包括蛋白胨、明胶、牛肉膏和酪蛋白的水解物，这些物质包括各种不同的氨基酸和其他有机含氮化合物及生长因子，因此能满足各种微生物生长繁殖的需要。此外，在选择氮源时需注意速效、长效氮源相搭配，以便更好地为微生物提供氮素营养。

3. 碳氮比

培养基中除了碳源和氮源的浓度要保持适宜之外，还需要考虑二者之间的比例关系，即碳氮比（C/N）。碳氮比通常是指培养基中碳素含量与氮素含量的比值，有时也指培养基中还原糖含量与粗蛋白含量的比值。对于绝大多数微生物而言，碳源物质同时又是能源物质，因此在培养基中碳源添加量往往比较大。一般来讲，如果微生物代谢产物中含碳量比较高，配制培养基时，碳氮比就需要维持较高水平；如果微生物代谢产物中含氮量较高，配制培养基时，碳氮比宜相对降低一些。发酵工业中培养基的 C/N 通常为 100 :（0.5～2）。对于同一种微生物，不同 C/N 会直接影响微生物菌体生长或代谢产物积累。通过调节培养基中 C/N 可以满足不同发酵阶段的不同要求。

4. 矿质元素

微生物生长除需要碳源和氮源外，矿质营养也是必须考虑的。磷、硫、钙、镁、钾等矿质元素在细胞干物质中所占比例在 0.5%以上，因而在配方中必须体现。矿质元素一般以无机盐的形式添加到培养基中，同时添加时还应当统筹考虑。例如，$MgSO_4$既含有镁，又含有硫。通常在培养基中加入 KH_2PO_4、K_2HPO_4 和 $MgSO_4$ 以提供磷、硫、镁和钾等矿质元素。如果同时加入铁或钙盐，就需加大上述 3 种化合物用量，因为这些元素在培养基内常形成不溶于水的磷酸盐或氢氧化物沉淀。在培养基内除特别需要外，不需额外加入微量元素，因为配制培养基的水、有机物及试剂杂质中均含有许多微量元素。相反，过量的微量元素对微生物细胞会产生毒害作用。

5. 生长因子

绝大多数异养型微生物都是营养缺陷型，在设计培养基时，应当考虑此类微生物对生长因子的需求。在培养基配制时，通常在培养基内加入酵母膏、牛肉膏或酪蛋白水解物。这些物质能提供微生物生长所需维生素、氨基酸和嘌呤、嘧啶等生长因子。此外，动植物组织浸液，如心脏、肝、番茄和蔬菜浸液都是微生物所需生长因子的丰富来源。

6. pH

各类微生物生长所需要的最适 pH 不尽相同，例如，大多数细菌的最适 pH 为 7.0～8.0，放线菌为 7.5～8.5，酵母菌为 3.8～6.0，霉菌为 4.0～5.8。除了调节培养基的初始 pH 外，还应考虑培养基灭菌后及发酵过程中 pH 的变化，在发酵过程中，营养物质的消耗和代谢产物的积累往往会引起发酵液 pH 的改变，因此在培养基中通常加入一些缓冲剂或不溶性的碳酸盐，以维持 pH 的恒定。KH_2PO_4 和 K_2HPO_4 是最常用的缓冲剂，不但能起缓冲作用（pH 6.4～7.2，等摩尔浓度溶液的 pH 为 6.8），而且能提供钾和磷。在产酸的发酵过程中常加入适量的 $CaCO_3$，$CaCO_3$ 是不溶性的碱，能不断地中和微生物所产生的酸，从而保证发酵过程中培养基的 pH 不会出现大幅度的波动。

7. 渗透压

培养基中营养物质浓度要合适，浓度太低满足不了微生物生长的需求，浓度太高，会造成渗透压过高，从而抑制微生物的生长繁殖。虽然大多数细菌能耐受较大幅度的渗透压变化，但也要注意培养基中有机物质和无机盐离子浓度。

细菌在好气生长时消耗大量营养物质，使培养基的渗透压降低，但在培养基内，如果同时含有足够量的食盐，就可阻止渗透压低落到影响细菌正常生长的程度。等渗溶液最适合微生物生长，一般常用的培养基渗透压都能满足微生物的生长要求。

8. 氧化还原电位

一般好氧性的微生物在氧化还原电位（Φ）值为+0.3～+0.4V 时生长适宜，厌氧性的微生物只能在 Φ 值低于+0.1V 的条件下生长，兼性厌氧微生物在 Φ 值为+0.1V 以上时进行好氧呼吸，在+0.1V 以下时进行发酵作用。

培养好氧性微生物时可通过增加通气量（如振荡培养、搅拌等）或加入氧化剂来提高培养基的氧化还原电位；培养厌氧性微生物时可在培养基中加入抗坏血酸、硫化钠、铁粉、半胱氨酸、谷胱甘肽等还原性物质来降低氧化还原电位。

5.5.2　培养基类型

各类微生物对营养的要求不同，科学研究的目的不同，生产实践的需求不同，因此培养基的种类很多。迄今为止，已有数千种不同的培养基。为了更好地进行研究，可以根据某种标准，将种类繁多的培养基划分为若干类型。

1. 按培养基的物理状态划分

根据培养基的物理状态不同，可以将其分为液体培养基、固体培养基和半固体培养基。

（1）液体培养基

所配制的培养基是液态的，其中的成分基本上溶于水，没有明显的固形物。液体培养基营养成分分布均匀，适合于进行细致的生理生化代谢方面的研究，现代化发酵工业多采用液体深层发酵生产微生物代谢产物或菌体。

（2）固体培养基

在液体培养基中加入适量的凝固剂即成固体培养基。常用作凝固剂的物质有琼脂、明胶、硅胶等，以琼脂最为常用。因为它具备了比较理想的凝固剂的条件，琼脂一般不易被微生物所分解和利用；在微生物生长的温度范围内能保持固体状态；透明度好、黏着力强。琼脂的用量一般为 1.5%～2%。硅胶是无机的硅酸钠、硅酸钾与盐酸、硫酸中和时凝成的胶体，一般可以用于分离培养自养型微生物。

（3）半固体培养基

如果把少量的凝固剂加入液体培养基中就制成了半固体培养基。以琼脂为例，它的用量为 0.2%～1%，这种培养基有时可用来观察微生物的运动性，有时用来保藏菌种。

2. 按培养基组成物质的化学成分划分

根据对培养基的化学成分是否完全了解，可以将其分为天然培养基、合成培养基和半合成培养基。

（1）天然培养基

天然培养基是利用各种动植物或微生物的原料制备的，其成分难以确切知道。制备天然培养基的主要原料有：牛肉膏、麦芽汁、蛋白胨、酵母膏、玉米粉、麦麸、各种饼粉、马铃薯、牛奶、血清等。用这些物质配成的培养基虽然不能确切知道它的化学成分，但一般来讲，营养是比较丰富的，微生物生长旺盛，而且来源广泛，配制方便，因此较为常用，尤其适合于实验室常用培养基的配制和工业生产用培养基的配制。但是，这种培养基的稳定性常受原料产地或批次等因素的影响，另外，自养型微生物一般不能在上面生长繁殖。

（2）合成培养基

合成培养基是一类化学成分和数量完全已知的培养基，它是用已知化学成分的化学药品配制而成的。合成培养基化学成分精确，重复性强，但价格昂贵，而微生物又生长缓慢，因此它只适用于做一些科学研究。例如，自养型微生物的分离筛选，微生物营养、代谢方面的研究。

（3）半合成培养基

在合成培养基中，加入某种或几种天然成分，或者在天然培养基中，加入一种或几种已知成分的化学药品即为半合成培养基。例如，常用的培养真菌的马铃薯葡萄糖培养基（PDA 培养基）和培养放线菌的高氏一号培养基等。如果在合成培养基中加入琼脂，由于琼脂中含有较多的化学成分不太清楚的杂质，因此也只能算是半合成培养基。半合成培养基是在工业生产和实验室研究中使用最多的一类培养基。

3. 按培养基的营养成分是否完全划分

根据培养基的营养成分是否完全可以将其分为基本培养基、完全培养基和补充培养基。

（1）基本培养基

基本培养基也称"最低限度培养基"，它只能保证某些微生物的野生型菌株正常生长，是含有能满足野生菌株生长的最低营养成分的合成培养基。常用"〔－〕"表示。这种培养基往往缺少某些生长因子，因此经过诱变筛选出的营养缺陷型菌株不能在基本培养基上生长繁殖。

（2）完全培养基

如果在基本培养基中加入一些富含氨基酸、维生素和碱基之类的天然物质（如酵母膏、蛋白胨等），即加入生长因子就可以成为完全培养基。完全培养基可以满足各种微生物营养缺陷型菌株的生长需要，常以"〔＋〕"表示，所有微生物均可以在完全培养基上生长繁殖。

（3）补充培养基

往基本培养基中有针对性地加进某一种或某几种营养成分，以满足相应的营养缺陷型菌株生长的需要，这种培养基称为补充培养基，常用某种成分如"〔A〕"、"〔B〕"表示。

4. 按培养基的用途划分

根据培养基的用途可以将其分为增殖培养基、选择培养基、鉴别培养基等。

（1）增殖培养基

在自然界中，不同种类的微生物常混杂在一起，为了分离所需要的微生物，在普通培养基中加入一些某种微生物特别喜欢的营养物质，以利于这种微生物的生长繁殖，提高其生长速度，逐渐淘汰其他微生物，这种培养基称为增殖（或富集）培养基。例如，要分离能发酵石蜡油的酵母菌，就可以在酵母菌培养基中加入石蜡油作为唯一碳源，使该酵母菌快速生长繁殖，占据生长优势，容易分离。此类培养基多用于微生物菌种的分离筛选。

（2）选择培养基

在培养基中加入某种物质以杀死或抑制不需要的微生物生长，这种培养基称为选择培养基。如链霉素、氯霉素等能抑制原核微生物的生长；而灰黄霉素等能抑制真核微生物的生长；结晶紫能抑制革兰氏阳性菌的生长等。在某种程度上，增殖培养基实际上是一种营养性选择培养基。

（3）鉴别培养基

在培养基中加入某种试剂或化学药品，使难以区分的微生物经培养后呈现出明显的差别，因而有助于快速鉴别某种微生物。这样的培养基称为鉴别培养基。例如，用以检查饮水和乳品中是否含有肠道致病菌的伊红亚甲蓝（EMB）培养基就是一种常用的鉴别培养基。在这种培养基上大肠杆菌（*Escherichia coli*）和产气杆菌（*Aerobacter aerogenes*）能发酵乳糖产酸，并和指示剂伊红亚甲蓝发生结合。在伊红亚甲蓝培养基上，大肠杆菌能够形成较小的、带有金属光泽的紫黑色菌落，产气杆菌能够形成较大的棕色菌落；肠道致病菌由于不发酵乳糖则不被着色，呈乳白色菌落，这样根据菌落颜色就可以初步判断待检测样品中是否含有肠道致病菌。

在乳酸菌培养基中加入不溶性的碳酸钙，由于乳酸菌产生乳酸，可以将碳酸钙溶解而在菌落周围产生透明圈，通过这种方法也可以初步分离和鉴别乳酸菌。

5. 按培养基用于生产的目的划分

根据培养基用于生产的目的可以将其分为种子培养基和发酵培养基。

（1）种子培养基

种子培养基是为保证发酵工业获得大量优质菌种而设计的培养基。配制种子培养基是为了在短时间内获得大量的、年轻健壮的种子细胞，因此种子培养基与发酵培养基相比，营养总是较为丰富，尤其是氮源比例较高。为了使菌种能够较快适应发酵生产，缩短发酵周期，有时在种子培养基中，有意识地加入一些能使菌种迅速适应发酵条件的营养基质。

（2）发酵培养基

发酵培养基是为了满足生产菌种大量生长繁殖并能够积累大量代谢产物而设计的培养基。发酵培养基的用量大，因此对发酵培养基的要求，除了要满足菌体需要的营养并适合其积累大量代谢产物之外，还要求原料来源广泛，成本比较低廉。因此这种培养基的成分一般都比较粗，碳源比例较大。

思考题

1. 简述微生物细胞的化学组成。

2. 简述微生物所需要的营养物质及其功能。
3. 微生物吸收营养的方式有几种？试比较其主要区别。
4. 举例说明微生物的 4 种营养类型。
5. 设计和配制培养基应遵循怎样的原则？
6. 简要说明培养基是如何进行分类的。

参考文献

董明盛, 贾英明. 2006. 食品微生物学. 北京: 中国轻工业出版社: 103-110.
何国庆, 贾英民, 丁立孝. 食品微生物学. 第 2 版. 北京: 中国农业大学出版社: 77-115.
贺稚非, 李平兰. 2010. 食品微生物学. 重庆: 西南师范大学出版社: 69-84.
江汉湖. 2002. 食品微生物学. 北京: 中国农业大学出版社: 107-142.
吕嘉枥. 2007. 食品微生物学. 北京: 化学工业出版社: 61-84.
沈萍, 陈向东. 2006. 微生物学. 第 2 版. 北京: 高等教育出版社: 78-99.
孙军德, 杨幼慧, 赵春燕. 2009. 微生物学. 南京: 东南大学出版社: 146-163.
王贺祥. 2003. 农业微生物学. 北京: 中国农业大学出版社: 103-118.
张文治. 1995. 新编食品生物技术. 北京: 中国轻工业出版社: 53-66.
郑晓冬. 2001. 食品微生物学. 杭州: 浙江大学出版社: 76-101.

第 6 章　微生物的代谢

概述

细胞内发生的各种化学反应总称为代谢，主要由分解代谢和合成代谢两个过程组成。细胞将大分子物质降解成小分子物质，并产生能量的过程称为分解代谢。细胞利用简单的小分子物质合成复杂大分子，并消耗能量的过程称为合成代谢。合成代谢所利用的简单小分子物质来源于分解代谢过程中产生的中间产物或环境中的小分子营养物质。微生物通过分解代谢产生化学能，光合微生物还可将光能转换成化学能，这些能量除用于合成代谢外，还可用于微生物的运动和运输，另有部分能量以热或光的形式释放到环境中。

无论是合成代谢还是分解代谢，代谢途径都是由一系列连续的酶促反应构成的，前一步反应的产物是后续反应的底物。细胞通过各种方式有效地调节相关的酶促反应，来保证整个代谢途径的协调和完整，从而使细胞的生命活动正常进行。

某些微生物在代谢过程中除了产生其生命活动所必需的初级代谢产物和能量外，还会产生一些次级代谢产物，这些次级代谢产物除了有利于这些微生物的生存外，还与人类的生产与生活密切相关，也是微生物学的一个重要研究领域。

6.1　微生物的能量代谢

一切生命活动都消耗能量，因此，能量代谢是一切生物代谢的核心。能量代谢的中心任务是生物体如何把外界环境中的多种形式的最初能源转换成对一切生命活动都能使用的通用能源——三磷酸腺苷（adenosine triphosphate，ATP），这就是产能代谢，微生物不同，其产能方式也不同，例如，化能营养型微生物都是从物质的氧化分解过程中获得生长所需要的能量，光能营养型微生物则是通过光能转化获得生长所需要的能量。不论是化能营养型微生物还是光能营养型微生物，它们生长所需要的能量基本上都是通过某种高能化合物的形式提供的，其中三磷酸腺苷在代谢过程中起着重要作用，三磷酸腺苷含有两个高能磷酸键，这种高能磷酸键在水解时可以释放较多的能量，同时在形成这种高能磷酸键时，又可以将反应过程中释放的能量贮存起来。和其他生物一样，微生物机体内发生的化学反应基本上都是氧化还原反应，即在反应过程中，一部分物质被氧化时，另外一部分物质被还原，在这个反应过程中伴随有电子转移，根据电子的最终受体不同，可将微生物的产能方式分为发酵与呼吸两种主要方式，另外，某些自养微生物与光合微生物可以通过无机物氧化与光能转化即光合磷酸化的方式获得能量。

6.1.1　化能异养型微生物的能量代谢

化能异养型微生物的能量来自有机物的生物氧化，其产能方式有发酵和呼吸两种。发酵与呼吸的区别在于最终电子受体不同。发酵以有机物为最终电子受体，而呼吸则以无机物或氧气作为最终电子受体；呼吸又分有氧呼吸和无氧呼吸，以无机物为最终电子受体的称为无氧呼吸，以氧为最终电子受体的称为有氧呼吸。

6.1.1.1　发酵与能量代谢

发酵是指微生物细胞将有机物氧化释放的电子直接交给底物本身未完全氧化的某种中间产物，同时释放能量并产生各种不同的代谢产物。在发酵条件下，有机物只是部分地被氧化，因此，只释放出一小部分的能量。发酵过程的氧化与有机物的还原相偶联，被还原的有机物来自于初始发酵的分解代谢产物即不需要外界提供电子受体。

在发酵过程中，供微生物发酵的基质通常是多糖经分解而得到的单糖，其中葡萄糖是发酵上常用的基质。生物体内葡萄糖被降解成丙酮酸的过程称为糖酵解，主要分为 4 种途径：EMP 途径、HMP 途径、ED 途径和 PK 途径。下面将以葡萄糖为例介绍微生物如何通过发酵分解葡萄糖并获得能量和积累某些代谢产物的一般过程。

1. 发酵途径

（1）EMP 途径（embdem meyerhof parnas pathway）

EMP 途径又称糖酵解途径或己糖二磷酸途径。它是以 1 分子葡萄糖为底物，约经过 10 步反应而产生 2 分子丙酮酸和 2 分子 ATP 的过程。在其总反应中，可概括成两个阶段（耗能和产能）、3 种产物（$NADH+H^+$、丙酮酸和 ATP）和 10 个反应步骤。EMP 途径的简式见图 6-1。

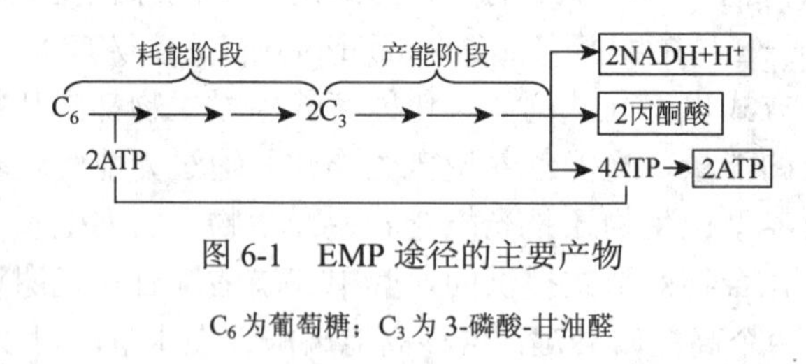

图 6-1　EMP 途径的主要产物

C_6 为葡萄糖；C_3 为 3-磷酸-甘油醛

在图 6-1 的产物中，$2NADH+H^+$在有氧条件下可经呼吸链的氧化磷酸化反应产生 6 个 ATP；在无氧条件下，则可还原丙酮酸产生乳酸或还原丙酮酸的脱羧产物——乙醛而产生乙醇。EMP 途径的总反应式为

$$C_6H_{12}O_6+2NAD^++2ADP+2Pi \longrightarrow 2CH_3COCOOH+2NADH+2H^++2ATP+2H_2O$$

有关 EMP 途径的反应细节见图 6-2。

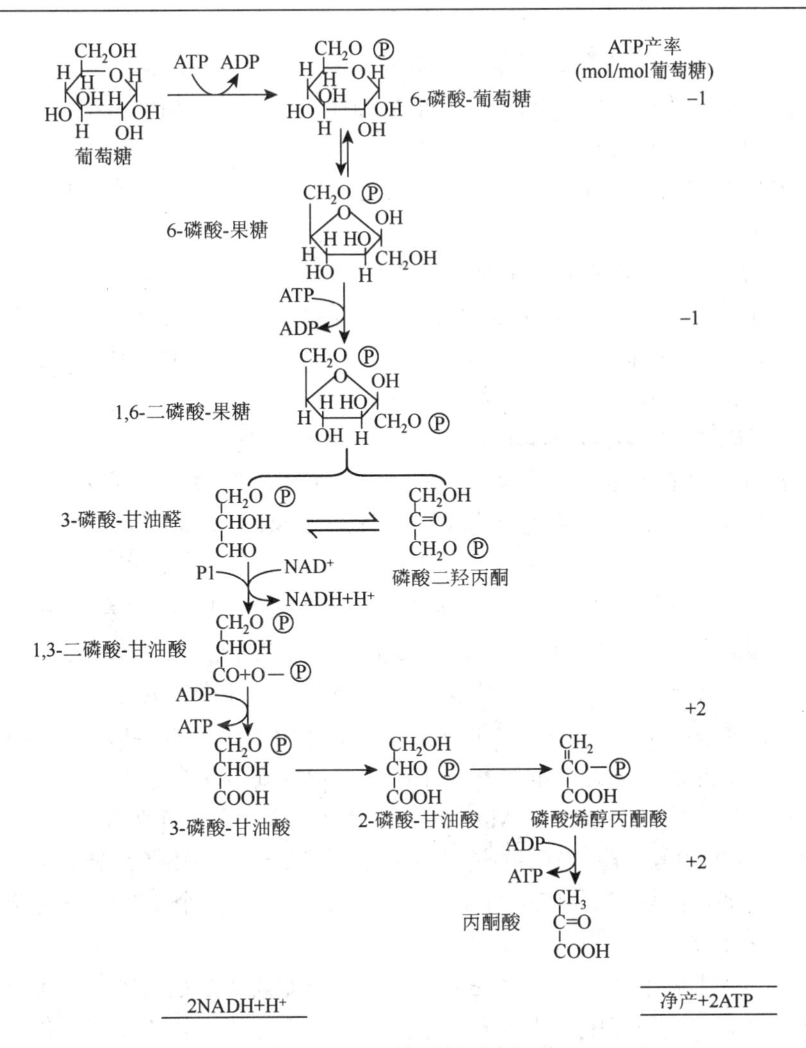

图 6-2 EMP 途径的反应细节

EMP 途径是绝大多数生物所共有的基本代谢途径，因而也是酵母菌、真菌和多数细菌所具有的代谢途径。在有氧条件下，EMP 途径与三羧酸（TCA）循环连接，并通过后者把丙酮酸彻底氧化成 CO_2 和 H_2O。在无氧条件下，丙酮酸或其进一步代谢后所产生的乙醛等产物被还原，从而形成乳酸或乙醇等发酵产物。EMP 途径的反应过程分 10 步。

第 1 步 葡萄糖形成 6-磷酸-葡萄糖。不同菌种通过不同方式实现这步反应。在酵母菌、真菌和许多假单胞菌等好氧细菌中，需要通过 Mg^{2+}和 ATP 的己糖激酶来实现（此反应在细胞内为不可逆反应）；在大肠杆菌和链球菌等兼性厌氧菌中，可借磷酸烯醇丙酮酸-磷酸转移酶系统在葡萄糖进入细胞之时完成磷酸化。

第 2 步 6-磷酸-葡糖经磷酸己糖异构酶异构成 6-磷酸-果糖。

第 3 步 6-磷酸-果糖通过磷酸果糖激酶催化成 1, 6-二磷酸-果糖。磷酸果糖激酶是 EMP 途径中的一个关键酶，它的存在就意味着该微生物具有 EMP 途径。与己糖激酶相似的是，磷酸果糖激酶也需要 ATP 和 Mg^{2+}，且在活细胞内催化的反应是不可逆的。

第 4 步　1, 6-二磷酸-果糖在果糖二磷酸醛缩酶的催化下，分裂成磷酸二羟丙酮和 3-磷酸-甘油醛两个丙糖磷酸分子。果糖二磷酸醛缩酶不但在葡萄糖降解中十分重要，而且对葡糖异生作用，即对由非碳水化合物前体逆向合成己糖的反应也很重要。另外，磷酸二羟丙酮在糖代谢和脂类代谢中还是一个重要的连接点，因为它可被还原成甘油磷酸而用于脂类的合成中。

第 5 步　磷酸二羟丙酮在丙糖磷酸异构酶的作用下转化成 3-磷酸-甘油醛。虽然在反应第 4 步中产生等分子的丙糖磷酸，但磷酸二羟丙酮只有转化为 3-磷酸-甘油醛后才能进一步代谢下去，因此，己糖分子至此实际上已生成了 2 分子 3-磷酸-甘油醛。此后的代谢反应在所有能代谢葡萄糖的微生物中都没有什么不同了。

第 6 步　3-磷酸-甘油醛在 3-磷酸-甘油醛脱氢酶的催化下产生 1, 3-二磷酸-甘油酸。此反应中的酶是一种依赖 NAD^+的含硫醇酶，它能把无机磷酸结合到反应产物上。这一氧化反应由于产生一个高能磷酸化合物和一个 $NADH+H^+$，因此从产能和还原力的角度来看是十分重要的。

第 7 步　1, 3-二磷酸-甘油酸在磷酸甘油酸激酶的催化下形成 3-磷酸-甘油酸。此酶是一种依赖 Mg^{2+}的酶，它催化 1, 3-二磷酸-甘油酸 C-1 位置上的高能磷酸基转移到 ADP 分子上，产生了本途径中的第一个 ATP。这是借底物水平磷酸化作用而产生 ATP 的一个实例。

第 8 步　3-磷酸-甘油酸在磷酸甘油酸变位酶的作用下转变为 2-磷酸-甘油酸。

第 9 步　2-磷酸-甘油酸在烯醇酶作用下经脱水反应而产生含有一个高能磷酸键的磷酸烯醇丙酮酸。烯醇酶需要 Mg^{2+}、Mn^{2+}或 Zn^{2+}等二价金属离子作为激活剂。

第 10 步　磷酸烯醇丙酮酸在丙酮酸激酶的催化下产生了丙酮酸，这时，磷酸烯醇丙酮酸分子上的磷酸基团转移到 ADP 上，产生了本途径的第二个 ATP，这是借底物水平磷酸化而产生 ATP 的又一个例子。

由上可知，在无氧条件下，整个 EMP 途径的产能效率是很低的，即每一个葡萄糖分子仅净产 2 个 ATP，但其中产生的多种中间代谢物不但能为合成反应提供原材料，而且起着连接许多有关代谢途径的作用。从微生物发酵生产的角度来看，EMP 循环与乙醇、乳酸、甘油、丙酮、丁醇和丁二醇等大量重要发酵产物的生产有着密切的关系。

（2）HMP 途径（hexose monophosphate pathway）

HMP 途径即己糖一磷酸途径，有时也称戊糖磷酸途径、warburg-dickens 途径或磷酸葡萄糖酸途径。这是一条葡萄糖不经 EMP 途径和 TCA 循环而得到彻底氧化，并能产生大量 $NADPH+H^+$形式的还原力和多种重要中间代谢物的代谢途径。HMP 途径的总反应可用一简图表示（图 6-3）。

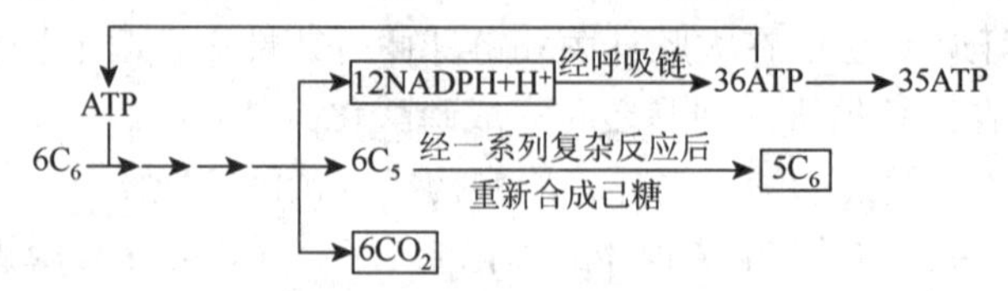

图 6-3　HMP 途径的主要产物

C_6 为己糖或己糖磷酸；C_5 为 5-磷酸-核酮糖；打方框的为本途径中的直接产物；$NADPH+H^+$必须先由转氢酶将其上的氢转到 NAD^+上并产生 $NADH+H^+$后，才能进入呼吸链

HMP 途径可概括成 3 个阶段：第一阶段，葡萄糖分子通过几步氧化反应产生 5-磷酸-核酮糖和 CO_2。第二阶段，5-磷酸-核酮糖发生同分异构化或表异构化而分别产生 5-磷酸-核糖和 5-磷酸-木酮糖。第三阶段，上述各种戊糖磷酸在没有氧参与的条件下发生碳架重排，产生了己糖磷酸和丙糖磷酸，然后丙糖磷酸可通过以下两种方式进一步代谢：其一为通过 EMP 途径转化成丙酮酸再进入 TCA 循环进行彻底氧化，其二为通过果糖二磷酸醛缩酶和果糖二磷酸酶的作用而转化为己糖磷酸。以上 3 个阶段的细节见图 6-4。

(a)

ATP　ADP　NAD(P)H+H⁺　NAD(P)⁺　NAD(P)H+H⁺　NAD(P)⁺　CO_2

葡萄糖　6-磷酸-葡萄糖　6-磷酸-葡萄糖酸　5-磷酸-核酮糖

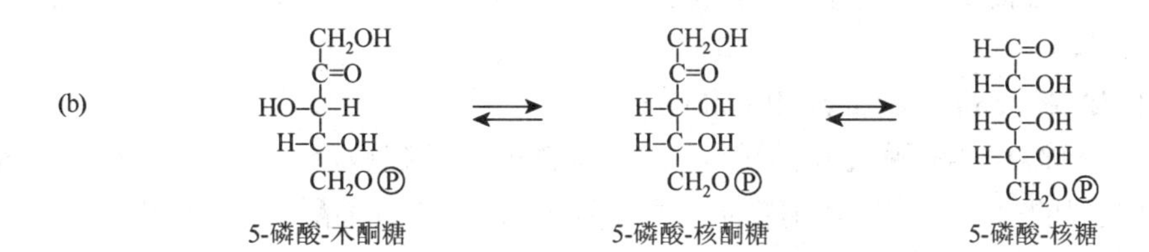

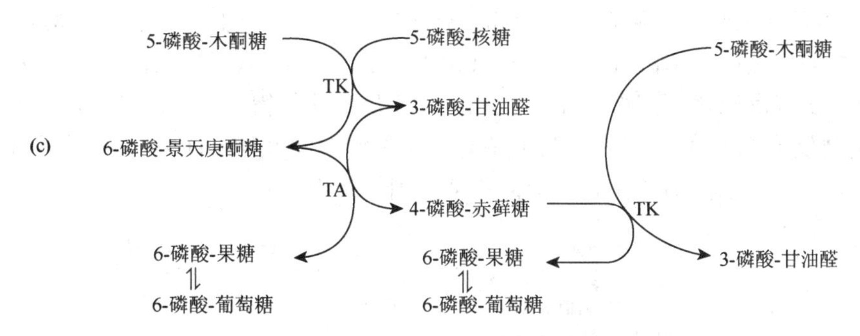

图 6-4　HMP 途径的 3 阶段

TK 为转羟乙醛酶；TA 为转二羟丙酮基酶

在图 6-4 的反应（a）和（b）中，产生的戊糖磷酸与还原力（$NADPH+H^+$）的比率为 1∶2，即：

$$3\ 6\text{-磷酸-葡萄糖}+6NADP^++3H_2O \longrightarrow 3\ 5\text{-磷酸-戊糖}+3CO_2+6NADPH+6H^+$$

在图 6-4 的反应（c）中，其净效应为

$$2\ 5\text{-磷酸-木酮糖}+5\text{-磷酸-核糖} \longrightarrow 2\ 6\text{-磷酸-果糖}+3\text{-磷酸-甘油醛}$$

在一定条件下，上述反应中产生的 3-磷酸-甘油醛也可通过生成葡萄糖的反应重新合成 6-磷酸-葡萄糖，因此，HMP 途径要进行一次周转就需要 6 个 6-磷酸-葡萄糖分子同时参与，其总式为

$$6\ 6\text{-磷酸-葡萄糖}+12NADP^++6H_2O \longrightarrow 5\ 6\text{-磷酸-葡萄糖}+12NADPH+12H^++6CO_2+Pi$$

HMP 途径在微生物生命活动中有着极其重要的意义，具体表现在以下几方面。

1）为核苷酸和核酸的生物合成提供戊糖-磷酸。

2）产生大量的 $NADPH_2$ 形式的还原剂，它不仅为合成脂肪酸、固醇等重要细胞物质之需，而且可通过呼吸链产生大量能量，这些都是 EMP 途径和 TCA 循环所无法完成的。因此，凡存在 HMP 途径的微生物，当它们处在有氧条件下时，就不必再依赖于 TCA 循环以获得产能所需的 $NADH_2$ 了。

3）如果微生物对戊糖的需要超过 HMP 途径的正常供应量，那么可通过 EMP 途径与本途径在 1, 6-二磷酸-果糖和 3-磷酸-甘油醛处的连接来加以调剂。

4）反应中的 4-磷酸-赤藓糖可用于合成芳香氨基酸，如苯丙氨酸、酪氨酸、色氨酸和组氨酸。

5）由于在反应中存在着 C_3～C_7 的各种糖，使具有 HMP 途径的微生物的碳源利用范围更广，如它们可以利用戊糖作碳源。

6）通过本途径而产生的重要发酵产物很多，如核苷酸、若干氨基酸、辅酶和乳酸（异型乳酸发酵）等。

（3）ED 途径（entner-doudoroff pathway）

ED 途径又称 2-酮-3-脱氧-6-磷酸葡萄糖（KDPG）裂解途径。该途径是在研究嗜糖假单胞菌时发现的另一条分解葡萄糖形成丙酮酸和 3-磷酸-甘油醛的途径。它是少数缺乏完整 EMP 途径的微生物所具有的一种替代途径。在 ED 途径中，6-磷酸-葡萄糖首先脱氢产生 6-磷酸-葡萄糖酸，接着在脱水酶和醛缩酶的作用下，产生 1 分子 3-磷酸-甘油醛和 1 分子丙酮酸，然后 3-磷酸-甘油醛进入 EMP 途径转变成丙酮酸（图 6-5），其特点是葡萄糖只经过 5 步反应就可获得 EMP 途径需 10 步反应才能得到的丙酮酸，产能效率低（1 分子葡萄糖仅形成 1 分子 ATP），反应中有 1 个关键中间产物 KDPG。ED 途径在革兰氏阴性菌中分布较广，特别是在假单胞菌和某些固氮菌中。

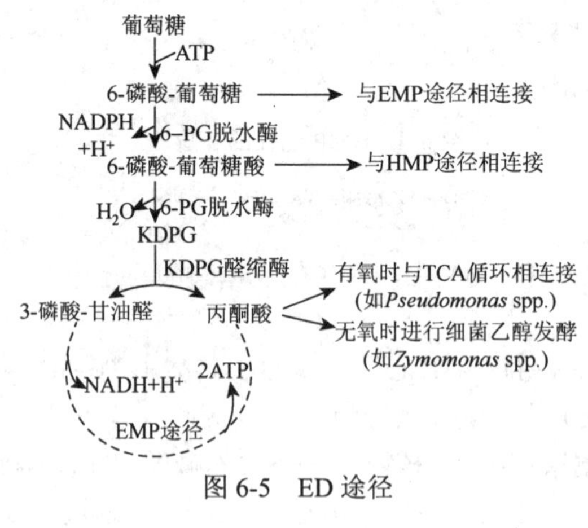

图 6-5　ED 途径

6-PG 脱水酶为 6-磷酸-葡糖酸脱水酶

（4）磷酸解酮酶途径

其特点是含有磷酸解酮酶，将具有磷酸戊糖解酮酶的称为 PK 途径，具有磷酸己糖解酮酶的称为 HK 途径，在肠膜明串珠菌中特征性酶为 5-磷酸-木酮糖裂解酶，该酶催化 5-磷酸-木酮糖裂解成 3-磷酸-甘油醛和乙酰磷酸，1 分子葡萄糖经 PK 途径产生 1 分子乳酸和 1 分子乙醇，放出 1 分子 CO_2。在双歧杆菌中特征性酶为 6-磷酸-果糖裂解酶，该酶催化 6-磷酸-果糖裂解为 4-磷酸-赤藓糖与乙酰磷酸，2 分子葡萄糖经 PK 途径形成 3 分子乙醇和 2 分子乳酸。

2. 发酵类型

葡萄糖在微生物细胞中进行厌氧分解时，通过 EMP 途径、HMP 途径、ED 途径及 PK 途径形成多种中间代谢物。在不同的微生物细胞中及不同的环境条件下，这些中间代谢物进一步转化，形成各种不同的发酵产物。根据发酵产物的不同，发酵类型主要有乙醇发酵、乳酸发酵、混合酸发酵、2, 3-丁二醇发酵、Stickland 反应等。

（1）乙醇发酵

多种微生物能够进行乙醇发酵，与乳酸发酵类似，乙醇发酵也分为同型乙醇发酵和异型乙醇发酵两类。

酿酒酵母能够通过 EMP 途径进行同型乙醇发酵，即由 EMP 途径代谢产生的丙酮酸再经过脱羧放出 CO_2，同时生成乙醛，乙醛接受糖酵解过程中释放的 $NADH+H^+$被还原成乙醇。这是一个低效的产能过程，大量能量仍然贮存于乙醇中，其总反应为

$$葡萄糖+2ADP+2Pi \longrightarrow 2\ 乙醇+2CO_2+2ATP$$

某些细菌也可以进行同型乙醇发酵，但它们是通过 ED 途径进行的，例如，运动发酵单胞菌（*Zymomonas mobilis*）能够进行这种类型的乙醇发酵，虽然其总反应与酿酒酵母（*Saccharomyces cerevisiae*）进行的同型乙醇发酵相同，但它们的反应细节和乙醇分子上的碳原子来源是不同的。

前已述及，一些细菌能够通过 HMP 途径进行异型乳酸发酵产生乳酸、乙醇和 CO_2 等，也可以称其为异型乙醇发酵，例如，肠膜明串珠菌进行的异型乙醇发酵总反应式为

$$葡萄糖+ADP+Pi \longrightarrow 乳酸+乙醇+CO_2+ATP$$

（2）乳酸发酵

乳酸是细菌发酵最常见的最终产物，一些能够产生大量乳酸的细菌称为乳酸细菌。在乳酸发酵过程中，发酵产物中只有乳酸的称为同型乳酸发酵；发酵产物中除乳酸外，还有乙醇、乙酸及 CO_2 等其他产物的，称为异型乳酸发酵。

a. 同型乳酸发酵　引起同型乳酸发酵的乳酸细菌，称为同型乳酸发酵菌，有双球菌属（*Diplococcus*）、链球菌属（*Streptococcus*）及乳酸杆菌属（*Lactobacillus*）等。其中工业发酵中最常用的菌种是乳酸杆菌属中的一些种类，如德氏乳酸杆菌（*L. delbruckii*）、保加利亚乳杆菌（*L. bulgaricus*）、干酪乳杆菌（*L. casei*）等。同型乳酸发酵的基质主要是己糖，同型乳酸发酵菌发酵己糖是通过 EMP 途径产生乳酸的。其发酵过程是葡萄糖经 EMP 途径降解为丙酮酸后，不经脱羧，而是在乳酸脱氢酶的作用下，直接被还原为乳酸，总反应式：

$$C_6H_{12}O_6+2ADP+2Pi \longrightarrow 2CH_3CHOHCOOH+2ATP$$

b. 异型乳酸发酵　异型乳酸发酵基本都是通过磷酸解酮酶途径（即 PK 途径）进行

的。其中肠膜明串球菌、葡萄糖明串球菌、短乳杆菌、番茄乳酸杆菌等是通过戊糖解酮酶途径将 1 分子葡萄糖发酵产生 1 分子乳酸，1 分子乙醇和 1 分子 CO_2，并且只产生 1 分子 ATP。

总反应式如下：

$$C_6H_{12}O_6+ADP+Pi \longrightarrow CH_3CHOHCOOH+CH_3CH_2OH+CO_2+ATP$$

双叉乳酸杆菌、两歧双歧乳酸菌等通过己糖磷酸解酮酶途径将 2 分子葡萄糖发酵为 2 分子乳酸和 3 分子乙酸，并产生 5 分子 ATP，总反应式为

$$2C_6H_{12}O_6+5ADP+5Pi \longrightarrow 2CH_3CHOHCOOH+3CH_3CH_2OH+5ATP$$

乳酸发酵被广泛地应用于泡菜、酸菜、酸牛奶、乳酪及青贮饲料中，由于乳酸细菌活动的结果，积累了乳酸，抑制其他微生物的发展，蔬菜、牛奶及饲料得以保存。近代发酵工业多以淀粉为原料，先经糖化，再接种乳酸细菌进行乳酸发酵生产纯乳酸。

（3）混合酸发酵

许多微生物还能通过发酵将 EMP 途径产生的丙酮酸转变成琥珀酸、乳酸、甲酸、乙醇、乙酸、H_2 和 CO_2 等多种代谢产物，由于该代谢产物中有多种有机酸，因此这种发酵被称为混合酸发酵。大多数肠杆菌如大肠杆菌能够进行这种类型的发酵，它们将丙酮酸裂解，生成乙酰 CoA 与甲酸，甲酸在酸性条件下可以进一步分解生成 H_2 和 CO_2。因此，大肠杆菌发酵葡萄糖能在产酸的同时产气。然而，志贺氏菌不能使甲酸分解生成 H_2 和 CO_2，因此，志贺氏菌发酵葡萄糖只产酸不产气。通过观察发酵结果中的产酸产气情况，可将大肠杆菌和志贺氏菌区分开来。

（4）2, 3-丁二醇发酵

一些微生物，如产气肠杆菌，能够发酵葡萄糖产生大量的 2, 3-丁二醇和少量乳酸、乙醇、H_2 和 CO_2 等多种代谢产物，被称为 2, 3-丁二醇发酵。其主要反应过程是由 EMP 途径代谢产生的丙酮酸可以通过缩合与脱羧两步反应生成乙酰甲基甲醇（3-羟基丁酮），然后进一步被还原成 2, 3-丁二醇。乙酰甲基甲醇在碱性条件下，容易被氧化成双乙酰，双乙酰又能与精氨酸的胍基起反应生成红色化合物，这就是分类鉴定中常用的乙酰甲基甲醇（V. P.）试验的原理。由于在同样的条件下，大肠杆菌不产生（或很少产生）2, 3-丁二醇，因此大肠杆菌 V.P. 实验反应呈阴性，而产气肠杆菌 V.P. 实验反应呈阳性。

（5）氨基酸发酵产能——Stickland 反应

1934 年，L.H. Stickland 发现产孢梭菌（*Clostridium sporogenes*）能利用一些氨基酸同时当作碳源、氮源和能源，经深入研究后，发现其产能机制是通过部分氨基酸（如丙氨酸）的氧化与另一些氨基酸（如甘氨酸）的还原相偶联的发酵方式进行的。这种以一种氨基酸作氢供体和以另一种氨基酸作氢受体而产能的独特发酵类型，称为 Stickland 反应。该反应的产能效率很低，每分子氨基酸仅产 1 个 ATP。在 Stickland 反应中，作为氢供体的氨基酸主要有丙氨酸、亮氨酸、异亮氨酸、缬氨酸、苯丙氨酸、丝氨酸、组氨酸和色氨酸等，作为氢受体的氨基酸主要有甘氨酸、脯氨酸、羟脯氨酸、鸟氨酸和精氨酸等。

6.1.1.2　呼吸与能量代谢

呼吸是大多数微生物用来产生能量（ATP）的一种方式。与发酵相比，基质在氧化

过程中放出的电子不是直接交给有机物，而是通过一系列电子载体最终交给电子受体的生物学过程称为呼吸。由许多氢和电子载体按它们的氧化还原电势升高的顺序排列起来的，传递电子与质子的传递链称为电子传递链（又称呼吸链）。呼吸的一个重要特征是基质上脱下的氢要通过电子传递链进行传递，最终交给电子受体，并且电子在传递过程中伴随 ATP 生成，这种产生 ATP 的方式称为氧化磷酸化。

根据呼吸中电子最终受体性质的不同，可以将呼吸分为好氧呼吸与厌氧呼吸两种类型，前者以分子氧作为最终电子受体，后者以除氧以外的物质如硝酸盐或延胡索酸等作为最终电子受体。图 6-6 是好氧呼吸中的电子传递链的组成与 ATP 产生部位的图解说明。

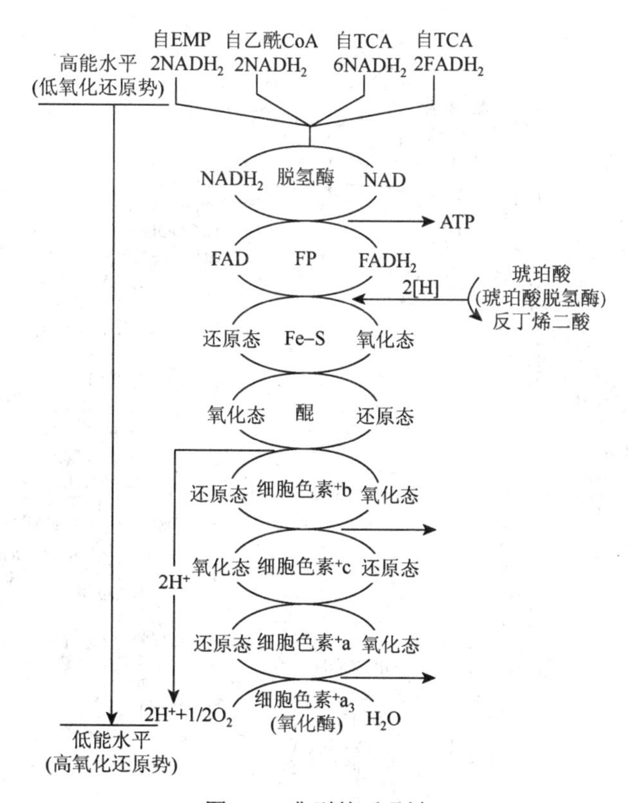

图 6-6　典型的呼吸链

1. 有氧呼吸

在有氧呼吸中，葡萄糖彻底分解为 CO_2 和 H_2O，形成大量 ATP。该分解过程分为两个阶段：第 1 阶段，葡萄糖分解为 2 分子丙酮酸，由 EMP 途径、HMP 途径和 ED 途径完成；第 2 阶段，包括三羧酸循环与电子传递链两部分的化学反应，前者使葡萄糖完全氧化成 CO_2，后者使脱下的电子经电子传递链交给分子氧生成水并伴随有 ATP 生成，丙酮酸通过三羧酸循环和电子传递链彻底分解，形成 CO_2 和 H_2O，产生大量 ATP。

1 分子葡萄糖在机体内通过糖酵解过程生成 2 分子丙酮酸，丙酮酸通过脱氢酶作用生成乙酰 CoA 时，产生 1 分子 $NADH_2$ 和 1 分子 CO_2，乙酰-CoA 与草酰乙酸缩合生成柠檬酸，进入三羧酸循环（tricarboxylic acid cycle，TCA 循环），然后通过 10 步氧化还原反应，逐步被氧化成 CO_2，放出的电子分别使 1 分子 NADP、2 分子 NAD 和 1 分子 FAD 还原，生成 1 分子 $NADPH_2$、2 分子 $NADH_2$ 和 1 分子 $FADH_2$，图 6-7 概括介绍了三羧酸循环中的主要化学反应。从图中可以看出乙酰-CoA 中的两个碳原子分别在草酰琥珀酸转变成 α-酮戊二酸和 α-酮戊二酸转变成琥珀酰-SCoA 的两步反应中以 CO_2 的形式放出，同时各产生 1 分子 $NADPH_2$ 和 1 分子 $NADH_2$；在由琥珀酸氧化成延胡索酸和苹果酸氧化成草酰乙酸的两步反应中分别生成 1 分子 $FADH_2$ 和 1 分子 $NADH_2$；在由琥珀酰 CoA 转变成琥珀酸时可通过基质水平磷酸化生成 1 分子 ATP。

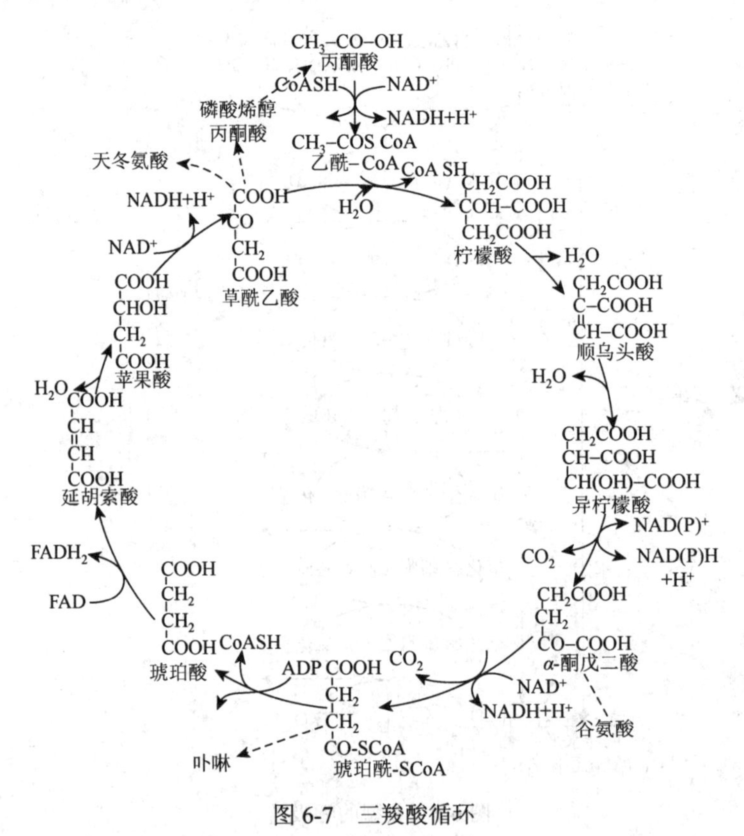

图 6-7　三羧酸循环

葡萄糖通过糖酵解和三羧酸循环等反应生成的 $NADH_2$ 与 $FADH_2$ 可通过电子传递链被氧化，放出的电子经电子传递链交给分子氧，最终可生成 3 分子 ATP 与 2 分子 ATP。从图 6-6 可以看出电子传递链由黄素蛋白、细胞色素、辅酶 Q 等成分组成。黄素蛋白是一种以 FAD 为辅基的蛋白质，它们能通过 FAD 来传递氢；辅酶 Q 是一种低分子质量的非蛋白质成分，它也是一种氢的载体；细胞色素是一类含非血红素铁的蛋白质，它们是电子的载体，即通过二价铁离子与三价铁离子的互变来传递电子。电子通过电子传递链传递逐步放出能量，并在 FADH 与辅酶 Q、细胞色素 b 与细胞色素 c、细胞色素 a 与分子氧之间各自可以生成 1 分子 ATP。

呼吸链的递氢（或电子）和受氢过程与磷酸化反应相偶联并产生 ATP，1 分子葡萄糖净产 38 分子 ATP，计算如下：

基质水平磷酸化	净产生 ATP 数
糖酵解过程	2
三羧酸循环	2
电子传递水平磷酸化	
2 分子 $NADPH_2$	6
8 分子 $NADH_2$	24
2 分子 $FADH_2$	4
1 分子葡萄糖完全氧化可产生	38 分子 ATP

但也有少数微生物在有氧的情况下，有机物的氧化不彻底，氧化最终产物不是 CO_2 和 H_2O，而是较少的有机物，如醋杆菌，在缓慢的三羧酸循环过程中，在进行有氧呼吸时大量积累乙酸，这种氧化称为不完全氧化，由酒变醋也属于不完全氧化。

2. 无氧呼吸

无氧呼吸又称厌氧呼吸，是一类呼吸链末端的氢受体为外源无机氧化物（个别为有机氧化物）的生物氧化。这是一类在无氧条件下进行的产能效率较低的特殊呼吸。其特点是底物按常规途径脱氢后，经部分呼吸链递氢，最终由氧化态的无机物（个别是有机物延胡索酸）受氢。

根据呼吸链末端的最终氢受体的不同，可把无氧呼吸分成以下多种类型，如图 6-8 所示。

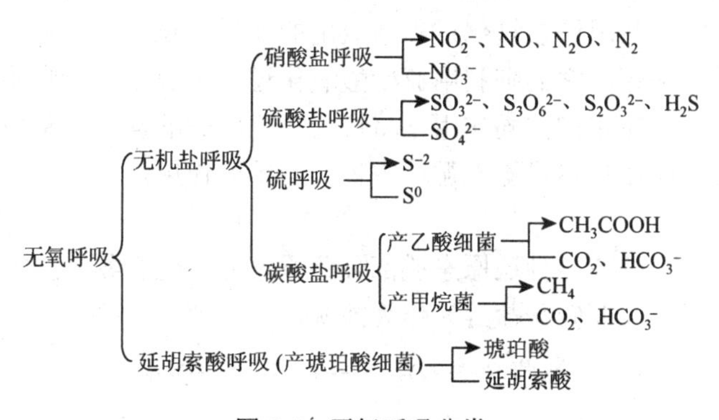

图 6-8　无氧呼吸分类

近年来，又发现了几种类似于延胡索酸呼吸的无氧呼吸，它们都以有机氧化物作无氧环境下呼吸链的末端氢受体，包括甘氨酸（还原成乙酸）、二甲基亚砜 DMSO（还原成二甲基硫化物）及氧化三甲基胺（还原成三甲基胺）等。

6.1.2　自养微生物的生物氧化与产能

1. 化能自养菌的生物氧化与产能

自然界存在一类微生物，能以无机物作为氧化的基质，并利用该物质在氧化过程中放出的能量进行生长。这类微生物就是好氧型的化能自养微生物，它们属于氢细菌、硫化细菌、硝化细菌和铁细菌。这些细菌广泛分布在土壤和水域中，并对自然界物质转化起着重要的作用。微生物不同，用作能源的无机物也不相同。例如，氢细菌、铁细菌、硫化细菌和硝化细菌可分别利用氢气、铁、硫或硫化物、氨或亚硝酸盐等无机物作为它们生长的能源物质。这些物质在氧化过程中放出的电子有的可以通过电子传递水平磷酸化的方式产生 ATP，有的则以基质水平磷酸化的方式产生 ATP。

还原 CO_2 需要的 ATP 和还原力[H]通过氧化无机底物来实现。绝大多数化能自养菌是好氧菌，少数可进行厌氧生活的化能自养菌，是利用硝酸盐或碳酸盐代替氧的无氧呼吸。化能自养细菌的能量代谢主要有 3 个特点：无机底物的氧化直接与呼吸链发生联系；呼吸链的组分更为多样化，氢或电子可从任一组分进入呼吸链；产能效率即 P/O 一般要比异养微生物更低。

（1）氢细菌

氢细菌都是一些呈革兰氏阴性的兼性化能自养菌。它们能利用分子氢氧化产生的能量同化 CO_2，也能利用其他有机物生长。氢细菌：$H_2+1/2O_2 \longrightarrow H_2O+$能量。

（2）硝化细菌

某些化能自养细菌可以将 NH_3、亚硝酸（NO_2^-）等无机氮化物作为能源。

亚硝化细菌：$NH_4^++3/2O_2 \longrightarrow NO_2^-+H_2O+2H^++$能量，将氨氧化为亚硝酸并获得能量。

硝化细菌：$NO_2^-+1/2O_2 \longrightarrow NO_3^-+$能量，将亚硝酸氧化为硝酸并获得能量。

从上面两个化学反应可看出硝化细菌有两种类型：一种类型是将铵盐氧化成亚硝酸盐的亚硝化细菌，它们利用铵盐氧化过程中放出的能量生长。另一种类型是将亚硝酸盐氧化成硝酸盐的硝化细菌，它们则利用亚硝酸氧化过程中放出的能量生长。这两类细菌往往是伴生在一起的，在它们共同作用下将铵盐氧化成硝酸盐，避免亚硝酸积累所产生的毒害作用。这类细菌在自然界氮素循环中也起着重要作用。

（3）硫细菌

硫细菌能够利用一种或多种还原态或部分还原态的硫化合物（包括硫化物、元素硫、硫代硫酸盐、多硫酸盐和亚硫酸盐等）作为能源。

$$\text{硫细菌 } S^{2-}+2O_2 \longrightarrow SO_4^{2-}+\text{能量}$$

$$S+3/2O_2+H_2O \longrightarrow SO_4^{2-}+2H^++\text{能量}$$

硫化物与元素硫都可以被相应的硫细菌氧化成硫酸盐，并放出能量。这能量通过基质水平磷酸化或通过电子传递水平磷酸化的方式转变成可利用的能量（ATP）。

（4）铁细菌和细菌沥滤

从亚铁到高铁状态的铁的氧化，对于少数细菌来说也是一种产能反应，但在这种氧化中只有少量的能量可以被利用。氧化亚铁硫杆菌在富含 FeS_2 的煤矿中繁殖，产生大量的硫酸和 $Fe(OH)_3$，从而造成严重的环境污染。

这些微生物的产能反应可分别用下列化学反应式表示：

铁细菌： $2Fe^{2+}+1/2O_2+2H^+ \longrightarrow 2Fe^{3+}+1/2H_2O+$能量

2. 光能自养菌的生物氧化与产能

光能是一种辐射能，它不能被生物直接利用，只有当光能通过光合生物的光合色素吸收与转变成化学能——ATP 以后，才能用来支持生物的生长。可见光能转换是光合生物获得能量的一种主要方式。

（1）光合色素

光合色素是光合生物所特有的物质，它在光能转换过程中起着重要作用。光合色素有主要色素和辅助色素。主要色素是叶绿素或细菌叶绿素，辅助色素有类胡萝卜素与藻胆色素。

（2）非放氧型光合作用

光合系统的叶绿素通过吸收光能而逐出电子使自己处于氧化状态。逐出的电子，通过由电子载体铁氧还蛋白、泛醌、细胞色素 b 与细胞色素 c 组成的电子传递链，再返回叶绿素本身，从而使叶绿素分子回复到原来的状态。电子在传递过程中可以产生 ATP，这种由光能引起叶绿素分子逐出电子，并通过电子传递来产生 ATP 的方式称为光合磷酸化。在这种光合磷酸化里，电子从叶绿素分子中被逐出，通过由电子传递体组成的环形途径又回到叶绿素分子本身（图 6-9）。

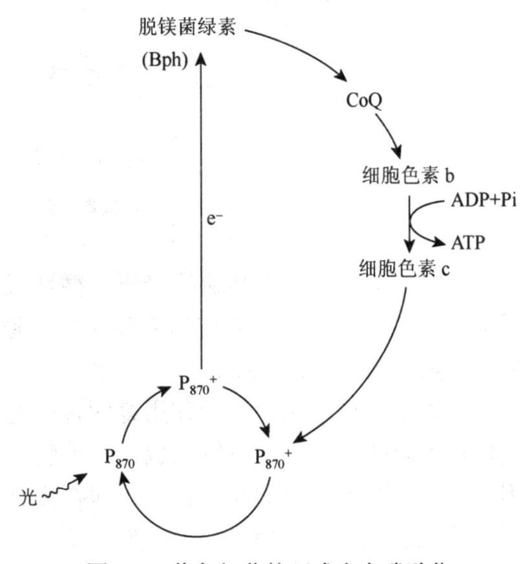

图 6-9　紫色细菌的环式光合磷酸化

这类细菌主要包括紫色硫细菌、绿色硫细菌、紫色非硫细菌和绿色非硫细菌。环式光合磷酸化可在厌氧条件下进行，产物只有 ATP，无 NADP（H），也不产生分子氧。其特点为：光合细菌主要通过环式光合磷酸化作用产生 ATP；不是利用 H_2O，而是利用还原态的 H_2、H_2S 等作为还原 CO_2 的氢供体，进行不产氧的光合作用；电子传递的过程中造成了质子的跨膜移动，为 ATP 的合成提供了能量；通过电子的逆向传递产生还原力。

（3）放氧型光合作用

还有一种类型是电子从叶绿素分子中被逐出以后，通过电子载体铁氧还蛋白去还原 NADP，使之生成 $NADPH_2$。另外，由于硫化氢、琥珀酸等物质氧化而放出电子，该电子通过电子传递体去还原氧化型的细胞色素，同时电子在传递过程中也产生 ATP。这种由于电子在传递过程中没有形成一条环形途径，因而这种产生 ATP 的方式称为非环式光合磷酸化。例如，在紫色非硫细菌（又称红螺细菌）里就存在这种非环式光合磷酸化的产能方式（图 6-10）。在蓝细菌、藻类与植物里，有由光合色素组成的光合系统 I 与光合系统 II 两个光合系统。光合系统 I 吸收光能，逐出的电子通过电子传递体还原 NAD（P），生成 $NAD(P)H_2$；光合系统 II 吸收光能，使水光解放出电子，并有氧气产生，放出的电子通过电子传递链去还原光合系统Ⅰ的叶绿素分子。电子在传递过程中可以产生ATP，这也是一种非环式光合磷酸化。

$$2NADP^{+}+2ADP+2Pi+2H_2O \longrightarrow 2NADPH+2H^{+}+2ATP+O_2$$

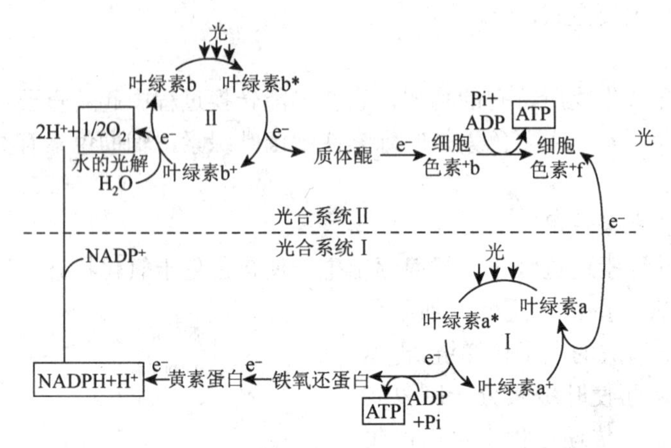

图 6-10 绿色植物、藻类和蓝细菌的非环式光合磷酸化

叶绿素 b*表示激发态的叶绿素 b

其特点为：电子的传递途径属非循环式的；在有氧条件下进行；有两个光合系统；反应中同时有 ATP（产自光合系统Ⅰ）还原力和氧气产生；还原力 $NADPH_2$ 中的[H]是来自 H_2O 光解后的 H^+和 e。

从以上可以看出，光合作用有两种类型，一种是放氧型（或称植物型）光合作用，它们在光合作用过程中有氧气放出，植物、藻类与蓝细菌的光合作用就是放氧型光合作用；另一种是非放氧型光合作用，即在光合作用中没有氧气产生，光合细菌的光合作用属于非放氧型光合作用。

6.2 微生物的物质代谢

6.2.1 分解代谢

分解代谢是指细胞将大分子物质降解成小分子物质，并在这个过程中产生能量的过程。一般可将分解代谢分为 3 个阶段（图 6-11）：第一阶段是将蛋白质、多糖及脂类等大分子营养物质降解成氨基酸、单糖及脂肪酸等小分子物质；第二阶段是将第一阶段产物进一步降解成更为简单的乙酰辅酶 A、丙酮酸，以及能进入三羧酸循环的某些中间产物，在这个阶段会产生一些 ATP、NADH 及 $FADH_2$；第三阶段是通过三羧酸循环将第二阶段产物完全降解生成 CO_2，并产生 ATP、NADH 及 $FADH_2$，同时将第二阶段和第三阶段产生的 NADH 及 $FADH_2$ 通过电子传递链被氧化，产生大量的 ATP。

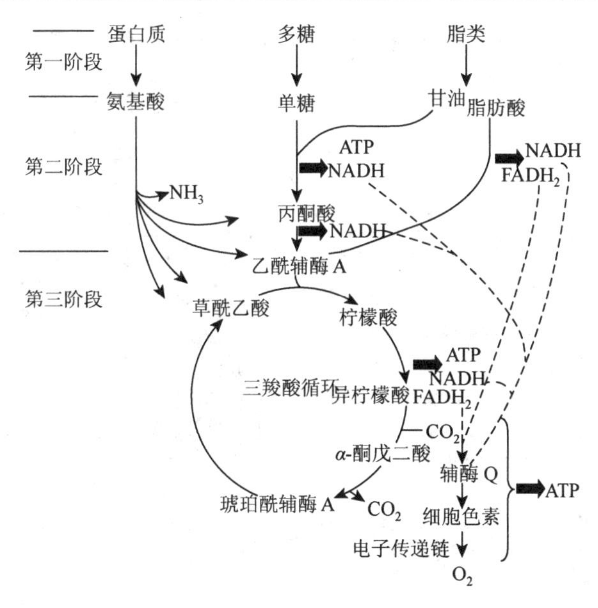

图 6-11　分解代谢的 3 个阶段

6.2.2　合成代谢

微生物利用能量代谢所产生的能量、中间产物及从外界吸收的小分子物质，合成复杂的细胞物质的过程称为合成代谢。因此，能量、还原力与小分子前体物质是细胞合成代谢的三要素。

能量：合成代谢所需要的能量由 ATP 和质子动力提供。

还原力：主要是指还原型的烟酰胺腺嘌呤二核苷酸（$NADH_2$）和还原型的烟酰胺腺嘌呤二核苷酸磷酸（$NADPH_2$），它们在糖降解与 TCA 循环中生成。在这过程中产生的 $NADH_2$，在微生物里有 3 个去向：第一个是通过发酵使糖分解产生的某些中间产物还原成相应的发酵产物；第二个是通过呼吸产生 ATP；第三个去向是用于细胞物质合成，但用于细胞物质合成的 $NADH_2$ 通常要先经转氢酶作用转变成 $NADPH_2$ 之后才被用于细胞物质合成。

小分子前体物质：合成代谢所利用的小分子物质来源于分解代谢过程中产生的中间产物（图 6-12）或环境中的小分子营养物质。这些物质是可以直接用来合成生物分子的单体物质，如 3-磷酸-甘油醛、丙酮酸、乙酰辅酶 A、草酰乙酸等。

无论是分解代谢还是合成代谢，代谢途径都是由一系列连续的酶促反应构成的，前一步反应的产物是后续反应的底物。细胞通过各种方式有效地调节相关的酶促反应，来保证整个代谢途径的协调性与完整性，从而使细胞的生命活动得以正常进行。

6.2.3　分解代谢与合成代谢的关系

分解代谢与合成代谢有着极其密切的联系。可以说，分解代谢的功能在于保证正常合成代谢的进行，而合成代谢又反过来为分解代谢创造了更好的条件，两者相互联系，促进了生物个体的生长繁殖和种族的繁荣发展。分解代谢和合成代谢的相互关系可见图 6-13。

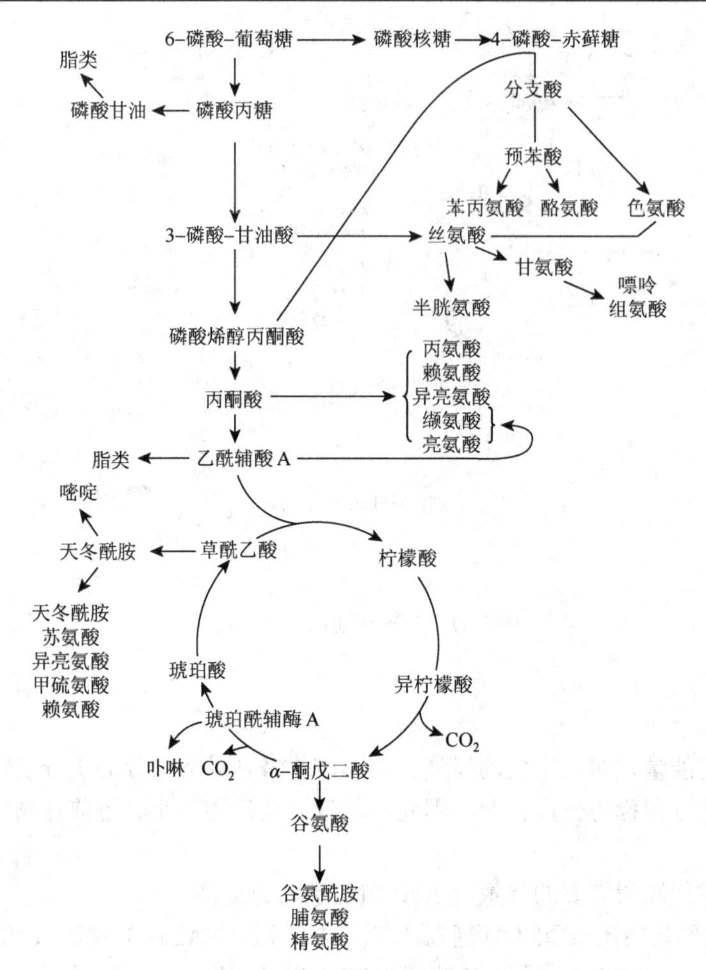

图 6-12　合成代谢示意图

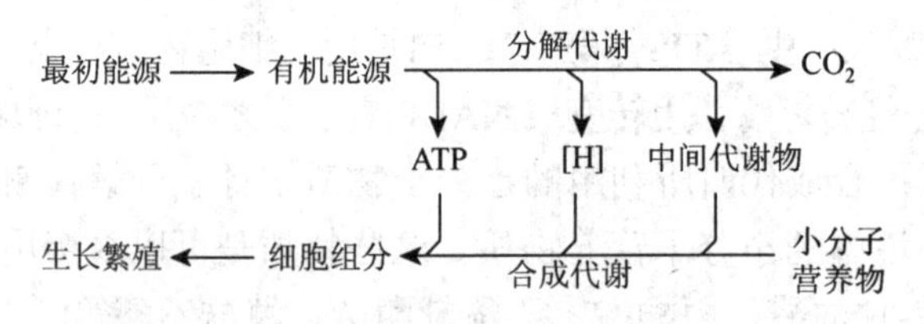

图 6-13　分解代谢与合成代谢间的联系简图

在分解代谢的 3 类产物中，有关能量（ATP）及还原力[H]问题已做了较详细的讨论，本节将着重讨论连接分解与合成代谢的一些重要中间代谢物的来源。这些中间代谢物一共有 12 种（表 6-1），如果在生物体中只进行能量代谢，则有机能源的最终结局只是产生 ATP、H_2O 和 CO_2，这时便没有任何中间代谢物可供累积，因此，合成代谢也不可能正常进行。相反，如果要进行正常的合成代谢，又必须抽走大量为分解代谢正常进行所必需的中间代谢物，结果也势必影响具有循环机制的分解代谢的正常运转。

表 6-1　位于分解代谢和合成代谢交点处的中间代谢物

中间代谢物	分解代谢起源	在生物合成中的作用
1-磷酸-葡萄糖	葡萄糖、半乳糖、多糖	核苷糖类
6-磷酸-葡萄糖	EMP 途径	戊糖，多糖贮藏物
5-磷酸-核糖	HMP 途径	核苷酸、脱氧核糖核苷酸
4-磷酸-赤藓糖	HMP 途径	芳香氨基酸
磷酸烯醇丙酮酸	EMP 途径	磷酸转移酶系（糖的运送），芳香氨基酸，葡糖异生作用，糖回补反应（CO_2 固定），胞壁酸合成
丙酮酸	EMP 途径、磷酸酮醇酶（戊糖发酵）	丙氨酸、缬氨酸、亮氨酸，糖回补反应（CO_2 固定）
3-磷酸-甘油酸	EMP 途径	丝氨酸、甘氨酸、半胱氨酸
α-酮戊二酸	三羧酸循环	谷氨酸、脯氨酸、精氨酸、赖氨酸
草酰乙酸	三羧酸循环、糖回补反应	天冬氨酸、赖氨酸、甲硫氨酸、苏氨酸、异亮氨酸
琥珀酰 CoA	三羧酸循环	氨基酸（Ile、甲硫氨酸、Val）、卟啉
磷酸二羟丙酮	EMP 途径	甘油（脂肪）
乙酰辅酶 A	丙酮酸脱羧、脂肪酸氧化、嘧啶分解	脂肪酸、类异戊二烯、甾醇、赖氨酸（二碳）、亮氨酸（二碳）

为解决上述矛盾，生物体在其长期进化过程中，发展了以下两类独特功能的代谢途径。

1. 兼用代谢途径

凡在分解代谢和合成代谢中具有双重功能的途径，就称为兼用代谢途径。从表 6-1 中可知，EMP 途径、HMP 途径和 TCA 循环是重要的兼用代谢途径。例如，TCA 循环不但包含着丙酮酸和乙酰 CoA 的氧化，而且包含了琥珀酰 CoA、草酰乙酸和 α-酮戊二酸等的产生，它们是合成氨基酸和卟啉等化合物的重要中间代谢物；又如，葡萄糖通过 EMP 途径可以分解为两个丙酮酸，反之，两个丙酮酸也可通过 EMP 途径的逆转而合成一个葡萄糖，这就是葡糖异生作用。必须指出的是，在兼用代谢途径中，合成途径并非分解途径的完全逆转，即催化两个方向中的同一反应并不总是用同一种酶来进行的。例如，在上述的葡糖异生作用中，有两个酶与分解代谢时不同，即由果糖二磷酸酯酶（而不是磷酸果糖激酶）来催化 1, 6-二磷酸-果糖至 6-磷酸-果糖的反应，而由 6-磷酸-葡萄糖酯酶（而不是己糖激酶）来催化 6-磷酸-葡萄糖至葡萄糖的反应。在分解与合成代谢途径中，在相应的代谢步骤中，往往还包含了完全不同的中间代谢物。在真核生物中，合成代谢和分解代谢一般在细胞的不同区域中分隔进行，即合成代谢一般在细胞质中进行，而分解代谢则多在线粒体和微粒体中进行，这就有利于两者可同时有条不紊地运转。原核生物因其细胞结构上的间隔程度低，故反应的控制主要在简单的酶分子水平上进行。

2. 代谢物回补顺序

微生物在正常情况下，为进行生长、繁殖的需要，必须从分解代谢途径中取得大量中间代谢物以满足其合成细胞基本物质——糖类、氨基酸、嘌呤、嘧啶、脂肪酸和维生素等的需要。这样一来，势必又造成了分解代谢不能正常运转并进而影响产能功能的严重后果。例如，在 TCA 循环中，如果因合成谷氨酸而抽去了 α-酮戊二酸，就会使循环中断。中间代谢物的回补顺序就是为解决这一矛盾而发展起来的。所谓回补顺序，又称补偿途径或添补途径，就是指能补充兼用代谢途径中因合成代谢而消耗的中间代谢物的反应。这样，当重要产能途径中的关键中间代谢物必须被大量用作生物合成的原料时，仍可保证能量代谢的正常进行。例如，在通常情况下，TCA 循环中约有一半的中间代谢物被抽作合成氨基酸和嘧啶的原料。

不同的微生物和在不同的碳源条件下，有不同的回补顺序。与 EMP 途径和 TCA 循环有关的回补顺序约有 10 条，它们都围绕着回补 EMP 途径中的磷酸烯醇丙酮酸（phosphoenolpyruvate，PEP）和 TCA 循环中的草酰乙酸（oxaloacetate，OA）这两种关键性中间代谢物。现将其中最重要的途径图解如下（图 6-14）。

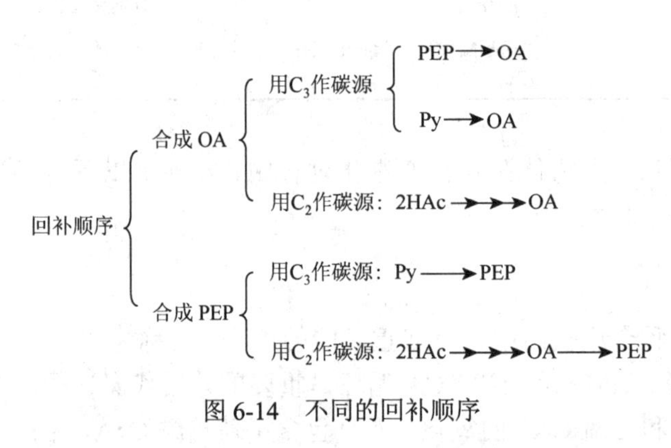

图 6-14　不同的回补顺序

Py 为丙酮酸的缩写；HAc 为乙酸的缩写

6.2.4　初级代谢与次级代谢

1. 初级代谢与次级代谢的概念

初级代谢是指微生物从外界吸收各种营养物质，通过分解代谢和合成代谢，生成维持生命活动所需要的物质和能量的过程。这一过程的产物，如糖、氨基酸、脂肪酸、核苷酸，以及由这些化合物聚合而成的高分子化合物（如多糖、蛋白质、脂类和核酸等），即为初级代谢产物。

次级代谢是指某些微生物生长到稳定期前后，以结构简单、代谢途径明确、产量较大的初级代谢物作前体，通过复杂的次级代谢途径合成各种结构复杂的化合物的过程。次级代谢的产物即称为次级代谢物。

2. 初级代谢与次级代谢的区别

（1）存在范围及产物类型不同

初级代谢系统、代谢途径和初级代谢产物在各类生物中基本相同。它是一类普遍存在于各类生物中的一种基本代谢类型。像病毒这类非细胞生物虽然不具备完整的初级代谢系统，但它们仍具有部分的初级代谢系统和具有利用宿主代谢系统完成本身的初级代谢过程的能力。次级代谢只存在于某些生物（如植物和某些微生物）中，并且代谢途径和代谢产物因生物不同而不同。例如，某些青霉、芽胞杆菌和链霉菌在一定的条件下可以分别合成青霉素、杆菌肽和链霉素等不同次级代谢产物。就是同种生物也会由于培养条件不同而产生不同的次级代谢产物，如产黄青霉在 Raulin 培养基中培养时可以合成青霉酸，但在 Czapek-Dox 培养基中培养时则不产青霉酸。

（2）对产生者自身的重要性不同

初级代谢的代谢产物，如单糖或单糖衍生物、核苷酸、脂肪酸等单体，以及由它们组成的各种大分子聚合物，如蛋白质、核酸、多糖、脂类等，通常都是机体生存必不可少的物质，如果在这些物质的合成过程的某个环节发生障碍，轻则引起生长停止，重则导致机体发生突变或死亡。

次级代谢的代谢产物对于产生者本身来说，不是机体生存所必需的物质。即使在次级代谢的某个环节上发生障碍，也不会导致机体生长的停止或死亡，至多影响机体合成某种次级代谢产物的能力。

（3）与微生物生长过程的关系明显不同

初级代谢自始至终存在于一切生活的机体中，同机体的生长过程呈平行关系。而次级代谢则是在机体生长的一定时期内（通常是微生物的对数生长期末期或稳定期）产生的，它与机体的生长不呈平行关系，一般可明显地表现为机体的生长期和次级代谢产物形成期两个不同的时期。

（4）对环境条件变化的敏感性或遗传稳定性明显不同

初级代谢产物对环境条件的变化敏感性小（即遗传稳定性大），而次级代谢产物对环境条件变化很敏感，其产物的合成往往因环境条件变化而停止。

微生物初级代谢和次级代谢既有区别，又相互联系。初级代谢的关键性中间产物往往是次级代谢的前体物质，因此，次级代谢是建立在初级代谢基础上的。

3. 次级代谢产物的类型

次级代谢产物类型很多，根据其作用，可分为维生素、抗生素、生长刺激素、生物碱、毒素、色素等。

（1）抗生素类

抗生素是生物在其生命活动中产生的能特异性抑制其他生物生命活动的次级代谢产物及其人工衍生物的总称。从自然界发现和分离的抗生素约有 5000 种，经人工进行结构改造而制备的半合成抗生素数量更多。一定种类的微生物只能产生一定种类的抗生素。已发现的抗生素大多是放线菌产生的，细菌、真菌也可产生抗生素。抗生素已广泛应用于临床、农业及畜牧业生产。

（2）生长刺激素

生长刺激素是由某些细菌、真菌、植物合成，能刺激植物生长的一类生物活性物质。已知有 80 多种真菌能产生吲哚乙酸。真菌中的赤霉菌所产生的赤霉素是目前广泛应用的植物生长刺激素。

（3）毒素

微生物在代谢过程中产生一些对动植物有毒的物质称为毒素。如破伤风梭菌产生的破伤风毒素、白喉棒杆菌产生的白喉毒素、肉毒梭菌产生的肉毒毒素可以引起人类疾病；苏云金芽胞杆菌产生的伴孢晶体（δ 内毒素）对鳞翅目昆虫幼虫有明显的毒杀作用；已知的影响人类健康的霉菌毒素也有百种以上，如黄曲霉产生的黄曲霉毒素。

（4）维生素

细菌、放线菌、霉菌、酵母菌的一些种，在特定条件下会合成超过本身需要的维生素。例如，丙酸杆菌产生维生素 B_{12}；分枝杆菌利用碳氢化合物产生吡哆醇（维生素 B_6）；酵母菌类细胞中除含有大量 B 族维生素如硫胺素（维生素 B_1）、核黄素（维生素 B_2）外，还含有各种固醇，其中麦角固醇是维生素 D 的前体，经紫外光照射能变成维生素 D。

（5）色素

许多微生物在培养基中能合成一些带有不同颜色的代谢产物。微生物所形成的色素有细胞内色素和细胞外色素之分。例如，黏质赛氏杆菌产生的灵红素积累在细胞内，使细胞呈红色。细胞外色素则排到周围培养基中，使培养基呈现不同颜色。

6.2.5　微生物次级代谢产物的合成

次级代谢产物的合成过程可以概括为如下模式：次级代谢产物的合成以初级代谢产物为前体，进入次级代谢产物合成途径后，大约经过 3 个步骤，合成次级代谢产物。

第一步，前体聚合。前体单元在合成酶催化下进行聚合。例如，在四环素合成中，在多酮链合成酶催化下，由丙二酰 CoA 等形成多酮链，进而合成四环素及大环内酯类抗生素。多肽类抗生素由合成酶催化，由氨基酸合成多肽链。

第二步，结构修饰。聚合后的产物再经过修饰反应如环化、氧化、甲基化、氯化等。

微生物学氧化作用是在加氧催化下进行的。次级代谢中的加氧酶多是单加氧酶，它把氧分子中的一个氧原子添加到底物上，另一个氧原子还原成水，并常伴有 NADPH 的氧化。

$$RH+O_2+NADPH_2 \rightarrow ROH+H_2O+NADP$$

其中的氯化反应，可以看作特征性的反应，在氯过氧化物酶催化下进行。此酶是糖蛋白，含有高铁原卟啉。在金霉素、氯霉素合成中都有此反应，简示如下：

$$RH+H_2O_2+Cl^-+H^+ \rightarrow RCl+2H_2O$$

第三步，不同组分的装配。如新生霉素的几个组分：4-甲氧基-5', 5'-二甲基-L-来苏糖、香豆素和对羟基苯甲酸等形成后，再经装配形成新生毒素。

6.3 微生物独特合成代谢途径举例

对一切生物所共有的重要物质如糖类、蛋白质、核酸、脂类和维生素等的合成代谢知识是生物化学课程的重点讨论内容，因此不打算在这里重复。本章要讨论的只是为微生物所特有的合成代谢类型，它们的种类很多，例如，生物固氮，各种结构大分子、细胞贮藏物和很多次生代谢产物的生物合成等。以下仅以其中的自养微生物的 CO_2 固定、生物固氮和细菌细胞壁肽聚糖的生物合成为例进行比较详细的介绍。

6.3.1 自养微生物的 CO_2 固定

CO_2 是自养型微生物的唯一碳源，异养型微生物也能利用 CO_2 作为辅助的碳源。将空气中的 CO_2 同化成细胞物质的过程，称为 CO_2 的固定。微生物有两种同化 CO_2 的方式，一类是自养式，另一类为异养式。在自养式中，CO_2 加在一个特殊的受体上，经过循环反应，使之合成糖并重新生成该受体。在异养式中，CO_2 被固定在某种有机酸上。因此异养型微生物即使能同化 CO_2，最终也必须靠吸收有机碳化合物生存。自养型微生物同化 CO_2 所需要的能量来自光能或无机物氧化所得的化学能。微生物固定 CO_2 的途径主要有以下 3 条。

（1）卡尔文循环

这个途径存在于所有化能自养型微生物和大部分光合细菌中。经卡尔文循环同化 CO_2 的途径可划分为 3 个阶段（图 6-15）：CO_2 的固定、被固定的 CO_2 的还原、CO_2 受体的再生。卡尔文循环每循环一次，可将 6 分子 CO_2 同化成 1 分子葡萄糖，其总反应式为

$$6CO_2+18ATP+12NAD(P)H \longrightarrow C_6H_{12}O_6+18ADP+12NAD(P)^++18Pi$$

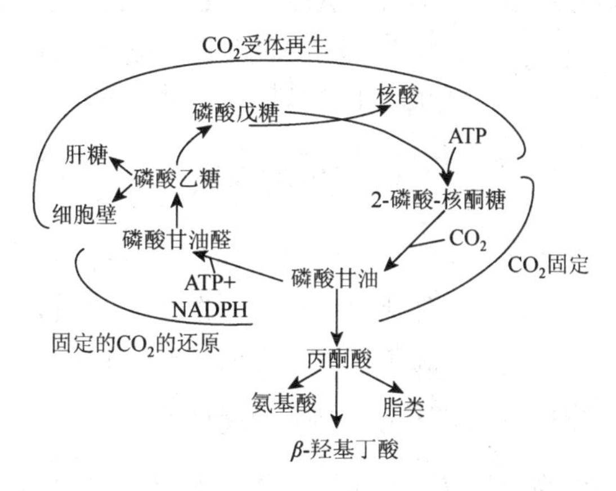

图 6-15 卡尔文循环的 3 个阶段

（2）还原性三羧酸循环

固定 CO_2 的这个途径（图 6-16）是在光合细菌、绿硫细菌中发现的。还原性三羧

酸循环的第一步反应是将乙酰 CoA 还原羧化为丙酮酸，后者在丙酮酸羧化酶的催化下生成磷酸烯醇丙酮酸，随即被羧化为草酰乙酸，草酰乙酸经一系列反应转化为琥珀酰 CoA，再被还原羧化为 α-酮戊二酸。α-酮戊二酸转化为柠檬酸后，裂解成乙酸和草酰乙酸。乙酸经乙酰 CoA 合成酶催化生成乙酰 CoA，从而完成循环反应。每循环一次，可固定 4 分子 CO_2，合成 1 分子草酰乙酸，消耗 3 分子 ATP、2 分子 NAD（P）H 和 1 分子 $FADH_2$。

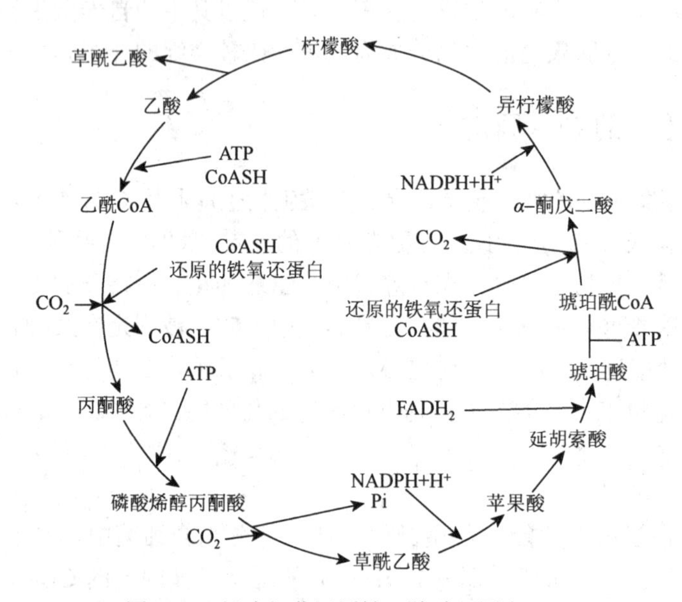

图 6-16　绿硫细菌还原性三羧酸环固定 CO_2

（3）还原的单羧酸环

这个体系与还原羧酸环不同，不需要 ATP，只要有 Fd（red）就可运转。Fd（red）由 H_2 或 $NADH_2$ 提供电子生成。光合细菌也有可能利用这个体系把 CO_2 转换成乙酸（图 6-17）。

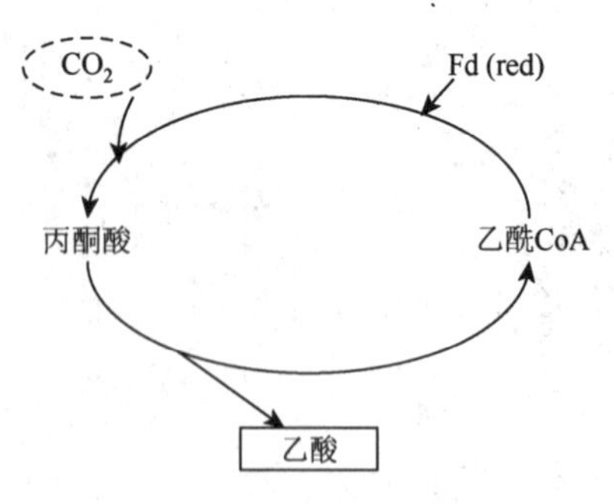

图 6-17　还原的单羧酸环

6.3.2　生物固氮

生物固氮是指大气分子氮通过微生物固氮酶的催化而还原成氨的过程。生物固氮是十分重要的生物化学反应，特别是和农业生产关系密切。

1. 固氮微生物

生物界中只有原核生物才具有固氮能力。固氮微生物包括细菌、放线菌和蓝细菌，共有 200 余属（2006 年）。根据固氮微生物与高等植物及其他生物的关系，可将它们分为 3 个类群：自生固氮菌、共生固氮菌和联合固氮菌（表 6-2）。

表 6-2　一些重要的固氮微生物

一、自生固氮菌	二、共生固氮菌
1. 好氧菌	1. 与豆科植物共生的固氮菌
固氮菌属（*Azotobacler*）	根瘤菌属（*Rhizobium*）
固氮单胞菌属（*Azomonas*）	固氮根瘤菌属（*Azorhizobium*）
固氮球菌属（*Azococcus*）	慢生根瘤菌属（*Bradyrhizobium*）
鱼腥藻属（*Anabaena*）	中华根瘤菌属（*Sinorhizobium*）
产碱菌属（*Alcaligenes*）	2. 与非豆科植物共生的固氮菌
2. 微好氧菌	弗兰克氏菌属（*Frankia*）
固氮螺菌属（*Azospirillum*）	念珠藻属（*Nostoc*）
棒状杆菌属（*Corynebacterium*）	鱼腥藻属（*Anabaena*）
3. 兼性厌氧菌	三、联合固氮菌
克雷伯氏菌属（*Klebsiella*）	1. 根际
红螺菌属（*Rhodospirillum*）	固氮螺菌属（*Azospirillum*）
红假单胞菌属（*Rhodopseudomonas*）	克雷伯氏菌属（*Klebsiella*）
4. 专性厌氧菌	2. 叶面
梭菌属（*Closlridium*）	克雷伯氏菌属（*Klebsiella*）
脱硫弧菌属（*Desulfouibrio*）	3. 动物肠道
着色菌属（*Chromatium*）	肠杆菌属（*Enterobacter*）
绿假单胞菌属（*Chloropseudomonas*）	

注：列出的许多属中并不是所有的种都能固氮。

（1）自生固氮菌

自生固氮菌能独立进行固氮，在固氮酶的作用下将分子氮转化成氨，但不释放到环境中，而是进一步合成氨基酸，组成自身蛋白质。自生固氮菌种类很多，包括好氧的、兼性厌氧和厌氧的各个类群。

（2）共生固氮菌

共生固氮菌是指必须与他种生物共生在一起时才能进行固氮的微生物。与自生固氮菌相比，共生固氮菌具有更高的固氮效率。

（3）联合固氮菌

这是一类必须生活在植物根际、叶面或动物肠道等处才能进行固氮的微生物，如产脂螺菌。它们既不同于典型的共生固氮微生物，不形成根瘤等特殊结构；又不同于自生固氮微生物，因为它们有较强的寄主专一，并且固氮作用比在自生条件下强得多。

2. 固氮的生化机制

各类固氮菌进行固氮作用的基本反应是相同的，固氮的总反应式为

$$N_2+8H^++8e^-+(18\sim24)ATP \longrightarrow 2NH_3+H_2+(18\sim24)ADP+(18\sim24)Pi$$

（1）生物固氮反应的 6 要素

①ATP 的供应。固氮作用是一个相当耗能的过程，固氮所需能量是以 ATP 形式供应的，每固定 1 分子 N_2 需要消耗 18～24 分子 ATP。ATP 由呼吸、厌氧呼吸、发酵或光合

磷酸化作用提供。②还原力[H]及其传递载体。固氮作用是 N_2 的还原反应，需要大量还原力，所需还原力必须以 $NAD(P)H+H^+$的形式提供。[H]由低电位势的电子载体铁氧还蛋白或黄素氧还蛋白传递至固氮酶上。③固氮酶。④还原底物——N_2。⑤镁离子。⑥严格的厌氧微环境。

（2）固氮酶及其活力测定

固氮酶是一种复合蛋白质，由组分Ⅰ和组分Ⅱ两种相互分离的蛋白质构成。组分Ⅰ称为固氮酶，由两大两小共 4 个亚基组成，含铁原子和钼原子，为钼铁蛋白；铁和钼组成一个称为“FeMoCo”的辅因子，是还原 N_2 的活性中心。组分Ⅱ称为固氮酶还原酶，由两个大小相同的亚基构成，只含铁原子不含钼原子，为铁蛋白，其功能是传递电子到组分Ⅰ上。固氮菌对钼和铁敏感，在缺钼、缺铁的土壤中施用钼肥和铁肥可提高固氮菌剂的固氮效果。固氮酶，特别是其组分Ⅱ（固二氮酶还原酶）对氧极其敏感，遇氧不可逆地失活，因此固氮需要有严格厌氧的微环境。

测定固氮酶活力一般采用乙炔还原法，其原理是固氮酶除了能催化 N_2 生成 NH_3 的反应外，还可催化乙炔还原成乙烯（没有别的酶可以催化该反应）。乙炔和乙烯这两种气体量的微小变化也能用气相色谱仪检测出来。乙炔还原法具有灵敏度高、成本较低和操作方便等优点。

（3）固氮的生化途径

固氮作用的生化途径和细节见图 6-18。

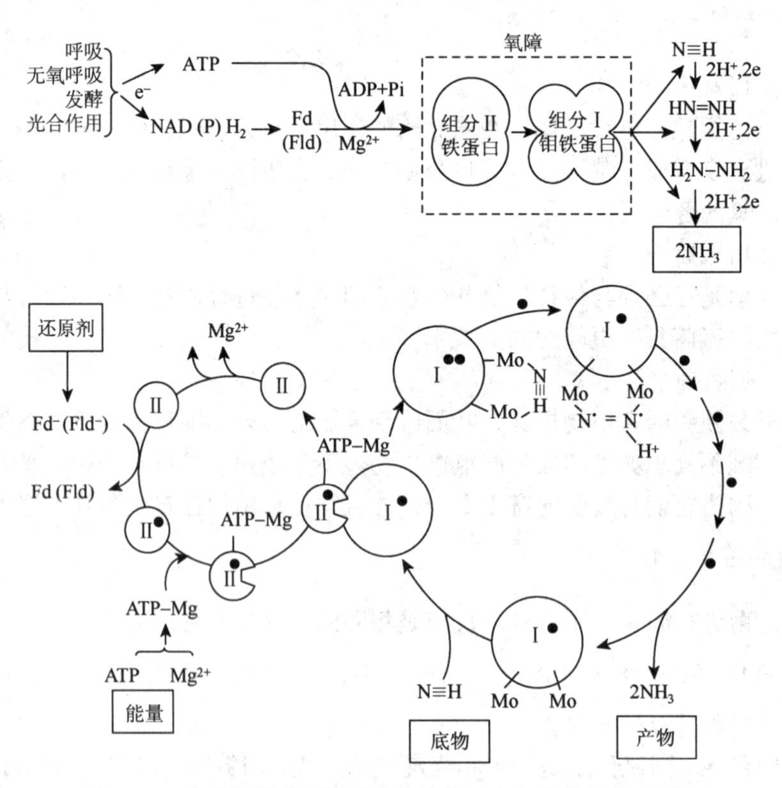

图 6-18　自生固氮菌固氮的生化途径（上）及其细节（下）

整个固氮过程主要经历以下几个环节：①由电子载体铁氧还蛋白或黄素氧还蛋白向氧化型固二氮酶还原酶的铁原子提供 1 个电子，使其还原；②还原型的固二氮酶还原酶与 ATP-Mg 结合，改变了构象；③固二氮酶在“FeMoCo”的 Mo 位点上与分子氮结合，并与固二氮酶还原酶-Mg-ATP 复合物反应，形成 1 个 1∶1 复合物，即完整的固氮酶；④在固氮酶分子上，有 1 个电子从固二氮酶还原酶-Mg-ATP 复合物上转移到固二氮酶的铁原子上，这时固二氮酶还原酶重新转变成氧化态，同时 ATP 水解成 ADP+Pi；⑤通过上述过程连续 6 次的运转，才可使固二氮酶释放出 2 个 NH_3 分子。需要指出的是，上述生化反应都必须受活细胞中各种“氧障”的严密保护，以保证固氮酶免遭失活。另外，还原 1 个 N_2 分子。理论上仅需 6 个电子，而实际测定却需 8 个电子，其中 2 个消耗在产 H_2 上。

固氮作用产物——NH_3 能阻遏固氮基因的转录，使固氮酶不能合成。生成的 NH_3 如不及时转化，或施用过多的氮肥，使 NH_3 超过一定浓度便会抑制固氮作用。固氮菌通过以下生化途径（图 6-19）将 NH_3 转化成各种氨基酸，进而合成蛋白质或其他成分（Glu 为谷氨酸，Gln 为谷氨酰胺）。

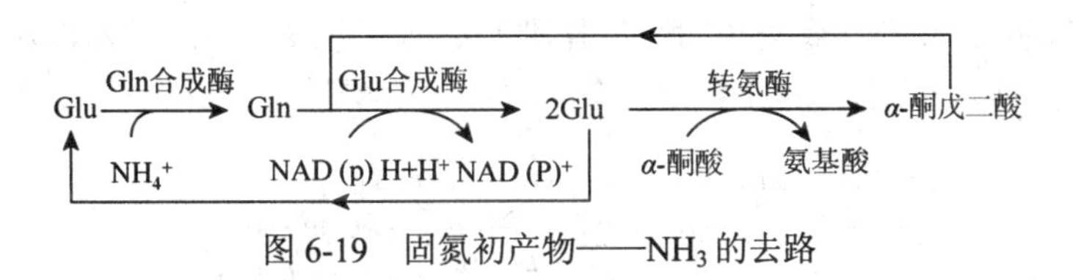

图 6-19　固氮初产物——NH_3 的去路

6.3.3　微生物肽聚糖的生物合成

微生物所特有的结构大分子的种类很多，例如，原核生物中的肽聚糖、磷壁酸、脂多糖及各种荚膜成分等，真核生物中的葡聚糖、甘聚糖、纤维素和几丁质等。肽聚糖是绝大多数原核生物细胞壁所含有的独特成分，它在细菌的生命活动中有着重要的功能，尤其是许多重要抗生素如青霉素、头孢霉素、万古霉素、环丝氨酸（恶唑霉素）和杆菌肽等呈现其选择毒力的物质基础；加之它的合成机制复杂，并在细胞膜外进行最终装配步骤，因此，这里就以它为例，来讨论这一有代表性的微生物结构大分子是如何合成的。整个肽聚糖合成过程的步骤极多，根据反应是在细胞质中、细胞膜上或是在细胞膜外进行，可把它明显地划分成 3 个阶段（图 6-20）。

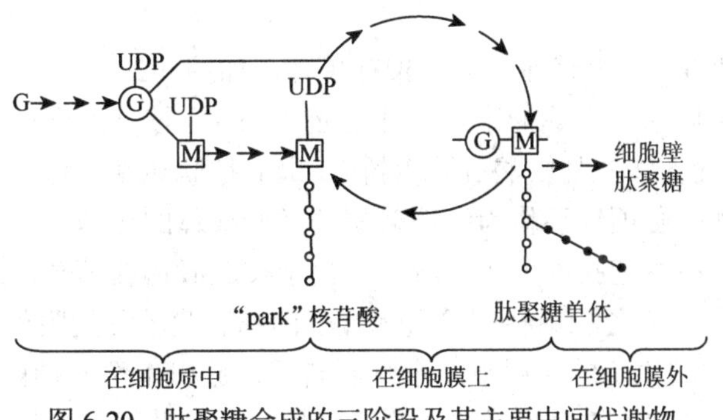

图 6-20　肽聚糖合成的三阶段及其主要中间代谢物

G 为葡萄糖；Ⓖ为 *N*-乙酰葡糖胺；Ⓜ为 *N*-乙酰胞壁酸；“park”核苷酸即 UDP-*N*-乙酰胞壁酸五肽

第一阶段是合成肽聚糖的前体物质——“park”核苷酸。此反应是在细胞质中进行的。

1）由葡萄糖合成 *N*-乙酰葡糖胺和 *N*-乙酰胞壁酸（图 6-21）。

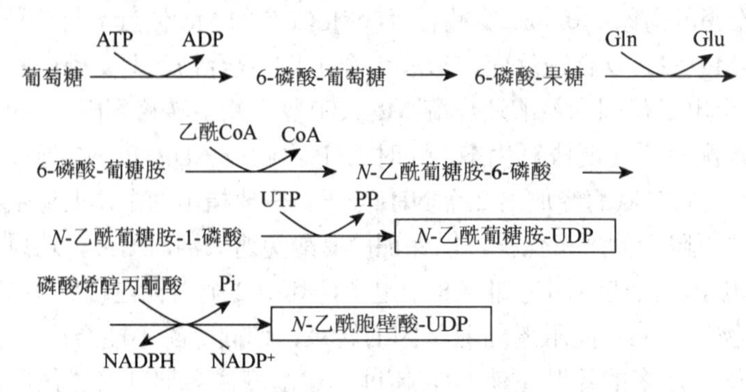

图 6-21　由葡萄糖合成 *N*-乙酰葡糖胺和 *N*-乙酰胞壁酸

2）由 *N*-乙酰胞壁酸合成“park”核苷酸，即 UDP-*N*-乙酰胞壁酸五肽，其合成过程共分 4 步，都需要尿嘧啶二磷酸（UDP）作糖基载体（图 6-22）；另外，还有合成 *D*-丙氨酰-*D*-丙氨酸的两步反应，这两步反应均可被环丝氨酸所抑制。

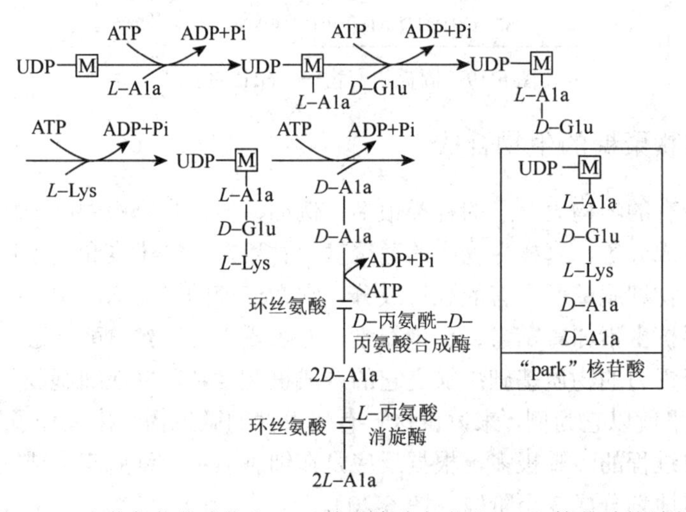

图 6-22　金黄色葡萄球菌由 *N*-乙酰胞壁酸合成“park”核苷酸的过程

第二阶段是由“park”核苷酸合成肽聚糖单体，如图 6-23 所示。该过程是在细胞膜上进行的。要使在细胞质中合成的亲水性化合物“park”核苷酸穿过细胞膜至膜外，并进一步接上 *N*-乙酰葡糖胺和甘氨酸五肽“桥”，最后把肽聚糖单体（即双糖肽亚单位）插入细胞壁生长点处，必须依靠称为细菌萜醇的类脂载体的运送。

肽聚糖单体分子在细胞膜内表面合成后，由于类脂载体的结合，亲水分子转变为亲脂分子（疏水性分子）。使之能顺利通过疏水性强的细胞膜转移到膜外，同时释放出载体 C_{55} 类脂 P-P，在焦磷酸化酶的作用下，水解脱磷酸，放出 1 分子磷酸回复到 C_{55} 类脂-P 状态，又可接受下一个“park”核苷酸，循环使用。杆菌肽可抑制这一反应，从而阻止类脂载体再生；而万古霉素则抑制类脂载体的释放。

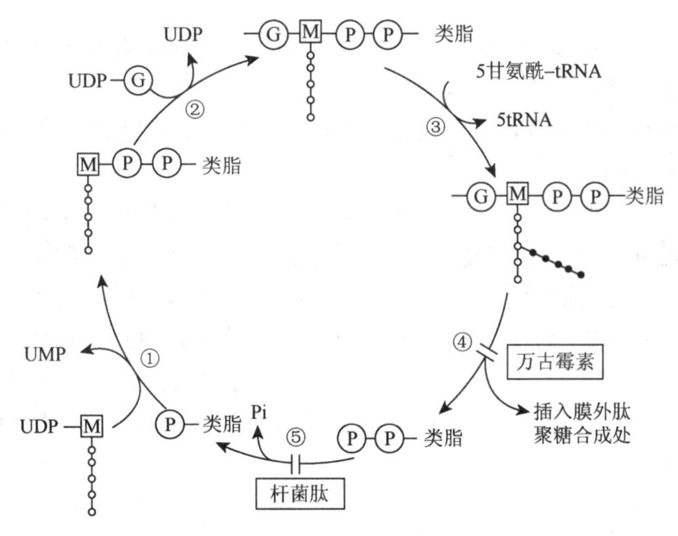

图 6-23 在细胞膜上进行的由“park”核苷酸合成肽聚糖单体

“类脂”即类脂载体；反应④与⑤可分别被万古霉素和杆菌肽所抑制

第三阶段是合成完整的新的肽聚糖，此反应在膜外完成。新合成的肽聚糖单体被转运到细胞壁生长点，肽聚糖单体与现有的细胞壁残余分子（壁引物）间发生转糖基作用，使多糖链延伸一个双糖单位。再通过转肽酶催化的转肽作用，使前后两条多糖链的甲肽尾五甘氨酸肽的游离氨基酸与乙肽尾的第四个氨基酸的羧基结合形成一个肽键，使多糖链间发生交联。这时，乙肽尾从原有的五肽变成正常肽聚糖分子中的四肽尾了。青霉素是肽聚糖单体五肽尾末端的 *D*-丙氨酰-*D*-丙氨酸的结构类似物，它们两者可相互竞争转肽酶的活性中心。当转肽酶与青霉素结合后，因前后两个肽聚糖单体间的肽桥无法交联，所以，只能合成缺乏正常机械强度的缺损“肽聚糖”，从而形成了细胞壁缺损的细胞，例如，原生质体或球状体等在渗透压变动的不利环境下，极易因破裂而死亡。因为青霉素的作用机制在于抑制肽聚糖的生物合成，所以对处于生长繁殖旺盛期的微生物具有明显的抑制作用，而对处于生长休止期的细胞，则无抑制作用。

6.4 微生物代谢调控与发酵生产

微生物有着一整套可塑性极强和极精确的代谢调节系统，以保证上千种酶能正确无误、有条不紊地进行极其复杂的新陈代谢反应。从细胞水平上来看，微生物的代谢调节能力要超过复杂的高等动植物。这是因为微生物细胞的体积极小，而所处的环境条件却千变万化，每个细胞要在这样复杂的环境条件下求得生存和发展，就必须具备一整套发达的代谢调节系统。有人估计，在大肠杆菌细胞中，同时存在着2500种左右的蛋白质，其中上千种是催化正常新陈代谢的酶。如果细胞平均使用蛋白质，由于每个细菌细胞的体积只够装约10万个蛋白质分子，每种酶平均还分配不到100个分子。在长期进化过程中，微生物发展出一整套十分有效的代谢调节方式，巧妙地解决了这一矛盾。例如，在每种微生物的遗传因子上，虽然潜在着合成各种分解酶的能力，但是除了一部分是属于经常以较高浓度存在的组成酶外，大都是属于只有当其分解底物或有关诱导物存在时才合成的诱导酶。据估计，诱导酶的总量约占细胞总蛋白质含量的 10%。通过代谢调节，微生物可最经济地利用其营养物，合成能满足自己生长、繁殖所需要的一切中间代谢物，并做到既不缺乏又不剩余任何代谢物的高效“经济核算”。

微生物细胞的代谢调节方式很多，例如，可调节营养物质透过细胞膜而进入细胞的能力，通过酶的定位来限制它与相应底物的接近，以及调节代谢流等。其中以调节代谢流的方式最为重要，它包括两个方面：一是“粗调”，即调节酶的合成量；二是“细调”，即调节现成酶分子的催化活力，两者往往密切配合和协调，以达到最佳调节效果。

利用微生物代谢调控能力的自然缺损或通过人为方法获得突破代谢调控的变异菌株，可为发酵工业提供生产有关代谢产物的高产菌株。以下将以原核生物为对象来讨论微生物的代谢调节及其工业应用。

6.4.1 微生物的代谢调控

6.4.1.1 初级代谢的调控机制

微生物的代谢是由各种酶类催化的，因而代谢的调节主要是通过控制酶的合成和活性而实现的，两者同时存在，密切配合，协调进行。

1. 酶合成的调节

酶合成的调节是一种通过调节酶的合成量进而调节代谢速率的调节机制。这是一种在基因转录和翻译水平上的调节，包括酶合成的诱导与酶合成的阻遏两种。

（1）酶合成的诱导

酶可分为组成酶和诱导酶。组成酶为细胞所固有的酶，在相应的基因控制下合成，不依赖底物或底物类似物而存在，如 EMP 途径的有关酶类。诱导酶是机体在外来底物或底物类似物诱导下合成的，如大肠埃希氏菌在含乳糖的培养基中诱导产生的 β-半乳糖苷酶和半乳糖苷渗透酶等，大多数分解代谢酶类是诱导合成的。能促进诱导酶产生的物质称为诱导物，它可以是该酶的底物，也可以是底物类似物或底物前体物质。

酶合成的诱导的分子机制可以通过操纵子学说加以说明。操纵子由启动基因、操纵基因及它们共同控制的结构基因组成。启动基因是一种能被依赖 DNA 的 RNA 聚合酶识别的碱基顺序，它既是 RNA 聚合酶的结合部位，又是转录的起始点。操纵基因是位于启动基因和结构基因之间的碱基顺序，也能与调节蛋白即阻遏物结合，调节蛋白是调节基因产生的一类变构蛋白，它有两个特殊的位点，一个可与操纵基因结合，另一个可与效应物结合。调节蛋白与效应物结合后就发生变构作用。调节蛋白分两种，一种能在没有诱导物时与操纵基因结合，另一种只有在辅阻遏物存在时才能与操纵基因结合。结构基因是编码酶的碱基顺序。

大肠埃希氏菌乳糖操纵子是研究的最早，也最为透彻的操纵子，3 个结构基因分别编码 β-半乳糖苷酶、半乳糖苷渗透酶和转乙酰基酶，共同受启动基因、操纵基因的控制。在没有乳糖时，与产生利用乳糖的酶有关的基因（结构基因）被关闭着。这是由于操纵基因上结合着调节蛋白，从而影响 mRNA 聚合酶结合到启动基因上，进而影响转录的进行。有乳糖存在时，乳糖作为效应物与调节蛋白的变构位点结合，导致调节蛋白构象发生变化，失去与操纵基因的结合能力，结构基因的转录得以进行，从而合成出利用乳糖相关的酶类。

（2）酶合成的阻遏

酶合成的阻遏可分为终产物阻遏和分解代谢物阻遏。

a. 终产物阻遏　在嘌呤、嘧啶和氨基酸等的合成代谢中，有关酶的合成受阻遏作用的调节。大多数情况下，阻遏物是生物合成途径的终产物。在大肠埃希氏菌的色氨酸合成中，色氨酸超过一定浓度，有关色氨酸合成的酶就停止合成。这也可以用色氨酸操纵子解释。色氨酸操纵子的调节基因能编码一种无活性的阻遏蛋白，色氨酸为辅阻遏物，色氨酸的浓度高时，色氨酸与之结合，形成有活性的阻遏蛋白并与操纵基因结合，结构基因不能转录，酶合成停止。

b. 分解代谢物阻遏　当培养基中同时存在两种分解代谢底物时，大多数情况下，能使细胞生长最快的那一种被优先利用，而分解另一种底物的酶的合成被阻遏，这就称为分解代谢物阻遏。大肠埃希氏菌在有葡萄糖和乳糖的培养基上生长时，大肠埃希氏菌先利用葡萄糖，同阻遏与分解乳糖有关的酶的合成，只有当葡萄糖被利用完后，才开始利用乳糖，从而出现“二次生长现象”。这也可以用乳糖操纵子解释：mRNA 聚合酶结合到乳糖操纵子的启动基因上，需要环腺苷酸（cAMP）和被称为 cAMP 受体蛋白（cAMP recepting protein，CRP）的蛋白质参与，这两者结合，mRNA 聚合酶才能结合到启动基因上。cAMP 缺少时 mRNA 聚合酶不能结合到启动基因上，mRNA 的转录就停止。葡萄糖存在时 cAMP 就缺乏，因为 cAMP 是由 ATP 通过腺苷酸环化酶催化形成的，而葡萄糖的代谢产物对此酶有抑制作用；cAMP 在磷酸二酯酶的作用下转化为 AMP，葡萄糖的代谢产物对该酶又有激活作用。

2. 酶活性的调节

酶活性的调节包括酶活性的激活和抑制两个方面，抑制大多属于反馈抑制。

（1）酶活性的激活

酶活性的激活是指代谢途径中后面的反应被前面反应的中间产物所促进的现象。酶活性的激活作用普遍存在于微生物的代谢中，对代谢的调节起重要作用。例如，在糖分解的 EMP 途径中，1, 6-二磷酸-果糖积累可以激活丙酮酸激酶和磷酸烯醇丙酮酸羧化酶，促进葡萄糖的分解。

（2）反馈抑制

反馈抑制是指生物代谢途径的终产物过量可直接抑制该途径中第一个酶的活性，使整个过程减缓或停止，避免终产物过多积累。反馈抑制具有作用直接、效果快速及终产物浓度低时又可消除抑制等特点。生物合成途径中的第一个酶通常是调节酶，它受终产物的抑制。调节酶是一种变构蛋白，具有两个或两个以上的结合位点，一个是与底物结合的活性中心，另一个是与效应物结合的调节中心。酶与效应物结合可引起酶结构的变化，从而改变酶活性中心对底物的亲和力，调节酶的活性。

a. 直线式代谢途径的反馈抑制　这是一种最简单的反馈抑制。例如，大肠杆菌在合成异亮氨酸时，合成产物过多可抑制途径中第一个酶——苏氨酸脱氢酶的活性，从而使α-酮丁酸及其后一系列中间代谢物都无法合成，最终导致异亮氨酸合成停止（图 6-24）；另外，谷氨酸棒杆菌利用谷氨酸合成精氨酸也是直线式反馈抑制的典型例子。

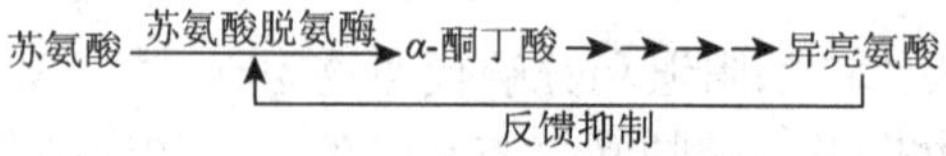

苏氨酸 —苏氨酸脱氨酶→ α-酮丁酸 →→→→ 异亮氨酸
反馈抑制

图 6-24　异亮氨酸合成途径中的直线式反馈抑制

b. 分支代谢途径的反馈抑制　在有两种或两种以上末端产物的分支代谢途径里，它们的调节方式要复杂得多。据目前所知，其调节方式主要有：同工酶反馈抑制、协同反馈抑制、累加反馈抑制、顺序反馈抑制。

同工酶反馈抑制：同工酶是一类作用于同一底物，催化同一反应，但酶的分子构型不同，并能分别受不同末端产物抑制的酶［图 6-25（a）］。同工酶反馈抑制比较普遍地存在于微生物代谢途径中。例如，在大肠埃希菌的天冬氨酸族氨基酸合成的途径中，天冬氨酸激酶催化的反应是苏氨酸、甲硫氨酸、赖氨酸和异亮氨酸合成的共同的反应之一，这个酶已发现有 3 种同工酶，即天冬氨酸激酶Ⅰ、天冬氨酸激酶Ⅱ和天冬氨酸激酶Ⅲ，分别受苏氨酸与异亮氨酸、甲硫氨酸和赖氨酸的反馈抑制。这样，某种末端产物积累可以通过各自的反馈抑制，使代谢过程能平衡进行。

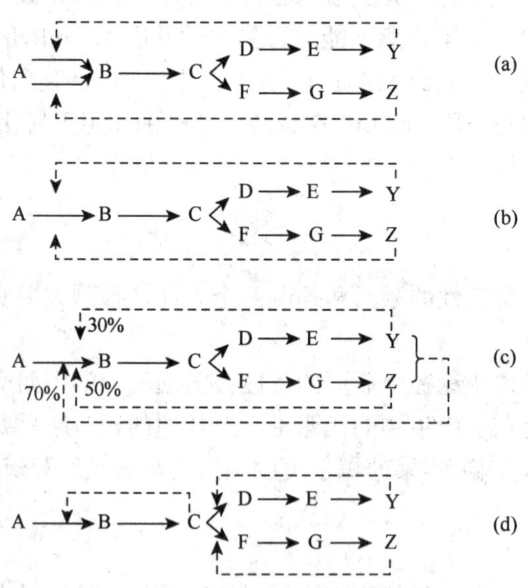

图 6-25　分支代谢途径中酶的反馈抑制调节模式

（a）同工酶反馈抑制模式；（b）协同反馈抑制模式；（c）累加反馈抑制模式；（d）顺序反馈抑制模式

协同反馈抑制：在分支代谢途径中，几种末端产物同时过量时才对途径中的第一个酶具有抑制作用，若某一末端产物单独过量则对途径的第一个酶无抑制作用［图 6-25（b）］。这是因为在许多微生物的分支代谢途径中，催化第一步反应的酶往往有多个同末端产物结合的位点，可以分别与相应的末端产物结合；只有当酶上的每个结合位点都同各自过量的末端产物结合以后，才能抑制该酶的活性；任何一种末端产物过量，其他的末端产物不过量都不会引起对酶活性的反馈抑制。在多黏芽胞杆菌的天冬氨酸族氨基酸合成途径中存在协同反馈抑制，只有苏氨酸与赖氨酸在胞内同时积累时，才能抑制天冬氨酸酶的活性。

累加反馈抑制：在分支代谢途径中，任何一种末端产物过量时都能对共同途径中第一个酶起抑制作用，而且各种末端产物的抑制作用互不干扰。当各种末端产物同时过量时，它们的抑制作用是累加的［图 6-25（c）］。累加反馈抑制与协同反馈抑制非常相似，即催化分支代谢途径第一步反应的酶也有同多个末端产物结合的位点。但与协同反馈抑制不同的是，每个末端产物积累时，通过与酶上相应的位点结合都可以引起酶活性的部分抑制，总的抑制效果是累加的，并且各个末端产物引起的抑制作用互不影响，只是影响这个酶促反应的速度。目前，只发现该方式存在于大肠埃希氏菌的谷氨酰胺合成酶当中。

顺序反馈抑制：分支代谢途径中的两个或多个末端产物，不能直接抑制代谢途径中的第一个酶，而是分别抑制分支点后的反应步骤，造成分支点上中间产物的积累，这种高浓度的中间产物再反馈抑制第一个酶的活性。因此，只有当两个末端产物都过量时，才能对途径中的第一个酶起到抑制作用［图 6-25（d）］。枯草芽胞杆菌合成芳香族氨基酸的代谢途径就采取这种方式进行调节。

6.4.1.2　次级代谢的调节

（1）初级代谢对次级代谢的调节

与初级代谢类似，次级代谢的调节过程也有酶活性的激活和抑制及酶合成的诱导和阻遏。由于次级代谢一般以初级代谢产物为前体，因此次级代谢必然会受到初级代谢的调节。例如，青霉素的合成会受到赖氨酸的强烈抑制，而赖氨酸合成的前体 α-氨基己二酸可以缓解赖氨酸的抑制作用，并能刺激青霉素的合成，这是因为 α-氨基己二酸是合成青霉素和赖氨酸的共同前体。如果赖氨酸过量，就会抑制这个反应途径中的第一个酶，减少 α-氨基己二酸的产量，从而进一步影响青霉素的合成。

（2）碳、氮代谢物的调节作用

次级代谢产物一般在菌体指数生长后期或稳定期合成，这是因为在菌体生长阶段，被快速利用的碳源的分解物阻遏了次级代谢酶系的合成。因此，只有在指数后期或稳定期，这类碳源被消耗完之后，解除阻遏作用，次级代谢产物才能得以合成。高浓度的 NH_4^+ 可以降低谷氨酰胺合成酶的活性，而后者的比活力与抗生素的合成呈正相关性，因此高浓度的 NH_4^+ 对抗生素的生产有不利影响。而另一种含氮化合物——硝酸盐却可以大幅度地促进利福霉素的合成，因其可以促进糖代谢和三羧酸循环酶系的活力，以及琥珀酰辅酶 A 转化为甲基丙二酰辅酶 A 的酶活力，从而为利福霉素的合成提供更多的前体，同时它可以抑制脂肪合成，使部分用于合成脂肪的前体乙酰辅酶 A 转为合成利福霉素脂肪环的前体，另外，硝酸盐还可提高菌体中谷氨酰胺合成酶的比活力。

（3）诱导作用及产物的反馈抑制

在次级代谢中也存在着诱导作用，例如，巴比妥虽不是利福霉素的前体，也不参与利福霉素的合成，但能促进将利福霉素 SV 转化为利福霉素 B 的能力。同时，次级代谢产物的过量积累也能像初级代谢那样，反馈抑制其合成酶系。此外，培养基中的磷酸盐、溶解氧、金属离子及细胞膜透性也会对次级代谢产生或多或少的影响。

6.4.2 代谢调控在发酵工业中的应用

在发酵工业中，控制微生物生理状态以达到高产的环境条件很多，如营养物的类型和浓度、氧的供应、pH 的调节和表面活性剂的存在等。这里要讨论的则是另一类方式，即如何控制微生物的正常代谢调节机制，使其累积更多人们所需要的有用代谢产物。由于一些抗生素等次生代谢产物的代谢调控十分复杂且目前还不够清楚，因此，下面所举的例子都是一些小分子主流代谢产物。现分 3 方面来介绍。

1. 应用营养缺陷型菌株以解除正常的反馈调节

在直线式的合成途径中，营养缺陷型突变株只能累积中间代谢物而不能累积最终代谢物，但在分支代谢途径中，通过解除某种反馈调节，就可以使某一分支途径的末端产物得到累积。

1）赖氨酸发酵如图 6-26 所示，在许多微生物中，可以天冬氨酸为原料，通过分支代谢途径合成赖氨酸、苏氨酸和甲硫氨酸。赖氨酸是一种重要的必需氨基酸，在食品、医药和畜牧业上需要量很大。但在代谢过程中，一方面由于赖氨酸对天冬氨酸激酶（AK）有反馈抑制作用，另一方面由于天冬氨酸除用于合成赖氨酸外，还要作为合成甲硫氨酸和苏氨酸的原料，因此，在正常的细胞内，难以累积较高浓度的赖氨酸。

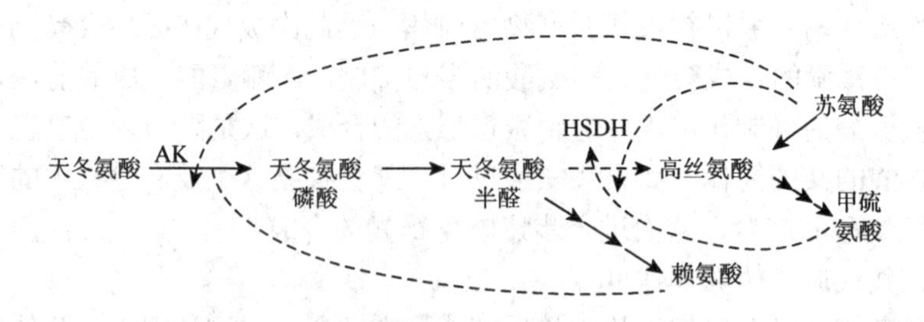

图 6-26 谷氨酸棒杆菌的代谢调节与赖氨酸生产

为了解除正常的代谢调节以获得赖氨酸的高产菌株，工业上选育了谷氨酸棒杆菌的高丝氨酸缺陷型菌株作为赖氨酸的发酵菌种。这个菌种由于不能合成高丝氨酸脱氢酶（HSDH），因此不能合成高丝氨酸，也不能产生苏氨酸和甲硫氨酸，在补给适量高丝氨酸（或苏氨酸和甲硫氨酸）的条件下，在含有较高糖分和铵盐的培养基上，能产生大量的赖氨酸。

2）肌苷酸（IMP）的生产。肌苷酸是重要的呈味核苷酸，它是嘌呤核苷酸生物合成过程中的一个中间代谢物。只有选育一个发生在 IMP 转化为 AMP 或 GMP 的几步反应中的营养缺陷型菌株，才可能累积 IMP。谷氨酸棒杆菌的 IMP 合成途径及其代谢调节机制见图 6-27。从图中可以看出，该菌是一个腺苷酸琥珀酸合成酶（酶③）缺失的腺嘌呤缺陷型，如果在其培养基中补充少量 AMP 就可正常生长并累积 IMP。当然，假如补充量太大，会引起对酶②的反馈抑制。

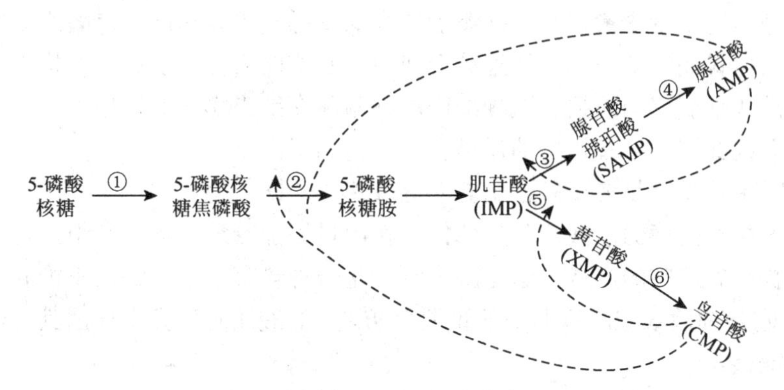

图 6-27　谷氨酸棒杆菌中 IMP 合成途径的代谢调节

①5-磷酸核糖焦磷酸激酶；②5-磷酸核糖焦磷酸转氨酶；③腺苷酸琥珀酸合成酶；④腺苷酸琥珀酸分解酶；⑤IMP 脱氢酶；⑥XMP 转氨酶；虚线箭头表示反馈抑制

2. 应用抗反馈调节的突变株解除反馈调节

抗反馈调节突变菌株，就是指一种对反馈抑制不敏感或对阻遏有抗性的组成型菌株，或兼而有之的菌株。在这类菌株中，因其反馈抑制或阻遏已解除，或是反馈抑制和阻遏已同时解除，所以能分泌大量的末端代谢产物。

例如，当把钝齿棒杆菌培养在含苏氨酸和异亮氨酸的结构类似物 AHV（α-氨基-β-羟基戊酸）的培养基上时，由于 AHV 可干扰该菌的高丝氨酸脱氢酶、苏氨酸脱氢酶及二羧酸脱水酶，因此抑制了该菌的正常生长。如果采用诱变（如用亚硝基胍作为诱变剂）后所获得的抗 AHV 突变株进行发酵，就能分泌较多的苏氨酸和异亮氨酸。这是因为，该突变株的高丝氨酸脱氢酶或苏氨酸脱氢酶和二羧酸脱水酶的结构基因发生了突变，故不再受苏氨酸或异亮氨酸的反馈抑制，于是就有大量的苏氨酸和异亮氨酸的累积。如进一步再选育出甲硫氨酸缺陷型菌株，则其苏氨酸产量还可进一步提高，原因是甲硫氨酸合成途径上的两个反馈阻遏也被解除了。

3. 控制细胞膜的渗透性

微生物的细胞膜对于细胞内外物质的运输具有高度选择性。细胞内的代谢产物常常以很高的浓度累积，并自然地通过反馈阻遏限制它们的进一步合成。采取生理学或遗传学方法，可以改变细胞膜的透性，使细胞内的代谢产物迅速渗漏到细胞外。这种解除末端产物反馈抑制作用的菌株，可以提高发酵产物的产量。

（1）通过生理学手段控制细胞膜的渗透性

在谷氨酸发酵生产中，生物素的浓度对谷氨酸的累积有着明显的影响，只有把生物素的浓度控制在适量情况下，才能分泌出大量的谷氨酸。生物素影响细胞膜渗透性，是由于它是脂肪酸生物合成中乙酰 CoA 羧化酶的辅基，此酶可催化乙酰 CoA 的羧化并生成丙二酸单酰辅酶 A，进而合成细胞膜磷脂的主要成分——脂肪酸。因此，控制生物素的含量就可以改变细胞膜的成分，进而改变膜的透性和影响谷氨酸的分泌。

当培养液内生物素含量很高时，添加适量的青霉素也有提高谷氨酸产量的效果。其原因是青霉素可抑制细菌细胞壁肽聚糖合成中转肽酶的活性，引起其结构中肽桥间无法进行交联，造成细胞壁的缺损。这种细胞的细胞膜在细胞膨压的作用下，有利于代谢产物的外渗，并因此降低了谷氨酸的反馈抑制和提高了产量。

（2）通过细胞膜缺损突变而控制其渗透性

应用谷氨酸产生菌的油酸缺陷型菌株，在限量添加油酸的培养基中，也能因细胞膜发生渗漏而提高谷氨酸的产量。这是因为油酸是一种含有一个双键的不饱和脂肪酸（十八碳烯酸），它是细菌细胞膜磷脂中的重要脂肪酸。油酸缺陷型突变株因其不能合成油酸而使细胞膜缺损。

另一种可以利用石油发酵产生谷氨酸的解烃棒杆菌的甘油缺陷型突变株，由于缺乏 α-磷酸甘油脱氢酶，无法合成甘油和磷脂。其细胞内的磷脂含量不到亲株含量的一半，但当供应适量甘油后，菌体即能合成大量谷氨酸，且不受高浓度生物素或油酸的干扰。

思考题

1. 试述微生物代谢的概念、类型及特点。
2. 试述 HMP 途径在微生物生命活动中的重要性。
3. 细菌的乙醇发酵途径与酵母菌的乙醇发酵有何不同?
4. 何谓乳酸发酵?乳酸发酵有哪两条途径?产物各是什么?
5. 试比较呼吸、无氧呼吸和发酵的异同点。
6. 化能自养细菌的能量代谢主要的特点。
7. 何谓初级代谢、次级代谢?
8. 什么是生物固氮作用?能固氮的微生物有哪几类?
9. 酶活性调节与酶合成调节有何不同?它们之间有何联系?
10. 什么是诱导酶?酶的诱导有何特点?其意义如何?
11. 细胞膜缺损突变株在发酵生产中有何应用？试举例说明之。

参考文献

车振明. 2008. 微生物学. 武汉：华中科技大学出版社.
何国庆，贾英民. 2009. 食品微生物学. 北京：中国农业大学出版社.
贾英民. 2001. 食品微生物学. 北京：中国轻工业出版社.
江汉湖，董明盛. 2010. 食品微生物学. 北京：中国农业大学出版社.

路福平. 2005. 微生物学. 北京: 中国轻工业出版社.
沈萍, 陈向东. 2006. 微生物学. 北京: 高等教育出版社.
韦革宏. 2008. 微生物学. 北京: 科学出版社.
杨民和. 2010. 微生物学. 北京: 科学出版社.
周德庆. 2011. 微生物学教程. 北京: 高等教育出版社.

第 7 章　传染与免疫

概述

引起人体或动物体发生传染的微生物称为病原微生物（pathogenic microorganism）。当病原微生物侵入机体后，二者相互作用，互相改变对方的活性和功能，传染的最后结局是否表现临床症状，主要取决于病原微生物的毒力。传染不是疾病的同义词，大多数的传染为亚临床的、不明显的，不产生任何显著的症状和体征。有些病原体在最初传染后，潜伏影响可持续多年。病原体也可与宿主建立起共生关系。由有生命力的病原体引起的疾病称为传染病，与由其他致病因素引起的疾病在本质上是有区别的。病原体传染病的基本特征是有病原体，有传染性，有流行性、地方性和季节性，有免疫性。

免疫（immunity）是指生物能够辨认自我和非我，对非我做出反应以保持自身稳定的功能。免疫是生物在长期进化过程中逐渐发展起来的防御感染和维护机体完整性的重要手段。免疫最基本的是抗原和抗体及其两者的反应。抗原有免疫原性与反应原性，决定抗原特性的是抗原决定簇，即抗原物质分子表面或者其他部位的具有一定组成和结构的特殊化学基团。抗体是机体在抗原物质刺激下所形成的一类能与抗原特异结合的血清活性成分。抗体有其基本结构，可根据不同角度进行分类。抗体的生理功能有多个方面，抗原和抗体的反应有着本身的要求和特点，反应有凝集、沉淀、中和等不同的反应方式，并受多方面因素影响。机体通过特异性免疫和非特异性免疫抵抗病原微生物的感染作用。依据抗原抗体的特异性反应而建立起来的免疫标记技术，包括免疫荧光技术、免疫酶技术和放射免疫分析等，已广泛应用于疾病诊断等多个领域。通过人工接种疫苗方式，使机体产生主动免疫力，在传染病防治上具有重要意义。

7.1　传染

7.1.1　传染与传染病

1. 传染与传染病的概念

生物体在一定的条件下，由致病因素所引起的一种复杂而有一定表现形式的病理状态，称为疾病。按病因来分，疾病可分非传染性疾病和传染性疾病两大类。

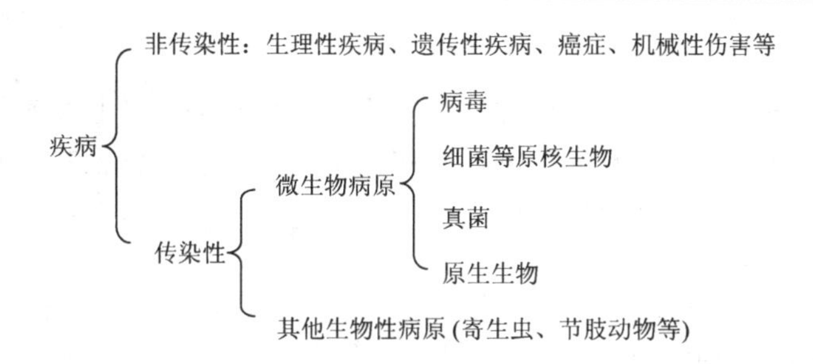

传染（infection）是指外源性或内源性病原体，在一定的条件下，突破其宿主的三道免疫“防线”（指机械防御、非特异性免疫和特异性免疫）后，在宿主的特定部位定植、生长繁殖或（和）产生酶及毒素，从而引起宿主一系列病理反应的过程。寄生物如果长期保持着潜伏状态或亚临床的感染状态，则传染病就不至于发生；相反，如果环境条件有利于寄生物的大量繁殖，并随之产生大量的酶和毒素来损害其宿主，则宿主就患了传染病。

2. 传染病的基本特征

传染病的基本特征是传染病的共同特点，有别于非传染病，是两者的鉴别点。

（1）有病原体

所有的传染病都是由病原体引起的，从小自无细胞结构的病毒，大至长达数米的牛肉绦虫，包括病毒、细菌、真菌、立克次氏体、衣原体、支原体、螺旋体、原虫及蠕虫等。历史上许多传染病（如霍乱、SARS 等）都是先认识其临床和流行病学特征，然后认识其病原体的。还有一些传染病的病原体目前还没有研究清楚，但无论如何，其病原体是一定存在的。病原体的问题是传染病学的一个关键。

（2）有传染性

所有传染病都有一定的传染性，这是传染病与其他感染性疾病的最主要区别。病原体从宿主排出体外，能感染他人和污染周围环境，其传染强度与病原体种类、数量、毒力及易感者的免疫状态等有关。隔离、治疗患者和病原携带者，以及提高人群免疫力是减少传染病危害的重要措施。

（3）有流行性、地方性、季节性

a. 流行性　有流行病学特征传染病在自然和社会因素的影响下，可以表现不同的流行特征。传染病流行过程中可呈散发、暴发、流行及大流行。散发是指某传染病发病率在近年来某地区处于常年一般水平的发病；流行是指某种传染病的发病率显著高于该地区常年一般发病水平；大流行是指某种传染病流行范围很广，甚至超出国界或洲界。暴发、流行是某种传染病病例的发病时间分布高度集中于一个短时间之内，多是同一传染源或传播途径引起的。

b. 季节性　有些传染病的发病率每年出现季节性升高，与气温、湿度的增加和昆虫繁殖旺盛等有关。

c. 地方性　有些传染病因其病原体要求特定的栖息地及气候地理条件不同、居民生活习惯差异等，常集中于某一地区发病。

（4）有免疫性

传染后的免疫属于主动免疫，通过抗体转移而获得的免疫属于被动免疫。不同的传染病病后免疫状态有所不同，有的传染病患病一次后可建立终身免疫，如麻疹、脊髓灰质炎等可保持终生；有的免疫力较低或短暂，易于发生再感染和重复感染，如菌痢、阿米巴病等仅数月至数年。

7.1.2　引起传染的主要因素

病原菌能否引起宿主患传染病，主要取决于它的毒力，毒力表示病原菌致病力的强弱，侵袭力、毒素和引起超敏反应的能力是构成毒力的基础。

1. 侵袭力

病原菌突破宿主防线，并能于宿主体内定居、繁殖、扩散的能力，称为侵袭力（invasiveness），包括吸附、侵入、繁殖、扩散能力和对宿主防御机能的抵抗能力等。

（1）吸附

病原体侵入人体后，通过其表面特殊结构、成分或合成某些物质吸附于宿主的体表。例如，一些属于大肠杆菌（*Escherichia coli*）、沙门氏菌属（*Salmonella*）和弧菌属（*Vibrio*）等的细菌可通过菌毛吸附于肠道的上皮细胞。

（2）侵入

病原菌附着宿主体表后有3种攻击形式：有的病原菌不侵入，仅在原处生长、繁殖、蓄积毒素，引起疾病，如霍乱弧菌（*Vibrio cholerae*）、百日咳杆菌（*Bacillus pertussis*）和变异链球菌（*Streptococcus mutans*）等；有的病原菌吸附后，侵入细胞内生长、繁殖、产生毒素，造成浅表的组织损伤（溃疡），但不再进一步侵入和扩散，如痢疾志贺氏菌（*Shigella dysenteriae*）等；另有一些病原菌通过黏膜上皮或细胞间质，侵入表皮下部组织或血液中进一步扩散，如伤寒沙门氏菌（*Salmonella typhi*）等。

（3）繁殖

繁殖是病原菌引起宿主患病的重要条件，不同的病原体繁殖能力不同，病原菌的繁殖速度愈快，能造成感染的机会愈多，引起疾病的严重程度就愈大。

（4）扩散

某些病原菌在原始的侵入部位进行扩散时，往往通过产生一些特殊的酶，如透明质酸酶、胶原酶、链激酶和卵磷脂酶等，完成它在组织中的扩散。

（5）对宿主防御机能的抵抗力

有毒力的病原菌可通过不同的方式抵御宿主细胞的吞噬作用和体液及组织中的杀菌物质。某些病原菌的抗吞噬作用包括：①通过产生某些产物以抑制白细胞的趋化作用，使吞噬细胞不能进入感染部位；②通过荚膜或细胞壁成分起到抗吞噬作用；③通过抑制溶酶体与吞噬体的融合或杀灭吞噬细胞等多种形式抵御宿主吞噬细胞的吞噬。对体液和组织中杀菌物质（补体、溶菌酶、乙型溶素和干扰素等）的抵抗，则是通过病原菌产生的抵抗因子或其他细胞壁的免疫原成分。

2. 毒素

细菌产生的毒素主要分为外毒素与内毒素两大类。

（1）外毒素

外毒素（exotoxin）是指病原菌在生长繁殖过程中分泌到菌体外的一类毒性蛋白质，如破伤风毒素、肉毒素、白喉毒素、霍乱毒素等。

（2）内毒素

内毒素（endotoxin）是指革兰氏阴性菌细胞壁中的脂多糖成分，因为它在活细胞内不分泌到体外，只有细胞死亡后自溶或用人工方法裂解才释放出来，如沙门氏菌内毒素、志贺氏菌内毒素和大肠杆菌内毒素等。

3. 超敏反应

超敏反应又称变态反应，是机体再次受到相同抗原或半抗原刺激后，产生的体液性或细胞性的异常免疫反应，从而引起组织损伤或生理机能障碍。有些胞内寄生菌（如结核分枝杆菌、流产布鲁氏菌等）、病毒、真菌在传染过程中可引起迟发型超敏反应。

4. 侵入数量与侵入途径

病原菌除需要一定的毒力外，还需要一定的侵入数量和适当的侵入途径才能引起传染。

（1）侵入数量

不同的病原菌有不同的致病剂量，所需的数量与病原菌毒力强弱有关。如鼠疫耶尔森氏菌（*Yersinia pestis*）只要几个细胞就可引起易感宿主患鼠疫，而伤寒沙门氏菌引起伤寒症需摄入几亿至十几亿个细菌。一般来讲，病原菌侵入机体的数量愈大，引起传染的可能性也愈大。

（2）侵入途径

每一种病原菌都有其特定的侵入途径，若侵入途径不适宜也不能引起传染。如破伤风梭菌必须侵入深部创伤才有可能引起破伤风。痢疾志贺氏菌、伤寒沙门氏菌等必须经消化道侵入才能引起传染。肺炎链球菌（*Streptococcus pneumoniae*）、百日咳博德特氏菌（*Bordetella pertussis*）、脑膜炎奈瑟氏菌（*Neisseria meningitidis*）等对呼吸道有特异亲和力。淋病奈瑟氏菌（*Neisseria gonorrhoeae*）和梅毒密螺旋体（*Treponema pallidum*）通常是通过泌尿生殖道侵害人体的。有一些病原菌则有多种侵入途径，如结核分枝杆菌（*Mycobacterium tuberculosis*）和炭疽杆菌（*Bacillus anthracis*）等可通过呼吸道、消化道和皮肤等多种途径侵害宿主。

5. 变异性

病原体可因环境、药物、遗传等因素发生变异。在一定条件下，可使病原体致病力减弱或增强。如经人工培养多次传代用于预防结核病的卡介苗可使致病力减弱；在宿主之间反复传播的肺鼠疫可使致病力增强。有些病原体的抗原变异可逃避机体的特异性免疫作用而继续引起疾病或使疾病慢性化。如流行性感冒病毒、人类免疫缺陷病毒等。

7.1.3　传染后的几种状态

病原体侵入宿主后，如果病原体致病力强，宿主防御能力弱，则病原体侵入后可大量繁殖，损伤宿主组织结构，引起功能障碍，出现临床症状；如果病原体致病力弱，宿主防御能力强，则病原体被杀灭或排出体外，人体保持健康。因此，病原体侵入人体后，因病原体的数量和致病力的不同，宿主防御能力不同及环境的影响不同，传染过程可出现以下几种表现。

7.1.3.1　隐性传染

病原体侵入人体后，如果宿主的免疫力强，入侵的病原体数量不多，毒力较弱，传染后仅引起机体产生特异性的免疫应答，对宿主损害轻微，在临床上不出现明显的症状和体征，称为隐性传染（inapparent infection）。隐性传染在临床上无明显症状、体征，只有通过免疫学检查才能检出特异性抗体。大多数传染病隐性感染多见，如甲型肝炎、流行性乙型脑炎。隐性感染过程可产生特异性免疫力，彻底清除体内的病原体，但有少数人可转变为携带状态（称为健康携带者）。

7.1.3.2　带菌状态

如果病原菌与宿主双方都有一定的优势，但病原体仅被限制于某一局部且无法大量繁殖，两者长期处于相持状态，称为带菌状态（carrier state）。带菌的机体称为带菌者，他们是一些传染病的重要传染源。因病原携带者不易被发现和管理，故可成为许多传染病如伤寒、痢疾、乙型病毒性肝炎等的重要传染源。

7.1.3.3　显性传染

如果宿主的免疫力较低，或侵入病原体的毒力较强，数量较多，则病原体很快在体内繁殖并产生大量有毒产物，从而使宿主的细胞和组织蒙受严重损害，生理功能异常，称为显性传染（apparent infection）。显性传染结束后，病原体被清除，人体可产生不同程度的免疫力。少数患者可成为携带者（称为恢复期携带者）。

1. 显性传染按发病时间的长短，可划分为急性传染和慢性传染

（1）急性传染

急性传染（acute infection）的病程仅数日至数周，如流行性脑膜炎和霍乱等。

（2）慢性传染

慢性传染（chronic infection）的病程往往长达数月至数年，如结核病、麻风病等。

2. 显性传染按发病部位的不同，可分为局部感染和全身感染

（1）局部感染

局部感染（local infection）是指病原体侵入人体后，机体的免疫系统将入侵的病原微生物限制于局部，阻止它们的蔓延扩散，使其只能在一定部位生长繁殖的感染过程。

（2）全身感染

全身感染（systemic infection）是指机体与病原菌相互作用，宿主的免疫作用未能将病原体限制于局部，致使病原体及其产生的有毒产物向全身扩散，引发全身性感染的过程。在全身感染过程中，病原体及其毒素进入血液循环乃至扩散全身，可出现 4 种形式的中毒症状。

a. 毒血症　毒血症（toxemia）是指病原菌侵入宿主后，只在局部生长繁殖，但其产生的毒素进入血液循环，从而引起全身中毒症状，如白喉、破伤风等。

b. 菌血症　菌血症（bacteremia）是指病原菌自局部病灶不断地侵入血流中，但只是短暂的停留，不在血液中大量生长繁殖，全身并无中毒症状，如伤寒早期的菌血症、布氏杆菌菌血症。

c. 败血症　败血症（septicemia）是指病原菌侵入血液后，在其中大量繁殖并释放毒素，引起全身出现明显中毒症状。

d. 脓毒血症　脓毒血症（pyosepticemia）是指化脓性细菌侵入血液后，在其中大量繁殖，并通过血流扩散至宿主体内的其他器官或组织（如肝、肺、肾等处），形成迁徙性化脓性病灶者。引起多发性化脓病灶者，如金黄色葡萄球菌严重感染时引起的脓毒血症。

7.2　免疫

免疫（immunity）是指生物能够辨认自我和非我，对非我做出反应以保持自身稳定的功能。在正常情况下，免疫对机体有利，但在异常情况下也可损害免疫功能的组织结构，是产生免疫应答的物质基础。免疫系统由免疫器官、免疫细胞（如造血干细胞、淋巴细胞、抗原提呈细胞、粒细胞、肥大细胞、红细胞等）及免疫分子（如免疫球蛋白、补体、各种细胞因子和膜型分子等）组成。免疫系统的各部分在免疫细胞和免疫相关分子的协作及制约作用下，共同完成机体的免疫功能。

免疫功能是免疫系统在识别和清除“非己”抗原过程中所产生的各种生物学作用的总称，主要包括以下 3 个方面的内容。

（1）免疫防御

免疫防御（immunologic defence）是指机体识别和清除各种外来抗原性异物的一种免疫保护功能。如果该功能过低甚至发生缺陷，易发生各种感染，表现为免疫缺陷病；如果免疫防御功能过强，将造成组织损伤和功能紊乱，引起超敏反应。

（2）免疫稳定

免疫稳定（immunologic homeostasis）是指机体的免疫系统及时清除自身损伤、衰老、

变性的细胞及抗原抗体复合物等抗原异物，对自身成分耐受与保护，维持机体内环境相对稳定的一种生理功能。若该功能紊乱或失调，可引起自身免疫性疾病，如类风湿性关节炎、系统性红斑狼疮。

（3）免疫监视

免疫监视（immunologic serveillance）是指机体免疫系统及时识别、清除体内出现的突变、畸变细胞和病毒感染细胞的一种生理保护作用。若该功能失调，体内突变细胞失控，可导致肿瘤发生或病毒感染不能及时被清除，而出现病毒持续感染状态。

根据抗感染免疫发生机制的不同，可将其分为非特异性免疫和特异性免疫。在抗感染过程中，一般非特异性免疫首先发挥作用，并引导出特异性免疫。特异性免疫不但更强烈地对抗原应答，而且加强了非特异性免疫。

7.2.1 非特异性免疫

7.2.1.1 非特异性免疫的概念和特点

1. 概念

非特异性免疫（nonspecific immunity）也称天然免疫，是人类在长期种系发育和进化过程中逐渐形成的一系列防御机制。此类免疫功能主要经遗传获得，出生后即有，其作用迅速而广泛，对抗原无针对性。其在机体防御机制中具有重要意义，因为病原体要侵入机体首先要突破机体非特异性免疫这道防线。

2. 特点

非特异性免疫具有以下特点。

1）先天具备，人人都有，个体之间的差异较小，可遗传。

2）对抗原的应答无特异性，对所有抗原均有一定的作用。

3）无免疫记忆性。

4）免疫作用发生迅速而广泛。

7.2.1.2 非特异性免疫的组成因素及作用

非特异性免疫主要由机体的屏障结构、吞噬细胞的吞噬作用、正常组织和体液中的抗菌物质等组成。

1. 机体的屏障结构

屏障结构是机体防御抗原异物进入人体内的一种特殊的生理结构，是机体的“第一道防线”，主要包括皮肤和黏膜的屏障作用、血脑屏障、胎盘屏障和血眼屏障等。

（1）皮肤和黏膜屏障

人体与外界直接接触的表面覆盖着一层完整的皮肤和黏膜。健康而完整的皮肤和黏膜能起到体表物理屏障的作用，可阻挡异物侵入。

（2）血脑屏障

血脑屏障主要由软脑膜、脑毛细血管壁和包在血管壁外的由星状胶质细胞形成的胶质膜所构成。它能阻止病原微生物及其他有害物质从血液进入脑组织或脑脊液，对中枢神经系统起着保护作用。

（3）胎盘屏障

胎盘屏障主要由母体子宫内膜的基蜕膜和胎儿绒毛膜、部分羊膜组成。它可以阻挡母体血液循环中的病原微生物进入胎儿内，故对胎儿有保护作用。

（4）血眼屏障

血眼屏障是指循环血液与眼球内组织液之间的屏障。由玻璃体膜、视网膜色素上皮细胞、视网膜感光细胞、视网膜毛细血管内皮细胞及其相互的连接组成。

2. 吞噬细胞的吞噬作用

病原体突破机体屏障后，机体的吞噬细胞可发挥非特异免疫作用，吞噬杀灭进入体内的病原体。

（1）吞噬细胞的种类

1）大吞噬细胞：包括血液中的单核细胞及组织中的巨噬细胞。

2）小吞噬细胞：主要是血液中的中性粒细胞。

（2）吞噬作用

1）吞噬细胞与病原体接触：可以是偶然相遇，也可以是趋化作用吸引。

2）吞入病原体：可通过两种方式吞入，对于较大的病原体颗粒如细菌，吞噬细胞能伸出伪足将其包绕后摄入细胞内，形成吞噬体，称为吞噬。对于小的病原体颗粒如病毒，吞噬细胞与其接触后细胞内陷，将其吞入，称为吞饮。此外，吞噬细胞也可通过抗体及补体的调理作用增强吞噬细胞的吞噬能力（图 7-1）。

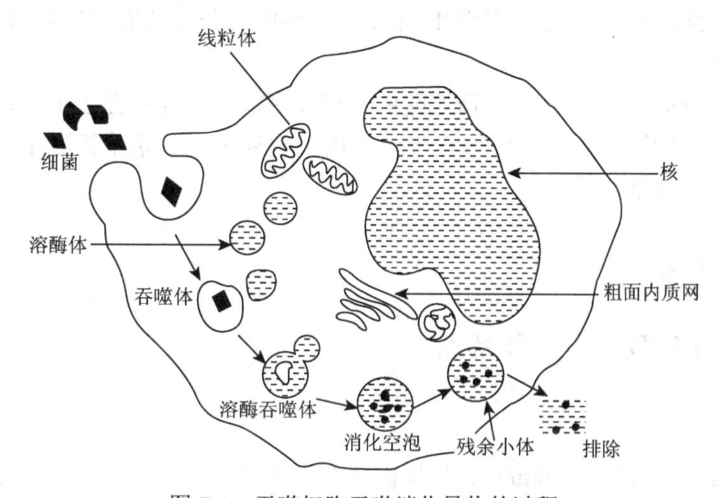

图 7-1　吞噬细胞吞噬消化异物的过程

（3）吞噬的后果

吞噬作用发生后，其结果并非总是对机体有利的，有时也可造成一定的损害。

1）完全吞噬：病原体被吞噬后，被吞噬细胞杀死及消化。

2）不完全吞噬：某些病原体虽被吞噬细胞吞噬或吞饮，但是却不能被杀灭。如结核分枝杆菌、伤寒沙门氏菌、麻疹病毒等可在吞噬细胞内生长繁殖，从而避免药物及血清中抗菌物质对它们的杀伤。

3）对机体的损伤：在吞噬过程中，吞噬细胞向胞外释放溶酶体酶可造成机体组织损伤。

3. 正常组织和体液中的抗菌物质

正常机体体液中存在多种抗菌物质，如补体、溶菌酶、干扰素和防御素等。它们一般不能直接杀死病原微生物，而是配合其他杀菌因素发挥作用。

（1）补体

补体（complement，C）是存在于人和脊椎动物血清与组织液中一组经活化后具有酶活性的蛋白质，由于这种成分是抗体发挥溶细胞作用的必要补充条件，因此被称为补体。补体系统包括 20 余种蛋白质成分，主要由肝细胞和巨噬细胞产生，通常以无活性形式存在于正常血清和体液中。当在一定条件下促发补体系统的一系列酶促反应时，称补体激活。

（2）溶菌酶

溶菌酶（lysozyme）是一种小分子碱性蛋白质，主要来源于吞噬细胞，广泛存在于血清、唾液、泪液、乳汁及各种分泌液中。主要作用于革兰阳性细菌细胞壁肽聚糖，使细菌裂解死亡。

（3）干扰素

干扰素（interferon，IFN）是受病毒感染的细胞或效应 T 细胞等合成的一类糖蛋白。可保护易感细胞，干扰病毒在细胞内的复制，限制病毒的扩散。此外，干扰素还有激活自然杀伤细胞（NK 细胞）、细胞毒性 T 细胞（Tc 细胞）和单核吞噬细胞等作用。

（4）防御素

防御素（defensin）为一类富含精氨酸的小分子多肽，主要存在于中性粒细胞的嗜天青颗粒中，人的肠细胞中也有。防御素主要作用于胞外菌，其杀菌机制主要是破坏细菌细胞膜的完整性，使细菌溶解死亡。

7.2.2　特异性免疫

7.2.2.1　特异性免疫的概念和特点

1. 概念

特异性免疫（specific immunity）是指机体在生活过程中，识别非自身和自身的抗原物质，并对它产生免疫应答，从而保证机体内环境的稳定状态，是生物体个体在其后天活动中接触了相应抗原而获得的，故又称为获得性特异性免疫（acquired immunity）。例如，患过 SARS 的人，就产生了对 SARS 病毒的免疫力，以后不会被相同血清型 SARS

病毒再感染，而对其他病毒就无免疫力。

2. 特点

特异性免疫具有以下特点。

（1）高度特异性

特定的免疫细胞克隆只能识别特定抗原，引起特异性免疫应答，应答中所形成的效应细胞和效应分子（抗体）仅能与诱导其产生的特定抗原结合。

（2）记忆性

T 细胞和 B 细胞初次受到特定抗原诱导产生应答后，能保留抗原信息并形成特异性记忆细胞，当再次受到相同抗原刺激时可迅速被激活，大量克隆增殖，产生强烈的再次应答。

（3）耐受性

机体的免疫系统对自身抗原物质具有识别能力和耐受性，不会发生免疫反应。

7.2.2.2　免疫系统

免疫系统（immune system）是机体执行免疫功能的组织机构，是机体产生免疫应答的物质基础。免疫系统由免疫器官、免疫细胞和免疫分子组成。

1. 免疫器官

免疫器官（immune organ）是淋巴细胞和其他免疫细胞发生、分化、成熟、定居、增殖及产生免疫应答的场所。根据功能差异可分为中枢免疫器官和外周免疫器官。中枢免疫器官是免疫细胞发生和分化的场所，包括骨髓、胸腺和鸟类的法氏囊。骨髓是成血干细胞（包括免疫祖细胞）发生的场所，胸腺是 T 细胞发育的场所，法氏囊是 B 细胞发育的场所，哺乳动物有类囊器官，人的类囊器官是骨髓。周围免疫器官是免疫细胞居住和发生免疫应答的场所，包括淋巴结、脾和黏膜相关淋巴组织（图 7-2）。

2. 免疫细胞

免疫细胞泛指所有参与免疫反应的细胞及其前身，包括干细胞、淋巴细胞、抗原提呈细胞、肥大细胞、树突状细胞和巨噬细胞等。

（1）干细胞

干细胞（stem cell）在胚胎期首先出现在卵黄囊内，然后在胚肝中，出生后定居于骨髓中。骨髓中的干细胞能分化为中性粒细胞、单核细胞、嗜酸性粒细胞、嗜碱性粒细胞、B 细胞和 T 细胞等，参与特异性免疫和非特异性免疫反应。

（2）淋巴细胞

淋巴细胞（lymphocyte）是机体内最为复杂的一个细胞系统，占血液循环中白细胞的 20%，能特异性地识别外来异物。根据其表面分子标志和功能的不同，可分为 T 细胞、B 细胞等多种类型。

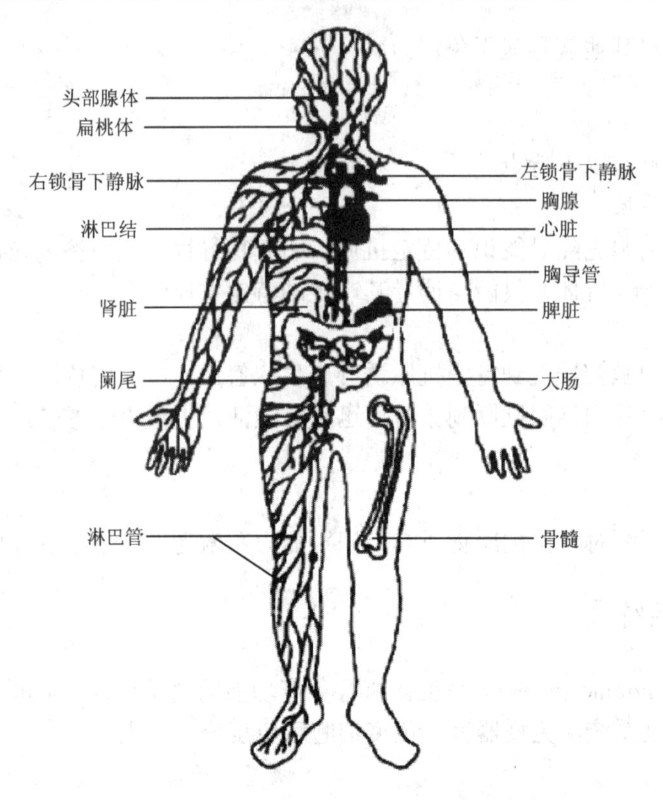

图 7-2　人体免疫器官与淋巴循环

a. T 细胞　　T 细胞（胸腺依赖淋巴细胞，thymus dependent lymphocyte）是淋巴细胞中数量最多而且功能复杂的一类。T 细胞体积较小，胞质很少，一侧胞质内常有数个溶酶体。胞质呈非特异性酯酶染色阳性，细胞表面有特异性抗原受体。血液中的 T 细胞占淋巴细胞总数的 60%～75%。

b. B 细胞　　B 细胞（骨髓依赖淋巴细胞，bone marrow dependent lymphocyte）常较 T 细胞略大，胞质内溶酶体少见，含少量粗面内质网。细胞表面的标志主要是有许多膜抗体（特异性抗原受体）。血液中 B 细胞占淋巴细胞总数的 10%～15%。

c. NK 细胞　　NK 细胞（自然杀伤细胞，natural killer cell）主要位于脾和外周血中，是正常人的一种单核细胞。其主要机能有抗肿瘤、抗病毒感染、分泌干扰素、抗骨髓移植、移植物抗宿主反应及参与免疫调节等作用。

d. K 细胞　　K 细胞（杀伤细胞，killer cell）在形态上与 T 细胞和 B 细胞相似，属大颗粒淋巴细胞，占淋巴细胞总数的 5%～15%，主要存在于腹腔渗出液、脾、淋巴结和血液中。

（3）抗原提呈细胞

抗原提呈细胞（antigen presenting cell，APC）具有提取、加工、处理抗原，并将有效的抗原提呈给淋巴细胞的功能，主要有树突状细胞、单核巨噬细胞，通过细胞表面的特异分子（受体）处理呈递抗原刺激。

（4）其他免疫细胞

其他免疫细胞主要有肥大细胞（mast cell）、树突状细胞（dendritic cell）和巨噬细胞（macrophage，Mø）等。

3. 免疫分子

免疫分子主要由免疫细胞产生，包括补体、抗体和细胞因子，存在于正常体液中，起免疫调节及发挥免疫效应的作用。

7.2.2.3　免疫应答

免疫应答是指机体免疫系统受抗原刺激后，免疫细胞发生一系列变化，并产生免疫效应的过程。主要包括抗原提呈细胞对抗原的加工、处理和递呈，抗原特异性淋巴细胞识别抗原分子，发生活化、增殖和分化，成为效应细胞或产生效应分子，进而表现出一定生物学效应的全过程。

1. 免疫应答的类型

免疫应答是为了清除体内“非己”抗原异物，维持内环境的相对稳定。但在某些情况下，免疫细胞的不适当应答，如应答过高，会致过敏性疾病；如应答过低，易致严重的感染或肿瘤；而对自身组织发生的应答，可导致自身免疫病。由于免疫应答产生了对机体组织或功能的损害，因此，这种应答称为病理性免疫应答。

在体内有两种免疫应答类型，一种是遇病原体后，首先并迅速起防卫作用的天然应答反应，称为固有性免疫应答（innate immune response）。这是生物种系长期发育进化过程中逐渐形成的，也称为非特异性免疫应答。参与执行固有免疫应答的细胞主要有吞噬细胞、NK 细胞、T 细胞、B 细胞，以及皮肤、黏膜上皮细胞等。另一种是在固有性免疫应答的基础上产生效应的应答过程，称为适应性免疫应答（adaptive immune response），其执行细胞主要是 T 细胞及 B 细胞。T 细胞及 B 细胞识别异源抗原分子后被活化，经增殖、分化阶段，最终生成效应细胞，对已被识别的异源抗原施加杀伤清除作用，因此，该应答又称为获得性免疫应答或特异性免疫应答。

2. 免疫应答的基本过程

免疫应答的产生由多细胞系共同完成。整个反应过程以 B 细胞和 T 细胞为核心，以巨噬细胞等抗原提呈细胞为辅佐，表现为体液免疫和细胞免疫两种类型。这一过程包括 3 个阶段。

（1）致敏阶段

致敏阶段又称感应阶段，是抗原物质进入机体，抗原提呈细胞对其识别、捕获、加工处理和递呈，以及抗原特异性淋巴细胞（T 细胞和 B 细胞）对抗原的识别阶段。

（2）反应阶段

反应阶段又称增殖与分化阶段，是 T 细胞、B 细胞识别抗原后活化，进行增殖与分化，以及产生效应性淋巴细胞和效应分子的过程。T 细胞增殖分化为淋巴母细胞，最终成为效应 T 细胞（或称致敏 T 细胞），并产生多种细胞因子；B 细胞增殖分化为浆细胞，合成并分泌抗体。

（3）效应阶段

效应阶段是活化的效应细胞和效应分子（细胞因子和抗体）共同清除抗原，发挥免疫效应的过程。其中抗体发挥体液免疫效应；效应细胞及细胞因子发挥细胞免疫效应。

7.2.3.4　特异性免疫的获得途径

机体的特异性免疫可通过主动免疫和被动免疫两种方式获得。

1. 主动免疫

主动免疫是动物机体直接受抗原物质刺激后，由动物自身产生的特异性免疫。又分为两种。

（1）天然主动免疫

动物由于患某种传染病痊愈或发生隐性传染后所产生的特异性主动免疫称为天然主动免疫。

（2）人工主动免疫

动物由于接种了某种疫苗或类毒素等生物制品所产生的特异性主动免疫称为人工主动免疫。人工主动免疫产生的免疫力持续时间长，免疫期可达数月甚至数年，因而是预防动物传染病的重要措施之一。

2. 被动免疫

被动免疫是动物接受抗体而获得的特异性免疫。

（1）天然被动免疫

动物通过胎盘、卵黄或初乳获得母源抗体而形成的特异性被动免疫称为天然被动免疫。

（2）人工被动免疫

给机体注射高免血清、康复动物血清或高免卵黄抗体而获得的特异性被动免疫称为人工被动免疫。人工被动免疫由于持续时间短，一般为2～3周，多用于传染病的治疗和紧急预防。

7.3　抗原与抗体

抗原是引发特异性免疫的外因，抗体是特异性免疫最重要的免疫应答分子，抗原抗体反应是各种免疫技术的基础。

7.3.1　抗原

7.3.1.1　抗原的概念和特性

1. 抗原的概念

抗原（antigen，Ag）是一类能诱导免疫系统发生免疫应答，并能与免疫应答的产物

（抗体或效应细胞）发生特异性结合的物质。抗原具有免疫原性和反应原性两种性质。

（1）免疫原性

抗原在体内激活免疫系统，使其产生抗体和特异效应细胞的特性称为免疫原性（immunogenicity）。

（2）反应原性

抗原能与相对应的免疫应答产物（抗体及致敏淋巴细胞）在体内外发生特异结合和反应的能力称为反应原性（reactinogenicity），又称免疫反应性（immunoreactivity）。

2. 抗原的特性

（1）异物性（外源物质）

免疫系统具有区分自我和非我的能力，能“识别自己，排斥异己”。进入机体的抗原物质必须与该机体的组织和体液成分有差别，才能诱导机体产生免疫应答。在正常情况下，机体的自身物质不能刺激自身的免疫系统发生免疫应答。抗原的异物性主要包括：异种间的物质、同种异体间的不同成分、自体内隔绝成分、自体变异成分等。

（2）分子大小

分子形状一般不影响抗原性，球状、杆状和不规则构型的蛋白质和多肽都是免疫原。分子大小对抗原性影响很大。相对分子质量小于1万的物质一般是弱的免疫原，相对分子质量大于1万的物质是良好的免疫原。如沙门氏菌R抗原（鞭毛抗原）制备的鞭毛单体（Mon）及其聚合物（Pol）的抗原性强弱为：鞭毛＞Pol＞Mon。若将大分子的蛋白质水解成较小分子的短肽，则抗原性降低或失去抗原性。绝大多数蛋白质分子是很好的抗原，有些结构复杂的多糖和核酸、磷壁（酸）质也有抗原性。小分子物质如氨基酸、脂肪酸、嘌呤、嘧啶及单糖等通常没有抗原性，但可充当半抗原，一旦与大分子载体结合成复合物时，即可获得抗原性。

（3）化学组成、分子结构与立体构象的复杂性

抗原物质除了要求具有一定的相对分子质量外，相同大小的分子如果化学组成、分子结构或空间构象不同，其免疫原性也有一定的差异。一般而言，分子结构和空间构象越复杂的物质免疫原性越强。例如，含芳香族氨基酸的蛋白质比含非芳香族氨基酸的蛋白质免疫原性强；将苯丙氨酸、酪氨酸等芳香族氨基酸连接到相对分子质量大（10万以上）而免疫原性较弱的明胶（由直链氨基酸组成）肽链上，可使其免疫原性大大增强。

如果用物理化学的方法改变抗原的空间构象，其原有的免疫原性也随之改变或消失。同一分子不同的光学异构体之间免疫原性也有差异。

（4）特异性

抗原的特异性是由分散于抗原分子上而具有免疫活性的抗原决定基（determinant group）或称抗原表位（epitope）决定的。抗原决定基对诱发机体产生特异性抗体起决定性作用。表位与其相对应的抗体发生特异性结合，这是由于它们的主体结构相吻合。它与特异抗体的结合是非共价键结合，在适宜条件下，仍可解离而不改变性质。一个抗原分子可以带有不同的表位，抗原分子的相对分子质量越大，表位数量就越多。抗原上的

每个表位可刺激机体产生相应的抗体，表位增多，形成的特异性抗体也相应增多。表位既是供产生抗体的细胞作为“异物”来识别的标志，又是同相应抗体进行特异结合的构型。一个抗原上含有能与抗体分子相结合的表位的总数，称抗原结合价（antigenic valence）。许多天然的蛋白质抗原，其表位的特异性由其氨基酸的排列顺序所决定。也有些天然物质分子表面的表位是糖类，如伤寒沙门氏菌、副伤寒沙门氏菌等肠道菌的菌体抗原的表位多由多糖构成。半抗原与大分子抗原物质结合后，其半抗原实际上就是该抗原表面的表位。

7.3.1.2　抗原的分类

关于抗原的分类，迄今尚无统一的意见，一般按以下几种方法分类。

1. 按性能分类

（1）完全抗原

完全抗原（complete antigen）是指同时具有免疫原性和抗原性的物质，又称免疫原（immunogen），即通常所称的抗原。一般而言，具有免疫原性的物质均同时具备抗原性，属于完全抗原，如微生物、异种血清等。

（2）不完全抗原

不完全抗原（incomplete antigen）是指仅具备抗原性而不具备免疫原性的物质，又称半抗原（hapten）。半抗原若与大分子蛋白质或非抗原性的多聚赖氨酸等载体交联或结合也可成为完全抗原。例如，许多小分子化合物及药物属半抗原，其与血清蛋白结合可成为完全抗原，并介导超敏反应，如青霉素过敏等。

2. 抗原来源与机体的亲缘关系

根据抗原的来源及与机体的亲缘关系可将抗原分为以下几种。

（1）异种抗原

异种抗原（xenogenic antigen）是指来自另一物种的抗原物质，如植物花粉、异种动物血清、各种微生物及其代谢产物。如外毒素是蛋白质，具有很强的免疫原性，将外毒素经甲醛处理后，失去毒性，仍保留免疫原性，称为类毒素，可作为人工自动免疫制剂。

（2）同种异型抗原

同种异型抗原（allogenic antigen）是指来自同种生物而基因型不同的个体的抗原物质，如人类红细胞血型抗原及其组织相容性抗原等。

（3）自身抗原

自身抗原（autoantigen）是指机体对正常的自身组织和体液成分处于免疫耐受状态，当自身耐受被打破，即可引起自身免疫应答，包括改变的自身抗原和隐蔽的自身抗原。

a. 隐蔽的自身抗原　　隐蔽的自身抗原是指在正常情况下，体内与免疫系统相对隔绝即从未与免疫细胞接触过的某些自身组织成分，如精子、眼晶状体蛋白等。在外伤、感染或手术不慎等情况下，隐蔽的自身抗原释放、进入血液或淋巴液后，被相应淋巴细胞识别，即可产生针对隐蔽抗原的自身免疫应答或引发自身免疫性疾病。

b. 改变的自身抗原 改变的自身抗原是指在病原微生物感染和某些物理（如辐射）及化学（如药物）因素影响下，自身组织结构发生改变，形成新的抗原表位或使隐蔽性抗原决定基暴露成为功能性表位时，即可刺激机体产生免疫应答，重者可引发自身免疫性疾病。如服用甲基多巴类药物后，引起的自身免疫性溶血性贫血等。

3. 按来源或制备方法分类

（1）天然抗原

天然抗原（natural antigen）就是自然界存在的蛋白质、结合蛋白和多糖等。它们的相对分子质量大、结构复杂，因此对于此类抗原研究它们的免疫原理和抗原特异性比较困难，但它们是研制疫苗、类毒素的基础。

（2）人工合成抗原

人工合成抗原（artificial antigen）通常有两种：一种是多肽抗原，它是人工合成的多氨基酸链。利用它相对于蛋白质简单的结构来分析蛋白质抗原决定簇的大小、位置、序列和构象有重要的意义。另一种是完全抗原，它是用人工合成的方法将一个有机分子结合到蛋白质大分子上，如偶氮苯磺酸、偶氮苯砷酸等。这类抗原在抗原抗体结合特性分子基础上很有价值，也为临床分析药物过敏提供了依据。

4. 按引起免疫反应时对 T 细胞的依赖关系分类

（1）胸腺依赖性抗原

胸腺依赖性抗原（thymus dependent antigen，TD-Ag）需要在辅助性 T 细胞（TH 细胞）及 Mø 参与下才能诱导、激活 B 细胞分化为浆细胞产生抗体，如细菌、病毒、外毒素和类毒素、异种血清等大多数蛋白质抗原为 TD-Ag。TD-Ag 相对分子质量大，结构复杂，表面抗原决定基多，能刺激机体淋巴细胞引起体液免疫应答与细胞免疫应答，主要产生 IgG 型抗体，且能产生免疫记忆。

（2）非胸腺依赖性抗原

非胸腺依赖性抗原（thymus independent antigen，TI-Ag）使 B 细胞产生抗体不需 TH 细胞的辅助，即能直接激活 B 细胞分化为浆细胞产生抗体，如细菌脂多糖、荚膜多糖等属此类。TI-Ag 诱导机体产生抗体仅为 IgM 型，只引起体液免疫应答，无细胞免疫应答，且无免疫记忆（表 7-1）。

表 7-1 TD-Ag 与 TI-Ag 的区别

特性	TD-Ag	TI-Ag
化学性质	多为蛋白质类	主要为某些糖类
结构特点	结构复杂，具有多种不同的抗原决定基 无重复的同一抗原决定基，有载体决定基	结构简单，具有相同的抗原决定基 重复出现同一抗原决定基，无载体决定基
诱导免疫应答的条件		
巨噬细胞参与	需要	不需要
T 细胞依赖	是	否

续表

特性	TD-Ag	TI-Ag
免疫应答种类		
应答类型	体液免疫和细胞免疫	体液免疫
活化的 B 细胞	B2 细胞	B1 细胞
诱导的 Ig 类型	各类 Ig	只产生 IgM
再次免疫应答	产生	不产生
免疫记忆	形成	不形成
诱导免疫耐受	不易	易
常见的抗原种类	细菌、病毒、外毒素、马血清等蛋白质类	荚膜多糖、内毒素等小分子物质

7.3.2 抗体

人们在 18 世纪就开始从事抗体的研究，研究者发现动物机体在受到病原菌感染时会出现具有保护机体作用的抗菌成分。1890 年，德国学者保罗•恩利希（Paul Ehrlich）用白喉外毒素注射动物后，在动物血清中发现了一种能中和白喉毒素的物质，可对白喉毒素产生抵抗力，使动物免遭白喉杆菌的侵害，这种物质称为抗毒素（antitoxin），这种血清称为免疫血清。将这种血清转移给未经白喉毒素感染的正常动物，也收到了同样的效果。他们正是由于这项研究获得了 1921 年的诺贝尔生理学或医学奖，但直到 19 世纪 30 年代才了解其本质，并通称为抗体。

7.3.2.1 抗体的概念与分类

1. 抗体的概念

抗体是机体在抗原物质刺激下所形成的一类能与抗原特异结合的血清活性成分。抗体的本质是免疫球蛋白（immunoglobulin，Ig），具有各种免疫功能。抗体存在于血液（血清）、淋巴液、组织液及其他外分泌液中，因此，将由抗体介导的免疫称为体液免疫（humoral immunity）。1968 年和 1972 年世界卫生组织和国际免疫学会先后决定，将具有抗体活性或化学结构与抗体相似的球蛋白统称为免疫球蛋白。

抗体的化学本质是免疫球蛋白，但它们在概念上还是有区别的。抗体侧重于它在免疫学和功能上的含义，强调它是抗原的对立物，它比免疫球蛋白更有针对性。免疫球蛋白是指具有抗体活性或与抗体具有相似化学结构的球蛋白，它侧重于化学和结构上的含义。可以说，所有抗体都是免疫球蛋白，但并非所有免疫球蛋白都是抗体。例如，多发性骨髓瘤患者血清中的骨髓瘤蛋白属于免疫球蛋白却不具备抗体活性。

2. 抗体（Ig）的分类

（1）根据抗体的结构分类

根据抗体的结构不同可将其分为五大类，即 IgG、IgM、IgA、IgD 和 IgE。

（2）根据抗体产生的原因分类

根据抗体产生的原因可将其分为天然抗体（natural antibody）和获得性抗体（acquired antibody）。天然抗体是动物生下来就具有的抗体，不用通过免疫的途径获得，而是由遗传所获得的，如血型抗体等。获得性抗体是在后天的生活过程中，机体与抗原接触后受到刺激而产生的抗体，如对各种疫苗所产生的抗体，以及患某种传染病康复后所获得的对该传染病的免疫抗体等。

（3）根据抗体的行为分类

根据抗体的行为可将其分为完全抗体（complete antibody）和不完全抗体（incomplete antibody）。完全抗体又称全价抗体，是既能与相应的抗原进行特异性结合，又能在电解质存在的情况下出现可见反应的抗体。通常的抗体均为完全抗体。不完全抗体又称半抗体、单价抗体或封闭抗体，这种抗体能与相应的抗原结合，但是在电解质存在的情况下不出现可见的反应。例如，患布氏杆菌病的羊血清中常出现封闭抗体，会干扰完全抗体的检测。在凝集反应中，常采用高渗盐水代替稀释液以除去半抗体的干扰。

（4）根据抗体存在的部位分类

根据抗体存在的部位可将其分为分泌型抗体（secreted Ig，sIg）和膜型抗体（membrane Ig，mIg）。前者主要存于体液中，具有各种抗体的机能；后者是 B 细胞膜上的抗体。

（5）根据抗体的反应性质分类

根据抗体的反应性质可分凝集素（agglutinin）、沉淀素（precipitin）、调理素（opsonin）、中和抗体（neutralizing antibody）和补体结合抗体（complement fixing antibody）等。

7.3.2.2　抗体的结构

抗体分子的特点是功能和结构的双重性，为了识别不同抗原，需要数量巨大的结构多样性；但在发挥体内效应时，需要结构的稳定性。虽然抗体分子是体内最复杂的分子，但它们具有相似的基本结构，其单体为由两条相同的重链和两条相同的轻链组成的四聚体。

1. 重链和轻链

（1）重链

在抗体的结构图中（图 7-3），近对称轴的一对较长的链称为重链（heavy chain，H 链），分子质量为 50～75kDa，由 450～550 个氨基酸残基组成，是一种糖蛋白。两条重链间由一对（或多对）二硫键相互连接。H 链的 N 端前 110 个氨基酸不稳定，因抗体分子的特异性不同而变化较大。抗体的其他部分的氨基酸则比较稳定。人们常根据重链的免疫原性不同，将它分为 γ、α、μ、δ 和 ε 五型。

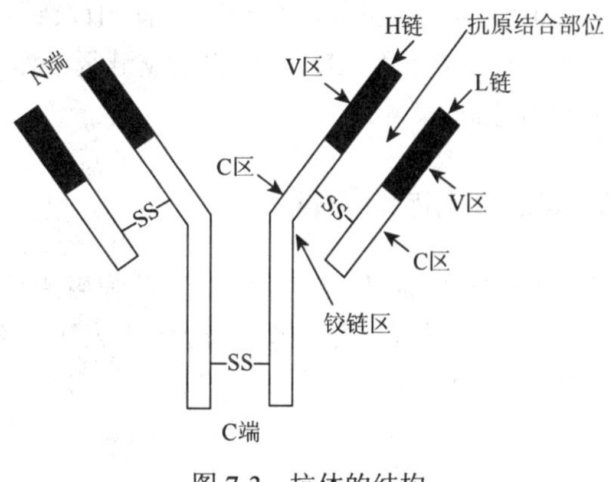

图 7-3　抗体的结构

（2）轻链

远对称轴较短的一对肽链称为轻链（light chain，L 链）。它的长度大约只有重链的一半，分子质量在 25kDa 左右，由大约 220 个氨基酸残基构成。L 链 N 端的前 110 个氨基酸也不稳定，它们随抗体分子的特异性不同而不同。根据 L 链的抗原性和结构的不同，将其分为 κ 和 λ 两个型。不同物种间，两种类型轻链的比例有所不同，如正常人血清中 κ∶λ 约为 2∶1，而小鼠的则为 20∶1。因此，可以用 κ 与 λ 的比例作为反映免疫系统是否异常的一个指标。

2. 可变区、恒定区和铰链区

（1）可变区

通过分析不同 Ig 的 H 链和 L 链的氨基酸序列，发现 H 链和 L 链靠近 N 端的约 110 个氨基酸的序列变化很大，称为可变区（variable region，V 区），分别用 VH 和 VL 表示。在可变区发现其中有一小部分氨基酸残基的组成和排列顺序更容易发生变化，称为高变区（hypervariable region，HVR）。高变区最多由 17 个氨基酸残基构成，少则只有 2～3 个，是抗体和抗原结合的位点，高变区氨基酸序列决定了该抗体结合抗原的特异性。每个抗体分子可结合两个抗原，因此 Ig 的单体是 2 价、双体是 4 价、五体是 10 价。但对 IgM 五体的实验测定数据却只有 5 价，其原因可能是当 IgM 与大分子抗原结合时，由于空间位置的拥挤，每对抗原结合价只能发挥一半的作用。

（2）恒定区

在 H 链和 L 链靠近 C 端的 340～440 个氨基酸的序列相对稳定，称为恒定区（constant region，C 区），分别用 CH 和 CL 表示。L 链只有一个 CL，而 H 链有 3 个或 4 个 CH。按照从 N 端到 C 端的顺序，依次命名为 CH1、CH2、CH3、CH4。一个物种的不同抗体分子的恒定区，都具有相同的或几乎相同的氨基酸序列。

（3）铰链区

铰链区（hinge region）位于 H 链的居中处，是由约 30 个氨基酸残基组成的区域。该处富含脯氨酸，能使 Ig 伸展弯曲自如，便于抗体分子与抗原表位结合。5 类免疫球蛋白及其亚类的铰链区不尽相同，有的铰链区较短（如 IgG1、IgG2、IgG4 和 IgA），有的较长（如 IgG3 和 IgD），有的无铰链区（如 IgM 和 IgE）。铰链区易被木瓜蛋白酶和胃蛋白酶等水解。

7.3.2.3　抗体的制备

抗体在疾病诊断、免疫防治及肿瘤治疗过程中日益发挥着重要的作用，因此对抗体的要求越来越高，需求越来越大。而人工制备抗体是大量获得特异性抗体最有效的方法。人工制备的抗体目前有单克隆抗体、多克隆抗体及基因工程抗体等 3 种类型。

1. 单克隆抗体

（1）概念

单克隆抗体（monoclonal antibody，McAb）又称第二代抗体，是指由一个 B 细胞分化增殖的子代细胞产生的针对单一抗原决定簇的抗体。1975 年，德国学者 Kohler 和英国学者 Milstein 将小鼠骨髓瘤细胞和经羊红细胞免疫的小鼠脾细胞在体外进行细胞融合，得到了能在体外培养条件下生长繁殖且能分泌抗羊红细胞抗体的杂交细胞系，称为杂交瘤（hybridoma）。这种杂交瘤细胞既具有无限生长繁殖的特性，又具有合成和分泌抗体的能力。它们是由识别一种抗原决定簇的细胞克隆所产生的均一性抗体，故称为单克隆抗体。利用杂交瘤技术制备单克隆抗体是生物技术史上的重要里程碑，被认为是免疫学上的一场革命，并于 1984 年获得了诺贝尔生理学或医学奖。

（2）制备

McAb 的制备包括分离制备产生抗体细胞、选取适用的肿瘤细胞及饲养细胞、细胞融合、筛选及细胞克隆化，以及单克隆抗体的大量生产和保存等环节（图 7-4）。

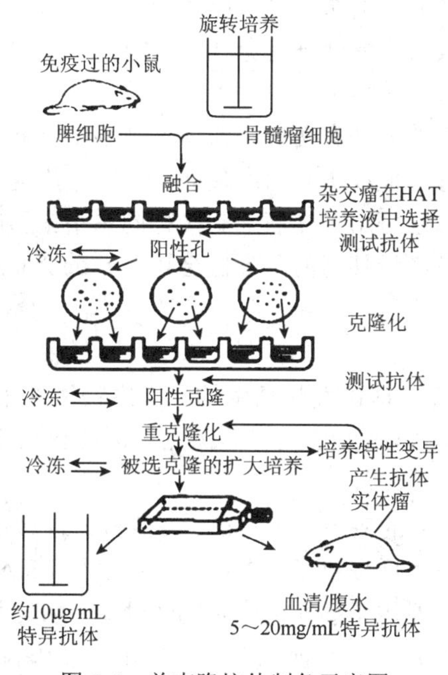

图 7-4　单克隆抗体制备示意图

a. 分离制备产生抗体细胞　选择与所用骨髓瘤细胞同源的 BALB/c 健康小鼠，高纯度抗原免疫，免疫过程和方法与多克隆抗血清制备基本相同。脾是 B 细胞聚集的重要场所，末次免疫后 3～4d，从脾中分离 B 细胞。一般被免疫动物的血清抗体效价越高，融合后细胞产生高效价特异抗体的可能性越大，而且单克隆抗体的质量（如抗体的浓度和亲和力）也与免疫过程中小鼠血清抗体的效价和亲和力密切相关。

b. 选取适用的肿瘤细胞及饲养细胞　选用与待融合的抗体产生 B 细胞同源，且有某些生化缺陷标志的骨髓瘤细胞，以增加融合细胞的稳定性，应用最多的是 Sp2/0 细胞株，该细胞株生长剂融合效率均佳，本身不分泌任何免疫球蛋白重链或轻链，应选择处于对数生长期、细胞形态和活性佳的细胞（活性应大于 95%），该细胞株是次黄嘌呤磷酸核糖转移酶（HPRT）阴性株，可使用次黄嘌呤、氨基蝶呤、胸腺嘧啶（HAT）培养基筛选。

在体外培养条件下的生长依赖适当的细胞密度，因而在培养融合细胞和细胞克隆时，还需加入其他饲养细胞，常用的饲养细胞为小鼠腹腔巨噬细胞。

c. 细胞融合　细胞融合是杂交瘤技术的中心环节，基本步骤是将两种细胞混合后加入聚乙二醇（PEG）使细胞彼此融合。将融合后的细胞适当稀释，分置培养孔中培养。融合过程中细胞比例常用骨髓瘤细胞与脾细胞的比为 1∶4（1∶10～1∶2），控制反应时间，对融合细胞培养液中的小牛血清、各种离子和营养成分均需严格配制。

从融合混合物中选择所需要的杂交瘤细胞，当使用 HPRT-骨髓瘤细胞时，通常使用次黄嘌呤、氨基蝶呤、胸腺嘧啶（HAT）培养基，只有融合的细胞才能持续存活一周以上。

d. 筛选及细胞克隆化　以上融合得到的杂交瘤细胞能产生不到 5%的特异抗体，因此必须将具有不同抗原特异性的杂交瘤细胞逐个分离，进行筛选。目前可用的方法有有限稀释法、显微操作法及荧光激活细胞分选仪法等。

e. 单克隆抗体的大量生产和保存　一旦获得所需要的杂交瘤细胞系，即可根据制备目的大量生产。大量生产的方法有两种，即体外细胞培养和活体法。体外细胞培养法生产的单克隆抗体纯度较好，但成本高而产量低，一般应用无血清培养基，以利于单克隆抗体的浓缩和纯化。活体法可用杂交瘤细胞接种同系小鼠腹腔长成腹水瘤，然后从腹水中收获抗体，抗体浓度及产量甚高但污染机会较多。杂交瘤细胞可以在–196℃的液氮中长期冻存，随时取用。

（3）McAb 的应用

由于 McAb 具有纯度高、理化性状高度均一、生物活性单一、特异性强、效价高、便于人为处理和质量控制、容易大量生产等优点，因此已广泛应用于医学和生物学各领域。

a. McAb 在生物学领域中的应用　McAb 的获得为进一步研究 Ig 的结构、生物合成的遗传机制和代谢调控等方面提供了必要的条件；利用 McAb 还可分离纯化酶、蛋白质和多肽等生物大分子，以及用于病原微生物的快速诊断和定型等。

b. McAb 在医学中的应用　目前已有大量的化合物和病原微生物被制成 McAb。McAb 在临床上已用作诊断试剂或与放射性核素、生物毒素和药物偶联成生物导向药物用于肿瘤的定位诊断和治疗。此外，McAb 还被用于研究不育症、甲状腺紊乱、青年糖尿病、遗传性智障和肾病等。

2. 多克隆抗体

用抗原免疫动物后获得的免疫血清（抗血清）为多克隆抗体（polyclonal antibody，PcAb）。在含有多种抗原表位的抗原物质刺激下，体内多种具有相应抗原受体的 B 细胞克隆被激活，因而可产生多种针对不同抗原表位的相应抗体，这些由不同 B 细胞克隆产生的抗体混合物称为多克隆抗体。事实上，一般条件下饲养的动物，在用某种抗原免疫之前，体内存在的同型抗体本身就是多克隆的。因此即使选用具有单一抗原表位的抗原免疫动物，所获得抗血清中的抗体仍然是多克隆抗体。简言之，正常动物血清中的抗体均为多克隆抗体。多克隆抗体与单克隆抗体的比较见表 7-2。

表 7-2　多克隆抗体与单克隆抗体的比较

性质	单克隆抗体	多克隆抗体
特异性	相对高	相对低
均一性	强	变异性大
抗体产量	不限	不易产生大量均一的抗体
对抗原的要求	可以相对不纯	需要高度纯化的抗原
抗体的亲和力	相对小	相对高
沉淀和凝集反应	一般不能发生	容易发生
制备方法	复杂、费时、费工	比较容易
特异性亲和力的重复性	无变化	不同批号间有变化
与其他抗原的交叉反应	一般无	与带共同抗原决定簇的抗原有部分交叉

3. 基因工程抗体

McAb 在医学上被广泛应用于疾病的诊断和治疗，具有较高的敏感性和特异性，但迄今使用的 McAb 均为鼠源性，对人来说为异种抗原，反复使用可引起超敏反应，严重限制了 McAb 在人体内的应用。而人源性杂交瘤技术尚未突破。目前较好的办法是研制基因工程抗体以代替鼠源性 McAb。

（1）概念

基因工程抗体（genetic engineering antibody）又称重组抗体，是利用 DNA 基因重组和蛋白质工程技术，按照人工目的在基因水平上对 Ig 分子进行切割或修饰，即用人 Ig 的部分氨基酸序列代替某些鼠源性 Ig 的氨基酸序列，并保留其结合抗原的特异性部位，经重新组装修饰制成的新型抗体分子。基因工程抗体克服了动物源性单克隆抗体可引起超敏反应的缺点，为第三代抗体。

（2）类型

基因工程抗体包括嵌合抗体、重构抗体、单链抗体和完全人源化抗体等。

a. 嵌合抗体　嵌合抗体是将鼠源性抗体的可变区与人抗体的恒定区基因连接融合而成的抗体。这种体外表达人—鼠嵌合抗体，既保留了原来鼠源性单克隆抗体的特异性、亲和力，减少了鼠源性成分，又降低了对人体的免疫原性，而且比鼠源性抗体能更有效地发挥抗体的生物学效能。

b. 重构抗体　将小鼠抗体可变区的互补决定区（CDR）序列移植、取代人抗体的 CDR 中，产生的抗体称为 CDR 移植抗体，又称为改型抗体或人源化抗体。这种抗体中鼠源性部分只占很小比例，对人的免疫原性基本消失。

c. 单链抗体　用不同的连接物将两个抗体可变区片断连接成一条多肽链制成的抗体，称为单链抗体（single chain antibody，SCA）。该抗体大小仅为免疫球蛋白单体分子的 1/12～1/3，故又称为小分子抗体。小分子抗体的特点是相对分子质量小、免疫原性低，对实体瘤穿透力强，易渗透到人病灶局部组织发挥作用，有利于作为导向药物的载体。

d. 完全人源化抗体　将人免疫球蛋白编码基因转染、取代小鼠免疫球蛋白基因，即将小鼠免疫球蛋白基因完全除去，转入人免疫球蛋白基因，用抗原主动免疫刺激小鼠诱生完全人源化抗体。其特点是均一性强、效果提高、无小鼠成分、不会被排斥等优点，但有亲和力不强、效价不高等缺点。

7.4 免疫学方法及其应用

免疫学的理论和技术，在生物学和医学中应用极为广泛。早期的免疫学方法所用抗体都取自血清，习惯称为血清学技术。在现代免疫学中，细胞免疫的重要性日益突出，免疫学方法已大大超出血清学范围，形成了免疫诊断学和免疫学检测等新的技术学科。

在体外进行的抗原抗体反应称为血清学反应（serologic reaction）。血清学反应既可用已知抗原检查未知抗体，又可用已知抗体检查未知抗原。常用于体外体液免疫功能的测定、传染病的诊断或微生物的分类鉴定等。

7.4.1 抗原、抗体反应的一般规律

抗原抗体在体外可出现不同的反应，但其规律基本一致，都有相同的反应条件和反应特点。

1. 反应条件

血清学反应都需要有抗原、抗体和环境因素作为反应的基本条件。有些环境因素是各反应都必需的基本因素，有些是某些反应需要的特殊因素。基本因素是电解质、温度和 pH。实验室多采用 0.85%的氯化钠水溶液作为电解质，温度为 37℃或 56℃、pH 7.0 左右。适当振荡以增加抗原、抗体分子间的接触。在此条件下反应易于进行。特殊因素视具体反应而定，如补体结合反应需要补体，吞噬反应需要白细胞等。

2. 反应的特点

（1）特异性

抗原和抗体间的反应具有高度特异性。一种抗原只能与相应的抗体相结合。利用这一点可鉴别微生物所含的抗原物质的细微区别。当把微生物所含的抗原物质分别注入动物体内时，便产生相应的抗血清，每一种抗血清能与相应抗原发生反应，根据血清反应来鉴别微生物称为微生物的血清型。由于免疫反应专一性的存在，可以在不分离检测目标物（样品制备简单）的情况下方便测定。

然而抗原抗体反应的特异性是相对的，抗体往往识别一类抗原物质，特别是对多克隆抗体而言，会出现程度不同的交叉反应，实验必须对特异性和交叉反应进行评价并采取相应措施，如对多克隆血清可以采用共同抗原来吸收非特异性抗体，排除交叉反应，采用阳性和阴性对照样品控制等措施。

（2）可逆性

抗原与抗体是分子表面的结合，结合后一般相当稳定，但在一定条件下可发生解离。解离后的抗原或抗体，性质仍不发生改变，因此抗原抗体反应在一定条件下是可逆的。如细菌和相应抗体结合发生凝集，被凝集的细菌并未死亡，若分离后，再继续培养，细

菌仍可生长；亲和色谱吸附分离后可再将被吸附样品解析回收。

（3）定比性

由于抗原物质的抗原决定簇数目一般较多，因此是多价的，而抗体一般以单体形式居多，因此多数是二价的。在一定范围内，只有在两者比例调节到最合适时，才会出现可见的反应。若两者比例不合适，即抗体过多或抗原过多，会有未结合的抗体或抗原游离于上清液中，不形成大块复合物，因而不能出现可见反应。

在免疫分析方法建立时，研究抗体的浓度（工作浓度）、抗原（检测浓度范围）及两者的比例关系就显得十分关键。

（4）阶段性

第一阶段是抗原与相应抗体的特异性结合，反应发生快，一般在几秒钟内即可完成，但无可见反应；第二阶段为抗原抗体反应的可见阶段，出现沉淀、凝聚等现象，这一阶段反应发生慢，需几分钟至几小时才能完成，同时受环境因素如酸碱度、温度、电解质等的影响。

7.4.2　抗原、抗体间的主要反应

抗原抗体反应是指抗原与相应抗体之间在体内或体外所发生的特异性结合反应。体内反应可介导吞噬、溶菌、杀菌、中和毒素等作用；体外反应则根据抗原的物理性状、抗体的类型及参与反应的介质（如电解质、补体、固相载体等）不同，可出现凝集反应、沉淀反应、补体结合反应及中和反应等各种不同的反应类型。

1. 凝集反应

将细菌、红细胞等颗粒抗原的悬液与含有相应抗体的血清混合，在电解质（如 0.85% NaCl）参与下，能形成肉眼可见的凝集块，这就是抗原抗体复合物，这种现象称为凝集反应（agglutination），其中，抗原称为凝集原（agglutinogen），抗体称为凝集素（agglutinin）。

（1）直接凝集反应

直接凝集反应（direct agglutination reaction）是颗粒性抗原又称凝集原与相应抗体直接结合所呈现的凝集现象，如红细胞和细菌凝集试验。主要有玻片法、试管法等。

（2）间接凝集反应

间接凝集反应（indirect agglutination reaction）是可溶性抗原或抗体吸附于与免疫无关的微球载体上，形成致敏载体（免疫微球），与相应的抗体或抗原在电解质存在的条件下进行反应，产生凝集，称为间接凝集或被动凝集。

（3）间接凝集抑制试验

间接凝集抑制试验（indirect agglutination inhibition test）是将可溶性抗原与相应抗体预先混合并充分作用后，再加入抗原致敏的载体，此时由于抗体已被可溶性抗原结合，阻断了抗体与致敏载体上的抗原结合，不再出现凝集现象，称为间接凝集抑制试验。临床常用的免疫妊娠试验（immune pregnancy test）即属此类。若以红细胞作为载体则称为

间接血凝抑制试验。

所有上述凝集试验（图 7-5）均可划分为正向凝集试验和反向凝集试验，以已知抗原测抗体的凝集试验为正向凝集试验，通常“正向”两字省略；反之，为反向凝集试验。

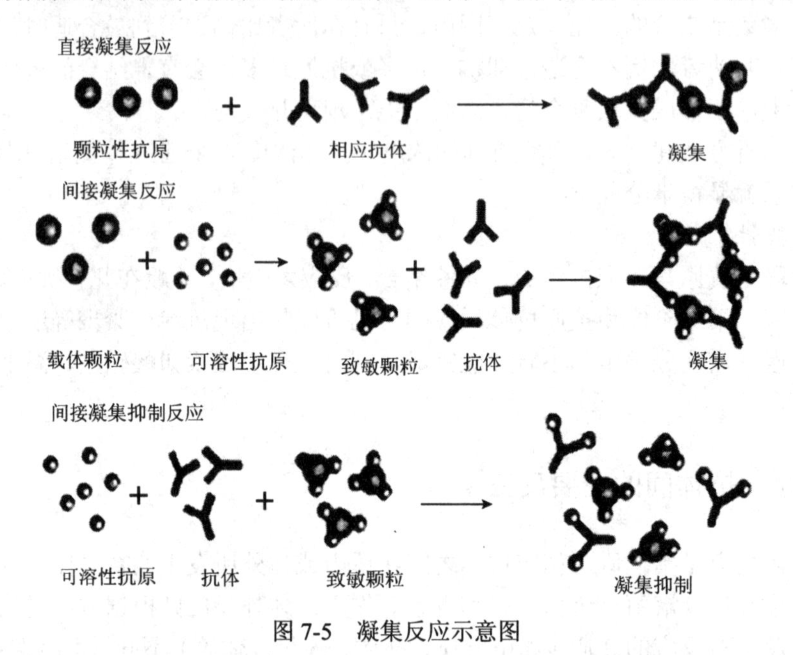

图 7-5　凝集反应示意图

2. 沉淀反应

可溶性抗原（如血清蛋白、细菌培养滤液、细菌浸出液、组织浸出液等）与相应抗体结合，在有适量电解质存在条件下，形成肉眼可见的沉淀物，称为沉淀反应。参加反应的可溶性抗原称为沉淀原，参加反应的抗体称为沉淀素。沉淀原可以是多糖、蛋白质或它们的结合物等。

沉淀反应的试验方法有环状法、絮状法和琼脂扩散法 3 种类型。

（1）环状法

将已知抗血清放入小口径（内径 2～3mm）试管底部，而后沿试管壁缓慢加入经适当稀释的抗原溶液于抗血清表面，使两种溶液成为界面清晰的两层。数分钟后在液面交界处出现乳白色沉淀环，即为阳性反应。本法常用于对未知抗原的定性试验，如诊断炭疽杆菌的耐热多糖类抗原阿斯可里（Ascoli）沉淀试验、血迹来源鉴定、肉的种类鉴定等。

（2）絮状法

在凹玻片上滴加抗原与相应抗体，如出现肉眼可见的絮状沉淀物，即为阳性反应。如诊断梅毒的康氏反应就是一种絮状沉淀反应。

（3）琼脂扩散法

琼脂扩散试验又称免疫扩散试验。由于半固体琼脂凝胶中含有大量水分，如同网状支架，因而可使可溶性抗原与抗体在网间自由扩散。若抗原与抗体相对应，又有适量的电解质存在，则在两者相遇且分子比例恰当处形成白色沉淀线（带）。沉淀物在琼脂凝胶中能长期保持固定位置，不但便于观察，而且可染色保存。

3. 补体结合反应

补体结合反应（complement fixation test，CFT）除需抗原和抗体外，还需补体参加，补体无特异性，能与任何一组抗原抗体复合物结合而起反应。补体如果与红细胞、溶血素的复合物结合，就出现溶血现象（hemolysis）；如果与细菌及其相应抗体的复合物结合，就出现溶菌现象（图 7-6）。

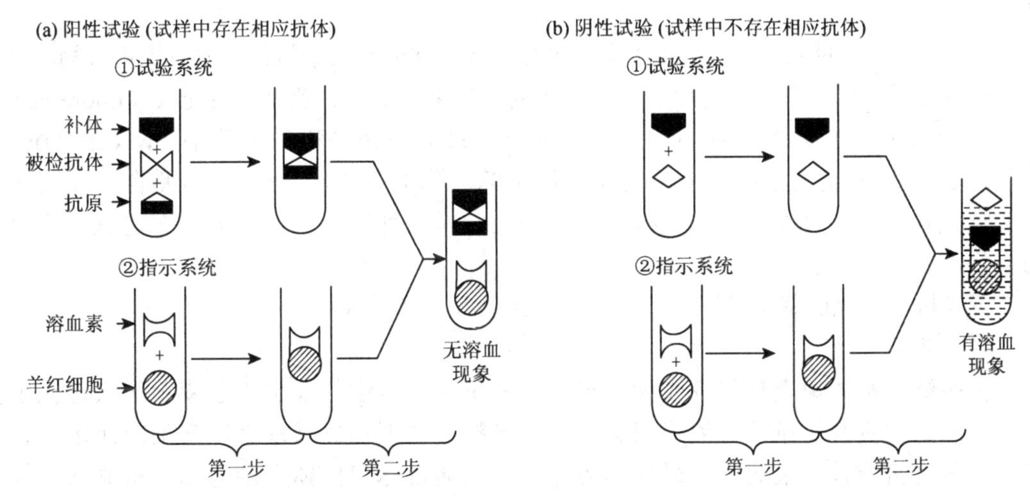

图 7-6 补体结合反应示意图

此反应操作较复杂，但敏感性强，特异性高，能测出少量的抗原和抗体。故本试验可用于检测梅毒（称为华氏试验）、抗 DNA 抗体、抗血小板抗体、乙型肝炎表面抗原，对若干病毒（虫媒病毒、埃可病毒）的分型，以及对钩端螺旋体病的诊断等。

4. 中和反应

病毒或毒素与其相应的抗体结合后，可使其传染性或毒性丧失，称为中和试验（neutralization test）。可用于病毒性传染病的诊断和毒素的鉴定。鉴定方法有简单定型试验、固定血清稀释病毒法、固定病毒稀释血清法等。

7.4.3 免疫标记技术

免疫标记技术（immunolabelling technique）将抗原或抗体用可以微量检测的标记物（如放射性核素、荧光素、酶等）进行标记，在相应抗原抗体反应后，可以不必测定抗原抗体复合物本身，而测定复合物中标记物，通过标记物的放大作用，进一步提高了免疫技术的敏感性。

免疫荧光技术、免疫酶技术和放射免疫测定是经典的三大标记技术。1941 年，Coons 首先建立了免疫荧光技术；1956 年，Yalow 和 Berson 建立了放射免疫测定；1966 年，Nakene 和 Pierce 利用酶使底物显色的作用而得到了与荧光抗体技术相似的结果。20 世纪 70 年代初，酶标抗体技术开始应用于免疫测定，其后得到迅速发展。

1. 免疫荧光技术

免疫荧光技术（immunofluorescence technique）是将抗原-抗体反应的特异性和敏感性与显微示踪的精确性相结合。以荧光素作为标记物，与已知的抗体或抗原结合，但不影响其免疫学特性。然后将荧光素标记的抗体作为标准试剂，用于检测和鉴定未知的抗原。在荧光显微镜下，可以直接观察呈现特异荧光的抗原-抗体复合物及其存在部位。

荧光素是一种能吸收激发光的光能，产生荧光，并能作为染料使用的有机化合物，也称荧光色素或荧光染料。目前用于标记抗体的荧光素主要有异硫氰酸荧光素（fluorescein isothiocyanate，FITC）、罗丹明（lissamine rhodamine B，RB200）和藻红蛋白（phycoerythrin，PE）等。免疫荧光技术可用于鉴定免疫细胞的分化群（CD）分子及检测自身免疫病的抗核抗体。应用免疫荧光技术检测的组织切片常为冰冻切片，可防止固定液对抗原的损伤。

荧光抗体染色的基本方法有直接法、间接法和补体法 3 种。

（1）直接法

直接法的基本原理是将荧光素标记的已知抗体直接进行细胞染色或组织染色测定未知抗原，用荧光显微镜、流式细胞仪或激光扫描共聚焦显微镜进行观察及测定。直接法是荧光抗体技术最简单、最基本的方法。它通过标记抗体直接与相应抗原（待检抗原标本）结合，来鉴定未知抗原。直接法的缺点是每检查一种抗原，必须制备与其相应的抗体。

（2）间接法

荧光素标记抗体与切片中的抗原不直接发生反应，而在其间增加一次或多次无标记抗原抗体的反应。第一步，将第一抗体加到切片，与组织细胞相应的抗原结合；第二步，加入第二抗体与第一抗体结合。第一抗体对标本中的抗原来说起抗体作用，但对标记有荧光素的第二抗体来说又起着抗原作用。间接法具有制备一种荧光抗体可以检查多种抗原、敏感性高等特点，缺点是参加反应的因子较多，产生非特异性染色的机会也增多，且染色时间较长。

（3）补体法

补体法是间接法的改良。它是特异性抗体同新鲜补体混合后再与切片上的抗原反应，补体就结合在抗原-抗体复合物上，再用抗补体的荧光抗体与补体结合，形成抗原-抗体-补体-抗补体荧光抗体复合物。补体法不但具有间接法的敏感性，而且荧光抗体不受免疫血清的动物种属限制，一种荧光抗体就能检测所有的抗原抗体系统。缺点是较间接法更容易出现非特异性染色，且补体不稳定，每次均要采取新鲜血清，操作上比较麻烦。

2. 免疫酶技术

免疫酶技术（immunoenzymatic technique）一般分成酶免疫组化技术和酶免疫测定两大类。酶免疫组化技术是用酶标记抗体，与组织切片上的抗原起反应，然后与酶底物作用，形成有色沉淀物，可以在普通光学显微镜下观察。如酶作用的产物电子密度发生一定的改变，则可用电子显微镜观察，称为酶免疫电镜技术。

常用的酶免疫测定法为固相酶免疫测定。其特点是将抗原或抗体制成固相制剂，这样与样品中的抗体或抗原反应后，只需经过固相的洗涤，就可以达到抗原-抗体复合物与其他物质的分离，大大简化了操作步骤。这种被称为酶联免疫吸附测定（enzyme linked immunosorbent assay，ELISA）的检测技术是目前应用最为普遍的一种酶免疫测定方法。下面介绍其原理、类型及其检测方法。

（1）ELISA 的基本原理

使抗原或抗体结合到某种固相载体表面，并保持其免疫活性。使抗原或抗体与某种酶连接成酶标抗原或抗体，这种酶标抗原或抗体既保留其免疫活性，又保留酶的活性。在测定时，把受检样品（测定其中的抗体或抗原）和酶标抗原或抗体按不同的步骤与固相载体表面的抗原或抗体起反应。用洗涤的方法使固相载体上形成的抗原-抗体复合物与其他物质分开，最后结合到固相载体上的酶量与样品中受检物质的量成一定的比例。加入酶反应的底物后，底物被酶催化变为有色产物，产物的量与样品中受检物质的量直接相关，因此可根据颜色反应的深浅进行定性或定量分析。由于酶的催化效率很高，可极大地放大反应效果，从而使测定方法达到很高的敏感度。

（2）ELISA 的常用技术类型

ELISA 可用于测定抗原，也可用于测定抗体。在这种测定方法中有 3 种必要的试剂：固相的抗原或抗体、酶标记的抗原或抗体和酶作用的底物。根据试剂的来源和样品的性状，以及检测的具备条件，可设计出各种不同类型的检测方法（图 7-7）。

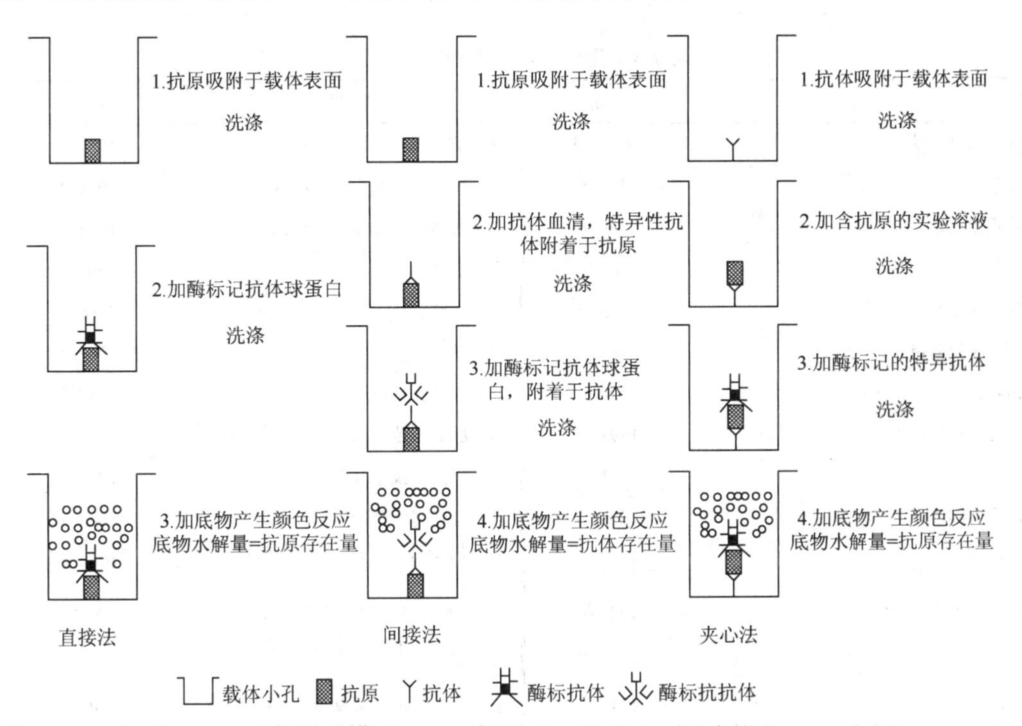

图 7-7　ELISA 的基本原理及程序

3. 放射免疫分析

放射免疫分析（radio immunoassay，RIA）是一种以放射性同位素作为标记物，将同位素分析的灵敏性和抗原抗体反应的特异性这两大特点结合起来的测定技术。又分为放射免疫分析法和放射免疫测定自显影法。放射免疫技术灵敏度极高，能测得 10^{-12}～10^{-9}g 的含量，广泛用于激素、核酸、病毒抗原、肿瘤抗原等微量物质的测定。此法需要特殊仪器及防护措施，并受同位素半衰期的限制。

7.5 生物制品及其应用

人类在生活实践中经过长期无数经验的积累，逐渐认识到凡患过某种传染病的人，恢复健康后，一般就不会再患同样的疾病了，即获得该病的抵抗力。我国最先给人体接种人痘预防天花，创造了“以毒攻毒”的预防方法。虽然这种方法不无危险之处，但为预防医学开辟了道路。19 世纪，德国人 Robert Koch 在 1876 年首先发明细菌分离培养法，从此陆续发现各种致病菌。1877 年，法国人 Louis Pasteur 首先发现用降低了致病力的鸡霍乱菌、炭疽菌注射动物之后，这些动物能抵抗相应强毒菌的感染攻击。接着用狂犬病减毒疫苗预防狂犬病也获得成功。从此，人工减毒或疫苗的研究不断发展，迄今仍十分广泛。

目前认为凡是从微生物、原虫、动物或人体材料直接制备或用现代生物技术、化学方法制成，作为预防、治疗、诊断特定传染病或其他疾病的制剂，统称为生物制品。在百年历史过程中，生物制品在预防医学中发挥了巨大的作用（表 7-3）。

表 7-3 免疫防治史上的重大事件

事件	年份	事件	年份
人痘（鼻苗法）	10 世纪末	脊髓灰质炎灭活疫苗（Salk）	1954 年
牛痘	1796 年	世界首例同卵双生兄弟间肾移植成功	1954 年
鸡霍乱疫苗	1879 年	脊髓灰质炎减毒疫苗（Sabin）	1956 年
炭疽菌苗	1881 年	麻疹疫苗	1960 年
狂犬病疫苗	1885 年	水痘疫苗	1966 年
伤寒菌死菌苗	1886 年	腮腺炎疫苗	1967 年
白喉抗毒素	1890 年	首例人类肝移植	1967 年
群众性预防接种	1893 年	乙型肝炎疫苗	1975 年
卡介苗	1921 年	单克隆抗体技术发明	1975 年
白喉类毒素	1923 年	乙型肝炎基因重组疫苗	1986 年
破伤风类毒素	1925 年	第一例 HIV 基因疫苗获准进行临床试验	1996 年
百日咳菌苗	1925 年	SARS 病毒灭活疫苗 I 期临床	2004 年
黄热病疫苗	1937 年	世界上第一个肿瘤疫苗 Gardasil 宫颈癌疫苗	2006 年
流感疫苗	1943 年	中国的人用禽流感疫苗 II 期临床试验	2007 年

7.5.1　人工自动免疫类生物制品

人工自动免疫（artificial active immunization）是将抗原性物质（疫苗、类毒素等）接种于机体，刺激机体产生特异性免疫来预防感染的措施。这种免疫力出现较慢，一般在接种后 2～4 周才产生，经再次接种后则免疫应答迅速且产生的免疫力较强。人工自动免疫的维持时间可为半年至数年不等，常用于传染病的预防。

1. 常规疫苗

（1）疫苗

广义的疫苗（vaccine）包括菌苗和疫苗两类制剂。狭义的疫苗仅指用病毒、立克次氏体等微生物制成的生物制品，而菌苗则仅指用细菌制成的生物制品。疫苗可分活疫苗与死疫苗两类。

a. 活疫苗　　活疫苗（live vaccine）是指用人工变异的方法使病原体减毒或从自然界中筛选病原菌的无毒株或微毒株所制成的活微生物制剂，有时也称减毒活疫苗，常用的有预防结核病的卡介苗（BCG）、鼠疫活菌苗、脊髓灰质炎疫苗和甲型肝炎疫苗等。活疫苗接种后，在体内有一定的生长繁殖能力，因此一般只需接种一次，且接种量较小，但引起的免疫效果好，且能维持较长时间（一般 3～5 年）。其缺点为活疫苗需维持其活力，疫苗的保存需一定的冷藏条件，且有效期短。

b. 死疫苗　　死疫苗（dead vaccine）是用物理或化学方法将病原微生物杀死，但仍保留原有的免疫原性的疫苗，常用的死疫苗有霍乱、伤寒、副伤寒甲和副伤寒乙混合菌苗、百日咳菌苗等。由于病原菌已被杀死，不能繁殖，因此死疫苗用量较大，接种后可能出现局部肿痛或发热等全身反应。死疫苗大多需要多次接种才能获得较好的免疫效果。

c. 自身疫苗　　自身疫苗（autogenous vaccine）又称自体疫苗，即用从患者自身病灶中分离出来的病原微生物所制成的死疫苗。例如，葡萄球菌引起的反复发作的慢性化脓性感染，在抗生素治疗无效时，可从患者病灶中分离出病菌，制成死疫苗，少量多次皮下注射后，常可使感染终止。

（2）类毒素

细菌的外毒素经 0.3%～0.4%甲醛处理，毒性消失但仍保留其免疫原性，即成类毒素（toxoid）。目前应用的精制吸附类毒素是将类毒素吸附在明矾或磷酸铝等佐剂上，以延缓它在体内的吸收、延长作用时间和增强免疫效果。常用的类毒素有破伤风类毒素、白喉类毒素等。类毒素可与死疫苗合制成联合疫苗。目前使用的白、百、破三联疫苗即白喉类毒素、百日咳菌苗与破伤风类毒素混合制成，主要用于儿童。

2. 新型疫苗

随着新病原体的不断出现与鉴定，疫苗的研制也进入新的阶段，包括亚单位疫苗、DNA 重组疫苗等。

（1）亚单位疫苗

亚单位疫苗（subunit vaccine）是指去除病原体中很多与激发保护性免疫无关的甚至有害的成分，而保留其有效免疫原成分的疫苗。如只含流感病毒血凝素、神经氨酸酶成分的流感亚单位疫苗；只含腺病毒衣壳的腺病毒亚单位疫苗；用乙型肝炎病毒表面抗原制成的“乙肝”亚单位疫苗等。

（2）DNA 重组疫苗

DNA 重组疫苗（DNA recombinant vaccine）是指利用 DNA 重组技术将病原体编码有效免疫原的基因片段引入细菌、酵母菌或哺乳动物细胞基因组内，通过大量繁殖这些细菌或细胞，使目的基因的产物增多，并经纯化后而制得的只含保护性抗原的疫苗。DNA 疫苗现已广泛应用于许多感染性疾病的防治和肿瘤治疗的研究中，迄今为止已有人类免疫缺陷病毒（HIV）、乙型肝炎病毒（HBV）、轮状病毒及疟疾等进入临床试验。

7.5.2　人工被动免疫类生物制品

人工被动免疫（artificial passive immunization）是给机体注射含有特异性抗体的免疫血清或细胞因子等制剂，使机体被动获得特异性免疫力，以达到紧急预防或治疗某些疾病的目的。人工被动免疫接种的物质是抗体，免疫作用可以在接种后立即出现，但免疫力维持时间较短（数周至数月）。

1. 抗毒素

用从致病微生物获得的类毒素多次接种实验动物（常用的是马），待这些动物产生对抗该类毒素的抗体后，把动物的血作为原料，经采血、分离血清并经浓缩纯化后，从血清中提取出抗体，这种抗体称为抗毒素。抗毒素主要用于治疗因细菌外毒素而致的疾病，也可用于应急预防，如白喉抗毒素、破伤风、抗毒素和肉毒抗毒素等。

2. 抗病毒血清

直接将病毒接种于实验动物，当动物获得免疫力后，把含有抗体的血清精制后制成的产品称为抗病毒血清。由于当前还缺乏治疗病毒病的有效药物，在某些病毒感染的早期或潜伏期，可采用抗病毒血清来治疗，如抗狂犬病的血清和抗乙型脑炎的血清等。

3. 免疫球蛋白

免疫球蛋白是从健康的人体血浆中制备的蛋白质制品。它们含有多种抗体，可以用来治疗麻疹、甲型肝炎，或在疾病流行时作为紧急预防的免疫制剂。

（1）血浆丙种球蛋白

血浆丙种球蛋白又称 γ 球蛋白，是从正常人的血浆中提取的丙种球蛋白，内含 IgG 和 IgM。它们含多价抗体，可抗多种病原体及其有毒产物，故可用于麻疹、脊髓灰质炎和甲型肝炎等病毒感染的潜伏期治疗或应急预防。

（2）胎盘球蛋白

胎盘球蛋白是从健康产妇的胎盘血中提取的免疫球蛋白制品，主要含有 IgG。其作用与血浆丙种球蛋白相同。

(3) 单克隆抗体制剂

用基因工程及现代生物技术生产的人源单克隆抗体为免疫治疗开辟了广阔前景。

4. 免疫调节剂

免疫调节剂是一类能够增强、促进和调节免疫功能的生物制品。免疫调节剂对于免疫功能健全的生物作用并不大，但是对于肿瘤患者、艾滋病患者和某些处于免疫功能较弱的个体却有较好的治疗效果。其中包括转移因子、白细胞介素、胸腺素、干扰素等。

人工自动免疫与人工被动免疫的比较见表 7-4。

表 7-4　人工自动免疫和人工被动免疫的比较

项目	人工自动免疫	人工被动免疫
输入的物质	抗原（疫苗、类毒素等）	抗体
免疫力出现时间	较慢（1～4 周诱导期）	立即
免疫力维持时间	较长（数月至数年）	较短（两周至数月）
主要用途	预防	治疗或应急预防

思考题

1. 举例说明病原微生物是怎样侵入人体而致病的?
2. 试比较隐性传染、带菌状态和显性传染的异同。
3. 什么是非特异性免疫？什么是特异性免疫？
4. 机体免疫应答分为几个阶段?
5. 什么是抗原？构成抗原需要具备哪些基本条件？
6. 试述抗原的分类及其各种抗原的特点。
7. 试述 Ig 的类型、结构和作用。
8. 简述抗原抗体反应的主要类型。
9. 何谓酶联免疫吸附测定？简述其主要操作程序。

参考文献

车振明. 2008. 微生物学. 武汉: 华中科技大学出版社.
路福平. 2007. 微生物学. 北京: 中国轻工业出版社.
马迪根 M T, 马丁克 J M. 2009. Brock 微生物生物学. 李春明，杨文博主译. 北京: 科学出版社.
闵航. 2010. 微生物学. 杭州: 浙江大学出版社.
尼克林 J. 2000. 微生物学. 精要速览系列. 林稚兰译. 北京: 科学出版社.
沈关心. 2003. 微生物与免疫学. 第 5 版. 北京: 人民卫生出版社.
沈萍，陈向东. 2009. 微生物学. 北京: 高等教育出版社.

杨民和. 2010. 微生物学. 北京：科学出版社.
Alan H V, Malcolm G E. 2000. Environmental Microbiology. London: Manson Publishing Lth.
Black J G. 2002. Microbiology. 5th ed. New York: John Wiley，Sons Inc.
Charles A. 1997. Immunol Biology. 3rd ed. New York, London: Garland Publishing Inc.
Roitt I M. 2005. 免疫学基础. 第 10 版. 丁桂凤主译. 北京：高等教育出版社.

第8章　微生物的生长与控制

概述

微生物不论其在自然条件下还是在人工条件下发挥作用，都是“以数取胜”或是“以量取胜”的。生长、繁殖就是保证微生物获得巨大数量的必要前提。可以说，没有一定的数量就等于没有微生物的存在。微生物的生长、繁殖是其在内外各种环境因素相互作用下生理、代谢等状态的综合反映。因此，微生物的生长、繁殖与环境条件密切相关，它们在适宜的条件下可以促进微生物的生长，但某一或某些环境条件改变，并超出了生物可以适应的范围时，就会对细胞的生长产生抑制乃至杀灭作用。

8.1　微生物的生长

微生物在适宜的环境条件下，一方面，不断吸收营养物质，合成自身细胞组分，进行同化作用；另一方面，微生物又不断地将复杂的物质分解成简单的物质，进行着异化作用。若同化作用大于异化作用，细胞原生质将不断增加，细胞的质量和体积不断增大，这就是生长。

当细胞生长到一定程度时就开始分裂形成两个相似的子细胞。对于单细胞微生物，细胞分裂的结果就是个体数量的增加，即繁殖（图8-1）。对于多细胞微生物来说，细胞数量的增加并不一定伴随着个体数目的增加，因此只能称为生长。微生物从生长到繁殖是一个量变到质变的过程，这一过程称为发育。

个体生长→个体繁殖→群体生长

群体生长=个体生长+个体繁殖

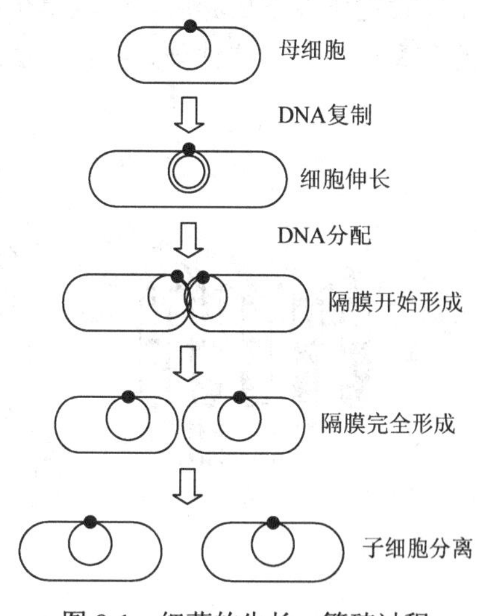

图8-1　细菌的生长、繁殖过程

细菌生长、繁殖是其在内外各种环境因素相互作用下的综合反映，当微生物处于一定的物理、化学条件下，生长、发育正常，繁殖速率也高；如果某一或某些环境条件发生改变，就会杀灭或抑制细菌的生长、繁殖。在发酵工业中要提供最适的条件，以利于细菌生长、繁殖和发酵；但在食品加工中，要研究最佳的灭菌方法和抑制细菌在食品中生长、繁殖的条件，保证食品的卫生、安全，延长食品的货架期。

8.1.1　微生物的纯培养

在自然界中微生物一般是多种菌种混杂生长的。例如，一小块土壤和一滴水中生长着许多细菌和其他微生物，要想研究某一种微生物，必须把混杂的微生物类群分离开，以得到只含有一种微生物的培养物。微生物学中将从一个细胞得到后代的微生物的培养称为微生物的纯培养，只含有一种微生物的培养物称为纯培养物。微生物的纯培养可以按以下方法进行。

1. 稀释倒平板法

先将待分离的材料用无菌水做一系列的稀释（如 1∶10、1∶100、1∶1000、1∶10 000），然后取不同稀释度的稀释液少许，分别与已熔化并冷却至 50℃左右的琼脂培养基混合，摇匀后，倾入已灭菌的培养皿中，待琼脂凝固后，制成可能含菌的琼脂平板，在适宜的温度下培养一段时间，如果稀释得当，在平板表面或琼脂培养基中就可出现分散的单个菌落，这个菌落可能就是由一个细菌细胞繁殖形成的。随后挑取该单个菌落，或重复以上步骤，便可得到纯培养。

2. 涂布平板法

在稀释倒平板法中，由于含菌材料与较高温度的培养基混合中易致某些热敏感菌死亡，一些严格好氧菌也因被琼脂覆盖而缺氧，进而影响生长。此时，可采用稀释涂布平板法。该法操作是先制成无菌培养基平板，冷却凝固后，将一定量的某一稀释度含菌样品悬液滴加在平板表面，再用无菌玻璃涂棒把菌液均匀涂散到整个平板培养基表面，在不同设定条件下培养后，挑取单个菌落进行纯培养，如图 8-2 所示。本法较适于好氧菌的分离与计数，这种分离纯化方法通常需要重复进行多次操作才能获得纯培养。

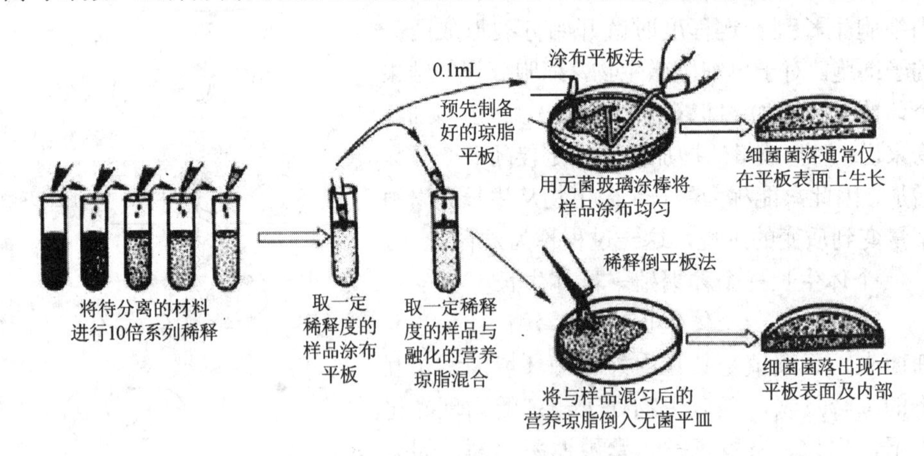

图 8-2 稀释后平板分离细菌单菌落

3. 平板划线分离法

将熔化的琼脂培养基倾入无菌平皿中，冷凝后，用接种环沾取少量分离材料按图 8-3 所示方法在培养基表面连续划线，经培养即长出菌落。随着接种环在培养基上的移动，可使微生物逐步分散，如果划线适宜的话，最后划线处常可形成单个孤立的菌落。这种单个孤立的菌落可能是由单个细胞形成的，因而为纯培养物。

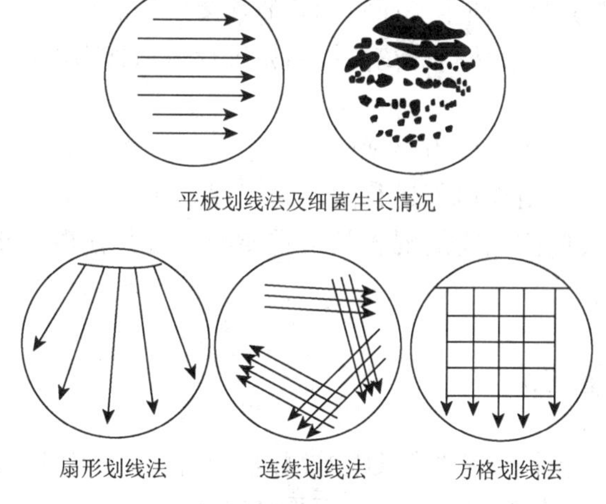

图 8-3　平板划线分离法

4. 稀释摇管法

专性厌氧微生物对氧气很敏感，其液体纯培养的分离可采用稀释摇管法进行，它是稀释倒平板法的一种变通形式。先将一系列盛无菌琼脂培养基的试管加热使琼脂熔化后冷却并保持在 50℃左右，将待分离的材料用这些试管进行梯度稀释，试管迅速摇动均匀，冷凝后，在琼脂柱表面倾倒一层灭菌液体石蜡和固体石蜡的混合物，将培养基和空气隔开。培养后，菌落在琼脂柱的中间形成，进行单菌落的挑取和移植，需先用一只灭菌针将石蜡盖取出，再用一只毛细管插入琼脂和管壁之间，吹入无菌无氧气体，将琼脂柱吸出，放置在培养皿中，用无菌刀将琼脂柱切成薄片进行观察和菌落的转接操作（一般是进行深层穿刺接种）。

5. 单细胞（单孢子）分离稀释法

上述的稀释纯培养法有一个重要缺点，即它只能分离出混杂微生物群体中占数量优势的种类。对于很多在自然界混杂群体中占少数的微生物，一般采取显微分离法从群体中直接分离出单个细胞或个体进行纯培养，该方法称为单细胞（单孢子）分离稀释法。单细胞分离法适于细胞或个体较大的微生物如藻类、原生动物、真菌（孢子）等，细菌纯培养一般用单细胞（单孢子）分离法较为困难。根据微生物个体或细胞大小的差异，可采用毛细管大量提取单个个体，然后清洗并转移到灭菌培养基上进行连续的纯培养；也可在低倍显微镜（如解剖显微镜）下进行操作。对于个体相对较小的微生物，需采用显微操作仪进行分离。单细胞分离法对操作技术有比较高的要求，在高度专业化的科学研究中采用较多。

6. 利用选择培养基分离法

不同的细菌需要不同的营养物；有些细菌的生长适于酸性，有些则适于碱性；各种细菌对于化学试剂如消毒剂、染料、抗生素及其他物质等具不同抵抗能力。因此，可以把培养基配制成适合于某种细菌生长而限制其他细菌生长的形式。这样的选择培养基可用来分离纯种微生物。也可以将待分离的样品先进行适当处理以排除不希望分离到的微生物。

上述方法获得的纯培养可作为保藏菌种，用于各种微生物的研究和应用。通常所说的微生物的培养就是采用纯培养进行的。为了保证所培养的微生物是纯培养，在微生物培养过程中防止其他微生物的混入是很重要的，若其他微生物混入了纯培养中则称为污染。

8.1.2 微生物生长量的测定

微生物个体微小，单个个体的生长很难测定，而且实际应用意义不大。因此，微生物生长的测定不是测定个体细胞的大小，而是测定群体的生长量。微生物生长情况可以通过测定单位时间内微生物数量或生物量的变化来评价。通过微生物生长的测定可以客观地评价培养条件、营养物质等对微生物的影响，或评价不同的抗菌物质对微生物产生抑制作用的效果。因此微生物生长的测定在理论和实践上具有重要的意义。

测定生长量的方法有许多种，适用于一切微生物。这些方法适用于不同的研究目的，可根据研究的目的和条件选择性使用。

1. 测生长量

（1）比浊法

在一定范围内，菌悬液中细胞浓度与浑浊度成正比。细菌菌体是不透光的，光束通过细菌悬液，将会由于被散射或被吸收而降低其透过量。细菌悬液的光密度或透光度可以反映细菌的浓度，而光密度或透光度可由光电池精确地测出。浊度计、光电比色计等都可以用来测定细菌悬液浓度。此法很简便，可以很快得到结果。但颜色太深的样品，以及除细菌以外还含有其他物质的悬液，不能用此法测定。

（2）测定细胞总含氮量法

蛋白质是细胞的主要成分，含量也比较稳定。而氮是蛋白质的重要组成元素，可以以细菌含氮量来表示原生质含量的多少，即细菌的多少。

从一定量的培养物中分离出细菌，洗涤，以除去由于培养基带来的含氮物质，用凯氏微量定氮法测定总氮含量，大多数细菌的含氮量为干重的 12.5%，酵母菌为 7.5%，霉菌为 6.5%，含氮量乘以 6.25 即为粗蛋白的含量。

此法只适用于细菌浓度较高的样品，而且操作过程较繁琐，主要用于科学研究中。

（3）测定细胞干重法

每个细胞都有一定的质量，单位体积培养物中细胞的干重，可用来表示菌体的生长量，可以用于单细胞、多细胞及丝状体微生物生长的测定。一般微生物细胞的干重为湿重的 10%～20%。

将一定体积的样品通过离心或过滤将菌体分离出来，经洗涤、离心后直接称重，求出湿重。如果是丝状体微生物，过滤后用滤纸吸去菌丝之间的自由水，再称重，求出湿重。不论是细菌还是丝状菌，将它们放在已知质量的平皿或烧杯内，在 105℃条件下烘干至恒重，取出放在干燥器内冷却，再称重，求出微生物干重。这是测定细胞物质较为直接而可靠的方法，但只适用于菌体浓度较高的样品，而且要求样品中不含菌体以外的其他干物质。

（4）生理指标法

代谢作用所消耗或所产生的物质量可以代表微生物的生长量。生理指标包括微生物的耗氧量、呼吸强度、酶活性、糖类发酵产酸的多少，这些均可用来代表原生质的含量。应用这一方法的前提是作为生长指标的那些生理活动应不受生长以外的其他因素的影响。

2. 计数法

此法通常用来测定样品中所含细菌、孢子、酵母菌等单细胞微生物的数量。计数法又分为直接计数法和间接计数法两类。

（1）直接计数法

a. 涂片染色法　将一已知容积的细菌悬液（如 0.1mL），均匀地涂布于载玻片上的一定面积内。经固定、染色后，在显微镜下，借镜台测微尺测得视野的半径与面积，从涂布菌液的总面积得知其中视野的总数。然后从几个视野的平均细胞数计算出每毫升原液的细菌数。

b. 计数器测定法　利用细菌计数板或细胞计数板在光学显微镜下直接观察细菌来进行计数的方法。菌体较大的酵母菌或霉菌孢子可采用细胞计数板，一般细菌则采用彼得罗夫·霍泽（Petrol Hausser）细菌计数板。两种计数板原理和部件相同，只是细菌计数板较薄，可以使用油镜观察。

c. 比例计数法　比例计数法是一种粗放的计数方法。将已知颗粒（如霉菌的孢子或红细胞等）浓度的液体与待测细胞浓度的菌液按一定比例均匀混合，然后镜检各自的数目，求出未知菌液中的细胞浓度。

直接计数法所需设备简单，可迅速得到结果，而且在计数的同时，可以观察到所研究的细菌的形态特征。缺点在于不能区别死菌与活菌，因此所测得的结果为总菌数。

（2）间接计数法

间接计数法基于细菌在新鲜培养基中有生长繁殖的能力，每个活细胞在适宜培养基和良好的生长条件下可以生长形成菌落。用此法测定的为活菌数，通常所得数值比直接计数法的测定数小。

a. 平皿菌落计数法　用标准方法将待测样品稀释，然后取适宜的稀释度样品与固体培养基混匀，凝固后培养，每一个活细胞形成一个单菌落，即“菌落形成单位”（colony forming unit，CFU），然后用计数平板上出现的菌落数，乘以样品的稀释度，即可计算出样品的含菌数。

此法常用来测定水、土壤、牛乳、食品及其他材料中含有的细菌、酵母菌、芽胞与孢子数，但不适宜测定样品中丝状体微生物。

b. 液体稀释法　对未知样品做 10 倍系列稀释。选适宜的 3 个连续的 10 倍稀释液，各取 5mL，接种到 3 组共 15 支液体培养基试管中，每管接入 1mL，培养一定时间后，记录每个稀释度出现生长的试管数，然后查最可能数（most probable number，MPN）表，根据样品的稀释倍数可计算出其中的活菌含量。

c. 薄膜过滤计数法　用微孔薄膜（如硝化纤维素薄膜）过滤法，可以测定空气或水中的含菌数。此法特别适于测定量大而且其中含菌浓度很低的样品。将一定体积的湖水、海水、饮用水或空气通过膜过滤器后，将滤膜与其上收集的细菌一起放在固体培养基或浸透了培养液的支持物表面，进行培养，从形成的菌落数可计算样品中的含菌量。此法结合鉴别培养基的应用来做水中大肠杆菌的检查较为简便。

测定微生物生长繁殖的方法很多，上述是较为常用的几种，而且各有其优缺点，应根据具体情况选用或加以改进。

8.1.3　微生物的生长曲线

生长曲线是专指单细胞微生物的，因此，又称为细菌生长曲线。它是将定量的单细胞微生物纯种接种到一定容积的液体培养基后，在适宜的条件下培养，定时取样测定细胞数量。开始时，有一短暂时间，细胞数目并不增加。以后，增加很快，然后又趋于稳定，最后逐渐下降。如以细胞增长数的对数值为纵坐标，以培养时间为横坐标作图时，可以绘出一个曲线，此曲线称为生长曲线。

由于细菌各个时期生长繁殖速率不同，一条典型的生长曲线可分为延滞期、对数期、稳定期与衰亡期等 4 个生长时期，如图 8-4 所示。

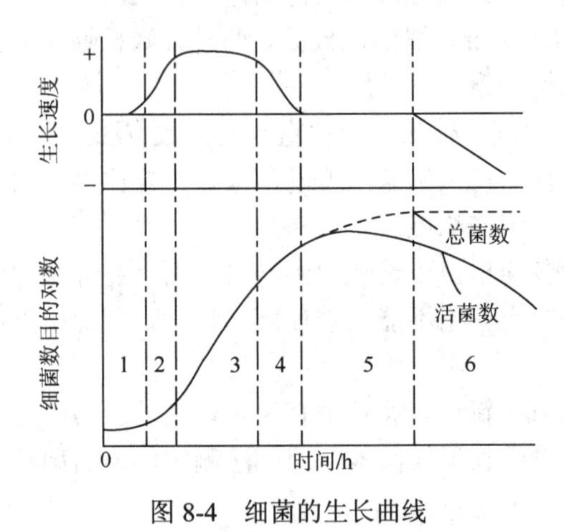

图 8-4　细菌的生长曲线

1、2. 延滞期；3、4. 对数期；5. 稳定期；6. 衰亡期

1. 延滞期（lag phase）

微生物细胞进入新的环境中，需要一个适应时期，此时细胞的数目及质量均不增加，则将这个时期称为延滞期。此时细胞重新调整其大分子与小分子物质的组成，包括酶和细胞结构成分，因而又称调整期。这个时期细胞的生理特点是：菌体内含物明显增加，

细胞个体体积增加，尤其是杆菌，例如，巨大芽胞杆菌（*Bacillus megatherium*）在延滞期的末期，其细胞平均长度比刚接种时可大 6 倍。另外，处于延滞期的菌体代谢机能非常活跃，产生特异性酶、辅酶及某些中间代谢产物以适应环境的变化。但是，该时期的菌体对外界理化因素（如热、辐射、抗生素等）影响抵抗力较弱。

延滞期的长短与菌种的遗传性、菌龄及移接到新鲜培养基前后所处的环境条件是否相同等因素有关。延滞期短的只有几分钟，长的可达几小时。繁殖速度较快的菌种的延滞期一般较短，用对数期的菌种接种时，其延滞期也较短，甚至检查不到延滞期；接种到组成相同的培养基比接种到组成不同的培养基中，其延滞期要短些；增大接种量可缩短甚至消除延滞期。

缩短生产周期细胞分裂之前，细胞各成分的复制与装配等需要时间，因此延滞期是必需的。但是在工业发酵和科研中延滞期会增加生产周期而产生不利的影响，因此应该采取一定的措施缩短延滞期，从而缩短生产周期。为此，通常采取的措施有：①选择繁殖快的菌种；②利用对数期的细胞作为“种子”；③适当扩大接种量；④尽量使接种前后所使用的培养基组成不要相差太大。

2. 对数期（log phase）

细菌细胞适应了新环境后，以最快速度生长，细胞数目以几何级数增加，这一时期称为对数期，又称为生长旺盛期。对数期的菌数按几何级数增加，如细菌则按 2^n 增加，即 $2^0 \rightarrow 2^1 \rightarrow 2^2 \rightarrow 2^3 \rightarrow 2^4 \cdots\cdots 2^n$。这里的指数 n 为细菌分裂的次数或为增殖的代数。也就是 1 个细菌繁殖 n 代，产生 2^n 个细胞。

在对数期，根据细胞增加的总数可以计算出细胞每分裂一次所需的时间——代时（又称世代时间，以 G 表示），单位时间内繁殖的代数即为生长速率（以 R 表示）。

如在时间为 t_0 时的菌数为 x，由于二分裂，经过 n 次分裂后，t_1 时刻的菌数为 y，则：

$$y=2^n x$$

即

$$\lg y=\lg x+n\lg 2$$

因此繁殖代数

$$n=\frac{\lg y-\lg x}{\lg 2}$$

代时

$$G=\frac{t_1-t_0}{n}$$

生长速率

$$R=\frac{n}{t_1-t_0}$$

从上式可以看出，在一定时间内菌体细胞分裂次数越多，代时 G 越小，细菌的分裂速度也就越快。

在对数期中，细菌数目的增加与时间成正比，若以时间与细胞数目的对数分别作横坐标和纵坐标，则表现为直线关系，若用细胞数目的算术值则表现为一条曲线，因此通常采用前者，具体数字关系见表 8-1。

表 8-1　细胞群体指数生长

时间/h	分裂次数（n）	细胞数		
		算术值（N）	$\log_2 N$	$\lg N$
0	0	1	0	0
0.5	1	2	1	0.301
1.0	2	4	2	0.602
1.5	3	8	3	0.903
2.0	4	16	4	1.204
2.5	5	32	5	1.505
3.0	6	64	6	1.806
3.5	7	128	7	2.107
4.0	8	256	8	2.408
4.5	9	512	9	2.709
5.0	10	1 024	10	3.010
…	…	…	…	…
10.0	20	1 048 576	20	6.021

注：从一个单细胞以世代时间为 30min 进行。

不同种类的微生物，在不同生长条件下，其世代的时间也不同，有的是 20min，有的是几小时。下面举几个有代表性的微生物的代时 G，见表 8-2。

表 8-2　微生物的代时（G）

菌名	培养基	温度/℃	代时/min
大肠杆菌（*Escherichia coli*）	肉汤	37	17
大肠杆菌	牛乳	37	12.5
产气肠杆菌（*Enterobacter aerogenes*）	肉汤或牛乳	37	16～18
产气肠杆菌	组合	37	29～44
蜡样芽胞杆菌（*Bacillus cereus*）	肉汤	37	28
蜡样芽胞杆菌	肉汤	30	18
嗜热芽胞杆菌（*B. thermophilus*）	肉汤	55	18.3
枯草芽胞杆菌（*B. subtilis*）	肉汤	25	26～32
巨大芽胞杆菌（*B. megaterium*）	肉汤	30	31
嗜酸乳杆菌（*Lactobacillus acidophilus*）	牛乳	37	66～87
乳酸链球菌（*Streptococcus lactis*）	牛乳	37	26
乳酸链球菌	乳糖肉汤	37	48
丁酸梭菌（*Clostridium butyricum*）	玉米醪	30	51
保加利亚乳杆菌（*Lactobacillus bulgaricus*）	牛乳	37	39～74

由表 8-2 可看出同一种细菌的生长速率受培养基组成及物理、化学、环境条件的影响，因此，它们的代时也不一样。

对数期的菌体代谢活跃，消耗营养多，生长速率高，个体数目显著增多。另外，群体中的细胞化学组成及形态、生理特性等比较一致，这一时期的菌种很健壮，因此，在生产上常用它们作为接种的种子。实验室也多取用对数期的细胞作为实验材料。通常，对数期维持的时间较长，但它也受营养及环境条件所左右。

3. 稳定期（stationary phase）

随着细胞不断的生长繁殖，培养基中营养物质逐渐被消耗，代谢产物也逐渐形成，使得细胞的生长速度逐渐下降，此时细胞的繁殖速度与死亡速度相等，即生长速率常数 R 为 0，细胞的总数达到最高点，此时称为稳定期或平衡期。

处于这个时期的细胞生活力逐渐减弱，开始大量贮存代谢产物，如肝糖、异染颗粒、脂肪粒等。同时，也积累有许多不利于微生物活动的代谢产物。微生物的生长改变了它自己的生活条件，出现了不利于细菌生长的因素，如 pH、氧化还原电位等，致使大多数芽胞杆菌在这个生长阶段形成芽胞。

由于稳定期有大量代谢物质积累，人们要获得其代谢物质，可在这一时期提取。在此稳定期内，活菌数达到了最高水平。如要得到大量菌体，也应在此期开始收获。稳定期持续时间的长短取决于菌种的繁殖与衰亡的数量之比。环境条件对稳定期的长短也有影响。

4. 衰亡期（decline phase）

细胞经过稳定期后，培养基中营养成分逐渐耗尽，代谢产物大量积累，代谢过程中的有毒物也逐步积累，环境的 pH 及氧化还原电位等条件越来越不适合细胞的生长，此时菌体死亡速度大于新生的速度，总的活菌数明显下降，此时即衰亡期。其中，有一阶段活菌数以几何级数下降。因此，也称为对数衰亡期。

这个时期，细胞形态多样化，出现空泡，内含物减少；有的细胞因蛋白酶活力增强或溶菌酶作用而自溶；有的会产生次级代谢物，如抗生素、色素等；在芽胞杆菌中，芽胞也在此时释放。因此，此期的菌种不宜作种子。

产生衰亡期的主要原因是外界环境越来越不利于细胞的生长，从而使细胞的分解代谢大大超过合成代谢，继而导致菌体的死亡。

以上是细菌细胞正常生长经过的各个生长期。酵母菌的生长情况基本类似，而菌丝状微生物（霉菌、放线菌）则没有明显的对数期，特别在工业发酵过程中一般只经过 3 个阶段：生长停滞期，即孢子萌发或菌丝长出芽体；迅速生长期，菌丝长出分枝，形成菌丝体，菌丝质量迅速增加，由于它不是单细胞繁殖，因此没有对数期；衰退期，菌丝体质量下降，出现空泡及自溶现象。

由此可见，微生物生长曲线是描述微生物在一定环境中进行生长、繁殖和死亡的规律。这条生长曲线可作为生长状态的研究指标，也可以作为控制发酵生产的理论依据。

8.1.4 微生物的连续培养

在培养微生物时，将微生物置于一定容积的定量的培养基中培养，称为分批培养（batch culture）。在分批培养中，由于加入培养基后不再更换，则其中的营养物质因被微生物消耗而减少；另外，有害物质不断积累，使得对数期较早地结束。为了避免这种情况，人们研究出了几种连续培养技术。

连续培养（continuous culture）又称开放培养（open culture），是相对于上述绘制典型生长曲线时所采用的那种分批培养（batch culture）或密闭培养（closed culture）而言的。连续培养是在研究典型生长曲线的基础上，通过认识稳定期到来的原因，并采取相应的有效措施而实现的。具体地说，当微生物以单批培养的方式培养到指数期的后期时，一方面以一定速度连续流进新鲜培养基，并立即搅拌均匀，另一方面，利用溢流的方式，以同样的流速不断流出培养物。这样，培养物就达到动态平衡，其中的微生物可长期保持在指数期的平衡生长状态和稳定的生长速率上。在发酵工业上，连续培养可提高发酵率和自动化水平，减少动力消耗并提高产品质量。

1. 恒浊连续培养

恒浊连续培养是一种使培养液中细胞的浓度恒定，以浊度为控制指标的培养方式。所涉及的培养和控制装置称为恒浊器，如图 8-5（a）所示。恒浊器中由浊度计检测培养室中的菌液密度，借光电效应产生的电流信号变化来自动调节培养基流进和培养物流出的速度。按试验目的，首先确定培养液的浊度保持在某一恒定值上，调节进水（含一定浓度的培养基）流速，使浊度达到恒定（用自动控制的浊度计测定）。当浊度较大时，加大进水流速，以降低浊度；浊度较小时，降低流速，提高浊度。在恒浊培养中，微生物的生长速度主要受流速控制，但也与菌种、培养基成分和其他培养条件有关。

恒浊培养可以提供具有一定生理状态的、始终以高速度生长的微生物细胞。发酵工业采用此法可获得大量的菌体和有经济价值的代谢产物。

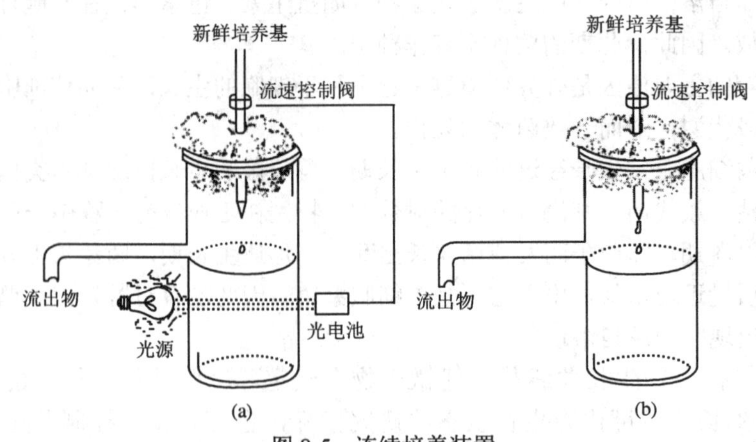

图 8-5 连续培养装置

（a）恒浊培养装置；（b）恒化培养装置

2. 恒化连续培养

恒化连续培养是维持进水中的营养成分恒定（其中对细胞生长有限制作用的成分要保持低浓度水平），以恒定流速进水，以相同流速流出代谢产物，使细菌处于一定的生长速率状态的培养方式。培养装置称为恒化器，如图 8-5（b）所示。营养物质浓度对微生物的生长有很大影响。但是当营养物质浓度达到一定程度后，微生物的生长速率不再受营养物质浓度的影响。当营养物质浓度较低时，在一定范围内，微生物的生长速率与营养物质的浓度成正比。在恒化培养中，必须将某种营养物质限制在较低的浓度内（生长限制因子），而其他营养物质过量，使微生物的生长取决于生长限制因子。随着细胞的生长，限制因子浓度降低，致使细菌生长速率受到限制，但同时通过恒定流速不断得到补充，因此能保持恒定的生长速率。用不同浓度的限制因子进行恒化连续培养，可以得到不同生长速率的培养物。

恒化培养主要用于实验室中与生长速率有关的理论研究；另外在遗传学研究中，利用恒化培养进行长时间的培养，以便从中分离出不同的变种；在生理学研究中，利用它来观察微生物在不同生活条件下的生理变化。

在连续培养中，微生物的生长状态和规律与分批培养中的不同。它们往往处于相当于分批培养中生长曲线的某一个生长阶段。

3. 多级连续培养

连续培养也可以分级进行。以获取菌体或与菌体生长同步产生的代谢产物，只要用单级连续培养器就可以满足研究和生产的需要。若要获取与菌体生长不同步的次级代谢产物，就应该根据菌体和产物的产生规律，设计与其相适应的多级连续培养装置，第一级发酵罐以培养菌体为主，后几级发酵罐则以大量生产代谢产物为主。

连续培养如用于发酵工业中，就称为连续发酵（continuous fermentation）。连续发酵与分批发酵相比有许多优点：①自控性，便于利用各种仪表进行自动控制；②高效，它使装料、灭菌、出料、清洗发酵罐等工艺简化，缩短了生产时间并提高了设备的利用效率；③产品质量较稳定；④节约了大量动力、人力、水和蒸汽，使水、气、电的负荷减少。但连续发酵法也存在不足之处：①主要是菌种易于退化，使微生物长期处于高速繁殖的条件下，即使是自发突变率很低，也难以避免变异的发生；②容易污染，在连续发酵中，要保持各种设备无渗漏，通气系统不出任何故障，是极其困难的，因此，“连续”是有时间限制的，一般可达数月至 1～2 年；③连续培养中，营养物的利用率低于分批培养。

在发酵工业中，连续培养技术已广泛用于酵母单细胞蛋白的生产，乙醇、乳酸、丙酮和丁醇等的发酵，以及用假丝酵母（*Candida* spp.）进行石油的脱蜡或污水的处理中。

8.1.5　微生物的高密度培养

微生物的高密度培养（high cell density culture，HCDC）有时也称高密度发酵，一般是指微生物在液体培养中细胞群体密度超过常规培养 10 倍以上时的生长状态或培养技术。现代高密度培养技术主要是在用基因工程菌（尤其是大肠杆菌）生产多肽类药物的实践中逐步发展起来的。大肠杆菌在生产各种多肽类药物中具有极其重要的地位，其产品都是高产值的贵重药品，如人生长激素、胰岛素、白细胞介素类和人干扰素等。若能提高菌体培养密度，提高产物的比生产率（单位体积单位时间内产物的产量），不但可减少培养容器的体积、培养基的消耗和提高“下游工程”（down stream processing）中分离、提取的效率，而且可缩短生产周期、减少设备投入和降低生产成本，因此具有重要的实践价值。

进行高密度培养的具体方法很多，应综合考虑和充分运用这些规律，以获得最佳效果。

1. 选取最佳培养基成分和各成分含量

以大肠杆菌为例，其产 1g 菌体/L 所需无机盐量为 NH_4Cl 770mg/L、KH_2PO_4 125mg/L、$MgSO_4·7H_2O$ 17.5mg/L、K_2SO_4 7.5mg/L、$FeSO_4·7H_2O$ 0.64mg/L、$CaCl_2$ 0.4mg/L；而在大肠杆菌培养基中一些主要营养物的抑制浓度则为：葡萄糖 50g/L、氨 3g/L、Fe^{2+}1.15g/L、Mg^{2+}8.7g/L、PO_4^{3-}10g/L、Zn^{2+}0.038g/L。此外，合适的 C/N 也是大肠杆菌高密度培养的基础。

2. 补料

补料是大肠杆菌工程菌高密度培养的重要手段之一。若在供氧不足时，过量葡萄糖会引起“葡萄糖效应”，并导致有机酸过量积累，从而使生长受到抑制，因此，补料一般应采用逐量流加的方式进行。

3. 提高溶解氧的浓度

提高好氧菌和兼性厌氧菌培养时的溶氧量也是进行高密度培养的重要手段之一。大气中仅含 21%的氧，若提高氧浓度甚至用纯氧或加压氧去培养微生物，就可大大提高高密度培养的水平，例如，有人用纯氧培养酵母菌，可使菌体湿重达 100g/L。

4. 防止有害代谢产物的生成

乙酸是大肠杆菌产生的对自身的生长代谢有抑制作用的产物。为防止它的生成，可选用天然培养基，降低培养基的 pH，以甘油代替葡萄糖作碳源，加入甘氨酸、甲硫氨酸，降低培养温度（从 37℃下降至 26～30℃），以及采用透析培养法去除乙酸等。

8.2 影响微生物生长的主要因素

影响微生物生长的外界因素很多，除前面章节中讨论过的营养物质外，还有许多物理、化学因素。当环境条件在一定限度内发生改变时，可引起微生物形态、生理、生长、繁殖等特征的改变；当环境条件的变化超过一定极限时，则导致微生物的死亡。

从生产的需要出发，研究微生物的个体发育与生理性能很重要。但是，研究时必须和外界环境条件所给予的影响联系起来，才能得出正确的结论。人们控制和调节微生物所处的环境条件，其目的就是要促进某些有益微生物的生长，发挥它们的有益作用，如用于酿酒、制醋、制酸乳等发酵食品；抑制和杀死那些不利于人类的微生物，并清除它们的有害作用，如防止食品的腐败、变质等。

微生物所处的环境条件既是综合的、复杂的，又是多变的。各种微生物生活需要的条件也不相同，如嗜热微生物生长就需要高的温度，而嗜酸的微生物则需要酸的环境等。本节仅讨论其中最主要的温度、氧气及 pH 3 项。

8.2.1　温度

由于微生物的生命活动是由一系列生物化学反应组成的，而这些反应受温度的影响极为明显，因此，温度是影响微生物生长的最重要的因素之一。这里要讨论的是在微生物生长范围内的各种温度。

与其他生物一样，任何微生物的生长温度范围尽管有宽有窄，但总有最低生长温度、最适生长温度和最高生长温度这 3 个重要指标，这就是生长温度的三基点。如果将微生物作为一个整体来看，它的温度三基点是极其宽的，由以下可以看出。

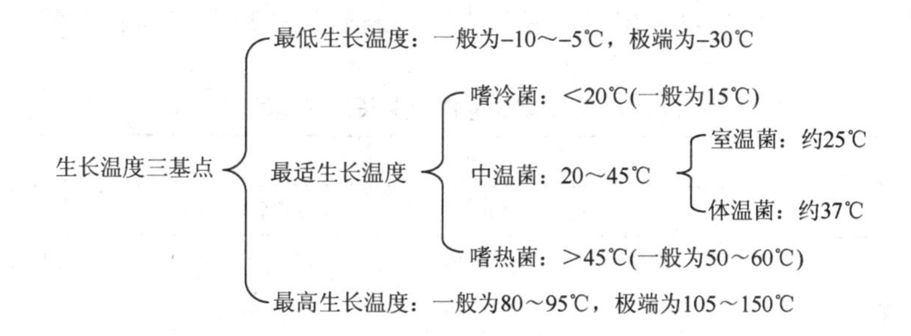

总体而言，微生物生长的温度范围较宽，已知的微生物在−100～−12℃条件下均可生长。而每一种微生物只能在一定的温渡范围内生长。

最低生长温度是指微生物能进行繁殖的最低温度界限。处于这种温度条件下的微生物生长速率很低，如果低于此温度则生长完全停止。不同微生物的最低生长温度不一样，这与它们的原生质物理状态和化学组成有关系，也可随环境条件而变化。

最适生长温度是指某菌分裂代时最短或生长速率最高时的培养温度。但是，同一微生物，不同的生理生化过程有着不同的最适温度，也就是说，最适生长温度并不等于生长量最高时的培养温度，也不等于发酵速度最高时的培养温度或累积代谢产物量最高时的培养温度，更不等于累积某一代谢产物量最高时的培养温度。因此，生产上要根据微生物不同生理代谢过程温度的特点，采用分段式变温培养或发酵。例如，嗜热链球菌（*Streptococcus thermophilus*）的最适生长温度为 37℃，最适发酵温度为 47℃，累积产物的最适温度为 37℃。

最高生长温度是指微生物生长繁殖的最高温度界限。在此温度下，微生物细胞极易衰老和死亡。微生物所能适应的最高生长温度与其细胞内酶的性质有关。例如，细胞色素氧化酶及各种脱氢酶的最低破坏温度常与该菌的最高生长温度有关（表 8-3）。

表 8-3　微生物生长与温度的相关性

细菌	最高生长温度/℃	最低破坏温度/℃		
		细胞色素氧化酶	过氧化氢酶	琥珀酸脱氢酶
蕈状芽胞杆菌（*Bacillus mycoides*）	40	41	41	40
单纯芽胞杆菌（*Bacillus simplex*）	43	55	52	40
蜡样芽胞杆菌	45	48	46	50
巨大芽胞杆菌	46	48	50	57
枯草芽胞杆菌	54	60	56	51
嗜热芽胞杆菌	67	65	67	59

致死温度：最高生长温度如进一步升高，便可杀死微生物。这种致死微生物的最低温度界限即为致死温度。致死温度与处理时间有关。在一定的温度下处理时间越长，死亡率越高。严格地说，一般以 10min 为标准时间。细菌在 10min 被完全杀死的最低温度称为致死温度。

测定微生物的致死温度一般在生理盐水中进行，以减少有机物质的干扰。微生物按其生长温度范围可分为低温微生物、中温微生物和高温微生物 3 类（表 8-4）。

表 8-4　不同温度微生物的生长温度范围

微生物类型		生长温度/℃			分布的主要处所
		最低	最适	最高	
低温型	专性嗜冷	−12	5～15	15～20	两极地区
	兼性嗜冷	−5～0	10～20	25～30	海水及冷藏食品上
中温型	室温	10～20	20～35	40～45	腐生微生物
	体温	10～20	35～40	40～45	寄生于人及动物的微生物
高温型		25～45	50～60	70～95	温泉、堆肥、土壤表层等

1. 低温型微生物

低温型微生物又称嗜冷微生物，可在较低的温度下生长。它们常分布在地球两极地区的水域和土壤中，即使在极微小的液态水间隙中也有微生物的存在。常见的产碱杆菌属（*Alcaligenes*）、假单胞杆菌属（*Pseudomonas*）、黄色杆菌属（*Flavobacterium*）、微球菌属（*Micrococcus*）等常使冷藏食品腐败变质。有些肉类上的霉菌如芽枝霉（*Cladosporium* spp.）在−10℃条件下仍能生长，荧光极毛菌（*Pseudomonas fiurescense*）可在−4℃条件下生长，并造成冷冻食品变质腐败。

耐冷微生物比嗜冷微生物的分布广泛得多，可从温带环境的土壤、水、肉、奶及奶制品和贮存在冰箱中的苹果汁、蔬菜及水果中分离到。耐冷微生物在 20～40℃条件下能很好地生长。夏天，温带环境变暖，变暖后的环境不利于热敏感嗜冷微生物的生存，环境变暖实际上起着一种选择作用，它有利于耐冷微生物种属的生存，却把嗜冷微生物淘汰掉。耐冷微生物能在 0℃条件下生长，但它们并不能很快很好地生长，在培养基中常常要几周才能用肉眼观察到。细菌、真菌、藻类及原核微生物的许多种属中都存在耐冷微生物。

低温也能抑制微生物的生长。在 0℃以下，菌体内的水分冻结，生化反应无法进行，微生物停止生长。有些微生物在冰点下就会死亡，主要原因是细胞内水分变成了冰晶，造成细胞脱水或细胞膜的物理损伤。因此，生产上常用低温保藏食品，各种食品的保藏温度不同，分为寒冷温度、冷藏温度和冻藏温度。

2. 中温型微生物

绝大多数微生物属于这一类。最适生长温度为 20～40℃，最低生长温度为 10～20℃，最高生长温度为 40～45℃。它们又可分为嗜室温微生物和嗜体温微生物。嗜体温微生物多为人及温血动物的病原菌，它们生长的极限温度为 10～45℃，最适生长温度与其宿主体温相近，为 35～40℃，人体寄生菌为 37℃左右。引起人和动物疾病的病原微生物、发酵工业应用的微生物菌种，以及导致食品原料和成品腐败变质的微生物，都属于这一类群的微生物。因此，它与食品工业的关系十分密切。

3. 高温型微生物

微生物的最适生长温度在 45℃以上的称为嗜热微生物，在 80℃以上的称为嗜高温微生物。嗜热微生物适于在 45～50℃以上的温度中生长，在自然界中的分布仅局限于某些地区，如温泉、日照充足的土壤表层、堆肥、发酵饲料等腐烂有机物中。例如，堆肥中温度可达 60～70℃。能在 55～70℃条件下生长的微生物有芽胞杆菌属（*Bacillus*）、梭状芽胞杆菌属（*Clostridium*）、嗜热脂肪芽胞杆菌（*Bacillus stearothermophilus*）、高温放线菌属（*Thermoactinomyces*）、甲烷杆菌属（*Methanobacterium*）等及温泉中的细菌，还有链球菌属（*Streptococcus*）和乳杆菌属（*Lactobacillus*）。有的可在近于 100℃的高温中生长。这类高温型的微生物，给罐头工业、发酵工业等带来了一定困难。

8.2.2　氧气

微生物对氧的需要和耐受能力在不同的类群中差别很大，按照微生物与氧的关系，可把它们粗分成好氧微生物（好氧菌，aerobes）和厌氧微生物（厌氧菌，anaerobes）两大类，并可进一步细分为 5 类，如下所示。

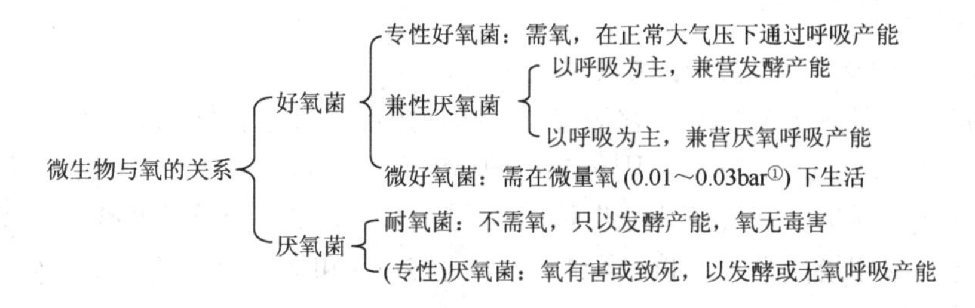

① $1bar=10^5Pa=1dN/mm^2$。

1. 专性好氧菌（obligate 或 strict aerobes）

必须在较高浓度分子氧（–0.2bar）的条件下才能生长，它们有完整的呼吸链，以分子氧作为最终氢受体，具有超氧化物歧化酶（SOD）和过氧化氢酶，绝大多数真菌和多数细菌、放线菌都是专性好氧菌，例如，醋酸杆菌属（*Acetobacter*）、固氮菌属（*Azotobacter*）、铜绿假单胞杆菌（*Pseudomonas aeruginosa*）和白喉棒状杆菌（*Corynebacterium diphtheriae*）等。振荡、通气、搅拌都是实验室和工业生产中常用的供氧方法。

2. 兼性厌氧菌（facultative anaerobes）

兼性厌氧菌是指以在有氧条件下的生长为主，也可在厌氧条件下生长的微生物，有时也称“兼性好氧菌”（facultative aerobes）。它们在有氧时靠呼吸产能，无氧时则借发酵或无氧呼吸产能；细胞含 SOD 和过氧化氢酶。许多酵母菌和细菌都是兼性厌氧菌。例如，酿酒酵母（*Saccharomyces cerevisiae*）、地衣芽胞杆菌（*Bacillus licheniformis*）、脱氮副球菌（*Paracoccus denitrificans*），以及肠杆菌科的各种常见细菌，包括大肠杆菌、产气肠杆菌、普通变形杆菌（*Proteus vulgaris*）等。

3. 微好氧菌（microaerophilic bacteria）

微好氧菌是指只能在较低的氧分压（0.01～0.03bar，正常大气中的氧分压为 0.2bar）下才能正常生长的微生物。微好氧菌也是通过呼吸链并以氧为最终氢受体而产能的。例如，霍乱弧菌（*Vibrio cholerae*）、氢单胞菌属（*Hydrogenomonas*）、发酵单胞菌属（*Zymomonas*）和弯曲杆菌属（*Campylobacter*）等。

4. 耐氧菌（aerotolerant anaerobes）

耐氧菌即耐氧性厌氧菌的简称，是一类可在分子氧存在下进行发酵性厌氧生活的厌氧菌。它们的生长不需要任何氧，但分子氧对它们也无害。它们不具有呼吸链，仅依靠专性发酵和底物水平磷酸化而获得能量。耐氧的机制是细胞内存在 SOD 和过氧化物酶（但缺乏过氧化氢酶）。通常的乳酸菌多为耐氧菌，例如，乳酸乳杆菌（*Lactobacillus lactis*）、肠膜明串珠菌（*Leuconostoc mesenteroides*）、乳链球菌（*Streptococcus lactis*）和粪肠球菌（*Enterococcus faecalis*）等；非乳酸菌类耐氧菌如雷氏丁酸杆菌（*Butyribacterium rettgeri*）等。

5. 厌氧菌（anaerobes）

厌氧菌有一般厌氧菌与严格厌氧菌之分。

厌氧菌的特点是：①分子氧对它们有毒，即使短期接触也会抑制甚至致死；②在空气或含 10% CO_2 的空气中，它们在固体或半固体培养基表面不能生长，只有在其深层无氧处或在低氧化还原势的环境下才能生长；③生命活动所需能量通过发酵、无氧呼吸、循环光合磷酸化或甲烷发酵等提供；④细胞内缺乏 SOD 和细胞色素氧化酶，大多数还缺乏过氧化氢酶。

一些微生物与氧的关系及其在深层半固体琼脂柱中的生长状态见图 8-6、图 8-7。

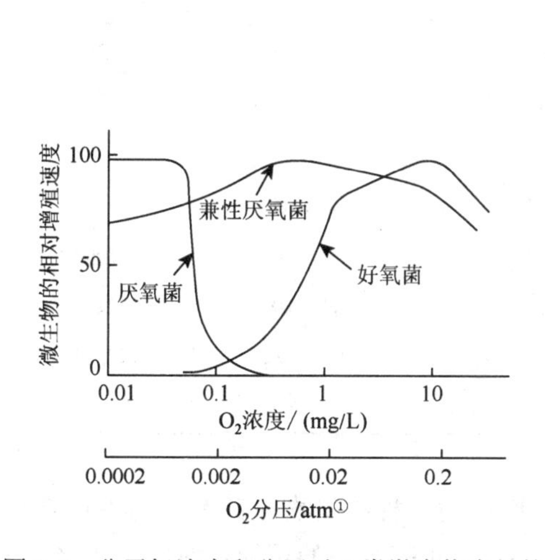

图 8-6　分子氧浓度和分压对 3 类微生物生长的影响

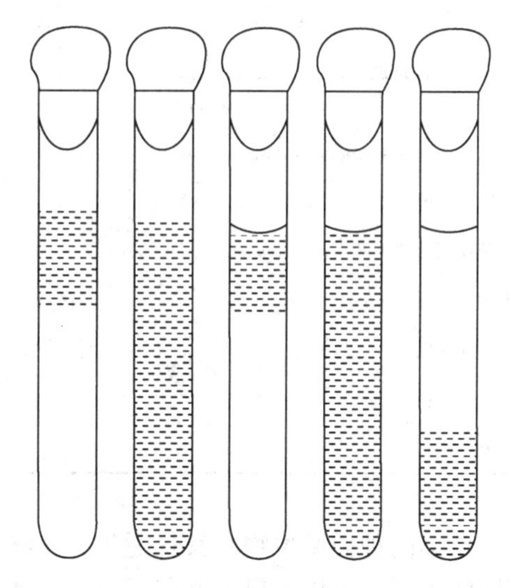

图 8-7　5 类对氧关系不同的微生物在半固体琼脂柱中的生长状态模式图

在微生物世界中，绝大多数种类都是好氧菌或兼性厌氧菌。厌氧菌的种类相对较少，但近年来已找到越来越多的厌氧菌。

8.2.3　pH

微生物作为一个整体来说，其生长的 pH 范围极广（＜2～＞10），有少数种类还可超出这一范围。但绝大多数微生物的生长 pH 都为 5～9。与温度的三基点相似，不同微生物的生长 pH 也存在最低、最适与最高 3 个数值（表 8-5）。

表 8-5　不同微生物的生长 pH 范围

微生物名称	pH		
	最低	最适	最高
氧化硫硫杆菌（*Thiobacillus thiooxidans*）	0.5	2.0～3.5	6.0
嗜酸乳杆菌（*Lactobacillus acidophilus*）	4.0～4.6	5.8～6.6	6.8
纹膜醋酸杆菌（*Acetobacter aceti*）	4.0～4.5	5.4～6.3	7.0～8.0
大豆根瘤菌（*Rhizobium japonicum*）	4.2	6.8～7.0	11.0
枯草芽胞杆菌（*Bacillus subtilis*）	4.5	6.0～7.5	8.5
大肠埃希氏菌（*E. coli*）	4.3	6.0～8.0	9.5

① 1atm=1.013 25×10^5Pa。

续表

微生物名称	pH		
	最低	最适	最高
金黄色葡萄球菌（*Staphylococcus aureus*）	4.2	7.0～7.5	9.3
褐球固氮菌（*Azotobacter chroococcum*）	4.5	7.4～7.6	9.0
酿脓链球菌（*Streptococcus pyogenes*）	4.5	7.8	9.2
一种亚硝化单胞菌（*Nitrosomonas* sp.）	7.0	7.8～8.6	9.4
黑曲霉（*Aspergillus niger*）	1.5	5.0～6.0	9.0
一般放线菌	5.0	7.0～8.0	10.0
一般酵母菌	2.5	4.0～5.8	8.0
一般霉菌	1.5	3.8～6.0	7.0～11.0

除不同种类微生物有其最适生长 pH 外，即使同一种微生物在其不同的生长阶段和不同的生理、生化过程，也有不同的最适 pH 要求。研究其中的规律，对发酵生产中 pH 的控制尤为重要。例如，黑曲霉在 pH=2.0～2.5 时，有利于合成柠檬酸；在 pH=2.5～6.5 时，就以菌体生长为主；而在 pH=7 左右时，则大量合成草酸。又如，丙酮丁醇梭菌（*Clostridium acetobutylicum*）在 pH=5.5～7.0 时，以菌体的生长繁殖为主，而在 pH=4.3～5.3 时才进行丙酮、丁醇发酵。此外，许多抗生素的生产菌也有同样情况（表 8-6）。利用上述规律对提高发酵生产效率十分重要。

表 8-6　几种抗生素产生菌的生长与发酵的最适 pH

抗生素产生菌	生长最适 pH	合成抗生素最适 pH
灰色链霉菌（*Streptomyces griseus*）	6.3～6.9	6.7～7.3
红霉素链霉菌（*Streptomyces erythreus*）	6.6～7.0	6.8～7.3
产黄青霉（*Penicillium chrysogenum*）	6.5～7.2	6.2～6.8
金霉素链霉菌（*Streptomyces aureofaciens*）	6.1～6.6	5.9～6.3
龟裂链霉菌（*Streptomyces rimosus*）	6.0～6.6	5.8～6.1
灰黄青霉（*Penicillium griseofulvum*）	6.4～7.0	6.2～6.5

虽然微生物外环境的 pH 变化很大，但细胞内环境中的 pH 却相当稳定，一般都接近中性。这就免除了 DNA、ATP、菌绿素和叶绿素等重要成分被酸破坏，或 RNA、磷脂类等被碱破坏的可能性。与细胞内环境的中性 pH 相适应的是，胞内酶的最适 pH 一般也接近中性，而位于周质空间的酶和分泌到细胞外的胞外酶的最适 pH 则接近环境的 pH。pH 除了对细胞发生直接影响之外，还对细胞产生种种间接的影响。例如，可影响培养基中营养物质的离子化程度，从而影响微生物对营养物质的吸收，影响环境中有害物质对微生物的毒性，以及影响代谢反应中各种酶的活性等。

微生物的生命活动过程也会能动地改变外界环境的 pH，这就是通常遇到的培养基的原始 pH 在培养微生物的过程中会时时发生改变的原因。其中发生 pH 改变的可能反应有以下数种。

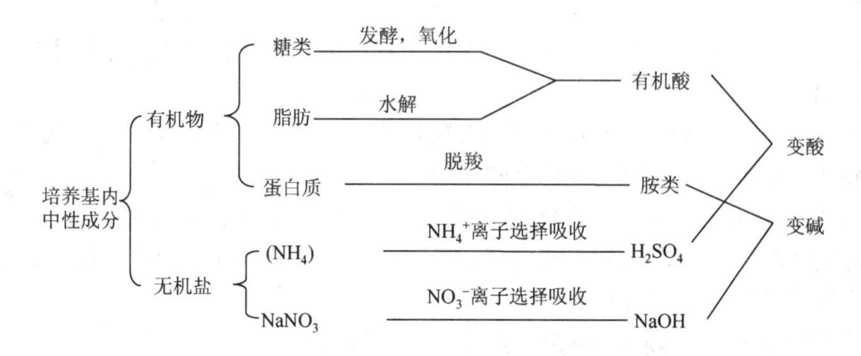

上述变酸与变碱两种过程，在一般微生物的培养中往往以变酸占优势，因此，随着培养时间的延长，培养基的 pH 会逐渐下降，当然，pH 的变化还与培养基的组分尤其是碳氮比有很大的关系，碳氮比高的培养基，如培养各种真菌的培养基，经培养后其 pH 常会显著下降；相反，碳氮比低的培养基，如培养一般细菌的培养基，经培养后，其 pH 常会明显上升。

在微生物培养过程中 pH 的变化往往对该微生物本身及发酵生产均有不利的影响，因此，如何及时调整 pH 就成了微生物培养和发酵生产中的一项重要措施。现将微生物培养过程中调节 pH 的方法简要归纳如下。

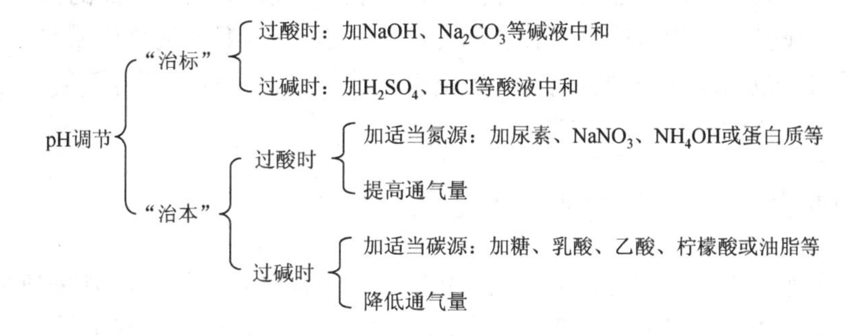

8.3　理化因素对微生物生长的影响

在我们周围的环境中，到处都有各种各样的微生物存在着，其中有一部分是对人类有害的微生物。它们通过气流、相互接触或人工接种等方式，传播到合适的基质或生物对象上而造成种种危害。例如，食品和工农业产品的霉腐变质；实验室中微生物或动植物组织、细胞纯培养物的污染；培养基或生化试剂的染菌；微生物工业发酵中的杂菌污染；以及人体和动植物受病原微生物的感染而患各种传染病等。对这些有害微生物应采取有效的措施来抑制或消灭它们。

8.3.1　微生物控制的基本概念

在控制微生物方面经常用到的术语如下。

灭菌（sterilization）：杀灭物体上所有微生物的方法，包括杀灭病原微生物和非病原微生物、繁殖体和芽胞。

消毒（disinfection）：杀死物体中所有病原微生物但不一定杀死细菌芽胞的方法。它可以起到防止病原微生物感染或传播的作用。

防腐（antisepsis）：在某些理化因子作用下，能防止或抑制微生物生长繁殖的一种措施，它能防止食物腐败、物质霉变，例如，日常生活中以干燥、缺氧、低温、盐腌或糖渍、防腐剂等防腐方法保藏食物。

杀菌（bacteriocidation）：指菌体虽死，但形体尚存。

溶菌（bacteriolysis）：指菌体杀死后，其细胞发生溶化、消失的现象。

抑制（inhibition）：在亚致死剂量因子作用下导致微生物生长停止，移去这种因子后生长仍可以恢复的生物学现象。

商业灭菌（commercial sterilization）：从商品角度对某些食品所提出的杀菌要求。即食品经过杀菌处理后，按照所规定的检验方法，在所检食品中无活的细菌检出，或者仅能检出少数非病原菌，但它们在食品保藏过程中不会繁殖。

死亡（death）：对微生物细胞来说，是指不可逆地失去生长、繁殖的能力。

无菌（asepsis）：指不含任何活微生物的状态，它往往是灭菌处理的结果。

无菌操作（asepsis technique）：指防止微生物进入人体或其他物品的操作方法。

微生物在我们生活的自然界中分布如此广泛，有一些给我们的生活带来了许多不便，因此必须采取一些措施来控制、消灭有害的微生物。目前采取的消毒灭菌的方法主要有物理学控制法和化学控制法两大类。

8.3.2　控制微生物生长的物理方法

物理因素能影响微生物的化学组成和新陈代谢，因此可以用物理方法抑制或杀灭微生物，控制微生物的物理方法主要有热力、辐射、干燥、超声波、过滤等。

8.3.2.1　高温灭菌

具有杀菌效应的温度范围较广。高温的致死作用，主要是由于它使微生物的蛋白质和核酸等重要生物高分子发生变性、破坏，例如，它可使核酸发生脱氨、脱嘌呤或降解，以及破坏细胞膜上的类脂质成分等。在同一温度下，湿热灭菌要比干热灭菌更有效，这是因为：湿热菌体蛋白易于吸收水分，更易凝固变性；湿热的蒸汽穿透力比干热空气大；湿热的蒸汽有潜热存在，水由汽态变为液态时放出潜热 2255J/g（100℃），提高物体温度，加速微生物死亡。高温灭菌广泛应用于医药卫生、食品工业及日常生活中。

1. 微生物耐热性的数值表示

（1）热（力致）死时间（thermal death time，TDT）

在特定的条件和特定的温度下，杀死一定数量微生物所需要的时间，称为热（力致）死时间。

（2）*D* 值（decimal reduction time）

在一定温度下加热，活菌数减少一个对数周期（即 90%的活菌被杀死）时，所需要的时间（min），即为 *D* 值。测定 *D* 值时的加热温度，在 *D* 的右下角标明。例如，含菌数为 10^5 个/mL 的菌悬液，在 100℃的水浴温度中，活菌数降低至 10^4 个/mL 时，所需时间为 10min，该菌的 *D* 值即为 10min，即 D_{100}=10min。如果加热的温度为 121.1℃（250℉），其 *D* 常用 *Dr* 表示（图 8-8）。

（3）*Z* 值（*Z* value）

在加热致死曲线中，时间降低一个对数周期（即缩短 90%的加热时间）所需要升高的温度（℃），即为 *Z* 值（图 8-9）。

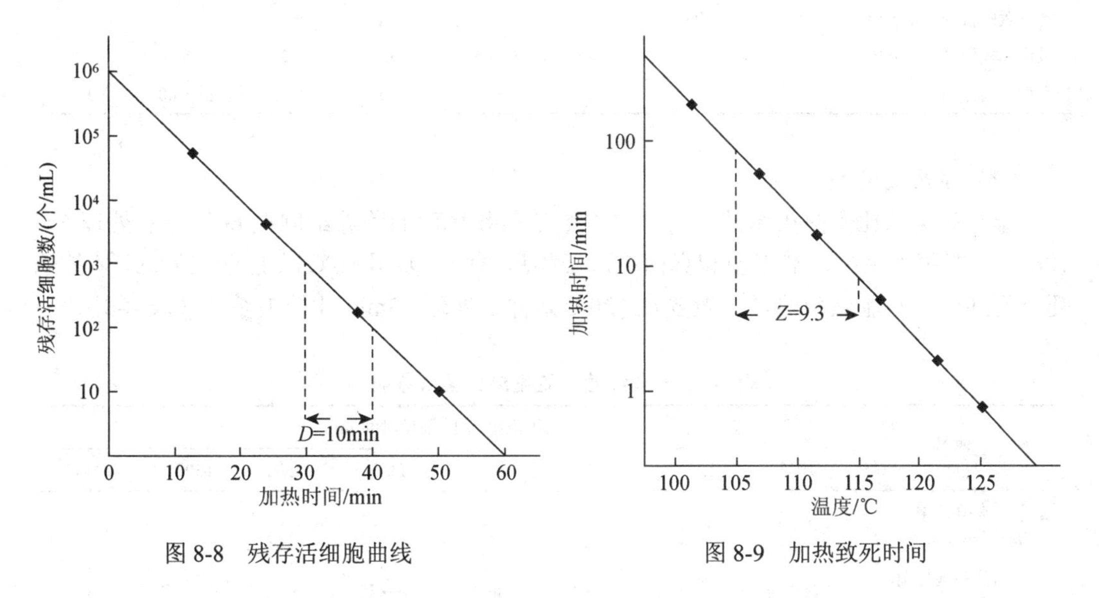

图 8-8　残存活细胞曲线　　　　图 8-9　加热致死时间

（4）*F* 值（*F* value）

在一定的基质中，其温度为 121.1℃，加热杀死一定数量微生物所需要的时间（min），即为 *F* 值。

2. 常用的高温灭菌方法

在实践上行之有效的高温灭菌或消毒的方法主要有以下几种。

（1）干热灭菌法

在干燥条件下，一般细菌的繁殖体 80～100℃ 1h 可被杀死；芽胞则需 160～170℃ 2h 才能被杀死。其作用机制是脱水干燥和大分子变性。干热灭菌法包括以下几种。

a. 灼烧法　　灼烧是直接用火焰烧灼而杀死微生物的方法，灭菌彻底，迅速简便，但使用范围有限。常用于金属性接种工具、污染物品及实验材料等废弃物的处理。

b. 干烤法　利用在密闭的烤箱中高热空气灭菌的一种方法。在160～170℃条件下维持1～2h可杀灭包括芽胞在内的一切微生物，可彻底灭菌，适用于高温下不变质、不损坏、不蒸发的物品，如一般玻璃器皿、瓷器、金属工具、注射器、药粉等。但应用此法时，需注意温度不宜超过180℃，避免包装纸与棉花等纤维物品烧焦引起火灾。同时应注意玻璃器皿等必须洗净烘干，不许沾有油脂等有机物。

细菌的芽胞是耐热性最强的生命形式，因此，干热灭菌时间常以几种有代表性的细菌芽胞的耐热性作参考标准（表8-7）。

表8-7　一些细菌芽胞干热灭菌所需时间

菌名	不同温度下的杀死时间/min						
	120℃	130℃	140℃	150℃	160℃	170℃	180℃
炭疽杆菌（*Bacillus anthracis*）	—	—	180	60～120	9～90	—	3
肉毒梭菌（*Clostridium botulinum*）	120	60	15～60	25	20～25	10～15	5～10
产气荚膜梭菌（*C. perfringens*）	50	15～35	5	—	—	—	—
破伤风梭菌（*C. tetani*）	—	20～40	5～15	30	12	5	1
土壤细菌芽胞	—	—	—	180	30～90	15～60	15

（2）湿热灭菌法

湿热灭菌法比干热灭菌法更有效。多数细菌和真菌的营养细胞在60℃左右处理5～10min后即可被杀死，酵母菌和真菌的孢子稍耐热些，要用80℃以上的温度处理才能杀死，而细菌的芽胞最耐热，一般要在120℃条件下处理15min才能被杀死（表8-8）。

表8-8　一些细菌芽胞湿热灭菌所需时间

菌名	不同温度下的杀死时间/min							
	100℃	105℃	110℃	115℃	120℃	125℃	130℃	134℃
炭疽杆菌（*Bacillus anthracis*）	2～15	5～10	—	—	—	—	—	—
枯草芽胞杆菌（*B. subtilis*）	数小时	—	—	40	—	—	—	—
一种腐败厌氧菌	780	170	41	15	5.6	—	—	—
破伤风梭菌（*C. tetani*）	5～90	5～25	—	—	—	—	—	—
产气荚膜梭菌（*C. perfringens*）	5～45	5～27	10～15	4	1	—	—	—
肉毒梭菌（*Clostridium botulinum*）	300～530	40～120	32～90	10～40	4～20	—	—	—
一种土壤细菌	数小时	420	120	15	6～30	4	—	1.5～10
一种嗜热菌	—	400	100～300	40～110	11～35	3.9～8.0	3.5	1
产孢梭菌（*C. sporogenes*）	150	45	12	—	—	—	—	—

a. 巴氏消毒法（pasteurization）　此法因巴斯德首创而得名，是一种较低温度消毒法。虽然嗜热微生物在此温度下可能免于一死，但它们在人体体温条件下不能生长，巴氏消毒法主要针对牛奶中的病原菌，如结核分枝杆菌（*Tubercle bacillus*）和沙门氏菌（*Salmonella*），它们均被杀死。其具体方法可分为两类：低温维持法（low temperature holding method，LTH），即 63℃条件下维持 30min；高温瞬时法（high temperature short time，HTST），即 72℃条件下维持 15s。巴氏消毒法的优点是可以保留食品风味和营养价值，适用于牛奶、酒类、酱油等食品消毒。现在，牛奶等食品一般都采用超高温灭菌（ultra heat treated，UHT），即 135～150℃维持 2～6s，即可杀菌和保质，既缩短了时间，又提高了经济效益。

b. 煮沸法（boiling）　煮沸 100℃ 5min 可杀死细菌的繁殖体，1～3h 可杀死芽胞。此法主要用于外科器械、注射器、胶管、食具和饮用水的消毒。因被灭菌物品要浸湿，其应用受到一定限制。如于水中加入 1%～2%碳酸氢钠，可增高沸点至 105℃，加速芽胞死亡，既可提高杀菌力，又可防止金属器械生锈。

c. 流通蒸汽消毒法　流通蒸汽消毒法又称常压蒸汽消毒法，是利用一个大气压下 100℃的水蒸气维持 15～30min 进行消毒，可杀死细菌的繁殖体，但不能保证杀死芽胞。可采用 Arnold 流通蒸汽灭菌器或普通蒸笼，常用于一般外科器械、注射器、食具等的消毒。

d. 间歇灭菌法（fractional sterilization）　因由 Tynall 创名，故又称丁达尔灭菌法（tyndallization）。是利用反复多次的流通蒸汽消毒法杀死细菌的繁殖体和芽胞的一种灭菌法。方法是将物品置于 Arnold 流通蒸汽灭菌器或普通蒸笼内，100℃的水蒸气维持 15～30min，杀死其中的细菌繁殖体，但尚存有芽胞。取出物品置于 37℃恒温培养箱过夜，使芽胞萌发成繁殖体，次日再用同法重复灭菌。如此连续 3 次，既可将所有繁殖体和芽胞全部杀死，又不破坏被灭物品的成分。适用于某些不耐高温的培养基，如含有血清、卵黄等的培养基的灭菌。

e. 常规高压蒸汽灭菌法（normal autoclaving）　常规高压蒸汽灭菌法是灭菌效果最好、目前应用最广泛的方法。灭菌的温度取决于蒸汽的压力，在一个大气压下，蒸汽的温度为 100℃，但在密闭的高压蒸汽灭菌器内，加热时蒸汽不能外溢，随着饱和蒸汽压力的增加，温度也随着增高，杀菌力大为增强，能迅速杀死繁殖体和芽胞。为达到良好的灭菌效果，一般要求温度应达到 121℃（压力为 103.5kPa），时间维持 15～20min，也可采用在较低的温度 113～115℃（即 55.2～68.9kPa）下维持 20～30min 的方法。此法适合于一切微生物学实验室、医疗保健机构或发酵工厂中培养基及多种器材、物料的灭菌。

f. 连续加压灭菌法（continuous autoclaving）　连续加压灭菌法也称“连消法”。此法适用于大规模的发酵工厂中培养基灭菌用。方法主要是将培养基在发酵罐外连续不断地进行加热、维持和冷却，再进入发酵罐。培养基一般在 135～140℃条件下处理 5～15s。优点是：①因采用高温瞬时灭菌，可最大限度减少营养成分的破坏，提高了原料的利用率，比采用“实罐灭菌”（121℃，30min）产量提高 5%～10%；②适于自动化操作，降低操作人员的劳动强度；③总的灭菌时间较分批灭菌时间明显减少，缩短了发酵罐的占用周期，提高了利用率；④由于蒸汽负荷均匀，提高了锅炉利用率。

3. 影响微生物对热抵抗力的因素

（1）菌种

不同微生物由于细胞结构和生物学特性不同，对热的抵抗力也不同，一般的规律是嗜热菌的抗热力大于嗜温菌和嗜冷菌，芽胞大于非芽胞菌，球菌大于非芽胞杆菌，革兰氏阳性菌大于革兰氏阴性菌，霉菌大于酵母菌，霉菌和酵母菌的孢子大于其菌丝体。细菌的芽胞和霉菌的菌核抗热力特别强。

（2）菌龄

在同样的条件下，对数期的菌体抗热力较差，而稳定期的老龄细胞抗热力较强，老龄的细菌芽胞较幼龄的细菌芽胞抗热力强。

（3）菌体数量

菌数越多，抗热力越强。因此加热杀死最后一个微生物所需的时间也越长。另外，微生物群集在一起时，受热致死时间有先有后，同时菌体能分泌一些有保护作用的蛋白质物质，菌越多，分泌的保护物质也越多，抗热性也就越强。

（4）基质的因素

微生物的抗热力随含水量减少而增大，同一种微生物在干热环境中比在湿热环境中抗热力强；基质中的脂肪、糖、蛋白质等物质对微生物有保护作用，微生物的抗热力随这类物质的增多而增大；微生物在 pH 7 左右，抗热力最强，pH 升高或下降都可以降低微生物的抗热力，特别是在酸性环境下微生物的抗热力减弱更明显。

（5）加热的温度和时间

加热的温度越高，微生物的抗热力越弱，越容易死亡；加热的时间越长，热致死作用越大。在一定高温范围内，温度越高，杀死微生物所需时间越短。另外，其他因素如盐类等，在基质中有降低水分活性作用，从而增强抗热力；而另一类盐类如钙盐、镁盐可减弱微生物对热的抵抗力。

8.3.2.2 辐射

用于消毒与灭菌的辐射是指可见光以外的电磁波，包括 X 射线、γ 射线、红外线、紫外线、微波等。大多数微生物不能利用辐射能源，且可以因此而受到损害。故物理辐射往往被用于控制微生物。

（1）红外线

红外线是指波长在 0.77～1000μm 的电磁波，在 1～10μm 波长段热效应最强。在其照射处，能量被直接转换为热能，通过提高环境中的温度和引起水分蒸发而致干燥作用，间接地影响微生物的生长。

（2）紫外线

紫外线是一种低能量的电磁波，波长在 200～300nm 处的紫外线具有杀菌作用，其中波长在 260nm 处的杀菌力最强，这与核酸吸收光谱范围相一致。紫外线对细菌、真菌、病毒、立克次氏体、螺旋体、原虫等多种微生物有杀灭作用，但不同种类的微生物对紫外线照射的敏感性不同。最敏感的为革兰氏阴性菌，其次为革兰氏阳性球菌，细菌芽胞和真菌孢子对紫外线的抵抗力最强。紫外线的能量低，穿透力弱，普通玻璃、纸、有机玻璃、一般塑料薄膜、尘埃和水蒸气等都对其有阻挡作用，因此紫外线只适用于空气和物体表面的消毒。杀菌波长的紫外线对人体皮肤、眼睛均有损伤作用，使用时应注意防护。

（3）电离辐射

高能电磁波 X 射线、γ 射线、α 射线和 β 射线的波长更短，有足够的能量使受照射分子产生电离现象，故称为电离辐射。电离辐射具有较强的穿透力和杀菌效果，消毒灭菌具有许多独特的优点：①能量大，穿透力强，可彻底杀灭物品内部的微生物，灭菌作用不受物品包装、形态的限制；②不需加热，有“冷灭菌”之称，可用于忌热物品的灭菌；③方法简便，不污染环境，无残留毒性。现多用于医疗卫生用品的消毒灭菌，也能用于保藏食品、处理污水污泥。电离辐射可造成人体损伤，应注意防护。

（4）微波

微波是一种波长在 1～1000mm 的电磁波，主要通过使介质内极性分子呈现有节律的运动，分子间互相碰撞和摩擦，产生热量而杀菌。微波的频率较高，穿透力较强，可穿透玻璃、塑料薄膜与陶瓷等物质，但不能穿透金属。多用于食品、药品、非金属器械及餐具的消毒。但灭菌效果不可靠。

8.3.2.3　超声波

超声波为频率高于 20kHz 的机械波，人耳不能听到。液体中的微生物细胞可因高强度的超声波照射而破碎死亡。超声波的杀菌效果及对细胞的影响与频率、处理时间、微生物种类、细胞大小、形状及数量等均有关系。杆菌比球菌、丝状菌比非丝状菌、体积大的菌比体积小的菌更易受超声波破坏，而病毒和噬菌体较难被破坏，细菌芽胞大多数情况下不受超声波影响。一般来说，高频率比低频率杀菌效果好。

8.3.2.4　滤过作用

滤过除菌是用滤器去除气体或液体中微生物的方法。常用的滤器有硅藻土滤器（berkefeld filter）、蔡氏滤器（Seitz filter）、玻璃滤器、膜滤器和超净工作台、生物安全柜等，其原理是利用滤器孔径的大小来阻截液体、气体中的微生物。此法主要用于一些不耐热、也不能用化学方法处理的物品如抗生素、维生素、酶等的除菌。但病毒及支原体等微生物因其颗粒太小，不能通过滤过法去除。

8.3.2.5　干燥与低温

水是微生物细胞构成与代谢的必要成分，干燥可使微生物细胞脱水，代谢受到阻碍。

多数细菌的繁殖体在空气中干燥时很快死亡，部分细菌如溶血性链球菌（*Hemolytic streptococcus*）、结核分枝杆菌等抗干燥力较强。干燥法常用于保存食物，降低食物中的含水量直至干燥，可有效抑制其中微生物的繁殖，防止腐败变质。

多数细菌耐低温。在低温状态下，细菌的代谢减慢，生长繁殖受到抑制。当温度升全适宜范围时则能恢复生长、繁殖。因此低温可用作保存食物、菌种等。

8.3.3　控制微生物生长的化学方法

8.3.3.1　消毒剂和防腐剂

许多化学药剂能抑制或杀死微生物，根据它们的效应，可分为 3 类：消毒剂、防腐剂和灭菌剂。但在三者之间，没有严格的界限，因用量而异。用量少时可以防腐，称为防腐剂；用量多时，可以消毒，称为消毒剂；更多一些，就可以起到灭菌作用，称为灭菌剂。

1. 消毒剂和防腐剂的作用机制

（1）破坏微生物的细胞壁、细胞膜

如表面活性剂可使革兰阴性菌的细胞壁解聚；戊二醛可与细菌细胞壁脂蛋白发生交联反应、与胞壁酸中的 D-丙氨酸残基相连形成侧链，从而封闭细胞壁，致使微生物细胞内外物质交换发生障碍；酚类及醇类可导致微生物细胞膜结构紊乱并干扰其正常功能，使其小分子代谢物质溢出胞外。

（2）引起菌体蛋白变性或凝固

酸碱、醇类、醛类、染料、重金属盐和氧化剂等消毒防腐剂有此作用。如乙醇可引起菌体蛋白质构型改变而扰乱多肽链的折叠方式，造成蛋白质变性；二氧化氯能与细菌细胞质中酶的巯基结合，致使这些酶失活。

（3）改变核酸结构、抑制核酸合成

部分醛类、染料和烷化剂通过影响核酸的生物合成和功能发挥杀菌抑菌作用。如甲醛可与微生物核酸碱基环上的氨基结合；环氧乙烷能使微生物核酸碱基环发生烷基化；吖啶染料上的吖啶环可连接于微生物核酸多核苷酸链的两个相邻碱基之间。这类化学消毒剂除能杀菌抑菌外，同样可杀灭病毒。化学消毒剂、防腐剂的作用常以上述机制中的一种为主，同时也有其他方面的综合作用。故也可对人体组织造成损害，仅能外用或用于环境消毒。

2. 化学消毒剂、防腐剂的应用

理想的消毒剂应具有以下特征：杀灭各种类型的微生物；作用迅速；不损伤机体组织或不具毒性作用；其杀菌作用不受有机体的影响；能透过被消毒的物体；易溶于水，与水形成稳定的水溶液或乳化液；当接触热、光或不利的天气条件时不易分解；不损害被消毒的材料；价格低廉，运输方便。常用的消毒剂、防腐剂见表 8-9。

表 8-9　常用化学消毒剂、防腐剂的种类、性质与用途

类别	名称	浓度	作用原理	杀菌对象	应用范围
酸类	乳酸	0.33～1.0mol/L	破坏细胞膜和蛋白质	病原菌、病毒	房间熏蒸、消毒
	乙酸	5～10mL/m^3	破坏细胞膜和蛋白质	病原菌	房间熏蒸消毒
碱类	石灰水	1%～3%	破坏细胞结构、酶系统	细菌、芽胞、病毒	粪便或地面
	生石灰乳	5%～10%	破坏细胞结构、酶系统	细菌、芽胞、病毒	粪便或地面
	烧碱	2%～3%	破坏细胞结构、酶系统	细菌、芽胞、病毒	食品设备用具
	火碱	1%～4%	破坏细胞结构、酶系统	细菌、芽胞、病毒	食品设备用具
氧化剂	高锰酸钾	0.1%	氧化蛋白质活性基团	细菌繁殖体	皮肤、果蔬、餐具
	过氧化氢	3%	氧化蛋白质活性基团	细菌、厌氧菌	皮肤、伤口、食品
		20%以上	氧化蛋白质活性基团	细菌芽胞	食品包装材料
	过氧乙酸	0.2%～0.5%	氧化蛋白质活性基团	细菌、真菌、病毒、芽胞	皮肤、塑料、食品包装材料
	臭氧	约 1mg/L	氧化蛋白质活性基团	细菌、真菌、病毒	食品、饮用水
	氯气	0.2～0.5mg/L	氧化蛋白质、破坏细胞膜	多数细菌、病毒	饮用水、游泳池水
	漂白粉	0.5%～1.2%	氧化蛋白质、破坏细胞膜	多数细菌、芽胞	饮用水、果蔬
		10%～20%	氧化蛋白质、破坏细胞膜	多数细菌、芽胞	地面、厂房
	二氧化氯	2%	氧化蛋白质、破坏细胞膜	细菌、霉菌、病毒	饮用水、食品设备
	碘酒	2.5%	酪氨酸卤化、酶失活	细菌、霉菌、病毒	皮肤、伤口
醇类	乙醇	70%～75%	脱水、蛋白质变性、溶解脂类、破坏细胞膜	细菌繁殖体	皮肤、医疗器械
醛类	甲醛	0.5%～10%	破坏蛋白质氢键、氨基	细菌繁殖体、芽胞	熏蒸接种室（箱）
酚类	石炭酸	3%～5%	蛋白质变性、损伤细胞膜	细菌繁殖体	地面、家具、器皿
	煤酚皂	2%～5%	蛋白质变性、损伤细胞膜	细菌繁殖体	皮肤、器械、地面
表面活性剂	新洁尔灭	0.05%～0.1%	蛋白质变性、破坏细胞膜	细菌、真菌、病毒	皮肤、手术器械
	杜灭芬	0.05%～0.1%	蛋白质变性、破坏细胞膜	细菌、真菌、病毒	皮肤、金属
重金属盐类	升汞	0.1%	与蛋白质巯基结合失活	所有微生物	非金属物品、器皿
	红汞	2%	与蛋白质巯基结合失活	所有微生物	皮肤黏膜、小伤口
	硫柳汞	0.01%～0.1%	与蛋白质巯基结合失活	所有微生物	皮肤、生物制品
	硝酸银	0.1%～1.0%	蛋白质沉淀、变性	所有微生物	皮肤、眼睛发炎
	硫酸钙	0.1%～0.5%	与蛋白质巯基结合失活	所有微生物	杀植物真菌、藻类
染料	龙胆紫	2%～4%	与蛋白质的羧基结合	革兰氏阳性菌	皮肤、伤口
气体	环氧乙烷	600mL/L	有机物烷化、酶失活	病原菌、细菌芽胞	手术器械、毛皮

3. 影响消毒与灭菌效果的因素

影响消毒灭菌效果的因素很多，在应用消毒灭菌方法时应加以考虑。

（1）微生物的种类、生活状态与数量

不同种类微生物对各种消毒灭菌方法的敏感性不同，例如，细菌繁殖体、真菌在湿

热 80℃，5～10min 可被杀死，而乙型肝炎病毒 85℃作用 60min 才能被杀灭。芽胞对理化因素的耐受力远大于繁殖体，炭疽杆菌繁殖体在 80℃只能耐受 2～3min，但其芽胞在湿热 120℃ 10min 才能被杀灭。生长成熟的微生物抵抗力强于未成熟的微生物。当物品上微生物的数量多时，要将其完全杀灭需要作用更长时间或用更高的消毒剂浓度。

（2）消毒灭菌的方法、强度及作用时间

不同的消毒灭菌方法，对微生物的作用也有差异，例如，干燥痰液中的结核分枝杆菌经 70%乙醇溶液处理 30s 即死亡，而在 0.1%新洁尔灭中可长时间存活。同一种消毒灭菌方法，不同的强度可产生不同的效果。例如，甲型肝炎病毒在 56℃湿热 30min 仍可存活，但在煮沸后 1min 即失去传染性；大多数消毒剂在高浓度时起杀菌作用，低浓度时则只有抑菌作用，但醇类例外。70%～75%的乙醇消毒效果最好。同一种消毒灭菌方法，在一定条件下作用时间越长，效果也越强。

（3）被消毒物品的性状

在消毒灭菌时，被处理物品的性质可影响灭菌效果。如煮沸消毒金属制品，15min 即可达到消毒效果，而处理衣物则需 30min；微波消毒水及含水量高的物品效果良好，但照射金属则不易达到消毒目的。物品的体积过大、包装过严，都会妨碍其内部的消毒。物品的表面状况对消毒灭菌效果也有影响，例如，环氧乙烷 880mg/L，30℃作用 3h 可完全杀灭布片上的细菌芽胞；但对玻璃上的细菌芽胞，同样条件处理 4h 也不能达到灭菌目的。

（4）消毒环境

混在有机物如蛋白质中的微生物对理化消毒灭菌方法的抵抗力增强，例如，杀灭牛血清中的细菌繁殖体所需过氧乙酸浓度比杀灭无牛血清保护的细菌繁殖体高 5～15 倍。因此在消毒皮肤及物品器械前应先清洗干净。消毒灭菌的效果受作用环境中温度、湿度及 pH 的影响。热力灭菌时，随温度上升，微生物灭活速度加快；紫外光源在 40℃时辐射的紫外线杀菌力最强；温度的升高也可提高消毒剂的消毒效果，如 2%戊二醛杀灭每毫升含 10^4 个的炭疽杆菌芽胞，20℃时需 15min，40℃时需 2min，56℃时仅需 1min。用紫外线消毒空气时，空气的相对湿度低于 60%效果较好，相对湿度过高，空气中的小水滴增多，可阻挡紫外线。用气体消毒剂处理小件物品时，30%～50%的相对湿度较为适宜；处理大件物品时，则以 60%～80%为宜。pH 对消毒剂的消毒效果影响明显。醛类、季铵盐类表面活性剂在碱性环境中杀灭微生物效果较好，酚类和次氯酸盐类则在酸性条件下杀灭微生物的作用较强。

8.3.3.2　化学治疗剂

化学治疗剂能直接干扰病原微生物的生长繁殖，而用于治疗感染性疾病的化学药物，称为化学治疗剂。化学治疗剂最主要的特点是具有选择性。它分两类，一类是人工合成的，称为抗代谢物；另一类是由生物所合成的，称为抗生素。

（1）抗代谢物（antimetabolite）

有些化合物在结构上与生物体内的代谢物相类似，能与特定的酶结合，从而阻碍酶的正常功能，干扰代谢进行，这类物质称为抗代谢物。在生物体内，它能与正常代谢物发生竞争，与相应的酶发生结合。抗代谢物种类很多，如磺胺类异烟肼等。下面仅以磺胺药为例，来说明化学治疗剂的一般特性。某些病原菌如肺炎双球菌（*Diplococcus pneumoniae*）、胸膜炎球菌、痢疾杆菌（*Dysentery bacterium*）等需要对氨基苯甲酸（PABA）作为代谢物来合成叶酸结构的一部分。对氨基苯甲酸的结构是 NH—COOH。由于磺胺的结构与 PABA 十分相似，结果发生竞争合成了假的“叶酸”，因而不能合成正常的辅酶 F，无法催化氨基酸转化反应，细胞活力明显受到破坏，从而抑制了这些微生物的生长繁殖。由于人和高等动物不需用 PABA 来合成叶酸，可利用现成的叶酸而生活，因此磺胺药对人类或动物细胞是无毒的，常利用这种选择性来治疗细菌性疾病。

（2）抗生素（antibiotic）

抗生素是一类主要由微生物合成的化学治疗剂。自从 1929 年人类发现第一个抗生素——青霉素以来，抗生素的重要性越来越受到重视，因而研究越来越深入。迄今为止，其种类已发展到 5000 多种；应用范围也从单纯的医学发展到农用、兽用、食品工业等方面。抗生素有 3 个来源：微生物发酵、化学合成、半合成。在来自微生物的抗生素中，约 70%是来自放线菌，其中又以链霉菌属（*Streptomyces*）所产生的抗生素为最多。据 1968 年统计，放线菌目前所产生的 1266 种抗生素中，有 1202 种来自链霉菌属。在近 5000 种抗生素中，真正用于临床的只有几十种，大多数还处于研究和试制之中。抗生素所能抑制的微生物的种类范围，称为抗菌谱（antimicrobial spectrum）。抗生素的抗菌作用表现在以下 4 个方面：抑制细胞壁中某种成分的合成，如青霉素；影响细胞膜功能，如制霉菌素等；破坏蛋白质合成，如四环素、庆大霉素等；干扰核酸的合成，如争光霉素等。

在食品工业上，抗生素被用作防腐剂来保藏食品。例如，用金霉素、土霉素、四环素来保藏鲜鱼，可使保藏期延长 1 倍以上；乳链菌肽（nisin）用于干酪、酸乳、防止梭状芽胞杆菌的破坏；他乐素（tyrosin）和枯草杆菌素（subtilin）用以制备罐头食品，可以降低灭菌温度。

国际上对于将抗生素应用于食品保藏看法不一，主要问题是抗生素及其残留量是否影响人体健康，是否安全、无毒、无过敏。因此，对于在食品中应用抗生素应持慎重态度。

思考题

1. 影响微生物生长的因素有哪些？影响机制是什么？
2. 测定微生物生长的方法有哪些？比较其优缺点。
3. 控制微生物生长繁殖的主要方法和原理有哪些？
4. 说明微生物的典型生长曲线及其实践意义。
5. 湿热灭菌和干热灭菌的具体操作方式有哪些？
6. 常用的消毒剂、防腐剂有哪些？作用机制是什么？
7. 影响消毒与灭菌效果的因素有哪些？

参考文献

董明盛, 贾英民. 2006. 食品微生物学. 北京: 中国轻工业出版社: 275-301.
甘晓玲, 黄建林. 2009. 微生物学与免疫学. 北京: 人民卫生出版社: 48-55.
何国庆, 贾英民, 丁立孝. 2009. 食品微生物学. 第 2 版. 北京: 中国农业大学出版社: 106-129.
江汉湖, 董明盛. 2010. 食品微生物学. 第 3 版. 北京: 中国农业出版社: 77-84.
刘慧. 2004. 现代食品微生物学. 北京: 中国轻工业出版社: 186-200.
陆兆新. 2008. 微生物学. 北京: 中国计量出版社: 154-160.
杨洁彬, 李淑高, 张篪, 等. 1995. 食品微生物学. 第 2 版. 北京: 北京农业大学出版社: 118-132.
赵斌, 陈雯莉, 何绍江. 2011. 微生物学. 北京: 高等教育出版社: 232-235.
周德庆. 1993. 微生物学教程. 第 2 版. 北京: 高等教育出版社: 159-166.
Ananthanarayan, Paniker. 2006. Text of Microbiology. 7th ed. India: Orient Blackswan: 34-43.
Moselio Schaechter. 2009. Encyclopedia of Microbiology. 3rd ed. America: Elsevier Ltd.: 529-548.
Sharma P D. 2007. Food Microbiology. 2nd ed. India: Rastogi Publications: 16-37.
Stanbury P F, Whitaker A, Hall S J. 1998. Recent Developments in Sterilization Technology. Eastbourne: Great Britain by Antony Rowe Ltd: 13-34, 123-146.

第9章　微生物的生态

概述

生态学（ecology）是研究生命系统与其环境系统间相互作用规律的科学。微生物生态学则是以微生物为对象，研究其群体与其周围生物和非生物环境条件间相互作用的规律。本章主要介绍食品微生物在自然界中的分布、微生物与生物环境间的相互关系、微生物在自然界物质循环中的作用等方面内容。

研究微生物的生态有着重要的理论意义和实践价值。例如，研究食品微生物的分布规律，在食品与发酵工业中，有助于开发丰富的菌种资源，生产有益的产品，并且防止有害微生物的活动，建立无菌操作概念及食品卫生观念等。研究微生物间及其与它种生物间的相互关系，有利于发展食品混菌发酵、序列发酵和生态农业，也有助于发展新的微生物农药、微生物肥料，以及积极防治人和动植物病虫害；研究微生物在自然界物质循环中的作用，有利于阐明地球进化和生物进化的原因，也可促进探矿、冶金、保护环境、提高土壤肥力及开发生物能（沼气）等各项生产事业的发展。

9.1　食品微生物在自然界中的分布

自然界中与食品有关的微生物种类繁多，分布广泛，在各处都有存在，如土壤、水域、空气、人、动物、植物及其他各个角落。

9.1.1　土壤中与食品有关的微生物

土壤是微生物的天然培养基，它具备大多数微生物正常发育所必需的营养、水分、空气、酸碱度、渗透压和温度等条件，并且土壤具有特殊结构和孔隙度，加之土壤表层的阻挡作用，能保护微生物免受直射阳光的危害。因此土壤是微生物的“大本营”，是自然环境中微生物种类最多、数量最大的场所，是人类最丰富的“菌种资源库”。

土壤中微生物数量大、种类繁多且变化多样，但每克土壤的微生物含量（CFU/g）大体上有10倍系列的递减规律：细菌（10^7）＞放线菌（10^6）＞真菌（10^5）＞藻类和原生动物（10^4）。此外，土壤中还存在着一些动植物病毒和细菌病毒。土壤中也含有一部分动植物的病原体。

微生物在各层土壤中的分布是不均匀的，见表9-1。表层土壤由于受日光照射和干燥影响，微生物数量一般不多。在离地面10～20cm的上层耕土中，微生物数量最多。愈往深处则微生物愈少，特别是在农业上有着重要意义的细菌，如硝化细菌、纤维素分解细菌和固氮菌在比较深层的土壤中数量显著减少。离地面4～5m深的土层由于通气不良，并缺乏微生物可以利用的有机物质，几乎呈无菌状态。

表 9-1　肥沃土壤不同深度每克土壤的微生物菌落数　　（单位：CFU/g）

深度/cm	细菌	放线菌	真菌	藻类
2～10	9 800 000	2 100 000	120 000	25 000
20～30	2 180 000	250 000	50 000	5 000
35～40	570 000	49 000	14 000	500
60～70	12 000	5 000	6 000	100
130～140	1 400	—	3 000	—

土壤中微生物的组成直接受植物种类、土壤性质、地理条件、有机物和无机物的种类和含量等的影响（表 9-2）。例如，豆科植物的根瘤菌，在种植豆科植物的土壤中，是主要的微生物菌群；乳酸细菌和酵母菌主要存在于蔬菜区、果园及含糖较多的土壤中；纤维素分解细菌则主要存在于含纤维素丰富的地区，沙漠中很少或没有此类微生物；分解淀粉的微生物，主要存在于富含淀粉的土壤中，如红薯地、洋芋地等；土壤中还存在着由植物带来的根际微生物和腐生微生物。土壤中的人类病原微生物主要以产芽胞的一些病原菌为主，某些暂时污染土壤的病原微生物主要存在于城市附近或有该病流行的地区，它们是随患者的分泌物、排泄物等进入土壤中的。土壤中的微生物一方面可污染水源和空气，另一方面通过受到污染的动植物性食品原料进入食品中。

表 9-2　我国各主要土壤的含菌量　　（单位：万/g 干土）

土类	地点	细菌	放线菌	真菌
暗棕壤	黑龙江呼玛县	2327	612	13
棕壤	辽宁沈阳	1284	39	36
黄棕壤	江苏南京	1406	271	6
红壤	浙江杭州	1103	123	4
砖红壤	广东徐闻县	507	39	11
磷质石灰土	西沙群岛	2229	1105	15
黑土	黑龙江哈尔滨	2111	1024	19
黑钙土	黑龙江安达市	1074	319	2
棕钙土	宁夏宁武县	140	11	4
草甸土	黑龙江亚沟镇	7863	29	23
蝼土	陕西武功县	951	1032	1
白浆土	吉林蛟河市	1598	55	3
滨海盐土	江苏连云港	466	41	0.4

注：资料来源于中国科学院南京土壤研究所。

9.1.2　水中与食品有关的微生物

地球表面约 71%为水所覆盖。水是一种很好的溶剂，溶解或悬浮有多种有机和无机养料。此外，水环境中的温度、pH、渗透压等也适合微生物生长繁殖。水体是微生物广泛分布的第二个天然环境，是微生物生活的重要场所。因各个水域条件的不同，在其中栖息的微生物的种类、数量与分布便有显著差异。

水体中的微生物可分为淡水型水生微生物和海洋型水生微生物两大类型。海洋是地球上最大的水体，一般海水含盐量在3%左右，并且温度低，且很深，其中的微生物多为嗜盐菌，并能耐高静压和低温。在海水表层，好氧性有机营养型菌多；底层水中盐度大，有机物多，硫化氢含量较高，厌氧性腐生菌及硫酸还原细菌多；两层之间多为紫硫细菌。在近海岸和河流入海处，则含有较多的土壤与淡水微生物。此外，海洋里还有繁多的藻类和原生动物。

淡水占地球上水总储量的2.7%。陆地的深层水，如井水、泉水，很少受土壤、空气、污物等污染，微生物含量极少，十分清洁，是饮用水的主要来源。相反，地面的河流、湖泊、池塘和水库，常受土壤、空气、污水和腐物的污染，含有较多的微生物。按照淡水中有机物含量的多少及其与微生物的关系，可以把淡水型水生微生物分为两类，即清水型水生微生物和腐败型水生微生物。

1. 清水型水生微生物

在洁净的湖泊和水库等淡水中，因有机物含量低，故微生物数量很少（$10\sim10^3$ 个/mL）。典型的清水型水生微生物以化能自养微生物和光能自养微生物为主，如硫细菌、铁细菌和衣细菌等，以及含有光合色素的蓝细菌、绿硫细菌和紫细菌等。此外，还有一些水生腐生菌，如色杆菌属（*Chromobacterium*）、无色杆菌属（*Achromobacter*）和微球菌属（*Micrococcus*）等属中的一些种，霉菌中的水霉属（*Saprolegnia*）和绵霉属（*Achlya*）等。在水面发育的有藻类和原生动物，构成浮游生物群。此种水由于营养不足，微生物生长发育量较小。

根据细菌对周围水生环境中营养物质浓度的要求，可分成3类。

（1）贫营养细菌

即一些能在1～15mg/L的低有机质含量的培养基中生长的细菌。

（2）兼性贫营养细菌

即一些在富营养培养基中经反复培养后也能适应并生长的贫营养细菌。

（3）富营养细菌

即一些能生长在营养物质浓度很高（10g/L）的培养基中的细菌，它们在贫营养培养基中反复培养后即行死亡。由于淡水中溶解态和悬浮态有机碳的含量一般为1～26mg/L，故清水型的腐生微生物很多都是一些贫营养细菌。

2. 腐败型水生微生物

在含有大量外来有机物的水体中，如流经城市的河水、港口附近的海水、滞留的池水及下水道的沟水中，由于这些水体中流入了大量的人畜排泄物、生活污物和工业废水等，因此有机物的含量大增，微生物数量可高达 $10^7\sim10^8$ 个/mL。在类群上主要是腐生型细菌和原生动物，其中数量最多的是无芽胞革兰氏阴性菌，如变形杆菌属（*Proteus*）、产气肠杆菌（*Enterobacter aerogenes*）和产碱杆菌属（*Alcaligenes*）等，还有各种芽胞杆菌属（*Bacillus*）、弧菌属（*Vibrio*）和螺菌属（*Spirillum*）等的一些种。有时还含有伤寒、痢疾和霍乱等病原体。

水中微生物的含量对该水源的饮用价值影响很大。一般认为，作为良好的饮用水，其细菌含量应在 100 个/mL 以下，当超过 500 个/mL 时，即不适合作饮用水了。在饮用水的微生物学检验中，主要通过测定水样中的以指示菌 *E. coli* 为代表的大肠菌群数即可知道该水源被粪便污染的程度，从而间接推测其他病原菌存在的概率，由此可以避免直接计算数量极少的肠道传染病病原体所带来的难题。根据我国的饮用水标准，自来水中细菌总数不可超过 100CFU/mL（37℃，培养 24h），总大肠菌群、耐热大肠菌群和大肠埃希氏菌不得检出。

在自然水体，尤其是快速流动的水体中，存在着对有机或无机污染物的自净作用。其原因是多方面的，虽有物理性的稀释作用和化学性的氧化作用，但更重要的却是各种生物学和生物化学作用，例如，好氧菌对有机物的分解作用，原生动物对细菌等的吞噬作用，噬菌体对宿主的裂解作用，以及微生物产生的凝胶物质对污染物的吸附、沉降作用等，这就是“流水不腐”的重要原因。

水是食品生产中不可缺少的原料之一，也是微生物污染的媒介。食品工业用水应符合饮用水的标准。在生产食品的过程中，如果使用了未经净化消毒的天然水，尤其是地面水，则会使食品污染较多的微生物，同时还会将其他污染物和毒物带入食品。在原料清洗过程中，特别是在畜禽屠宰加工中，即使是应用洁净自来水，如方法不当，自来水仍可能成为污染的媒介。海洋型水生微生物能够引起海产动植物的腐败，有些种类还可引起食物中毒。

9.1.3 空气中与食品有关的微生物

空气中并不含微生物生长繁殖所必需的营养物质、充足的水分和其他条件，且日光中的紫外线还有强烈的杀菌作用，因此，空气不是微生物生长繁殖的适宜环境，其中没有固定的微生物种类。空气中存在的微生物主要来自土壤、水、人和动植物体表的脱落物和呼吸道、消化道的排泄物。

室外空气中的微生物，主要有各种球菌、芽胞杆菌、产色素细菌和对干燥、射线有抵抗力的真菌孢子等，如葡萄球菌、四联球菌等。室内空气中的微生物含量更高，尤其是医院的病房、门诊间的空气，因经常受患者的污染，故可找到多种病原菌，如结核分枝杆菌（*Mycobacterium tuberculosis*）、白喉棒状杆菌（*Corynebacterium diphtheriae*）、溶血链球菌（*Streptococcus hemolyticus*）、金黄色葡萄球菌（*Staphylococcus aureus*）、若干病毒（麻疹病毒、流感病毒）及多种真菌孢子等。

不同环境空气中微生物的数量和种类有很大差异（表 9-3）。室内污染严重的空气中微生物数量可达 10^6CFU/m^3，海洋、高山等空气清新的地方微生物的数量较少。公共场所、街道、畜舍、屠宰场及通风不良处的空气中微生物数量较高。空气中的尘埃越多，所含微生物的数量也就越多。

表 9-3　不同条件下 1m³ 空气的含菌量

条件	数量/CFU
畜舍	（1～2）×10⁶
宿舍	20 000
城市街道	5 000
市区公园	200
海洋上空	1～2
北极（北纬 80°）	0

空气中微生物的检测方法主要有以下两种。

1. 沉降平板法

这是郭霍氏的经典方法。将琼脂平板盖移开，使平皿中琼脂暴露于空气中若干分钟，然后盖上，置一定温度中培养48h，琼脂表面将出现许多菌落，每一菌落代表一个落于培养基的细菌或真菌。此法较粗糙，因为只有一定大小的颗粒在一定时间内才会降落到培养基上，而且无法测定空气量。反复利用此法，将平板暴露一定时间，可以粗略地估计空气污染的程度及一定区域内尘埃污染的微生物类型和相对数量（表9-4、表9-5），以说明空气的污染程度。

表 9-4　空气中落下菌的菌群类别分布

实验次数	球菌	杆菌	芽胞杆菌	放线菌	霉菌	酵母菌	总菌数/CFU
1	87.3	61.7	29.7	1.0	3.0	5.3	188.0
2	189.0	63.0	59.0	1.4	9.2	5.4	327.0
3	190.0	12.0	15.0	1.0	18.0	4.0	240.0
4	111.0	18.0	26.0	5.0	6.2	3.0	169.2
总计	577.3	154.7	129.7	8.4	36.4	17.7	924.2

注：营养琼脂平板，开放 20min，37℃培养 48h。

表 9-5　室内空气的卫生细菌学标准（沉降平板法）

菌落数/个	30 以下	31～74	75～100	151～299	300 以上
评价	清洁	一般	界限	轻度污染	严重污染

注：营养琼脂平板，开放 5min，37℃培养 48h。

2. 液体撞击法

使定量的空气通过无菌生理盐水，空气传播的微粒被液体捕获，然后取此液体一定量（一般为 1mL），稀释或不稀释（视空气清洁度而定），加入已融化并冷却到 45～50℃的琼脂培养基进行混合培养，计菌落数，即可测知单位体积空气中的微生物数量。

空气中的微生物随尘埃的飞扬会沉降到食品上，是发酵工业污染及工农业产品霉腐等的重要根源，一般食品厂不宜建立在闹市区或交通主干线旁。通过减少菌源、尘埃源，以及采用空气净化与消毒的方法，可降低空气中微生物的数量。

空气的净化与消毒：有物理方法和化学方法。物理方法包括紫外线照射：有各种型号的紫外杀菌灯，波长 250～260nm 是有效的杀菌光波，但是它的穿透力弱，必须直接照射才有效，可用于无菌室、手术室、车间的空气消毒。过滤除菌：一般用棉花、玻璃纤维或其他纤维材料制成的滤过板，将空气中的微生物除去，多用于发酵工业。化学方法：某些化学药品蒸发或喷射到室内空气中，可以减少微生物，因为化学药品可以分散成气溶胶，使其与带微生物的颗粒接触，以达到杀菌目的。

9.1.4 生物体内外与食品有关的微生物

1. 人体正常的微生物区系

通常情况下，人体表和体内存在一定量的不同种类的微生物。人体各部位分布的正常微生物群见表 9-6。健康人器官内部及血液和淋巴系统内部是没有微生物存在的，一旦发现即为感染状态。但是人体的皮肤、头发、口腔、消化道、呼吸道均带有许多微生物，由于人体各部位环境条件不是均一的，而是形成非常多样的微环境，因此不同的微生物呈选择性的生长，其种类和数量有所不同，在正常情况下对人无害，有些还是有益的或不可缺少的，称为正常菌群。人体为许多微生物的生长提供了适宜的环境，有异养型微生物生长所需的丰富有机物和生长因子；有较稳定的 pH、渗透压和恒温条件。在一般情况下，正常菌群与人体保持着一个平衡状态，在菌群内部的各种微生物，也相互制约，从而维持相对的稳定。

表 9-6 人体各部位常见的正常微生物群

部位	常见的微生物
皮肤	葡萄球菌、类白喉杆菌、链球菌、芽孢杆菌、分枝杆菌、假丝酵母、非致病性丙酸杆菌、某些真菌
口腔和咽腔	葡萄球菌、绿色链球菌、奈氏菌、类白喉菌、肺炎链球菌、乳酸杆菌、梭形杆菌、放线菌、嗜血杆菌、螺旋体、假丝酵母
胃	链球菌、葡萄球菌、乳酸杆菌
小肠	乳酸杆菌、拟杆菌、梭菌、分枝杆菌、肠道球菌、肠杆菌
大肠	拟杆菌、梭形杆菌、梭菌、链球菌、大肠杆菌、葡萄球菌、变形杆菌、肠道球菌、乳酸杆菌、分枝杆菌、假单胞菌、放线菌
鼻	葡萄球菌、绿色链球菌、奈氏菌、肺炎链球菌
外耳道	葡萄球菌、类白喉杆菌、绿脓杆菌、假单胞菌
眼结膜	葡萄球菌、嗜血杆菌、链球菌
尿道	葡萄球菌、类白喉杆菌、链球菌、分枝杆菌、拟杆菌、梭形杆菌
阴道	葡萄球菌、乳酸杆菌、链球菌、类白喉杆菌、梭菌、拟杆菌、大肠杆菌、假丝酵母

所谓正常菌群，实际上是相对的、可变的和有条件的。当机体防御机能减弱时，如皮肤大面积烧伤、黏膜受损、机体着凉或过度疲劳时，一部分正常菌群会成为病原微生物，另一些正常菌群由于其生长部位的改变，也可引起疾病。例如，因外伤或手术等原因，*E. coli* 进入腹腔或泌尿生殖系统，可引起腹膜炎、肾盂肾炎或膀胱炎等；

又如，革兰氏阴性无芽胞厌氧杆菌进入内脏，会引起各种脓肿。还有一些正常菌群由于某些外界因素的影响，其中各种微生物间的相互制约关系破坏，也能引起疾病。这种情况在长期服用抗生素后尤为突出。这时，由于肠道内对药物敏感的细菌被抑制，而不敏感的白色假丝酵母（*Candida albicans*，旧称“白色念珠菌”）或耐药性葡萄球菌等就会乘机大量繁殖，从而引起病变。这就是通常所说的菌群失调症。凡属正常菌群的微生物，由于机体防御性降低、生存部位的改变或因数量剧增等情况而引起疾病者，称为条件致病菌。

人体接触食品，特别是人的手造成食品污染最为常见。因此，《中华人民共和国食品安全法》中规定，食品从业人员要经常保持个人卫生。

2. 无菌动物与悉生生物

凡在其体内外检查不到任何正常菌群的动物，称为无菌动物（germfree animal）。它是将剖宫产的鼠、兔、猴、猪、羊或特殊孵育的鸡等实验动物，放在无菌培养装置中进行精心培养而成的。用无菌动物进行实验，可排除正常菌群的干扰，从而使人们可以更深入、更精确地研究动物的免疫、营养、代谢、衰老和疾病等问题。当然，目前也可通过同样的原理和适当的培养装置来获得无菌植物。凡已人为地接种上某已知纯种微生物的无菌动物或无菌植物，就称为悉生生物（gnotobiota），意即“了解其生物区系的生物”。研究悉生生物的科学，称为悉生学（gnotobiotics）或悉生生物学（gnotobiology）。

3. 根际微生物和附生微生物

与动物体表面存在着大量正常菌群类似，在植物体表面也存在着正常微生物区系，最主要的有以下两类。

（1）根际微生物

植物根系经常向周围的土壤分泌各种外渗物质（糖类、氨基酸和维生素等），故在根际存在着大量的微生物。根际微生物（rhizosphere microorganism）的种类受植物的种类和植物的发育阶段所影响。一般地说，根际微生物以无芽胞杆菌居多，如假单胞菌属（*Pseudomonas*）、土壤杆菌属（*Agrobacterium*）、无色杆菌属（*Achromobacter*）、色杆菌属（*Chromobacterium*）、节杆菌属（*Arthrobacter*）、肠杆菌属（*Enterobacter*）和分枝杆菌属（*Mycobacterium*）等。根际微生物在根际的大量繁殖，会强烈地影响植物的生长发育，主要为：①改善了植物的营养条件。根际微生物的代谢作用加强了土壤中有机物的分解，改善了植物营养元素的供应，由微生物代谢中产生的酸类也可促进土壤中磷等矿质养料的供应。近年来还发现在根际生活的某些固氮细菌，如固氮螺菌属（*Azospirillum*）等，可为植物提供氮素养料。②分泌植物生长刺激物质。根际微生物可分泌维生素和植物生长素类物质，例如，*Pseudomonas* 的一些种可分泌多种维生素；丁酸梭菌（*Clostridium butyricum*）可分泌若干 B 族维生素和有机氮化物；一些放线菌可分泌维生素 B_{12}；固氮菌可分泌氨基酸、酰胺类物质、多种维生素（维生素 B_1、维生素 B_2、维生素 B_{12} 等）和吲哚乙酸等。③分泌抗生素类物质，以利于植物避免土居性病原菌的侵染。④根际微生物有时也会对植物产生有害的影响，例如，当土壤中碳氮比较高时，它们会与植物争夺碳、磷等营养；有时还会分泌一些有毒物质，抑制植物生长等。

（2）附生微生物

一般指生活在植物体表面，主要借其外渗物质或分泌物质为营养的微生物。叶面微生物是主要的附生微生物。一般每克新鲜叶表面约含10^6个细菌，也存在少数的酵母菌和霉菌，而放线菌则极少。叶面微生物与植物的生长发育和人类的实践有着一定的关系，例如，乳酸杆菌是广泛存在于叶面的微生物，在腌制泡菜、酸菜和青贮饲料过程中，存在于叶面的乳酸杆菌就成了天然接种剂。在各种成熟的浆果表面有大量糖质分泌物，因而存在着大量的酵母菌和其他附生微生物，当果皮损伤时，附生微生物就乘机进入果肉引起果实腐烂。在用葡萄等原料进行果酒酿造时，其表面的酵母菌也成了良好的天然接种剂。还有一些叶面微生物可以固氮，它们可直接或间接地向植物供应氮素营养。

9.1.5 极端环境中与食品有关的微生物

在自然界中存在一些大多数生物都无法生存的极端环境，包括高温、低温、强酸、强碱、高盐、高压、高辐射环境等。适合在极端环境中生活的微生物，称为极端微生物（extremophiles），多属于古细菌，包括嗜热菌（thermophiles）、嗜盐菌（halophiles）、嗜碱菌（alkophiles）、嗜酸菌（acidophiles）、嗜压菌（barophiles）、嗜冷菌（psychrophiles），以及抗辐射、耐干燥、抗高浓度金属离子和极端厌氧的微生物。极端微生物在细胞构造、生命活动（生理、生化、遗传等）和种系进化上具有突出的特点。它的存在不但可为研究生命起源、系统进化等方面提供重要启示，而且具有巨大的潜在应用价值，是奠定高效率、低成本生物技术工艺的基础。因此，近年来，极端微生物研究已成为国际研究热点。食品加工保藏过程存在类似的极端环境，其中也同样有一些极端微生物生活，但目前对食品中极端微生物还缺乏系统研究。

1. 嗜热菌

细菌是嗜热微生物中最耐热的。按它们最适生长温度不同又可以分为嗜热菌（thermophiles）和超嗜热菌（hyperthermophile）。嗜热菌的最适生长温度为65～70℃，40℃以下不能生长。超嗜热菌又称为嗜高温菌，其最适生长温度为80～110℃，最低生长温度在55℃左右。大部分超嗜热菌是古生菌，但也有真细菌归属此类。常见的有蓝细菌、乳酸菌、甲烷菌、硫氧化菌、硫还原菌、假单胞菌等。

嗜热菌广泛分布在草堆、厩肥、温泉、煤堆、火山地、地热区土壤及海底火山附近等。在美国黄石国家公园的热泉中，热熔芽胞杆菌（*Bacillcu caldolyticus*）可在92～93℃（该地水的沸点）的条件下生长（实际上，在实验室条件下该菌可在100～105℃下生长），1983年，J. A. Barros等在太平洋底部发现的可生长在250～300℃高温、高压下的嗜热菌更是生命的奇迹。

在食品加工环境中，嗜热微生物可存在于排放冷却水中，也可以残存于经过高温灭菌牛乳或其他食品中。食品加工中最重要的嗜热菌归属于芽胞杆菌属和梭状芽胞杆菌属。

罐头食品的杀菌称为商业无菌，它表明在杀过菌的罐头中，采用常规培养方法检不出活菌或残存菌数非常低，以至在罐头生产和贮存条件下菌数不会有明显的变化。也就是说在罐头食品中可能残存有嗜热微生物，只不过在贮存过程中由于不适宜的 pH、Eh 或温度使其不能在产品中生长。

嗜热微生物对高温的适应机制主要表现在细胞膜上脂肪酸的成分、耐高温酶和生物大分子的热稳定性上。首先，这些生物中的酶和其他蛋白质比嗜温微生物中的酶和蛋白质更具有耐热性，并且这些大分子实际上只有在高温下才能起到最佳作用。其原因可能是氨基酸序列不同，使酶以不同的方式进行折叠，从而使此酶能耐受热变性作用。

嗜热菌细胞膜的稳定性也与其耐热机制有关。它的细胞膜上长链饱和脂肪酸的比例随着温度的提高而增多，相应的不饱和脂肪酸则减少，而饱和脂肪酸比不饱和脂肪酸能生成更强的疏水链，这些疏水链更有利于膜对高温的稳定性。此外，嗜热菌的 tRNA 中 G+C 含量高，可提供较多的氢键，故具有独特的热稳定性。

嗜热菌代谢快、酶促反应温度高、代时短等特点是嗜温菌所不及的。在发酵工业上，可以利用其耐高温特性，提高反应温度，增大反应速度，减少中温杂菌污染的机会，而且发酵过程不需冷却，可省去深井水的消耗。但嗜热菌的良好抗热性也造成了食品保存上的困难。嗜热菌还在城市和农业废物处理等方面具有特殊的作用，并且嗜热细菌耐高温 DNA 聚合酶为 PCR 技术的广泛应用提供了基础。

2. 嗜冷菌

嗜冷菌可根据其生长温度特性分为两类：一类是必须生活在低温条件下且最高生长温度不超过20℃，最适生长温度为15℃，在0℃可生长繁殖的微生物称为嗜冷菌（psychrophiles）。另一类其最高生长温度高于20℃，最适温度高于15℃，在0～5℃可生长繁殖的微生物称为耐冷菌（psychrotrophs）。

嗜冷菌分布于极地、冰窖、高山、深海、冷冻土壤等区域。从这些环境中分离的主要嗜冷微生物有针丝藻和微单胞菌等。耐冷菌比嗜冷菌分布更加广泛，可从贮存在冰箱中的肉、奶、苹果汁、蔬菜和水果中分离出它们。耐冷菌的存在往往是造成低温保藏食品腐败的主要根源。食品低温保藏一般在 7℃以下，通常为 0～7℃，在此温度生长并污染食品的主要是革兰氏阴性菌，如沙门氏菌、微单胞菌和弧菌等，在低于-18℃的冻藏温度下，酵母和霉菌比细菌更有可能生长。在食品中微生物生长的最低温度纪录是-34℃，它是一种红色酵母。

嗜冷菌能在温度较低的环境中生存，主要原因可能是：嗜冷菌因其细胞膜内含有大量的不饱和脂肪酸，如油酸和软脂酸等，且会随温度的降低而增加，从而保证了膜在低温下具有流动性，这样就能在低温条件下不断从外界环境中吸收营养物质；特殊的蛋白质，嗜冷菌产生的酶是热不稳定的，在低温条件下就能获得较大的比活力。同样，嗜冷菌的核糖体也是热不稳定的。另外，当环境温度波动较大时，嗜冷菌还可以通过合成冷休克蛋白（cold shock protein）在低温环境中发挥重要作用。据报道，有一种嗜冷酵母（*Trichosporon pullulans*）在受到冷刺激后在很短时间内产生大量冷休克蛋白，这与其必须忍受温度快速降低是密切相关的。

嗜冷菌是低温保藏食品发生腐败的主要原因，它的存在使低温贮藏食品受到威胁，甚至产生细菌毒素。但通过低温发酵可生产出许多风味食品，且可节约能源及减少嗜温菌的污染。分离自嗜冷菌的脂酶、蛋白酶及半乳糖苷酶在食品工业和洗涤剂中具有很大潜力。并且从海洋嗜冷菌分离的生物活性物质可用于医药和食品等。

3. 嗜酸菌

只能生活在低 pH（<4）条件下，在中性 pH 下即死亡的微生物称嗜酸菌。嗜酸微生物可以分为两大类群。能在强酸环境中生长，适宜生长 pH 为 4～9，称为抗酸微生物（acidotolerant microorganism）；必须在 pH≤3 的环境中才能生长的，称为专性嗜酸微生物（obligate acidophile）。专性嗜酸微生物是一些真细菌和古生菌，前者如硫杆菌属（*Thiobacillus*），后者如硫化叶菌属（*Sulfolobus*）和热原体属（*Thermoplasma*）等。嗜酸真核生物包括嗜酸酵母、丝状真菌及少数的藻类。

嗜酸微生物细胞内的 pH 仍接近中性，各种酶的最适 pH 也接近中性，其机制可能是：嗜酸菌细胞表面存在大量的重金属离子，可与周围的 H^+交换，阻止了 H^+进入细胞；嗜酸菌细胞壁和细胞膜含有特殊的抗酸物质，如耐热嗜酸古细菌（*Sulfolobus acidocaldarius*）细胞膜中有环己烷和五环萜系衍生物和硫脂等；含有抗酸水解的蛋白质；细胞膜上的 H^+泵可有效地阻止 H^+进入细胞。

嗜酸菌是保藏酸性食品腐败的主要原因。

4. 嗜盐菌

嗜盐菌和耐盐菌在概念上是有所不同的。耐盐菌是指那些能耐受一定浓度的盐溶液，但在无盐存在条件生长得最好的菌类，如金黄色葡萄球菌（*Staphylococcus aureus*）。嗜盐菌专指那些一定浓度的盐为菌体生长所必需，且只有在一定浓度的盐溶液中才生长最好的菌类。后者依嗜盐浓度不同，可又分为轻度嗜盐菌（最适盐浓度为 0.2～0.5mol/L）、中度嗜盐菌（最适盐浓度 0.5～2.0mol/L）和极端嗜盐菌（最适盐浓度>3mol/L），其中部分极端嗜盐菌为嗜盐古细菌。

各种嗜盐菌具有不同的适应环境机制：杜氏藻（*Dunaliella* sp.）主要是通过细胞内合成甘油来抵御高渗透压；嗜盐古菌采用胞内积累高浓度钾离子（4～5mol/L）来对抗胞外的高渗环境，通过细胞膜上的 H^+/Na^+反向载体调节细胞内外 K^+和 Na^+的平衡，并通过细胞膜上的细菌视紫质实现能量的初级转换；中度嗜盐微生物如嗜盐真核生物和嗜盐产甲烷菌的嗜盐机制在于它们的代谢衍生物，如甜菜碱、1-羟基-3-甲基吡啶、6-羟基-1-羧基-3-甲基吡啶和其他小分子有机物，它们可抵抗细胞外的高渗透压，还可将中性磷脂转化为带负电的磷脂，结合细胞外的 Na^+，同时保持细胞膜完整性。

嗜盐菌通常分布在晒盐场、腌制海产品、盐湖和著名的死海等处，嗜盐菌也常出现在高盐食物中，如腌鱼、海鱼和咸肉。这些嗜盐菌生成，除了不太美观以外，还可能带来一些不良后果，甚至是严重后果。已报道能在咸鱼中生长的嗜盐菌有盐沼盐杆菌（*Halobacterium salinarum*）、鲟鱼盐球菌（*Halococcus morrhuae*）。近年来，我国陆续从进口咸鱼、海鱼中分离出嗜盐性弧菌。有关咸鱼中毒事件也时有发生。

在高盐发酵环境中，嗜盐菌活动是十分重要的，如酱油高盐稀醪发酵阶段，起主要作用的是嗜盐性乳酸球菌和嗜盐酵母。它们的代谢产物是酱油风味的主要来源。类似情形也发生在腌酸菜和酱腌菜发酵中。

5. 嗜碱菌

通常最适生长 pH 为 9～10 的微生物称为嗜碱菌。多数生活在盐碱湖、碱湖、碱池中。嗜碱菌种类繁多，包括细菌、真菌和古菌，常见的主要有：假单胞菌属（*Pseudomonas*）、芽胞杆菌属（*Bacillus*）、微球菌属（*Micrococcus*）、链霉菌属（*Streptomyces*）、酵母菌、丝状真菌（filamentols fungi）等。这些嗜碱菌除了嗜碱特性外，可能还同时具备嗜盐、嗜热或嗜冷等特性。

嗜碱菌的生活环境为碱性而细胞内却是中性，生理生化机制目前还不很清楚，可能与细胞壁的屏障作用和细胞膜对 pH 的调节作用有关。如嗜碱芽胞杆菌的细胞壁中，除了肽聚糖外，还含有一些酸性物质，如半乳糖醛酸、葡萄糖醛酸、谷氨酸、天冬氨酸和磷酸等，这些酸性物质可在细胞表面吸附 Na^+和水合 H^+，排斥 OH^-。细胞通过质膜上的 Na^+/H^+反向载体系统和 ATP 驱动的 H^+泵将 H^+排入细胞质内以恢复并维持细胞内的酸碱平衡，保证生物大分子物质的活性和生理代谢活动的正常进行。嗜碱菌的一些蛋白酶、脂肪酶和纤维素酶已被添加到洗涤剂中。

6. 嗜压菌

一般情况下，将最适生长压强小于 40MPa 的微生物称为耐压菌，将最适生长压强大于 40MPa 的微生物称为嗜压菌。高压环境主要存在于深海、深油井和地下煤矿等。

有关嗜压菌的耐压机制目前还不清楚。但在嗜压发光杆菌的DNA中存在与调节压力有关的启动子ompH，这种启动子只有在高压下才能被激活，由该启动子启动的基因也必须在高压下才能进行高水平转录，在该启动子的下游，是受压强调节的操纵子，且只能在高压下表达。此外，许多深海生长的细菌中均存在与ompH类似的启动子和高度保守的下游操纵子，这种特殊的遗传机制确保了嗜压菌在高压环境中生存。嗜压菌是高压保藏食品腐败的主要原因。

7. 抗辐射微生物

具有较强的抗辐射性能并能耐受诸如可见光、紫外线、X 射线和 γ 射线的辐射而很好生存的微生物称为抗辐射微生物。抗辐射微生物对辐射这一不良环境因素仅有抗性（resistance）或耐受性（tolerance），而不能有“嗜好”。自然界中，不同种类的微生物对辐射的耐受程度不同，而且同一种抗辐射微生物的不同菌株抗辐射能力也存在差异。芽胞菌的耐辐射力远大于无芽胞菌。A 型肉毒梭状芽胞杆菌的芽胞是梭状孢子中耐辐射能力最强的一种。革兰氏阴性菌中，不动杆菌属存在一些极高耐辐射种。革兰氏阳性球菌是非芽胞菌中抗性最强的一类，包括微球菌、链球菌和肠球菌。

首次分离到的抗辐射微生物是耐辐射奇球菌（*Deinococcus radiodurans*），来自于大剂量辐射灭菌的肉罐头中。此后，又从以杀菌为目的进行辐射处理的食品、医疗器械或饲料等样品中，分离出各种耐辐射细菌。例如，从牛肉糜、猪肉香肠、动物皮、动物粪便、淡水、黑斑鳕中，以及棉花和土壤中分离出 *Deinococci*。日本从一个高放射性温泉中分离到另一种辐射菌 *Rubrobacter*。我国报道在放射性元素钚表面有抗辐射细菌存在。

对耐辐射菌的耐性机制目前尚不清楚。但已观察到此类细菌特征可能与其耐辐射性有关：所有耐辐射菌均有高色素形成能力，其中含有各种类胡萝卜素，这可能与耐辐射性有某种联系；细胞壁坚固、细胞膜脂质成分独特；近年来研究发现，耐辐射菌具有快速有效的 DNA 准确修复系统。这种对辐射损伤的酶修复功能很可能是其耐辐射性的根本原因。

辐射灭菌已被确定为一种理想的冷杀菌方式，而耐辐射菌是辐射保藏食品腐败的主要原因。另外，研究耐辐射菌 DNA 损伤与修复系统具有非常重要的价值。它可能为解决日益严重的因辐射过量所致疾病的治疗提供新的线索。

9.1.6 食品环境中的微生物

食品是用营养丰富的动植物原料经过人工加工后的制成品，其种类繁多。由于在食品的加工、包装、运输、贮藏等过程中，都不可能进行严格的无菌操作，食物可能会被各种微生物污染，包括病原菌。

动物性原料和植物性原料本身带有微生物是影响食品品质的主要原因。健康的动物原料表面及内部都不可避免地带有一定数量微生物，如果在加工过程中处理不当，容易使食品变质，有些来自动物原料的食品还有引起疾病传播的可能。植物性原料中生存着大量的微生物，在粮食中尤为突出。按其来源可分为原生性微生物区系和次生性微生物区系。原生性微生物区系是微生物与植物在长期相处的关系中形成的，它们以种子的分泌物为生，与植物的生活和代谢强度息息相关。次生性微生物区系指的是那些存在于土壤、空气中，通过各种途径侵染粮食的微生物。在粮食微生物中，尤以霉菌危害严重，并且能产生150多种对人和动物有害的真菌毒素。据估计，全世界每年因霉变而损失的粮食就占其总产量的2%左右，这是一笔极大的浪费。至于因霉变而对人畜引起的健康等危害，更是难以统计。在各种粮食和饲料上的微生物以曲霉属（*Aspergillus*）、青霉属（*Penicillium*）和镰孢霉属（*Fusarium*）的一些种为主。例如，在谷物上，一般以曲霉属和青霉属为多见；在小麦上，一般以镰孢霉属为主；而在大米上，则一般以青霉属为多见。由于在霉腐变质的食品上经常有各种致病菌和真菌毒素等有毒代谢产物存在，它们会引起人类的各种严重疾病，因此食品卫生工作就显得尤为重要。

辅料如各种佐料、淀粉、面粉、糖等，通常仅占食品总量的一小部分，但往往带有大量微生物。原辅料中的微生物一是来自生活在原辅料表面与内部的微生物，二是来自在原辅料的生长、收获、运输、贮藏、处理过程中的二次污染。

各种加工机械和工具本身没有微生物所需的营养物，但当食品颗粒或汁液残留在其表面时，微生物就得以在其上生长繁殖。这种设备在使用中会通过与食品的接触而污染食品。

各种包装材料，如果处理不当也会带有微生物，一次性包装材料比循环使用的微生物数量要少。塑料包装材料，由于带有电荷会吸附灰尘及微生物。

9.2　微生物与生物环境之间的相互关系

自然界中的微生物很少以纯种的方式存在，常常与其他微生物、动植物共同混杂生活在某一个生境里，它们相互之间存在着这样或那样复杂的相互关系，通过相互作用促进了生物圈内的物质循环、能量流动和整个生物界的进化与发展。微生物与其他生物的相互关系根据对各自的利害影响可归纳成 8 类，见表 9-7。

表 9-7　微生物的种间关系类型

关系类型	相互作用	说明和举例
中性（neutralism）	A ⇄ B（→无影响，←无影响）	两种微生物间的生长要求很不相同，两者缺乏相互作用，如生活在不同生境中的两种微生物
偏利（commensalism）	A ⇄ B（→有利，←无影响）	A 种群为 B 种群提供生长条件，B 离开 A 时，生活得不好，如根霉和酵母
互利、非专性（mutualism）	A ⇄ B（→有利，←有利）	A 和 B 相互得益，两者互通有无，如保加利亚乳杆菌和嗜热链球菌
共生、专性（synergism）	A ⇄ B（→有利，←有利）	A 和 B 相依为命，以至于分开时不能生存，如地衣
偏害或拮抗（amensalism）	A ⇄ B（→有害，←有害）	A 产生对 B 有害的代谢物质，如乳酸菌和大肠杆菌
竞争（competition）	A ⇄ B（→有害，←有利）	A 与 B 利用同一有限的资源，如生长在同一培养液中的大肠杆菌和金黄色葡萄球菌
寄生（parasitism）	A ⇄ B（→有害，←有利）	A 从 B 获取营养，B 不一定死亡，如细菌和噬菌体
捕食（predation）	A ⇄ B（→有害，←无影响）	A 以 B 为食，B 被杀死，如原虫捕食细菌

9.2.1　互生

两种可以单独生活的生物，当它们生活在一起时，通过各自的代谢活动而有利于对方，或偏利于一方的一种生活方式，称为互生（synergism，即代谢共栖）。它们分开时虽然也可单独生活，但还是生活在一起更有利，这是一种“可分可合，合比分好”的松散的相互关系。

在自然界中，互生关系在微生物之间广泛存在。例如，在土壤中，好氧性自生固氮菌与纤维素分解菌生活在一起时，后者分解纤维素可为前者提供固氮时的营养，而前者则向后者提供氮素营养，二者彼此为对方创造了有利条件。土壤中的氨化细菌、亚硝酸细菌与硝酸细菌之间，好氧微生物与厌氧微生物之间也都存在着互生关系。

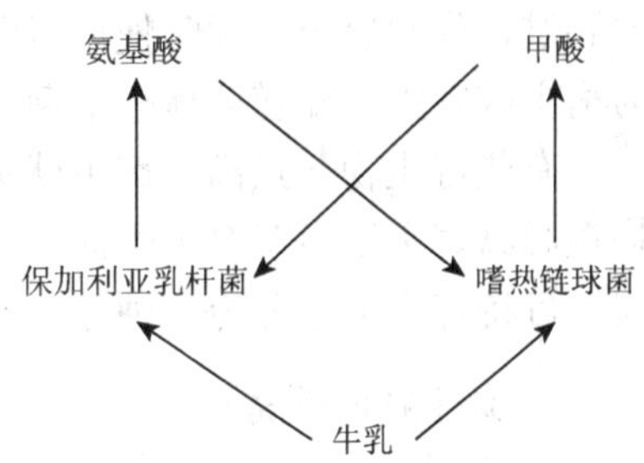

图 9-1　保加利亚乳杆菌和嗜热链球菌的互生关系图示

在发酵工业中，利用微生物与微生物间的互生关系，可以进行混菌发酵。例如，酸乳发酵剂中保加利亚乳杆菌和嗜热链球菌的协作关系（图 9-1）：当保加利亚乳杆菌和嗜热链球菌按一定比例接种牛乳进行混合发酵时，保加利亚乳杆菌产生氨基酸，特别是缬氨酸、亮氨酸，从而为嗜热链球菌的生长提供了必需的营养，而嗜热链球菌生长时产生的甲酸物质又可刺激保加利亚乳杆菌生长。因此，酸乳生产中采用两菌发酵比单菌发酵所需的时间短，发酵快，质量好。

9.2.2 共生

共生（mutualism）是指两种生物共居在一起，相互分工合作、相依为命，甚至形成在生理上表现出一定分工，在组织和形态上产生新结构的特殊共生体的一种相互关系，可以看作互生关系的发展。共生形式主要有以下几种。

1. 微生物间的共生

微生物之间共生最典型的例子是由真菌和藻类（包括蓝细菌）共生形成的地衣(lichen)。地衣中的真菌菌丝和藻类细胞紧密缠绕或排列在一起形成共生体，不但在结构上共生，而且在生理上相互依存，真菌从周围环境中吸取水分和无机养分，供本身和藻类需要，而藻类进行光合作用合成有机物为自身和真菌提供有机养料。

2. 微生物与植物间的共生

微生物与植物间的共生主要有根瘤菌与植物间的共生，包括熟知的各种根瘤菌与豆科植物间的共生，以及非豆科植物（桤木属、杨梅属、美洲茶属等）与弗兰克菌属（*Frankia*）放线菌的共生等。

3. 微生物与动物间的共生

在白蚁、蟑螂等昆虫的肠道中有大量的细菌和原生动物与其共生，在牛、羊、鹿、骆驼和长颈鹿等反刍动物的瘤胃中存在大量的微生物，与瘤胃形成共生关系，反刍动物为瘤胃微生物提供纤维素、无机盐、水分、合适的温度和无氧环境等，而瘤胃微生物则协助其把纤维素分解成有机酸以供瘤胃吸收，同时，由此产生的大量菌体蛋白通过消化而向反刍动物提供蛋白质养料。

9.2.3 寄生

寄生（parasitism）是指一种小型生物生活在另一种较大型生物的体内，从中取得营养和进行生长繁殖，同时使后者蒙受损害甚至被杀死的现象。前者称为寄生物，后者称为宿主或寄主，如噬菌体与细菌间的关系等。

有些寄生物一旦离开寄主就不能生长繁殖，这类寄生物称为专性寄生物。有些寄生物在脱离寄主以后营腐生生活，这些寄生物称为兼性寄生物。根据微生物的寄生对象不同，可将寄生关系分为 3 种。

1. 微生物间的寄生

微生物间寄生的典型例子是噬菌体与其宿主菌的关系。毒性噬菌体在寄主细胞内迅速增殖，最终引起寄主细胞裂解；温和噬菌体可将其核酸整合到寄主细胞核酸上，随寄主核酸的复制而复制，并不引起寄主细胞裂解。而细菌与细菌之间的寄生现象，虽然少见，但也存在。例如，蛭弧菌可以寄生在多种 G^- 菌细胞内（如大肠杆菌、栖菜豆假单胞菌、鼠伤寒沙门氏菌）。它不能分解碳水化合物，但分解蛋白质能力极强，因而只能利用多肽和氨基酸作为碳源和能源，并具有直接从寄主吸收、利用完整的核苷酸的能力。

2. 微生物与植物间的寄生

微生物可以寄生于植物，引起植物病害，如烟草花叶病毒引起烟草发生花叶病。寄生于植物的病原微生物主要是真菌、细菌和病毒，其中真菌最重要。按寄生的程度来分，凡必须从活的植物细胞或组织中获取其所需营养物才能生存者，称为专性寄生物，如真菌中的白粉菌属（*Erysiphe*）、霜霉属（*Peronospora*）及全部植物病毒等；另一类是除寄生生活外，还可生活在死植物或培养基中的，称为兼性寄生物。由植物病原菌引起的植物病害对人类危害极大，应采取各种手段进行防治。

3. 微生物与动物间的寄生

寄生于人体和动物体内的病原微生物主要有细菌、病毒、真菌、立克次氏体、衣原体、支原体等，其中以细菌和病毒最为重要，其中研究得较深入的是人体和高等动物的病原微生物；另一类是寄生于有害动物尤其是多数昆虫上的病原微生物，包括细菌、病毒和真菌等，可用于制成微生物杀虫剂或生物农药，例如，用苏云金芽胞杆菌（*Bacillus thuringiensis*）制成的细菌杀虫剂，以球孢白僵菌（*Beauveria bassiana*）制成的真菌杀虫剂和以各种病毒多角体制成的病毒杀虫剂等。有的寄生于昆虫身上的真菌还可作为名贵中药，如产于青藏高原的冬虫夏草。

微生物间的寄生关系有时可给某些工业生产带来损失，如微生物的病毒噬菌体给发酵工业带来危害。但人们也利用微生物间的寄生关系来消灭有害的微生物，这在防治植物病害方面已取得成效。

9.2.4 拮抗

拮抗又称抗生（antagonism），指由某种生物所产生的特定代谢产物抑制他种生物的生长发育甚至杀死它们的一种相互关系。此外，有时因某种微生物的生长而引起其他条件的改变（如缺氧、pH 改变等），从而抑制他种生物生长的现象也称为拮抗。

拮抗关系可以划分为特异性拮抗和非特异性拮抗两种类型。非特异性的拮抗作用没有选择性，如硫化细菌产生硫酸降低环境的 pH，抑制不耐酸的各种细菌生长，又如，在乳酸发酵中，乳酸细菌的生命活动产生大量乳酸，阻碍了腐败细菌的生长。特异性拮抗作用是微生物产生特殊的次生代谢产物，特异性地抑制或杀死一种或少数几种微生物，即这些产物的作用具有选择性，它们包括抗生素（antibiotic）和细菌素（bacteriocin）两大类。产生抗生素的微生物称为抗生菌，主要种类为放线菌，尤其是链霉菌属。细菌素是一些细菌产生的能抑制或杀死同种细菌不同菌株的蛋白质类物质，具有高度特异性。最著名的实例是点青霉产生青霉素抑制许多革兰氏阳性菌的生长。

在食品发酵中，某些乳酸细菌能产生一种特殊抗菌性短肽——细菌素。如乳球菌产生的乳链菌肽（nisin）对多种腐败菌有抑制或杀菌作用，现已被用作天然防腐剂。

微生物间的拮抗关系已广泛应用于抗生素的筛选、食品的保藏、医疗保健和动植物病害防治等许多方面。

9.2.5 捕食

捕食又称猎食（predation），一般指一种大型的生物直接捕捉、吞食一种小型生物以满足其营养需要的相互关系。对微生物来说，一般存在如下几种情况：原生动物吞食细菌和藻类；黏细菌吞食细菌和其他微生物；真菌捕食线虫和其他原生动物等。

在极端情况下，捕食者的吞食可能导致被食者种群的消失，进而反过来威胁到捕食者本身的生存。但在一般情况下总有部分生命力强的被食者能够逃脱被捕，并能在捕食者数量因食物减少而削减时重新繁殖起来，所以捕食者与被食者的种群数量是一个交替消长的过程。

思考题

1. 什么是生态学?什么是微生物生态学?
2. 简述不同的自然环境中微生物的分布状况，以及各自的优势代表类群。
3. 简述食品环境中的微生物，以及各类微生物对食品和人类的影响。
4. 微生物之间的相互关系有哪些?

参考文献

董明盛，贾英民. 2006. 食品微生物学. 北京：中国轻工业出版社.
贺稚非，李平兰. 2010. 食品微生物学. 重庆：西南师范大学出版社.
江汉湖. 2005. 食品微生物学. 第 2 版. 北京：中国农业出版社.
李平兰. 2006. 微生物与食品微生物. 北京：北京大学医学出版社.
吕嘉枥. 2007. 食品微生物学. 北京：化学工业出版社.

第 10 章　微生物遗传变异和育种

概述

微生物的遗传（inheritance）和变异（variation）是其本质的属性。微生物的各种性状，如形态、新陈代谢、结构、毒力、抗原性及对药物的敏感性，都是由遗传物质所决定的。遗传主要是指生物的上一代将自己的一整套遗传因子传递给下一代，并且使下一代能够稳定保持该特性。通过遗传能够保持微生物的相对稳定性，但是也能出现亲代与子代间的变异。变异是指微生物在进行遗传的过程中，遇到某些外因或内因的作用，使遗传物质结构或数量发生改变，而且这种改变具有可遗传性。微生物的变异包括遗传型变异和非遗传型变异。遗传型变异能够产生变种与新种，稳定地遗传给子代，在生物的生存和进化过程中起着积极的作用。非遗传型变异大多数受外界环境因素的影响，基因没有发生改变，不会遗传。遗传性和变异性同时存在，使子代在保持与亲代性状一致的同时，又能产生与亲代不同的性状，适应环境的变化。

在微生物的遗传和变异中有几个重要的定义，其中微生物的基因型，指生物个体中所含的全部基因的总和，其实质是遗传物质上所负载的特定遗传信息。生物的基因型在适当的环境条件下，通过代谢和发育，产生表型（phenotype）。微生物的表型是指生物体基因型在合适环境下的具体体现。饰变（modification）是指在遗传物质结构上不发生改变，在转录、转译水平上的表型变化。由于微生物有一系列非常独特的生物学特性，因而在研究现代遗传学和其他许多重要的生物学基本理论问题中，微生物成了最热衷的研究对象。这些生物学特性包括：个体的体制极其简单，营养体一般都是单倍体，易于在成分简单的组合培养基上大量生长繁殖，繁殖速度快，易于累积不同的中间代谢物或终代谢物，菌落形态特征的可见性与多样性，环境条件对微生物群体中各个体作用的直接性和均一性，易于形成营养缺陷型，各种微生物一般都有相应的病毒，以及存在多种处于进化过程中的原始有性生殖方式等。对微生物遗传规律的深入研究，不但促进了现代分子生物学和生物工程学的发展，而且为育种工作提供了丰富的理论基础，促使育种工作向着从不自觉到自觉，从低效到高效，从随机到定向，从近缘杂交到远缘杂交等方向发展。

研究微生物的遗传变异具有重大的理论与实践意义。对微生物遗传变异特性的深入研究，促进了现代分子生物学、生物工程的基本理论的研究，为微生物育种工作提供了日益坚实的理论基础，由过去以诱变育种为主要的育种手段，发展到应用现代原生质体融合技术与 DNA 重组技术改造微生物的遗传特性，进而创造更多具有某些优良特性的品种，使之在相同发酵或培养条件下，达到优质高产，更好地造福于人类。

10.1 遗传变异的物质基础

17 世纪中后期，孟德尔（G. J. Mendel）提出了分离定律和自由组合定律。在当时这一研究成果并未引起重视，直到 1900 年被重新发现，标志着现代遗传学的开始。

1903 年，萨顿（W. S. Sutton）提出了染色体的遗传行为与性状的遗传行为有着平行关系。后来，威尔逊（Wilson）等的研究表明染色体与性别有确定的关系。细胞核、染色体和核酸的细胞学研究也有了长足进展，遗传学和细胞学得到了共同的发展。

10.1.1 遗传和变异的物质基础

在生物学中，微生物的一切性状主要取决于菌内的酶。决定酶的结构与功能的物质是什么曾一度引起生物学界争议。以微生物为研究对象的 3 个经典实验，证实了遗传的物质基础是核酸，而非蛋白质。这里的核酸主要是脱氧核糖核酸，即 DNA。

1. 转化实验

1928 年，格里菲斯（Griffith）做了肺炎链球菌（*Streptococcus pneumoniae*）感染小白鼠实验，证明遗传物质是 DNA（图 10-1）。格里菲斯将有荚膜的光滑型（smooth，S 型）肺炎链球菌注入小白鼠体内，小白鼠感染病而死亡；将无毒、无荚膜的粗糙型（rough，R 型）肺炎链球菌注入小白鼠体内，小白鼠依然保持健康；将 R 型菌株经高温处理杀死后再注入小白鼠体内，小白鼠健康，并且不能从小白鼠体内得到肺炎链球菌；将加热全部杀死后的 S 型菌株与无致病性的 R 型菌株混合然后注入小白鼠体内，小白鼠染病死亡，并且能够从死亡的小白鼠体内得到活的 S 型菌。以上实验说明光滑、有荚膜的非致病性 R 型菌已从加热杀死的 S 型中获得了能够产荚膜、使之具有致病性能力的遗传物质。格里菲斯将这种现象称为转化（transformation）。但是，对于决定遗传性状的物质是什么的问题，人们一直没能得到定论。

1933 年，L Alloway 将 S 型肺炎链球菌磨碎，并过滤去除杂质，保留其上清液，随后将该上清液加到活的 R 型肺炎链球菌中，最终分离到活的 S 型肺炎链球菌细胞。

1944 年，Avery 将从 S 型菌株中分离到蛋白质含量仅 0.02%的 DNA 注入小白鼠体内，证实 S 型肺炎链球菌 DNA 能使 R 型肺炎链球菌转化为 S 型肺炎链球菌，但是其他物质，如蛋白质和多糖却没有这种转化能力。能实现转化的遗传物质被称为转化因子（transforming factor）。离体实验第一次证明遗传信息的载体是 DNA。

2. 噬菌体感染实验

1952 年，Hershey 和 Chase 用噬菌体感染实验证实 DNA 是遗传物质。噬菌体是一类细菌病毒，实验中所用 T_2 噬菌体主要侵染大肠杆菌，蛋白质中含有硫而不含磷，DNA 中含磷而不含硫。T_2 噬菌体是由蛋白质外壳和 DNA 组成，其中蛋白质约占 60%，DNA 约占 40%。噬菌体侵染细菌时，其尾部吸附到细菌表面，将一部分物质释放到大肠杆菌内，大量繁殖，而后细菌体裂解，释放出大量子代噬菌体（图 10-2）。

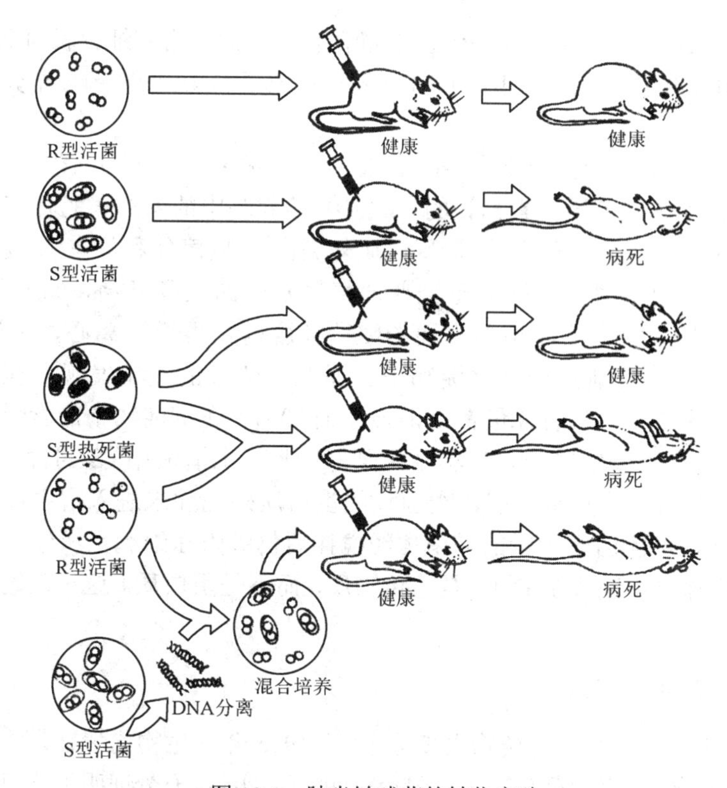

图 10-1　肺炎链球菌的转化实验

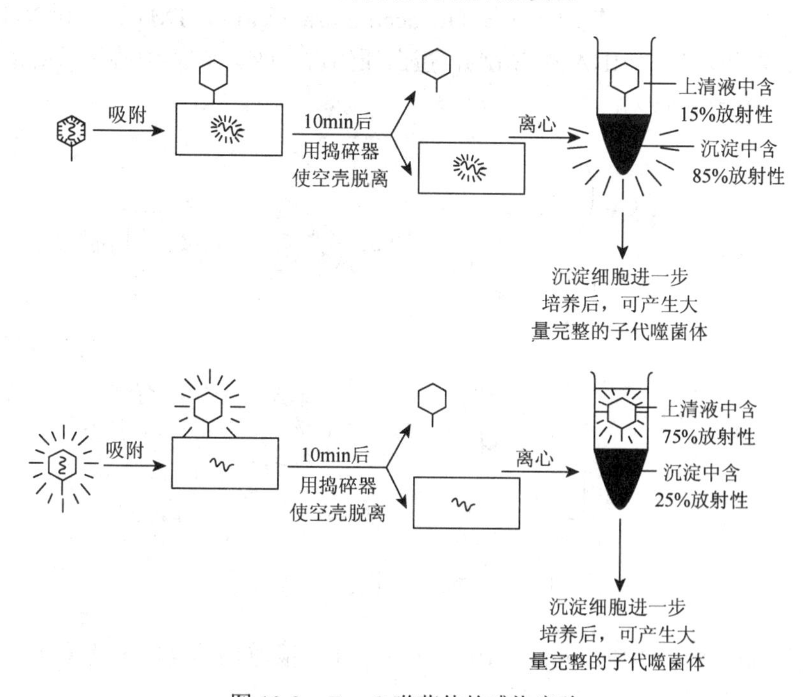

图 10-2　*E. coli* 噬菌体的感染实验

1949 年，Anderson 发现当 T_2 噬菌体悬浮液加入大量蒸馏水时，由于渗透作用，噬菌体能释放出 DNA，只留下噬菌体空壳。当噬菌体用尾部吸附到细菌表面上时，剧烈搅拌可以阻碍噬菌体的侵染。1951 年，Herriott 发现释放了 DNA 的噬菌体空壳仍可吸附到细菌上。

Hershey 和 Chase 采用同位素^{35}S 和^{32}P 来标记 T_2噬菌体的蛋白质外壳和 DNA。首先用 T_2噬菌体分别感染有同位素标记的^{35}S 和^{32}P 培养基中的两组大肠杆菌，细胞裂解后收集裂解菌液，得到了具有^{35}S 标记蛋白质外壳的 T_2噬菌体和具有^{32}P 标记 DNA 的 T_2噬菌体。再用两种噬菌体分别去感染普通培养基中的大肠杆菌，进行培养，接着用搅拌器剧烈搅拌，使吸附在菌体表面的噬菌体脱落，再通过离心，使游离的噬菌体悬浮于上清液中，而细菌处于沉淀物中。通过同位素的测定发现，在用^{32}P 标记的噬菌体侵染实验中，^{32}P 的含量在上清液中有30%，在沉淀物中的含量为70%。在用^{35}S 标记的噬菌体侵染实验中，实验结果刚好相反。上清液中^{35}S 的含量达80%，沉淀物中的含量为20%。该实验说明，噬菌体的蛋白质外壳并未进入宿主细胞内，沉淀物中含有20%^{35}S，可能由于少量的噬菌体经搅拌后仍吸附在细胞上所致。这两位科学家的实验结果更深一步证实了 DNA 是遗传物质，而不是蛋白质。这一理论也得到了科学界的认同。

3. 植物病毒的重组实验

对于不含 DNA 的生物，遗传物质又是什么？1956 年，生物化学家弗兰克尔-康拉特（H. I. Fraenkel　Conrat）用烟草花叶病毒（TMV）进行的实验，充分证明了核糖核酸（RNA）是遗传物质（图 10-3）。烟草花叶病毒（tobacco mosaic virus，TMV）是由 RNA 与蛋白质组成的管状颗粒，其中 RNA 约占 6%，蛋白质约占 94%。它的中心是单螺旋的 RNA，外部是圆筒状的蛋白质外壳。

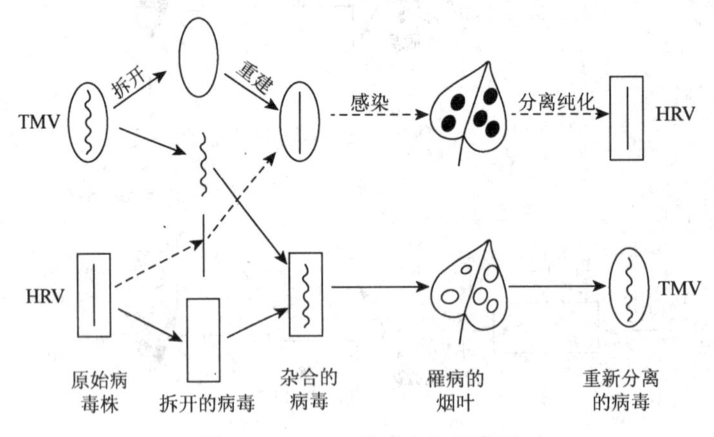

图 10-3　TMV 重建实验示意图

1944 年，施拉姆（G. Schramm，1910～1969 年）报道烟草花叶病毒颗粒在弱碱中能分解成游离的 RNA 和大量的蛋白质分子。

1956 年，弗兰克尔-康拉特把烟草花叶病毒的 RNA 和蛋白质分离开，涂抹在健康的烟草叶片上，观察叶片染病情况。实验的结果表明，单纯的烟草花叶病毒的蛋白质，不能使烟草染病，而单纯的烟草花叶病毒的 RNA，能够使烟草叶子感染，并且 RNA 在进入烟草叶片细胞后能够增殖，产生子代的病毒。为了更进一步验证以上结论，对烟草花叶病毒进行了重组实验。他把一种烟草花叶病毒 TMV（S 株系）的蛋白质外壳与另一种烟草花叶病毒 TMV（HR 株系）的 RNA 结合起来，用合成病毒去感染烟草叶片，结果发现新病毒为烟草花叶病毒的 HR 株系，从而进一步地证实了 RNA 是烟草花叶病毒的遗传物质。后来，弗兰克尔-康拉特和斯坦利（W. Stanley）共同合作确定了烟草花叶病毒的蛋白质的全部氨基酸序列是由 158 个氨基酸组成的。

弗兰克尔-康拉特的烟草花叶病毒重建及感染实验证明，在烟草花叶病毒中，RNA 是遗传物质，蛋白质不是遗传物质。

10.1.2　遗传物质在微生物细胞内存在的部位和方式

1. 遗传物质的存在部位

在细胞水平上，不同的微生物或同一微生物的不同细胞中，细胞核的数目有时会出现不同，但真核微生物和原核生物的大部分 DNA 在细胞核或核区（核质体）中。大部分真菌属于单核微生物，还存在一部分多核的，这就使微生物中遗传物质的存在具有不同性。

从细胞核水平上来说，在真核生物中，细胞核是一种具有核膜包裹、形态固定的细胞器，DNA 与蛋白质紧密结合在一起形成核染色体，存在于细胞核中，该染色体在光学显微镜下可见；而原核生物没有细胞核，只存在无核膜包裹，呈松散状态存在的核区，DNA 呈环状双链结构，不与任何蛋白质相结合存在于核区。真核生物的细胞核或原核生物细胞的核区所承载的遗传信息被称为核基因组、核染色体组或简称为基因组（genome）。除了真核生物细胞核内的基因和原核生物核区的基因外，在微生物的细胞质中，还存在着一些 DNA 的含量较少、能自主复制的核外染色体，如细胞质基因（线粒体和叶绿体基因等），共生生物、酵母菌的2μm 质粒，原核生物中细菌的致育因子（F 因子，fertility factor）、耐药性因子（R 因子，resistance factor）、大肠杆菌素因子（Col 质粒，colicinogenic factor）。

从染色体水平上来说，不同微生物的染色体数目常常不同，例如，人是 23 条染色体，水稻 12 条，果蝇 4 条，酵母菌属为 17 条，汉逊酵母属为 4 条，脉孢菌属为 7 条。

从核酸水平上来说，大部分微生物的遗传物质是 DNA，但是部分病毒（多数植物病毒和少数噬菌体等）的遗传物质是 RNA。对于真核生物，其 DNA 与组蛋白结合存在，而原核生物的 DNA 却是单独的。就结构而言，大部分微生物的 DNA 是双链的，只有少数病毒，如 d 噬菌体等的 DNA 是单链的；RNA 也有双链与单链的不同结构，大多数真菌病毒为双链，多数 RNA 噬菌体为单链。另外，双链 DNA 的存在状态有些呈环状（如原核生物和部分病毒），有些呈线状（部分病毒），有些呈超螺旋形态。

从密码子水平上来说，DNA 链上决定各具体氨基酸的特定核苷酸的排列顺序称为遗传密码（genetic code），其信息单位为密码子（codon）。密码子由 3 个核苷酸序列组成，一般用 mRNA 上 3 个连续核苷酸序列来表示，可以编码 20 个氨基酸，同时能够出现几个密码子决定同一氨基酸或者不代表任何氨基酸的“无意义密码子”等状况。

从核苷酸水平上来说，遗传的功能单位为基因，信息单位为密码子，而核苷酸单位是一个最低突变单位或交换单位。在绝大多数生物的DNA组分中，都只含腺苷酸（AMP）、胸腺苷酸（TMP）、鸟苷酸（GMP）和胞苷酸（CMP）4种脱氧核苷酸。

2. 遗传物质的特殊存在单位——质粒

质粒（plasmid）是存在于细菌染色体外的能独立复制并稳定遗传的小型双链 DNA 分子，而被称为附加体的质粒是能够整合到核染色体上的。质料可以作为染色体的一部分而进行复制，也可以再游离出来或者携带一些寄主的染色体基因游离出来。一般情况下，质粒是共价、闭合、环状双链 DNA（covalently closed circular DNA，cccDNA），也存在极少部分 RNA 质粒。大部分质粒有几千个碱基对，还有一些质粒能达到 100kb 以上。现已经发现 50 多个属的细菌内都有质粒的存在，同时在其他真菌中也发现了存在质粒。通常，质粒中含有编码某些酶的基因，能够使该微生物适应某一特定的环境，由质粒产生的表型包括对抗生素的抗性，产生细菌毒素、限制性内切核酸酶与修饰酶，产抗生素等。质粒为超螺旋结构，其相对分子质量一般为 10^6～10^8。质粒上所具有的是某些核基因组上的补充基因，能够使细菌等原核生物获得某些特殊功能，如接合、产毒、抗药、固氮、产特殊酶或降解环境毒物等功能。质粒分为两类，一类独立存在于细胞内，其复制行为与染色体的复制同步，称为严紧型质粒（stringent plasmid），通常这种质粒在细胞中只含 1～2 个。另一类质粒则和染色体不同步复制，这样的质粒在细胞中含量可达 10～15 个，甚至更多，称为松弛型质粒（relaxed plasmid）。少数质粒能够在不同菌株间转移，如 F 因子、R 因子等。

（1）质粒的性质

a. 自主复制性　由于质粒 DNA 具有自己的复制起始区（ori）和一些控制质粒复制的基因，因此它能独立于宿主细胞的染色体 DNA 进行自主复制。另外，因为质粒上没有复制酶的基因，所以质粒复制需要利用宿主细胞的复制机制。对于不同的宿主细胞，需要具有与之相对应的复制起始区。能在不同的宿主细胞中复制的质粒通常含有两种以上不同的复制起始位点，这样的质粒称为穿梭质粒。

b. 不相容性　如果将不同质粒导入同一细胞中，使它们利用同一复制系统，那么在复制和以后分配到子细胞的过程中会形成竞争，在单细胞中的拷贝数也会不同，表现为复制更快，经过分子生物学实验的几代细菌繁殖之后，优势质粒会在细菌的子细胞中占绝大多数。这几种质粒中只能有一种长期稳定地留在细胞中的现象，称为质粒不相容性。

c. 可转移性　存在很多质粒都能够通过接合作用转移到新宿主内，被称为可转移性。但是，由于人工质粒缺少一种转移所必需的 *mob* 基因，自身不能够从一个细菌到另一个细菌的接合转移。所以，质粒 DNA 可以通过人工转化导入细胞中。

d. 具有特殊的遗传标记　质粒上一般携带一个或多个遗传标记基因，这些基因主要包括抗性基因或物质合成基因，能够使宿主细胞产生正常生长非必需的附加性状。其中物质抗性基因的代表主要是抗药性基因、抗重金属离子基因；物质合成基因的代表主要是编码氨基酸合成酶基因。利用这些标记基因赋予宿主细胞的附加性状，可以区分转入质粒的细胞（转化子）与未转入质粒的细胞（非转化子），从而完成转化子的筛选。

e. 有供外源基因插入的位点——多克隆位点　质粒作为载体，其中的一个功能就是可以插入外源基因，这一过程需要对质粒进行限制性酶切，因此作为工具质粒，需具备一些单一的限制性酶切位点，供基因克隆操作时酶切使用。多克隆位点（multiple cloning site，MCS）是指含有多个限制性内切核酸酶位点的一段核苷酸序列。人工构建的质粒为了方便进行克隆操作，通常将多个单酶切位点集中在某个很小的区域。

（2）质粒的分离与鉴定

质粒的分离通常采用碱变性法。其操作主要包括以下几个步骤。①菌体的培养和收集：通常采用丰富培养基对菌体进行培养，细胞生长到指数期后期的时候，离心收集细胞。②溶菌：一般采用溶菌酶去壁以形成原生质球或原生质体。③碱变性处理：在十二烷基硫酸钠（SDS）等表面活性剂存在的情况下加 NaOH 溶液使 pH 升高至 12.4，可以使菌体蛋白质、染色体 DNA 及质粒 DNA 变性。④质粒复性：加入 pH 为 4.8 的 KAc-HAc 缓冲液，将提取液调节至中性，由于质粒的分子质量小而容易复性，并能稳定地存在于溶液中，染色体 DNA 分子质量太大，在复性过程中会形成 DNA 之间的交联致使其形成更大分子的不溶性物质。⑤离心分离：高速离心可使细胞碎片及已变性的菌体蛋白和染色体 DNA 一起沉淀，上清液中主要是质粒 DNA，经乙醇沉淀后，可以获得质粒 DNA。

质粒 DNA 进一步地纯化和鉴定可采用电镜观察、琼脂糖凝胶电泳或氯化铯-溴化乙锭密度梯度离心等方法。琼脂糖凝胶电泳是根据分子质量的大小和电泳呈现的带型将染色体 DNA 与质粒分离。在分离过程中，染色体 DNA 会随机断裂成线状，并且相对分子质量大，所以泳动速度慢，带型不整齐；质粒 DNA 相对分子质量比较小，大小均一，泳动速度快，带型比较整齐，很容易将二者区分并达到分离质粒 DNA 的目的。在氯化铯-溴化乙锭密度梯度离心中，溴化乙锭（EB）能够插入 DNA 分子从而降低其密度。在分离过程中，质粒 DNA 通常仍保持共价、闭合的环状状态，DNA 分子无自由末端，从而与 EB 染料的结合量比较少，密度降低也较少。再加上少量 EB 的结合会增加质粒 DNA 分子的内聚力，从而使构型进一步扭曲并转为更加紧密的缠结状态，减少梯度离心时的沉降阻力使质粒 DNA 成为离心时的重带。相反，染色体 DNA 从细胞中被提取出来后由于断裂呈线状，其两端能自由转动，从而使分子内的紧张状态松弛，所结合的 EB 染料多，密度更小，离心时的沉降阻力增大而形成位于质粒 DNA 之上的轻带。

（3）典型质粒简介

a. F 质粒　F 质粒又称 F 因子、性因子或致育因子，是大肠杆菌等细菌决定性别并具有转移能力的质粒，大小仅 100kb，为 cccDNA，其含有与质粒复制和转移有关的很多基因。携带 F 质粒的菌株称为 F^+菌株（相当于雄性），不含 F 质粒的菌株称为 F^-菌株

（相当于雌性）。F 质粒整合到宿主细胞染色体上的菌株称为高频重组菌株（high frequence recombination，Hfr）。由于 F 因子能够以游离状态或以与宿主染色体相结合的状态存在于细胞中，因此也属于附加体。

b. 抗性质粒　抗性质粒简称 R 因子或 R 质粒，这类质粒可使宿主对药物或者重金属离子呈现抗性。在1957年的一次突发性痢疾蔓延期间，从痢疾志贺氏菌（*Shigella dysenteriae*）中首次发现抗性质粒，以后在许多细菌，如大肠杆菌、欧文氏菌属、沙门氏菌属、流感嗜血杆菌、霍乱弧菌、荧光假单胞菌、根瘤菌属、铜绿假单胞杆菌等100多种细菌中发现了抗性质粒。带有R因子的细菌可能同时对几种抗生素和药物呈现抗性，例如，R1质粒能使宿主对以下5种药物具有抗性：氯霉素、磺胺、链霉素、卡那霉素和氨苄西林，而且负责这些抗性的基因成簇地存在于 R1抗性质粒上。此外，还有很多抗性质粒能使宿主细胞对金属离子呈现抗性，如砷（As^{3+}）、碲（Te^{6+}）、汞（Hg^{2+}）、镍（Ni^{2+}）、镉（Cd^{2+}）、钴（Co^{2+}）、银（Ag^{+}）等。在肠道细菌中发现的抗性质粒中约有25%是抗汞离子的，然而在铜绿假单胞杆菌中约有75%。

c. Col 质粒　Col 质粒又称大肠杆菌素质粒、产大肠杆菌素因子。很多细菌都能够产生某些代谢产物，抑制或杀死其他近缘细菌或同种的不同菌株，由于这些代谢产物是由质粒编码的蛋白质，不像抗生素那样有着很广的杀菌谱，因此称为细菌素（bacteriocin）。细菌素的种类有很多都按照其产生菌来命名，如大肠杆菌素、根瘤菌素、乳酸菌素、枯草杆菌素等。大肠杆菌素是一类由 *E. coli* 某些菌株产生的细菌素，具有专一性杀死同种其他菌株或其他种肠道菌的能力。大肠杆菌素由 Col 质粒编码，Col 质粒种类很多，凡是带有 Col 质粒的菌株，由于质粒本身能够编码一种免疫蛋白，因此对大肠杆菌素有免疫作用，不受其伤害。

d. 毒性质粒（virulence plasmid）　有些能够使昆虫致病甚至致死的细菌毒素也是由质粒编码的。在苏云金芽胞杆菌（*Bacillus thuringiensis*）种群中，质粒 DNA 能占细胞总 DNA 的 10%～20%。目前研究较多而且应用广泛的苏云金芽胞杆菌的毒素蛋白基因大多也都是定位在质粒上的，消除质粒的苏云金芽胞杆菌同时也失去了对昆虫的致病能力。很多致病菌的致病性是由其所携带的质粒引起的，这些质粒含有编码毒素的基因。

e. 降解性质粒　这类质粒上携带着能够降解某些基质的酶的基因，具有这类质粒的细菌，特别是假单胞菌，以及一些其他细菌，如黄杆菌、产碱菌等，可以将复杂的有机化合物（包括很多化学毒物）降解成能够被其作为碳源和能源利用的简单形式。特别是对一些有毒化合物，如芳香族化合物、辛烷、农药及樟脑等的降解，在环境保护方面具有十分重要的意义，因此这类质粒称为降解性质粒。每一个具体的质粒通常以其降解的底物来命名，如 CAM（樟脑）质粒、XYL（二甲苯）质粒、OCT（辛烷）质粒、SAL（水杨酸）质粒、NAP（萘）质粒、MDL（扁桃酸）质粒和 TOL（甲苯）质粒等。

f. 隐蔽质粒（cryptic plasmid）　以上讨论的质粒类型都具有某些可检测的遗传表型，但是隐蔽质粒没有任何表型效应，它们的存在只能通过物理方法，如采用凝胶电泳检测细胞抽提液等，才能够被发现。

g. 2μm 质粒　大多数酵母菌都含有 2μm 质粒，目前，这是研究得比较深入并且具有广泛应用价值的酵母质粒。2μm 质粒是酵母菌中进行分子克隆及基因工程的重要载体，以它为基础构建的克隆和表达载体已经得到广泛的应用。

10.2　基因突变和诱变育种

突变（mutation）包括基因突变（gene mutation）和染色体畸变（chromosomal aberration）。通常对于微生物来说，遗传型的变化首先使微生物表现型发生变化，如外形、生理或解剖学特性的变化。例如，一个原来没有颜色的细菌获得了形成色素的能力，或者是原来对某一抗生素敏感的菌株出现了对该抗生素的抗性等。有些突变是对微生物有害的，而有些能增强微生物对环境的适应性，微生物这种突变现象的发生使之进化成为可能。但这些突变对其他生物如人来说，有时却会导致一些负面效应，如使微生物产生对抗生素的抗性等。

利用微生物突变的特点，对微生物进行育种，尤其是利用基因突变进行育种已成为微生物育种的常用方法。通常把符合目标要求的突变称为正突变（positive mutation），把不符合的则称为负突变（negative mutation）。

10.2.1　基因突变的类型及特点

1. 基因突变的类型

把基因突变分为两类：一类是比较大的突变，如染色体的畸变，染色体的结构或者数目发生改变，出现断裂、大段缺失、大段移位等，能够影响到许多基因，造成功能的变化。这类基因突变对细胞的损害比较大，常常造成细胞的死亡。第二类是相对较小的突变，往往只是 DNA 分子中一个或少数碱基发生改变，这种情况发生较多，存活下来的突变体也很多。

根据碱基序列的改变不同，把突变分为 4 种，分别是：碱基置换突变、移码突变、整码突变、染色体错误配对和不等交换。

根据其密码子翻译的结果，可将基因突变分为：同义突变、错义突变、无义突变、终止密码子突变和抑制基因突变。

基因突变后表型的变化不同，因此又把突变分为：营养缺陷型突变、抗性突变型突变、发酵阴性突变、条件致死突变、代谢增强型突变和代谢底物拓宽型突变。

（1）营养缺陷型突变

基因突变后，导致某种酶的功能丧失，进而不能合成某种必需的生长因子或氨基酸，培养基中需要添加该种生长因子或氨基酸等营养成分才能使微生物生长繁殖，这种突变类型称为营养缺陷型突变。

（2）抗性突变型突变

基因突变后，导致对某种抗生素或噬菌体产生抗性，这种突变称为抗性突变型突变。

其中滥用抗生素或长期接触噬菌体能产生此类突变。

（3）发酵阴性突变

基因突变后，代谢该糖的相关酶失去功能，失去发酵某种糖的能力，但能利用其他糖作为碳源，这种突变称为发酵阴性突变。

（4）条件致死突变

基因突变后在某一条件下具有致死效应，但当这一条件不存在时仍可生长，称为条件致死突变。常见的有温度致死，在野生型能生长的温度范围内尤其是较高温度下不能生长，但在温度较低时能正常生长，这种菌株称为 ts 菌株。导致该结果的原因是酶的肽链结构变化后，酶的抗热性降低，较高温度下不能生存。

（5）代谢增强型突变

基因突变后，某种产物产量大增，从而导致终产物的产量也大大增加，这种突变称为代谢增强型突变，通常是工业微生物育种的目的。

（6）代谢底物拓宽型突变

基因突变后，微生物能利用的底物增多，如可利用一些廉价的碳源、氮源为代谢原料等。

2. 基因突变的特点

尽管基因突变的方式和结果各不相同，但是由于突变遵循遗传定律，具有共性，因此基因突变具有共同的特点，下面就简单介绍一下基因突变的一些特点。

（1）不对应性

发生突变的性状与引起突变的原因没有完全对应的关系。虽然表面上看来，似乎是由于某些特定条件的存在，产生了相对应的性状。但实际情况并非如此，这些抗性特征是通过自发突变或诱变因子诱发后得到的，而这些条件只是起着选择突变型个体的作用，这些因素即使具有诱变作用，也不能专一诱发特定突变，而是可诱发其他任何性状的突变。

（2）自发性

在没有人为的诱变因素处理下能自发地产生基因突变。变量试验、涂布试验和平板影印试验证明了基因突变的自发性和不对应性。1943年，美国学者鲁里亚（S. Luria）和德尔波留克（M. Deibrack）设计了变量试验，又称为波动试验或彷徨试验。该试验首先把大肠杆菌菌液分成等量的两份，一份分装在大试管中，一份分装在50支小试管中，都放在恒温试管中，培养24～36h，然后分别接种到含有噬菌体的固体培养皿上，一支大试管接 50 副培养皿，50支小试管分别接一副培养皿。只有抗性突变体能够生长，试验结果是：从一支大试管生长出来的抗性突变菌落数量基本相同，而从50支小试管中分别培养出来的抗性突变菌落数量差别较大。抗性突变体在接触噬菌体前就出现了，突变发生的时间越早，产生的菌落就越多，该试验说明抗性突变体的出现与噬菌体无关。1949年，Newcombe 设计了涂布试验：首先在 12 个培养皿中涂以数目相等的大肠杆菌细胞，经过 5h 培养，在平板上长出大量的微菌落，然后对其中的6个直接喷上噬菌体，另6个先用灭菌玻璃棒均匀涂布，然后再喷噬菌体，经12h 培养后计算两组培养皿中抗性菌落数。该试验说明，抗性突变发生在未接触噬菌体之前，噬菌体的加入起到了鉴别作用，而不是引发突变的因素。

（3）稀有性

自发突变虽然任何时候都能发生，但突变率（每一细胞在每一世代中发生某一性状突变的概率）却很低并且保持稳定。

（4）独立性

基因突变的发生一般是相互独立的，也就是可以发生任何性状的突变，而且一个基因突变不会影响其他任何基因的突变率。例如，巨大芽胞杆菌抗异烟肼的突变率为 5×10^{-5}，抗氨基柳酸的突变率则是 1×10^{-6}，对两者双重抗性突变率是 8×10^{-10}，几乎是两者的乘积。这就意味着两个基因突变是独立的，也说明突变不但对某一个细胞是随机的，而且对某一个基因同样是随机的。

（5）诱变性

通过人为的诱变剂的作用，能够提高上述自发突变的概率，一般可以提高 $10\sim10^5$ 倍。无论是通过自发突变还是诱发突变所获得的突变株，并没有本质上的差别，因为诱变剂仅仅起着提高诱变率的作用。

（6）稳定性

因为突变的根源是遗传物质的结构发生了稳定的变化，因此产生的新的变异性状也是稳定的、可遗传的。

（7）可逆性

由原始的野生型基因变异成突变型基因的过程，称为正向突变，而相反的过程则称为回复突变或回变。试验表明，任何性状都可以发生正向突变，也可以发生回变。

10.2.2　自发突变与随机选育

自发突变的机制如下。

1. 自发损伤

自然状态下 DNA 的损伤称为自发损伤（spontaneous lesion），导致基因的自发突变。常见的自发损伤有脱嘌呤和脱氨基作用。例如，黄曲霉素可以诱导脱嘌呤过程，是由于碱基与脱氧核糖之间的糖苷键受到破坏，从而引起一个腺嘌呤或鸟嘌呤从 DNA 分子上脱落下来。研究发现，哺乳动物细胞在 37℃条件下培养 20h 的细胞复制周期中，DNA 自发脱落约 10 000 个嘌呤碱基。如果这些损伤不能被修复，将会引起严重后果，因为在 DNA 复制的过程中，产生的无嘌呤位点不能确定一个和原嘌呤配对的碱基。但是，在一定条件下，在脱嘌呤位点对面插入一个碱基，能够引起基因突变，胞嘧啶脱氨基变为尿嘧啶。在没有校正的情况下，DNA 复制过程中 U·A 配对，就可导致 G·C—A·T 转换。在 5-甲基胞嘧啶位点发生的自发脱氨基引起 C—T 的转换也是比较常见的。

2. 碱基的氧化损伤

超氧自由基、羟自由基和过氧化氢都被认为是正常有氧代谢的副产物，其对 DNA

产生氧化损伤，不但能够对 DNA 的前体造成氧化性损伤，引起突变，而且会引发多种人类疾病。

3. DNA 复制错误

DNA 复制器出现差错是另一个产生自发突变的原因。化学反应不能完全高效、保真。在 DNA 合成过程中出现碱基错配而引起碱基替换。正如 DNA 中的每个碱基有互变异构体，因此在 DNA 复制过程中，碱基结构的一种形式转换成另一种形式时会导致 DNA 复制错误而引起突变，其他类型的复制错误还会出现单个或多个碱基的插入或缺失，当插入或缺失的碱基数目不能被 3 整除时，就会在基因的编码区出现移码突变。

4. 其他可能的机制导致基因的自发突变

自然界中存在放射性同位素、紫外线、宇宙射线等物理化学因素。温度的剧烈变化及极端温度也能导致突变率的升高，在剧烈的温度变化及极端温度下，DNA 复制酶的保真性可能会有所降低，也能在生物体内间接地诱发从而产生对 DNA 有破坏作用的物质。自发突变与重复序列也有关系。

10.2.3 理化诱变与定向选育

定向育种是指在某一特定条件下长期培养某一微生物菌群，使其不断转接传代以积累自发突变并最终获得优良菌株的过程。从自然界中直接分离的菌种，其发酵活力通常比较低，达不到工业生产的要求，因此需要根据菌种的形态、生理特点等来改良菌种。为了增加其变异率，采用物理、化学因素促进其诱发突变。以诱发突变为基础的育种就是诱变育种，诱变育种是国内外提高菌种产量及性能的主要手段，具有重要的意义。

诱变育种不仅能够提高菌种的生产性能，还能改进产品的质量、扩大品种及简化生产工序等。诱变育种具有方法简便、工作速度快、效果显著等优点。目前，虽然在育种方法如杂交、转化、转导、基因工程及原生质体融合等方面的研究都在迅速发展，但诱变育种仍是目前比较主要的方法。

1. 物理诱变

属于物理因素的有紫外线、X 射线、快中子、激光、超声波等。紫外线诱变机制是可以使被照射物质的分子或是原子内层电子提高能级，它的作用光谱和核酸的吸收光谱相近。因此，生物体中的 DNA 能够强烈吸收紫外线，引起 DNA 链的断裂，DNA 分子内与分子间发生交联，或核酸与蛋白质之间发生胞嘧啶的水合作用，从而发生突变。

2. 化学诱变

早在 1910 年摩尔根（Lewis Henry Morgan）等就已经发现了某些化学物质可以提高

果蝇的突变率。1946 年奥尔巴赫（C. Auerbach）在这方面进行了较为系统的研究，明确提出，某些化学物质对果蝇有着诱发突变的作用。依据化学诱变剂对 DNA 的作用方式，大致可以分为下列几类。

（1）碱基类似物诱变剂

由于碱基类似物与 DNA 分子中 4 种碱基的化学结构类似，因此能够掺入 DNA 的代谢而不妨碍其复制，但是碱基不能正确地配对，因此在 DNA 复制过程中，将会发生偶然的配对差错，致使碱基置换从而引起突变。

（2）烷化剂

烷化剂带有一个或多个活性烷基，这些烷基能转移到其他电子密度较高的分子（亲和中心）中去，使 DNA 的碱基增加烷基，以至于在许多方面改变了氢键的能力。烷化后的碱基性质将会发生改变。常用的烷化剂有硫芥、氮芥、硫酸酯、磺酸酯、亚硝基化合物、乙烯亚胺类、重氮烷类等。

（3）秋水仙碱

秋水仙碱可以抑制分裂中期纺锤丝形成，复制后的染色体不能分别到达两个子细胞从而形成多倍体。秋水仙碱处理是目前诱发植物多倍体常用的手段。

诱变育种工作主要有诱变处理和突变株筛选两个阶段，工作流程一般如下：前培养→菌悬液→诱变处理→后培养→稀释涂布平板→初筛→菌落传种斜面→摇瓶初筛→保藏菌种→摇瓶复筛→稳定性试验。

下面以紫外线诱变为例介绍诱变处理的过程。

第一步，活化菌种。将所选的出发菌株活化培养到对数期。如果是霉菌或放线菌，培养到孢子刚刚成熟即可。

第二步，前培养。细菌类以肉汤培养基为主，可适当增加氮源浓度，加入异烟肼或咖啡碱等抑制修复的物质，将菌体培养到对数期（16～24h）。霉菌和放线菌则培养到孢子刚刚萌芽即可。

第三步，菌悬液制备。离心收集菌体，并用无菌生理盐水洗涤两次，加入玻璃珠振荡分散菌体，再用无菌滤纸或者脱脂棉过滤，使菌体形成单细胞，最后用无菌生理盐水稀释成合适浓度的菌悬液。一般细菌约为 1×10^8 个/mL、霉菌为 1×10^6～1×10^7 个/mL、放线菌 1×10^7～1×10^8 个/mL。

第四步，紫外光照射。采用无菌操作，吸取制备好的菌悬液 3mL，转移到直径为 7cm 的灭菌平皿（或 5～6mL 菌悬液至直径为 9cm 的平皿）中。打开紫外灯预热 20min，将盛有菌悬液的平皿置于磁力搅拌器上（距离紫外灯光源约 15cm），打开皿盖进行紫外光照射，放入经过灭菌的转子，伴以轻微的搅拌，使细胞能够均匀吸收紫外光波，照射过程需要在配有红光或黄光的暗室中进行，以防止光修复的发生。

第五步，后培养。考虑到诱变后延迟现象，将经过诱变处理后的菌悬液加到适于正突变菌株生长的培养基中（可以加入异烟肼等物质抑制修复），在适宜的条件下培养 1～2h。

第六步，稀释涂布。取一定量经过后培养的发酵液，适当稀释后，涂布平皿，以未经诱变的出发菌株菌悬液作为对照皿，观察统计形态变异率，挑取单菌落筛选。

第七步，筛选阶段分为初筛和复筛。其中复筛次数、摇瓶数和培养基种类需要根据实际情况而定。诱变育种的整个过程主要是诱变和筛选的不断重复，直至筛选出稳定高产的菌株，再经过菌种特性和发酵培养基优化，进行中试放大。

10.2.4 适应性进化与系统生物学方法选育

基因本身具有一定的突变性，其存在一定的突变率，这就使得生物在庞大的群体中出现突变个体，在长时间的自然选择过程中可出现适应性进化。适应性进化的驱动力主要有两方面。

第一个驱动力是生态机遇。例如，达尔文研究的鸟类，莱涅（Paul Rainey）与脱拉维圣诺（Michael Travisano）研究的细菌表明，它们适应于一种特殊孳生地。这从试管世界里很容易见到，因为每个变种占据的孳生地都是截然不同的：菌落起皱纹的变种倾向聚集于肉汤的表面，而菌落长绒毛的变种倾向于肉汤底部，菌落平滑的菌种则悬浮于整个肉汤中。若细菌被导入的环境中富含各种适宜的孳生地，据不同孳生地的物种分化就会迅速发生。除上述两个变种外，还演化出了其他表现型，其中包括一种专门存活在周边的表现型。

生态机遇是适应性进化的主要原因的证实非常简单。莱涅与脱拉维圣诺研究组曾经用同一条件下的同一肉汤培育出了相同的细菌变种；但是由于振荡肉汤破坏了生态机遇，因此没有演化出来新的表现型。

研究还证明，适应性进化的另一个驱动力是竞争。一种微生物变异的多样性，就像是其基因所允许的随机突变。除非一个新的表现型较其他表现型具有更强的竞争力，否则它将不能跻身于生命记录书。从达尔文所处的年代起，竞争已经被认为是物种多样化的关键，但是要想清楚结果，证明其确切的作用是比较困难的，对其重要性也有颇多争议。

生物工程的实验表明，在自然种群层次上的进化可在试管内分子层次上模拟进行。实现达尔文式进化的必备要素是繁殖、突变、遗传和选择。不论其为整体层次还是分子层次，只要具有该 3 个要素都可能发生达尔文式的进化，最后出现最适于所在环境的类型。科学家 Joyce 预期，可通过试管进化的方法开发出能与病毒蛋白相结合的 RNA，阻止病毒的侵染，若病毒蛋白因为突变而出现抗药性，那么采用试管进化方法可以产生抗变异体病毒的新型 RNA，这可为解决病毒与其他病原体的抗药性难题带来帮助。诺贝尔化学奖获得者 M. Eigen 曾经预言，试管中的进化是生物工程的未来。预计不久在生物工程中将会出现一个与基因工程及酶工程并列的新领域——“进化工程”。

10.2.5 高通量筛选技术

高通量筛选技术（high throughput screening，HTS）的核心思想有两个：第一，必须根据目的样品的特性开发出合适的筛选模型，并将样品的这些特性转化成可以用计算机传感器和摄像头识别的电信号或者光信号。第二，有自动化或者自动化的实验操作系统，能够进行接种、移液、清洗等设备操作，并具备以下特点：有多通道一次性进行多组操作，能与监测设备对接，实验数据能够在多种软件平台上进行分析，具有在高洁净度下工作的能力，不引起污染，操作速度快，能使用各种通用型规格的耗材，具有良好的软件和硬件兼容性。目前世界上对于高通量筛选的研究主要集中在“工业生物技术高通量筛选”和“药物高通量筛选”两个领域，虽然都是高通量筛选，主要思路相同，但筛选的物质不同。

高通量筛选技术是建立在分子细胞水平的以自动化操作系统执行实验过程和以微型板为实验工具载体的一种技术体系，该技术能够以灵敏快速的检测仪器采集实验数据，并能够通过计算机对获得的数据进行分析处理，从而实现在同一时间内自动化检测成千上万的样品。相应数据库在高通量筛选技术中是支持和维系整体系统正常运转的基础。高通量筛选技术大大减少了试剂的用量和供试化合物，降低了药物筛选的成本，并提高了药物筛选的效率。高通量筛选技术体系由下面的 5 部分组成：供试样品库、分子细胞水平的体外筛选模型、高灵敏度检测系统、自动化操作系统、数据采集传输处理系统。

此外，高通量筛选技术体系还有组合化学、计算机辅助设计、高效天然化合物提取方法等辅助系统。

常用仪器设备有微孔板、微孔板恒温振荡器、多通道移液器、连续移液器、多通道连续移液器、全自动移液工作站、微板光度计、流式细胞仪、条形码、数据分析软件等。

10.3　基因重组

10.3.1　原核微生物的基因重组

基因重组是将两个不同性状生物细胞的基因通过一定途径转移到一起，经过遗传分子间的重新组合，形成新的遗传型个体的过程。重组即使不突变，也能产生新遗传型的个体。真核微生物中的有性生殖、准性生殖及原核生物中的转化、转导、接合、溶源性转换和原生质体融合等都是基因重组在细胞水平上的反应。重组是分子水平上的一个概念，而杂交则是细胞水平的概念。重组不仅仅杂交这一种形式，而杂交必然有重组。

10.3.1.1　转化

受体细胞从外界直接接受来自供体细胞的 DNA 片段，并与其染色体同源片段进行遗传物质交换，从而获得供体细胞部分遗传性状的现象，称为转化。转化子是指经转化后出现了供体性状的受体细胞，转化因子指有转化活性的外源 DNA 片段。

转化虽然在原核生物中是一个比较普遍的现象，但目前也只是在一部分细菌种属（如肺炎双球菌、嗜血杆菌属、奈瑟氏球菌属、芽胞杆菌属、葡萄球菌属和假单胞杆菌属）、一些放线菌和蓝细菌等中有发现。另外，在一些真核微生物（如酵母、黑曲霉和粗糙链孢霉）中也发现了转化现象。两个菌种（株）间是否能进行转化，这与它们在进化过程中的亲缘关系有非常密切的联系。即使在转化率极高的种中，其不同菌株间也不一定可以发生转化。

研究发现，能进行转化的受体细胞必须是感受态的，即受体细胞处于最易接受外源DNA片段并能把它整合到自己的染色体组上以实现转化的一种生理状态。感受态由受体细胞的遗传性决定，但同时也受细胞的生理状态、培养条件和菌龄等的影响。具有摄取外源DNA能力的细胞称为感受态细胞，分为自然遗传转化和人工转化。自然感受态的出现是细胞在一定生长阶段的生理特性（如芽胞杆菌的感受态一般出现在对数期末期及稳定期，而肺炎双球菌的感受态则在对数期后期才出现），受细菌自身的基因控制；人工感受态则是通过人为诱导的方法，人为地将DNA导入细胞内，或使细胞具有摄取DNA的能力，该过程与细菌自身的遗传控制无关。

进行自然转化，需要两个必要的条件：一是建立感受态的受体细胞；二是具有外源游离DNA分子。感受态一般可以诱导产生，常用的诱导方法是把培养在富含营养的培养基的细菌转移到营养贫乏的培养液中。在枯草芽胞杆菌和肺炎双球菌中都发现感受态的出现会伴随着细胞表面新的蛋白质成分的出现，一般将这种蛋白质称为感受态因子，把感受态因子加入不处在感受态的同种细菌培养物中，能使细菌处于感受态。感受态因子包括3种主要成分：细胞壁自溶素、膜相关DNA结合蛋白和几种核酸酶。自然转化过程的一般特点主要有：不需要活的DNA供体细胞；对核酸酶敏感；转化效率的高低及转化是否成功主要取决于转化（DNA）供体菌株和转化受体菌株之间的亲缘关系；通常情况下质粒的自然转化效率要低得多，使质粒形成多聚体，提高了进入细胞后重新组合成有活性的质粒的概率；在质粒上插入受体菌染色体的部分片段，或将质粒转化进含有与该质粒有同源区段的质粒的受体菌中，以上两种方法都可以提高质粒的自然转化效率。

人工转化是在自然转化的基础上建立的一项细菌基因重组方法，用多种不同的技术处理受体细胞，使其人为地处于一种可以摄取外源DNA的“人工感受态”。

遗传转化过程分为：供体细胞外源DNA的制备、受体细胞感受态的形成、受体细胞对外源DNA的吸收、外源DNA掺入受体细胞的整合过程。

一是供体细胞外源DNA的制备。用去污剂或溶菌酶溶解供体菌细胞，从而制备出供转化用的外源DNA样品。原核生物的DNA游离存在于细胞之中，当细胞被温和地裂解时，释放出DNA。DNA很长，易于断裂，即使用很温和的方式抽提，也会断裂成100个甚至更多的片段，每个片断可能有50个基因。每个感受态细胞大约可掺入10个转化片断，所以说一个转化过程一般只有0.1%～1%，最高者达10%的少数基因转移到受体细胞中去。只有双链DNA才具有转化活性，但进入受体细胞的却是单链，另一单链会协助该单链进入细胞。

二是受体细胞“感受态”的形成。处于感受态的细胞，吸收外源DNA的能力比一般细胞大很多。一个菌株能否形成感受态，不但由遗传特性决定，而且环境条件也有一定影响。菌株不同，培养条件不同，感受态细胞出现的时间就不同，持续的时间也会不一样。

三是受体细胞对外源 DNA 的吸收。双链 DNA 片断与感受态细胞表面特定位点结合；在结合位点上的 DNA 发生酶促分解，形成平均相对分子质量为（4～5）×10^6 的 DNA 片断；DNA 双链中的一条单链逐步降解，另一条单链进入细胞。只有不可逆吸附的 DNA 才能成为转化 DNA。

四是外源 DNA 掺入受体细胞的整合过程。转化 DNA 单链与受体细胞染色体组上的同源区段配对，接着受体细胞染色体组的相应单链片断被切除，并被外来的单链 DNA 所交换和取代，于是形成杂合 DNA 区段；受体菌染色体组进行复制，杂合区段分离成两个，形成一条亲代类型和一条重组类型的 DNA。当细胞分裂时，重组体类型的 DNA 就形成一个转化细胞。

10.3.1.2 转导

通过温和噬菌体的媒介，把供体细胞 DNA 小片段携带到受体细胞中，经过交换与整合，使后者获得前者部分遗传性状的现象，称为转导。获得新遗传性状的受体细胞，称为转导子。转导现象在自然界中非常普遍，转导现象在低等生物的进化过程中，极可能是一种产生新基因组合的重要方式。目前所知道的转导有很多种，现分别介绍如下。

1. 普遍性转导

通过完全缺陷噬菌体携带（非整合的）供体菌基因组中的任何一部分染色体片断（其中包括核外染色体遗传物质），而实现其遗传性状传递至受体菌的转导现象，称为普遍性转导。普遍性转导可分为完全转导和流产转导。

（1）完全普遍性转导

在鼠伤寒沙门氏菌的完全普遍性转导实验中，以其野生型菌株作为供体菌，营养缺陷型突变株作为受体菌，P22 噬菌体作为转导媒介。当 P22 噬菌体在供体菌内发育时，宿主的染色体组发生断裂，待噬菌体成熟之际，极少数（10^{-8}～10^{-5}）噬菌体的衣壳将与噬菌体头部 DNA 相仿的供体菌 DNA 片断转导误包入其中。因此，形成了完全不含噬菌体本身 DNA 的假噬菌体（是一种完全缺陷的噬菌体）。当供体菌裂解时，如把少量裂解物与大量受体菌混合（感染复数小于 1），则这种误包着供体菌基因的特使噬菌体会将这一外源 DNA 片断导入受体菌内。这种情况下，由于一个细胞质仅仅感染了一个完全缺陷噬菌体，因此，受体细胞不会溶源化，也不会显示其免疫性，更不会裂解和产生正常的噬菌体。导入的外源 DNA 片断与受体染色体组上的同源区段配对，再通过双交换而整合到受体染色体上，形成了一个遗传性状稳定的转导子。于是就实现了完全普遍性转导。

（2）流产普遍性转导

经转导而获得了供体菌 DNA 片段的受体菌，如果转导 DNA 不能进行重组和复制，其上的基因仅进行转录、翻译和性状表达，也不迅速消失，那么这种现象就称为流产普遍性转导，简称流产转导。发生流产转导的细胞进行分裂后，只能将这段外源 DNA 分配给一个子细胞，而另一子细胞仅获得供体基因经转录、翻译形成的酶，因此在表型上可出现轻微的供体菌特征，但每经过一次分裂，就受到一次“稀释”。因此，流产转导子的特点是能够在选择性培养基平板上形成微小菌落。

2. 局限性转导

当某一溶源菌群体细胞被诱导发生裂解时，其中极少数个体的染色体与噬菌体染色体会发生若干特定基因的交换，进而整合到噬菌体染色体的基因组上，当该噬菌体感染受体菌时，能够使受体菌获得这一特定遗传性状，称为局限性转导。它有这样几个特点：①只能转导供体菌的极少数个别特定基因（一般是噬菌体整合位点两侧的基因）；②该特定基因通过部分缺陷的噬菌体携带；③缺陷噬菌体是由于双重溶源菌的裂解，或由于其在形成过程中所发生的低频率“误切”而形成的。根据转导频率的高低可将局限性转导分为两类：一是低频转导，当温和噬菌体感染受体菌后，其染色体会发生开环，并会以线状形式整合到宿主染色体的特定位点上，使宿主细胞发生溶源化，并且会获得对相同温和噬菌体的免疫性。二是高频转导，当双重溶源菌被紫外线等诱导后，其中正常的λ噬菌体的基因能够补偿λdgal所缺失的部分基因功能，使两种噬菌体都能够同时复制。这样来自双重溶源菌的裂解物中含等量的λ与λdgal粒子，即HFT裂解液。在裂解过程中，λ噬菌体会作为λdgal所缺失功能的补充者，因此，称为辅助噬菌体或助体噬菌体。如果用低感染复数的HFT裂解液去感染非溶源性的gal－宿主，因为裂解液含有近50%的λdgal，所以获得能发酵半乳糖的转导子频度提高，这种转导方式就是高频转导。

10.3.1.3 接合

1. 接合现象的发现与证实

接合（conjugation）是指供体菌（“雄性”）通过性菌毛与受体菌（“雌性”）直接接触，前者传递不同长度的单链 DNA 给后者，并在受体菌细胞中进行双链化或进一步与核染色体发生整合、交换，使后者获得若干新遗传性状的现象。通过接合而获得新性状的受体细胞，称为接合子（conjugant）。

1946 年，Tatum 与 Lederberg 合作研究了大肠杆菌多重突变菌株之间的遗传重组，在实验中发现并解释了细菌的接合现象。具体过程如下：筛选两种不同双重营养缺陷的大肠杆菌 K12 突变株，其中 A 菌株和 B 菌株的遗传标记分别是

A：bio−met−thr+leu+（需要生物素和甲硫氨酸）

B：bio+met+thr−leu−（需要苏氨酸和亮氨酸）

把它们放在完全培养基上混合培养过夜，然后将混合培养物离心和洗涤以除去完全培养基，再涂布于基本培养基平板上，结果观察到基本培养基上每涂布约 10^7 个菌体的混合培养物中，会出现 1 个 bio+met+thr+leu+的原养型菌落；而将 A 菌株和 B 菌株分别涂布在基本培养基平板上的对照组则没有出现菌落。这说明了混合培养出现的原养型菌落是由于两菌株之间发生了遗传交换和基因重组。

Lederberg 等的实验首次证实了细菌之间可以发生遗传交换和重组，这一技术也为以后进行一系列其他微生物遗传学问题的研究创造了必要的条件，但这一过程是否需要细胞间的直接接触，是由 Davis 的“U”形管实验证实的。Davis 将 A 和 B 两种缺陷型菌株分别注入底部用烧结玻璃滤板隔开的“U”形管的两臂中。这种滤板只有培养基和大分子物质（包括 DNA）能够通过，细菌细胞不能通过，两臂都盛有完全培养基。待细菌长到某一适当程度后，慢慢地抽吸培养液，其实此时两种菌是在同一种培养液中生长的，只是没有发生菌体间的直接接触。然后在两臂中分别取样，离心和洗涤，将其涂布于基本培养基平板上，结果原养型菌落没有出现，从而证明了 Lederberg 等发现的重组现象需要细胞的直接接触。

2. 能进行接合的微生物种类

在细菌和放线菌中都存在着接合现象。在细菌中，G^-细菌尤为普遍，如 *E. coli*、弧菌属（*Vibrio*）、沙门氏菌属（*Salmonella*）、假单胞菌属（*Pseudomonas*）、沙雷氏菌属（*Serrati*）、固氮菌属（*Azotobacter*）和克雷伯氏菌属（*Klebsiella*）等；在放线菌中，研究得最多的是诺卡氏菌属（*Nocardia*）和链霉菌属（*Streptomyces*），尤以天蓝色链霉菌（*Streptomyces coelicolor*）研究得最为详细。此外，接合还可以发生在不同属的一些菌种之间，如沙门氏菌与痢疾志贺氏菌间或大肠杆菌与鼠伤寒沙门氏菌间。在细菌中，接合现象研究得最多、了解得最清楚的是 *E. coli*。根据对接合行为的研究，发现 *E. coli* 是有性别分化的，决定性别的是其中的 F 因子，F 因子是一种属于附加体（episome）的质粒，F 因子还是合成性菌毛基因的载体。即 F 因子既可脱离核染色体组在细胞质内游离存在，也可整合在染色体组上；它既可经过接合作用而得到，又可通过吖啶类化合物、丝裂霉素 C 或溴化乙锭等的处理，使其 DNA 的复制受抑制而从细胞中消除。它是有关细菌性别的决定者，有 F 因子的细胞，其表面都会有相应的性菌毛存在。

3. 大肠杆菌的接合型与接合

Lederberg 与 Tatum 所做的杂交实验之后，在 1952 年 Hayes 发现细菌遗传重组是单向过程，基因转移是有极性的。在（A）bio–met–×（B）thr–leu–杂交之前假如将菌株 A 用高剂量的链霉素处理，那么生成的原养型重组体的数目并没有大量减少，而对 B 菌株进行同样的处理却能够阻止重组作用的发生。

Heyes 根据杂交致育性将大肠杆菌分为两个类群：作为供体的 F^+（雄性菌）和作为受体的 F^-（雌性菌）。前者有质粒 F 因子，F^-没有 F 因子。

（1）F^+菌株的特性

F^+菌株可以合成长而细的蛋白质纤丝，被称为性菌毛。分布于大肠杆菌的表面，数目与 F 因子差不多，一条至几条，性菌毛是细菌接合所必需的。当 F^+菌株与 F^-菌株接触时，通过性菌毛的沟通和收缩，能够使供体细胞与受体细胞紧密相连，并能够很快在接触处形成胞质桥，F 质粒经胞质桥由 F^+菌株转移到 F^-菌株中，同时 F^+菌株中的 F 质粒获得复制，使两者成为 F^+菌株。

（2）F^-菌株

F^-菌株是指细胞中无 F 质粒、细胞表面也没有性菌毛的菌株。F^-菌株可以通过与 F^+菌株的接合而接受供体菌的 F 质粒，使自己转变为“雄性”菌株；或通过接收来自高频重组菌株（Hfr 菌株）的一部分核基因组 DNA，从而获得 Hfr 菌株的部分遗传性状；也可以通过接收来自 Hfr 菌株的一整套核基因组 DNA，这样不但获得了一系列 Hfr 菌株遗传性状，而且获得了处于转移染色体末端的 F 因子，进而使自己由原来的“雌性”转变成了“雄性”，但是出现的概率很低。

（3）Hfr 菌株（高频重组菌株，high frequency recombination strain）

在 F^+菌株和 F^-菌株被发现后不久分离出的一种称为 Hfr 菌株的供体菌。Hfr 菌株与 F^-菌株相接合以后，发生基因重组的频率比任何已知的 F^+菌株与 F^-菌株接合后的频率都高出几百倍，这种“雄性”菌株属于高频重组的，称为 Hfr 菌株。在 Hfr 菌株细胞中，F 质粒已转变成在核染色体组特定位点上的整合态。当 Hfr 菌株与 F^-菌株接合时，Hfr 菌株双链中的一条单链在 F 质粒处断裂，由环状变成线状，F 质粒中与性别有关的基因存在于单链染色体末端。整段单链线状 DNA 以 5′端引导，等速地转移到 F^-菌株细胞中。在没有外界干扰的情况下，这一转移过程约需 100min。在实际转移过程中，这么长的线状单链 DNA 容易发生断裂，导致越是位于 Hfr 菌株染色体前端的基因，进入 F^-菌株细胞的概率越高，其性状在接合子中出现的时间也越早，反之亦然。因为 F 质粒上决定性别的基因位于线状 DNA 的末端，所以能进入 F^-菌株细胞的机会极少，因此在 Hfr 菌株与 F^-菌株接合中，F^-菌株转变成 F^+菌株的频率极低，但其他遗传性状的重组频率却很高。

F 质粒自 F^+菌株转移至 F^-菌株与 Hfr 菌株的染色体向 F^-菌株的转移过程都是按滚环模型来进行的。不同的是，进入 F^-菌株的单链染色体片段经双链化后，与受体核染色体上的同源区段配对，能够形成部分二倍体合子，经双交换后，才可以发生遗传重组。因为供体的染色体片段上没有复制的起始位点，因此在受体细胞内不能复制，若不发生同源重组的话，它将会随受体细胞的分裂而稀释掉，一般检测不到。

F 因子的转移和 Hfr 菌株染色体转移的差别在于以下几方面。

1）一个F因子的转移只需2min，而一个完整细菌染色体的转移需要100min。在Hfr菌株DNA转移过程中，常常有中断现象，整个Hfr菌株染色体都进入受体细胞的可能性不大。

2）两性细胞分开前，平均有几百个基因能够进入受体细胞。

3）Hfr 菌株与 F^-菌株细胞之间的接合，一般 F^-菌株细胞仍为 F^-菌株，因为 F 因子的转移在染色体转移的末尾。

4）在 Hfr 菌株转移中，虽然转移的供体 DNA 片段不能环化和复制，但可以与受体染色体发生交换，因此在 F^-菌株细胞中会产生较高比例的重组体。

5）F′菌株与性导。不是所有的 Hfr 菌株都相当稳定，某些 Hfr 菌株中的 F 因子不再整合到染色体上，而是重新游离到细胞质中。当 Hfr 菌株细胞内的 F 因子发生不正常切离而脱离核染色体组时，能够形成携带了整合位点邻近一小段核染色体基因的特殊 F 质粒，称为 F′因子或 F′质粒。

凡是携带 F′质粒的菌株，称为初生 F′菌株，它的遗传性状介于 F^+菌株与 Hfr 菌株之间。

当初生 F′菌株与 F⁻lac⁻突变型受体菌接合后，可以使后者也成为 F⁻菌株，称为次生 F′菌株，它既获得了 F 质粒的遗传性状，又得到了来自初生 F⁻菌株的若干原属于 Hfr 菌株的遗传性状，于是它能够在 lac 区形成部分二倍体。以 F⁻质粒来传递供体基因的方式，称为 F 因子转导（F-duction）、性导（sexduction）或 F 质粒媒介的转导（F-mediated transduction）。

10.3.1.4 溶源性转换

细菌被噬菌体感染后，因噬菌体的基因整合到宿主的核基因组上，而使细菌表现一个或数个新的性状，并能遗传给后代，这种现象常见于被温和噬菌体感染的溶源菌，所以称为溶源性转换或噬菌体转变。最新性状具有噬菌体基因的密码，当宿主丧失这一噬菌体时，所获得的新性状也随之消失，现已在基因工程中广泛应用。

溶源性转换（lysogenic conversion）是一种表面上与转导类似但本质上却不同的特殊现象。首先，这种温和噬菌体是完整的，而不是缺陷的；其次，这种温和噬菌体不会携带任何来自供体菌的外源基因，给宿主带来新性状的是噬菌体本身的基因；再次，获得的性状可随噬菌体的消失而同时消失；最后，溶源化的宿主细胞获得新性状，而不是转导子。

10.3.2 原生质体融合

通过物理或化学等人为因素的刺激，将两个遗传性状不同的原生质体在一个高渗溶液中混合，促进两原生质体发生融合，并产生重组子的过程，称为原生质体融合或细胞融合。这种通过原生质体融合获得的基因重组子，称为融合子。其基本特点为：①需要供体菌株和受体菌株的接触；②需要通过电场诱导或化学因子（常用的和最成功的化学融合剂是聚乙二醇）诱导进行融合二亲原生质体。能进行原生质体融合的细胞是非常广泛的，不仅包括原核生物中的放线菌和细菌，还包括各种真核生物的细胞，例如，属于真核微生物的霉菌和酵母菌及高等动植物和人体的不同细胞。其基本操作程序包括亲株原生质体的制备、原生质体的融合、细胞壁再生、性能检测等步骤。

1. 亲株原生质体的制备

原生质体融合的两个亲本要通过各种理化因素的诱变进行不同遗传标记的制作，使两个亲本分别带上抗性、营养缺陷等遗传标记，便于融合后的检出。不同微生物由于细胞壁的化学组成不同，使用不同的酶处理两亲株后，细胞壁薄弱部分破裂或全部消失，获得原生质。细菌可通过将菌体培养在含青霉素类的培养基中，青霉素能够抑制肽聚糖合成从而制成原生质体，或者用溶菌酶水解其细胞壁中的肽聚糖而达到破壁的目的。霉菌采用纤维素酶和几丁质酶等作用，酵母菌一般用蜗牛酶或酵母裂解酶来水解其细胞壁中的甘露聚糖、葡聚糖。

2. 原生质体的融合

制成的原生质体需放在高渗溶液中，避免其破裂。制备好的二亲原生质体可通过物理或化学因子诱导进行融合。常用的化学融合剂是聚乙二醇（polyethyene glycol，PEG），物理促融主要采用电脉冲方式。

3. 细胞壁再生

由于原生质体没有细胞壁，仅有一层细胞膜，因此它虽有生物活性，但不能在普通培养基上生长。两原生质体融合后，需要倾注或轻轻涂布于完全固体培养基中，使其再生，即恢复细胞原来面貌，进而能够生长，并形成菌落。

4. 性能检测

将再生细胞壁的菌体，采用合适的鉴别培养基或选择培养基将目的融合子筛选出来，最后再通过发酵罐及摇瓶进行性能测试和复筛。

近年来，有时为了避免筛选遗传标记的复杂性，可以采用加热或紫外线灭活的原生质体作为原生质体的一方参与融合。有关原生质体融合的遗传机制，目前一直在探索。

10.3.3　真核微生物的基因重组

真核微生物的基因重组方式包括有性杂交、准性生殖等。

1. 有性杂交

有性杂交是指在微生物有性繁殖过程中，两个性细胞相互接合，通过质配、核配后形成双倍体合子，随之二倍体合子进行减数分裂，其部分染色体可能发生交换而进行随机分配，由此产生了重组染色体和新遗传型，并把遗传性状按一定的规律遗传给后代的过程。

有性杂交的主要特点是实现高频基因重组。真菌中有性杂交相当普遍，如子囊孢子、接合孢子、卵孢子和担孢子等。酿酒酵母生活史为单双倍体型，生活史中有单倍体阶段（只含有一套染色体组）和二倍体阶段（含有两套染色体组）。酵母菌的单倍体细胞分别为两种接合型，称为 a 和 α，单倍体酵母细胞 a 和 α 型的遗传特征是稳定的，由其遗传因子 *a* 基因和 *α* 基因决定。酵母菌基因组中有调控接合型的区域，称为 MAT 座位。如果基因 *a* 插入 MAT 座位，细胞就是接合型 a，如果 *α* 基因插入，则是接合型 α。a 和 α 细胞融合，便产生了二倍体细胞（a/α），有性杂交无异核体形成。酵母菌有性杂交特点是性细胞接合，经过质配、核配，成为二倍体；随后每对染色体都独立分离、纵裂为二，分向两极，每对染色体都发生交换，通过连续两次减数分裂。若染色体不发生交换，则形成 4 个单倍体子囊孢子，其中两个接合型为 a，两个接合型为 α，若其中每对染色体都发生一次或多次交换，则发育成 4 个新的单倍体子囊孢子。从自然界中分离的或工业生产中应用的酵母菌，一般都是二倍体细胞。如采用啤酒酵母的上面酵母和下面酵母杂交，杂种可生产出较亲株味道更加香美的啤酒。真菌中的粗糙脉孢菌和构巢曲霉的生殖方式都包括无性生殖和有性杂交，其减数分裂的遗传学效应极其典型，是进行真核生物基因重组和遗传分析研究的理想实验材料。

有性杂交在生产实践中被广泛用于优良品种的培育。在进行有性杂交时，首先，选择需要杂交的亲株，不仅要考虑性亲和性，还要考虑其标记，以便进行杂种鉴别；其次，要考虑子囊孢子的形成条件，在生孢子培养基上营造饥饿条件促进细胞发生减数分裂从而形成子囊孢子；最后，有性杂交还可以采用群体交配法、孢子杂交法、单倍体细胞交配法等。所谓群体交配法就是将两种不同交配型的单倍体酵母混合培养在麦芽汁培养基中过夜，当镜检时发现有大量的哑铃型接合细胞时，就可以挑出，接种到微滴培养液中，继而培养形成二倍体细胞。孢子杂交法则需借助显微操纵器配对不同亲株的子囊孢子，进行微滴培养和湿室培养，使之发芽接合，最终形成合子。单倍体细胞交配法与孢子杂交法类似，即将两种交配型细胞放在微滴中培养配对，在显微镜下观察合子形成，但此法的成功率较小。

2. 准性生殖

准性生殖是一种比有性杂交更原始的，类似于有性杂交的一种生殖方式（表 10-1）。准性生殖可使同一种生物的两个不同来源的体细胞融合后，不经过减数分裂期和接合的交替，不产生有性孢子和特殊的囊器，仅导致低频率的基因重组，最终重组的体细胞和一般的营养体细胞没有什么区别。准性生殖多见于一般不具典型有性杂交的酵母和霉菌中，尤其是半知菌。其主要过程为：菌丝联结、形成异核体、形成杂合二倍体、体细胞重组和单倍体化。

表 10-1　准性生殖与有性杂交的比较

项目	准性生殖	有性杂交
参与接合的亲本细胞	形态相同的体细胞	形态或生理上有分化的性细胞
独立生活的异核阶段	有	无
接合后双倍体的细胞形态	与单倍体基本相同	与单倍体明显不同
二倍体变为单倍体的途径	通过有丝分裂	通过减数分裂
接合发生的概率	偶然发生，概率低	正常出现，概率高

染色体单倍化即杂合二倍体在有丝分裂时所进行的单倍化过程，不同于减数分裂。其特点是需经过反复发生染色体不分离过程使染色体单倍化，因而需要多次细胞分裂才能使一个二倍体细胞转变为单倍体细胞。而在减数分裂中，细胞只需经过一次减数分裂，二倍体便能全部转为单倍体细胞。准性生殖为一些没有有性繁殖过程但有重复生产价值的半知菌及其他微生物的育种提供了重要的手段。

10.4　基因工程简介

10.4.1　基因工程定义

基因工程是一种对携带遗传信息分子进行设计、施工的分子工程，包括基因重组、克隆及表达。按照人们的愿望进行严密的设计，通过体外 DNA 重组及转基因技术，有目的地改造生物种性，从而使现有的物种在较短的时间内趋于完善，改造出更加符合人们需求的新的生物类型，这就是所谓的基因工程，其核心是基因体外重组技术的应用。

基因工程是在生物化学、分子生物学、分子遗传学等学科的基础上逐步发展起来的。1944 年，美国微生物学家 Avery 通过细菌的转化研究，证明了 DNA 是基因的载体。此后，人们对 DNA 构型展开了广泛的研究。1953 年，Watson 和 Crick 建立了 DNA 分子的双螺旋结构模型，对 DNA 的遗传信息做了进一步的研究。1958～1971 年先后确定了中心法则，并破译了 64 种密码子，从而揭示了遗传信息的流向和表达，为基因工程提供了理论上的准备。

20 世纪 60 年代末到 70 年代初，由于发现了限制性内切核酸酶和 DNA 连接酶，DNA 分子进行体外切割、连接成为可能。1972 年，构建了首个重组 DNA 分子，揭示了体外重组 DNA 分子是如何进入宿主细胞的，以及在其中进行复制和有效表达等问题。经研究发现，质粒分子是承载外源 DNA 片段的理想载体，为基因工程的问世在技术上做好了准备。

1973 年，研究获得了具有两个复制起始位点的 DNA 组合，引入宿主细胞后能够有效地表达该基因产物，表明基因工程已经正式问世。这不仅仅宣告了质粒分子能作为基因克隆载体，可以携带外源 DNA 导入宿主细胞，并且证实了真核生物的基因可转移到原核生物细胞以实现其功能表达。

自基因工程问世以来的 30 多年时间里，基因工程发展迅速，发展了一系列的新的基因工程操作技术，构建了供转化原核生物、动植物细胞的载体，获得了大量转基因菌体。1980 年，首次通过显微注射培育出世界上第一个转基因动物——转基因老鼠；1983 年，采用农杆菌介导法培育出世界上第一例转基因植物——转基因烟草。基因工程基础研究的进展，推动了基因工程应用的迅速发展，1982 年 10 月第一个生物技术药物——人胰岛素问世。用基因工程技术研制生产的贵重药物，有 2600 多种处在前期实验室研究阶段，俄罗斯已有 19 种生物技术药物投放市场，它们是干扰素、人白细胞介素、促红细胞生成素和表皮生长因子等。

如果说20世纪80年代是基因工程基础研究趋向成熟、应用研究初露锋芒的阶段，那么21世纪初将是基因工程应用研究的鼎盛时期，农林牧渔医等产品会打上基因的标记。基因工程技术已经为农业、医药生产带来了巨大的变化，并且解决了许多重大问题。能够预示，基因工程将会给生命科学带来一场深刻的变革。

10.4.2 基因工程的基本操作

1. 目的基因的制备

目的基因又称为外源 DNA 片段，即需要克隆的 DNA 片段。获得外源 DNA 片段大致有以下几种方法。

（1）限制性内切核酸酶法

用限制性内切核酸酶将 DNA 切割成许多基因水平的片段，然后将这些片段与载体连接后转入受体菌内扩增，使每个受体菌内都携带一种重组 DNA 的多个拷贝，不同菌所含的重组 DNA 分子内或许存在不同的染色体 DNA 片段，生长的全部细菌所携带的多种染色体片段就可以代表整个基因组。存在于转化细胞内，由克隆载体携带的所有基因组 DNA 的集合称为基因组 DNA 文库。再采用适宜的方法从 DNA 文库中筛选出目的基因的无性繁殖系或者克隆。

（2）cDNA 法

以 mRNA 为模板，用反转录酶合成与 mRNA 互补的 DNA 即为 cDNA，再复制成双链的 cDNA 片段，与适当的载体连接后转入受体菌，即获得 cDNA 文库。再采用适宜方法从 cDNA 文库中筛选出目的 cDNA。

（3）化学合成法

如果已经知道某种基因的核苷酸序列，或可以根据某种产物的氨基酸序列推导出该多肽链编码的核苷酸序列，就能利用DNA合成仪通过化学合成法来合成目的基因。通常用于小分子活性多肽基因的合成，其一次合成长度为100nt（nt表示核苷酸）。而对于分子质量较大的目的基因，可以通过分段合成，再连接组装成完整的基因。目前应用该法合成的基因有人生长激素释放抑制因子、胰岛素原、干扰素及脑啡肽基因等。

（4）聚合酶链反应法（PCR 法）

1985 年，美国 Cetus 公司的 Mullis 等建立了一套大量快速扩增特异 DNA 片段的系统，即聚合酶链反应（polymerase chain reaction，PCR）系统。PCR 技术已经成为获得外源基因的一个有效手段。PCR 技术能够在体外通过酶促反应数以百万倍地扩增一段目的基因，其工作原理是以拟扩增的 DNA 分子为模板，以一对分别与模板 5′端、3′端互补的寡核苷酸片段为引物，在 DNA 聚合酶的作用下，按半保留复制的机制沿着模板链延伸直到完成新的 DNA 合成。反应一旦启动，就可以自动重复这一过程，使目的 DNA 片段得到大量的扩增。

2. 目的基因与载体的连接

人工重组 DNA 是通过 DNA 连接酶将外源 DNA 与载体共价连接的。这种连接指的是在一定条件下，由 DNA 连接酶催化两个双链 DNA 片段之间相邻的 5′端磷酸和 3′端羟基形成磷酸二酯键的过程。把目的基因插入载体中，这两种 DNA 分子连接后得到的产物称为重组体或者重组子。常用的连接酶有 T_4 DNA 连接酶、大肠杆菌 DNA 连接酶。

目的基因与载体之间的连接通常有以下 3 种方法：①两个两端都是黏性末端的 DNA 片段间的连接；②两个两端都是平端的 DNA 片段间的连接；③一端为平端，另一端为黏性末端的 DNA 片段间的连接。应当根据目的基因还有载体本身的酶切位点特性而采用相应的方法。

在基因工程技术中，首选的连接酶是 T_4 DNA 连接酶，因为它不但能够完成黏性末端 DNA 片段之间的连接，而且能完成平端 DNA 片段之间的连接。可以催化 DNA5′-磷酸基与 3′-羟基形成磷酸二酯键。除了 T_4 DNA 连接酶外，还有大肠杆菌 DNA 连接酶，它的催化反应基本与 T_4 DNA 连接酶相同，只是需要 DNA^+参与。大肠杆菌 DNA 连接酶对黏性末端 DNA 片段之间的连接有效，而对于平端 DNA⁺片段间的连接几乎没有效果，即使有效，条件也很复杂。还有一种连接酶是 T_4 RNA 连接酶，催化单链 DNA 或 RNA 的 3′-磷酸基与另一个单链 DNA 或 RNA 的 3′-羟基间形成共价连接。

3. 重组 DNA 分子导入宿主细胞

将重组 DNA 分子导入宿主细胞，即将体外连接产生的重组 DNA 导入细胞，其方法有很多种，根据宿主细胞的不同，可以选择不同的方法。

（1）转化作用

转化指的是微生物细胞直接吸收外源 DNA 的过程。通过转化接受了外源 DNA 的细胞称为转化子。转化主要有化学转化法和电击转化法。

1）化学转化法：在分子克隆中，宿主细胞需要经过人工处理成可以吸收重组 DNA 分子的敏感细胞才能够用于转化，此时的细胞称为人工感受态细胞。经证实，将细胞置于 0℃的氯化钙低渗溶液中，细胞膨胀为球形（感受态），经过 42℃短时间的热冲击后，细胞能够吸收外源 DNA；在培养基上生长几小时后，球状细胞复原并分裂增殖；在选择性平板上可选出转化子。

2）电击转化法：除化学转化法转化细菌外，还可以采用电击转化法。电击转化法不需要事先诱导细菌的感受态，而是依靠短暂的电击来促使 DNA 进入细胞。

（2）转染与转导作用

λ 噬菌体载体所构建的重组 DNA 分子能够直接感染进入 *E. coli* 宿主细胞内，这一过程称为转染，但是转移效率低，为了提高转移效率，重组的 λ 噬菌体 DNA 或者重组的黏粒 DNA 需包装成完整的噬菌体颗粒。温和噬菌体通过颗粒的释放和感染将重组 DNA 转移到宿主内，称为转导，通过转导接受外源 DNA 的细胞称为转导子。

（3）其他方法

植物细胞外层是坚韧的细胞壁，动物细胞外层没有细胞壁，随着动植物细胞工程的发展，人们根据动植物细胞的特点发明了许多种基因转移技术，根据其原理不同主要分为物理方法、化学方法和生物方法三大类。

a. 物理方法

1）显微注射法：在显微镜下利用显微注射针将外源 DNA 直接注入细胞核，常用于转基因动物的操作。注射时先用口径约 100μm 的细玻璃管吸住受精卵细胞，再用口径为 1～2μm 的细玻璃针刺入细胞核并将 DNA 注入。

2）基因枪法：将外表附着 DNA 的高速运动的微小金属颗粒（由金或钨制成，直径 0.2～0.4μm）射向靶细胞，而将外源 DNA 引入受体细胞。基因枪技术可应用于动物细胞、植物组织、未成熟胚、花序及真菌。

3）电穿孔法：在高压电脉冲作用下使细胞膜上出现微小孔洞，从而使外源 DNA 可以穿孔进入细胞核内。该方法不但适用于贴壁生长的细胞，而且适用于悬浮增长的细胞，既能用于瞬时表达，又能用于稳定转染。

b. 化学方法

1）磷酸钙共沉淀法：使 DNA 形成 DNA-磷酸钙沉淀复合物，然后黏附在培养的哺乳动物细胞表面，从而迅速被细胞捕获的方法。

2）脂质体法：通过脂质体包裹 DNA 并将其载入细胞。此法简单、可靠、重复性强。

3）二乙胺乙基葡萄糖转染法：二乙胺乙基葡萄糖是一种高分子质量的阴离子试剂，能够促进哺乳动物细胞捕获外源 DNA，但是其机制目前尚不清楚。

c. 生物学方法

1）反转录病毒感染法：通过反转录病毒感染可将基因转移并整合到受体细胞核基因组中。

2）原生质体融合法：植物和微生物细胞都具有坚韧的细胞壁，首先需要用酶将其除去制得原生质体，然后再与外源 DNA 混合，在聚乙二醇的作用下经过短暂的共培养，即可将外源 DNA 导入细胞。

在实际操作中，通常将以上方法综合应用。

4. 重组体的筛选

通过转化、转染或感染，重组体 DNA 分子被导入受体细胞，经培养基培养得到大量转化子菌落或转染噬菌斑。由于每一重组体携带某一段外源基因，而转化、转染时每一受体菌只能接受一个重组体分子，因此应设法将转化菌落或噬菌斑区分开来，并且鉴定哪一菌落或噬菌斑所含的重组 DNA 分子确实带有目的基因，便可得到目的基因的克隆，这一过程称为筛选或选择。

因为载体都有供筛选用的遗传标记，如抗生素、酶等，细胞被转化后可获得这种遗传特性，使用含适量的相应抗生素或酶的底物和诱导物的培养基即可以初步筛选出转化的细菌或噬菌斑。由于载体本身缺失或插入不符合要求的片段也能使转化细胞或噬菌斑出现相同的特征，因此经过初筛的细菌或噬菌斑不一定都含有合乎要求的重组 DNA，还要进一步对 DNA 进行分析、鉴定。鉴定的方法主要有 3 类：第一，重组体表现特征的鉴定；第二，重组 DNA 分子结构特征的鉴定；第三，外源基因表达产物的鉴定。

重组体表现特征的鉴定快速简便，所用方法主要有抗生素平板法、插入表达法、插入失活法和 β-半乳糖苷酶显色反应法等。这些方法可作为重组 DNA 克隆的筛选、鉴定的初步方法。

重组 DNA 分子结构特征鉴定的方法主要有限制性内切核酸酶分析法、分子杂交法、DNA 序列分析法和 PCR 鉴定法等。测定 DNA 序列是验证外源基因是否正确的最确切的证据。基因的功能及调控取决于其碱基的排列顺序，因此，测序目的基因是研究该基因结构功能的前提，也是发现异常基因的依据。通过 DNA 序列分析可以精确地构建出 DNA 限制酶谱，了解蛋白质编码区上下游的调控序列，从而研究目的基因的表达，可以确认基因诱变后特异的碱基变化。

外源基因的表达产物主要采用免疫学方法进行鉴定。若克隆基因的蛋白质产物是已知的，则可以利用特异抗体和目的基因表达产物的相互作用进行鉴定。免疫学方法具有特异性强、灵敏度高等特点，尤其适于鉴定不为宿主菌提供选择标记的基因。免疫学方法包括酶免疫检测分析和免疫化学方法等。

10.4.3　基因工程与转基因食品

转基因食品就是通过基因工程的方法将一种或几种外源性基因转移到某种特定的生物体内，并使其有效地表达出相应的产物。例如，将某种外来基因转移到动植物或微生物中，以这样的生物体直接当作食品或以其为原料加工生产的食品，即为转基因食品，这是指狭义上的转基因食品。此外采用对生物体本身基因修饰的方法，例如，一个基因修饰后会改变“模样”，其表达产物与修饰之前不同，而在效果上等同于转基因，这一类食品被称为广义上的转基因食品。

转基因食品的安全性：把基因工程技术应用到食品行业是一种新的探索。新事物的出现都会有其两重性。同样，转基因食品也不例外。利用基因工程方法对食品进行改良，可以提高食品的产量、质量，改善风味，但转基因食品也存在着一些隐患。

转基因技术本身的不足：首先，转基因技术是将异源基因从一个生物转至另一个生物，虽然可以精确地切割其DNA，但是不能将新基因准确地植入另一生物中，从而影响这一生物其他基因的基本功能。科学工作者无法预见植物基因化后产生的新的、未知的蛋白质，同时也不能完全准确地预见其对受体的影响。另外，在转基因技术中，科学家不能完全预知对生物进行DNA手术有可能导致的突变对环境和人类造成的危害。

转基因食品的潜在危害：转基因食品与相同生物来源的传统食品有很大的不同，遗传性状的改变可能影响细胞内蛋白质的组成，进而造成成分浓度变化或者是新的代谢物生成，结果可能致使有毒物质产生或引起过敏症状，甚者有人怀疑基因会在人体内发生转移，造成难以预知的后果。转基因食品潜在危害主要包括：食物内产生新的过敏原和新毒素，喷洒在农作物上的化学药品增加水与食物的污染，抗除草剂杂草的出现，疾病的散播将会跨越物种间障碍，农作物的生物多样化受损。例如，已发现一种基因工程大豆能引起严重的过敏反应；一家基因工程公司生产的番茄耐贮藏、方便运输，但含有抗抗生素的基因，这些抗药基因可以存留在人体内；用基因工程菌生产的食品添加剂色氨酸曾经导致37人死亡，1500多人残废。有人认为，迄今为止，基因工程带来的危害比采用的任何技术都要大，因为许多损伤是不可逆的，必须要防患于未然。

转基因食品的安全性评价原则：1993年，经济合作及发展组织（OECD）提出了食品安全性分析原则——实质等同性（substantial equivalence）原则，即通过生物技术生产的食品及其成分是否与目前市售的食品有实质等同性。评价的内容主要包括营养成分、抗营养因子、天然有毒物质、过敏原、工艺性状等。世界卫生组织（WHO）将此分为3类：一是与市售传统商品具有实质等同性；二是除某些特定差异以外，与市售传统商品有实质等同性；三是与市售传统食品没有实质等同性。考虑到转基因生物的多样性，应当采取个案分析原则，不能说转基因食品是安全或者说是不安全的。

转基因食品评价结果：①与传统食品及其成分有实质等同性，则认为该转基因食品与传统食品是一样安全的，不需要做进一步的安全性分析。②除某些特定差异外，即新引入的性状，与传统食品及其成分有实质等同性，则评价转基因产物和其催化产生的其他物质，如引入基因编码的蛋白质或其催化产生的其他物质，是否改变内源成分或是在宿主体内产生新的化合物。引入基因的稳定性，即是否发生基因转移等是安全性分析的重点。③与传统食品及其成分没有实质等同性，应当全面分析新食品的营养性及安全性。首先应分析宿主生物、重组 DNA、载体插入基因及其基因表达产物的分子、生物学、化学特性和营养成分等。依据分析结果，再结合该食品在人类膳食中的作用，确定是否要进行下一步的体内外毒理学、营养学评价。有文献指出，市售的转基因食品安全性评价方法是充分的，由于转基因技术产品的复杂性，远期影响包括营养学、毒理学，还需要深入地监测。应当看到，实质等同性并不是安全评估的全部工作，从某种意义上说，它是安全评估的框架或是原则。从整体上看，到目前为止，还没有比实质等同性更好的评估体系。其他的方法如毒理学、生物学、免疫学实验等，可以作为实质等同性原则的重要补充，以使数据和结论更有说服力。

转基因食品的检测：转基因食品的检测方法主要有两大类，对外源基因的检测及对外源蛋白质的检测。近年来，转基因食品检测技术发展迅速，总体说来，转基因食品检测主要针对单一食品配料，还没有用于检测多种转基因成分的方法，目前也没有国际认同的统一标准方法。因此，应当在进一步寻找快速、方便、精确检测方法的基础上，加强国际间的交流合作，以确定统一的国际检测标准。

虽然转基因技术还有很多安全上的疑点，但是它对我国有着重要的意义。我国人口众多，相对来说土地资源缺乏，转基因作物可以改变食品品质、抗虫、增产、增加对真菌的抵抗力、减少农药使用量，从而带来显著的经济效益。转基因作物还可能改善人类的健康状况。例如，中国农业科学院研究培育出的抗乙肝转基因番茄，已顺利通过测试；美国普遍种植的转基因玉米，其色氨酸含量提高了 20%，而在一般植物食品中含量很低；转基因油菜中不饱和脂肪酸的含量增加，对心血管有利。因此，对我国来说发展转基因食品是有利的。

21 世纪是生物技术蓬勃发展的时期，转基因食品的兴起是生物技术革命发展的必然结果。虽然转基因食品的安全性众说纷纭，但是其给人类带来的好处也是显而易见的。随着生物技术的迅速发展，转基因食品的安全性将得以保证，可以让人们吃到丰富、营养、安全的食品。预计到 2020 年，世界人口数量将增加 20 亿。转基因食物将成为解决粮食短缺问题的希望。

10.5　菌种的衰退、复壮和保藏

10.5.1　菌种衰退的原因

在生物进化过程中，遗传性的变异是绝对的，而稳定性则是相对的；退化性的变异是大量的，进化性的变异却是个别的。在自然情况下，个别的适应性变异通过自然选择就能保存和发展，最后成为进化的方向，在人为条件下，也可通过人工选择有意识地筛选正变体。相反地，如果不自觉、认真地进行人工选择，大量的自发突变菌株则会趁机泛滥，结果导致菌种的衰退。长期接触菌种的实际工作人员都会有这样的体会，即假如对菌种工作长期放任自流，不进行纯化、复壮和育种，菌种就会衰退，在生产上表现为持续低产及不稳产。根据分析，导致菌种衰退的原因主要有以下几个方面。

1. 基因突变

1）基因突变导致菌种的退化，微生物菌种在移种传代的过程中会发生自发突变，从而引起菌体的自我调节和 DNA 的修复，结果导致突变细胞恢复成原型或者错误修复突变成为负变菌株。当负变细胞的繁殖速率大于正常细胞时，就会导致退化细胞在数量即整体遗传结构上占据优势，最后表现出退化现象。

2）质粒脱落导致菌种退化，细胞质中控制产量（一般是指抗生素）的质粒脱落或是核内 DNA 与质粒复制速率不一致（DNA 复制速率超过质粒），致使细胞群中不含质粒的细胞个体成为优势群体，最终产量下降，表现出退化现象。

2. 连续移代

基因突变是引起菌种退化最根本的原因，但是连续传代是加速退化发生的直接原因。微生物自发突变通常都是通过繁殖传代出现的。移接代数越多，发生突变的概率就越高；此外，传代使突变菌株的数量在整个群体中逐渐占据优势，最终导致微生物群体的衰退。

3. 培养和保藏条件的影响

不良的培养条件（如营养成分、温度、湿度、pH、通气量等）与保藏条件（如营养、温度、含水量、氧气等）也会诱发低产菌株的产生。

首先，对于产量性状来说，菌种的负变就是衰退。原有的其他典型性状变得不典型时，也是衰退。最容易觉察到的衰退就是菌落及细胞形态的改变。其次，代谢产物生产能力或是其对寄主寄生能力的下降也是衰退的表现。例如，赤霉素生产菌种产赤霉素能力的下降，以及苏云金芽胞杆菌、“鲁保一号”或白僵菌等对寄主致病能力的降低等。最后，衰退表现在抗不良环境条件能力的减弱等方面。

菌种的衰退是一个发生在细胞群体中，从量变到质变的逐步演变的过程。开始时，群体中只有个别细胞发生负变，这时如果不能及时发现并采取有效措施而一味地移种传代，则群体中负变个体的比例将会逐步增大，最后它们占了优势，从而使整个群体表现出较为严重的衰退。所以，开始时所谓的“纯”菌株，实际上已经包含着一定程度的不纯因素；同样到了后来，整个菌种虽然已经“衰退”了，但也是不纯的，其中还有少数还没有衰退的个体存在。在生产实践中，要认真查找引起菌种衰退的原因，并且采取有效积极措施，防止菌种衰退的发生。有意识地进行纯种分离及生产性能的测定工作，以期菌种的生产性能能够逐步地提高。

可通过以下方法来防止菌种的衰退。

控制传代次数，即尽量避免不必要的移种传代，将必要的传代次数降到最低，以减少突变的概率。微生物存在着自发突变，而突变都是表现或发生在繁殖过程中的。有人指出，在 DNA 的复制过程中，碱基出错的概率低于 5×10^{-4}，通常自发突变率为 10^{-9}～10^{-8}。由此看出，菌种的传代次数越多意味着产生突变的概率越高，因而发生衰退的机会也就越大。所以，不论是在实验室还是在生产实践中，必须严格控制菌种的移种代数。采用良好的菌种保藏方法，就可大大减少不必要的移种和传代次数。

创造良好的培养条件，在实践中，有人发现如果创造一个适合原种的生长条件就可以防止菌种衰退。例如，用老苜蓿根汁培养基培养“5406”抗生菌——细黄链霉菌就能防止它的退化；用菟丝子种子汁液培养“鲁保一号”真菌，也能防止其退化；在赤霉素生产菌藤仓赤霉的培养基中，加入糖蜜、谷氨酰胺、天门冬素、5′-核苷酸或甘露醇等营养物时，可以防止菌种的衰退；在栖土曲霉（*Aspergillus terricola*）3.942 的培养中，有人用改变培养温度（从 28～30℃提高到 33～34℃）来防止其产孢子能力的衰退。

利用不同类型的细胞进行接种传代，由于霉菌和放线菌菌丝细胞常含几个核或是异核体，因此用菌丝接种就会出现不纯还有衰退，而孢子一般都是单核的，用它接种时，就不会有这种现象发生。

采用有效的菌种保藏方法，工业生产用的菌种中，主要性状都是数量性状，而这类性状恰恰是最容易衰退的，即使在较好的保藏条件下，也存在这种情况。据报道，链霉素产生菌——灰色链霉菌以冷冻干燥孢子形式经过 5 年的保藏，菌群中衰退菌落的数目有所增加，而在同样的情况下，另一菌株 773$^{\#}$只经过 23 个月就降低了 23%的活性。即使在–20℃的条件下冷冻保藏，经过 12～15 个月，链霉素产生菌 773$^{\#}$及另一种环丝氨酸生产菌 908$^{\#}$的效价水平还是有明显降低的。由此可知研究和采用更有效的保藏方法以防止菌种衰退还是很有必要的。

10.5.2　菌种的复壮

1. 纯种分离

通过纯种分离，可以把退化菌种的细胞群体中仍保持原有典型性状的单细胞分离出来，经扩大培养，就可以恢复原菌株的典型性状。常用的分离纯化方法有很多，可将它们归纳为两类：第一种方法是平板划线（或表面涂布）分离法，主要适用于细菌、酵母菌等微生物的分离纯化；另一种方法是单孢子分离法，主要是用于产孢子真菌的分离培养，对于厌氧微生物则要采用相对应的厌氧培养技术来分离纯化。

2. 通过寄主进行复壮

对于寄生性微生物的退化菌株，可通过接种至相应的昆虫或动植物寄主体内以提高菌株的致病性。例如，经过长期人工培养的苏云金芽胞杆菌，会出现毒力减退、杀虫率降低等现象，这时可以用退化的菌株感染菜青虫的幼虫（相当于一种选择性培养基），再从病死的虫体内重新分离出典型产毒菌株。如此反复多次，就可以提高菌株的杀虫效率。

3. 淘汰已衰退的个体

有人对“5406”抗生菌的分生孢子，在–30～–10℃的低温下处理 5～7d，使其死亡率达到 80%。结果发现存活个体中有未退化的健壮个体。

以上是综合了在实践中收到一定效果的防止衰退和达到复壮的经验。但是，必须强调的是，在使用这些措施之前，还要先仔细分析判断一下菌种究竟是发生了衰退，还是仅仅属一般性的表型变化，或只是杂菌的污染。只有对症下药，才能使复壮工作产生效果。

10.5.3　菌种的保藏

菌种是一个国家拥有的重要生物资源，菌种保藏是一项十分重要的微生物学基础工作，是保持微生物即菌株的生活力及原有性状的一种方法。

1. 菌种保藏的目的

菌种保藏的重要意义就是尽可能保持其原有性状和活力的稳定，保证菌种不死亡、不变异、不被污染，以满足科研生产、实验及交换等方面的需要。在基础研究中，菌种保藏可以确保研究结果有良好的重复性。而对于实际应用的生产菌种，可靠的保藏方法可以确保优良菌种长期高产、稳产。

2. 菌种保藏的原理

菌种保藏的基本原理是根据微生物的生理生化特性，人为创造条件，使微生物处于代谢缓慢、生长繁殖受到抑制的休眠状态，以减少菌种的变异。

3. 菌种保藏的方法

菌种保藏一般采用干燥、低温或抽真空等方法。无论采取哪种方法，关键是降低菌体代谢速率以终止菌体的生长繁殖。而低温、干燥、隔绝氧气是使菌体暂时进入休眠状态的主要方法。生产中常用的几种菌种保藏方法为：斜面低温保藏、液体石蜡保藏、砂土管保藏、滤纸保藏、菌丝球生理盐水保藏、真空冷冻干燥法。

思考题

1. 遗传变异的物质基础是通过哪几个实验，如何证明的？
2. 遗传物质存在于什么位置？
3. 质粒具有哪些特性？
4. 基因突变分为哪几类？具有什么特点？
5. 怎样实现诱变育种？
6. 如何进行微生物种优良株的选育？
7. 简述原核生物基因重组的机制。
8. 什么是原生质体融合，其基本操作程序如何？
9. 高通量筛选技术的概念及其组成部分是什么？
10. 基因工程定义及其优点是什么？具有什么意义？

11. 说明转基因食品的潜在危害及其安全性评价原则。
12. 菌种衰退的原因及防止措施是什么？
13. 论述菌种的保藏原理和方法。

参考文献

纪铁鹏, 崔雨荣. 2007. 乳品微生物学. 北京: 中国轻工业出版社.
林海. 2008. 环境工程微生物学. 北京: 冶金工业出版社.
林稚兰, 罗大珍. 2011. 微生物学. 北京: 北京大学出版社.
施巧琴, 吴松刚. 2007. 工业微生物育种学. 北京: 科学出版社.
王曼莹. 2006. 分子生物学. 北京: 科学出版社.
魏明奎. 2007. 微生物学. 北京: 中国轻工业出版社.
周长林. 2009. 微生物学. 北京: 中国医药科技出版社.

第 11 章　微生物与食品生产

概述

微生物与人类生活关系密切，他既可以给人类带来负面作用，又可以造福于人类。我国利用微生物制造食品已有数千年的历史，人们在长期实践中积累了丰富的经验，生产出了种类繁多、风味独特的发酵食品和酿造调味品。近年来，随着社会经济的发展和生活水平的提高，人们对食品质量提出了更高的要求。传统食品资源主要依赖于种植业和养殖业，随着食品生物技术的发展，微生物食品资源越来越引起人们的重视，经过不断研究和开发，一大批应用微生物生产的食品已相继面世。

11.1　微生物发酵

从广义上来讲，发酵是借助微生物在有氧或无氧条件下的生命活动来制备微生物菌体本身或代谢产物的过程，发酵工业是利用微生物的生命活动产生的酶对有机或无机原料进行酶加工而获得产品的工业。发酵食品是发酵工业的一部分，也是食品工业中的重要分支，凡是经过微生物（细菌、酵母菌和霉菌等）或微生物酶的作用使加工原料发生重要的生物化学及物理变化后制成的食品都称为发酵食品（fermented food）。随着生物技术的发展，微生物在丰富食品种类、增加或提高营养成分含量及改善食品风味等方面正日益扮演着重要的角色，显示出了广阔的应用前景。因此，发酵食品微生物学不但是发酵食品生产的原理和生物学基础，而且是微生物学重要的组成部分，发酵食品的生产原料、工艺、地域文化的特异性赋予了食品微生物学丰富的内涵。

在食品发酵工业中，有的微生物菌体本身就是美味食品，有的微生物产生的代谢产物成为了我们的食品，有的微生物能够被人们变废为宝，经过酿造加工，生产出受人们喜爱的食品。微生物在食品工业中的应用情况见表 11-1。

表 11-1　微生物在食品工业中的应用

微生物类别	微生物名称	产物	用途
细菌	枯草芽胞杆菌（*Bacillus subtilis*）	蛋白酶	酱油速酿、水解蛋白、饲料等
		淀粉酶	乙醇发酵、啤酒制造及葡萄糖、糊精、糖浆制造等
	巨大芽胞杆菌（*Bacillus megaterium*）	葡萄糖异构酶	由葡萄糖制造果浆
	德氏乳杆菌（*Lactobacillus delbruckii*）	乳酸	酸味剂
	产乙酸菌（*Acetobacter aceti*）	乙酸	食用
	费氏丙酸杆菌（*Propionibacterium freudenreichii*）	丙酸	食品酸味剂

续表

微生物类别	微生物名称	产物	用途
	谷氨酸微球菌（*Micrococcus glutamicus*）	谷氨酸	食用
	短杆菌（*Brevibacterium*）	琥珀酸	酱油等增味剂
	液化葡萄杆菌（*Gluconobacter liguifa-tigris*）	葡萄糖酸	豆腐凝固剂等
酵母菌	产朊假丝酵母（*Candida utilis*）	菌体蛋白	食品、饲料
	酿酒酵母（*Saccharomyces cerevisiae*）	乙醇	啤酒、黄酒、白酒、葡萄酒、乙醇等
	汉逊氏酵母（*Hansenula*）	酯化酶	白酒
	鲁氏酵母（*Saccharomyces rouxii*）	甘油	酱油
霉菌	黑曲霉（*Aspergillus niger*）	柠檬酸	酸味剂
		酸性蛋白酶	啤酒防浊剂、消化剂、饲料
		糖化酶	淀粉糖化用
		葡萄糖酸	食用
	红曲霉属（*Monascus*）	酯化酶	腐乳、酒曲、红曲
	绿色木霉（*Trichoderma viride*）	纤维素酶	淀粉及食品加工

11.1.1 利用微生物代谢产物生产食品

代谢产物一般分为初级代谢产物和次级代谢产物。初级代谢产物主要包括有机酸、氨基酸、乙醇、核苷酸、脂肪酸和维生素等，以及由这些化合物聚合而成的高分子化合物如多糖、蛋白质、酶类和核酸等。初级代谢产物的量往往和营养成分的消耗量成正比，和微生物的生长、繁殖甚至生命活动有关。次级代谢是指微生物以初级代谢产物为前体物质，通过复杂的代谢途径，合成一些对微生物生命活动无明确功能的物质的过程，抗生素、毒素、激素、色素等是重要的次级代谢产物。下面列举部分可作为食品的代谢产物。

1. 氨基酸类

几乎所有的氨基酸都能用微生物发酵方法生产，如谷氨酸、赖氨酸、苯丙氨酸等 10 多种氨基酸都已经实现了工业化生产。这些氨基酸常作为调味料或营养强化剂添加到食品中，增强食品的风味，改善食品品质。

2. 核苷酸类

在食品工业上常用作鲜味剂的鸟苷酸、肌苷酸等都是用微生物发酵方法生产的。

3. 有机酸类

利用微生物发酵的方法可以生产多种有机酸，如常用作强化剂和酸味剂的乳酸，用作酸味剂的柠檬酸、苹果酸，用于烹饪的乙酸，用作缓冲、强化剂的葡萄糖酸等。

4. 饮料酒类

用微生物发酵方法可以生产各种酒类，如啤酒、黄酒、葡萄酒、白酒及果酒等的生产都离不开微生物的作用。

5. 维生素类

用微生物发酵方法可以生产多种维生素，如维生素 A、维生素 C、维生素 B_2、维生素 B_{12} 等。这些维生素多用来强化食品，提高食品的营养价值。

6. 微生物多糖

微生物代谢产生的多糖主要有细菌多糖和真菌多糖两大类。在细菌多糖中最具代表性的有黄原胶和葡聚糖，它们作为优良的增稠剂、稳定剂、胶凝剂、结晶抑制剂等广泛用于食品加工中；真菌多糖的种类较多，已经对其结构和功能进行研究的就有几十种，如灵芝多糖、香菇多糖，它们的主要功能在于促进细胞和体液产生免疫，具有独特的保健功效。

7. 多肽类细菌素

有些细菌能产生抑菌物质，称为细菌素。它是一种多肽或多肽与糖、脂的复合物。目前已经发现了几十种细菌素，其中乳链菌肽（nisin）作为一种天然食品防腐剂，在食品工业上已得到了很好的应用，具有很好的防腐效果。

8. 天然食用色素

近年来，由于合成色素的安全性问题，天然色素引起了人们的重视，受到消费者青睐。目前已有红曲色素和 β-胡萝卜素用于食品加工，其中红曲色素广泛用于腐乳、肉制品加工中。我国是红曲的发明国，也是红曲的生产大国。天然色素都可以用微生物发酵的方法生产，特别是红曲色素已完全大规模工业化生产。

11.1.2　利用微生物酶促转化生产食品

1. 食品酶制剂

用微生物发酵生产酶制剂是发酵工业的重要组成部分，不少酶制剂已用于食品加工，如蛋白酶、淀粉酶、脂肪酶、纤维素酶、果胶酶、乳糖酶、葡萄糖异构酶和葡萄糖氧化酶等。这些酶在制糖工业、酒类生产、面包制造、蛋白分解、咖啡、可可和茶叶加工等方面都得到了广泛的应用。

2. 酿造食品

微生物在合适的基质上生长，分泌出各种酶类，通过复杂的生化反应，将原料中的蛋白质和碳水化合物分解，从而生产出不同风味的酿造食品。通过微生物发酵农产品、畜产品及水产品，不但改变了原产品的色、香、味，而且改善了质地、风味、营养价值，增加了稳定性，更重要的是大大提高了原产品的经济价值。酱油、食醋、豆腐乳、各种酱类、腌菜、乳酪等都是微生物酿造食品，在食品工业中占有重要地位。

11.2　细菌的应用

细菌的种类很多，应用于食品发酵和食品酿造工业的很多方面，以下列举主要的食品生产应用。

11.2.1　发酵乳制品

11.2.1.1　发酵乳制品细菌

发酵乳制品是指利用良好的原料乳，杀菌后接种特定的微生物进行发酵，产生具有特殊风味的食品，这些食品称为发酵乳制品。它们通常具有良好的风味、较高的营养价值和一定的保健功能，深受消费者的欢迎。

目前，发酵乳制品的品种很多，用于生产发酵乳制品的细菌主要是乳酸菌。乳酸菌一词并非生物分类学名词，而是指一类能够使可发酵性碳水化合物转化成乳酸的细菌的统称。在自然界中广泛分布，它们不但栖息在人和各种动物的肠道及其他器官中，而且在植物表面和根际、动物饲料、有机肥料、土壤、江、河、湖、海中大量存在。发酵乳制品生产菌种主要有干酪乳杆菌（*L. casei*）、保加利亚乳杆菌（*L. bulgaricus*）、嗜酸乳杆菌（*L. acidophilus*）、植物乳杆菌（*L. plantarum*）、乳酸乳杆菌（*L. lactis*）、乳酸乳球菌（*L. lactis*）、嗜热链球菌（*S. thermophilus*）等。近年来，随着对双歧乳酸杆菌在营养保健方面作用的认识，人们将其引入酸奶生产，作为发酵乳制品生产使用的发酵剂，使传统的单株发酵变为两种或两种以上菌种配合共生发酵。

11.2.1.2　发酵乳制品生产

1. 酸乳

酸乳主要是利用保加利亚乳杆菌和嗜热链球菌混合菌种对新鲜牛乳进行有控制发酵所制得的一种产品。根据酸乳的组织状态不同，将酸乳分为凝固型酸乳和搅拌型酸乳。

凝固型酸乳加工工艺流程为：混合料→均质→灭菌→冷却→接种发酵剂（同时添加香料）→培养→冷却→成品。

搅拌型酸乳加工工艺流程为：混合料→均质→灭菌→冷却→接种发酵剂（同时添加香料）→发酵罐培养→搅拌→冷却（添加香料）→成品。

2. 干酪

不同品种干酪的风味、颜色、质地等特性不同，其生产工艺也不尽相同。

一般工艺流程为：原料乳检验→净化→标准化调制→杀菌→冷却→添加发酵剂、色素、氯化钙和凝乳酶→静置凝乳→凝块切割→搅拌→加热升温、排出乳清→压榨成型→盐渍→生干酪→发酵成熟→上色挂蜡→成熟干酪。

生产干酪的原料必须是健康乳畜分泌的新鲜优质乳汁。感官检验合格后，测定酸度<18°T，酒精试验呈阴性，细菌总数<50万个/mL，必要时进行抗生素试验。然后进行过滤净化，按照不同产品要求进行标准化调制。70～75℃杀菌15min。根据发酵剂菌种的最适生长温度，冷却至接种温度。在接种温度下，接种混合发酵剂1%～3%。为了使产品均匀一致，需添加色素安那妥或胡萝卜素3%～12%。原料乳杀菌后，可溶性 Ca^{2+}浓度降低，添加0.01%的 $CaCl_2$，有利于干酪凝固和品质改善。在干酪制造中，乳液凝固，一般使用凝乳酶，凝乳酶的种类有：犊牛产生的皱胃酶、木瓜产生的木瓜蛋白酶和微生物产生的凝乳酶。添加量应根据其效价而定，即1份凝乳酶在30～35℃ 40min 内可凝固1万～1.5万份乳量。添加凝乳酶后，搅拌均匀，静置40min，即可形成凝乳。凝乳达到一定硬度后，用干酪刀将其纵横切割成小块，然后轻轻搅拌，使乳清分离，加热升温可使凝块收缩，有利于乳清分离，加热时应缓慢升温（1～2℃/min），制造软质干酪升温至37～38℃，硬质干酪则升温至47～48℃。凝块收缩到适当硬度时，即可排出乳清，此时乳清酸度约为0.12%。将排出乳清后的凝块均匀地放在压榨槽内，压成饼状，再将凝块分成大小相等的小块在模型中压榨成型（10～15℃，6～10h）。盐渍的目的是硬化凝块、改善风味和防腐作用，一般将粉碎的食盐撒在干酪表面或将干酪浸在20%NaCl 溶液中，温度8～10℃保持3～7d，使干酪的含盐量达1%～3%。压榨成型并盐渍后的干酪称为生干酪，可以直接食用，但大多数干酪要经过发酵成熟。

发酵成熟的温度为 10～15℃，相对湿度为 85%～95%。软质干酪需要 1～4 个月、硬质干酪需要 6～8 个月达到成熟。发酵成熟后的干酪具有独特的芳香风味和细腻均匀的自然状态。为了防止成熟干酪氧化、污染及水分散失，常常在其表面加一层石蜡，近年来改进为塑料膜包装。

11.2.2 食醋的酿造

11.2.2.1 食醋酿造细菌

产乙酸菌是氧化乙醇生成乙酸的一群细菌的总称，自然界分布广泛，它们是食醋酿造工业的主要菌类，通常也可引起食品变质。在细菌分类学上，产乙酸菌主要为醋酸杆菌属（*Acetobacter*）和葡萄糖氧化杆菌属（*Gluconobacter*）。醋酸杆菌属最适生长温度在30℃以上，氧化乙醇生成乙酸的能力强，有些能继续氧化乙酸生成 CO_2 和 H_2O；而氧化葡萄糖生成葡萄糖酸的能力弱，不需要维生素，能同化主要有机酸。葡萄糖氧化杆菌属最适生长温度在 30℃以下，氧化葡萄糖生成葡萄糖酸的能力强，而氧化乙醇生成乙酸的能力弱，不能继续氧化乙酸生成 CO_2 和 H_2O，需要维生素，不能同化主要有机酸。用于酿醋的产乙酸菌种大多属于醋酸杆菌属。食醋生产常用的产乙酸菌有巴氏醋酸杆菌（*A.*

pasteurianus）的巴氏亚种（沪酿 1.01）、恶臭醋酸杆菌（*A. rancens*）的混浊变种（AS 1.41）、许氏醋杆菌（*A. schutzenbachii*）、纹膜醋酸杆菌（*A. aceti*）和奥尔兰醋酸杆菌（*A. orleanense*）。

11.2.2.2　食醋生产

食醋是以淀粉质原料经过糖化、乙醇发酵、乙酸发酵，或以糖质原料经过乙醇发酵、乙酸发酵，或以乙醇质原料经过乙酸发酵，再经后熟陈酿而成的一种酸性调味品。

1. 生产原料

凡是含有淀粉、糖类、乙醇等成分的物质，均可作为食醋的酿造原料，一般以淀粉质原料为基本原料。目前酿醋生产用的主要原料有薯类如甘薯、马铃薯等，粮谷类如高粱、玉米、大米等，零食加工下脚料如碎米、麸皮、谷糠等，果蔬类如葡萄、苹果、梨、胡萝卜等，酒类如白酒等。

2. 食醋酿造过程参与的其他微生物

（1）淀粉液化、糖化微生物

使淀粉液化、糖化的微生物很多，而适合于酿醋的主要是曲霉菌。常用的曲霉菌种主要有甘薯曲霉 AS 3.324、东酒一号、黑曲霉 AS 3.4309（UV-71）、宇佐美曲霉 AS 3.758。此外，还有米曲霉菌株如沪酿 3.040、沪酿 3.042（AS 3.951）、AS 3.863 等，黄曲霉菌株如 AS 3.800、AS 3.384 等。

（2）乙醇发酵

食品酿造中的乙醇发酵常采用子囊菌亚门酵母属中的酵母菌，但不同的酵母菌株，其发酵能力不同，产生的滋味和香气也不同。北方地区常用 1300 酵母，上海香醋选用工农 501 黄酒酵母。以高粱、大米、甘薯等为原料而酿制的普通食醋常采用 K 字酵母，AS 2.109、AS 2.399 适用于淀粉质原料，AS 2.1189、AS 2.1190 适用于糖蜜原料。

3. 食醋生产（以固态法生产为例）

固态法制醋工艺有很多种，在乙醇发酵阶段主要采用大曲酒工艺、小曲酒工艺、麸曲酒工艺、液体乙醇发酵工艺等，而在乙酸发酵阶段采用固态发酵工艺。一般固态法生产食醋具有出醋率高、生产成本低、周期短等优点。

（1）工艺流程

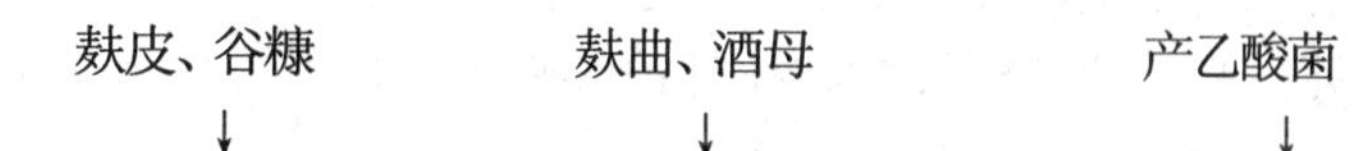

甘薯干（或碎米、高粱等）→粉碎→混合→润水→蒸料→冷却接种→入缸糖化发酵→拌糠接种→乙酸发酵→翻醅→加盐后熟→套淋熏醋→贮存陈醋→配兑→灭菌→包装→成品

（2）操作要点

a. 原料配比与处理　原料配比为甘薯或碎米或高粱等 100kg、细谷糠 80kg、麸

皮 120kg、麸曲 50kg、酒母 40kg、砻糠 50kg、产乙酸菌种子（醋母）40kg、水 400kg、食盐 3.75～7.5kg（夏多冬少）。将薯干或碎米等粉碎，加麸皮和细谷糠拌和，加水润料后以常压蒸煮 1.5～2h，再焖 1h 或在 0.15MPa 压力下蒸煮 40min，出锅摊晾，补水迅速降温。

b. 加曲及入缸管理　原料冷却后，拌入麸曲和酒母，并适当补水，使醅料水分达60%～66%。缸品温以24～28℃为宜，室温为25～28℃。入缸2d，品温升至38～40℃时，进行第1次倒缸翻醅，维持醅温30～34℃进行糖化和乙醇发酵。入缸后5～7d 乙醇发酵基本结束，醅中可含乙醇7%～8%，此时拌入砻糠和产乙酸菌种子，同时倒缸翻醅，此后每天翻醅1次，温度维持在37～39℃。约经12d 乙酸发酵，醅温开始下降，乙酸含量达7.0%～7.5%时，乙酸发酵基本结束。此时应在醅料表面加食盐，一般每缸醋醅夏季加盐3kg，冬季加盐1.5kg，拌匀后再经2d 后熟，即可淋醋。

c. 淋醋　淋醋工艺采用三套循环法。先用二醋浸泡成熟醋醅20～24h，淋出来的是头醋，剩下的头渣用三醋浸泡，淋出来的是二醋，缸内的二渣再用清水浸泡，淋出三醋。

d. 陈酿及熏醋　陈酿是乙酸发酵后为改善食醋风味进行的贮存、后熟过程。陈酿有两种方法：一种是醋醅陈酿，即将成熟醋醅压实盖严，封存数月后直接淋醋；另一种是醋液陈酿，即在醋醅成熟后就淋醋，然后将醋液放入缸或罐中，封存 1～2 个月，可得到香味醇厚、色泽鲜艳的陈醋。有时为了提高产品质量，改善风味，则将醋醅用文火加热至 70～80℃，24h 后再淋醋，此过程称熏醋。

e. 配兑和灭菌　陈酿醋或新淋出的头醋通称为半成品，包装成品之前还需按质量标准进行其浓度和成分的调整。除现销产品及高档醋外，一般加热时需加入0.06%～0.1%的苯甲酸钠作为防腐剂。陈醋或新淋的醋液应于 85～90℃维持 50min 进行杀菌。

11.2.3　氨基酸发酵

11.2.3.1　谷氨酸发酵

1. 谷氨酸菌的主要种类

谷氨酸菌在细菌分类学中属于棒杆菌属（*Corynebacterium*）、短杆菌属（*Brevibacterium*）、小杆菌属（*Microbacterium*）和节杆菌属（*Arthrobacter*）中的细菌。目前我国谷氨酸发酵最常见的生产菌种是北京棒状杆菌 AS 1.299、北京棒状杆菌 D 110、钝齿棒杆菌 AS 1.542、棒杆菌 S-914 和黄色短杆菌 T 6～13（*Brevibacterium flavum* T 6～13）等。

（1）北京棒状杆菌 AS 1.299（*Corynebacterium pekinense* sp. AS 1.299）

细菌呈短杆或棒状，有时略呈弯曲状，两端钝圆，排列为单个、成对或 V 字形。革兰染色阳性。无芽胞，无鞭毛，不运动。细胞内有明显的横隔，在次极端有异染颗粒。普通肉汁固体平皿培养，菌落圆形，中间隆起，表面光滑湿润，边缘整齐，菌落颜色开始呈白色，直径1mm，随培养时间延长变为淡黄色，直径增大至6mm，不产生水溶性色素。普通肉汁液体培养，稍混浊，有时表面呈微环状，管底有颗粒状沉淀。

（2）钝齿棒杆菌 AS 1.542（*Corynebacterium crenatum* sp. AS 1.542）

细菌呈短杆或棒状，两端钝圆，排列为单个、成对 V 字形。革兰染色阳性。无芽胞，无鞭毛，不运动。细胞内次极端有异染颗粒并存在数个横隔。普通肉汁固体平皿培养，菌落扁平，呈草黄色，表面湿润无光泽，边缘较薄呈钝齿状，不产生水溶性色素，直径3～5mm。普通肉汁液体培养混浊，表面有薄菌膜，管底有较多沉淀。

2. 谷氨酸发酵

（1）生产原料

发酵生产谷氨酸的淀粉质原料有玉米、小麦、甘薯、大米、淀粉等，其中甘薯和淀粉最为常用；糖蜜原料有甘蔗糖蜜、甜菜糖蜜；氮源有尿素或氨水。

（2）工艺流程

味精生产全过程可分 5 个部分，即淀粉水解糖的制取、谷氨酸生产菌种的扩大培养、谷氨酸发酵、谷氨酸的提取与分离、由谷氨酸制成味精。

菌种的扩大培养
↓
淀粉质原料→糖化→中和、脱色、过滤→培养基调配→接种→发酵提取（等电点法、离子交换法等）→谷氨酸→谷氨酸钠→脱色→过滤→干燥→成品

（3）发酵条件的控制

a. 温度　谷氨酸发酵前期（0～12h）是菌体大量繁殖的阶段，在此阶段菌体利用培养基中的营养物质来合成核酸、蛋白质等，供菌体繁殖用，此时的最适温度为30～32℃。发酵中后期是谷氨酸大量积累的阶段，而催化谷氨酸合成的谷氨酸脱氢酶的最适温度为32～36℃，故发酵中后期适当提高罐温对积累谷氨酸有利。

b. pH　发酵液的 pH 影响微生物的生长和代谢途径。发酵前期如果 pH 偏低，则菌体生长旺盛，长菌而不产酸；如果 pH 偏高，则菌体生长缓慢，发酵时间拉长。在发酵前期将 pH 控制在 7.5～8.0 较为合适，而在发酵中后期将 pH 控制在 7.0～7.6 对提高谷氨酸产量有利。

c. 通风　在谷氨酸发酵过程中，发酵前期以低通风量为宜，发酵中后期以高通风量为宜。在实际生产中，以气体转子流量计来检查通气量，即以每分钟单位体积的通气量表示通风强度。另外，发酵罐大小不同，所需搅拌转速与通风量也不同。

d. 泡沫的控制　在发酵过程中，由于强烈的通风和菌体代谢产生的 CO_2，培养液产生大量的泡沫，使氧在发酵液中的扩散受阻，影响菌体的呼吸和代谢，给发酵带来危害，必须加以消泡。消泡的方法有机械消泡（耙式、离心式、刮板式、蝶式消泡器）和化学消泡（天然油脂、聚酯类、醇类、硅酮等化学消泡剂）两种方法。

e. 发酵时间　不同的谷氨酸产生菌对糖的浓度要求不一样，其发酵时间也有所差异。一般低糖（10%～12%）发酵时间为 36～38h，中糖（14%）发酵时间为 45h。

11.2.3.2 赖氨酸生产

赖氨酸是人体必需的8种氨基酸之一，它和苏氨酸是动物营养中最主要的氨基酸。过去一般都自血粉中提取赖氨酸，该方法提取工艺比较复杂，产量受到限制。自1960年日本用营养缺陷型的谷氨酸菌种直接发酵生产赖氨酸以来，产量有了大幅度的增加，世界上年产量已达20 000～30 000t，在氨基酸生产中占第三位。赖氨酸已被广泛地应用于饲料、营养食品、食品强化剂及医药等方面。

在赖氨酸生产中主要应用营养缺陷型菌株。目前国内主要用由生产谷氨酸的北京棒状杆菌 AS 1.299 和经硫酸二乙酯诱变选出的高丝氨酸缺陷型菌株 AS 1.563。

工艺流程为：发酵培养基→接种→发酵→发酵液→离子交换→氨水洗脱→浓缩→粗赖氨酸盐酸盐→脱色重结晶→L-赖氨酸盐酸盐。

发酵原料来源较广，常用的碳源有玉米、小麦、甘薯等淀粉质原料和甘蔗糖蜜、甜菜糖蜜、葡萄糖结晶母液等。常用的氮源是尿素和硫酸铵。

11.3 酵母菌的应用

几千年来人们利用酵母菌生产出了许多营养美味的食品和饮料，目前，酵母菌在食品工业特别是在酿酒生产应用中发挥了重大作用，占有极其重要的地位。

1. 酿酒酵母

酿酒酵母（*Saccharomyces cerevisiae*）属于典型的上面酵母，又称爱丁堡酵母。广泛应用于啤酒、白酒酿造和面包制作。酿酒酵母细胞呈圆形或短卵圆形，大小为（3～7）μm×（5～10）μm，以多边出芽方式进行无性繁殖，能形成有规则的假菌丝（芽簇），但无真菌丝。有性繁殖形成 1～4 个子囊孢子。在麦芽汁固体培养基中培养，菌落呈乳白色，不透明，有光泽，表面光滑湿润，边缘略呈锯齿状。随着培养时间的延长，菌落颜色变暗，失去光泽。麦芽汁液体培养，表面产生泡沫，液体变混，培养后期菌体悬浮在液面上形成酵母泡盖，因而称上面酵母。

化能异养型，能发酵葡萄糖、果糖、半乳糖、蔗糖、麦芽糖和麦芽三糖及 1/3 的棉子糖，不发酵蜜二糖、乳糖和甘油醛，也不发酵淀粉、纤维素等多糖。不分解蛋白质，可同化氨基酸和氨态氮，不同化硝酸盐。需要 B 族维生素和磷、硫、钙、镁、钾、铁等无机元素。兼性厌氧，最适生长温度为 25℃，最适 pH 为 4.5～6.5。

2. 葡萄酒酵母

葡萄酒酵母（*Saccharomyces ellipsoideus*）属于酿酒酵母的椭圆变种，简称椭圆酵母，常用于葡萄酒和果酒的酿造。细胞呈椭圆形或长椭圆形，大小为（3～10）μm×（5～15）μm，能以多边出芽方式进行无性繁殖，形成有规则的假菌丝。有性繁殖形成 1～4 个子囊孢子。葡萄汁固体培养，菌落呈乳黄色，不透明，有光泽，表面光滑湿润，边缘整齐。随着培养时间的延长，菌落颜色变暗。液体培养变浊，表面形成泡沫，凝聚性较强，培养后期菌体沉降于容器底部。

化能异养型，可发酵葡萄糖、果糖、半乳糖、蔗糖、麦芽糖、麦芽三糖及 1/3 的棉子糖，不发酵蜜二糖、乳糖和甘油醛，也不发酵淀粉、纤维素等多糖。不分解蛋白质，不还原硝酸盐，可同化氨基酸和氨态氮。需要 B 族维生素和磷、硫、钙、镁、钾、铁等无机元素。兼性厌氧，最适生长温度为 25℃，最适 pH 为 3.3～3.5。耐酸、耐乙醇、耐高渗、耐二氧化硫能力强于酿酒酵母。

3. 产朊假丝酵母

产朊假丝酵母（*Candida utilis*）又称食用圆酵母，其蛋白质和维生素 B 含量均比酿酒酵母高，常作为生产食用或饲用单细胞蛋白（SCP）及维生素 B 的菌株。细胞呈圆形、椭圆形或腊肠形，大小为（3.5～4.5）μm×（7.0～13.0）μm，以多边出芽方式进行无性繁殖，形成假菌丝。没有发现有性生殖和有性孢子，属于半知菌类酵母菌。麦芽汁固体培养，菌落呈乳白色，表面光滑湿润，有光泽或无光泽，边缘整齐或菌丝状，玉米固体培养产生原始状假菌丝。葡萄糖酵母汁蛋白胨液体培养，表面无菌膜，液体混浊，管底有菌体沉淀。

化能异养型，能发酵葡萄糖、蔗糖和 1/3 的棉子糖，不发酵半乳糖、麦芽糖、乳糖、蜜二糖。能同化尿素、铵盐和硝酸盐，不分解蛋白质和脂肪，在培养基中不需要加入任何生长因子即可生长。兼性厌氧，最适生长温度为 25℃，最适 pH 为 4.5～6.5。特别重要的是，它能利用五碳糖和六碳糖，既能利用造纸工业的亚硫酸废液，又能利用糖蜜、马铃薯淀粉废料、木材水解液等生产出人畜可食的蛋白质和维生素 B。

11.3.1　乙醇和白酒的生产

食品酿造中的乙醇发酵主要表现为酒类酿造，而白酒是酒类酿造中的一大类。白酒又称烧酒，是用高粱、小麦、玉米等淀粉质原料经蒸煮、糖化发酵和蒸馏而制成的。我国蒸馏白酒酿造历史悠久，技艺精湛，种类繁多，风格独特。根据发酵剂与工艺不同，一般可将蒸馏白酒分为大曲酒、小曲酒、麸曲白酒及液态白酒四大类。当前白酒酿造工艺有液态发酵和传统的固态发酵，后者是目前我国传统名白酒发展的方向。

1. 大曲生产与大曲微生物

（1）大曲工艺流程

小麦、豌豆→润料→磨碎→拌曲料（加曲母、水）→踩曲→曲胚→堆积培养→成品曲→贮存

（2）大曲微生物

大曲是用纯小麦或添加部分大麦、豌豆等原料按照传统工艺经自然发酵制成的。其中存在的糖化菌就是霉菌，主要有曲霉属的黑曲霉群、灰绿曲霉群、毛霉、根霉及红曲霉等，念珠霉的作用不明。细菌中主要为枯草芽孢杆菌及其他一些芽胞杆菌。酵母菌类则以酒精酵母、汉逊氏酵母、拟内酵母、假丝酵母和白地酶较为常见。生酸菌类以乳球

菌和乳酸杆菌为主，产乙酸菌则较少。

2. 小曲生产与小曲微生物

（1）小曲生产工艺流程（以桂林酒曲丸生产工艺为例）

　　　水　　　　香草药　曲母
　　　↓　　　　　↓　　　↓
大米→浸泡→粉碎→配料→接种→制胚→裹粉→入曲房→培曲→出曲→干燥→成品

（2）小曲微生物

小曲又称药曲，因曲胚块小而取名为小曲，是用米粉、米糠和中草药接入隔年陈曲经自然发酵制成的。近年来有不少厂家已采用纯种根霉代替传统小曲。但在名、优酒酿造中仍采用传统小曲作为发酵剂。小曲中加入中草药是为了促进曲中有益微生物的繁殖和抑制杂菌的生长。

小曲中的优势微生物种类主要是根霉和少量毛霉、酵母等。此外，还有乳酸菌类、产乙酸菌类及污染的一些杂菌，如芽胞杆菌、青霉、黄曲霉等。从各种小曲中分离得到的根霉菌株其性能各异，糖化力、乙醇发酵力和蛋白质分解力等性能依种类不同而不同。有些根霉能产生有机酸，例如，米根霉能产生乳酸，黑根霉能产生延胡索酸和琥珀酸；有些种类则能产生芳香的酯类物质。

3. 固态法白酒酿造与酿造微生物

（1）生产工艺流程

原料粉碎→配料→蒸煮→加曲、加酒母拌匀→入池发酵→蒸馏→勾兑、陈酿→白酒

（2）白酒酿造微生物

中国传统白酒生产，窖是基础，操作是关键。随着白酒微生物的深入研究，认识到老窖泥中栖息着以细菌为主的多种微生物。它们以酒醅为营养来源，以窖泥和香醅为活动场所，经过缓慢的生化作用，产生出以己酸乙酯为主体的香气成分窖香味。大量的实践证明，老窖泥中主要有己酸菌、丁酸菌等细菌类微生物及酵母和少量的放线菌等。

4. 液态法白酒生产

液态法白酒的生产工艺与现代乙醇的生产工艺基本相同。即将原料蒸煮后，加麸曲或淀粉酶制剂糖化。糖化后的糖化醪加入酒母发酵，经蒸馏得到食用乙醇后，再进行固液勾兑或串香后制得成品酒。一步法工艺则于乙醇发酵的后期加入己酸菌共发酵，再经蒸馏制得成品酒。液态法白酒生产具有机械化程度高、劳动生产率高、淀粉出酒率高、对原料适应性强、不用辅料等优点。但液态法白酒的风味差，是妨碍液态法白酒进一步发展的主要障碍。

11.3.2　啤酒的生产

啤酒酿造以大麦、水为主要原料，以大米或其他未发芽的谷物、酒花为辅助原料。

大麦经过发芽产生多种水解酶，将淀粉和蛋白质等大分子物质分解为可溶性糖类、糊精及氨基酸、肽、胨等低分子物质，通过酵母菌的发酵作用生成乙醇和 CO_2 及多种营养和风味物质，最后经过过滤、包装、杀菌等工艺制成 CO_2 含量丰富、乙醇含量为 3%～6%、富含多种营养成分、酒花芳香、苦味爽口的饮料酒。

1. 啤酒酿造工艺流程

原料大麦→清选→分级→浸渍→发芽→干燥→麦芽及辅料粉碎→糖化→过滤→麦汁煮沸→麦汁沉淀→麦汁冷却→接种→酵母繁殖→主发酵→后发酵→过滤→包装→杀菌→贴标→成品

2. 操作要点

（1）麦芽制备

麦芽制造的目的是使大麦产生各种水解酶并使胚乳细胞适当溶解，便于糖化时淀粉和蛋白质等大分子物质的分解。大麦经过清选、分级后，进入浸麦槽进行浸麦，一般淡色麦芽的浸麦度达到 43%～46%时进入发芽箱发芽。淡色麦芽的发芽温度为 15℃，发芽 6～8d 后，当根芽为麦粒的 1～1.5 倍、叶芽为麦粒的 3/4 时，发芽结束，进行干燥。干燥期间，控制温度逐渐升高，麦芽的含水量合理下降，制造淡色麦芽时，当麦层温度达 75℃时，进入焙焦阶段。焙焦温度为 85℃，时间 2.5～3.0h 后，干燥后经除根处理即得成品麦芽。

（2）糖化与麦芽汁制备

将粉碎的麦芽和未发芽的谷物原料与温水混合，借助麦芽的各种水解酶将淀粉和蛋白质等不溶性的大分子物质分解为可溶性的糖类、糊精、氨基酸、肽、胨等低分子物质，为酵母菌的繁殖和发酵提供必需的营养物质，麦芽汁的制备过程也称为糖化。糖化方法分为浸出糖化法和煮出糖化法。目前国内外制造淡色啤酒普遍采用双醪二次煮出糖化法，即将粉碎的辅助原料和部分麦芽粉放入糊化锅与50℃温水混合，保温15min，煮沸30min，使辅料糊化。同时，另一部分麦芽粉放入糖化锅与50℃温水混合，保温30～90min，进行蛋白质分解，然后将这两部分糖化醪液在糖化锅内混合，63～70℃保温糖化。待碘液反应完成，取部分糖化醪液在糊化锅内进行第二次煮沸，再打回糖化锅，使糖化醪升温至75～78℃，继续糖化30min，然后过滤即为原麦芽汁。在原麦芽汁中添加0.1%酒花，煮沸1.5h，促进酒花有效物质的浸出和蛋白质凝固、析出，麦芽汁煮沸后，沉淀30～60min，除去酒花糟粕和蛋白质凝固物，冷却至接种温度6～8℃，完成糖化和麦芽汁制备。

（3）接种与酵母增殖

冷却麦芽汁入酵母繁殖槽，接种 6 代以内回收的酵母泥 0.5%（或扩大培养的种子液），控制品温为 6～8℃，好氧培养 12～24h，待起泡后入发酵池（罐）进行主发酵。

（4）主发酵

主发酵也称前发酵，可分为 4 个时期：入发酵池（罐）后 4～5h，酵母菌产生的 CO_2 使麦芽汁饱和，在麦芽汁表面出现白色、乳脂状气泡，称为起泡期，持续 2～3d。

随着发酵的进行，酵母菌厌氧发酵旺盛，泡沫层加厚，温度升高，发酵进入高泡期，此时需开动冰水人工降温，最高发酵温度不超过 9℃，保持 2～3d。发酵 5～6d 后，泡沫开始回缩，颜色变深，称为落泡期，此时需开动冰水逐渐降温，维持 2d。发酵 7～8d 后，泡沫消退，形成泡盖（由酒花树脂、蛋白质多酚复合物、泡沫和死酵母构成），称为泡盖形成期，此时应急剧降温至 4～5℃，使酵母沉降，并打捞泡盖、回收酵母，主发酵结束。在主发酵过程中，大部分可发酵性糖转化为乙醇和 CO_2，同时形成主要的代谢产物和风味物质。

（5）后发酵

后发酵的主要作用是使残糖继续发酵，促进 CO_2 在酒液中饱和，同时利用酶还原双乙酰，并且利用 CO_2 排除酒液中的生青物质（主要为双乙酰、H_2S、乙醛），使啤酒成熟。后发酵前期条件为 4～5℃敞口发酵 3～5d，还原双乙酰，排出生青物质。后期条件为 0～2℃、罐压 0.5～1.0kg/cm^2。加压发酵，饱和 CO_2，时间为 1～3 个月。

（6）啤酒过滤与包装

后发酵结束，还有少量悬浮的酵母及蛋白质等杂质，需要将这些杂质除去。目前多数企业采用硅藻土过滤法、纸板过滤法、离心分离法和超滤法。过滤的效果直接影响啤酒的生物学稳定性和品质。酒液经过过滤、装瓶、热杀菌（60℃、30min）处理，称为熟啤酒，而过滤后不经过热杀菌的啤酒称为鲜啤酒。包装是啤酒生产的最后一道工序，对保证成品的质量和外观十分重要。啤酒包装以瓶装和罐装为主。

11.3.3 葡萄酒的酿造

葡萄酒是一种以整粒或压碎的新鲜葡萄或葡萄汁为原料，经完全或部分乙醇发酵产生的一种饮料酒，而这一发酵过程则是通过酵母作用实现的。葡萄酒种类很多，按酒的颜色可分为红葡萄酒、白葡萄酒；按糖分的多少可分为干葡萄酒、甜葡萄酒；按二氧化碳含量可分为静酒、气酒。

11.3.3.1 葡萄酒酿造微生物

1. 酵母菌

葡萄酒酿造除了葡萄酒酵母外，在葡萄果皮上还有其他酵母，如尖端酵母（*S. apiculatus*）、巴氏酵母（*S. pastorianus*）、圆酵母属（*Torulas*）等，统称为野生酵母。野生酵母的存在对发酵是不利的，它要比葡萄酒酵母消耗更多的糖才能获得同样的乙醇（需 2.0～2.2g 糖才能生成 1%乙醇），发酵力弱，生成乙醇量少。

2. 苹果酸-乳酸发酵与乳酸菌

新酿成的红葡萄酒还会继续发酵，过去把这一过程当成第二次乙醇发酵（后发酵），这一过程关系到成品葡萄酒质量及其生物稳定性，实际上这是苹果酸-乳酸发酵过程，也称为生化减酸作用。

现已证实苹果酸-乳酸发酵是细菌（乳酸菌）引起的，它们包括明串菌（假乳酸球菌）、足球菌及乳酸杆菌，这些乳酸菌主要来自于发酵的后续设备污染。对于白葡萄酒不应该进行苹果酸-乳酸发酵，常常用添 SO_2 来加以阻止。

11.3.3.2　葡萄酒生产的基本工艺

1. 干红葡萄酒的生产工艺

（1）酿造工艺流程

葡萄→分选、破碎、除梗（加 SO_2）→葡萄浆→调整成分→主发酵→压榨分离→调整成分→后发酵→调酒、换桶→新干红葡萄酒→贮存、陈酿（加 SO_2）→澄清处理→干红葡萄酒

（2）操作方法

a. 葡萄浆　酿造红葡萄酒要求采用带皮发酵方法，以获得葡萄皮上的色素和芳香物质。故在葡萄破碎后直接采用除去梗的葡萄浆。

b. 葡萄浆成分调整　葡萄浆成分调整主要包括糖分调节和酸度调整。调整糖分的目的是为了使葡萄汁在发酵后生成预计的酒精度，使用的糖为蔗糖，理论上 17g 葡萄糖可使每升葡萄汁酒精度提高 1 度，但在红葡萄酒酿造过程中，由于操作温度比较高，常造成乙醇的挥发损失，因此实际加糖量达到 20g 才可使每升葡萄汁提高 1 度酒精度。发酵时酸度以 0.7%～0.8%（g/100mL，以酒石酸计）为宜，一般酸度低于 0.5%时，需加以调整。提高酸度的方法通常有两种即添加酒石酸或柠檬酸（相当于 0.935g 酒石酸）和加生葡萄汁，加酸时一般先用少量葡萄汁将酸溶解，然后均匀地分次加入汁中，充分搅拌。加生葡萄汁时，生葡萄汁酸度很大，每 10g 酸葡萄含酒石酸 1g。

c. 主发酵　调整成分后的葡萄浆送入容器进行发酵，一般装入量为容器的 3/4～4/5，这是为了防止皮渣因发酵排出的 CO_2 而上浮，而果皮上的色素不能充分溶解，同时造成杂菌繁殖。发酵温度控制在 28℃，发酵期为 5～7d，每天要测定发酵醪的温度，及时降温。为了加强皮渣中色素的浸出，在发酵前、中期应压盖或淋帽 2～3 次。

d. 分离与压榨　主发酵一旦结束，应迅速将酒液同皮渣分离，以免使过多的单宁侵入酒中，造成酒味过分苦涩。

e. 后发酵　后发酵的目的是利用分离时带入的少许空气来恢复一些酵母的活力，将酒中的残糖继续分解，一般经后发酵酒中的残糖在 2g/L 以下。后发酵时将容器密闭，一般经 20～30d 结束。

f. 陈酿贮存　新干红葡萄酒进行酒度调整后，加入 50～100mg/L 的 SO_2，必要时接入乳酸菌以促进苹果酸-乳酸发酵。

2. 干白葡萄酒的生产工艺

（1）酿造工艺流程

葡萄→分选→破碎、除梗（加 SO_2）→分离→白葡萄汁→静置澄清→调整成分→发酵→换桶→新干白葡萄酒→贮存、陈酿→澄清处理→干白葡萄酒

（2）操作方法

a. 葡萄汁分离　破碎后的葡萄皮渣分离越快越好，否则会使葡萄汁染色和带入过量的酚类化合物。分离得到的自流汁质量最好，是酿造高级白葡萄酒的原料。分离的皮渣可调入一些糖液酿造二次干白葡萄酒（低档酒）。

b. 葡萄汁的澄清　刚分离的葡萄汁是很混浊的，含有果胶、泥土及杂质，这对酿成的酒的风味有影响。为了酿造优质葡萄酒，葡萄汁在发酵前必须澄清。果汁澄清方法可采用 SO_2 静置澄清、在果汁中加入明胶或蛋清进行澄清及利用硅藻土过滤机过滤澄清等方法。

c. 发酵控制　发酵温度对白葡萄酒来讲是很重要的，一般不应超过28℃，优质酒要求控制在18～20℃，这样制得的白葡萄酒香味更好。

d. 陈酿贮存　发酵结束2～3个月进行第一次换桶，将发酵后沉淀到底部的酵母、蛋白质、果胶等沉淀物分离，得到新干白葡萄酒。

11.3.4　面包的生产

面包是一种营养丰富、组织蓬松、易于消化的方便食品。它以面粉、糖、水为主要原料，面粉中淀粉经淀粉酶水解生成糖类物质，再经过酵母菌发酵作用产生醇、醛、酸类物质和 CO_2，同时环境中的一部分乳酸菌参与发酵作用形成醇、酸类物质，这些发酵产物构成了面包特有的风味，在高温焙烤过程中，CO_2 受热膨胀使面包成为多孔的海绵结构和松软的质地。面包的种类很多，主要分为主食面包和点心面包。点心面包又根据配料不同，分为果子面包、鸡蛋面包、牛奶面包、蛋黄面包和维生素面包等。

1. 菌种及发酵剂类型

早期面包制造主要利用自然发酵法，而现代面包制造大多采用纯种酵母菌发酵剂发酵。面包发酵剂菌种是啤酒酵母，应选择发酵力强、风味良好、耐热、耐乙醇的酵母菌株。面包发酵剂类型有活性干酵母（active dry yeast）和压榨酵母（complessed yeast）两种。活性干酵母是压榨酵母经低温干燥、喷雾干燥或真空干燥而制成的，便于贮藏和运输，但活性有所减弱，需经活化后使用。压榨酵母又称鲜酵母，是酵母菌经液体深层通气培养后再经压榨而制成的，发酵活力高，使用方便，但不耐贮藏。国内以前大多使用压榨酵母，现在活性干酵母的应用越来越多。

2. 面包生产工艺

目前我国面包生产多采用两次发酵法。

（1）两次发酵法面包生产工艺流程

配料→第一次发酵→面团→配料和面→第二次发酵→切块→揉搓→整形→放盘→醒发→烘烤→冷却→包装→成品

（2）操作要点

1）配料。将一定量面粉与1%酵母活化液和60%水混合均匀，进行第一次发酵。

2）第一次发酵。温度控制在 27～29℃，相对湿度 75%～80%，发酵 4h，形成面团。

3）配料和面。在第一次发酵后的面团中按质量分数添加面粉 30%～70%、砂糖 5%～6%、食盐 0.5%、油脂 2%～3%、水 60%，再次和成面团，进行第二次发酵。

4）第二次发酵。温度 30℃，相对湿度 75%～80%，发酵 1h。

5）整形。将第二次发酵后的面团进行切块、揉搓、装模成形，称为整形。整形后放入盘中开始饧皮。

6）醒发。温度 38～40℃，相对湿度 85%，饧皮 1h。

7）烘烤。初期控制上火温度 120℃，下火温度 250～260℃，保持 2～3min；中期控制温度 270℃；后期控制上火温度 180～200℃，下火温度 140～160℃，烘烤时间视品种而定。

8）冷却、包装。烘烤后冷却至室温，然后包装。

11.4　霉菌的应用

霉菌具有较强的糖化和蛋白质水解能力，在食品发酵工业中利用霉菌作为生产调味品、酒类的糖化剂，以及有机酸、酶制剂、抗生素、食品添加剂等的生产菌种。

11.4.1　淀粉质原料的糖化

许多微生物不能向细胞外分泌淀粉酶和糖化酶，故而不能直接利用淀粉。因此，在发酵生产乙醇、味精、食醋之前，必须将淀粉水解为葡萄糖才能被酵母菌、细菌利用。将淀粉质原料（如谷类、薯类、野生植物等）水解为葡萄糖的过程称为淀粉的糖化。

1. 酶法制糖的原理

酶法制糖是将淀粉糊化、液化和糖化后，转化为葡萄糖的工艺。液化是淀粉在 α-淀粉酶的作用下水解为麦芽糖、低聚糖、小分子的极限糊精的过程。常以枯草芽胞杆菌 BF-7658 生产中温淀粉酶，以地衣芽胞杆菌生产耐高温 α-淀粉酶。糖化是在糖化酶（葡萄糖苷酶）的作用下继续水解为葡萄糖的过程。一般用黑曲霉和根霉生产糖化酶。

2. 酶法制糖工艺流程（以两次喷射两次液化工艺为例）

调浆→配料（加酶、氯化钙）→一次喷射→一次保温液化→二次喷射灭酶活→冷却至液化温度→二次保温液化（加酶）→升温灭酶活→冷却至糖化温度→保温糖化（加酶）→升温灭酶活→冷却→过滤→糖液

在调浆罐中将淀粉用水调节淀粉乳浓度为 30%～40%，以碱液调节 pH 为 5.0～7.0，加入 0.15%氯化钙、耐高温 α-淀粉酶，用泵打入第一个喷射液化器中，喷射蒸汽升温至 95～97℃，在保温罐内液化 60min。而后进入第二个喷射液化器中，喷射蒸汽升温至 145℃，3～5min 灭酶活，冷却至 95～97℃，在液化罐中加入耐高温 α-淀粉酶，保温液

化 30min，碘液检验后结束液化。将液化液升温至 100℃，10min 灭酶活，调节 pH 为 4.2～4.5，冷却至 60℃，加入黑曲霉 AS3.4309 糖化酶保温糖化，以无水乙醇检验无色，而后加热至 90℃，30min 灭酶活，冷却至 60～70℃后过滤，即为水解糖液。

11.4.2　酱油、酱类的酿造

1. 酱油

中国酱油多以大豆、脱脂大豆（豆粕、豆饼）等为蛋白质原料，以小麦（麸皮）等为淀粉质原料，利用曲霉、酵母菌和乳酸菌等发酵酿制而成。其酿造方法可分为天然晒露法、稀醪发酵法、分酿固稀发酵法、固态无盐发酵法和固态低盐发酵法等。

（1）生产原料、菌种及其作用

生产原料包括蛋白质原料、淀粉质原料、食盐和水。蛋白质原料采用脱脂大豆（豆粕、豆饼）、花生饼、棉籽饼、酵母泥等。淀粉质原料采用小麦粉或麦片、麸皮（麦皮）、碎米等。生产菌种有米曲霉、酵母菌和乳酸菌。米曲霉直接影响成品鲜味、颜色，以及原料的发酵速度和蛋白质利用率；而酵母菌和乳酸菌则决定酱油的风味。它们在发酵过程中产生的各种酶，使蛋白质分解，淀粉糖化，乙醇发酵，产酸和成酯等，产生的多种代谢产物与食盐混合，赋予酱油鲜味、甜味、酸味、香气、苦味、咸味和颜色（类黑素）。

（2）工艺流程（以固态低盐发酵法为例）

原料（麦片+豆饼+麸皮）→润水（加水）→蒸煮→冷却→接入种曲→厚层通风制曲→成曲拌盐水→入池发酵→成熟酱醅浸出淋油→生酱油→杀菌→配制→澄清→贮存→包装→成品

保温发酵温度管理：发酵时，成曲与盐水拌和入池后，前期控制品温为 40～45℃，使蛋白酶在短时间内适度分解，后期控制品温为 30～32℃，进行乙醇发酵和后熟作用，有利于香气成分的形成。为了增加酱油风味，可适当延长后熟时间（14～15d）。

2. 酱类

酱类以豆类和面粉为主要原料，利用米曲霉等微生物发酵而成。大豆酱以大豆为主要原料，利用米曲霉为主的微生物发酵而成，也称黄豆酱或豆酱、大酱。其制曲要求和方法基本与酱油制曲相同，生产原料主要有黄豆、面粉、食盐和水，生产菌种及其作用与酱油酿造相同，在此不赘述。

工艺流程（以固态低盐发酵法为例）如下。

大豆→除杂→浸泡（加水）→蒸煮→混合（拌面粉）→冷却→接入种曲→厚层通风制曲→大豆曲→入池发酵→自然升温→第一次加盐水→保温发酵→第二次加盐水→翻酱→成品

制曲操作：将大豆洗净，浸泡 2～3h（冬季 4～5h），淋干后置于蒸锅内，常压蒸料 4～6h 或高压蒸料 1.5～2.0kg/cm^2，40min，要求大豆熟透而不烂。面粉用干蒸或加少量水蒸熟。将蒸熟的大豆冷却至 80℃，与面粉拌和，冷却至 38～40℃，接入种曲。种曲用量为 0.15%～0.3%，培养时间为 30～36h。

制酱操作：将大豆曲倒入发酵池内，表面耙平，轻轻压实，自然升温至 40℃左右，再将 14.5°Bé 的盐水加热至 60～65℃，浇至面层，此时酱醅品温应为 45℃左右。最后面层加封细盐一层，将容器口盖好，维持酱醅品温 45℃达 10d 以上，酱醅成熟。发酵完毕，再补加 24°Bé 盐水及细盐，以压缩空气或翻酱机充分搅拌，使盐全部溶化，混合均匀，置室温后发酵 4～5d，即得成品。酱醅发酵成熟全程为 15d 左右。

11.4.3　豆腐乳生产

豆腐乳以大豆为主要原料，以酒类、红曲、面曲（面酱的半成品）、酒酿糟（制法与甜酒酿造相似）、香辛辅料等为主要辅料，利用毛霉或根霉等微生物发酵而成。其生产方法可分为传统自然发酵法和纯菌种发酵法。下面以红腐乳为例介绍其发酵腌制部分。

1. 生产原料、菌种及其作用

生产原料有豆腐坯、红曲、面曲、黄酒、食盐和水。生产菌种有毛霉或根霉。五通桥毛霉（AS3.25），适宜生长温度为 10～25℃；雅致放射毛霉（AS3.2778），适宜生长温度为 30℃；蛋白酶活力较高的根霉，适宜生长温度为 30～35℃。毛霉能分泌多量蛋白酶，能水解蛋白质使腐乳质地柔糯，滋味鲜美。此外，毛霉菌丝高大柔软，能紧紧包裹于豆腐坯表面，以保持腐乳一定形状。

2. 工艺流程

豆腐坯→接种毛霉菌液前发酵→搓毛腌坯（加食盐）→调配辅料→装坛→后发酵→腐乳成品

前期发酵：这是一个有氧培菌、分泌大量蛋白酶的过程。操作方法：将豆腐坯装入笼屉中，按“井”字形堆码后，均匀喷洒毛霉孢子悬浮液，而后入发酵室进行前发酵。笼屉直立式堆码，最上层笼屉应加盖。室温控制在 23～25℃，最高不超过 32℃，培养 60～72h，待豆腐坯表面长满白色菌丝，即为霉菌生长成熟。而后将毛坯放置于阴凉处（凉花操作），自然老熟 4～8h，以增加酶的作用，同时蒸发水分和散发霉味。

后期发酵：这是一个腐乳成熟的厌气发酵过程。由于霉菌、酵母菌、细菌等多种微生物的作用，蛋白质水解，生成肽、氨基酸，同时进行淀粉糖化、乙醇发酵、有机酸发酵、酯类生成等生化反应。其操作方法如下。

1）腌坯。将长满白色菌丝的豆腐坯，用手轻轻搓倒毛头（搓毛操作），形成皮衣。将搓好的毛坯沿缸边直立堆码，码一层毛坯撒一层盐，每层加盐量逐渐增大，装满后再撒一层封顶盐，腌渍要求毛坯平均含氯化钠 16%，腌至 3～4d 后再加入盐水超过腌坯面。腌至后期，由中心圆洞中取出盐水，放置过夜，使每块盐坯干燥收缩，以便配料。

2）配料与装坛。配料前先将缸内盐坯取出，每块搓开，装入坛内，并根据不同品种进行配料。红腐乳盐坯入坛前，先用红曲汤料（红曲、面酱、黄酒按 1∶0.4∶4.0 的比例混合均匀，浸泡 2～3d 后，研磨成浆，并加适量砂糖水或其他香辛料）将每块盐坯染红，再将盐坯竖立置于坛内，配料没过盐坯，封面铺薄层食盐，并加少许 50°白酒，加盖密封。

3）后发酵。将坛子置于后发酵室，人工保温发酵。在厌气发酵中，豆腐坯上培养的毛霉（或根霉）和附着的细菌，以及配料中加入的红曲霉（红曲）、酵母菌（糟米、混合酒、黄酒）、米曲霉（面曲）等，利用它们分泌的酶发生复杂的生化反应。一般室温 20℃左右需 6 个月，25～30℃需 2～3 个月成熟。

11.4.4 有机酸生产

20 世纪初，自从发现霉菌能够分泌多种有机酸以来，人们就用发酵法替代植物果实抽提法生产有机酸。目前用发酵方法生产用量较大的有机酸有：柠檬酸、乳酸、苹果酸、葡萄糖酸、酒石酸、衣康酸、富马酸（延胡索酸）、曲酸、己酸、水杨酸等。这些有机酸约有 75%用于食品中，15%用于医药中。下面介绍柠檬酸、乳酸的生产。

1. 柠檬酸

柠檬酸又称枸橼酸，是发酵法生产的最重要的有机酸，主要作为酸味剂加到饮料、果汁、果酱、水果糖等食品中，以及作为调味剂加到糖浆、片剂等医药中。我国 20 世纪 70 年代中期柠檬酸工业已实现规模化，迄今已成为仅次于美国的柠檬酸生产大国。

（1）生产原料、菌种

生产原料包括淀粉质原料（甘薯、马铃薯、木薯、山芋等）、糖质原料（甘蔗和甜菜糖蜜）和正烷烃类（石油）原料。生产菌种主要为曲霉，如黑曲霉、泡盛曲霉、文氏曲霉、宇佐美曲霉等。其中以黑曲霉和文氏曲霉产酸能力较强，是发酵生产柠檬酸的优良菌种。

（2）发酵机制

黑曲霉细胞内存在三羧酸循环和乙醛酸循环。为了大量累积柠檬酸，采取诱变育种或在培养基中加入亚铁氰化钾（要加得适时适量），使顺乌头酸酶活力丧失或减弱，以阻断该酶（亚铁氰化钾与酶的 Fe^{2+}生成络合物）的催化反应，这是积累柠檬酸的关键。葡萄糖经 EMP 途径生成丙酮酸，丙酮酸在有氧条件下，一方面在丙酮酸脱氢酶的作用下氧化脱羧生成乙酰 CoA，另一方面在丙酮酸羧化酶的作用下羧化（CO_2 固定反应）生成草酰乙酸，乙酰 CoA 与草酰乙酸在柠檬酸合成酶的作用下缩合生成柠檬酸。

（3）工艺流程（以薯干粉为原料的液体深层发酵为例）

薯干粉→调浆（加水、α-淀粉酶）→液化→冷却→发酵（加黑曲霉种子培养液、通无菌空气）→发酵液→提取（过滤、中和、酸解分离）→柠檬酸液→精制（离子交换净化、浓缩结晶、干燥）→包装→成品

薯干经粉碎，加水调浆，α-淀粉酶液化成为液化醪后，与黑曲霉种子培养液同时进入

发酵罐，于 34～35℃保温发酵 90～100h，薯干粉发酵总的用糖量一般为 140～160kg/m³，柠檬酸产量为 120～155kg/m³，对糖的转化率达 93%～97%。将成熟发酵液过滤去除菌体，所得滤液先用石灰水或碳酸钙中和制成柠檬酸钙，再用硫酸处理形成硫酸钙，从而使柠檬酸分离，经活性炭脱色、树脂净化后，真空浓缩结晶，干燥包装即为成品。

2. 乳酸

乳酸是世界上公认的三大有机酸之一，广泛存在于许多发酵食品中，如酸菜、泡菜、酸奶、酱菜、啤酒等。

（1）生产原料、菌种

生产原料以葡萄糖、乳糖、蔗糖、乳清、糖蜜、玉米粉、薯干等为主料，以麦芽根、麸皮、米糠、玉米浆等为辅料。常用德氏乳杆菌发酵生产 D 型乳酸，用米根霉发酵生产 L 型乳酸。前者为厌氧发酵，乳酸转化率接近 100%，后者为耗氧发酵，乳酸转化率约为 70%，且发酵时间短，菌体容易分离。此外，由于根霉产生的乳酸与人体肌肉中的乳酸构型相同，故根霉产生的 L 型乳酸在人体内可完全代谢。

（2）工艺流程（以细菌发酵法为例）

淀粉质原料（薯干淀粉）→蒸煮→淀粉糊（加辅料）→糖化（加麦芽或糖化曲）→糖化醪→过滤→灭菌→冷却至发酵温度→接入种母→保温发酵（加碳酸钙）→发酵醪→提取→精制→乳酸钙→酸解→浓缩→乳酸

淀粉经麦芽（糖化温度 60～65℃）或糖化曲（糖化温度 60℃）糖化后，过滤，加热灭菌，冷却，接种德氏乳杆菌种母，于 45～50℃发酵 4～5d。发酵过程不断补加碳酸钙，并缓慢搅拌，以维持 pH 6.0～6.5。发酵完毕，经大孔阳离子交换树脂处理后，精制得到乳酸钙，再经酸解、浓缩，精制得到乳酸。

国外采用德氏乳杆菌在细胞循环反应器中，由葡萄糖或乳糖连续发酵生产乳酸已获成功。20 世纪 30 年代，人们利用霉菌以浅盘发酵法生产乳酸，现已采用液体深层机械通风发酵法生产乳酸。以米根霉等霉菌发酵生产 L 型乳酸是目前国内外学者大力研究的生产课题。

11.5 微生物酶和菌体的应用

11.5.1 酶制剂

目前已发现微生物产生的酶近 3000 种，但用于食品工业的酶制剂主要有 α-淀粉酶、糖化酶、蛋白酶、葡萄糖异构酶、纤维素酶、果胶酶、葡萄糖氧化酶、脂肪酶等 10 多种。酶制剂主要由细菌、霉菌、酵母菌生产。下面介绍几种重要的酶制剂生产。

1. α-淀粉酶的生产

（1）生产菌种

生产菌种包括细菌和霉菌两大类，最常用的是枯草芽胞杆菌、地衣芽胞杆菌、米曲霉和鲁氏毛霉等。

（2）生产方法

霉菌生产α-淀粉酶采用固体厚层通风培养。培养基由麸皮、玉米粉、豆饼等配成。培养开始 8～9h 进行间歇通风，10h 后改为连续通风。控制温度在 35～40℃，全部培养时间为 28～30h。原料由浅黄色变为棕色后，干燥备用。细菌生产 *α*-淀粉酶采用液体深层通风培养。所用培养基分为基础培养基和补充培养基，其组分均由脱脂豆粉、玉米粉、磷酸氢二钠、硫酸铵、氯化铵、氯化钙配成。除了磷酸氢二钠、硫酸铵以外，两种培养基的其他成分的含量有所差异。利用枯草芽胞杆菌的变异株发酵产酶时，采用流加补充培养基的方法（补料分批发酵）可以获得高活力的 *α*-淀粉酶。控制温度 35～37℃、pH 6.5～7.5、发酵周期一般为 35h。

2. 糖化酶的生产

（1）生产菌种

生产菌种主要有黑曲霉、红曲霉、根霉。根霉以固体发酵为宜，黑曲霉和红曲霉多采用液体深层通风发酵生产。

（2）生产方法（以黑曲霉生产糖化酶为例）

采用固体厚层通风发酵时，将麸皮、稻壳、风干酒糟按 1∶1.5∶1.5 比例，用适量水拌好并接种，装入培养池内［长×宽为（8～10）m×（1.5～2.5）m］，厚度为 20～25cm。8h 后霉菌孢子发芽，温度升至 38℃时，用鼓风机间歇通风，16h 后，曲霉生长旺盛，品温迅速上升，连续通风使品温不超过 38℃，24h 后，曲中水分逐渐减少，间歇通风以免品温过高，直至出曲为止。发酵周期一般为 34h。采用液体深层通风发酵时，黑曲霉接种量为 5%～10%，控制发酵罐温度 30～32℃，每分钟通气量的体积比为 0.2∶1.0（即 $1m^3$ 醪液每分钟通入 $0.2m^3$ 空气），通风发酵 8～10h，发酵后期肉眼能见菌丝，醪液开始黏稠，外观似浓厚纸浆。发酵周期一般为 48～56h。

3. 蛋白酶的生产

（1）生产菌种

生产中性蛋白酶的菌种有枯草芽胞杆菌、栖土曲霉与灰色链霉菌等；生产碱性蛋白酶的菌种有地衣芽胞杆菌、短小芽胞杆菌等；酸性蛋白酶大都采用黑曲霉、宇佐美曲霉、中华根霉发酵生产。

（2）生产方法（以中性蛋白酶生产为例）

培养基组成：碳源主要为麸皮、米糠、玉米粉、山芋粉、淀粉和葡萄糖等；氮源为鱼粉、血粉、酵母粉、豆饼粉和玉米浆等；无机盐主要有 Ca^{2+}、Mg^{2+}、Mn^{2+}等。采用液体深层通风发酵，控制温度在 28～32℃，发酵时间因菌种而异，如枯草芽胞杆菌需 25～30h，栖土曲霉 AS3.942 需 48～50h。采用固体厚层通风发酵控制温度 28～34℃，发酵时间 30h 左右。

11.5.2 单细胞蛋白

单细胞蛋白（SCP）是指利用各种营养基质大规模培养单细胞的微生物（包括细菌、

酵母菌、霉菌和单细胞藻类）所获得的菌体蛋白质。从微生物中获得 SCP 是解决人类蛋白质食物资源的重要途径。

1. 生产原料、菌种

生产原料包括淀粉质原料，如马铃薯、木薯、红薯与玉米淀粉等；糖质原料，如甘蔗或甜菜糖蜜、亚硫酸盐纸浆废液等；工、农、林业的废液、废渣和废料，如发酵厂、食品厂等的废液和废渣，农作物的秸秆、向日葵壳、棉籽壳、稻壳等壳类，糖渣类、玉米芯、木屑、刨花、阔叶树等。目前主要以高产、低质、廉价的粗粮淀粉、含糖或淀粉、含纤维素的废渣、废液等原料生产 SCP。

良好的 SCP 必须具备无毒、蛋白质含量高、必需氨基酸含量丰富、核酸含量较低、易消化吸收、适口性好、制造容易和价格低廉等基本要求。目前用于生产 SCP 的微生物有酵母菌、非病原细菌、霉菌、单细胞藻类等。生产 SCP 常用的酵母菌有：热带假丝酵母、产朊假丝酵母、解脂假丝酵母解脂变种、啤酒酵母、扣囊拟内孢霉、脆壁酵母、脆壁克鲁维酵母、保加利亚克鲁维酵母等。常用的细菌有嗜甲烷单胞菌（*Methanomonas methanica*）、甲烷假单胞菌（*Pseudomonas methanica*）、荚膜甲基球菌（*Methylococcus capsulatus*）等专性甲烷菌。由于细菌菌体比酵母小，分离困难，菌体成分比较复杂（除蛋白质外），且蛋白质不如酵母菌易消化，尚有带毒性物质的危险，故目前我国大多用酵母菌生产 SCP。生产饲用 SCP 常用霉菌有白地霉、拟青霉、米曲霉、黑曲霉、康氏木霉、绿色木霉等。其中，白地霉的蛋白质含量高，增殖速度快，以玉米浸泡液为原料生产饲用 SCP 可获得满意结果。目前用于生产“螺旋藻”产品的菌种有盘状螺旋蓝细菌（*Spirulina platensis*）和最大螺旋蓝细菌（*S. maxima*）等。此外，还可以小球藻（*Chloellare*）中的椭圆小球藻和粉粒小球藻生产 SCP 食品。

2. 工艺流程（以以糖蜜为原料的液体深层通气培养为例）

糖蜜→水解（加硫酸、水）→中和（石灰乳）→澄清→流加糖液（配入硫酸铵、尿素、磷酸、碱水）→发酵（酒母、通入空气）→分离（去废液）→洗涤（加水）→压榨→压条→沸腾干燥→活性干酵母

（1）培养基配方

生产 1t 压榨酵母需要糖蜜（含糖 40%）1600kg、磷酸（45%）36kg、硫酸铵（含 N 量 20%）40kg、硫酸（93%）7kg、纯碱（95%）50kg、尿素（含 N 量 46%）25kg。

（2）发酵条件

发酵时间为 12h，温度为 30～32℃，糖蜜浓度为 1.5～5.5°Bé，pH 4.2～4.4，发酵残糖 0.1～0.2g/100mL，通风量 120～163m^3/（h·m^3 培养基）。将压榨酵母加入水、植物油拌和后，切块、包装即为鲜酵母；而将压榨酵母保温自溶、经离心喷雾干燥，可制成药用酵母粉。将压榨酵母压条后，经沸腾干燥，可制成活性干酵母粉。

11.5.3　食用菌

食用菌是指可供人类食用（或医用）的大型真菌，主要有蘑菇、银耳、香菇、木耳、

羊肚菌、牛肝菌、鸡纵菌、茯苓、灵芝等。由于这类食用菌的菌体比其他真菌都大，为（3.0～18.0）cm×（4.0～20.0）cm，故称大型真菌。

1. 食用菌的种类

在现代生物分类学上食用菌属于子囊菌亚门和担子菌亚门。其中，属于担子菌的有木耳科、银耳科、口蘑科、侧耳科等26个科；属于子囊菌的有地菇科、马鞍菌科和盘菌科等3科。据估计我国食用菌约有350种，常见的食用菌种类有：黑木耳（*Auricularia auricula*）、银耳（*Tremella fuciformis*）、猴头（*Hericium erinaceus*）、双孢蘑菇（*Agaricus bisporus*）、草菇（*Volvariella volvacea*）、香菇（*Lentinus edodes*）、平菇（*Pleurotus ostreatus*）、鸡城（*Collybia albuminosa*）等。

2. 食用菌菌体生产

目前食用菌生产采用子实体固体栽培和菌丝体液体发酵两类。前者适用于农村、城镇的大面积栽培，后者为工厂在人工控制条件下的发酵罐液体深层培养。在子实体栽培中，控制食用菌生长的环境条件主要是温度、湿度、空气、光线、pH等。有关食用菌栽培方法参见有关专著。发酵罐液体培养获得的食用菌的菌丝体可作为人类蛋白质食品、调味品等，并用之制备各种药物和提取多糖类等代谢产物，制成各种口服液和其他保健食品。其生产工艺流程为：保藏菌株→斜面菌种→摇瓶种子→种子罐→繁殖罐→发酵罐→过滤→菌丝体和过滤清液→提取（抽提、浓缩、透析、离心、沉淀、干燥）→深加工成为成品。

采用发酵法生产食用菌能节省时间、劳动力，且菌龄一致，可实现工业化生产。

11.6　微生物发酵中杂菌污染及其防治

发酵生产过程大多为纯种培养过程，需要在无杂菌污染的条件下进行。所谓发酵染菌是指在发酵过程中，生产菌以外的其他微生物侵入了发酵系统，从而使发酵过程失去真正意义上的纯种培养。染菌轻者影响产品的收率和产品质量，重者导致“倒罐”。一旦发生染菌，应尽快找出污染原因，并采取有效措施，将损失降低到最低程度。

11.6.1　发酵异常现象及原因分析

1. 种子培养和发酵的异常现象

发酵过程中的种子培养和发酵的异常现象是指发酵过程中的某些物理参数、化学参数或生物参数发生与原有规律不同的改变，这些改变必然影响发酵水平，使生产蒙受损失。对此，应及时查明原因，加以解决。

（1）种子培养异常

种子培养异常表现在种子质量不合格。其主要表现有菌体生长缓慢、菌丝结团、代谢不正常、菌体老化，以及培养液的理化参数发生变化。

1）菌体生长缓慢。培养基原料质量下降、菌体老化、灭菌操作失误、供氧不足、培养温度偏高或偏低、酸碱度调节不当等都会引起菌体生长缓慢。此外，接种物冷藏时间长或接种量过低而导致菌体量少，或接种物本身质量差等也可导致菌体增长缓慢。

2）菌丝结团。菌丝结团使内部菌丝的营养吸收和呼吸受到很大影响。通气不良或停止搅拌导致溶解氧浓度不足，原料质量差或灭菌效果差导致培养基质量下降；接种的孢子或菌丝保藏时间长而菌落数少，泡沫多；罐内装料小、菌丝粘壁等会导致培养液中的菌丝浓度比较低；此外，接种物种龄短也会导致菌体生长缓慢，造成菌丝结团。

3）代谢不正常。代谢不正常表现出糖、氨基氮等代谢，以及菌体浓度和代谢产物不正常。其原因是接种物质量差、培养基质量差、培养环境条件差、接种量小、杂菌污染等。

（2）发酵异常

发酵异常主要表现为菌体生长缓慢、pH 异常变化、溶解氧水平异常变化、泡沫异常增多、菌体浓度异常变化等。此外，尚有代谢异常或过早老化、耗糖慢、代谢产物含量异常下降、发酵液颜色异常变化、发酵周期异常延长、发酵液的黏度异常增加等。

1）菌体生长差。由于种子质量差、低温放置时间较长、接种量太少、发酵培养基质量差或菌种发酵性能差，而导致菌体数量较少、停滞期延长、发酵液内菌体数量增长缓慢，进而引起糖、氮的消耗少或间歇停滞，出现糖、氮代谢缓慢现象。

2）pH 过高或过低。pH 的异常变化说明发酵异常。培养基原料质量差，灭菌效果差，加糖、加油过多或过于集中，将会引起 pH 的异常变化。

3）溶解氧水平异常。一般溶解氧水平异常变化说明发酵染菌。如污染好氧微生物时，溶解氧水平在较短时间内下降，直到接近于零；如污染非好氧微生物，则竞争性抑制生产菌的生长，使耗氧量减少，溶解氧升高。

4）泡沫过多。菌体生长差、代谢速度慢、接种物过嫩或过老，以及蛋白质类胶体物质多等都会使发酵液在不断通气、搅拌下产生大量泡沫。此外，培养基灭菌温度过高或时间过长，葡萄糖发生羰氨反应产生的氨基糖会抑制菌体生长，亦会产生大量泡沫。

5）菌体浓度过高或过低。由于发酵罐温度长时间偏高，或停止搅拌时间较长，造成溶解氧不足；或培养基灭菌不当而导致营养条件较差，或种子质量差、菌体或菌丝自溶等，均会导致菌体浓度异常。

2. 染菌原因分析

造成污染杂菌的普遍原因是：设备渗漏、空气净化达不到要求、种子带菌、培养基灭菌不彻底和技术管理不善等。其中以设备渗漏和空气带菌较为普遍和严重。

1）大批量发酵罐染菌。若发酵前期染菌，可能是种子带菌或连消系统灭菌设备引起；若发酵中、后期染菌，则一般是空气净化系统结构不合理、空气过滤器介质失效等引起。

2）部分发酵罐染菌。若发酵前期染菌，可能是因为种子染菌、连消系统灭菌不彻底；若发酵后期染菌，则可能是中间补料染菌，如补料液带菌、补料管渗漏。

3）个别发酵罐连续染菌。由设备渗漏造成，应仔细检查阀门、罐体或罐器是否清洁等。一般设备渗漏引起的染菌，会出现每批染菌时间向前推移的现象。

11.6.2 杂菌污染的途径和防治

1. 种子带菌及其防治

种子带菌的原因主要有：保藏斜面菌种染菌、培养基和器具灭菌不彻底、种子转移和接种过程染菌，以及种子培养所涉及的设备和装置染菌等。针对上述染菌原因，常用防治措施如下。

1）对无菌室严格用紫外线杀菌，并交替使用各种灭菌手段。若污染较多细菌，可用石炭酸处理；若污染较多霉菌，采用制霉菌素处理；若污染噬菌体，则用甲醛、双氧水等处理。

2）对菌种培养基或器具应用高压蒸汽灭菌锅灭菌处理，升压前要排尽锅内空气，以免造成“假压”，导致灭菌不彻底而使种子染菌。

3）对沙土管、斜面、三角瓶、摇瓶的种子制备过程均应严格无菌操作，防止种子转移和接种过程染菌。种子保存管的棉塞应紧密适度，且有一定长度，防止空气杂菌进入。

4）对每一级种子的培养物均应无菌检查，确保无杂菌后才能使用。

2. 空气带菌及其防治

无菌空气带菌是发酵染菌的主要原因之一，常用防治措施如下。

1）设计合理的空气预处理工艺。减少生产环境中空气带油、带水、带菌的量，提高采气口的位置或前置粗过滤器，提高空压机进口空气的洁净度，提高进入过滤器的空气温度，而降低其相对湿度，以保持过滤介质干燥，防止冷却水进入空气系统。

2）设计和安装合理的空气过滤器。防止过滤器失效。选用除菌效率高的过滤介质，在过滤器灭菌时要防止过滤介质被冲翻或过滤介质装填不匀而使空气走短路。

3）当发酵罐突然停止进空气时，要防止发酵液倒流入空气过滤器，在操作过程中要防止空气压力的剧变和流速的急增。

3. 设备渗漏或“死角”造成的染菌及其防治

设备渗漏主要是指发酵罐、补料罐、冷却盘管、管道阀门等，由于化学腐蚀（如发酵产生的有机酸腐蚀）、电化学腐蚀（如氧溶解于水，使金属失去电子加快腐蚀）、磨蚀（如金属与原料中的泥沙之间磨损）、加工制作不良等，形成微小漏孔后发生渗漏染菌。“死角”是指蒸汽不能有效到达而不能彻底灭菌的部位。

发酵罐中的冷却或加热的盘管是最易发生渗漏的部件之一。渗漏后带菌的冷却水进入罐内引起染菌。生产上要仔细检查渗漏，及时发现与维修。

发酵罐底部的环形空气分布管容易磨蚀穿孔或堵塞，造成“死角”而染菌。生产上通常采取频繁更换空气分布管和认真洗涤等措施。

发酵罐体容易发生穿孔渗漏。罐内的部件如挡板、扶梯、搅拌轴拉杆、冷却管等及其支撑件等处周围容易堆积污垢，形成“死角”而染菌。生产上通常在罐内壁涂刷防腐涂料，加强清洗并定期铲除污垢。

发酵罐不锈钢衬里焊接质量差，灭菌时不锈钢会鼓起破裂，发酵液通过裂缝进入不锈钢与碳钢之间的夹层而造成“死角”染菌。采用不锈钢或复合钢材质可有效克服此弊端。此外，发酵罐的修补焊接位置不当也会留下“死角”而染菌。

发酵罐的罐顶上有入孔、排气管接口、照明灯口、视镜口、进料管口、压力表接口等，亦会造成“死角”；发酵罐的罐底常有培养基中的固形物堆积，结成有一定绝热性的硬块，灭菌时内部的脏物、杂菌不易被杀死而染菌。生产上通过加强罐体清洗，彻底清除积垢。

发酵罐管路的安装或管路配置不合理易形成“死角”而染菌。与罐体连接的管路有空气、蒸汽、水、物料、排气、排污管等，管路配置的原则是使罐体和有关管路都可用蒸汽达到要灭菌的部位。对于接种、取样、补料和加消泡剂等管路一般要求配置单独的灭菌系统，对于排气、排水和排污等管路要求单独配置，以防止交叉污染。

连接管路的法兰垫圈大小不配套、不平整、安装未对中，法兰与管子焊接不好，受热不均匀使法兰翘曲及密封面不平等，易形成“死角”而染菌。因此，法兰的加工、焊接和安装要符合灭菌要求，务必使各衔接处管路畅通、光滑、密封性好，垫圈的内径与法兰内径匹配，安装时对准中心，以避免“死角”。此外，阀门的渗漏也易造成染菌。采用加工精度高、材质好的阀门可减少染菌机会。

4. 操作失误导致染菌及其防治

淀粉质原料在升温过快或混合不均匀时容易结块“夹生”，蒸汽不易进入团块杀死杂菌，发酵时团块散开而造成染菌；麸皮、黄豆饼原料在投料时溅到罐壁或罐内支架上，容易堆积，导致传热较慢，一些杂菌不易被杀死，发酵时含有杂菌的堆积物进入培养液中而造成染菌。

因此，对于淀粉质培养基采用实罐灭菌较好，升温前搅拌均匀，并加入一定量的淀粉酶进行液化；对大颗粒团块要先筛除再灭菌；对麸皮、黄豆饼等固形物含量较多的培养基，采用配料罐预先配料，再转至发酵罐进行实罐灭菌。

发酵罐进行实罐灭菌时，罐内空气未完全排尽，造成压力表显示“假压”，导致灭菌不彻底而染菌。因此，在灭菌升压前，要打开排气阀门，以排尽罐内冷空气。

培养基灭菌时容易产生泡沫。由于泡沫的薄膜及泡沫内的空气传热差，泡沫内的温度低于灭菌温度，导致泡沫中的杂菌未被杀死。冷却时泡沫破裂，杂菌释放出来造成染菌。因此，要添加适量消泡剂防止产生大量泡沫，防止泡沫升至罐顶逃逸。

测定发酵液 pH 的复合电极与测定溶解氧浓度的电极，如用蒸汽灭菌，不仅易损坏，还会缩短使用寿命。因此，常采用化学消毒法灭菌。但因灭菌不彻底，放入发酵罐后导致染菌。

思考题

1. 什么是发酵食品？食品发酵常用的微生物种类有哪些？
2. 微生物代谢与食品生产有何关系？并举例说明。

3. 在发酵食品的生产中常用的细菌有哪些？
4. 简述发酵乳制品常用乳酸菌的种类及其基本特征。
5. 谷氨酸发酵主要菌种有哪些？如何控制其液态发酵条件？
6. 阐述固态法白酒酿造微生物及其作用特征。
7. 举例分析酵母菌在食品发酵与酿造工业中的地位和作用。
8. 简述啤酒酿造的工艺过程并分析关键操作。
9. 我国常用哪些微生物酿造酱油？它们在酿造过程中有何作用？
10. 我国常用哪些微生物生产腐乳？简述红腐乳发酵腌制工艺。
11. 以薯干粉为原料简述液体深层发酵生产柠檬酸工艺。
12. 常用哪些微生物生产酶制剂？以黑曲霉生产糖化酶为例简述其生产方法。
13. 优质 SCP 必须具备哪些基本要求？常用生产 SCP 的菌种有哪些？
14. 试述发酵过程中杂菌污染原因及防治方法。

参考文献

樊明涛, 赵春燕, 雷晓凌. 2012. 食品微生物学. 第 2 版. 郑州: 郑州大学出版社.

葛向阳, 田焕章, 梁运祥. 2005. 酿造学. 北京: 高等教育出版社.

何国庆. 2001. 食品发酵与酿造工艺学. 第 2 版. 北京: 中国轻工业出版社.

江汉湖. 2008. 食品微生物学. 第 2 版. 北京: 中国农业出版社.

李晓东. 2011. 乳品工艺学. 北京: 科学出版社.

杨洁彬, 李淑高, 张篪, 等. 1999. 食品微生物学. 第 2 版. 北京: 中国农业出版社.

Haiyan Wang, Xiaojun Zhang, Liping Zhao, et al. 2008. Analysis and comparision of the bacterial community in fermented grains during the fermentation for two different styles of chinese liquor. Microbiology and Biotechnology, (35): 603-609.

Yan Xu, Dong Wang, Wenlai Fan, et al. 2010. Traditional chinese biotechnology. Advances in Biochemical Engineering/Biotechnology, 122: 189-233.

第 12 章　微生物与食品的腐败变质

概述

微生物广泛分布于自然界中，虽然有一些微生物对人类是有益的，人们可以利用它们生产各种各样的产品，但是也有一些微生物对人类是有害的，会给人们带来巨大的危害和损失。食品在加工、贮藏和运输过程中，由于各种原因会不可避免地遭受不同微生物的污染，污染食品的微生物在适宜的条件下，可以迅速生长繁殖，引起食品腐败变质，从而降低食品的营养价值，甚至影响食品卫生质量，危害人体健康。微生物污染是引起食品腐败变质的重要原因。

12.1　食品的腐败变质

腐败变质是指食品在一定的环境条件影响下，在以微生物为主的多种因素的作用下所发生的食品失去或降低食用价值的变化，包括食品成分和感官性质的各种变化。引起食品腐败变质的因素有很多，主要包括以下几个方面：微生物污染，昆虫、寄生虫或虫卵污染，动物或植物性食品组织内部酶解作用，物理性污染，化学性污染等。其中由微生物污染所引起的各类食品的腐败变质最为常见。

12.1.1　食品腐败变质的原因

由于微生物污染而引起的食品腐败变质，实质上是食品中的蛋白质、碳水化合物、脂肪等主要营养成分，在微生物的作用下发生分解变化、产生有害物质的过程。

1. 食品中蛋白质的分解

鱼、肉、蛋、乳等富含蛋白质的食品，其腐败变质以分解蛋白质为主要特征。这种由微生物引起的蛋白质类食品的腐败变质，通常称为腐败。蛋白质在微生物代谢产生的蛋白酶和肽链内切酶等的作用下，首先被水解成多肽，多肽进一步被分解成各种氨基酸。氨基酸通过脱羧基、脱氨基、脱硫等作用产生相应的胺类、有机酸和各种碳氢化合物，从而使食品呈现出腐败变质的特征。

蛋白质分解后所产生的胺类是碱性含氮化合物，例如，伯胺、仲胺及叔胺等具有挥发性和特异性的臭味；甘氨酸分解产生甲胺；鸟氨酸分解产生腐胺；精氨酸分解产生色胺，色胺还会继续分解生成吲哚；含硫氨基酸分解产生硫化氢、氨及乙硫醇等，这些成分都是蛋白质腐败变质所产生的主要臭味成分。氨基酸主要是通过脱氨基和脱羧基等作用被分解的：①脱氨反应，在氨基酸脱氨反应中，通过氧化脱氨生成羧酸和 α-酮酸，通过直接脱氨则生成不饱和脂肪酸，若还原脱氨则生成有机酸。②脱羧反应，氨基酸脱羧基生成胺类。③胺的分解，蛋白质腐败变质过程中生成的胺类可以被细菌产生的胺氧化酶进一步分解，最终生成氨、二氧化碳和水。④甲胺的生成，鱼、贝、肉类的正常成分三甲胺氧化物可被细菌的三甲胺氧化还原酶还原生成三甲胺。

2. 食品中碳水化合物的分解

食品中的碳水化合物主要包括单糖、双糖、低聚糖、淀粉、半纤维素和纤维素等。含这些成分较多的主要是植物性食品，如粮谷类、薯类、蔬菜、水果和糖类及其制品。在微生物及动植物组织中的各种酶及其他因素作用下，这些食品的组成成分被分解成单糖、醇、醛、酮、羧酸、二氧化碳和水等简单化合物。这种由微生物引起的碳水化合物类食品的腐败变质，通常称为发酵或酵解。富含碳水化合物的食品，其腐败变质的特征主要表现为酸度升高、产气或略带有甜味、醇类气味等。当然，随着食品种类不同可以分别表现为糖、醇、醛、酮含量升高或产生二氧化碳气体。水果中含有的果胶质可被微生物所产生的果胶酶分解。

3. 食品中脂肪的分解

虽然脂肪类食品的腐败变质主要是由化学因素引起的，但是许多研究结果表明，脂肪的腐败变质与微生物也有着十分密切的关系。这种由微生物所引起的脂肪类食品的腐败变质，通常称为酸败。脂肪发生变质以产生酸和刺激性的“哈喇”气味为主要特征。食品中油脂酸败的主要化学反应是油脂自身的氧化过程，其次是酶的水解作用。油脂的自身氧化是一种自由基的氧化反应，而水解则是在微生物或动植物组织中解脂酶的作用下，使食物中的中性脂肪分解成甘油和脂肪酸。油脂酸败的化学反应过程比较复杂，目前还不太明确，有些问题仍然需要进一步地研究。

油脂的自身氧化过程实际上是一种自由基（游离基）氧化反应，其过程主要包括：脂肪酸（RCOOH）在热、光线或铜、铁等因素作用下，被活化生成不稳定的自由基 R·、H·，这些自由基与氧生成过氧化物自由基；自由基循环往复不断地传递生成新的自由基，在这一系列的氧化过程中，生成了氢过氧化物、羰基化合物（如醛类、酮类、低分子脂酸、醇类、酯类等）、羟酸及脂肪酸聚合物、缩合物（如二聚体、三聚体等）。

脂肪的酸败也涉及脂肪加水分解作用，产生游离脂肪酸、甘油及其不完全分解产物，如甘油一酯、甘油二酯等。脂肪酸还可以进一步断链，产生不愉快味道的酮类或酮酸；不饱和脂肪酸的不饱和键可形成过氧化物；脂肪酸也可氧化分解成具有特异性臭味的醛类和醛酸，使富含油脂的食品呈现所谓的“哈喇”气味。

脂肪自身氧化及加水分解过程中所产生的产物复杂，使富含油脂的食品具有明显特征。首先是过氧化值上升，这是脂肪酸败最早期的指标；其次是酸度上升，羰基（醛酮）反应呈阳性。在脂肪酸败过程中，脂肪酸的分解必然会导致其原有的碘价（值）、凝固点（熔点）、比重、折光指数、皂化价等发生相应的改变。

食品中脂肪及食用油脂的酸败程度受多种因素影响，主要包括不饱和脂肪酸的含量、紫外线、氧、水分、天然抗氧化剂及铜、铁、镍等催化剂离子的作用。油脂中不饱和脂肪酸含量高、有氧存在、油料中含动植物残渣等，这些因素均有促进油脂酸败的作用，而油脂中维生素 C、维生素 E 等天然抗氧化物质及芳香化合物含量高时，则可减慢油脂氧化和酸败过程。

12.1.2　食品腐败变质的鉴定

食品受到微生物的污染后，很容易发生腐败变质。那么如何鉴别食品是否已经发生腐败变质？归纳起来可以分别从食品的感官指标、化学指标、物理指标和微生物指标等 4 个方面加以鉴别。

1. 感官鉴定

感官鉴定是以人的感官，如视觉、嗅觉、触觉、味觉等，来判断食品是否发生腐败变质的一种简单而有效的方法。食品腐败变质初期，会产生腐败臭味；发生颜色的变化，如褪色、变色、着色、失去光泽等；口味上出现变酸、变苦等现象；组织软化、变黏、拉丝等。这些现象完全可以通过人的感官进行判断。

（1）色泽

食品本身具有一定的色泽，但是一旦被微生物污染，微生物在食品中生长繁殖，就会引起食品的色泽发生相应的改变。有些微生物在代谢过程中产生色素，色素分泌至细胞外，不断累积就会造成食品原有色泽的变化，如食品腐败变质时常呈现红色、橙色、黄色、绿色、青色、紫色、褐色和黑色等不同颜色的斑。此外，微生物代谢产物和食品中某些成分发生化学反应时也可引起食品色泽的改变，例如，肉及肉制品的绿变现象就是由微生物的代谢产物硫化氢与肉中的血红蛋白结合形成硫化氢血红蛋白引起的。腊肠由于乳酸菌在繁殖过程中产生了过氧化氢，从而导致肉色素褪色或绿变。

（2）气味

食品本身具有一定的气味，动物及植物性原料由于微生物的生长繁殖而开始发生腐败变质时，就会散发出不正常的气味，如氨、三甲胺、乙酸、硫化氢、乙硫醇、粪臭素等具有腐败臭味。另外，其他胺类物质、甲酸、乙酸、酮、醛、醇类、酚类、靛基质化合物等也可以被人们的嗅觉所察觉。

食品中产生的腐败臭味，通常情况下并不是单一的，往往是由多种臭味混合而成的。但是，有时候某种不良气味可能会比较突出，更容易分辨，例如，霉味臭、乙酸臭、胺臭、粪臭、硫化氢臭、酯臭等。水果腐败变质时会产生芳香性气味。因此，判断食品是否发生腐败变质不能仅仅以香味、臭味来划分，而是应该按照食品原有的正常气味是否发生改变进行判定。

（3）口味

由微生物引起的食品腐败变质也常导致食品口味发生变化。而口味变化中令人容易辨别的一般是酸味和苦味。通常富含碳水化合物的低酸食品，在腐败变质初期，食品产酸是其主要的变质特征。而对于一些高酸性食品，由于微生物污染而引起食品腐败变质时，其酸味虽然也会略有升高，但是不太容易辨别。另外，某些假单胞菌污染消毒乳后可产生苦味；蛋白质类食品被大肠杆菌、小球菌等微生物污染也会产生苦味。

从食品卫生角度上讲，食品口味的评定并不符合卫生要求，而且不同的人其味觉敏感程度存在比较大的差异，因此不同的人评定的结果往往不尽一致，甚至分歧较大。从科学的角度上讲，口味的评定应该借助于仪器进行，这也是食品科学发展过程中需要解决的一个问题。

（4）组织状态

固态食品腐败变质时，由于微生物酶解作用，动植物性组织细胞被破坏，造成细胞内容物外溢，这样食品的性状即出现变形、软化；鱼、肉类食品则呈现肌肉松弛、弹性差，有时组织体表发黏等现象；糕点、乳粉、果酱等粉碎后加工制成的食品，由于微生物污染发生腐败变质后，常会呈现黏稠、结块等现象。

液态食品腐败变质后，一般会出现浑浊、沉淀，表面浮膜、变稠等现象，有时还会产生气体。

2. 化学鉴定

微生物污染食品后，在食品中生长繁殖，进行新陈代谢作用，可引起食品化学组成的变化，并产生多种腐败性产物，因此，直接测定这些腐败性产物可以作为判断食品是否发生腐败变质的依据。

一般富含氨基酸、蛋白质类等含氮高的食品，如鱼、虾、蟹、贝类及肉类等，在腐败变质时，常以测定其挥发性盐基氮含量的多少作为判断的化学指标；对于含氮量少而含碳水化合物丰富的食品，在缺氧条件下腐败变质时则常以测定其有机酸含量多少或pH的变化作为判断指标。

（1）挥发性盐基总氮

挥发性盐基总氮是指鱼、肉类等样品浸液，在弱碱性条件下能够与水蒸气一起蒸馏出来的总氮含量，主要包括氨和胺类（三甲胺和二甲胺），常用蒸馏法或康威氏微量扩散法进行定量测定。该项指标现在已经被列入我国食品卫生标准。例如，一般在低温有氧条件下，鱼类挥发性盐基氮的量达到 30mg/100g 时，即被认为发生了腐败变质。

（2）三甲胺

因为在挥发性盐基总氮构成的胺类中，主要成分为三甲胺，它是季胺类含氮物经微生物还原生成的产物，可以用气相色谱法进行定量测定，或者将三甲胺制成碘的复盐，用二氯乙烯抽取测定。新鲜鱼、虾类水产品及鲜肉中没有三甲胺，在其腐败变质初期，三甲胺含量可达 4～6mg/100g。

（3）组胺

鱼、贝类等水产品可以与细菌分泌的组氨酸脱羧酶发生作用，使组氨酸脱羧生成组胺而发生腐败变质。当鱼肉中的组胺达到 4～10mg/100g 时，人食用后就会发生变态反应样的食物中毒现象。组胺的含量通常采用圆形滤纸色谱法进行定量测定。

（4）K 值（K value）

K 值是指 ATP 分解的肌苷（HxR）和次黄嘌呤（Hx）低级产物占 ATP 系列分解产物 ATP＋ADP＋AMP＋IMP＋HxP＋Hx 的百分比，K 值主要适用于鉴定鱼类早期腐败。若 $K \leqslant 20\%$，说明鱼体绝对新鲜；若 $K \geqslant 40\%$，说明鱼体开始腐败变质。

（5）pH 的变化

食品中的微生物进行生长繁殖，分解食品中的营养成分，产生代谢产物，会导致 pH 的变化；同时，原料自身的酶解作用，也使食品中 pH 发生改变。一般食品腐败变质初期，食品中的 pH 通常有所下降，随后开始上升，因此，多呈 V 字形波动。例如，牲畜和一些青皮红肉的鱼类在死亡之后，肌肉中碳水化合物被分解，造成乳酸和磷酸在肌肉中积累，引起 pH 下降；然后，又因为腐败微生物的生长繁殖，肌肉组织被分解，造成氨的积累，促使 pH 上升。因此，采用 pH 计测定法可以初步判断食品腐败变质的程度。由于食品种类、加工方法及污染的微生物种类不同，食品 pH 的变化差异较大，因此一般不以 pH 作为判断食品初期腐败变质的指标。

3. 物理鉴定

食品腐败变质时，食品中的大分子物质被分解，生成小分子物质，食品中浸出物的含量，浸出液的电导度、折光率、冰点、黏度等指标均会发生相应的改变。其中肉浸液的黏度变化比较明显，所以，测定黏度可以反映出肉类食品腐败变质的程度。

4. 微生物检验

由于微生物污染而造成的食品腐败变质，食品中的微生物会大量生长繁殖，导致其中微生物的数量明显增加。因此，对食品进行微生物菌数测定，可以反映食品被微生物污染的程度及是否已经发生腐败变质。同时，微生物指标是判断食品生产卫生状况及食品卫生质量的一项重要依据。在国家卫生标准中常用细菌总菌落数和大肠菌群的近似值来评定食品卫生质量，一般食品中的活菌数达到10^8CFU/g 时，则可判断食品已经处于腐败变质的初级阶段。

食品发生腐败变质后，不但会改变食品的感官性状，如产生刺激性气味，颜色异常，口感变酸、变苦，组织软化、溃烂，产生黏液等，而且食品中的营养成分被分解，营养价值严重降低。腐败变质的食品由于微生物污染严重，菌体数量增多，同时致病菌和产毒菌也会生长繁殖并产生毒素，引起食物中毒。而食品腐败变质产生的分解产物对人体所造成的直接危害，至今尚不完全清楚。因此，对食品的腐败变质要及时准确地进行鉴定，并严格加以控制，有效防止各类微生物对食品造成的污染。

12.1.3　微生物引起的各类食品腐败变质

食品在原料的采收、贮藏、运输、生产加工过程中，非常容易遭受微生物的污染。这些污染的微生物在适宜的条件下生长繁殖，分解利用食品中的营养成分，使食品失去原有营养价值，从而不符合食品卫生和营养要求。由于各类食品基质条件不同，因而引起各类食品腐败变质的微生物类群及腐败变质后所呈现的症状也不尽相同，下面仅就各大类食品的腐败变质分别加以介绍。

1. 乳与乳制品的腐败变质

各种不同的乳，如牛乳、羊乳、马乳等，其组成成分虽然有所差异，但是均含有丰富的蛋白质、脂类、乳糖、钙、磷、维生素A、维生素B_2、维生素D等多种营养成分，而且各种营养成分比例适当，容易被人体消化吸收，因此，乳及乳制品不仅是人类的优质食品，而且是微生物生长繁殖的良好营养基质。乳及乳制品一旦遭受微生物污染，在适宜条件下，微生物就会迅速生长繁殖引起鲜乳腐败变质而使其失去食用价值，甚至引起人食物中毒或疾病的传播。

（1）鲜乳中的微生物

自然界中多种微生物可以通过不同途径进入鲜乳中，占优势的微生物主要是一些细菌、酵母菌和少数霉菌。①乳酸菌：乳酸菌在鲜乳中普遍存在，能利用乳糖进行乳酸发酵，产生乳酸。乳酸菌种类很多，有些还具有一定的分解蛋白质的能力，常见的有乳酸链球菌、嗜热链球菌、乳脂链球菌、粪链球菌、液化链球菌、嗜酸乳杆菌等。此外，从鲜乳中还可分离到干酪乳杆菌、乳酸乳杆菌等。②胨化细菌：胨化细菌可使不溶解状态的蛋白质消化成为溶解状态。鲜乳由于乳酸菌发酵乳糖产酸，可使乳中蛋白质凝结，细菌产生的凝乳酶也可以使乳中蛋白质凝结。而胨化细菌能够产生蛋白酶，使已经凝结的蛋白质消化，重新成为溶解状态。鲜乳中常见的胨化细菌主要包括枯草芽胞杆菌、地衣芽胞杆菌、蜡样芽胞杆菌、荧光假单胞菌及腐败假单胞菌等。③脂肪分解菌：主要是一些G^-无芽胞杆菌，如假单胞菌属和无色杆菌属等。④酪酸菌：是一类能分解碳水化合物产生酪酸、CO_2和H_2的细菌。⑤产气细菌：是一类能分解糖类产酸又产气的细菌，如大肠杆菌和产气杆菌。⑥产碱菌：主要是G^-好氧性细菌，如粪产碱杆菌、黏乳产碱杆菌。这类细菌能够分解乳中的有机酸、碳酸盐和其他物质，并产生碱性物质，使鲜乳的pH上升，还可使牛乳变得黏稠。⑦酵母菌和霉菌：鲜乳中常见的酵母菌有脆壁酵母、霍尔姆球拟酵母、高加索酒球拟酵母、拟园酵母等。常见的霉菌有乳卵孢霉、乳酪卵孢霉、黑丛梗孢霉、变异丛梗孢霉、蜡叶芽枝霉、乳酪青霉、灰绿青霉、灰绿曲霉和黑曲霉等。⑧病原菌：鲜乳中有时会含有一些病原菌。患结核病或布氏杆菌病的乳牛分泌的乳液中会含有结核分枝杆菌或布氏杆菌，患乳房炎的乳牛分泌的牛乳中会含有金黄色葡萄球菌和致病性大肠杆菌等。

（2）鲜乳微生物污染的途径

乳房内微生物的污染：乳在乳房内不是处于无菌状态，在健康乳畜的乳房内，仍然可能存在一些细菌。因此，即使严格按照无菌操作要求挤出的乳汁，在每毫升中至少也含有数百个细菌。乳房中的正常菌群主要是小球菌属、链球菌属和乳杆菌属。这些细菌能适应乳房的环境而生存，称为乳房细菌。但是，一旦乳畜感染病原菌后，病原菌便可以通过乳房进入乳汁，从而引起人类传染病。常见的引起人畜共患疾病的致病性微生物主要有结核分枝杆菌、布氏杆菌、炭疽杆菌、葡萄球菌、溶血性链球菌、沙门氏菌等。

挤乳过程中微生物的污染：污染乳的微生物种类、数量还直接受畜体畜舍的卫生状况、畜舍的空气、挤奶用具、容器及操作人员的个人卫生等情况的影响。挤出的奶在处理过程中，如不及时进行加工或冷藏，不仅会增加新的污染机会，还会使原来存在于鲜乳内的微生物数量增多，很容易导致鲜乳变质。因此，挤出的奶要及时进行过滤、冷却等处理。

（3）鲜乳腐败变质的过程

鲜乳中含有溶菌酶、抗体等多种抑菌活性物质，因此自身具有一定的抗菌特性，但这种抑菌活性时间的长短受鲜乳贮存的温度和微生物污染程度的影响。通常新挤出的鲜乳，迅速冷却到 0℃可保持 48h，5℃可保持 36h，10℃可保持 24h，25℃可保持 6h，30℃仅能保持 2h。在这段时间内，鲜乳内的微生物受到抑菌活性物质的抑制作用，无法进行生长繁殖。随着时间的延长，鲜乳中存在的抑菌活性物质的活性逐渐消失。此时，将鲜乳静置于室温下，便可观察到鲜乳所特有的菌群交替现象，鲜乳的腐败变质过程一般可分为以下 5 个阶段。

1）抑制期。鲜乳中含有多种抑菌活性物质，在一定时间内能够有效抑制微生物大量生长繁殖，鲜乳可保持其良好的特性。

2）乳酸链球菌期。当鲜乳中的抑菌物质减少或消失后，存在于鲜乳中的各种微生物开始生长繁殖，其中，乳酸链球菌率先生长繁殖，占据优势，分解乳糖产生乳酸，使鲜乳的酸度增加，pH 下降，从而抑制腐败菌、产碱菌等其他细菌类的生长。当 pH 降到 4.5 左右时，乳酸链球菌自身的生长也受到抑制，菌体数量开始逐渐减少，此时开始有乳凝块出现。

3）乳杆菌期。在最初鲜乳的 pH 降至 6 左右时，乳酸杆菌也开始变得活跃起来，当 pH 下降至 4.5 时，乳酸链球菌因为耐酸性比较差，因此在鲜乳中的生长繁殖受到一定程度的抑制，而乳酸杆菌由于耐酸能力较强，因此仍然能够继续生长繁殖并且产生乳酸。此时鲜乳中可出现大量乳凝块，并析出大量乳清。

4）真菌期。当乳酸度继续下降，pH 降至 3.0～3.5 时，绝大多数细菌的生长受到抑制或死亡；而能够适应高酸环境的霉菌和酵母菌开始生长繁殖，并且利用乳酸及其他有机酸作为营养来源；由于酸被分解利用，鲜乳的 pH 开始回升，逐渐接近至中性。

5）腐败分解期（胨化期）。经过以上 4 个阶段，鲜乳中的乳糖已经被大量消耗，而蛋白质和脂肪含量相对较高，蛋白分解菌和脂肪分解菌开始变得活跃起来，乳凝块逐渐被消化，乳向碱性转化，同时伴有芽胞杆菌属、假单胞杆菌属、变形杆菌属等腐败细菌的生长繁殖，牛奶出现腐败臭味。鲜乳腐败变质时还会出现产气、发黏和变色等现象。气体主要是由细菌及少数酵母菌产生的，细菌主要为大肠杆菌群、梭状芽胞杆菌属、芽胞杆菌属，异型发酸的乳酸菌类、丙酸细菌等。这些微生物分解鲜乳中的糖类产酸，同时产生 CO_2 和 H_2。鲜乳发黏主要是产荚膜的细菌生长繁殖所造成的，如产碱杆菌属、肠杆菌属和乳酸菌中的某些种。鲜乳变色主要是由假单胞菌属、黄色杆菌属和酵母菌中的一些种造成的。

在菌群交替现象结束时，鲜乳可产生各种异色、苦味、恶臭味及有毒物质，外观上呈现黏滞的液体或清水。

（4）防止鲜乳腐败变质的措施

防止鲜乳腐败变质的措施，主要是对鲜乳进行净化、消毒与灭菌。

a. 鲜乳的净化　净化是除去鲜乳中被污染的非溶解性杂质，因为杂质上常带有一定数量的微生物，杂质污染鲜乳后，附着在上面的微生物便可扩散到乳中。通过净化可以减少微生物数量。净化的方法主要包括过滤法和离心法。过滤法的过滤效果取决于过滤器孔隙大小，一般使用3～4层纱布过滤；离心法借助于离心机强大的离心力作用，使鲜乳达到净化的目的。净化只能降低微生物的含量，无论哪种净乳方法都无法达到完全除菌。

b. 消毒与灭菌　鲜乳消毒和灭菌是为了杀灭鲜乳中的致病菌和部分腐败菌，消毒与灭菌的效果与鲜乳被污染的程度有关。鲜乳的消毒既要考虑杀死微生物，又要考虑鲜乳的风味和营养，因此，鲜乳消毒的温度与持续时间应保证最大限度杀死微生物和最大限度保留鲜乳的营养与风味。鲜乳的消毒灭菌方法有多种，以巴氏消毒法最为常见。巴氏消毒的方法有多种，其消毒的设备、温度和时间各不相同，但是都能达到消毒效果，目前鲜乳的消毒灭菌方法主要有以下几种：①低温长时消毒法，该法最早由法国科学家巴斯德提出，将鲜乳加热至62～63℃，保持30min。此法由于消毒时间长，杀菌效果不太理想，目前许多乳品厂已不再使用，适用于家庭消毒牛乳。②高温短时间消毒法，此法在传统的巴氏消毒法基础上进行了改进，生产效率有所提高，它将牛乳加热至72～75℃，保持4～6min，或加热至80～85℃，保持15～30s。此法可对鲜乳连续消毒，但如果污染严重，则难以达到良好的消毒效果。③高温瞬时消毒法，目前许多大城市已采用高温瞬时消毒法。即控制条件为85～95℃，保持2～3s，其消毒效果比前两种方法要好，但是，对鲜乳的质量有一定的影响，例如，容易出现乳清蛋白凝固、褐变或加热臭等现象。④超高温瞬间杀菌法，此法是将鲜乳加热至120～150℃，保持2～3s，该方法生产的液态奶保质期可达半年以上，但有时会出现褐变等不良现象。此法最大的优点是生产效率显著提高，但生产成本也相应增加。

（5）乳制品的腐败变质

一般情况下，含水量合格的奶粉不适宜微生物的生长繁殖。但是，原料奶污染严重、加工又不当的奶粉中可能会污染沙门氏菌（*Salmonella*）和金黄色葡萄球菌（*Staphylococcus aureus*）等病原菌。这些病原菌可产生毒素而引起食物中毒。

微生物引起淡炼乳腐败变质时，可使淡炼乳凝固成块或使淡炼乳产气，使罐膨胀爆裂；另外，由于一些分解酪蛋白的芽胞杆菌的作用，淡炼乳也会产生苦味。

微生物引起甜炼乳腐败变质时，由于微生物分解甜炼乳中的蔗糖，会产生大量气体而发生胀罐现象；微生物产生的凝乳酶会使甜炼乳变稠；霉菌污染时会形成各种颜色的纽扣状干酪样凝块，使甜炼乳呈现金属味和干酪味等。

2. 鲜蛋及其制品的腐败变质

健康禽类所产的鲜蛋内部一般应该是无菌的，这是由于鲜蛋本身具有一套防御系统。新蛋壳表面有一层黏液胶质层，具有防止水分蒸发，阻止外界微生物侵入的作用；在蛋壳膜和蛋白中，还存在具有抑菌活性的溶菌酶，可以将侵入蛋壳内的微生物杀灭；鲜蛋的蛋白pH为7.4～7.5，一周内会上升到9.4～9.7，如此强碱环境并不适合微生物的生存。因此，通常情况下鲜蛋可以保存较长的时间而不发生腐败变质。然而鲜蛋也会遭受微生物的污染，当母禽患病，机体防御机能下降时，外界的微生物便可趁机侵入输卵管，甚至上行至卵巢，在蛋壳未形成前已经污染。而禽蛋产下后，蛋壳立即受到禽类粪便、空气等环境中微生物的污染，如果胶质层被破坏，污染的微生物就会透过气孔进入蛋内，当环境的温度和湿度过高时，侵入的微生物就会大量生长繁殖，从而造成鲜蛋的腐败变质。

（1）鲜蛋中的微生物

引起鲜蛋腐败变质的微生物主要有大肠菌群、无色杆菌属、假单胞菌属、产碱杆菌属、变形杆菌属、青霉属、芽枝霉属、枝孢霉属、毛霉属、枝霉属、交链孢霉属、葡萄孢霉属等，有时也含有病原菌如沙门氏菌、金黄色葡萄球菌等。

（2）鲜蛋微生物污染的途径

鲜蛋的微生物污染主要有两条途径。①产前污染：家畜被病原菌感染时，生殖器官的生物杀菌作用减弱，来自肠道的致病菌如沙门氏菌可以侵入蛋黄内，使蛋液中带有致病菌。②产蛋后污染：禽类泄殖腔内含有一定数量的微生物，当蛋从泄殖腔排出体外时，由于蛋遇冷收缩，附在蛋壳上的微生物可穿过蛋壳进入蛋内；鲜蛋蛋壳的屏障作用有限，蛋壳上有许多大小为 4～40μm 的气孔，外界的微生物可能透过气孔或蛋缝侵入蛋内，特别是贮藏期长或经过洗涤的蛋，在高温、潮湿的条件下，环境中的微生物更容易借水的渗透作用侵入蛋内。

（3）鲜蛋腐败变质的过程

鲜蛋营养丰富，营养价值高，由于上述诸多原因，鲜蛋也容易发生腐败变质，其腐败变质的类型主要有两种。①腐败，主要是由细菌引起的鲜蛋变质。禽蛋被微生物污染后，侵入蛋中的细菌不断生长繁殖，并产生各种酶，分解蛋内的各组成成分，使鲜蛋发生腐败，并产生难闻气味，这主要由荧光假单胞菌所引起的。首先蛋黄膜破裂，蛋黄不能固定而发生位移，随后蛋黄膜被分解而使蛋黄散乱，并与蛋白逐渐相混在一起，这种现象称为散蛋黄。如果进一步发生腐败，蛋黄中的核蛋白和卵磷脂也被分解，产生恶臭的硫化氢气体和其他有机物，使整个内含物变为灰色或暗黑色，这种黑腐病主要是由变形杆菌属及某些假单胞菌和气单胞菌引起的。②霉变，外界的霉菌菌丝经过蛋壳气孔侵入后，首先在蛋壳膜上生长起来，形成深色霉斑，造成蛋液黏壳，蛋内成分分解，并伴有不愉快的霉变气味产生。

（4）防止鲜蛋腐败变质的措施

保持蛋壳和壳外膜的完整性。蛋壳是蛋本身具有的一层天然保护屏障，分布在蛋壳上的壳外膜可以将蛋壳上的气孔封闭，在一定程度上可以有效防止外来微生物入侵，但这层膜很容易被水溶解而失去作用。因此，无论采用什么方法贮存鲜蛋，都应尽量保持蛋壳和壳外膜的完整性。

抑制微生物繁殖。鲜蛋在贮存过程中不可避免地会被各种微生物污染，污染过程受包装容器和库房清洁程度影响，因此应保持贮藏环境清洁卫生。在鲜蛋贮藏时，应尽量设法抑制污染微生物的生长繁殖，常采用的方法是对蛋壳进行消毒或低温贮藏。

防止微生物入侵。在贮藏中要防止外界微生物继续侵入蛋内，通常采用具有抑菌作用的涂料涂抹蛋壳，如液体石蜡、明胶等，也可采用多种成分进行配制；或将蛋浸入具有杀菌作用的溶液中，如用生石灰、石膏和白矾配成一定比例的混合液，使蛋与空气隔绝。

保持蛋的新鲜状态，禽蛋在产出后，会不断发生物理、化学或生物学变化，消耗一部分热量、释放一定量 CO_2、损失一部分水分；由于水分的损失和能量的消耗，加上蛋内 CO_2 的逸出和 O_2 的渗入，蛋液 pH 会升高，蛋白变稀，蛋黄膜弹性降低，气室增大，蛋品质下降，更易遭受微生物污染，因此，在鲜蛋的贮藏过程中应尽可能减缓这些变化；通常对鲜蛋采用低温或气调贮藏的方法，效果良好。

3. 肉与肉制品的腐败变质

各种肉及肉制品含有丰富的蛋白质和脂肪等，很容易受到微生物污染，引起食品腐败变质，如果污染病原菌，还可使人发生食物中毒现象，并引起传染病的发生。

（1）肉类中常见的微生物

引起肉类腐败的微生物种类比较多，一般可归纳为两大类，即腐败菌和病原菌。腐败菌主要包括细菌、酵母菌和霉菌，它们具有较强的分解蛋白质的能力。细菌主要包括需氧性 G^+菌，如蜡样芽胞杆菌、枯草芽胞杆菌和巨大芽胞杆菌等；需氧性 G^-菌，如假单胞杆菌属、无色杆菌属、产碱杆菌属、黄色杆菌属、埃希氏杆菌属、变形杆菌属、芽胞杆菌属、乳杆菌属、链球菌属等；此外，还有厌氧梭状芽胞杆菌等。酵母菌主要包括假丝酵母菌属、丝孢酵母属、球拟酵母菌属、红酵母菌属等。霉菌主要包括交链孢霉属、毛霉属、根霉属、青霉属、曲霉属和芽枝霉属等。患病的畜、禽肉类可能还带有各种病原菌，这些病原菌，如沙门氏菌、大肠杆菌、肉毒杆菌、葡萄球菌、结核分枝杆菌等，不但能引起肉类腐败变质，而且可以传播疾病，造成食物中毒现象的发生。

（2）肉类微生物污染的途径

屠宰前微生物污染：健康的畜禽在屠宰前具有健全而完整的免疫系统，能够有效地防御和阻止外界微生物的侵入及其在肌肉组织内进行扩散。所以正常机体组织内部理论上应该是无菌的，然而畜禽体表、被毛、上呼吸道、消化道等器官却不可避免地存在多种微生物，例如，未经清洗的动物被毛、皮肤微生物数量可达 10^5～10^6 个/cm^2。如果被毛和皮肤污染了粪便，微生物的数量会更多。刚排出的家畜粪便微生物数量可多达 10^7 个/g。患病的畜禽器官及组织内部可能会有微生物存在，例如，病牛体内可能带有结核分枝杆菌、口蹄疫病毒等病原菌，这些病原菌能够冲破机体的防御系统，扩散至机体的其他部位。倘若动物皮肤发生破损或化脓感染时，淋巴结也会有细菌存在。其中一部分细菌会被机体的防御系统吞噬或消除，而另一部分细菌可能会存留下来导致机体发生病变。畜禽感染病原菌后，有一部分会呈现出相应的临床症状，但也有相当一部分为无症状带菌者，这部分畜禽在运输和圈养过程中，由于受到拥挤、疲劳、饥饿、惊恐等刺激，机体免疫力下降而呈现临床症状，并向外界传播病原菌，从而导致畜禽相互感染。

屠宰后微生物污染：屠宰后的畜禽由于丧失了先天的防御机能，微生物侵入组织后便开始迅速生长繁殖。在屠宰过程中，涉及放血、脱毛、拉肠、切割等操作，如果卫生管理不当，操作不规范，则可能造成微生物扩散，增加污染面积。最初的微生物污染是在使用非灭菌的刀具放血时，将微生物引入血液中，随着血液短暂微弱的循环而扩散至机体的各个部位。随后，在畜禽的屠宰、分割、加工、贮存和肉的配销过程中，都有可能发生微生物的污染。

（3）肉类的腐败变质过程

健康动物的血液、肌肉和内部组织器官一般是没有微生物存在的，但由于屠宰、运输、保藏和加工过程中的污染，肉体表面污染了一定数量的微生物。这时，肉体若能及时通风干燥，使肉体表面的肌膜和浆液凝固形成一层薄膜，可阻止微生物侵入内部，从而延缓肉的变质。通常鲜肉保藏在0℃左右的低温环境中，可存放10d左右而不变质。当保藏温度上升时，表面的微生物就会迅速繁殖，其中以细菌的繁殖速度最为显著，它沿着结缔组织、血管周围或骨与肌肉的间隙蔓延到组织的深部，最后使整块肉发生变质。屠宰后畜禽的肌肉组织由于自身酶的作用，会产生自溶现象，使蛋白质分解产生蛋白胨和氨基酸，这样更有利于微生物的生长繁殖。随着保藏条件的变化与变质过程的发展，细菌由肉的表面逐渐向深部侵入，与此同时，细菌的种类也发生变化，呈现菌群交替现象。这种菌群交替现象一般分为3个时期，即需氧菌繁殖期、兼性厌氧菌繁殖期和厌氧菌繁殖期。①需氧菌繁殖期：细菌分解前3～4d，细菌主要在表层蔓延，先是各种球菌开始生长繁殖，继而出现大肠杆菌、变形杆菌、枯草芽胞杆菌等。②兼性厌氧菌繁殖期：腐败分解3～4d后，细菌已在肉的中层出现，能见到产气荚膜杆菌等。③厌氧菌繁殖期：在腐败分解的7～8d以后，深层肉中已有细菌生长，主要是腐败杆菌。

（4）肉类腐败变质的特征

肉类腐败变质时，通常在肉的表面产生明显的感官变化，主要表现为：①发黏，微生物在肉表面大量繁殖后，使肉体表面有黏液状物质出现，这是微生物繁殖后所形成的菌落和微生物分解蛋白质的产物。主要由G^-细菌、乳酸菌和酵母菌产生。当肉的表面有发黏、拉丝现象时，其表面含菌数一般为10^7个/cm^2。②变色，肉类发生腐败变质，常在肉的表面出现各种颜色变化。最常见的是绿色，这是由于微生物分解蛋白质产生的H_2S与肉中的血红蛋白结合形成硫化氢血红蛋白（H_2S-Hb），这种化合物积累于肌肉或脂肪表面，即呈现暗绿色斑点。另外，黏质赛氏杆菌在肉表面产生红色斑点。深蓝色假单胞杆菌产生蓝色，黄杆菌产生黄色。一些发磷光的细菌，如发磷光杆菌的许多种能产生磷光。有些酵母菌能产生白色、粉红色或灰色等斑点。③霉斑，肉体表面有霉菌生长时，往往形成霉斑。特别是一些干腌制肉制品，更为多见。如美丽枝霉和刺枝霉在肉表面产生羽毛状菌丝；白色侧孢霉和白地霉产生白色霉斑；草酸青霉产生绿色霉斑；蜡叶芽枝霉在冷冻肉上产生黑色斑点。④气味，肉体腐烂变质，除上述肉眼观察到的变化外，通常还伴随一些不正常或难闻的气味，例如，微生物分解蛋白质产生恶臭味，在乳酸菌和酵母菌的作用下产生挥发性有机酸的酸味，霉菌生长繁殖产生霉味、放线菌产生泥土味等。

（5）防止肉类腐败变质的措施

肉类含有丰富的营养成分，一旦遭受微生物的污染，微生物的生长繁殖便很难被完全抑制。因此，防止微生物污染的最好方法是在严格的卫生管理条件下进行屠宰、加工、贮存和运输，这也是获取高品质肉类及其制品的重要措施。对已遭受微生物污染的胴体，抑制微生物生长的最有效方法则是迅速冷却并及时冷藏。刚屠宰的胴体，其温度一般为38～41℃，此温度范围正适合微生物的生长繁殖和肉中酶的活性，对肉的贮藏保鲜极为不利。通常把肉温迅速冷却到 0℃左右，并在此温度下进行短期贮藏，可以使微生物在肉表面的生长繁殖减弱到最低限度，并在肉表面形成一层皮膜，减弱酶活性，延缓肉的成熟时间，减少肉内水分蒸发，从而延长肉的保存时间。将屠宰后的胴体进行深度冷冻，使肉温降到–18℃以下，肉中大部分水分（80%以上）冻结成冰，这种肉就称为冷冻肉或冻结肉。由于肉中大部分水分变成冰晶，抑制了微生物生长繁殖和酶的活性，延缓了肉中各种生化反应，因此冷冻肉贮藏时间较长。

4. 水产品的腐败变质

一般情况下，水产品比肉类更易腐败变质。因为通常水产品在捕获后，不是立即清洗处理，而是直接进行运输，这样就容易引起腐败变质。另外，水产品本身含水量高，肌肉组织脆弱，尤其是鱼类，鱼鳞容易脱落，细菌容易从受伤部位侵入，而鱼体表面的黏液又是细菌良好的培养基，因而鱼类死后很快就会发生腐败变质现象。

（1）鲜鱼中常见的微生物

新捕获的健康鱼类，其组织内部和血液中应该是无菌的，但在鱼体表面的黏液中、鱼鳃及其肠道内存在着大量的微生物。当然由于季节、渔场、种类的不同，鱼体表所附细菌数有所差异。存在于海水鱼中并能引起鱼体腐败变质的细菌主要有：假单胞菌属、无色杆菌属、黄杆菌属、摩氏杆菌属、弧菌属等。一般淡水鱼所带的细菌通常为产碱杆菌属、气单胞杆菌属和短杆菌属。另外，芽胞杆菌、大肠杆菌、棒状杆菌等也有报道。

（2）鱼类微生物的污染途径

一般情况下，鱼类比肉类更易腐败。鱼类微生物污染的途径主要有两个方面。①活鱼体液最初是无菌的，但与外界接触的部分，如体表、鳃、消化系统等已经存在着许多细菌。当鱼死亡后，这些细菌由鳃经过血管侵入肌肉组织内部，同时也可以由表皮和消化道通过皮肤和腹膜进入肌肉组织内部并开始生长繁殖。②鱼体本身含水量高，为 70%～80%，组织脆弱，鱼鳞容易脱落，细菌容易从受伤部位侵入，而鱼体表面的黏液又是细菌良好的培养基，再加上鱼死后体内的酶解作用，因此鱼类死亡后，僵直持续时间短，很快就会发生腐败变质。

（3）鱼类腐败变质过程及特征

鱼类等新鲜水产品死亡后会发生僵直现象，随后又出现解僵，与此同时微生物开始进行生长繁殖，鱼体腐败逐渐加快。到僵直期将要结束时，微生物的分解变得更加活跃起来，不久随着自溶作用的进行，水产品原有的形态和色泽发生劣变，并伴有异味，有时还会产生有毒物质。归纳起来，鱼类等新鲜水产品腐败变质的过程，主要包括僵直、自溶和腐败变质 3 个阶段。①僵直：僵直鱼具有新鲜鱼的良好特征，即手持鱼身时尾不下垂、手指按压肌肉不凹陷、口不张、鳃紧闭、体表有光泽、眼球闪亮等。②自溶：鱼体的自溶是蛋白质分解的结果，可使肌肉逐渐变软、失去弹性。③腐败变质：侵入鱼体的细菌在其产生的酶的作用下引起一系列的变化。主要表现在：体表结缔组织松软，鳞易脱落，黏液蛋白呈现浑浊，并有臭味；眼睛周围组织分解，眼球下陷，浑浊无光；鳃由鲜红色变为暗褐色，并有臭味；肠内微生物大量生长繁殖产气，腹部膨胀，肛管自肛门突出，放置水中，腹部向上露出水面；细菌侵入脊柱，使两旁大血管破裂，致周围组织发红。若微生物继续作用，即可导致肌肉脆裂并与鱼骨分离。此时，鱼体已达到严重腐败变质阶段。

（4）防止鱼类腐败变质的措施

防止鱼类腐败变质的措施主要是利用低温抑制微生物的生长繁殖，达到保鲜的目的。主要保鲜方法包括以下几种。

1）冰藏保鲜，这是历史最悠久的传统鱼类防腐保鲜方法，也是最接近鲜鱼生物特征的保鲜方法。冰藏保鲜在目前渔船作业中最为常用。具体操作是在容器或船舱底部铺上碎冰，壁部也垒起一定厚度的冰墙，将捕获的鲜鱼等水产品整齐、紧密地铺盖在冰层上，然后在鱼层上均匀地撒上一层碎冰，如此一层冰一层鱼，直至铺到船舱顶部。这样处理的水产品可被冷却到 0～1℃，一般可保持 7～10d。

2）冷海水保鲜，把水产品保藏在–1～0℃的冷海水中，从而达到贮藏保鲜目的，这种方法适合于围网作业捕捞所得的中上层鱼类，这些鱼大多是红肉鱼，活动能力较强，即使捕获后也活蹦乱跳，很难做到一层鱼一层冰的贮藏，但若不立即将其冷却降温，其体内的酶就会很快作用，造成鲜度迅速下降。具体操作方法是将捕获物装入隔热舱内，加冰和盐，冰的用量与冰藏保鲜时一样，盐的作用是使冰点下降，用量为冰重的3%；待满舱时，注入海水，并启动制冷设备进一步降温和保温，使温度保持在–1～0℃，加入海水的量与捕获量之比为3∶7；此方法的优点是鱼体降温速度快，操作简单快速，劳动强度低，渔获物新鲜度好；不足之处是需要配备制冷装置并随着贮藏时间（5d以上）的增加，鱼体开始逐渐膨胀、变咸和变色。

3）微冻保鲜，这是一种将渔获物保藏在其细胞汁液冻结温度以下（–3℃左右）的轻度冷冻方法。在此温度下，微生物生长繁殖和酶活力能够得到有效抑制；鱼及微生物体内的部分水分均发生了冻结，从而改变了微生物细胞的生理生化反应，部分细菌开始死亡，其他细菌的活动也受到明显抑制，几乎不能进行繁殖，这就能使鱼体在较长的时间内保持鲜度而不发生腐败变质，可保鲜 20～27d。

4）冻结保鲜，将鱼体的温度降低到其冰点以下，温度越低，可贮藏的时间就越长；在–18℃时可贮存 23 个月，在–30～–25℃时可贮存 1 年；贮藏时间的长短也与原料的新鲜度、冻结方式、冻结速度、冻藏条件等有关；经过冻结，鱼体内的液体成分 90%左右变成固体，水分活度降低，微生物本身产生生理干燥，造成不良的渗透条件，使微生物无法利用周围的营养物质，也无法排出代谢产物；而且，鱼体内大部分生理生化反应不能正常进行；因此，冻结保鲜能维持较长的保鲜期。

5）超冷保鲜，将捕获后的鱼立即用–10℃的盐水处理，根据鱼体大小不同，可在 10～30min 内使鱼体表面冻结而急速冷却，这样缓慢致死后的鱼处于鱼舱或集装箱内的冷水中，其体表解冻时要吸收热量，从而使鱼体内部初步冷却，然后再根据不同贮藏目的及用途确定贮藏温度；此方法通过超级快速冷却将鱼杀死，抑制了鱼体死后的生物化学变化，可最大限度地保持鱼体原本的鲜度和品质。

5. 罐藏食品的腐败变质

罐藏食品是将食品原料经一系列处理后，再装入容器，经密封、杀菌而制成的一种特殊形式的保藏食品。一般情况下，罐藏食品可保存较长时间而不发生腐败变质。但是，由于受一些因素的影响，罐藏食品有时也会出现变质现象。

（1）罐藏食品腐败变质的原因

导致罐藏食品发生腐败变质的原因是多方面的，但主要包括化学因素和生物因素两个方面，或者由二者共同作用所引起。

a. 化学因素　由于食品中的酸和马口铁相互作用而产生氢气，引起罐藏食品氢膨胀，从而使食品发生变质。食品和马口铁的相互作用，能产生下面的后果：①罐内侧变色；②食品中产生不良的气味；③金属腐蚀或产生穿孔；④食品丧失营养价值等。

b. 生物因素　有时罐藏食品由于杀菌不彻底或密封不良，也会遭受微生物的污染而导致其腐败变质。罐藏食品中污染的微生物主要来自于下列几个方面：①灭菌之后残留的微生物，这是由灭菌不彻底造成的。在食品工业中，罐藏食品的灭菌并非严格意义上的灭菌，只是一种商业灭菌（commercial sterilization）。它允许罐内有极少数的非致病微生物残留。这些残留下来的微生物，实际上是一个隐患。一旦外界环境条件合适，它们就会生长繁殖而导致食品发生腐败变质。一般罐藏食品经过高温灭菌后，残留的微生物均是耐热性的芽胞杆菌。②漏罐，罐藏食品经过杀菌后，由于密封性能不良，发生漏罐现象，很容易造成外界环境中的微生物侵入。重要的污染源是冷却水，罐藏食品在热处理后要通过冷却水进行冷却。这样冷却水中的腐败菌就有可能随着冷却水通过漏洞而进入罐内。另外空气也是一个污染源，空气中的微生物也可能通过漏洞、缝隙而进入罐内。通过漏罐污染的微生物不一定是耐热性微生物，种类比较多。

（2）罐藏食品中的微生物

引起罐藏食品腐败变质的微生物主要包括以下几大类微生物。①芽胞杆菌：主要有嗜热脂肪芽胞杆菌、枯草芽胞杆菌、巨大芽胞杆菌和蜡样芽胞杆菌等，它们引起罐头平酸腐败。也有少数中温芽胞细菌引起罐头腐败变质时伴随有气体产生。TA菌（如嗜热解糖梭菌）是分解糖、专性嗜热、产芽胞的厌氧菌，肉毒梭状芽胞杆菌，在厌氧条件下，在食品中生长繁殖能产生肉毒毒素，毒性非常强，因此，罐藏食品灭菌是否彻底常以能否杀死肉毒梭状芽胞杆菌的芽胞作为衡量标准。罐藏食品发生由芽胞杆菌引起的腐败变质，一般都是由杀菌不彻底造成的。②非芽胞细菌：主要有肠杆菌，如大肠杆菌、产气杆菌、变形杆菌等；还有球菌，如乳链球菌、粪链球菌和嗜热链球菌等，它们能分解糖类产酸，同时也会产生气体，造成罐藏食品出现胀罐现象。不产芽胞细菌生物耐热性不如产芽胞细菌，一般情况下，正常杀菌完全可以将其杀死。如果在罐藏食品中发现有不产芽胞的细菌，这通常是由于罐藏食品密封不良，漏气而造成的，或者是由于杀菌温度过低，杀菌时间过短而造成的。③酵母菌：引起罐藏食品腐败变质的酵母菌主要包括球拟酵母属、假丝酵母属和啤酒酵母属等。由于罐藏食品加热杀菌不充分，或包装容器密封不良，均会导致酵母菌残存于罐内。罐藏食品因酵母引起的腐败变质，绝大多数发生在酸性或高酸性罐头食品中，如水果、果浆、糖浆及甜炼乳等制品。酵母菌多为兼性厌氧菌，可以发酵糖，产生二氧化碳气体，从而造成罐藏食品出现胀罐。④霉菌：霉菌具有嗜酸性，由霉菌引起的罐藏食品腐败变质，常见于高酸（pH 4.5以下）的罐藏食品中。霉菌多为好氧菌，并且一般不耐热，如果罐藏食品中污染有霉菌，主要是由于罐藏食品真空度不够、漏气或杀菌不充分而导致了霉菌的残留。

（3）罐藏食品常见的腐败变质现象

罐藏食品常见的腐败变质现象主要有以下 4 种：①膨罐，罐藏食品腐败变质以后，底盖不像正常情况下那样呈平坦状或凹状，而是出现外凸的现象，形成胖罐。根据底盖外凸的程度，又可分为隐胀、轻胀和硬胀 3 种情况。②平酸腐败，平酸是指食品发生酸败，而罐的外观仍属正常，盖和底不发生膨胀，呈平坦或内凹状。这是由于产酸不产气。③黑变现象，在某种细菌活动下，含硫蛋白质被分解，并产生硫化氢。硫化氢气体又与罐内壁铁质发生化学反应形成黑色化合物（FeS），沉积于罐内、罐壁或食品上，以致食品发黑并呈臭味。黑变又称硫化的腐败。这类腐败的罐藏食品外观一般正常，有时也会出现隐胀或轻胀。④发霉，由霉菌污染引起的罐藏食品的腐败变质现象并不太常见。只有在包装容器裂漏或罐内真空度过低的情况下，才有可能在低水分和高浓度糖分的食品表面出现霉变现象。

对于由于微生物污染而发生腐败变质的罐藏食品，必须根据腐败变质的现象进行微生物学分析，例如，是否产气胀罐，是否浑浊沉淀，是否变酸或 pH 上升等，以便做出正确判断，避免腐败变质的进一步发生。

6. 粮食及其制品的腐败变质

（1）粮食的腐败变质

粮食在田间生长的过程中，会受到土壤、空气和水中微生物的影响，其表面附着着一定数量的微生物，主要为细菌、霉菌和酵母菌。通常情况下，这些微生物对粮食作物是无害的，但是，一旦遭受病原菌污染，粮食作物就会减产。

粮食采收后，要经过充分的晾晒，使其水分含量比较低，并且在通风干燥的良好条件下贮藏，如果原来附着的微生物数量不多，则它们对粮食不会有太大的影响。但是，如果粮食微生物污染比较严重，或粮食含水量比较高，贮藏条件不当，温度、湿度比较高，则粮食很容易发生腐败变质现象。

粮食发生腐败变质后，常会出现以下几种情况：①变色，由于微生物在粮食中进行新陈代谢作用，产生了色素，另外粮食组织坏死后也会呈现一定的颜色，因此，粮食腐败变质时，一般会失去原有的色泽，发生颜色的改变。②发热，由于微生物在进行呼吸作用的过程中，会产生能量，并且有一部分能量以热的形式散发到周围环境中，粮食腐败变质时会产热，用手触摸会有温热的感觉。③霉变，由于霉菌的生长繁殖，粮食表面会出现霉斑，并伴有霉腐味。

（2）糕点的腐败变质

糕点类食品由于含水量较高，糖、油脂含量较多，在阳光、空气和温度等因素的作用下，容易发生霉变和酸败现象。引起糕点腐败变质的微生物类群主要有细菌和霉菌，如沙门氏菌、金黄色葡萄球菌、粪肠球菌、大肠杆菌、变形杆菌、黄曲霉、毛霉、青霉、镰刀霉等。

糕点腐败变质主要是由于生产原料不符合质量标准、制作过程中灭菌不彻底和糕点包装贮藏不当等。①生产原料不符合质量标准，糕点食品的加工原料主要有糖、奶、蛋、油脂、面粉、食用色素、香料等，市售糕点往往不再经过加热处理而直接入口。因此，对糕点原料的选择、加工、贮存、运输、销售等都应严格遵守卫生要求，防止微生物污染现象的发生。例如，糕点加工的原料奶及奶油如果未经过巴氏杀菌，奶中便会污染有较高数量的细菌及其毒素；蛋类在打蛋前未洗涤蛋壳，便不能有效地去除微生物。所以，为了防止糕点的霉变及油脂和糖的酸败，应对生产糕点的原料进行严格消毒和灭菌，利用新鲜的加工原料，对已有霉变和酸败迹象的原料绝对不能使用。②制作过程中灭菌不彻底，各种糕点食品生产时，都要经过高温处理，这既是食品熟制的过程，又是杀菌的过程，在这个过程中大部分的微生物都能被杀死，但是，耐热性较强的细菌芽胞和霉菌孢子往往残留在食品中，一旦外界环境条件适宜，就会生长繁殖，引起糕点食品的腐败变质。③糕点包装贮藏不当，糕点类食品在生产过程中，由于包装及环境等方面的原因也会使糕点食品污染多种微生物。烘烤后的糕点，必须冷却后才能包装。所使用的包装材料应无毒、无味，并经消毒处理，否则会造成二次污染。

7. 果蔬及其制品的腐败变质

（1）新鲜果蔬的腐败变质

果蔬在采收、加工和贮运过程中，直接与外界环境接触，因此在其表面附有大量的微生物，其中除大量的腐生微生物外，还有植物病原菌、来自人畜粪便的肠道致病菌和寄生虫卵等。但是，一般情况下，正常的果蔬内部组织是无菌的。因为水果和蔬菜的表皮及表皮外覆盖着的一层蜡质状物质均有助于防止微生物侵入果蔬内部，对果蔬有很好的保护作用。但是，有时即使外观正常的果蔬，其内部组织中也可能存在微生物。例如，有人从苹果、樱桃等组织内部分离出酵母菌，从番茄组织中分离出酵母菌和假单胞菌属的细菌等。这些微生物是在果蔬开花期侵入果实内部的。此外，植物病原微生物可在果蔬的生长过程中通过根、茎、叶、花、果实等不同途径侵入组织内部，或在收获后的贮藏期侵入组织内部。另外，当果蔬表皮组织受到昆虫的刺伤或其他机械损伤时，微生物也会趁机从破损处侵入并开始生长繁殖，从而引起果蔬的腐烂变质，尤其是成熟度高的果蔬更容易受到损伤。水果和蔬菜的共同特点是含水量高，蛋白质和脂肪含量低，含有较丰富的维生素 C、胡萝卜素、有机酸、芳香物、色素、纤维素和半纤维素等。这是果蔬容易由于微生物侵染而导致腐败变质的一个重要因素。另外，水果的 pH 大多数在 4.5 以下，而蔬菜的 pH 一般为 5.0～7.0，这决定了能在水果蔬菜中进行生长繁殖的微生物的类群。引起水果腐败变质的微生物，一般是酵母菌、霉菌；引起蔬菜变质的微生物是霉菌、酵母菌和少数细菌。

果蔬腐败变质最常见的现象是霉菌在果蔬表皮损伤处繁殖或者在果蔬表面有污染物黏附的区域繁殖，侵入果蔬组织后，组织壁的纤维素首先被破坏，进而分解果胶、蛋白质、淀粉、有机酸、糖类，继而酵母菌和细菌开始繁殖。由于微生物的繁殖，果蔬外观上表现出深色的斑点，组织变得松软、发绵、凹陷、变形，并逐渐变成浆液状甚至是水液状，并产生了各种不同的味道，如酸味、芳香味、酒味等。

果蔬在低温（0～10℃）的环境中贮藏，可减缓酶的作用，对微生物活动也有一定的抑制作用，可有效地延长果蔬贮藏时间。但通过温度调节只能减缓微生物生长速度，并不能完全控制微生物。因此，贮藏温度、微生物污染程度、表皮损伤情况、果蔬种类和成熟度等是贮藏的主要影响因素。气调、低温贮藏效果较好。

（2）果汁的腐败变质

新鲜水果原料中带有一定数量的微生物，果汁是以新鲜水果或蔬菜为原料，经压榨或浸提等方法加工后制成的。因此在果汁生产过程中，不可避免地会受到微生物的污染，果汁中肯定会存在一定数量的微生物，但是，这些微生物进入果汁后能否生长繁殖，主要取决于果汁的 pH 和果汁中糖分含量的高低。由于果汁的酸度多为 pH 2.4～4.2，且含糖量较高，因而在果汁中生长的微生物主要是酵母菌、霉菌和极少数的细菌。

不同果汁所含酵母菌的种类有一定的差异，如苹果汁中的主要酵母菌有假丝酵母属、圆酵母属、隐球酵母属和红酵母属；葡萄汁中的酵母菌主要是柠檬形克勒克氏酵母、葡萄酒酵母、卵形酵母、路氏酵母等；柑橘汁中常见的是越南酵母、葡萄酒酵母和圆酵母属等。浓缩果汁由于糖度高，细菌的生长受到抑制，只有一些耐渗酵母菌和霉菌生长，如鲁氏酵母和蜂蜜酵母等，这些酵母菌生长的最低 *Aw* 值为 0.65～0.70，比一般酵母的 *Aw* 值要低得多。由于这些酵母细胞相对密度小于它所生活的浓糖液，因此往往浮于浓糖液的表层，当果汁中糖被酵母转化后，相对密度下降，酵母就开始沉至下面。当浓缩果汁置于 4℃条件保藏时，酵母菌的发酵作用减弱甚至停止，可以防止浓缩果汁变质。

果汁中的细菌主要是植物乳杆菌、乳明串珠菌和嗜酸链球菌。它们可以利用果汁中的糖、有机酸生长繁殖，并产生乳酸、CO_2 和少量丁二酮、3-羟基-2-丁酮等香味物质。乳明串珠菌可产生黏多糖等增稠物质而使果汁变质；当果汁的 pH＞4.0 时，酪酸菌容易生长而进行丁酸发酵。其他细菌一般不容易在果汁中生长。

霉菌引起果汁变质时会产生难闻的气味。果汁中存在的霉菌以青霉属最为多见，如扩张青霉、皮壳青霉，其次是曲霉属的霉菌，如构巢曲霉、烟曲霉等。原因是霉菌的孢子有强的抵抗力，可以保持较长时间的活力。但霉菌一般对 CO_2 敏感，故充入 CO_2 的果汁可以防止霉菌的生长繁殖。

微生物引起果蔬汁变质的表现主要有以下几种：①浑浊，造成果汁浑浊的原因除了化学因素之外，主要是由于酵母菌进行乙醇发酵作用而造成的，有时也可能是霉菌生长繁殖所造成的，一般引起果汁浑浊的是圆酵母属中的某些种及一些耐热性的霉菌，如雪白丝衣霉菌、纯黄衣霉菌和宛氏拟青霉等，只是霉菌在果汁中少量生长时，并不发生浑浊，仅使果汁的风味变坏，产生霉腐味和臭味等，因为霉菌能够产生果胶酶，对果汁起到澄清的作用，只有霉菌大量生长时才会造成果汁浑浊。②乙醇发酵，引起果汁产生乙醇而变质的微生物主要是酵母菌，常见的酵母菌有葡萄汁酵母菌、啤酒酵母菌等。酵母菌能耐受 CO_2，当果汁含有较高浓度的 CO_2 时，酵母菌虽不能明显生长，但仍能保持活力，一旦 CO_2 浓度降低，即可恢复生长繁殖的能力。此外，少数霉菌和细菌也可引起果汁产生乙醇而变质，如甘露醇杆菌、明串珠菌、毛霉、曲霉、镰刀霉中的部分菌种。

③有机酸发酵，果汁中含有酒石酸、柠檬酸和苹果酸等多种有机酸，这些有机酸以一定的含量形成了果汁特有的风味。当微生物在果汁中生长繁殖后，分解或合成了某些有机酸，从而改变了它们的含量和比例，从而使果汁原有的风味遭到破坏，甚至产生令人不愉快的异味，如解酒石酸杆菌、琥珀酸杆菌、黑根霉、曲霉属、青霉属、毛霉属、葡萄孢霉属、丛霉属和镰刀霉属的菌种均具有这种作用。④颜色改变，变色也是果汁变质的一个特征。当霉菌污染果汁时，霉菌所产生的色素可以扩散到果汁中，从而掩饰了果汁的本色；有的微生物可将果蔬中的色素分解，使果蔬汁颜色消退。常见的色变有变白、变绿和变褐等。⑤滋味和气味改变，不同的果蔬类制品具有特征性的滋味和气味，当果汁中的糖、有机酸和香气成分被微生物分解后，其原有的特征性滋味和气味就会发生异常变化。果蔬中的糖类物质经酵母菌发酵作用，可产生大量CO_2或醇类物质，也可以被细菌，尤其是乳酸菌、产乙酸菌转化为乙醇、乳酸、乙酸等挥发性物质。酒石酸、柠檬酸、苹果酸可被乳酸菌、霉菌和细菌分解利用，产生乳酸、乙酸等成分。

12.2　食品微生物污染的控制

食品的腐败变质主要是由于食品中的酶及微生物的作用，食品中的营养物质被分解或氧化。因此，对食品腐败变质的控制就是要针对引起腐败变质的各种因素，采取不同的方法或方法组合，防止微生物对食品的污染，并杀死腐败微生物或抑制其在食品中的生长繁殖，从而达到延长食品货架期的目的。

12.2.1　微生物污染食品的途径

食品在生产、加工、贮藏、运输和销售等各个环节，不可避免地会遭受不同微生物的污染。微生物污染食品的途径主要分为内源性污染和外源性污染两种。凡是动植物体在生活过程中，由于自身带有的微生物而对食品造成的污染现象，称为内源性污染，也称第一次污染。食品在生产加工、运输、贮藏、销售及食用过程中，通过水、空气、人、动物、机械设备及用具等而造成微生物对食品的污染现象，称为外源性污染，也称第二次污染。污染食品的微生物主要来源于土壤、空气、水、操作人员、动植物、加工设备、包装材料等方面。

1. 土壤

土壤是微生物生活的大本营，土壤中微生物数量大，种类多，细菌、放线菌、霉菌、酵母菌、单细胞藻类和原生动物等都存在于不同的土壤中。其中细菌的数量最多，分布最广，所占比例高达70%～80%。通常土壤越肥沃，土壤中微生物的数量越多。用于食品加工的原料有植物性原料和动物性原料，植物在生长、采收的过程中不可避免地会遭受来自土壤中微生物的污染，植物性原料的表面会附着不同种类和数量的微生物。动物在饲养过程中，也会遭受土壤微生物的污染，动物的体表及与外界相通的腔道均存在着大量的微生物。因此，食品加工的原料在投入生产之前已经被土壤微生物所污染。

2. 空气

空气中的微生物主要为霉菌、放线菌的孢子、细菌的芽胞及酵母菌。空气中的微生物可能来自土壤、水、人及动植物的脱落物和呼吸道、消化道的排泄物，它们可随着灰尘、水滴的飞扬或沉降而污染食品。人体的痰沫、鼻涕与唾液中所含有的微生物包括病原微生物，当有人讲话、咳嗽或打喷嚏时均可直接或间接污染食品。人在讲话或打喷嚏时，距人体 1.5m 内的范围是直接污染区，因此食品暴露在空气中被微生物污染是不可避免的。

3. 水

在食品的生产加工过程中，水既是许多食品的原料或配料成分，又是清洗、冷却、冰冻不可缺少的，设备、地面及用具的清洗也需要大量用水。各种天然水源包括地表水和地下水，这不仅是微生物的污染源，还是微生物污染食品的主要途径。自来水是天然水经净化消毒后而供饮用的，在正常情况下含菌较少，但如果自来水管出现漏洞、管道中压力不足及暂时变成负压时，则会引起管道周围环境中的微生物渗漏进入管道，使自来水中的微生物数量增加。在生产中，即使使用符合卫生标准的水源，若使用方法不当也会导致微生物的污染范围扩大。水的卫生质量与食品的卫生质量有着密切关系。食品生产用水必须符合饮用水标准。循环使用的冷却水要防止被畜禽粪便及下脚料污染。

4. 人及动物体

健康人体及各种动物，如犬、猫、鼠等的皮肤、毛发、口腔、消化道、呼吸道均带有大量的微生物，如未经清洗的动物皮毛、皮肤等，其微生物数量可达 10^5～10^6 个/cm^2。当人或动物感染了病原微生物后，体内将会出现大量的病原微生物，这些微生物可以通过直接接触或通过呼吸道和消化道排出体外而污染食品。蚊、蝇及蟑螂等昆虫也携带有大量的微生物，它们接触食品同样会造成微生物的污染。

5. 机械设备

各种食品加工机械与设备本身不含微生物所需的营养物质，但在食品加工过程中，食品的汁液或颗粒往往黏附于机械设备表面，生产结束时机械设备如果不进行彻底灭菌，微生物会在上面生长繁殖，成为危害食品的污染源，在以后的使用过程中可通过与食品接触而造成微生物污染。

6. 包装材料

各种包装材料如果处理不当也会带有微生物，通常一次性包装材料比循环使用的包装材料所带有的微生物数量要少。即使是无菌包装材料在贮存、印刷等加工过程中也会重新被微生物污染。塑料包装材料由于带有电荷会吸附环境中的灰尘及微生物。

12.2.2　食品微生物污染的控制

在食品加工过程中，应该采取各种措施，最大限度预防可能出现的各类微生物对食品的污染。一旦发现微生物污染现象，应该立即采取有效措施控制，消除微生物或抑制其生长繁殖。

1. 食品微生物污染的预防

食品原料在栽培、捕捞、屠宰、运输等过程中都有可能被微生物污染，对某些混有泥土和污物的食品加工原料首先要进行彻底清洗，以减少或去除大部分所携带的微生物。干燥和降温可以使环境不适于微生物的生长繁殖，这是一项比较有效的措施。另外，在食品加工、运输、贮藏过程中的各个环节，规范操作，严格管理，避免微生物对食品的污染。无菌密封包装是食品加工后防止微生物再次污染的有效方法。

2. 减少和消除食品中已有的微生物

食品及其原料，都不可避免地带有某些微生物，包括病原菌和腐败菌，这些已经污染的微生物，不仅能够引起食品的腐败变质，甚至在被食用后可造成对人们健康的损害。

减少和消除食品中已有微生物的方法很多，如过滤、离心、沉淀、洗涤、加热、灭菌、干燥、加入防腐剂、辐射等。这些方法可以根据食品的性质不同，有选择性地加以应用，只是所选择的方法不应该损害食品的营养、风味、表观性状、内在质地和食用价值等。

3. 控制食品中残留微生物的生长繁殖

经过加工处理的食品，仍然有可能残留一些微生物。控制食品中残留微生物的生长繁殖，就可以延长食品的贮藏期，并保证食品的食用安全。控制食品中残留微生物生长繁殖的方法有低温法、干燥法、厌氧法、防腐剂法等。以上方法就是创造一个不利于微生物生长繁殖的环境条件，从而达到控制微生物生长繁殖的目的。

12.3 微生物生长的控制

12.3.1 微生物生长的控制与食品保藏方法

食品腐败变质主要是由于生物因素和理化因素的影响，如微生物的生长繁殖、昆虫污染，食品自身所含有酶的作用，以及氧化、光照等。食品保藏的关键是防止微生物引起的腐败变质。控制微生物生长的主要方法包括：低温保藏、高温灭菌保藏、脱水保藏、高渗保藏、辐照保藏、真空包装保藏及防腐剂保藏等。

1. 低温保藏

食品的低温保藏是降低食品温度，并维持低温水平或冰冻状态，阻止或延缓它们的腐败变质，从而达到远途运输和短期或长期贮藏目的的过程。食品的腐败变质主要是由于微生物的生命活动和食品中的酶所催化进行的生物化学反应而造成的。微生物的生命活动和酶的作用都与温度密切相关，随着温度的降低，微生物的活动和酶的活力都受到抑制。特别是在食品冻结时，食品中的微生物受到冰冻，细胞内的游离水形成冰晶体，对微生物细胞有机械性损伤，可直接导致部分微生物的裂解死亡，同时由于游离水被冰冻，细胞失去可利用水分，造成干燥状态，细胞内的细胞质浓缩而黏度增大，电解质浓度增高，细胞质的 pH 和胶体状态发生改变，导致细胞质内蛋白质部分变性，从而促进微生物的活动受到抑制，甚至死亡；同时酶的活性受到严重抑制，其他反应也随温度的降低而显著减慢。因此，在低温条件下，食品可以长期贮藏而不会腐败变质。

低温保藏一般可分为冷藏和冷冻保藏两种方式。冷藏是预冷后在稍高于冰点温度（0℃）条件下进行贮藏的方法。冷藏温度一般为–2～15℃，4～8℃则为常用冷藏温度，采用此贮藏温度，贮藏期一般为几天到数周。其冷却方法有接触式冰块冷却法、空气冷却法、水冷法、真空冷却法。冷冻保藏则是采用缓冻或速冻方法先将食品冻结，然后再在能保持食品冻结状态的温度下贮藏的保藏方法，常用的贮藏温度为–23～–12℃，以–18℃为最适用。贮藏食品短的可达数天，长的可以以年计。

2. 高温灭菌保藏

食品经高温处理可以杀灭绝大部分微生物，并可破坏食品中的酶类。如果结合密闭、真空迅速冷却等处理，便可明显地抑制食品腐败变质，延长保存时间。

在食品工业中，常用的高温灭菌保藏方法有高温灭菌法、巴氏消毒法、超高温处理法、一般煮沸法及微波加热杀菌等。高温灭菌法的目的在于杀灭微生物、破坏酶类获得接近无菌的食品，如罐头的高温灭菌常用100～120℃，在这样的温度下处理食品，可杀灭微生物的营养细胞和大部分的芽胞，但仍有一些耐高温的芽胞残存，只是数量不多并处于抑制状态，所以经过高温灭菌的食品在偶然情况下和经过一定长时间后，仍有芽胞增殖使食品腐败变质的可能。巴氏消毒法是将食品在60～65℃条件下加热30min，可杀灭一般致病微生物，达到防病的目的，亦有用80～90℃加热30s或1min的巴氏消毒法。巴氏消毒法多用于牛奶、蛋奶制品、酱油、果汁、啤酒及其他饮料。

不同的高温灭菌方法各有其优缺点，使用时应根据杀菌的目的、杀菌的对象来进行选择，以既达到杀菌的目的又尽可能地保持食品的营养和质地为准。关键是选择杀菌的温度和时间。

3. 脱水保藏

脱水保藏是一种普遍应用的食品保藏方法。主要是将食品中的水分降至微生物生长繁殖所必需的含量以下。如食品含水量降低到 10%以下可以阻止细菌的生长，含水量降低到 13%～16%及 20%以下则可以阻止霉菌及酵母菌的生长，若以 *Aw* 表示，则 *Aw* 在 0.6 以下的食品能抑制微生物的生长，从而可以防止食品腐败变质。

脱水方法可根据种类、脱水要求和设备条件不同而分别采用日晒、阴干、喷雾干燥、减压蒸发或冰冻干燥等方法。脱水干燥并不能将微生物全部杀死。若脱水制品污染致病菌时，则可能对人体健康构成威胁。因此，应在脱水干燥前先进行杀灭。脱水后的食品如果放置于相对湿度过大的环境中将会吸潮，因此各种脱水的食品应采取密封保存（如奶粉、鱼粉），压缩体积，或在环境湿度较小又通风良好处保存，要求环境的相对湿度不超过70%，并且脱水后的保存过程中仍要注意防止微生物的污染。对脱水防腐的食品其水分含量要求也因食品种类的不同而不同。例如，奶粉和蛋粉不超过8%，粮食不超过13%～15%，干果和干菜不超过30%。

采用脱水的方法保存食品，不但可以延长食品的保藏期，而且可使食品的贮运费用减少，贮藏、运输和使用变得更加方便。此外，由于食品经过干制后，其口感、风味发生变化，还可制造新的食品品种。

4. 高渗保藏

高渗保藏是提高食品渗透压防止食品腐败变质的方法。常用的有盐腌法和糖渍法等。

（1）盐腌

一般食品中食盐含量达到 8%～10%可以抑制大部分微生物繁殖，但不能杀灭微生物，杀灭微生物需要的食盐含量高达 15%，且必须数日方能有效。盐腌食品常见的有咸鱼、咸肉、咸蛋、咸菜等。盐腌食品有时也可发生食物腐败变质，如耐高渗的盐沙雷氏菌（*Serratia* sp.）可使盐鱼体表发红，产生黏液甚至腐败，此菌虽无致病性，但可使食品质量降低。咸鱼也可因存放条件不良，致脂肪酸败，颜色变黄，并有油嚎味（哈喇味），因此，还必须注意盐腌初期和盐腌后食品所处的条件。

（2）糖渍

糖渍食品是利用高浓度（60%～65%甚至以上）糖液，作为高渗溶液来抑制微生物繁殖。但此类食品还应该密封和在防湿条件下保存。否则容易吸水降低防腐作用，糖渍食品常见的有糖炼乳、果脯、蜜饯和果酱等。

5. 辐照保藏

食品辐照保藏是指用射线辐照食品，借以延长食品保藏期的技术。食品经过辐照可以延迟某些生理过程（如发芽和成熟）的进展，起到杀虫、杀菌、消毒等防霉防腐作用，达到延长保藏时间，提高食品的质量和加工适应性。用于食品贮藏的 X 射线、微波、紫外线及电离辐射等都是电磁波射线，由于它们的波长和能量不同，因而每种射线的贮藏效果存在差异，所引起的食品的变化也不尽相同。

食品辐照根据预期目标所需要的平均辐照剂量分为 3 类：低剂量的辐照为 1kGy 以内，多用于抑制发芽、杀虫和延缓成熟；中等剂量的辐照为 1～10kGy，多用于减少非孢子致病微生物的数量和食品工艺性能的改进；高剂量的辐照为 10～50kGy，多用于商业目的灭菌和消灭病毒。

相对于其他杀菌技术，辐照杀菌有着自己的优越性。在适宜的剂量下，食品的温度在辐照处理过程中基本不升高，因此也称为冷杀菌技术，辐照射线穿透性强，杀菌效果好，通过调整辐照剂量即可达到多类食品的杀菌要求；食品可在带（非金属）包装的情况下进行杀菌；辐照杀菌后不会留下残留物。

目前，世界上许多国家已经批准使用一定剂量的射线对诸如香辛料、块茎蔬菜和水果等食品进行辐照杀菌。美国甚至还批准了将辐照杀菌用于猪肉和禽肉等肉类食品的处理。食品辐照杀菌已经成为防止食品腐败变质的一种行之有效的方法。

6. 真空包装保藏

真空包装是将盛有食品的密封袋或盒内的空气抽出，保持真空状态的一种包装方法。真空包装保藏食品始于 20 世纪 40 年代。20 世纪 50 年代，聚乙烯薄膜的诞生，使真空包装迅速应用于食品保藏领域。真空包装保藏食品有许多优点。它能够隔绝空气，使食品免受空气中腐败菌的污染。没有氧气的存在，食品内大部分细菌的生长就会受到抑制，从而防止脂肪的氧化等许多氧化变质反应。它还可以防止水分的蒸发，能够最大限度地保持食品的鲜嫩。特别是水产品，水分的散失会严重影响口感和风味。当然，仅仅真空包装，是不能实现这些优点的，还必须在真空包装后，做必要的杀菌处理，才可以进入常温贮藏。真空保藏法尤其适宜包装大量的腌制肉类，如整块的或切片的、熟的或生的及未腌制的熟食。该过程能保持生的和熟的腌肉的颜色，保存脱水食品，降低需氧菌引起的腐败变质和酸败现象。在 1～2℃条件下，干净的鲜牛肉经真空包装后能保藏两个月。

7. 防腐剂保藏

从广义上讲，凡是能抑制微生物的生长活动、延缓食品腐败变质或生物代谢的化学制品都是化学防腐剂，也称为抗菌剂。从狭义上讲，防腐剂是指经过毒理学鉴定，证明在使用范围内对人体无害，可直接添加到食品中起防腐作用的化学物质。食品防腐剂大多以添加剂的形式融入食品之中，成为食品的组成部分。因此，卫生安全、使用有效、不破坏食品的固有品质是食品防腐剂应具备的基本条件，三者缺一不可。

防腐剂按其来源和性质可分成有机防腐剂和无机防腐剂两类。有机防腐剂包括苯甲酸及其盐类、山梨酸及其盐类、脱氢乙酸及其盐类、对羟基苯甲酸酯类、丙酸盐类、双乙酸钠、邻苯基苯酚、联苯、噻苯咪唑等。此外，还包括天然的细菌素（如乳链菌肽）、溶菌酶、海藻糖、甘露聚糖、壳聚糖、辛辣成分等。无机防腐剂包括过氧化氢、硝酸盐、亚硝酸盐、二氧化碳、亚硫酸盐和食盐等。现在食品加工中常用的防腐剂有苯甲酸及钠盐、山梨酸及其钾盐或钠盐、丙酸及其钙盐或钠盐、脱氢乙酸及其钠盐。在现有的防腐剂中，有些对人体健康不利，因此，研制和开发一些对人体无害的天然防腐剂是食品工业中亟待解决的问题。

12.3.2　食品防腐保藏新技术

现代生物技术作为一门综合性的跨学科技术，把自然界提供的产品进行选择和优化，对于人类所面临的环境、健康、资源等问题都能提供极其有效的解决途径。生物技术的发展也将进一步加快，呈现综合性、多样性的发展趋势。

1. 超高压杀菌技术

习惯上把大于100MPa的压力称为超高压，超高压杀菌技术是近年来备受各国重视的一项食品高新技术。超高压杀菌的原理是压力对微生物的致死作用，高压导致微生物的形态结构、生物化学反应、基因机制及细胞膜发生多方面的变化，从而影响微生物原有的生理活动机能，甚至使原有功能破坏或发生不可逆的变化。常用的压力是100～

1000MPa。一般来说，细菌、霉菌、酵母菌在300MPa的压力下可被杀死；钝化酶需要400MPa以上的压力，600MPa以上的压力可使带芽胞的细菌死亡。

超高压杀菌是一个纯物理过程，具有瞬间压缩、作用均匀、操作安全、耗能低、污染少、利于环保的特点。采用超高压技术处理食品，可达到高效杀菌的目的，且对食品中的维生素、色素和风味物质等低分子化合物的共价键无明显影响，从而使食品能较好地保持原有的色、香、味、营养和保健功能，这是超高压杀菌技术的突出优点，也是超高压杀菌技术与其他常规食品杀菌技术的主要不同之处。

2. 脉冲光杀菌技术

脉冲光杀菌技术是采用持续时间短、光照强度高的宽谱“白”光脉冲照射被杀菌的对象以达到杀菌等目的的一种杀菌技术。脉冲光杀菌技术采用的光波波长在紫外光到近红外光的宽谱区域内，其中至少有 70%的电磁能量来自于波长为 170～2600nm 的光，一般又以人眼可以感知的可见光占的比例最高。

脉冲光杀菌技术主要用于食品、药品、包装材料、包装和处理设备等的表面杀菌。光处理可以有效地杀灭包括细菌及其芽胞、真菌及其孢子、病毒等在内的微生物及影响食品物料中的内源酶，而对食品中原有的营养成分破坏较少，且残留少。脉冲光作为一种灭菌技术，已经通过了美国食品与药品管理局（FDA）的认证。这种技术与传统的杀菌方法相比，具有明显的优点：处理时间短、残留少、对环境污染少、成本较低、处理量大、不用与物料和器械直接接触，并且对食品中营养成分的影响很小，对油脂、L-酪氨酸、葡萄糖、淀粉、核黄素及维生素 C 均无明显破坏。

3. 脉冲电场杀菌技术

脉冲电场杀菌技术，又被称为高强度脉冲电场或高强度电场脉冲杀菌技术，是将高电压脉冲作用于电极间的物料，以杀灭物料中的微生物的一种新型杀菌技术。其高强度的电场是通过电容组贮存来自高压直流电源的大量能量，然后以高电压脉冲的形式释放出去所形成的，以达到破坏微生物细胞膜、杀死微生物的效果。脉冲电场的杀菌作用与脉冲电场对微生物细胞膜的影响密切相关。当微生物被置于高压脉冲电场中时，细胞膜会被破坏，从而导致细胞内容物外渗，引起细胞死亡。

脉冲电场杀菌技术被认为是一种潜在的经济有效的杀菌手段，它可以减少食品杀菌过程中营养成分的损失，最大限度地保持食品的新鲜状态。但到目前为止，高强度脉冲电场杀菌技术还未投入大规模工业化应用，从研究结果看，高强度脉冲电场处理特别适合于果蔬汁、牛奶、汤料和液态蛋制品等液态食品的巴氏杀菌。

4. 脉冲磁场杀菌技术

脉冲磁场是相对静态磁场而言的，静态磁场的磁场强度是恒定的，不随时间而改变，一般由恒定磁体产生；而脉冲磁场则是由变化的电流产生的电磁场，磁场的强度随电流的频率和波的种类而发生周期性的变化，因此，脉冲磁场又称为振荡磁场。采用脉冲电路产生脉冲磁场时，其磁场强度通常以固定振幅或衰减振幅的正弦波形式变化表示。利用脉冲磁场对物料进行杀菌的技术即为脉冲磁场杀菌技术。

磁场可以通过对生物细胞内磁性颗粒或带电粒子的作用，改变生物细胞中生物大分子和细胞膜的取向、微生物细胞的运动方向、离子通过细胞膜的状态及 DNA 的合成速率，从而影响细胞的生长和繁殖速率。在磁通量密度或磁场强度较低时，磁场对微生物的影响并非都是抑制作用；只有当磁通量密度较高时，磁场才体现出明显的杀菌效果。

脉冲磁场对食品物料的杀菌可在常压下进行，处理过程中物料升高的温度一般在 2～5℃。脉冲磁场食品杀菌技术一般采用的脉冲磁场为 1～100 个脉冲，磁场频率为 5～500kHz，作用时间为 25μs～10ms，处理过程中的物料温度为 0～50℃。采用脉冲磁场技术对食品进行杀菌时，先将已包装好的被处理物料置于螺线管线圈中的处理室内，然后启动高压直流电源，给电容器充电，充电完毕后，再通过放电开关控制向线圈内放电，这样即可在线圈内产生脉冲磁场，对物料进行处理。用于脉冲磁场处理的食品物料一般采用塑料包装，金属包装材料不能用于磁场处理。

5. 超声波杀菌技术

超声波是指频率大于 20kHz 的声波，因其超出人耳可闻的上限而被称为超声波。其特点是波长短，速射性强，易于通过聚焦集中能量。

一般认为，超声波所具有的杀菌效力主要来自于细胞内部的空化作用。在超声波作用下，波动的压力使微小的气泡不断产生和破灭，进而在宏观上表现为机械冲击。这种冲击破坏了细胞的结构和功能成分，使细胞溶解，从而达到了杀菌的目的。对于微生物营养细胞而言，超声波灭活机制可能是细胞内的空化作用，成效最大时可使细胞溶解。而对于细菌芽胞，超声波的作用机制尚不明确。

超声波杀菌技术适合于处理果蔬汁饮料、酒类、牛奶、矿泉水和酱油等液体食品，与传统的热杀菌工艺相比，不但可以保持食品原有的色香味，而且不会破坏食品的组分。如果把超声波与其他非热杀菌工艺结合起来，如超声—激光、超声—磁化、超声—高压和超声—化学杀菌剂等联合杀菌，则效果更好。超声波灭菌已在美国、日本及欧洲等发达国家和地区获得普遍应用。在我国，这种“非热杀菌”技术也受到食品行业极大的关注，必将成为 21 世纪食品工业研究和推广的重要高新技术之一。

思考题

1. 微生物污染食品的途径主要有哪些？
2. 如何防止微生物对食品的污染？
3. 食品腐败变质的主要原因是什么？
4. 简述鲜乳腐败变质的过程。
5. 肉类腐败变质的主要特征是什么？
6. 引起果蔬腐败变质的微生物有哪些？
7. 罐藏食品腐败变质的主要原因是什么？

8. 影响食品中微生物生长的内部因素有哪些？基本原理是什么？
9. 影响食品中微生物生长的外部因素有哪些？
10. 简述常用的食品保藏方法。
11. 简述食品防腐保藏的新技术。

参考文献

董明盛, 贾英民. 2006. 食品微生物学. 北京: 中国轻工业出版社: 273-301.
福赛思. 2006. 安全食品微生物学. 北京: 中国轻工业出版社: 14-19.
高宇萍. 2010. 食品营养与卫生. 北京: 海洋出版社: 217-223.
何国庆, 贾英民, 丁立孝. 2009. 食品微生物学. 第 2 版. 北京: 中国农业大学出版社: 272-278.
江汉湖, 董明盛. 2010. 食品微生物学. 第 3 版. 北京: 中国农业出版社: 299-305, 318-330.
李汴生, 阮征. 2004. 非热杀菌技术与应用. 北京: 化学工业出版社: 186-197.
杨洁彬, 李淑高, 张篪, 等. 1995. 食品微生物学. 第 2 版. 北京: 北京农业大学出版社: 191-196, 225-234.
袁仲. 2008. 食品工程原理. 北京: 化学工业出版社: 231-233.
张怀珠, 张艳红. 2009. 农产品贮藏加工技术. 北京: 化学工业出版社: 173.
钟耀广. 2005. 食品安全学. 北京: 化学工业出版社: 20-24.
Martin R A, Maurice O M. 2008. Food Microbiology. 3rd ed. Cambridge: The royal society of chemistry: 20-62.
Thomas J M, Karl R M. 2008. Food Microbiology: An Introduction. Washington DC: ASM press: 363-386.

第 13 章　微生物与食源性疾病

概述

微生物污染食品不但导致食品腐败变质，而且常常引起食源性疾病，微生物引起的食源性疾病是头号食品安全问题。根据世界卫生组织（WHO）的定义，食源性疾病是指通过摄食而进入人体内的各种致病因子引起的，通常具有感染性质或中毒性质的一类疾病的总称。每一个人均面临食源性疾病的风险。食源性疾病不但包括传统的食物中毒，而且包括经食物传播的各种感染性疾病，如常见的食物中毒、食源性肠道传染病等。食源性疾病多种多样，直接危害人类的健康。因此，需要了解常见的引起食源性疾病的病原学特性、中毒机制、掌握其传染源及防治措施等。本章将就食源性疾病的定义、食物中毒的概念和分类、细菌性食物中毒、真菌性食物中毒、食品介导的病毒感染、食品介导的人畜共患病、食品介导的消化道传染病的病原菌性质、中毒症状等知识进行介绍，以帮助读者了解相关的知识，切实做好食源性疾病的防控，确保食品安全。

13.1　概述

食源性疾病（food borne illness 或 food borne disease）是由传统的食物中毒（food poisoning）逐渐发展变化而来的，实际上两者指的是同一类疾病，即由食物传播引起的各种疾病。但食源性疾病代表了自古以来人们对食物引起的一类疾病的传统认识，而食物中毒则代表了人们对病原物质通过食物进入人体内引起发病或病原体通过食物传播引起的一种疾病流行方式的理性认识和科学概括。

13.1.1　食源性疾病定义

世界卫生组织对食源性疾病的定义为:“通过摄入食物而进入人体的各种致病因子引起的、通常具有感染或中毒性质的疾病。每一个人均面临食源性疾病的风险。”即指通过食物传播的方式和途径致使病原物质进入人体并引起的中毒性或感染性疾病。随着人们对疾病认识的深入和发展，食源性疾病的范畴还有可能扩大。如食源性变态反应性疾病、由食物营养不平衡所造成的某些慢性退行性疾病（心脑血管疾病、肿瘤、糖尿病等）、由食物中某些污染物所致的慢性中毒性疾病等，也属于食源性疾病的范畴。

13.1.2　食物中毒与有毒食物

按照国家标准 GB 14938—1994《食物中毒诊断标准及技术处理总则》中对食物中毒

的定义：食物中毒是指摄入了含有生物性、化学性有毒有害物质的食品或者把有毒有害物质当作食品摄入后出现的非传染性（不属于传染病）的急性、亚急性疾病。

有毒食物（poisonous food）是指含有毒性物质的食品。通常说的食物有毒，分为“生物型”和“化学型”两种类型。生物型中毒主要是指被细菌、病毒、寄生虫污染过，可引起人患急性传染病，能用加热法消毒。而对于化学型毒，高温也不能消毒，有时越加温反而毒性越大。因含生物性、化学性有害物质而引起食物中毒的食物包括以下几类：致病菌或其毒素污染的食物，已达急性中毒剂量的有毒化学物质污染的食物。

食物是怎样成为“有毒食物”的?有以下几种可能：食物被某些致病性微生物污染并急剧繁殖，以致食物中含有大量的活菌或存在大量的毒素；有毒物质混入食品（如造假者添加了有毒物质，但造假者并不十分清楚）或物质外形与食品相似，但本身含毒被人误食；贮存不当产生了毒素；加工烹调方法不当，未除去食物本身所含有的有毒成分。

13.1.3 食物中毒的特点与分类

发生食物中毒的原因虽然很多，表现也多种多样，食物中毒的特点如下。

1. 发病急

由于没有个人与个人之间的传染过程，因此发病呈暴发性。食物中毒的潜伏期短、来势急剧、短时间内可能有多数的健康人同时发病，一般在进食有毒物质后 24h 或 48h 内发病，发病曲线呈突然上升又突然下降的趋势。

2. 临床表现相似

中毒患者一般具有相似的临床症状，且多有恶心、呕吐、腹痛、腹泻等消化道症状。

3. 发病范围局限

发病与食物有关。食物中毒的发病范围局限在近期内食用过同样食物的人，发病范围与中毒食品的分布区域一致。凡进食这种中毒食品的人大都发病，没有进食该种中毒食品的人不发病，而且一旦停止食用此种食物，发病立即停止或症状缓解，发病曲线在突然上升后呈突然下降趋势。

4. 人与人之间无直接传染

食物中毒的临床症状虽与某些肠道传染病症状基本相似，但由于病因不同，食物中毒患者对健康人不具有传染性，人与人之间不直接或间接传染。

5. 有些种类的食物中毒具有明显的季节性、地区性特点

例如，细菌性食物中毒多发生于夏秋季节；肉毒梭菌中毒主要发生在新疆、青海等地；河豚鱼中毒、副溶血性弧菌中毒多发生在沿海省份；误食农药和桐油中毒多发生在农村；霉变甘蔗中毒多发生在北方，且 99%的病例发生在 2～4 月。

按病原物质分类，可将食物中毒分为以下 4 类。

1）细菌性食物中毒，指因摄入被致病菌或其毒素污染的食物而引起的急性或亚急性疾病，是食物中毒中最常见的一类。发病率较高而病死率较低，有明显的季节性。

2）有毒动植物性食物中毒，指误食有毒动植物或摄入因加工、烹调方法不当未除去有毒成分的动植物食物而引起的中毒。这型食物中毒发病率较高，病死率因有毒动植物种类而异。

3）化学性食物中毒，指误食有毒化学物质或食入被其污染的食物而引起的中毒。发病率和病死率均比较高，如亚硝酸盐、农药等引起的食物中毒。

4）真菌毒素和霉变食物中毒，指食用被产毒真菌及其毒素污染的食物而引起的急性疾病。发病率较高，病死率因菌种及其毒素种类而异。

13.2　细菌性食物中毒

细菌性食物中毒在国内外都是食物中毒中最常见的一种，其中毒案件数、中毒人数，在各类食物中毒中占较大的比例。主要是由于食品在生产、加工、运输、贮存、销售等过程中被细菌污染，细菌在食品中大量繁殖并产生毒素。

13.2.1　细菌性食物中毒的定义

细菌性食物中毒是指摄入细菌性中毒食品引起的食物中毒。细菌性中毒食品是指含有细菌或细菌毒素的食品。

13.2.2　细菌性食物中毒的特点及表现

细菌性食物中毒的特点：①发病率高，在集体用餐单位常呈暴发起病，发病者与食入同一污染食物有明显关系；②潜伏期短，突然发病，临床表现以急性胃肠炎为主，肉毒中毒则以眼肌、咽肌瘫痪为主；③病程较短、病死率较低、恢复快，多数在 2～3d 内自愈；④四季都可发生，尤以夏秋季节为主。

近 20 年来出现的一些细菌性食物中毒，使其某些特点发生了变化。例如，小肠结肠炎耶尔森氏菌食物中毒、空肠弯曲菌食物中毒的潜伏期，一般 3～5d，长者可达 10d。临床症状分胃肠型和神经型，以消化道症状为主。

13.2.3　细菌性食物中毒发生的原因及条件

一般来讲，细菌性食物中毒的发生都是由 3 个条件作用而引起的。

1. 食物被细菌污染

食品在生产、加工、贮存、运输及销售过程中受到细菌污染。污染的途径主要有以下几个。

1）用具等污染。各种工具、容器及包装材料等不符合卫生要求，带有各种微生物，从而造成食品的细菌污染。

2）生、熟食品的交叉污染。如加工食品用的刀案、抹布、盛器、容器等生熟不分，致使工具、容器上的细菌污染直接入口的食品，引起中毒，或者生、熟食品混放混装造成二者之间的交叉污染。

3）从业人员卫生习惯差或本身带菌。从业人员卫生习惯差，接触食品时不注意操作卫生，会使食品重新受到污染，引起食品的变质而引发食物中毒。如果从业人员本身是病源携带者，则危害性更大，它随时都有可能污染食品，引起消费者食物中毒或传染病的传播、流行。

4）食品生产及贮存环境不卫生。在不卫生的环境下生产和贮放食品，食品容易受苍蝇、老鼠、蟑螂等害虫叮爬和尘埃的污染，从而造成食品的细菌污染。

2. 食品水分含量高且贮存方式不当

水分是微生物生长繁殖的必要条件。一般含水量高的食品受细菌污染后易发生腐败变质。被细菌污染的食品，若在较高的温度下存放尤其放置时间过长则为细菌的大量繁殖及产毒创造了良好的条件。通常情况下，熟食被污染后，在室温下放置 3～4h，有的细菌就繁殖到中毒量。

3. 食品在食用前未被彻底加热

被细菌污染的食品，食用前未经加热或加热时间短或加热温度不够，则不能将食品中的细菌全部杀灭及破坏毒素，从而导致食物中毒发生。

13.2.4　细菌性食物中毒的发病机制

细菌性食物中毒发病机制可分为感染型、毒素型和混合型 3 种。不同中毒机制的食物中毒其临床表现通常不同。

1. 感染型

因病原菌污染食品并在其中大量繁殖，随同食品进入机体后，直接作用于肠道，在肠道内继续生长繁殖，靠其侵袭力附着于肠黏膜或侵入黏膜及黏膜下层，引起肠黏膜的充血、白细胞浸润、水肿、渗出等炎性病理变化，如沙门氏菌食物中毒和链球菌食物中毒等。

2. 毒素型

大多数细菌能产生外毒素，尽管其分子质量、结构和生物学性状不尽相同，但致病作用基本相似。由于外毒素刺激肠壁上皮细胞，激活其腺苷酸环化酶，在活性腺苷酸环化酶的催化作用下，使细胞质中的三磷酸腺苷脱去两分子磷酸，而成为环磷酸腺苷（cAMP），cAMP 浓度增高可促进细胞质内蛋白质磷酸化过程并激活细胞有关酶系统，改变细胞分泌功能，使 Cl^-的分泌亢进，并抑制肠壁上皮细胞对 Na^+和水的吸收，导致腹泻，如葡萄球菌毒素和肉毒梭状芽胞杆菌毒素等。

3. 混合型

某些致病菌引起的食物中毒是致病菌的直接参与和其产生的毒素的协同作用，因此称为混合型。例如，副溶血性弧菌等病原菌进入肠道，除侵入黏膜引起肠黏膜的炎性反应外，还可产生肠毒素引起急性胃肠道症状。

13.2.5　常见的细菌性食物中毒

1. 金黄色葡萄球菌食物中毒

（1）病原学特点

葡萄球菌隶属于微球菌科，为革兰阳性兼性厌氧菌。生长繁殖的最适 pH 为 7.4，最适生长温度为 30～37℃，可以耐受较低的水分活性，因此能在 10%～15%的氯化钠培养基或高糖浓度的食品中繁殖。葡萄球菌的抵抗能力较强，在干燥的环境中可生存数月。其中金黄色葡萄球菌（*Staphylococcus aureus*）是引起食物中毒的常见菌种之一，对热具有较强的抵抗力，70℃方可被灭活。

一半以上的金黄色葡萄球菌可产生肠毒素，并且一个菌株能产生两种以上的肠毒素，能产生肠毒素的菌株凝固酶试验常呈阳性。多数金黄色葡萄球菌肠毒素在100℃条件下30min不被破坏，并能抵抗胃肠道中蛋白酶的水解作用。因此，若破坏食物中存在的金黄色葡萄球菌肠毒素需在100℃条件下加热2h。引起食物中毒的肠毒素是一组对热稳定的低分子质量的可溶性蛋白质，分子质量为26 000～30 000Da。按其抗原性，可将肠毒素分为A、B、C_1、C_2、C_3、D、E、F共8个血清型，这8个血清型均能引起食物中毒，以A、D型较多见，B、C型次之，其中F型为引起中毒性休克综合征的毒素。

（2）流行病学特点

金黄色葡萄球菌广泛分布于空气、水、土壤和物品上，是最常见的化脓性球菌之一，食品受其污染的机会很多。

1）季节。全年皆可发生，但多见于夏、秋季节。

2）食品的种类。引起中毒的食物种类很多，主要是乳类及乳制品、肉类、剩饭等食品。

3）食品被污染的原因及肠毒素的形成。金黄色葡萄球菌广泛分布于自然界，在空气、土壤、水、粪便、污水及食物中广泛存在，主要来源于人和动物的鼻腔、咽喉、消化道、皮肤、头发及化脓性病灶。肠毒素的形成与温度、食品受污染的程度和食品的种类及性状有密切关系。一般说来，食物存放的温度越高，产生肠毒素需要的时间越短，在 20～37℃条件下经 4～8h 即可产生毒素，而在 5～6℃的温度下需经 18d 方能产生毒素。食物受金黄色葡萄球菌污染的程度越严重，菌种繁殖越快越易形成毒素。此外，含蛋白质丰富、含水分较多、同时含一定量淀粉的食物，如奶油糕点、冰淇淋、冰棒等，或含油脂较多的食物，如油煎荷包蛋等，受金黄色葡萄球菌污染后易形成毒素。

（3）中毒机制

摄入含金黄色葡萄球菌活菌而无葡萄球菌肠毒素的食物不会引起食物中毒，只有摄入达到中毒剂量的该菌肠毒素才会中毒。肠毒素作用于胃肠黏膜引起充血、水肿甚至糜烂等炎症变化及水与电解质代谢紊乱，出现腹泻，同时刺激迷走神经的内脏分支而引起反射性呕吐。

（4）临床表现

金黄色葡萄球菌食物中毒主要由肠毒素引起，肠毒素作用于腹部内脏，通过神经传导，刺激延髓的呕吐中枢而导致以呕吐为主要症状的食物中毒。中毒潜伏期短，一般为2～5h，极少超过 6h。起病急骤，有恶心、呕吐、中上腹痛和腹泻等症状，以呕吐最为显著。呕吐物可呈胆汁性或含血及黏液。剧烈吐泻可导致虚脱、肌痉挛及严重失水等现象。体温大多正常或略高。一般在数小时至 1～2d 内迅速恢复。儿童对肠毒素比成人更为敏感，故其发病率较成人高，病情也较成人严重。

（5）预防

预防包括防止金黄色葡萄球菌污染和防止其肠毒素形成两方面。

1）防止金黄色葡萄球菌污染食物。应避免带菌人群对各种食物的污染，避免葡萄球菌对乳类食品的污染。

2）防止肠毒素的形成。食物应冷藏或置阴凉通风的地方，放置时间亦不应超过 6h，尤其是气温较高的夏、秋季节。食用前还应彻底加热。食品作业人员要戴口罩、帽子、有伤口、疱疮化脓者需要调换工作。不吃剩饭剩菜。牛患有乳房炎的要特别注意。食品贮存或食用前的保藏应避免在 14～45℃的温度条件下，推荐保存温度为 5℃以下。

2. 沙门氏菌食物中毒

（1）病原学特点

沙门氏菌属（*Salmonella*）是肠杆菌科中一个的重要菌属，为革兰氏阴性杆菌，需氧或兼性厌氧，绝大部分具有周生鞭毛，能运动。目前国际上有 2300 种以上的血清型，我国已发现 200 多种。致病性最强的是猪霍乱沙门氏菌（*Salmonella choleraesuis*），其次是鼠伤寒沙门氏菌（*Salmonella typhimurium*）和肠炎沙门氏菌（*Salmonella enteritidis*）。

沙门氏菌属在外界的生活力较强，其生长繁殖的最适温度为 20～30℃，在普通水中虽不易繁殖，但可生存 2～3 周，在粪便中可生存 1～2 个月，在土壤中可过冬，在咸肉、鸡和鸭中也可存活很长时间。水经氯化物处理 5min 可杀灭其中的沙门氏菌。相对而言，沙门氏菌属不耐热，55℃ 1h、60℃ 15～30min 或 100℃数分钟即被杀死。此外，由于沙门氏菌属不分解蛋白质、不产生靛基质，污染食物后无感官性状的变化，易引起食物中毒。

（2）流行病学特点

1）季节。全年皆可发生，多见于夏、秋两季。

2）食品种类。引起沙门氏菌食物中毒的食品主要为动物性食品，特别是畜肉类及其制品，其次为禽肉、蛋类、乳类及乳制品，由植物性食品引起者很少。

3）食品中沙门氏菌的来源。沙门氏菌在人和动物中有广泛的宿主，因此，沙门氏菌污染肉类食物的概率很高，如家畜中的猪、牛、马、羊、猫、犬，家禽中的鸡、鸭、鹅等。健康家畜、家禽肠道沙门氏菌检出率为 2%～15%，病猪肠道沙门氏菌检出率可高达 70%。正常人粪便中沙门氏菌检出率为 0.02%～0.2%，腹泻患者为 8.6%～18.8%。

（3）中毒机制

大多数沙门氏菌食物中毒是沙门氏菌活菌对肠黏膜的侵袭而导致的感染型中毒，大量沙门氏菌进入人体后在肠道内繁殖，经淋巴系统进入血液引起全身感染。同时，部分沙门氏菌在小肠淋巴结和单核细胞吞噬系统中裂解而释放出内毒素，活菌和内毒素共同作用于胃肠道，使黏膜发炎、水肿、充血或出血，使消化道蠕动增强而腹泻。内毒素不但毒力较强，而且是一种致热原，可使体温升高。此外，肠炎沙门氏菌、鼠伤寒沙门氏菌可产生肠毒素，该肠毒素可通过对小肠黏膜细胞膜上腺苷酸环化酶的激活，使小肠黏膜细胞对 Na^+吸收抑制而对 Cl^-分泌亢进，使 Na^+、Cl^-、水在肠腔潴留而致腹泻。

（4）临床表现

沙门氏菌食物中毒潜伏期短，一般4～48h，长者可达72h，潜伏期越短，病情越重。中毒开始时表现为头痛、全身乏力、恶心、食欲缺乏。然后出现呕吐、腹泻、腹痛。腹泻一日可数次至十余次，主要为水样便，少数带有黏液或血。患者多数有发热症状，一般38～40℃，轻者3～4d症状消失，重者可出现神经系统症状，还可出现尿少、无尿、呼吸困难等症状，如不及时抢救可导致死亡，病死率约为1%。按其临床特点可分为5种类型，其中胃肠炎型最为常见，其余为类霍乱型、类伤寒型、类感冒型和败血症型。

（5）预防

针对沙门氏菌食物中毒发生的 3 个环节，采取下列针对性预防措施。

1）防止食品被沙门氏菌污染。加强对食品生产企业的卫生监督及家畜、家禽屠宰前的兽医卫生检验，并按有关规定处理；加强对家畜、家禽屠宰后的肉尸和内脏的检验，防止被沙门氏菌感染或污染的畜、禽肉进入市场；加强肉类食品在贮藏、运输、加工、烹调或销售等各个环节的卫生管理，特别是要防止熟肉类制品被食品从业人员带菌者、带菌容器污染及与带菌的生食物发生交叉污染。

2）控制食品中沙门氏菌的生长、繁殖。影响沙门氏菌繁殖的主要因素是温度和贮存时间，食品低温贮存是控制沙门氏菌繁殖的重要措施。食品工业、副食品商店、集体食堂、食品销售网点均应配置冷藏设备，低温贮藏肉类食品。此外，加工后的熟肉制品应尽快食用，或低温贮存并尽可能缩短贮存时间。

3）食用前彻底杀灭病原菌。加热杀死病原菌是防止食物中毒的关键措施。

3. 副溶血性弧菌食物中毒

（1）病原学特点

副溶血性弧菌（*Vibrio parahemolyticus*）为革兰氏阴性杆菌，呈弧状、杆状、丝状等多种形态，无芽胞，主要存在于近岸海水、海底沉积物和龟、贝类等海产品中。副溶血性弧菌在 30～37℃、pH 7.4～8.2、含盐 3%～4%培养基上和食物中生长良好，无盐条件下不生长，故也称为嗜盐菌。在食醋中 1～3min 即死亡。该菌不耐热，56℃条件下加热 5～10min 即可灭活，在 1%盐酸中 5min 死亡。在淡水中生存期较短，在海水中可生存 47d 以上。

副溶血性弧菌有 13 种耐热的菌体抗原即 O 抗原，其可用于血清学鉴定；有 7 种不耐热的包膜抗原即 K 抗原，可用于辅助血清学鉴定；副溶血性弧菌可分成 845 个血清型。该菌的致病力可用神奈川（Kanagawa）试验来区分。副溶血性弧菌能使人或家兔的红细胞发生溶血，使血琼脂培养基上出现溶血带，称为神奈川试验阳性。在所有副溶血性弧菌中，多数毒性菌株为神奈川试验阳性（K^+），多数非毒性菌株为神奈川试验阴性（K^-）。约有 1%海产品的分离物和大约 100%胃肠炎患者的分离物为 K^+。K^+菌株能产生一种耐热型直接溶血素，K^-菌株能产生一种热敏型溶血素，有些菌株能产生两种溶血素。引起食物中毒的副溶血性弧菌 90%为神奈川试验阳性。神奈川试验阳性菌感染能力强，通常在感染人体后 12h 内出现食物中毒症状。

（2）流行病学特点

1）地区分布。日本及我国沿海地区为副溶血性弧菌食物中毒的高发区。近年来，随着海产食品的市场流通，我国内地也有副溶血性弧菌食物中毒的散在发生。

2）季节及易感性。7～9 月常是副溶血性弧菌食物中毒的高发季节。男女老幼均可患病，但以青壮年为多，病后免疫力不强，可重复感染。

3）食物的种类。主要是海产食品，其中以墨鱼、带鱼、虾、蟹最为多见，如墨鱼的带菌率可达 93%；其次为盐渍食品。

4）食品中副溶血性弧菌的来源。人群带菌者对各种食品的直接污染，如沿海地区饮食从业人员、健康人群及渔民的副溶血性弧菌带菌率最高可达 11.7%，有肠道病史者带菌率可达 31.6%～34.8%，带菌人群可污染各类食物；间接污染，如被副溶血性弧菌污染的食物，在较高温度下存放，食用前加热不彻底或生吃，或熟制品受到带菌者、带菌的生食品、带菌容器及工具等的污染均可导致食物中毒的发生。

（3）中毒机制

1）细菌感染型中毒。主要是大量副溶血性弧菌的活菌侵入肠道。摄入一定数量的致病性副溶血性弧菌，数小时后即可出现急性胃肠道症状。

2）细菌毒素型中毒。副溶血性弧菌产生的溶血毒素也能引起食物中毒，但不是主要类型。

（4）临床表现

副溶血性弧菌食物中毒潜伏期一般为 11～18h，短者 4～6h，长者 32h。发病初期为腹部不适，尤其是上腹部疼痛或胃痉挛，恶心呕吐、腹泻，体温一般为 37.7～39.5℃。发病 5～6h 后腹痛加剧，以脐部阵发性绞痛为本病特点。粪便多为水样、血水样、黏液或脓血便，里急后重不明显。重症患者可出现脱水及意识障碍、血压下降等症状，病程 3～4d，恢复期较短，预后良好。近年来国内报道的副溶血性弧菌食物中毒临床表现不一，可呈典型胃肠炎型、菌痢型、中毒性休克型或少见的慢性肠炎型症状。

（5）预防

抓住防治污染、控制繁殖和杀灭病原菌 3 个主要环节，其中控制繁殖和杀灭病原菌尤为重要。应采用低温贮藏各种食品，尤其是海产食品及各种熟制品。鱼、虾、蟹、贝类等海产品应煮透，蒸煮时需加热至 100℃并持续 30min。对凉拌食物要清洗干净后置于食醋中浸泡 10min 或在 100℃沸水中漂烫数分钟，以杀灭副溶血性弧菌。

4. 致病性大肠埃希氏菌食物中毒

（1）病原学特点

埃希氏杆菌属（*Escherichia*）俗称大肠杆菌属，为革兰氏阴性杆菌，多数菌株有周生鞭毛，能发酵乳糖及多种糖类，产酸产气。在自然界生命力强，在土壤、水中可存活数月，其繁殖的最低水分活性为 0.935～0.96。埃希氏杆菌属中大肠埃希氏菌（*E. coli*）最为重要，如大肠杆菌 O157∶H7、O111∶B4 等。其中大肠杆菌 O157∶H7 已被证实可通过其释放的定居因子黏附在人类肠壁细胞并释放志贺样毒素、不耐热或耐热肠毒素及肠溶血素，引起人类的肠出血性腹泻及肠外感染、溶血性尿毒综合征等。大肠埃希氏菌的抗原结构较为复杂，包括菌体 O 抗原、鞭毛 H 抗原及被膜 K 抗原，K 抗原又分为 A、B 和 L 3 类，致病性大肠埃希氏菌的 K 抗原主要为 B 类。引起食物中毒的致病性大肠埃希氏菌的血清型主要有 O157∶H7、O111∶B4、O55∶B5、O86∶B7、O124∶B17 等。

大肠埃希氏菌为人类和动物肠道的正常菌群，多不致病。当宿主免疫力下降或细菌侵入肠外组织和器官时，可引起肠外感染。大肠埃希氏菌中只有少数菌株能直接引起肠道感染，称为致病性大肠埃希氏菌。大肠埃希氏菌产生的肠毒素有不耐热肠毒素和耐热肠毒素。不耐热肠毒素加热至65℃、30min被破坏；耐热肠毒素加热至100℃、15min不被破坏。耐热肠毒素对腺苷环化酶活性无影响，但能激活鸟苷酸环化酶，增加细胞内cGMP水平，导致体液平衡紊乱。

目前已知的致病性大肠埃希氏菌包括肠产毒性大肠埃希氏菌（enterotoxigenic *E. coli*，ETEC）、肠侵袭性大肠埃希氏菌（enteroinvasive *E. coli*，EIEC）、肠致病性大肠埃希氏菌（enteropathogenic *E. coli*，EPEC）、肠出血性大肠埃希氏菌（enterohemorrhagic *E. coli*，EHEC）。

（2）流行病学特点

1）发病季节多为夏、秋季节。

2）引起中毒的食品种类与沙门氏菌食物中毒的食品种类相同。

3）食品中大肠埃希氏菌的来源。由于大肠埃希氏菌存在于人和动物的肠道中，随粪便排出而污染水源和土壤，进而直接或间接污染食物。

（3）中毒机制

大肠埃希氏菌食物中毒的发病机制与致病性大肠埃希氏菌的类型有关。肠产毒性大肠埃希氏菌、肠出血性大肠埃希氏菌引起毒素型中毒；肠致病性大肠埃希氏菌和肠侵袭性大肠埃希氏菌引起感染型中毒。

（4）临床表现

不同中毒机制导致不同的临床表现，主要有以下 3 种。

1）急性胃肠炎型。主要由肠产毒性大肠埃希氏菌引起，易感人群主要是婴幼儿和旅游者。潜伏期一般 10～15h，短者 6h，长者 72h。临床症状为水样腹泻、腹痛、恶心、发热。

2）急性菌痢型。主要由肠侵袭性大肠埃希氏菌引起。潜伏期一般为 48～72h，主要表现为血便、脓性黏液血便、里急后重、腹痛、发热，病程 1～2 周。

3）出血性肠炎。主要由肠出血性大肠埃希氏菌引起。潜伏期一般3～4d，主要表现为突发性剧烈腹痛、腹泻、先水便后血便。病程10d左右，病死率为3%～5%，老年人、儿童多见。

（5）预防

对大肠埃希氏菌食物中毒采取的预防措施与沙门氏菌食物中毒的预防措施类似。

5. 志贺氏菌食物中毒

（1）病原学特点

志贺氏菌属（*Shigella*）即通常所说的痢疾杆菌，依据它们的O抗原性质分为4个血清群：A群，即痢疾志贺氏菌（*S. dysenteriae*）；B群，也称福氏志贺氏菌（*S. flexneri*）；C群，亦称鲍氏志贺氏菌（*S. boydii*）；D群，又称宋内志贺氏菌（*S. sonnei*）。痢疾志贺氏菌是导致典型细菌性痢疾的病原菌，在敏感人群中很少数量就可以致病。

志贺氏菌在10～37℃水中可生存20d，在牛乳、水果、蔬菜中也可生存1～2周，在粪便中（15～25℃）可生存10d。光照下30min可被杀死，加热58～60℃经10～30min即死亡。但志贺氏菌耐寒，在冰块中能生存3个月。在志贺氏菌中，宋内志贺氏菌和福氏志贺氏菌在体外的生存力相对较强，志贺氏菌食物中毒主要由宋内志贺氏菌和福氏志贺氏菌引起。

（2）流行病学特点

1）中毒多发生于7～10月。

2）食品的种类。引起志贺氏菌中毒的食品主要是凉拌菜。

3）食品被污染和中毒发生的原因。在食品加工、集体食堂、饮食行业的从业人员患有痢疾或其是带菌者，其手是污染食品的主要因素。熟食品被志贺氏菌污染后存放在较高的温度下，经过较长时间志贺氏菌可大量繁殖，食后会引起中毒。

（3）中毒机制

一般认为是大量活菌侵入肠道引起的感染型食物中毒。

（4）临床表现

潜伏期一般为10～20h，最短6h，长者可达24h。患者会突然出现剧烈的腹痛、呕吐及频繁的腹泻并伴有水样便，便中混有血液和黏液，有里急后重、恶寒、发热症状，体温高者可达40℃以上，有的患者可出现痉挛。

（5）预防

同沙门氏菌食物中毒。

6. 蜡样芽胞杆菌食物中毒

（1）病原学特点

蜡样芽胞杆菌（*Bacillus cereus*）为革兰氏阳性、需氧或兼性厌氧芽胞杆菌，其能够在厌氧条件下生长，一般生长6h后即可形成芽胞，是条件致病菌。该菌生长繁殖的最适温度为28～37℃，其繁殖体较为耐热，需100℃ 20min方能被杀死，而其芽胞则可耐受100℃ 30min，或干热120℃ 60min才能被杀死。该菌在pH 6～11内可生长，pH 5以下对其生长发育则有显著的抑制作用。

（2）流行病学特点

蜡样芽胞杆菌食物中毒的发生季节性明显，以夏、秋季，尤其是6～10月为多见。引起中毒的食品种类繁多，在我国引起中毒的食品以米饭、米粉最为常见。

（3）中毒机制

蜡样芽胞杆菌食物中毒的发生为大量活菌侵入肠道所产生的肠毒素所致。

（4）临床表现

临床表现因其产生的毒素不同而分为腹泻型和呕吐型两种。

（5）预防

预防措施主要是在食品加工过程中要严格执行食品良好生产规范（GMP），以降低该菌的污染率和污染量；剩饭等熟食品必须于低温下（10℃以下）短时存放，且食用前要彻底加热，一般应为100℃ 20min。

7. 变形杆菌食物中毒

（1）病原学特点

变形杆菌属（*Proteus*）隶属于肠杆菌科，为革兰氏阴性杆菌。变形杆菌食物中毒是我国常见的食物中毒之一，引起食物中毒的变形杆菌主要是普通变形杆菌（*P. vulgaris*）和奇异变形杆菌（*P. mirablis*）。

变形杆菌属腐败菌，一般不致病，需氧或兼性厌氧，其生长繁殖对营养要求不高，在4～7d即可繁殖，属低温菌。因此，此菌可以在低温贮存的食品中繁殖。变形杆菌在自然界分布广泛，在土壤、污水和垃圾中可检测出该菌。人和食品中变形杆菌带菌率因季节而异，夏、秋季较高，冬、春季下降。变形杆菌对热抵抗力不强，加热55℃持续1h可将其杀灭。

（2）流行病学特点

1）季节。变形杆菌食物中毒全年均可发生，大多数发生在5～10月，7～9月最多见。

2）食品的种类。引起变形杆菌食物中毒的食品主要是动物性食品，特别是熟肉及内脏的熟制品。此外，凉拌菜、剩饭、水产品等也有变形杆菌食物中毒的报道。

3）食物中变形杆菌的来源。变形杆菌广泛分布于自然界，亦可寄生于人和动物的肠道，食品受其污染的机会很多。生的肉类食品，尤其动物内脏中变形杆菌带菌率较高。在食品烹调加工过程中，处理生和熟食品的工具、容器未严格分开，被污染的食品工具、容器可污染熟制品。

变形杆菌食物中毒的发生主要是大量活菌侵入肠道引起的感染型食物中毒。

（3）临床表现

变形杆菌食物中毒潜伏期一般12～16h，最短1～3h可发病，长者可达60h。主要表现为恶心、呕吐、发冷、发热、头晕、头痛、乏力、脐周阵发性剧烈绞痛。腹泻为水样便，常伴有黏液、恶臭，一日数次。体温一般在39℃以下。病程较短，多为1～3d。多数在24h内恢复，愈后一般良好。

（4）预防

预防工作的重点在于加强食品卫生管理，注意饮食卫生。

8. 肉毒梭菌食物中毒

（1）病原学特点

肉毒梭菌（*Clostridium botulinum*）为革兰氏阳性厌氧杆菌。当 pH 低于 4.5 或大于 9.0 时，或当环境温度低于 15℃或高于 55℃时，肉毒梭菌芽胞不能繁殖，也不能产生毒素。肉毒梭菌的芽胞抵抗力强，需经干热 180℃、5～15min，或高压蒸汽 121℃、30min 或湿热 100℃、5h 方可致死。

肉毒梭菌食物中毒是由肉毒梭菌产生的毒素，即肉毒毒素所引起。肉毒毒素是一种强烈的神经毒素，是目前已知的化学毒物和生物毒物中毒性最强的一种，对人的致死量为 10^{-9}mg/kg 体重。根据其所产毒素的血清反应特异性，肉毒毒素分为 A、B、C_1、C_2、D、E、F、G 共 8 型，其中 A、B、E、F 4 型可引起人类的中毒。我国报道的肉毒梭菌食物中毒多为 A 型，B、E 型次之，F 型较为少见。肉毒毒素对消化酶（胃蛋白酶、胰蛋白酶）、酸和低温很稳定，于正常胃液中 24h 不被破坏，但在碱和热中则易于被破坏而失去毒性。如加热至 100℃ 10～20min 或 85℃ 30min 可完全被破坏，在 pH＞9 的碱性溶液中也容易被破坏。

（2）流行病学特点

1）季节性。肉毒梭菌食物中毒主要发生在 4～5 月。

2）地区分布。肉毒梭菌广泛分布于土壤、水及海洋中，且不同的菌型其分布也有差异。其中，A 型肉毒梭菌主要分布于山区和未开垦的荒地，如新疆察布查尔地区是我国肉毒梭菌中毒多发地区。

3）食品的种类。引起中毒的食品种类因地区和饮食习惯而异。国内以家庭自制植物性发酵品为多见，如臭豆腐、豆酱、面酱等，其他罐头瓶装食品、腊肉、酱菜和凉拌菜等引起中毒也有报道。

4）食物中肉毒梭菌的来源及食物中毒的原因。食物中肉毒梭菌主要来源于带菌土壤、尘埃及粪便，尤其是带菌土壤可污染各类食品原料。这些被污染的食品原料在家庭自制发酵和罐头食品的生产过程中，加热的温度或压力不足以杀死肉毒梭菌的芽胞，且为肉毒梭菌芽胞的萌发与形成及产生毒素提供了条件，尤其是食品制成后有不经加热食用的习惯，更容易引起中毒的发生。

（3）中毒机制

肉毒梭菌食物中毒由其产生的肉毒毒素所引起，肉毒毒素为强烈的神经毒素，经消化道吸收进入血液后主要作用于中枢神经系统的脑神经核、神经肌肉连接部位和自主神经末梢，抑制神经末梢乙酰胆碱的释放，导致肌肉麻痹和神经功能的障碍。

（4）临床表现

肉毒梭菌中毒的临床表现以运动神经麻痹的症状为主，而胃肠道症状少见。潜伏期较其他细菌性中毒潜伏期长，一般为 1～7d 或更长，其潜伏期越短，病死率越高。临床表现特征为对称性脑神经受损的症状。早期表现为头痛、头晕、乏力、走路不稳，以后逐渐出现视力模糊、眼睑下垂、瞳孔散大等神经麻痹症状；重症患者则首先出现对光反射迟钝，逐渐发展为语言不清、吞咽困难、声音嘶哑等，严重时出现呼吸困难，呼吸衰竭而死亡。病死率为 30%～70%，多发生在中毒后 4～8d。国内由于广泛采用多价抗肉毒毒素血清治疗本病，病死率已降至 10%以下。患者经治疗可于 4～10d 后恢复，一般无后遗症。

（5）预防

1）加强卫生知识的宣传教育，建议牧民改变肉类的贮藏方式或生吃牛肉的饮食习惯。

2）对食品原料进行彻底清洁处理，以除去泥土和粪便。家庭制作发酵食品时还应彻底蒸煮原料，一般加热温度为 100℃、10～20min，以破坏各型肉毒梭菌毒素。

3）加工后的食品应迅速冷却并在低温环境贮存，避免再污染和在较高温度或缺氧条件下存放，以防止毒素产生。

4）食用前对可疑食物进行彻底加热是破坏毒素、预防中毒发生的有效措施。

5）生产罐头食品时，要严格执行罐头生产卫生规范，彻底灭菌。

9. 李斯特氏菌食物中毒

（1）病原学特点

李斯特氏菌属（*Listeria*）有格氏李斯特氏菌、李斯特氏菌、默氏李斯特氏菌等 8 个种。引起食物中毒的主要是李斯特氏菌，它能致病和产生毒素，并可在血液琼脂上产生 β-溶血素，这种溶血物质称李斯特氏菌溶血素。

李斯特氏菌是革兰氏阳性、不产芽胞和不耐酸的杆菌，在5～45℃条件下均可生长，而在5℃低温条件下仍能生长则是李斯特氏菌的特征。李斯特氏菌的最高生长温度为45℃，该菌经58～59℃、10min可被杀灭，在–20℃条件下可存活1年；耐碱不耐酸，在pH 9.6的碱性环境中仍能生长，在10% NaCl溶液中可生长，在4℃的20% NaCl中可存活8周。

李斯特氏菌分布广泛，在土壤、健康带菌者和动物的粪便、江河水、污水、蔬菜（叶菜）、青贮饲料及多种食品中可分离出该菌，并且它在土壤、污水、粪便、牛乳中存活的时间比沙门氏菌长。

（2）流行病学特点

1）季节性。春季即可发生，而发病率在夏、秋季呈季节性显著增长。

2）食品种类。任何来源于动物和植物的新鲜食品都可能含有不同的李斯特氏菌。一般来说，这种菌可在原乳、软干酪、新鲜和冷冻的肉类、家禽和海产品及水果和蔬菜产品中存在。引起李斯特氏菌食物中毒的主要食品有乳及乳制品、肉类制品、水产品、蔬菜及水果，尤以在冰箱中保存时间过长的乳制品、肉制品最为多见。

3）李斯特氏菌的污染来源及中毒发生的原因。牛乳中李斯特氏菌的污染主要来自粪便，人类、哺乳动物和鸟类的粪便均可携带李斯特氏菌。此外，由于肉尸在屠宰过程中易被污染，在销售过程中食品从业人员的手也可造成污染，以致在生的和直接入口的肉制品中该菌污染率高达 30%。经热处理的香肠亦可再污染该菌。由于该菌能在冷藏条件下生长繁殖，故用冰箱冷藏食品不能抑制它的繁殖。例如，饮用未彻底杀死李斯特氏菌的消毒牛乳及直接食用冰箱内受到交叉污染的冷藏熟食品、乳制品等均可引起食物中毒。

（3）中毒机制

李斯特氏菌引起食物中毒的机制主要为大量李斯特氏菌的活菌侵入肠道所致，此外也与李斯特氏菌溶血素 O 有关。

（4）临床表现

由李斯特氏菌引起的食物中毒的临床表现一般有两种类型：侵袭型和腹泻型。侵袭型的潜伏期为 2～6 周。患者开始常有胃肠炎的症状，最明显的表现是败血症、脑膜炎、脑脊膜炎、发热，有时可引起心内膜炎。孕妇、新生儿、免疫缺陷的人为易感人群。对于孕妇可导致流产、死胎等后果，幸存的婴儿则易患脑膜炎，导致智力缺陷或死亡；免疫系统有缺陷的人易出现败血症、脑膜炎。少数轻症患者仅有流感样表现。由李斯特氏菌引起的食物中毒的病死率高达 20%～50%。腹泻型患者的潜伏期一般为 8～24h，主要症状为腹泻、腹痛、发热。

（5）预防

一般进行对症和支持治疗，进行抗生素治疗时一般首选药物为氨苄西林。对冰箱冷藏的熟肉制品及直接入口的方便食品、牛乳等，食用前要彻底加热。

13.3 真菌性食物中毒

13.3.1 真菌性食物中毒的定义

真菌性食物中毒（fungus food poisoning）又称真菌毒素中毒，是指由于食用了被产毒真菌污染，并在其中产生了致病量真菌毒素的食物而引起的中毒。中毒食物主要是粮谷类及其制品，或其他植物性食物，在中毒食物上可发现有生霉、霉味、变色、发热、霉烂等霉变现象。从这些食物中可分离出产毒真菌及其产生的毒素。

13.3.2 真菌性食物中毒发生的原因及条件

真菌性食物中毒主要是谷物、油料或植物在贮存过程中生霉，未经适当处理即作食料，或是已做好的食物放置太久而发霉变质，人们误食此种食物引起，也有的是在制作发酵食品时被有毒真菌污染或误用有毒真菌菌株。发霉的花生、玉米、大米、小麦、大豆、小米和黑斑白薯是引起真菌性食物中毒的常见食料。常见的真菌有：曲霉菌，如黄曲霉菌、棒曲霉菌、米曲霉菌、赭曲霉菌；青霉菌，如毒青霉菌、橘青霉菌、岛青霉菌、纯绿青霉菌；镰刀霉菌，如半裸镰刀霉菌、赤霉菌；黑斑病菌，如黑色葡萄穗状霉菌等。

真菌中毒是由真菌毒素引起的，由于大多数真菌毒素通常不被高温破坏，因此真菌污染的食物虽经高温蒸煮，但食后仍可中毒。

13.3.3 真菌性食物中毒发病机制

真菌毒素危害的主要器官有肝脏、肾脏、大脑、神经和造血系统等，可引起人类许多疾病，如肝炎、肝硬化、肝细胞坏死、急慢性肾炎、大脑和中枢神经系统严重出血、神经组织变性及雌性激素效应等。

1）中毒的发生主要通过食用被真菌污染的食品。

2）真菌毒素一般耐热，用一般的烹调方法不能破坏食品中的真菌毒素。

3）真菌毒素一般都是小分子化合物，没有抗原性，对机体不产生抗体，不能引起机体产生抗毒素，没有传染性和免疫性。

4）真菌生长繁殖及产生毒素需要一定的温度和湿度，因此中毒往往有比较明显的季节性和地区性特点。但随着商品交易的日益频繁，这种季节性和地区性特点正在逐渐淡化。

5）真菌所产生的真菌毒素在食物中能向周围扩散，因此，仅把发霉的部分从食物中切除而食用其余部分，也易引起中毒。

6）真菌性食物中毒同其他食物中毒一样，没有传染性，患者和病畜不能成为一种传染源去感染别人或其他家畜。

13.3.4　常见的真菌性食物中毒

1. 黄曲霉毒素食物中毒

黄曲霉毒素中毒是由于人们食用了含有黄曲霉毒素的食品而引起的以肝脏损害为主要表现的疾病。

（1）病原学特点

黄曲霉是最常见的产毒真菌，也是人类研究最多的一种真菌。该菌仅产生 B 组黄曲霉毒素，而寄生曲霉和集峰曲霉既可产生 B 组又可产生 G 组黄曲霉毒素。黄曲霉毒素目前已鉴定的有 12 种，其中以黄曲霉毒素 B_1 的毒性最强，属特剧毒物质。黄曲霉毒素耐热，一般烹调加工温度很少能将其破坏，易溶于油，在水中溶解度低。黄曲霉毒素对各种动物的急性毒性共有的特点是损害肝脏，其病理表现主要为肝脏的急性损害，如肝细胞变形、脂肪浸润并有胆小管及纤维组织增生。

（2）流行病学特点

1）季节性。一年四季均可发病。

2）引起中毒的食品及中毒发生的原因。黄曲霉毒素主要污染粮油及其制品，如花生、花生油、玉米、棉籽及熟食等。此外，干果类，如胡桃、杏仁、榛子、无花果，以及动物性食品，如奶制品、肝、干咸鱼及干辣椒中，也有黄曲霉毒素污染。

（3）中毒机制

黄曲霉毒素有很强的急性毒性，也有明显的慢性毒性及致癌性，动物急性中毒主要表现为胃肠紊乱、贫血、黄疸、肝脏损伤。急性中毒黄曲霉毒素 B_1 最强，其顺序是 $B_1>M_1>G_1>B_2>M_2$；慢性中毒表现为生长缓慢、发育停滞、体重减轻，生殖能力降低，可降低产奶和产蛋量，造成免疫抑制和反复侵染；B_1、M_1 和 G_1 可引起不同动物的癌症。

（4）临床表现

中毒患者开始表现为胃部不适、食欲缺乏、腹胀、肠鸣音亢进、恶心、乏力、易疲劳，进而出现肝区触痛。肝脏的病理表现主要为肝脏损伤，如出血、肝细胞变性坏死、脂肪浸润、并有胆小管及纤维组织增生。严重者出现水肿、昏迷以至抽搐而死亡。目前已基本公认，食品中黄曲霉毒素污染是引起人类原发性肝癌的主要因素。

（5）预防

预防黄曲霉毒素中毒的主要措施是加强食品防霉，其次是去毒。

2. 其他曲霉毒素食物中毒

除黄曲霉毒素外，其他常见的污染食品的曲霉毒素还有赭曲霉毒素、杂色曲霉毒素等，下面介绍赭曲霉毒素的食物中毒。

（1）病原学特点

赭曲霉毒素（ochratoxin）是曲霉属和青霉属的一些菌种产生的一组结构类似的有毒代谢产物，主要危及人和动物肾脏，分为 A、B、C、D 4 种化合物，其中分布最广、产毒量最高、毒作用最大、农作物污染最重、与人类关系最密切的是赭曲霉毒素 A（ochratoxin A，OA），OA 是一种强力的肝脏毒和肾脏毒，并有致畸、致突变和致癌作用。

自然界中产生 OA 的真菌种类繁多，但以纯绿青霉（*Penicillium verrucosum*）、赭曲霉（*Aspergillus ochraceus*）和炭黑曲霉（*A. carbonarius*）3 种菌为主。上述 3 种主要 OA 产毒菌株生长繁殖所需的生态环境、污染农作物的种类、污染率等因地域而异。

（2）流行病学特点

世界各国均有从粮食中检出 OA 的报道，但其分布很不均匀，以欧洲国家如丹麦、比利时、芬兰等最重。赭曲霉产生的 OA 主要污染热带和亚热带地区在田间或贮存过程中的农作物；纯绿青霉是寒冷地区如加拿大和欧洲等粮食及其制品中 OA 的产毒真菌；纯绿青霉产 OA 的能力较赭曲霉强，因此在以赭曲霉为 OA 主要产毒菌的温热带地区，农产品（粮食、咖啡豆等）中 OA 的污染水平一般不高，而以纯绿青霉为主要污染源的低温寒冷地区如欧洲各国，农产品中 OA 的污染严重；炭黑曲霉主要侵染水果特别是葡萄，因此炭黑曲霉是新鲜葡萄、葡萄干、葡萄酒和咖啡中 OA 的主要产生菌。

（3）中毒机制

根据动物试验研究，赭曲霉毒素 A 是一种肾致癌剂。国际癌症研究机构（International Agency for Research on Cancer，IARC）认为赭曲霉毒素 A 是一种与人类健康密切相关的真菌毒素，并且是一种人类可能的致癌剂。除了潜在的遗传毒性和致癌性外，赭曲霉毒素 A 也是一种具有免疫抑制、神经毒性及致畸性的物质。

（4）临床表现

OA 对动物的毒性主要为肾脏毒和肝脏毒，由 OA 导致的人和动物的急性中毒目前尚无报道。OA 对试验动物的半数致死剂量（LD_{50}）因给药途径、试验动物种类和品系而异，经口染毒对猪的 LD_{50} 为 1mg/kg，狗为 0.2mg/kg，鸡为 3.3mg/kg；大、小鼠依品系而异，分别为 20～30mg/kg（新生大鼠为 3.9mg/kg）和 46～58mg/kg，因此狗和猪是所有受试动物中对 OA 毒性最敏感的动物，大、小鼠最不敏感。OA 还对免疫系统有毒性，并有致畸、致癌和致突变作用。

（5）预防

1）停止使用霉饲料或含 OA 的谷物、咖啡、葡萄酒、啤酒和水果等。

2）选择抗赭曲霉毒素的优质农作物品种。

3）执行良好的农业操作规范，进行收获前的田间管理、收获期间及收获后的管理。

4）减少赭曲霉毒素的摄取。

13.4　食品介导的病毒感染

在食品安全方面，随着近几十年来病毒学研究的迅速发展，有关食品污染病毒的报道也越来越多，与食品有关的病毒对食品安全性带来的影响已引起人们的普遍关注。食源性病毒能抵抗抗生素等抗菌药物，除自身免疫外，目前还没有更好的对付病毒的方法，其危害性较大。

13.4.1　食品介导的病毒

1. 病毒污染来源与途径

污染食品的病毒来源主要有 3 种：①环境与水产品中的病毒，在污水和饮用水中均发现有病毒存在。饮用水即使经过灭菌处理，有些肠道病毒仍能存活，如脊髓灰质炎病毒、柯萨奇病毒、轮状病毒。比较常见的是污水，污水处理不能消除病毒，病毒通过污水处理厂释放到周围环境中，一旦进入自然界，它们便与粪便类物质结合得到保护，生存在水、泥浆、土壤、贝壳类海产品及通过食用循环污水灌溉的植被上，使一些动植物原料如肉类（尤其是牛肉）、牛奶、蔬菜和贝壳类被污染，尤其是贝壳类水产品。②携带病毒的动物，受病毒感染的动物可通过各种途径将病毒传播给人类，其中大多数是通过污染的动物性食品感染给人的。如偶蹄动物的口蹄疫病毒、禽流感病毒等。③带有病毒的食品加工人员，如乙肝患者，在甲型肝炎暴发的案例中，病毒通常来自食品操作者。

病毒通过食品传播的主要途径是粪—口模式，即病毒能通过直接和间接的方式由排泄物传染到食品中。大多数病毒侵入肠黏膜，导致病毒性肠炎。这些病毒也能导致皮肤、眼睛和肺部感染，同样会引起脑膜炎（meningitis）、肝炎（hepatitis）、肠胃炎（gastroenteritis）等。

2. 病毒污染食品的特点

由于病毒的绝对寄生性，病毒只能出现在动物性食品当中。一般病毒在食品中不能繁殖，但食品却是病毒存留的良好环境。病毒污染食品的特点是：潜伏期不定，短的 10～20d，长的可达 10～20 年；污染和流行与季节关系密切；呈地方性流行，可散发或大面积流行。

13.4.2　食源性病毒

目前，常见的食源性病毒主要有禽流感病毒（AI）、疯牛病病毒（BSE）、甲型肝

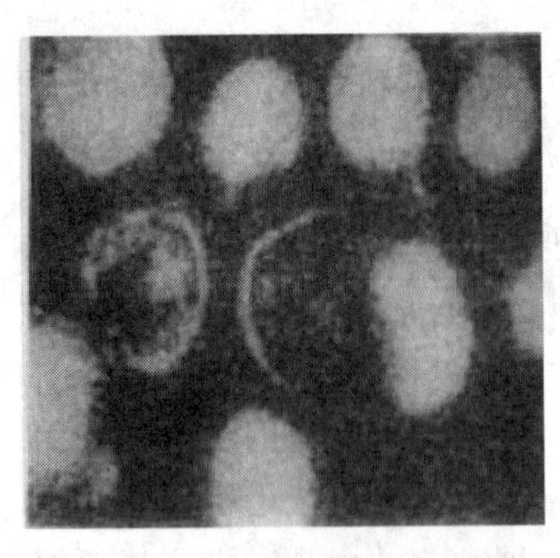
图 13-1 禽流感病毒电镜照片

炎病毒（HAV）、诺沃克病毒（SRSV）、口蹄疫病毒（FMD）等。

1. 禽流感病毒

（1）形态与结构

禽流感病毒在分类上属于正黏病毒科，A 型流感病毒属。可分为 15 个 H 型及 9 个 N 型。病毒颗粒呈球状、杆状或丝状，如图 13-1 所示。

（2）抵抗能力

55℃加热 60min、60℃加热 10min 失活，在干燥尘埃中可存活两周，在冷冻禽肉中可存活 10 个月。

（3）食品污染的来源及途径

家禽及其尸体是该病毒的主要污染源，禽流感病毒存在于病禽和感染禽的所有组织、体液、分泌物和排泄物中，常通过消化道、呼吸道、皮肤损伤和眼结膜传染。吸血昆虫也可传播病毒。病禽的肌肉、蛋均携带病毒。禽流感病毒可以通过空气传播，候鸟的迁徙可将禽流感病毒从一个地方传播到另一个地方，通过污染的环境（如水源）等也可造成禽群的感染和发病。

（4）污染食品的危害

人因为食用患病的禽类食品而被病毒感染，感染者主要症状为发热、流涕、鼻塞、咳嗽、咽痛、头痛、全身不适，部分患者有消化道症状。少数患者发展为肺出血、胸腔积液、肾衰竭、败血症、休克等多种并发症而死亡。

（5）预防措施

禽流感的传染源主要是鸡、鸭，特别是感染了 H5N1 病毒的鸡。因此，预防禽流感应尽量避免与禽类接触，鸡、鸭等食物应彻底煮熟后食用。平时还应加强锻炼，预防流感侵袭，保持室内空气流通，注意个人卫生，勤洗手，少到人群密集的地方。

2. 疯牛病病毒

（1）形态与结构

大多数文献普遍认为，疯牛病和人的新变异性克雅氏病等海绵状脑病，都是由存在于中枢神经系统中正常的朊蛋白发生变异，形成朊病毒引起的，因此被称为朊病毒。朊病毒（prion）是一类非正常的病毒，它不含有通常病毒所含有的核酸，而是一种不含核酸仅有蛋白质的蛋白感染因子。其主要成分是一种蛋白酶抗性蛋白，对蛋白酶具有抗性。

（2）抵抗能力

朊病毒颗粒对热、酸、碱、紫外线、离子辐射、乙醇、福尔马林、戊二醛、超声波、非离子型去污剂、蛋白酶等一些理化因素的抵抗力之强，大大高于已知的各类微生物和寄生虫。高温加热到 60℃仍有感染力，即使植物油的沸点（160～170℃）也不足以将其灭活。在 pH 2.1～10.5 内稳定，37℃条件下 200mL/L 福尔马林处理 18h 或 3.5mL/L 福尔马林处理 3 个月不能使之完全灭活。室温下，在 100～120mL/L 的福尔马林中可存活 28 个月。

（3）食品污染的来源及途径

食用感染了疯牛病的牛肉及其制品会导致感染，特别是从脊椎剔下的肉（一般德国牛肉香肠都是用这种肉制成）。在与人们生活关系密切的制品中，含有牛、羊动物源性原料成分的远不止牛、羊肉制作的食品。例如，制作化妆品、药物胶囊需要用牛骨胶；一些预防病毒性疾病的疫苗，在生产过程中需要使用牛血清、牛肉汤或牛骨等；有的美容保健食品是以羊的胎盘为原料制成的；有些补钙保健食品中含有牛骨粉，甚至果冻里也含有牛肉或牛筋制作的凝胶。

（4）污染食品的危害

人类一旦感染朊病毒后，其潜伏期很长，一般 10～20 年或更长，临床表现为脑组织的海绵体化、空泡化，星形胶质细胞和微小胶质细胞的形成及致病型蛋白积累，无免疫反应。病原体通过血液进入人的大脑，将人的脑组织变成海绵状，如同糨糊，完全失去功能。受感染的人早期主要表现为精神异常，包括焦虑、抑郁、孤僻、萎靡、记忆力减退、肢体及面部感觉障碍等，继而出现严重痴呆或精神错乱、肌肉收缩和不能随意运动，患者在出现临床症状后 1～2 年内死亡，死亡率 100%。

（5）预防措施

目前，能采取的预防和控制疯牛病病毒传播的方法是实施全程质量控制体系，杜绝其传播渠道，特别需要做好养殖场的卫生管理工作，病牛应全部安全处理掉，禁止用牛、羊反刍动物的机体组织加工饲料。

3. 甲型肝炎病毒

（1）形态与结构

按病毒的生物学特征、临床和流行病学特征，可将肝炎病毒分为甲（A）型、乙（B）型、丙（C）型、丁（D）型、戊（E）型肝炎。与食品有关的肝炎病毒最主要的是甲（A）型肝炎病毒（HAV）。甲型肝炎病毒为肠道病毒 72 型，属于微小 RNA 病毒科，直径 72nm，电镜下呈球形和二十面立体对称，无包膜，外面为一独立外壳，内含一个单链 RNA 分子，由 4 种多肽组成（图 13-2）。

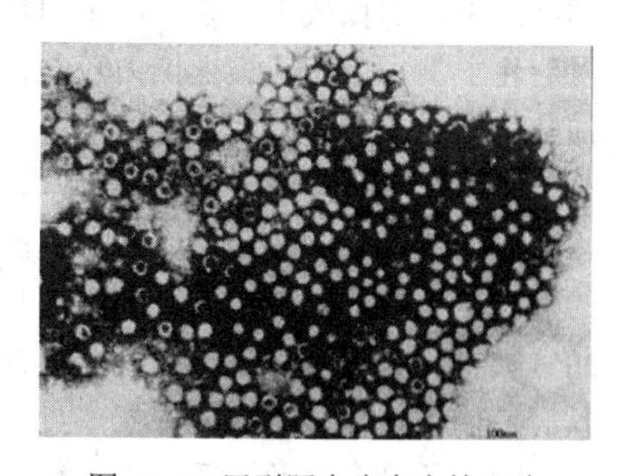

图 13-2 甲型肝炎病毒电镜照片

（2）抵抗能力

甲型肝炎病毒比肠道病毒更耐热，60℃加热 1h 不被灭活，100℃加热 5min 可灭活。4℃、−20℃和−70℃不改变形态，不失去传染性。氯、紫外线、福尔马林处理均可破坏其传染性。甲型肝炎病毒对酸、碱都有很强的抵抗力，在冷冻和冷却温度下极稳定。

（3）食品污染的来源及途径

HAV 的传播源主要是甲型肝炎患者，甲型肝炎病毒感染者的胆汁从粪便排出，污染环境、食物、水源、手、食具等，经口传染，呈散发流行。此外，病毒污染水生贝壳类如牡蛎、贻贝、蛤贝等，甲型肝炎病毒可在牡蛎中存活两个月以上。生的或未煮透的来源于污染水域的水生贝壳类食品是最常见的载毒食品。

（4）污染食品的危害

潜伏期一般为10～50d，平均28～30d，再感染后一般能获终身免疫力。甲型肝炎的症状可重可轻，有突感不适、恶心、黄疸、食欲缺乏、呕吐等。甲型肝炎主要发生在老年人和有潜在疾病的人身上，病程一般为2d到几周，死亡率较低。

（5）预防措施

搞好饮食卫生，从未污染的水域捕获贝类，彻底加热水产品并防止其在加热后发生交叉污染；保证生产用水卫生；防止粪—口传播途径；保持良好的卫生操作环境；关注员工的健康状况，加强免疫预防等是预防甲型肝炎传播的有效措施。

4. 口蹄疫病毒

（1）形态与结构

口蹄疫病毒（root and mouth disease virus）隶属于小RNA病毒科（Picornaviridae），口疮病毒属（*Aphthovirus*），是一种人畜共患口蹄疫的病原体。病毒粒子近似球形，其直径为21～25nm。病毒衣壳呈正二十面立体对称。属于单链RNA病毒，由大约8000个碱基构成。病毒在宿主细胞质中形成晶格状排列，其化学组成是69%的蛋白质与31%的RNA。根据病毒的血清学特性，目前确证的有7个型，每一型又分为若干亚型，已发现的亚型至少有65个。

（2）抵抗能力

此病毒对高温、酸和碱均比较敏感，直射阳光60min或煮沸3min即可被杀死。口蹄疫病毒经70℃ 10min或80℃ 1min或10g/L氢氧化钠1min即可失去活力，但在食品和组织中对热抵抗力较强。由于口蹄疫病毒对酸极敏感，pH 3.0时瞬间灭活。口蹄疫病毒对化学消毒剂和干燥抵抗力较强，1∶1000升汞、3%来苏儿6h不能杀死，在50%甘油盐水中于5℃能存活1年以上。

（3）食品污染的来源及途径

患病或带毒的牛、羊、猪、骆驼等偶蹄动物是口蹄疫病毒的主要传播源。发病初期的病畜是最危险的传染源。其重要传播媒介是被病畜和带毒畜的分泌物、排泄物和畜产品（如毛皮、肉及肉制品、乳及乳制品）污染的水源、牧地、饲料、饲养工具、运输工具等。例如，饮食患病的牛奶、处理病畜肉尸及其产品或屠宰加工病畜。

（4）污染食品的危害

口蹄疫是一种急性发热性高度接触性传染病。该病毒引发的传染病可人畜共患。人感染口蹄疫病毒后，潜伏期一般为2～8d，常突然发病，表现出发热、头痛、呕吐等症状，2～3d后口腔内有干燥和灼烧感，唇、舌、齿龈及咽部出现水疱。有的患者出现咽喉痛、吞咽困难、脉搏迟缓、低血压等症状，重者可并发细菌性感染，如胃肠炎、神经炎、心肌炎，以及皮肤、肺部感染，可因为继发性心肌炎而死亡。

（5）预防措施

在进行畜牧生产与畜产品加工时，必须注意个人防护，严格消毒。疫区内的猪、牛、羊应由兽医进行检疫，病畜及其同栏必须立即急宰，内脏及污染物（指不易消毒的物品）深埋或者烧掉。疫点周围及疫点内尚未感染的猪、牛、羊应立即注射口蹄疫疫苗。

13.5　食品介导的人畜共患病的病原菌

当食品卫生管理差，特别是对原料的卫生检验检疫不严格时，销售和食用了严重污染病原菌的畜禽肉类；或由于加工、贮藏、运输等卫生条件差，致使食品再次污染病原菌时，都可能造成人类患病。污染食品引起的人畜共患病的微生物很多，下面介绍几种引起常见疫病的病原微生物。

13.5.1　结核分枝杆菌

结核分枝杆菌（*M. tuberculosis*）隶属于分枝杆菌属，是引起结核病的病原菌。可侵犯全身各个器官，但以肺结核为最多见，至今仍为重要的传染病。

（1）生物学特性

该菌在人工培养基上，由于菌株和环境条件的不同，其形态各异。有的近似球形、棒状；有的菌体串珠状，或细长呈丝状，或末端有不同的 V、Y、人字形的分枝；有的两端钝圆。大小为（0.2～0.5）μm×（1.0～5.0）μm。为无鞭毛、无芽胞及无荚膜的 G^+ 专性好氧菌。专性需氧，生长缓慢，繁殖一代约需 18h。对营养要求极高，在含有血清、卵黄、甘油、马铃薯及某些无机盐的特殊培养基上生长良好。菌落乳白、淡黄色，不透明，高隆起，表面粗糙皱缩，呈干燥颗粒状，形似菜花。在液体培养基中形成有皱褶的菌膜。最适生长温度 37～37.5℃，最适生长 pH 6.5～6.8。

（2）抵抗能力

本菌因细胞壁含有大量脂类，所以抵抗力较强。耐干燥，吸附在尘埃中传染性可持续 8～10d，在干燥的痰内生存 6～8 个月，在土壤中可存活 1 年。耐低温，-190℃仍保持活力。不耐巴氏杀菌，60℃，经 30min 失活，煮沸 1～4min 死亡。对紫外线敏感，直接日光照射 2～7h 可杀死。结核分枝杆菌抵抗力与环境中有机物的存在有密切关系。5%石炭酸在无痰时 30min 可杀死结核分枝杆菌，有痰时则需 24h。3%HCl 或 4%NaOH 处理 15～30min 不被杀死。对 75%乙醇溶液敏感，数分钟可被杀死。

（3）食品污染的来源及途径

约有 50 种哺乳动物和近 25 种禽类为该菌的易感动物。人类对该菌最易感染，发病率为 90%。其传播途径为：病菌随痰、粪尿及其他分泌物排出体外，通过呼吸道而传播。此外，带菌动物性食品和饮用水，尤其患结核病奶牛的乳汁中含有结核菌，人食入消毒不彻底的这种牛乳，即可能被感染。

（4）污染食品的危害

结核分枝杆菌可通过呼吸道、消化道和破损的皮肤黏膜进入机体，侵犯多种组织器官，引起相应器官的结核病，其中以肺结核最常见。

（5）预防措施

要阻断这一传播途径，必须搞好奶牛厂的卫生管理，其中包括定期进行牛体疫病检查。此外，还应加强乳品厂的卫生管理，牛乳消毒要彻底，以保证市售消毒乳品卫生质量。

13.5.2 布鲁氏杆菌

（1）生物学特性

本菌在动物材料上和初代分离时形态为小球杆状，大小为（0.5～0.7）μm×（0.6～1.5）μm，两端钝圆，次代培养的猪与牛布鲁氏杆菌变成短杆状，多单个或成对，短链排列。为无鞭毛、无芽胞及无荚膜的 G^-好氧或兼性厌氧菌（图 13-3）。牛布鲁氏杆菌在初代分离时需有 5%～10% CO_2才能生长。革兰氏染色着色不佳，应延长着色时间至 3min。对营养要求较高，在含有血液、血清、肝汤、马铃薯浸汁和葡萄糖的培养基上生长良好。于血琼脂平板上培养 4～5d 形成微小（直径为 2～3mm）、无色、透明、圆形、隆起、闪光、不溶血的光滑湿润的菌落。生长缓慢，初代培养一般需 7～14d 才可见菌落。最适生长温度 35～37℃，最适 pH 7.2～7.4。

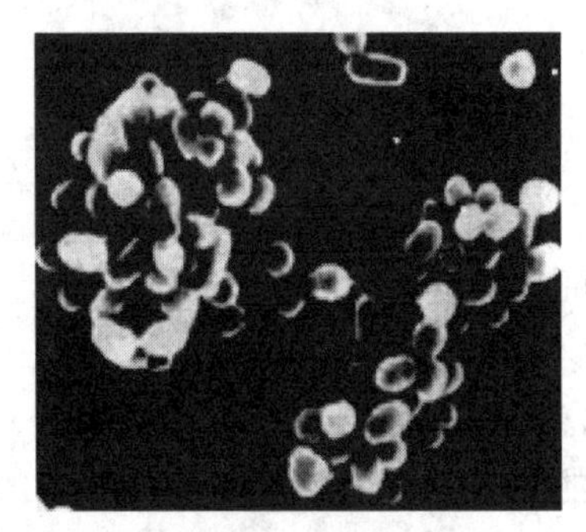

图 13-3 布鲁氏杆菌电镜图（×29 650）

（2）抵抗能力

对外界因素抵抗力较强。在土壤和水中可存活 1～4 个月，粪尿中存活一个半月；耐干燥，在羊毛上可存活 80～120d；耐低温，在冷藏乳与乳制品中可存活 30～60d；不耐巴氏杀菌，60℃，30min 失活，煮沸立即死亡；对一般消毒药较敏感。

（3）食品污染的来源及途径

人接触病畜或流产病料时，通过破损皮肤而招致接触性感染；或食入处理不当的患病畜的畜肉及内脏，饮用被病菌污染的水，食用未经巴氏消毒或处理不当病畜的乳及乳制品等可引起消化道感染。

（4）污染食品的危害

临床症状表现为波浪热（体温间断升高和下降），受累器官包括肝、脾、骨髓，全身关节疼痛、无力，严重者降低或丧失劳动能力。慢性病程可持续数年，反复发作。对家畜主要表现为流产。

（5）预防措施

由于该病传染途径主要为非人间传播，患病的家畜是主要传染源，故预防人的感染，依赖于对家畜布氏病的防治和消灭。

13.5.3 炭疽杆菌

炭疽杆菌（*B. anthracis*）是炭疽（anthrax）的病原菌。分类上属芽胞杆菌属（*Bacillus*）。

（1）生物学特性

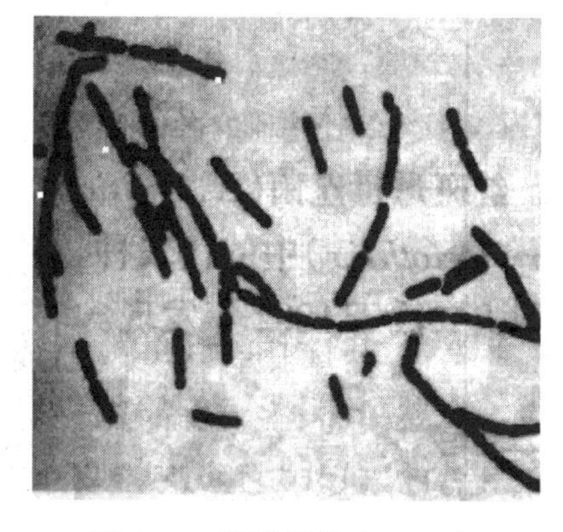

图13-6　炭疽杆菌（×1000）

炭疽杆菌为革兰氏阳性大杆菌，大小为（1.0～3.0）μm×（5.0～10.0）μm，两端平截，在动物或人体标本中常成对或呈短链状排列，经人工培养后多呈长链状排列，形似竹节，无鞭毛。有芽胞，位于菌体中央，卵圆形，菌体不膨大（图13-6）。在机体内或含血清的培养基上能形成荚膜，在含8g/L的$NaHCO_3$固体培养基上，于5%～20% CO_2的条件下培养，也能形成荚膜。动物体内的炭疽杆菌，只有在体外接触氧气时才能形成芽胞，而在动物体内形成荚膜。

炭疽杆菌为需氧或兼性厌氧菌，在pH 6.0～8.5，温度14～44℃的条件下均可生长。但在pH 7.0～7.4，温度30～35℃，有氧环境下发育最好。营养要求不高，在普通琼脂平板上，37℃培养24h，可形成直径2～3mm的菌落。菌落扁平粗糙、灰白色、不透明、干燥无光泽、边缘不整齐，在低倍显微镜下观察，边缘呈卷发状。“串珠试验”为本菌特有的反应，常用于与其他好氧芽胞杆菌的鉴别。于固体或液体培养基中每毫升加入0.05～0.50单位青霉素G，菌体形成串珠状，称此为“串珠试验”。

炭疽杆菌能分解葡萄糖、麦芽糖、蔗糖和蕈糖，有些菌株尚可迟缓发酵甘油及水杨素，均产酸不产气；能水解淀粉和乳蛋白；不发酵乳糖、阿拉伯胶糖、鼠李糖、甘露糖、半乳糖、棉子糖、甘露醇、卫矛醇和山梨醇；能还原硝酸盐为亚硝酸盐；甲基红试验和V. P.试验阴性，不产生靛基质和硫化氢，在牛乳中生长2～4d后，牛乳凝固，然后缓慢胨化，不能利用枸橼酸盐和尿素；卵磷脂酶反应弱；过氧化氢酶阳性。

（2）抵抗能力

炭疽杆菌繁殖体的抵抗力较弱。60℃经30～60min，或75℃经5～15min即被杀死。一般浓度的消毒药短时间内即死亡。但其芽胞对干燥和高热抵抗力较强。抗干燥，土壤或皮毛中能存活数10年，传染性也可持续数10年；抗热性强，干热灭菌140℃、3h，0.01MPa蒸汽灭菌5～10min，流通蒸汽30～60min才可杀死芽胞；耐低温，−10～−5℃冰冻状态存活4年，−190℃液氧条件下，芽胞仍有活力；对各种消毒药抵抗力不同，1∶2500碘液10min，3%H_2O_2 1h，0.5%过氧乙酸10min，4%高锰酸钾15min，1∶2000升汞40min均可杀灭芽胞；环氧乙烷对炭疽杆菌芽胞有很好的杀灭作用，可作为疑似污染炭疽杆菌芽胞的兽皮与毛皮及其制品的消毒剂；对磺胺类、青霉素、红霉素、氯霉素均敏感。

（3）食品污染的来源及途径

人感染本病多半表现为局限型，分为皮肤炭疽、肺炭疽和肠炭疽。其主要传播途径：①皮肤炭疽。屠宰工人破损的皮肤和外表黏膜接触了病畜或死畜而引起皮肤炭疽。②肺炭疽。皮革加工人员在处理病畜的皮张、鬃毛等时，吸入了含炭疽杆菌芽胞的尘埃，而发生肺炭疽。③肠炭疽。人误食处理不当带有炭疽杆菌芽胞的病死畜肉或其加工制品，可引起急性肠炭疽。

（4）污染食品的危害

此3型炭疽均可并发败血症和炭疽性脑膜炎，表现为剧烈腹痛、呕吐、脓血样便，如治疗不及时则很快死亡。草食动物，如绵羊、牛和马最易感染，导致急性和亚急性败血症。

（5）预防措施

牛羊肉上市要经兽医严格检疫。对患该病的畜尸应彻底焚烧深埋，严格消毒污染场地，严禁尸体剖检诊断，与病畜或畜肉接触过的工作人员，必须受到卫生上的护理。

13.6 食品介导的消化道传染病的病原菌

食品中除了某些致病菌引起食物中毒外，有一些菌还可通过消化道引起传染病。消化道传染病是由于被致病菌污染的食品经口侵入消化道内所引起的疾病，该种传染病的病原菌具有较强的致病力，仅少量即可引起疾病的发生，并且人与人之间能直接传染。而食物中毒虽然也是由致病菌侵入消化道引起的，但所需致病菌数量较大，而且人与人之间不直接传染。下面介绍几种常见的引起消化道传染病的致病性细菌。

13.6.1 伤寒沙门氏菌和副伤寒沙门氏菌

伤寒沙门氏菌（*S. typhi*）和副伤寒沙门氏菌（*S. paratyphi*）隶属于沙门氏菌属（*Salmonella*），是伤寒和副伤寒病的病原菌。

图 13-5 伤寒沙门氏菌（×1000）

（1）生物学特性

伤寒和副伤寒沙门氏菌为G^-短杆菌，有周身鞭毛，无芽胞，无荚膜。在麦康凯琼脂平板上形成无色、透明的菌落。在SS琼脂平板上呈无色、透明状，但大部分菌落中央呈黑色（产H_2S）。在HE琼脂平板上菌落呈蓝绿色（图13-5）。

（2）抵抗能力

伤寒沙门氏菌和副伤寒沙门氏菌在自然界的抵抗力比痢疾杆菌强，在许多食品中可长期存活并繁殖，乳制品、肉汤、豆浆是其良好的培养基。

（3）食品污染来源及传播途径

伤寒沙门氏菌和副伤寒沙门氏菌主要通过粪便—食品—人口途径传播，传染源多为患者和无症状带菌者。患者的粪、尿中可排出大量病原菌，1g粪便含病原菌数亿个。带菌者因流动频繁而引起伤寒病的扩散流行。被粪便污染的用具和水及苍蝇，再污染食品继续繁殖，可造成细菌大量积聚。带菌的食品从业人员接触消毒后的食品亦成为病原菌的重要传播者。

（4）污染食品的危害

发病迟缓，潜伏期为3～10d，长达35d，表现出头痛、持续高热、食欲缺乏、腹胀、腹泻等症状。自然病程平均为 4 周，经治疗病程可缩短。副伤寒症状与伤寒相似，但症状较轻，病程也短。

（5）预防措施

加强对饮水、食品的卫生监督，断绝病原菌的传播途径。

13.6.2　痢疾志贺氏菌

痢疾志贺氏菌（*S. dysenteriae*）隶属于肠杆菌科、志贺氏菌属（*Shigella*），痢疾志贺氏菌是导致典型细菌性痢疾的病原菌。

（1）生物学性状

该属菌为革兰氏阴性菌，兼性厌氧菌，细胞呈短杆状，大小为（0.5～1.0）μm×（2.0～4.0）μm，无芽胞，无荚膜，无鞭毛，有菌毛（图 13-6）。菌落无色半透明、圆形、边缘整齐，大多数志贺氏菌不分解乳糖，分解葡萄糖，产酸不产气。分解甘露醇和产生靛基质的能力，可因菌种而异。不产生硫化氢。最适生长温度 37℃，最适 pH 为 7.2～7.4。对各种糖的利用能力较差，一般不产生气体。

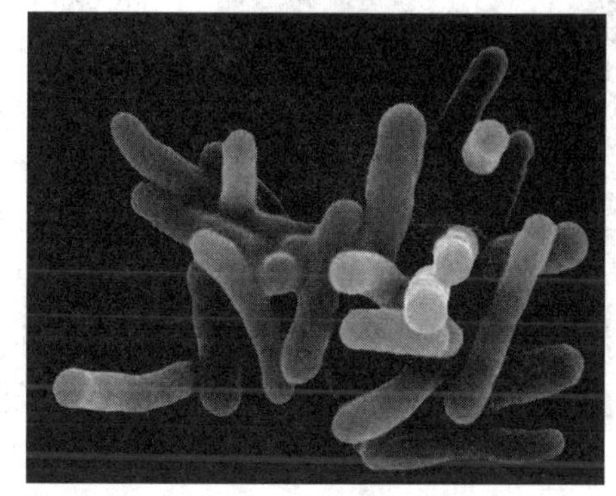

图 13-6　志贺氏菌电镜照片

（2）抵抗能力

志贺氏菌对理化因素的抵抗力较其他肠道菌弱，不同种类志贺氏菌的抵抗力亦有差异。在外界环境中的生存力，以痢疾志贺氏菌最弱。在 37℃水中可存活 20d，在−2℃冰块内可存活 53d，在水果、蔬菜或咸菜上能存活 10d 左右。一般加热 50℃经 15min、60℃经 10min 或在直射阳光下 30min 即可死亡。对一般化学消毒剂敏感，1%石炭酸、1%漂白粉或苯扎溴铵中 15～30min 能被有效杀死。对酸敏感，在粪便中由于其他细菌繁殖并产酸，仅能存活数小时。

（3）食品污染的来源及传播途径

引起中毒的食品主要是水果、蔬菜、沙拉、凉拌菜、肉类、奶类及其熟食品。经粪—口途径传播。患者和带菌者的粪便是污染源，从事餐饮业的人员中志贺氏菌携带者具有更大的危害性。带菌的手、苍蝇、用具，以及沾有污水的食品容易传播志贺氏菌。食品被污染后，在较高温度下存放较长时间，菌体就会大量繁殖并产毒，经口进入消化道后，引起食物中毒。

（4）污染食品的危害

该菌随食物进入胃肠后侵入肠黏膜组织，生长繁殖。当菌体破坏后，释放内毒素，作用于肠壁、肠黏膜和肠壁植物性神经，引起一系列症状。志贺氏菌中毒的潜伏期为6～24h，主要症状为剧烈腹痛、呕吐、频繁水样腹泻、脓血和黏液便。还可引起毒血症，患者发热达40℃以上，意识出现障碍，严重者出现休克。

（5）预防措施

加强食品卫生管理，严格执行卫生制度，加强食品从业人员的肠道带菌检查。早期发现患者及带菌者，及时隔离和彻底治疗，是控制菌痢的重要措施。

13.6.3　霍乱弧菌与副溶血性弧菌

霍乱弧菌（*V. cholerae*）、副溶血性弧菌（*V. parahemolyticus*）隶属于弧菌属（*Vibrio*），是烈性传染病霍乱的病原菌，霍乱被列为国境检疫的传染病，曾在世界上发生过几次大流行，至今仍未止息。

图 13-7　霍乱弧菌（×1000）

霍乱弧菌有两个生物型，一个为古典生物型（classical biotype），另一个为 ElTor 生物型（ElTor biotype）。目前世界上一些地区流行的病原主要为 ElTor 生物型。

（1）生物学性状

菌体弯曲呈弧状或逗点状，大小为 0.5～0.8μm，霍乱弧菌端生单鞭毛（扫描电镜观察可见极端鞭毛），运动极为活泼，呈小鱼穿梭状。无芽胞、无荚膜，电镜观察有普通菌毛和性菌毛（图 13-7）。革兰氏染色阴性，兼性厌氧菌。最适生长温度 36～37℃，最适 pH 7.2～7.4，在 pH 8.2～9.2 的环境中仍能生长，对营养要求不高，在普通营养琼脂上生长良好。能在无盐培养基上生长，但有 NaCl 能刺激生长。

（2）抵抗能力

本菌对热、干燥、日光及一般消毒剂均很敏感，在 55℃湿热中经 5min 死亡，100℃煮沸 1～2min 被杀死。耐碱而不耐酸，在正常胃酸中仅能存活 4min。在蔬菜、水果上能存活 1 周，在冰内能存活 4d。对较多的抗生素如链霉素、氯霉素、四环素、红霉素等均敏感，黄连、大蒜等对本菌也有一定的杀菌作用。

（3）食品污染的来源及传播途径

病菌通过水、苍蝇、食品等传播，传染源主要是患者和带菌者，尤其是水体被污染后可造成暴发性大流行。

（4）污染食品的危害

发病突然，潜伏期 2～3d，最短为数小时。临床上有两种类型：一类为肠胃炎型，有腹泻、恶心、呕吐等症状；另一类为侵袭型，有发热、腹痛和血性黏液样粪便等症状。重症者休克、死亡。

（5）预防措施

应加强国境检疫和疫情通报，着重水的管理和粪便管理，注意饮食卫生。

思考题

1. 请说明食源性疾病、食物中毒和有毒食物的概念。
2. 简述食物中毒的特点与分类。
3. 常见的细菌性食物中毒有哪些?

4. 霉菌毒素引起的食物中毒的特点是什么?它与细菌性食物中毒有何不同?

5. 简述各种霉菌毒素的性质、中毒症状和中毒机制，防毒与去毒措施有哪些?

6. 简述甲型肝炎病毒、禽流感病毒和疯牛病病毒的生物学特性、致病因素、抵抗力及其主要传播途径有哪些?

7. 简述炭疽杆菌、布鲁氏杆菌、结核分枝杆菌的生物学特性及食品污染来源和预防措施。

8. 简述志贺氏菌、霍乱弧菌、伤寒沙门氏菌及副伤寒沙门氏菌的生物学特性及其引起人消化道传染病的发生原因与临床症状。

参考文献

陈炳卿, 刘志诚, 王茂起. 2001. 现代食品卫生学. 北京: 人民卫生出版社: 745-780.
陈红霞, 李翠华. 2008. 食品微生物学及实验技术. 北京: 化学工业出版社: 203-213.
杜巍. 2007. 食品安全与疾病术. 北京: 人民军医出版社: 222-240.
李文芳. 2005. 卫生检验学. 武汉: 湖北科学技术出版社: 161-226.
刘秀梅. 全球微生物食品安全现状与挑战. 中国食品报, 2004-06-25.
娄峰阁, 杜红梅, 屈晓光, 等. 2007. 公共卫生实用技术. 长春: 吉林科学技术出版社: 165-188.
糜漫天. 2009. 军队营养与食品卫生学. 北京: 军事医学科学出版社: 344-425.
中国食品科学技术学会秘书处. 2012. 微生物引起的食源性疾病是头号食品安全问题: 国际权威齐聚厦门共同关注微生物危害. 食品与机械, 25(5): 269-270.
Elaine S, Patricia M G, Frederick J A, et al. 2011. Foodborne illness acquired in the United States-unspecified agents. Emerg Infect Dis, 17(1): 16-22.
Fact sheet N°237. 2007. Food safety and foodborne illness. Geneva: World Health Organization.
Jean C B, Paul D F, Barbara R. 2001. Product Liability and Microbial Foodborne Illness. Washington, DC: Diane Publishing Company: 3-7.
Ruth B. 2006. Food-brone Illnesses. New York: Marshall Cavendish Corporation: 6-10.

第14章　微生物与食品安全

概述

随着科技的发展，生活水平的提高，人们对食品生产中发生食品污染问题的认识日益加深，而食品在生产、加工、贮存、运输、销售的各个环节都可能受到生物污染，危害人体健康。微生物无处不在，空气、水、土壤和人体表面都有微生物，食品及其原料含有多种多样的微生物。因此，在食品贮藏和加工过程中来自微生物的污染会引起食品的腐败变质。由食品腐败变质引起的食物中毒和食源性疾病的发生是影响食品安全的重要因素，也是食品卫生和安全中经常且普遍遇到的实际问题，因此必须掌握食品腐败变质的规律，以便采取有效的控制措施。本章将就食品卫生、安全和有关的微生物学标准及检验方法进行介绍，以帮助读者了解相关的知识，熟悉常见的食品微生物学指标和相应的检验方法，了解其食品卫生学意义，并在食品的生产经营工作中遵照执行。

14.1　食品卫生与标准

14.1.1　食品卫生

食品卫生是一个很宽泛的概念，既涉及食品的营养，又涉及食品的安全。所谓食品卫生，世界卫生组织专门委员会所给的定义是："食品卫生就是在食品的来源、生产、制造至最后被人摄取的一切阶段中，为确保食品的安全性、健全性及防止恶劣化的所有手段。"因而，食品卫生是在食品的来源、生产、制造、流通及消费过程中，为确保安全，防止饮食引起的病害——食物性病害的知识和技术。一般食品的卫生要求是：无毒、无病原微生物污染、无寄生虫污染、无螨类污染、无其他有害物质等。

标准是对重复性事物和概念所做的统一规定。它以科学、技术和实践经验的综合成果为基础，经有关方面协商一致，由主管机构批准，以特定形式发布，作为共同遵守的准则和依据。食品卫生标准由食品卫生指标、卫生管理办法、检验方法3个主要部分组成。其中我国制定的食品卫生指标主要包含3方面内容：①食品的感官指标，主要指色、香、味、型；②食品的理化指标，主要指食品所含的各种化学成分，包括营养成分和可能的有害成分，对于有害成分，特别要注意限量多少；③微生物指标，它不仅和食品的腐败变质有关，更重要的是直接关系到食品食用后是否安全。通过规定食品的微生物指标、理化指标、检测方法、保质期等一系列的内容，使符合标准的食品具有安全性。因此，食品卫生标准可以保证食品卫生、防止食品污染和有害化学物质对人体健康的威胁。

《中华人民共和国食品卫生法》已于2009年6月1日废止，同时施行《中华人民共和国食品安全法》。《中华人民共和国食品安全法》第二十二条规定，国务院卫生行政部门应当对现行的食用农产品质量安全标准、食品卫生标准、食品质量标准和有关食品的行业标准中强制执行的标准予以整合，统一公布为食品安全国家标准。《中华人民共和国食品安全法》规定的食品安全国家标准公布前，食品生产经营者应按照现行食用农产品质量安全标准、食品卫生标准、食品质量标准和有关行业标准生产经营食品。

14.1.2　食品卫生的微生物学标准

食品卫生研究食品中可能存在的、威胁人体健康的有害因素及其预防措施，提高食品的卫生质量，从而保护消费者的安全。

食品微生物学标准就是根据食品卫生的要求，从微生物学的角度，对不同食品提出具体指标要求。我国的食品安全国家标准中，食品微生物指标主要有细菌总数、大肠菌群和致病菌 3 项，有些食品对霉菌和酵母菌也提出了具体要求。

在我国 GB 4789 系列食品安全国家标准食品微生物学检验标准中，现行有效的食品微生物学检验标准目录如下。

GB 4789.1—2010 食品安全国家标准　食品微生物学检验 总则
GB 4789.2—2010 食品安全国家标准　食品微生物学检验 菌落总数测定
GB 4789.3—2010 食品安全国家标准　食品微生物学检验 大肠菌群计数
GB 4789.4—2010 食品安全国家标准　食品微生物学检验 沙门氏菌检验
GB 4789.5—2012 食品安全国家标准　食品微生物学检验 志贺氏菌检验
GB/T 4789.6—2003 食品卫生微生物学检验　致泻大肠埃希氏菌检验
GB 4789.7—2013 食品卫生微生物学检验　副溶血性弧菌检验
GB/T 4789.8—2008 食品卫生微生物学检验　小肠结肠炎耶尔森氏菌检验
GB/T 4789.9—2008 食品卫生微生物学检验　空肠弯曲菌检验
GB 4789.10—2010 食品安全国家标准食品微生物学检验 金黄色葡萄球菌检验
GB/T 4789.11—2003 食品卫生微生物学检验　溶血性链球菌检验
GB/T 4789.12—2003 食品卫生微生物学检验　肉毒梭菌及肉毒毒素检验
GB 4789.13—2012 食品安全国家标准　食品微生物学检验　产气荚膜梭菌检验
GB/T 4789.14—2003 食品卫生微生物学检验　蜡样芽胞杆菌检验
GB 4789.15—2010 食品安全国家标准食品微生物学检验　霉菌和酵母计数
GB/T 4789.16—2003 食品卫生微生物学检验　常见产毒霉菌的鉴定
GB/T 4789.17—2003 食品卫生微生物学检验　肉与肉制品检验
GB 4789.18—2010 食品安全国家标准食品微生物学检验　乳与乳制品检验
GB/T 4789.19—2003 食品卫生微生物学检验　蛋与蛋制品检验
GB/T 4789.20—2003 食品卫生微生物学检验　水产食品检验
GB/T 4789.21—2003 食品卫生微生物学检验　冷冻饮品、饮料检验
GB/T 4789.22—2003 食品卫生微生物学检验　调味品检验
GB/T 4789.23—2003 食品卫生微生物学检验　冷食菜、豆制品检验

GB/T 4789.24—2003 食品卫生微生物学检验　糖果、糕点、蜜饯检验

GB/T 4789.25—2003 食品卫生微生物学检验　酒类检验

GB 4789.26—2013 食品卫生微生物学检验　食品商业无菌检验

GB/T 4789.27—2008 食品卫生微生物学检验　鲜乳中抗生素残留检验

GB 4789.28—2013 食品卫生微生物学检验　培养基和试剂的质量要求

GB/T 4789.29—2003 食品卫生微生物学检验　椰毒假单胞菌酵米面亚种检验

GB 4789.30—2010 食品安全国家标准食品微生物学检验　单核细胞增生李斯特氏菌检验

GB 4789.31—2013 食品卫生微生物学检验　沙门氏菌、志贺氏菌和致泻大肠埃希氏菌的肠杆菌科噬体检验方法

GB/T 4789.32—2002 食品卫生微生物学检验　大肠菌群的快速检测

GB 4789.34—2012 食品安全国家标准食品微生物学检验　双歧杆菌的鉴定

GB 4789.35—2010 食品安全国家标准食品微生物学检验　乳酸菌检验

GB/T 4789.36—2008 食品卫生微生物学检验　大肠埃希氏菌 O157：H7/NM 检验

GB 4789.38—2012 食品安全国家标准食品微生物学检验　大肠埃希氏菌计数

GB/T 4789.39—2013 食品卫生微生物学检验　粪大肠菌群计数

GB 4789.40—2010 食品安全国家标准食品微生物学检验　阪崎肠杆菌检验

14.1.2.1　菌落总数

菌落是指细菌在固体培养基上生长繁殖而形成的能被肉眼识别的生长物，它是由数以万计相同的细菌集合而成，故又有细菌集落之称。当样品被稀释到一定程度，与培养基混合，在一定培养条件下，每个能够生长繁殖的细菌细胞都可以在平板上形成一个可见的菌落。

我国的 GB 4789.2—2010 食品安全国家标准《食品微生物学检验 菌落总数测定》中 2.1 条规定，菌落总数（aerobic plate count）是食品检样经过处理，在一定条件下（如培养基、培养温度和培养时间等）培养后，所得每克（或每毫升）检样中形成的微生物菌落总数。

按国家标准方法规定，即在需氧情况下，（36±1）℃培养（48±2）h［水产品（30±1）℃培养（72±3）h］，能在普通营养琼脂平板上生长的细菌菌落总数。菌落计数时应注意以下几点：①若所有稀释度的平板上菌落数均大于300CFU，则对稀释度最高的平板进行计数，其他平板可记录为多不可计，结果按平均菌落数乘以最高稀释倍数计算；②若所有稀释度的平板菌落数均小于30CFU，则应按稀释度最低的平均菌落数乘以稀释倍数计算；③若所有稀释度（包括液体样品原液）平板均无菌落生长，则以小于1乘以最低稀释倍数计算；④若所有稀释度的平板菌落数均不在30～300CFU内，其中一部分小于30CFU或大于300CFU时，则以最接近30CFU或300CFU的平均菌落数乘以稀释倍数计算；⑤菌落数报告为CFU/g或CFU/mL。

在国家标准规定培养条件下所得的结果，只包括一群在平板计数琼脂上生长发育的

嗜中温需氧菌或兼性厌氧菌菌落总数，不考虑其种类，并且不能表示实际所有细菌总数，是指活菌计数、需氧菌数。所以厌氧或微需氧菌、有特殊营养要求的及非嗜中温的细菌，由于现有条件不能满足其生理需求，故难以繁殖生长，并未包括在标准平板计数内。因此菌落总数并不表示实际中的所有细菌总数，菌落总数并不能区分其中细菌的种类，所以有时被称为杂菌数、需氧菌数等。即整个培养期间长出菌落并不能反映食品中所有微生物菌群状况，通过标准平板计数法获得的微生物菌落数仅仅反映在给定生长条件下可生长这些微生物的情况。微生物学中所有以培养物为基础的测试，其结果都会受到培养条件“不完善”的影响，如果改变生长条件的话，则观察到正在生长的微生物可能相同，也可能不同。自然界细菌的种类很多，各种细菌的生理特性和所要求的生活条件不尽相同。如果要检验样品中所有种类的细菌，必须用不同的培养基及不同的培养条件，这样工作量将会很大。从实践中得知，尽管自然界细菌种类繁多，但异养、中温、好气性细菌占绝大多数，这些细菌基本代表了造成食品污染的主要细菌种类，因此，在实际工作中，细菌总数就是指能在营养琼脂上生长的好氧性嗜温细菌的菌落总数。

食品中细菌总数的食品卫生学意义主要有两个方面。第一个方面的意义是可作为食品被微生物污染程度的标志，它反映食品在生产过程中是否符合卫生要求，以便对被检样品做出适当的卫生学评价，是食品卫生指示性指标。许多实验结果表明，食品中细菌数量越多，说明食品被污染的程度越重、越不新鲜、对人体健康威胁越大；相反，食品中细菌数量越少，说明食品被污染的程度越轻，食品卫生质量越好。在我国的食品安全国家标准中，针对各类不同的食品分别制定出了不允许超过的数量标准，借以控制食品污染的程度。第二个方面的意义是菌落总数的多少在一定程度上标志着食品卫生质量的优劣，通过检测可预测食品的货架期。食品中细菌数量越少，食品可存放的时间就越长；相反，食品的可存放时间就越短。因此菌落总数是判断食品卫生质量的重要依据之一。

14.1.2.2　大肠菌群

大肠菌群并非细菌学分类命名，而是卫生细菌领域的用语，它不代表某一个或某一属细菌，而指的是具有某些特性的一组与粪便污染有关的细菌，这些细菌在生化及血清学方面并非完全一致。按照 GB 4789.3—2010 食品安全国家标准《食品微生物学检验 大肠菌群计数》中 2.1 条的规定，大肠菌群（coliform）是在一定培养条件下能发酵乳糖、产酸产气的需氧和兼性厌氧的革兰氏阴性无芽胞杆菌。一般认为，该菌群细菌可包括大肠埃希氏菌、柠檬酸杆菌、产气克雷伯氏菌和阴沟肠杆菌等。

大肠菌群及其食品卫生学意义：大肠菌群中以埃希氏杆菌属为主，埃希氏杆菌属被俗称为典型大肠杆菌。大肠菌群分布较广，在温血动物粪便和自然界中广泛存在。调查研究表明，大肠菌群细菌多存在于温血动物粪便、人类经常活动的场所及有粪便污染的地方，人、畜粪便对外界环境的污染是大肠菌群在自然界存在的主要原因。粪便中多以典型大肠杆菌为主，而外界环境中则以大肠菌群其他型较多。本群中典型大肠杆菌以外的菌属，除直接来自粪便外，也可能来自典型大肠杆菌排出体外 7～30d 后在环境中的变异。所以食品中检出大肠菌群，表示食品受到人和温血动物的粪便污染，其中典型大肠杆菌为粪便近期污染，其他菌属则可能为粪便的陈旧污染。大肠菌群数的高低，表明了粪便污染的程度，也反映了对人体健康危害性的大小。粪便是人类肠道排泄物，其中有健康人粪便，也有肠道患者或带菌者的粪便，所以粪便内除一般正常细菌外，同时也会有一些肠道致病菌存在（如沙门氏菌、志贺氏菌等），因而食品中有粪便污染，则可以推测该食品中存在着肠道致病菌污染的可能性，潜伏着食物中毒和流行病的威胁，必须看作对人体健康具有潜在的危险性。大肠菌群是评价食品卫生质量的重要指标之一，目前已被国内外广泛应用于食品卫生工作中，主要是以该菌群的检出情况来表示食品中有无粪便污染。根据食品中被检出的大肠菌群数量的多少就可判定食品卫生质量，大肠菌群数量越多，则表明该食品被粪便污染的程度越大，受肠道中的病原菌污染的可能性越大；相反，则越小。

食品中大肠菌群的数量，我国和许多国家均以每 100g 或 100mL 检样中大肠菌群最可能数（most probable number，MPN）来表示。这是按照一定检验方法得到的估计数值，我国统一采用样品 3 个稀释度各接种 3 个管，乳糖发酵、分离培养和复发酵试验，然后根据大肠菌群 MPN 检索表报告结果。

在国家规定的食品安全标准中，对一些食品的大肠菌群允许量做了明确规定，不得超出标准规定的数量。

14.1.2.3 致病菌

能够引起人们发生疾病的微生物称为病原微生物或致病菌（pathogenic organism）。病原微生物包括细菌、病毒、螺旋体、立克次氏体、衣原体、支原体、真菌及放线菌等。一般所说的致病菌指的是病原微生物中的细菌。细菌的致病性与其毒力、侵入数量及侵入门户有关。

致病菌的食品卫生学意义：任何食品都不得检出致病菌，即食品中不允许有致病性病原菌存在，这是一项非常重要的食品卫生质量指标，也是食品卫生质量指标中必不可少的指标之一。食品中致病菌的存在所引起的对人类健康的危险，已不再是推测性和潜在性的，而是肯定性和直接的。

由于病原菌种类繁多，并且食品种类繁多，不同的食品其加工、贮藏条件各异，因此被病原菌污染情况是不同的。不能用少数几种方法将多种致病菌全部检出，而且在绝大多数情况下，污染食品的致病菌数量不多，所以不可能对食品中的所有病原菌都进行重点检验，只能根据不同食品可能被污染的情况来针对性地检查，选定某个种类或某些种类致病菌作为检验的重点对象。例如，海产品以副溶血性弧菌作为参考菌群，蛋、禽、肉类食品必须做沙门氏菌的检查，酸度不高的罐头食品必须做肉毒梭菌及其毒素检查，牛乳以结核分枝杆菌和布氏杆菌检查为主。而在发生食物中毒时必须根据当时当地传染病的流行情况，有重点地增加一定的致病菌检验项目。我国的 GB 4789 系列标准中规定了一些致病菌的检查方法。表 14-1 列出了主要的食源性致病细菌介绍。

表 14-1　主要食源性致病细菌介绍

生物名称	来源与相关食物	症状
蜡样芽胞杆菌 (*Bacillus cereus*)	来源：土壤、灰尘 相关食物：米饭、意大利面食、调味料、布丁、汤、砂锅菜（砂锅炖肉加什锦蔬菜）、面粉糕饼、肉、牛乳	病情发作：食用后 6～15h 持续时间：24h 疾病症状：水泻、腹部绞痛、恶心、呕吐
弯曲杆菌属（弧菌） (*Campylobacter*)	来源：土壤、水、动物肠道 相关食物：生的或轻微烹饪的家禽肉和其他肉食、未经巴氏杀菌的牛乳和乳制品	病情发作：食用后 2～5d 持续时间：2～10d 疾病症状：腹泻（有时带血）、腹部疼痛、发烧、头痛，可能并发脑膜炎和关节炎等症
肉毒梭状芽胞杆菌 (*Clostridium botulinum*)	来源：细菌的孢子广泛散布于土壤和动物肠道，在厌氧环境下产生毒素 相关食物：非正确加工的罐藏食品，特别是低酸性食品和肉；油脂产品中的蒜；熏鱼	病情发作：食用后一般 12～36h 时间可达 4h～8d 持续时间：几天至 1 年 疾病症状：肌肉无力，头昏眼花、复视，说话和吞咽困难，呼吸系统进行性麻痹，可导致死亡
产气荚膜梭菌 (*Clostridium perfringens*)	来源：下水道、土壤、灰尘、水、动物和人类肠道 相关食物：非正确保存、烹饪或再次加热的食品；肉、家禽、炖肉、砂锅菜、肉汤	病情发作：食用后 8～24h 持续时间：24h 疾病症状：剧烈腹痛，腹泻
埃希大肠杆菌 O157：H7 (*Escherichia coli* O157：H7)	来源：埃希氏大肠杆菌正常存在于所有动物，包括人的肠道。埃希氏大肠杆菌 O157：H7 是埃希氏大肠杆菌中很少见的一种，产生大量毒素，严重破坏肠道内壁 相关食物：生的绞细的牛肉、生牛乳、生牛乳制作的奶酪，未经巴氏杀菌的果汁	病情发作：食用后 3～8d 持续时间：通常病情平均持续 8d 疾病症状：腹部绞痛严重、腹痛，开始为水泻，后发展为带血，偶尔有呕吐，可能有低烧；特别是老幼患者可发展为溶血性尿毒综合征（HUS），以肾衰竭、溶血性贫血为特征，可致死
李斯特氏单胞菌属 (*Listeriamonocytogene*)	来源：土壤、水、动物肠道。与大部分细菌相比，在低温能生长，耐热、耐冷并耐干燥 相关食物：未经巴氏杀菌的牛乳，软奶酪；生肉和家禽，热狗；午餐肉、冷藏即食快餐、生蔬菜（如果施用含生物的粪肥）	病情发作：食用后 1d～3 周 持续时间：不明 疾病症状：发烧、头痛、恶心、呕吐，主要影响有免疫疾病的人和孕妇，可致死，致脑膜炎、脑炎和败血病
沙门氏菌属 (*Salmonella*)	来源：人和动物肠道 相关食物：生鸡蛋、生肉和家禽、未经巴氏杀菌的牛乳和乳制品、虾、奶油冻、调味料、奶油甜食	病情发作：一般食用后 6～48h 持续时间：1～2d 或更长，复发取决于宿主因素和摄取剂量 疾病症状：恶心、呕吐、腹部绞痛、腹泻、发烧、头痛，上述症状发作后，持续 3～4 周的关节炎症状
志贺氏菌属 (*Shigella*)	来源：患菌痢或带菌的人和灵长类动物，可经常在人粪便污染的水中发现 相关食物：色拉（马铃薯、金枪鱼、虾、通心面和鸡肉）、生蔬菜、乳与乳制品、家禽。一般通过粪便污染的水和不清洁的食物操作者而污染到上述食物中	病情发作：食用后 12～48h 持续时间：1～2d，也许持续月余 疾病症状：腹部绞痛、腹泻、发烧。有时呕吐，大便也许带血、脓或黏液，病后可能有关节炎症状
金黄色葡萄球菌 (*Staphylococcus aureus*)	来源：最初人和动物携带，存在于鼻腔、咽喉和头发及表皮 相关食物：肉和家禽制品，如鸡蛋、色拉（马铃薯、金枪鱼、虾、通心面和鸡肉）、奶油甜食、三明治夹心、乳与乳制品等	病情发作：一般食用后 0.5～8h 持续时间：1～2h 疾病症状：腹泻、呕吐、恶心、腹痛、腹部绞痛并虚弱，很少致命

续表

生物名称	来源与相关食物	症状
副溶血性弧菌（*Vibrio parahemolyticus*）	来源：海岸环境 相关食物：生的、未经正确热加工的鱼、甲壳类动物，感染多发生在温暖的季节	病情发作：食用后4～96h 持续时间：平均2.5d 疾病症状：腹泻、腹部绞痛、恶心、呕吐、头痛、发烧和寒颤
霍乱弧菌（*Vibrio cholerae*）	来源：从海岸水域打捞的甲壳类动物经常受到感染 相关食物：生的、未经正确热加工的甲壳类动物	病情发作：食用后48h 持续时间：6～7d 疾病症状：腹泻、腹部绞痛并发烧

14.1.2.4　霉菌及其毒素

霉菌属真菌为多细胞型，呈丝状，分枝交织成团，霉菌在自然界分布很广。由于其可形成各种微小的孢子，因而很容易污染食品。霉菌污染食品后不仅可以破坏食品的品质，导致腐败变质，有些霉菌还可产生毒素，造成误食的人畜发生霉菌毒素中毒，造成严重的食品安全问题。人和动物一次性摄入含大量霉菌毒素的食物常会发生急性中毒，而长期摄入含少量霉菌毒素的食物则会导致慢性中毒和癌症。因此，粮食及食品发生霉变不仅会造成经济损失，误食还会造成人畜急性或慢性中毒，甚至导致癌症。

1. 霉菌产毒的特点

①霉菌产毒仅限于少数的产毒霉菌，而且产毒菌种中也只有一部分菌株产毒。②产毒菌株的产毒能力还表现出可变性和易变性，产毒菌株经过多代培养可以完全失去产毒能力，而非产毒菌株在一定条件下可出现产毒能力。因此，在实际工作中应该随时考虑这一问题。③一种菌种或菌株可以产生几种不同的毒素，而同一霉菌毒素也可由几种霉菌产生。④产毒菌株产毒需要一定的条件，主要是基质种类、水分、温度、湿度及空气流通情况。

2. 主要产毒菌

目前，已知可污染粮食及食品并具有产毒菌株的霉菌有以下属种：曲霉属的黄曲霉、赫曲霉、杂色曲霉、烟曲霉、构巢曲霉和寄生曲霉，青霉属的岛青霉、橘青霉、黄绿青霉、红色青霉、扩展青霉、纯绿青霉、展开青霉、斜卧青霉等，镰刀菌属的串珠镰刀霉、禾谷镰刀霉、三线镰刀菌、玉米赤霉、梨孢镰刀菌、无孢镰刀菌、雪腐镰刀菌、拟枝孢镰刀菌、木贼镰刀菌、茄属镰刀菌、粉红镰刀菌等，以及交链孢霉属、粉红单端孢霉、木霉属、漆斑菌属、黑色葡萄穗霉等。

3. 主要的霉菌毒素

霉菌毒素是霉菌产生的一种有毒的次生代谢产物，自从20世纪60年代发现强致癌的黄曲霉毒素以来，霉菌与霉菌毒素对食品的污染日益受到重视。霉菌毒素通常具有耐高温，无抗原性，主要侵害实质器官的特性，而且霉菌毒素多数还具有致癌作用。霉菌毒素的作用包括减少细胞分裂，抑制蛋白质合成和 DNA 的复制，抑制 DNA 和组蛋白形成复合物，影响核酸合成，降低免疫应答等。根据霉菌毒素作用的靶器官，可将其分为肝脏毒、肾脏毒、神经毒、光过敏性皮炎等。

（1）黄曲霉毒素

黄曲霉毒素（alfatoxin，简称 AFT 或 AT）是黄曲霉和寄生曲霉产生的二次代谢产物，是结构类似的一组化合物，均为二呋喃香豆素的衍生物。已发现的黄曲霉毒素有 20 多种。在紫外光下产生蓝紫色荧光的为黄曲霉毒素 B_1 和 B_2。产生黄绿色荧光的为黄曲霉毒素 G_1 和 G_2。人及动物摄入黄曲霉毒素 B_1 和 B_2 后，在乳汁和尿中可检出其代谢产物黄曲霉毒素 M_1 和 M_2。黄曲霉毒素的衍生物中以黄曲霉毒素 B_1 的毒性及致癌性最强，它的毒性比氰化钾强 100 倍，仅次于肉毒毒素，是真菌毒素中毒性最强的；致癌作用比已知的化学致癌物都强，比二甲基亚硝胺强 75 倍。黄曲霉毒素 B_1 在食品中的污染也最普遍，故在食品卫生监测中，主要以黄曲霉毒素 B_1 为污染指标。黄曲霉毒素 M_1 的毒性和致癌性与黄曲霉毒素 B_1 相近似。

黄曲霉毒素具有耐热的特点，在水中溶解度很低，能溶于油脂和多种有机溶剂。

黄曲霉毒素污染可发生在多种食品上，如粮食、油料、水果、干果、调味品、乳和乳制品、蔬菜、肉类等。其中以玉米、花生和棉籽油最易受到污染，其次是稻谷、小麦、大麦、豆类等。花生和玉米等谷物是产黄曲霉毒素菌株适宜生长并产生黄曲霉毒素的基质。花生和玉米在收获前就可能被黄曲霉污染，成熟的花生不仅污染黄曲霉而且可能带有毒素，玉米果穗成熟时，不仅能从果穗上分离出黄曲霉，并能够检出黄曲霉毒素。

由于黄曲霉毒素的毒性大、致癌力强、分布广，对人畜威胁极大，因此各国都制定了在食品和饲料中的最高允许量。

动物摄入黄曲霉毒素 B_1 后，经过代谢产生的黄曲霉毒素 M_1 除经尿和乳汁排出外，还有部分存留在肌肉中。黄曲霉毒素对肝脏有特殊的亲和性并有致癌作用。饲料中的毒素可以蓄积在动物的肝脏、肾脏和肌肉组织中，人食入后可引起慢性中毒。中毒症状分为 3 种类型：①急性和亚急性中毒，短时间摄入黄曲霉毒素量较大，迅速造成肝细胞变性、坏死、出血及胆管增生，几天或几十天后死亡；②慢性中毒，持续摄入一定量的黄曲霉毒素，则肝脏出现慢性损伤，生长缓慢、体重减轻、肝功能降低、出现肝硬化，几周或几十周后死亡；致癌性：实验证明，许多动物小剂量反复摄入或大剂量一次摄入皆能引起癌症，主要是肝癌。

（2）镰刀菌毒素

镰刀菌毒素（fusarin）是由 Bzelolanes 和 Weibe 等从串珠镰刀菌的培养物中分离出的一种具有致突变性的有毒物质，命名为镰刀菌毒素 C（fusarin C）。Gelderblom 等从串珠镰刀菌 MRC826 菌株中亦分离出 fusarin C。Ames 试验证实了其致突变性。Gelderblom 等用磁共振 X 射线衍射技术确定了 fusarin C 的立体结构，其分子式为 $C_{23}H_{29}NO_7$。与 fusarin C 结构相似的还有 fusarin A 和 fusarin D，分子式分别为 $C_{23}H_{29}NO_6$ 和 $C_{23}H_{29}NO_7$。镰刀菌在自然界广泛分布，侵染多种作物。有多种镰刀菌可产生对人畜健康威胁极大的镰刀菌毒素。镰刀菌毒素同黄曲霉毒素一样被看作自然发生的最危险的食品污染物。

fusarin C 暴露于紫外线较长时间（＞10min）或在高温下均丧失其全部的紫外线吸收

峰和致突变性。fusarin C 是一种具有高度致突变性的物质，其致突变性质与黄曲霉毒素 B_1 和杂色曲霉素相似，而 fusarin A 和 fusarin D 不具有致突变性。在串珠镰刀菌、禾谷镰刀菌培养物中，均可检出 fusarin C，而在串珠镰刀菌胶孢变种培养物中未检出 fusarin C。在致突变性能力比较实验中，杂色曲霉毒素的潜在致突变能力最高（约为 fusarin C 的 4 倍），黄曲霉毒素 B_1 次之（约为 fusarin C 的 2 倍），fusarin C 最低。从上述结果可以看出，fusarin C 是一些串珠镰刀菌和禾谷镰刀菌菌株的二级代谢产物。

（3）伏马菌素

伏马菌素 B_1（fumonisin B_1）是由 Gelderblorn 等于 1988 年从 MRC826 培养物中分离出的一组新的水溶性代谢产物，命名为伏马菌素（fumonisin）。Bejuidenhout 等用质谱和磁共振方法确定了 fumonisin B_1、fumonisin B_2、fumonisin B_3 等的结构，其中以 fumonisin B_1 毒性最强。fumonisin B_1 污染粮食作物的情况比较严重。

Marasas 等用 MRC826 的产毒培养物喂养马，病理学检查发现马脑部重度水肿，延髓髓质有早发的、两侧对称的斑点样坏死，脑白质软化样改变，称为马脑白质软化症（ELEM）。给马静脉注射 fumonisin B_1 0.125mg/kg 7d，第 8 天出现明显的神经中毒症状，表现为精神紧张、淡漠、偏向一侧的蹒跚、震颤、共济失调、行动迟缓、下嘴唇和舌轻度瘫痪，不能进食水等。第 10 天出现强直性痉挛。同时还可以引起猪肺水肿症候群(PPE)、羊的肝病样改变和肾病，大鼠的肝坏死、心室内形成血栓等。而对雄性 BDIX 大鼠的终身慢性毒性实验表明，当饲料中含 8% MRC826 菌株的产毒培养物时，可引起肝脏毒性。肝损害表现为肝硬化、结节增生和胆管增生等，大鼠死亡率 100%。用含 4%培养物的饲料喂养 286d 后改用含 2%培养物的饲料喂养，可对肝脏表现出致癌性并引起肝细胞肿瘤（80%）、肝胆管肿瘤（63%）。

（4）杂色曲霉毒素

杂色曲霉毒素（sterigmatocystin，ST）是杂色曲霉和构巢曲霉等产生的，其基本结构为一个双呋喃环和一个氧杂蒽酮。其中的杂色曲霉毒素Ⅳa 是毒性最强的一种，不溶于水，可以导致动物的肝癌、肾癌、皮肤癌和肺癌，其致癌性仅次于黄曲霉毒素。由于杂色曲霉和构巢曲霉经常污染粮食和食品，而且有 80%以上的菌株产毒，因此杂色曲霉毒素在肝癌病因学研究上很重要。糙米中易污染杂色曲霉毒素，糙米经加工成标二米后，毒素含量可以减少 90%。

（5）展青霉毒素

展青霉毒素（patulin）主要是由扩展青霉产生的，可溶于水、乙醇，在碱性溶液中不稳定，易被破坏。扩展青霉在麦秆上产毒量很大，污染扩展青霉的饲料可造成牛中毒。扩展青霉是苹果贮藏期的重要霉腐菌，可使苹果腐烂。以这种腐烂苹果为原料生产出的苹果汁会含有展青霉毒素。展青霉毒素对小白鼠的毒性表现为严重水肿。

（6）单端孢霉烯族化合物

单端孢霉烯族化合物（trichothecene）是一组生物活性和化学结构相似的有毒代谢产物。到目前为止，从真菌培养物及植物中已分离得到化学结构基本相同的四环倍半萜的单端孢霉烯族化合物 148 种。根据相似的功能团可将其分为 A、B、C 和 D 4 个型。A 型的特点是在 C_8 上有一个与酮不同的功能团，这一型包括 T-2 毒素、二乙酸藨草镰刀菌烯醇。B 型在 C_8 上有一个羧基功能团，以脱氧雪腐镰刀菌烯醇和雪腐镰刀菌烯醇为代表。C 型的特点是在 C_7、C_8 或 C_9、C_{10} 上有一个次级环氧基团。D 型在 C_4 和 C_5 之间有两个酯键相连。天然污染谷物和饲料的单端孢霉烯族化合物有 A 型中的 T-2 毒素和二乙酸藨草镰刀菌烯醇，B 型中的脱氧雪腐镰刀菌烯醇和雪腐镰刀菌烯醇。

单端孢霉烯族化合物为无色结晶，非常稳定，难溶于水，溶于极性溶剂，加热不会被破坏。据文献报道，A 型单端孢霉烯族化合物的毒性比 B 型大。毒性最小的是脱氧雪腐镰刀菌烯醇。单端孢霉烯族化合物的主要毒性作用为细胞毒性、免疫抑制和致畸作用，可能有弱致癌性。

（7）玉米赤霉烯酮

玉米赤霉烯酮（zearalenone）是由镰刀菌属的菌种产生的代谢产物。该毒素主要污染玉米，也可污染大麦、小麦、大米和麦芽、燕麦和小米等粮食作物。

玉米赤霉烯酮是一种雷锁酸内酯，化学名称为 6-（10-羟基-6-氧代-反式-1-十一碳烯基）-*β*-雷锁酸内酯[6-（10-hydro6-oxo-trans-1-undecccnyl）]。在哺乳动物体内，C_6 的酮基降解成两个立体异构体代谢产物（α 和 β 异构体）。这些代谢产物也能由真菌产生，但其产量比玉米赤霉烯酮低得多。与此结构相似的化合物是用作牛生长促进剂的玉米赤霉烯醇，该化合物与玉米赤霉烯酮的区别是在 C_1 和 C_2 之间缺少一个双键，并且在 C_6 上羟基代替了酮基。玉米赤霉烯酮是一种无色晶体，不溶于水，溶于碱性溶液、苯、二氯甲烷、乙酸乙酯、乙腈和乙醇等，微溶于石油醚（30～60℃）。在长波（360nm）紫外光下玉米赤霉烯酮显示蓝绿色荧光，在短波（260nm）紫外光下荧光更强。

玉米赤霉烯酮主要作用于生殖系统，猪对该毒素最敏感。玉米赤霉烯酮引起猪的雌性激素过多，在许多国家，如澳大利亚、加拿大、丹麦、英国、美国、法国、德国、日本等均有报道。许多国家曾报道，猪和牛等家畜摄食被玉米赤霉烯酮污染的谷物或饲料引起动物雌性激素综合征。该综合征主要表现为阴道和乳腺肿胀、子宫肿大和外翻，严重情况下发生子宫脱垂等。

（8）交链孢霉毒素

交链孢霉是粮食、果蔬中常见的霉菌之一，可引起许多果蔬发生腐败变质。交链孢霉产生多种毒素，主要有4种：交链孢霉酚（altemariol，AOH）、交链孢霉甲基醚（altemariolmethylether，AME）、交链孢霉烯（altenuene，ALT）、细偶氮酸（tenuazoniacid，TeA）。AOH和AME有致畸和致突变作用。交链孢霉毒素在自然界产生水平低，一般不会导致人或动物发生急性中毒，但长期食用其慢性毒性值得注意。

4. 霉菌及其毒素的食品卫生学意义

霉菌及其毒素污染食品后，从食品卫生学角度应该考虑两方面的问题，即霉菌及其毒素通过食品引起食品腐败变质和人类中毒的问题。

霉菌污染食品后，在基质及环境条件适应时，首先可引起食品的腐败变质，使食品呈现异样颜色、产生霉味等异味，降低食用价值，甚至完全不能食用，并且还可使食品原料的加工工艺品质下降，如出粉率、出米率、黏度等降低。粮食类及其制品被霉菌污染而造成的损失最为严重，据估算，每年全世界平均至少有2%的粮食因污染霉菌发生霉变而不能食用。

许多霉菌污染食品及其食品原料后，不仅可引起腐败变质，还会产生毒素引起食用者霉菌毒素中毒。霉菌毒素中毒是指霉菌毒素引起的对人体健康的各种损害。人类霉菌毒素中毒大多数是由于食用了被产毒霉菌菌株污染的食品所引起的。食品受到产毒菌株污染有时不一定能检测出霉菌毒素，这是因为产毒菌株必须在适宜产毒的特定条件下才能产毒。但有时也会从食品中检验出有某种毒素存在，但分离不出产毒菌株，原因往往是食品在贮藏和加工过程中产毒的菌株已经死亡，而产生的毒素不易被破坏。

预防霉菌污染的根本措施：①降低温度；②降低粮食水分；③通风干燥，控制环境湿度；④减少氧气含量；⑤减少粮粒损伤的程度；⑥培育抗霉新品种。去毒措施：①挑选霉粒；②碾压水洗；③油碱炼去毒；④油吸附（白陶土或活性炭）去毒；⑤紫外线照射去毒。

14.1.2.5 其他指标

根据食品微生物生态学原理，应从原料来源、加工过程、贮藏、运输与销售等环节分析食品的微生物污染状况，从而确定食品的定量指标种类和限量标准。此外，与食品质量和安全密切相关的微生物指标还应包括微生物的代谢产物，如细菌的毒素和霉菌的毒素，以及病毒和寄生虫（或虫卵）等。

1. 指示微生物指标

指示微生物是衡量食品被人和温血动物粪便污染程度的指标，我国普遍采用大肠菌群作为粪便污染微生物指标，国际上分别采用大肠菌群、大肠埃希氏菌、粪大肠菌群、耐热大肠菌群、肠杆菌科、肠球菌属等。由于这些指标各自代表不同的粪便微生物类群或生化类型，因此制定该项指标主要是依据不同食品的污染途径和加工方法。例如，采用肠球菌评价水产品、粪大肠菌群评价禽肉制品更准确些。可用大肠菌群、粪大肠菌群和肠球菌作为指示微生物指标，分别评价一般食品、热加工食品、冷冻食品和水产品。

2. 致病性微生物指标

致病性微生物指标相当于我国现行的“致病菌”。一种食品不可能被所有的致病菌污染，而我们也不可能把所有的致病菌全部检测，所以该项指标没有可操作性和实际意义。因此用各种具体致病菌名称取代“致病菌”更科学。国外在这方面做的工作值得借鉴，如用铜绿假单胞杆菌和嗜水气单胞菌来评价饮用水，用亚硫酸盐还原梭菌来评价食糖、蜂蜜和肉制品等。

3. 病毒

能够借助于食品传播的病毒性疾病主要是甲型和戊型传染性肝炎和其他肠道病毒导致的胃炎和肠炎。在一般食品标准中，并没有包括这些指标，但由这些微生物引起的食物中毒或传染病越来越多，特别是肉及其制品，如肝炎病毒、猪瘟病毒、鸡新城疫病毒、马立克氏病毒、口蹄疫病毒、狂犬病病毒、猪水泡病毒等。

（1）肝炎病毒

肝炎病毒是一大类能引起病毒性肝炎的病原微生物。目前公认的人类肝炎病毒至少有 5 类，包括甲型肝炎病毒、乙型肝炎病毒、丙型肝炎病毒、丁型肝炎病毒及戊型肝炎病毒等。

甲型肝炎病毒（HAV）：是一种 RNA 病毒，属微小 RNA 病毒科。此病毒主要污染生食或生熟交叉污染。人类感染甲型肝炎病毒后，大多表现为亚临床或隐性感染，仅少数人表现为急性甲型肝炎。一般可完全恢复，不转为慢性肝炎，亦无慢性携带者。

乙型肝炎病毒（HBV）：是一种 DNA 病毒，属嗜肝 DNA 病毒科（Hepadnavividae）。乙型肝炎无一定的流行期，一年四季均可发病，但多属散发。乙型肝炎的主要传染源是患者或无症状 HBV 携带者，包括各型乙型肝炎患者、乙肝表面抗原（HbsAg）阳性携带者及 HBV 阳性的其他患者（如肝硬化、肝癌及其他非肝病患者），尤其是急性乙肝潜伏后期和发病初期传染性最强。乙型肝炎潜伏期较长（30～160d），在潜伏期、急性期或慢性活动初期，患者血清都有传染性。

丙型肝炎病毒（HCV）：是一种具有脂质外壳的 RNA 病毒。感染的主要特征是易于慢性化，急性期后易于发展成慢性肝炎，部分患者可进一步发展为肝硬化或肝癌。丙型肝炎的传染源主要为急性临床型和无症状的亚临床患者、慢性患者和病毒携带者。本病的潜伏期为 2～26 周，常为 6～9 周。一般患者发病前 12d 其血液就具有传染性，直至整个临床期和慢性期，有的可持续携带病毒 12 年以上。

丁型肝炎病毒（HDV）：是一种缺陷的嗜肝单链 RNA 病毒。丁型肝炎病毒的感染需同时或先有 HBV 或其他嗜肝 DNA 病毒感染的基础。许多临床研究表明，HDV 感染常可导致 HBV 感染者的症状加重与病情恶化，因此在暴发型肝炎的发生中起着重要作用。其传播方式主要是血液传播，也可通过密切接触、母婴间垂直感染等方式传播。高危人群包括药瘾者及多次受血者。

戊型肝炎病毒（HEV）：为直径 27～34nm 的小 RNA 病毒。戊型肝炎以暴发和流行为主，病例主要集中于社会经济水平低、居住拥挤的地区。主要是水源被粪便污染引起，其次是食物型暴发。发病人群主要是 20～40 岁年龄组人群，儿童和老年人发病率较低。一般男性发病率高于女性，男女比例为（1～3）：1。孕妇发病率高，病死率也高。戊型肝炎有明显的季节性，流行多发生在雨季及洪水之后。

（2）星状病毒

食源性病毒的结构虽简单，但生物学组成较复杂，对人体的危害较严重，除导致消化道系统的功能失常外，还可导致内脏系统、神经系统和肌肉组织的病变，有些甚至是不可逆性的损伤。星状病毒亦是健康成年人发生胃肠炎的病因之一，是迄今发现的唯一既可引起散发又可引起暴发流行的急性胃肠炎的病原，主要经粪—口途径传播，易感者为 5 岁以下的婴幼儿，其中 5%～20%为隐性感染。星状病毒也是老人、免疫功能缺陷者急性病毒性胃肠炎的主要病原，在散发成人急性胃肠炎患者中也有报道。

（3）朊病毒

朊病毒（prion）不含有任何核酸，不具有病毒的结构特点，只是一种可传播的具有致病能力的蛋白质，可引起各种动物疾病，是迄今所知的最小的病原物。传染型的朊病毒病是由于同类相食而传播的，早年在新几内亚的高原地区，少数民族有种风俗习惯，在祭奠死者时要吃死者的肉体，所以这种朊病毒得以传播。成为人类关注焦点的家畜朊病毒当推1996年春天在英国蔓延的“疯牛病”，它不但引起了英国一场空前的经济和政治动荡，而且波及了整个欧洲，加上法国克雅氏综合征（人类的一种朊病毒病）患者增多，人们很自然与食用来自英国的进口牛肉相联系，因而引起了极大恐慌。

（4）禽流感病毒

禽流感病毒一般为球形，直径为80～120nm。病毒粒子由0.8%～1.1%的RNA、70%～75%的蛋白质、20%～24%的脂质和5%～8%的碳水化合物组成。

禽流感病毒对乙醚、氯仿、丙酮等有机溶剂均敏感。常用消毒剂容易将其灭活，如氧化剂、烯酸、十二烷基硫酸钠、卤素化合物（如漂白粉）等都能迅速破坏其传染性。禽流感病毒对热比较敏感，65℃加热30min或煮沸（100℃）2min以上可灭活。病毒在粪便中可存活1周，在水中可存活1个月，在pH<4.1的条件下也具有存活能力。病毒对低温抵抗力较强，在有甘油保护的情况下可保持活力1年以上。病毒在直射阳光下40～48h即可灭活。如果用紫外线直接照射，可迅速破坏其传染性。禽流感病毒可在水禽的消化道中繁殖。

一般来说，禽流感病毒与人流感病毒存在受体特异性差异，是不容易感染给人的，但病毒变异后即具有致病性。研究表明，原本为低致病性的禽流感病毒株（H_5N_2、H_7N_7、H_9N_2），可经6～9个月禽间流行而迅速变异成为高致病性毒株（H_5N_1）。禽流感病毒主要侵入呼吸道黏膜的上皮细胞，引起上皮细胞增生、坏死、黏膜局部充血、水肿和浅表溃疡等病变。高致病性禽流感病毒毒力较强，引发的传染性变态反应是导致进行性肺炎、急性呼吸窘迫综合征和多器官功能障碍综合征等严重并发症的根本原因。

一般认为任何年龄人群均具有易感性，但12岁以下儿童发病率较高，病情较重。与不明原因病死家禽或感染疑似感染禽流感家禽密切接触的人员为高危人群。

14.2 食品中微生物的检验

食品微生物检验就是应用微生物学的理论与方法，研究外界环境和食品中微生物的种类、数量、性质、活动规律及其对人和动物健康的影响。它与食品微生物学、医学微生物学、兽医微生物学、农业微生物学、卫生学等关系甚为密切，与传染病学、免疫学、病理学、组织学、解剖学等也有一定的联系。

食品不论在产前还是加工前后均可能遭受微生物的污染，污染的机会和原因很多，一般有：食品生产环境的污染、食品原料的污染、食品加工过程的污染等。根据食品被细菌污染的原因和途径可知，食品微生物检验的范围包括以下几点：生产环境的检验，主要包括车间用水、空气、地面、墙壁等；原辅料的检验，包括食用动物、谷物、添加剂等一切原辅材料；食品加工、贮藏、销售等各个环节的检验，包括食品从业人员的卫生状况、加工工具检验；食品的检验，主要的是对出厂食品、可疑食品及食物中毒食品的检验。《中华人民共和国食品安全法》第二十七条对于食品生产经营的环境卫生要求，食品生产经营中应当具备的卫生设施、设备布局和工艺流程的卫生要求，餐具等的消毒要求及食品贮存、运输和装卸中的卫生要求等规定，都涉及微生物检验的内容。

食品微生物检验的国家标准是由我国国家卫生和计划生育委员会制定的。食品微生物检验的指标就是根据食品卫生的要求，从微生物学的角度，对不同食品所提出的与食品有关的具体指标要求。我国卫生部颁布的食品微生物指标有菌落总数、大肠菌群、致病菌和霉菌、酵母计数这几项。

食品微生物检验方法为食品检验必不可少的重要组成部分。它是衡量食品卫生质量的重要指标之一，也是判定被检食品能否食用的科学依据之一。通过食品微生物检验，可以判断食品加工环境及食品卫生情况，能够对食品被细菌污染的程度做出正确的评价，为各项卫生管理工作提供科学依据，提供传染病、人类和动物食物中毒的防治措施。食品微生物检验贯彻“预防为主”的卫生方针，可以有效地防止或者减少食物中毒和人畜共患病的发生，保障人民的身体健康，同时，它对于提高产品质量、避免经济损失、保证出口等方面具有政治上和经济上的重大意义。

14.2.1　食品中细菌数量的检测

按照我国的 GB 4789.2—2010 食品安全国家标准《食品微生物学检验 菌落总数测定》的规定，菌落总数（aerobic plate count）是食品检样经过处理，在一定条件下（如培养基、培养温度和培养时间等）培养后，所得每克（或每毫升）检样中形成的微生物菌落总数。现将其检测方法简介如下。

1. 检测原理

按照菌落总数的定义，其检测原理为食品检样经过处理，在严格规定的培养方法和培养条件（样品处理、培养基种类及其 pH、培养温度与时间、计数方法等）下培养后，使得适应这些条件的每一个活菌细胞都能够生成一个肉眼可见的菌落，所得每克或每毫升检样中形成的微生物菌落总数。用此法测得的结果，常用 CFU（菌落形成单位，colony forming unit）表示。菌落总数主要作为判别食品被污染程度的标志，也可以应用这一方法观察细菌在食品中繁殖的动态，以便对被检样品进行卫生学评价时提供依据。但菌落总数并不表示样品中实际存在的所有细菌总数，菌落总数并不能区分其中细菌的种类，所以有时被称为杂菌数、需氧菌数等。

食品中细菌的种类很多，它们的生理特性和所需要的培养条件不尽相同。如果要采用培养的方法计数食品中所有的细菌种类和数量，必须采用不同的培养基及培养条件，其工作量很大。然而尽管食品中细菌种类很多，但其中是以异养、中温、好氧或兼件厌氧的细菌占绝大多数，同时它们对食品的影响也最大，所以在食品的细菌总数检测时采用国家标准规定的方法是可行的，而且已得到公认。

2. 测试对象

测试对象为各类食品，包括即食类预包装食品、非即食类预包装食品、散装食品或现场制作食品、食源性疾病及食品安全事件的食品样品。各类食品的采样和标记、贮存和运输均需按照 GB 4789.1—2010 食品安全国家标准《食品微生物学检验 总则》的规定执行。

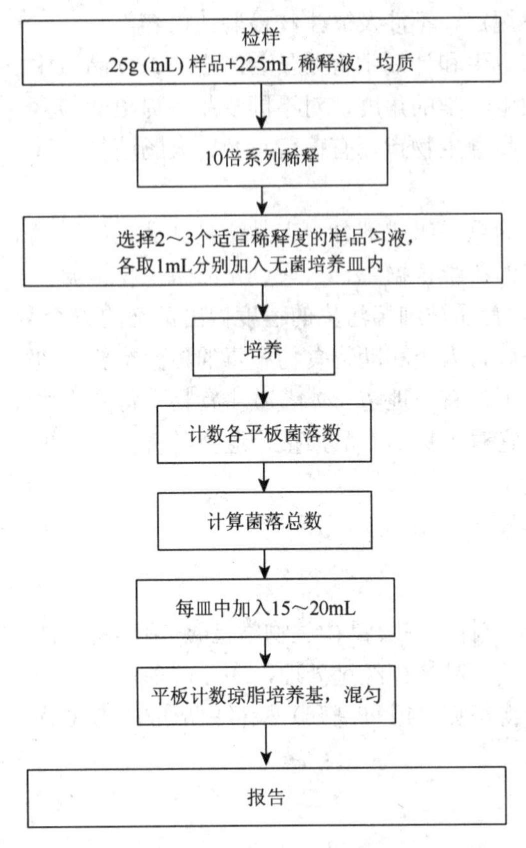

图 14-1　菌落总数的检验程序

3. 简要步骤

菌落总数的检验程序见图 14-1。

4. 注意要点

样品的稀释：首先将固体和半固体样品及液体样品制成 1∶10 的样品匀液。之后制备 10 倍系列稀释样品匀液。每递增稀释一次，换用 1 次 1mL 无菌吸管或吸头。根据对样品污染状况的估计，选择 2～3 个适宜稀释度的样品匀液（液体样品可包括原液），在进行 10 倍递增稀释时，吸取 1mL 样品匀液于无菌平皿内，每个稀释度做两个平皿。同时，分别吸取 1mL 空白稀释液加入两个无菌平皿内作空白对照。及时将 15～20mL 冷却至 46℃的平板计数琼脂培养基［可放置于（46±1）℃恒温水浴箱中保温］倾注平皿，并转动平皿使其混合均匀。

培养：待琼脂凝固后，将平板翻转，（36±1）℃培养（48±2）h。水产品（30±1）℃培养（72±3）h。如果样品中可能含有在琼脂培养基表面弥漫生长的菌落时，可在凝固后的琼脂表面覆盖一薄层琼脂培养基（约 4mL），凝固后翻转平板进行培养。

菌落计数：可用肉眼观察，必要时用放大镜或菌落计数器，记录稀释倍数和相应的菌落数量。菌落计数以菌落形成单位（colony forming unit，CFU）表示。选取菌落数为 30～300CFU，无蔓延菌落生长的平板计数菌落总数。低于 30CFU 的平板记录具体菌落数，大于 300CFU 的可记录为多不可计。每个稀释度的菌落数应采用两个平板的平均数。其中一个平板有较大片状菌落生长时，则不宜采用，应以无片状菌落生长的平板作为该稀释度的菌落数。若片状菌落不到平板的一半，而其余一半中菌落分布又很均匀，即可计算半个平板后乘以 2，代表一个平板菌落数。当平板上出现菌落间无明显界线的链状生长时，则将每条单链作为一个菌落计数。

菌落总数的计算方法：若只有一个稀释度平板上的菌落数在适宜计数范围内，则计算两个平板菌落数的平均值，再将平均值乘以相应稀释倍数，作为每克（或每毫升）样品中菌落总数结果。若有两个连续稀释度的平板菌落数在适宜计数范围内时，则按下面公式计算：

$$N = \sum C / (n_1 + 0.1n_2)d$$

式中，N 为样品中菌落数；ΣC 为平板（含适宜范围菌落数的平板）菌落数之和；n_1 为第一稀释度（低稀释倍数）平板个数；n_2 为第二稀释度（高稀释倍数）平板个数；d 为稀释因子（第一稀释度）。

若所有稀释度的平板上菌落数均大于300CFU，则对稀释度最高的平板进行计数，其他平板可记录为多不可计，结果按平均菌落数乘以最高稀释倍数计算。若所有稀释度的平板菌落数均小于30CFU，则应按稀释度最低的平均菌落数乘以稀释倍数计算。若所有稀释度（包括液体样品原液）平板均无菌落生长，则以小于1乘以最低稀释倍数计算。若所有稀释度的平板菌落数均不在30～300CFU内，其中一部分小于30CFU或大于300CFU时，则以最接近30CFU或300CFU的平均菌落数乘以稀释倍数计算。

菌落总数的报告：菌落数小于 100CFU 时，按“四舍五入”的原则修约，以整数报告。菌落数大于或等于 100CFU 时，第 3 位数字采用“四舍五入”的原则修约后，取前两位数字，后面用 0 代替位数。也可用 10 的指数形式来表示，按“四舍五入”的原则修约后，采用两位有效数字。若所有平板上为蔓延菌落而无法计数，则报告菌落蔓延。若空白对照上有菌落生长，则此次检测结果无效。称重取样以 CFU/g 为单位报告，体积取样以 CFU/mL 为单位报告。

14.2.2　食品中大肠菌群数量的检测

按照我国的 GB 4789.3—2010 食品安全国家标准《食品微生物学检验 大肠菌群计数》的规定，有两种大肠菌群的检测方法，分别简述如下。

14.2.2.1　大肠菌群 MPN 计数法

1. 检测原理

最可能数（most probable number，MPN）计数又称稀释培养计数，适用于测定在一个混杂的微生物群落中虽不占优势，但却具有特殊生理功能的类群。其特点是利用待测微生物的特殊生理功能的选择性来摆脱其他微生物类群的干扰，并通过该生理功能的表现来判断该类群微生物的存在和丰度。MPN 计数是将待测样品进行一系列稀释，一直稀释到将少量（如 1mL）的稀释液接种到新鲜培养基中没有或极少出现微生物生长繁殖。根据没有生长的最低稀释度与出现生长的最高稀释度，采用“最大或然数”理论，可以计算出样品单位体积中细菌数的近似值。具体地说，菌液经多次 10 倍稀释后，一定量菌液中细菌可以极少或无菌，然后每个稀释度取 3～5 次重复接种于适宜的液体培养基中。培养后，将有菌液生长的最后 3 个稀释度（即临界级数）中出现细菌生长的管数作为数量指标，由最大或然数表上查出近似值，再乘以数量指标第一位数的稀释倍数，即为原菌液中的含菌数。

我国和许多国家均以每100g或100mL检样中大肠菌群最可能数（MPN）来表示食品中大肠菌群的数量。这是按照一定检验方法得到的估计数值，我国统一采用一个样品，3个稀释度各接种3个管，乳糖发酵、分离培养和复发酵试验，然后根据大肠菌群MPN检索表报告结果。

2. 测试对象

测试对象为各类食品，包括即食类预包装食品、非即食类预包装食品、散装食品或现

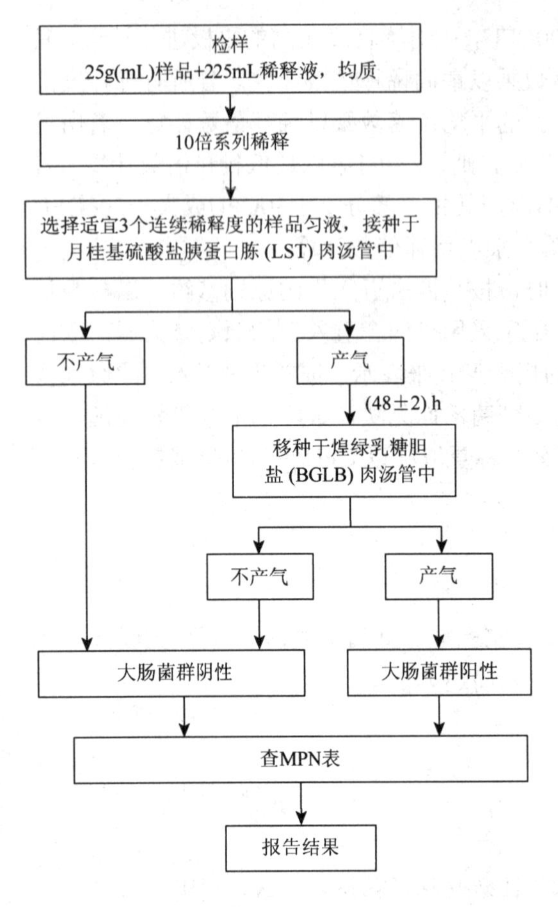

图 14-2 大肠菌群 MPN 计数法检验程序

场制作食品、食源性疾病及食品安全事件的食品样品。各类食品的采样和标记、贮存和运输均需按照 GB 4789.1—2010 食品安全国家标准《食品微生物学检验 总则》的规定执行。

3. 简要步骤

按照我国的 GB 4789.3—2010 食品安全国家标准《食品微生物学检验 大肠菌群计数》的规定，“第一法 大肠菌群 MPN 计数法”中大肠菌群 MPN 计数的检验程序见图 14-2。

4. 注意要点

样品的稀释：在稀释过程中，1∶10 的样品匀液的 pH 应为 6.5～7.5，必要时分别用 1mol/L NaOH 或 1mol/L HCl 调节。根据对样品污染状况的估计，依次制成 10 倍递增系列稀释样品匀液。每递增稀释 1 次，换用 1 支 1mL 无菌吸管或吸头。从制备样品匀液至样品接种完毕，全过程不得超过 15min。

初发酵试验：每个样品，选择 3 个适宜的连续稀释度的样品匀液（液体样品可以选择原液），每个稀释度接种 3 管月桂基硫酸盐胰蛋白胨（LST）肉汤，每管接种 1mL（如接种量超过 1mL，则用双料 LST 肉汤），(36±1)℃培养（24±2）h，观察倒管内是否有气泡产生，(24±2) h 产气者进行复发酵试验，如未产气则继续培养至（48±2）h，产气者进行复发酵试验，未产气者为大肠菌群阴性。

复发酵试验：用接种环从产气的 LST 肉汤管中分别取培养物 1 环，移种于煌绿乳糖胆盐（BGLB）肉汤管中，(36±1)℃培养（48±2）h，观察产气情况。产气者计为大肠菌群阳性管。

大肠菌群最可能数（MPN）的报告：按复发酵试验确证的大肠菌群 LST 阳性管数，检索 MPN 表（需查 GB 4789.3—2010 食品安全国家标准《食品微生物学检验 大肠菌群计数》附录 B），报告每克（或每毫升）样品中大肠菌群的 MPN 值。

14.2.2.2 大肠菌群平板计数法

1. 检测原理

食品检样经过处理，在需氧及兼性厌氧、37℃条件下培养，通过计数报告检验中大肠菌群最可能数。大肠菌群是指一群能发酵乳糖，产酸产气的革兰氏阴性无芽胞杆菌。

2. 测试对象

测试对象为各类食品，包括即食类预包装食品、非即食类预包装食品、散装食品或现场制作食品、食源性疾病及食品安全事件的食品样品。各类食品的采样和标记、贮存和运输均需按照 GB 4789.1—2010 食品安全国家标准《食品微生物学检验 总则》的规定执行。

3. 简要步骤

按照我国的 GB 4789.3—2010 食品安全国家标准《食品微生物学检验 大肠菌群计数》中“第二法 大肠菌群平板计数法”的规定，大肠菌群平板计数法的检验程序见图 14-3。

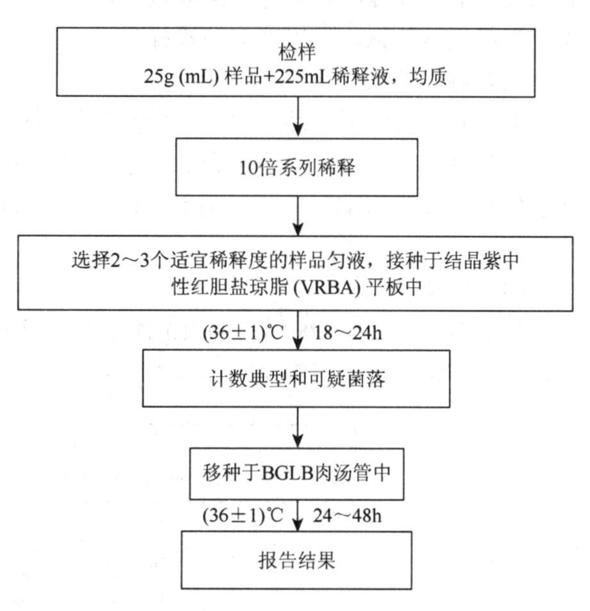

图 14-3　大肠菌群平板计数法检验程序

4. 注意要点

平板计数：选取 2～3 个适宜的连续稀释度，每个稀释度接种两个无菌平皿，每皿 1mL。同时取 1mL 生理盐水加入无菌平皿作空白对照。及时将 15～20mL 冷却至 46℃的结晶紫中性红胆盐琼脂（VRBA）倾注于每个平皿中。小心旋转平皿，将培养基与样液充分混匀，待琼脂凝固后，再加 3～4mL VRBA 覆盖平板表层。翻转平板，置于（36±1）℃培养 18～24h。

平板菌落数的选择：选取菌落数在 15～150CFU 内的平板，分别计数平板上出现的典型和可疑大肠菌群菌落。典型菌落为紫红色，菌落周围有红色的胆盐沉淀环，菌落直径为 0.5mm 或更大。

证实试验：从VRBA平板上挑取10个不同类型的典型和可疑菌落，分别移种于BGLB肉汤管内，（36±1）℃培养24～48h，观察产气情况。若BGLB肉汤管产气，即可报告为大肠菌群阳性。

大肠菌群平板计数的报告：经最后证实为大肠菌群阳性的试管比例乘以平板菌落数，再乘以稀释倍数，即为每克（或每毫升）样品中大肠菌群数。

14.2.3　食品中致病菌的检测

食品中致病菌是指肠道致病菌和致病性球菌，主要包括沙门氏菌、葡萄球菌、肉毒梭状芽胞杆菌、志贺氏菌、李斯特氏单胞菌属、变形杆菌、副溶血性弧菌等。检验方法按照我国的 GB 4789.3—2010 食品安全国家标准中的有关规定程序进行。

14.2.4 食品中其他菌类数量的检测

14.2.4.1 酵母菌与霉菌

（1）检测原理

霉菌和酵母菌菌数的测定是指食品检样经过处理，在一定条件下培养后，所得1g或1mL检样中所含霉菌和酵母菌菌落数。霉菌和酵母菌菌数主要作为判定食品被霉菌和酵母菌污染程度的标志，以便对被检样品进行卫生学评价提供依据。

（2）测试对象

测试对象为各类食品，包括即食类预包装食品、非即食类预包装食品、散装食品或现场制作食品、食源性疾病及食品安全事件的食品样品。各类食品的采样和标记、贮存和运输均需按照 GB 4789.1—2010 食品安全国家标准《食品微生物学检验 总则》的规定执行。

（3）简要步骤

按照我国的 GB 4789.15—2010 食品安全国家标准《食品微生物学检验 霉菌和酵母计数》的规定，检验程序见图 14-4。

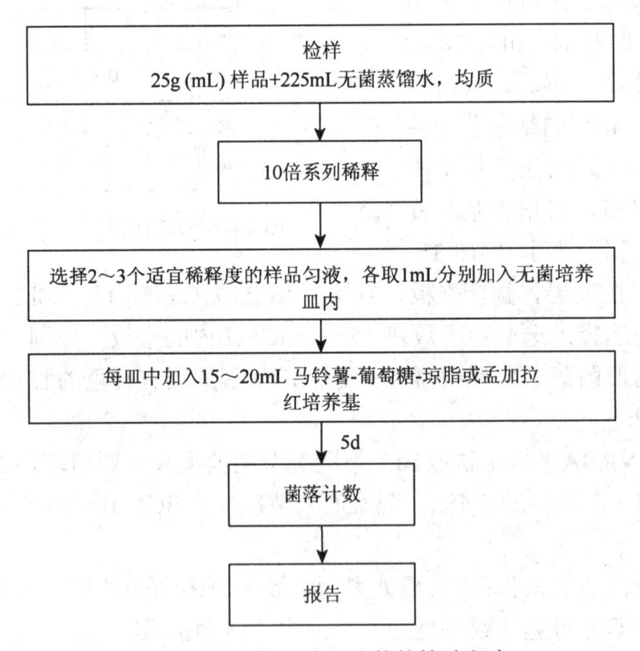

图 14-4 霉菌和酵母计数的检验程序

（4）注意要点

样品的稀释：将样品制成 1：10 的样品匀液。取 1mL1：10 稀释液注入含有 9mL 无菌水的试管中，另换一支 1mL 无菌吸管反复吹吸，制成 1：100 稀释液。照此操作制备 10 倍系列稀释样品匀液。根据对样品污染状况的估计，选择 2～3 个适宜稀释度的样品匀液

（液体样品可包括原液），在进行 10 倍递增稀释的同时，每个稀释度分别吸取 1mL 样品匀液于两个无菌平皿内。同时分别取 1mL 样品稀释液加入两个无菌平皿作空白对照。及时将 15～20mL 冷却至 46℃的马铃薯-葡萄糖-琼脂或孟加拉红培养基［可放置于（46±1）℃恒温水浴箱中保温］倾注平皿，并转动平皿使其混合均匀。

培养：待琼脂凝固后，将平板倒置，（28±1）℃培养 5d，观察并记录。

菌落计数：肉眼观察，必要时可用放大镜，记录各稀释倍数和相应的霉菌和酵母数。以菌落形成单位表示。选取菌落数为 10～150CFU 的平板，根据菌落形态分别计数霉菌和酵母数。霉菌蔓延生长覆盖整个平板的可记录为多不可计。菌落数应采用两个平板的平均数。

结果与报告：计算两个平板菌落数的平均值，再将平均值乘以相应稀释倍数计算。若所有平板上菌落数均大于150CFU，则对稀释度最高的平板进行计数，其他平板可记录为多不可计，结果按平均菌落数乘以最高稀释倍数计算。若所有平板上菌落数均小于10CFU，则应按稀释度最低的平均菌落数乘以稀释倍数计算。若所有稀释度平板均无菌落生长，则以小于1乘以最低稀释倍数计算。如为原液，则以小于1计数。菌落数在100以内时，按“四舍五入”原则修约，采用两位有效数字报告。菌落数大于或等于100时，前3位数字采用“四舍五入”原则修约后，取前两位数字，后面用0代替位数来表示结果。也可用10的指数形式来表示，此时也按“四舍五入”原则修约，采用两位有效数字。称重取样以 CFU/g 为单位报告，体积取样以 CFU/mL 为单位报告，分别报告霉菌和酵母菌数。

14.2.4.2　嗜冷菌

嗜冷菌（psychrophile）其实是一类菌的总称。这类菌一般在–15～20℃条件下最适宜生长，由于这个温度段与其他菌最适宜生长的温度段相比要低许多（普通细菌适应生长温度为 25～40℃），故此得名嗜冷菌。1887 年，Forster 首次发现在 0℃时，鱼中仍具有生长能力的微生物。1902 年，Schmidt-Nielsen 首次对该类微生物做了定义：能够在 0℃生长繁殖的微生物称为嗜冷菌。在微生物学术界对嗜冷菌的定义有很多种。目前在乳制品行业中，国际乳品联合会（IDF）对嗜冷菌的定义是公认的，IDF 对嗜冷菌的定义为：能够在 7℃及以下生长繁殖的微生物为低温菌。在 20℃及以下能生长繁殖，10～15℃为其最适生长温度的微生物称为嗜冷菌。由于嗜冷菌长期生活在低温条件下，自身形成了一系列适应低温机制，这一机制主要表现在细胞生物膜、细胞内的酶、冷休克蛋白、基因调控等。

嗜冷菌在地球上的分布范围极其广泛。在高山、极地地区及大洋深处嗜冷菌都可以存在。与此同时，人工制冷设备冰箱、冷库中也存在着大量嗜冷菌。很多人将嗜冷菌分为两类，1986 年，Hucker 将嗜冷菌进行细分，定义那些只能生活在低温下且最高生长温度不超过 20℃，最适生长温度等于或小于 15℃，在 0℃及以下都可以繁殖生长的嗜冷菌为专性嗜冷菌（psychrophile）；将最高生长温度可以超过 20℃，在 0～5℃的环境中可以生长，一般生长温度为 0～35℃的嗜冷菌定义为兼性嗜冷菌（psychrotroph）。

嗜冷菌中最常见的有耶尔森氏菌属、李斯特氏菌属和假单胞杆菌属（*Pseudomonas*）。目前乳中嗜冷菌的主要种属有：假单胞杆菌属、产碱杆菌属（*Alcaligenes*）、黄杆菌属（*Flavobacterium*）、色杆菌属（*Chromobacterium*）、肠道杆菌属（*Enterobacteriaceae*）、微球菌属（*Micrococcus*）、链球菌属（*Streptococcus*）、乳杆菌属（*Lactobacillus*）等，其中假单胞杆菌属中的荧光假单胞菌（*P. fluorescens*）最为常见。

对于嗜冷菌的检测方法可以大体地分为两大类：传统平板计数法和与现代技术结合法。这些方法仍具有一些局限性，目前尚需研究出省时、经济、高效的检测方法。

传统平板计数法主要是：IDF 的 101A 标准规定嗜冷菌的培养温度为 4～6℃，培养时间为 10d。IDF 的 132A 标准规定嗜冷菌的培养温度为 21℃，培养时间为 24h。前者的结果不如后者的准确，后者比前者检测速度快。纪振杰等通过标准平板计数法与 3M 细菌总数测试纸片法检测原料乳中嗜冷菌数的比较实验，确定了 3M 细菌总数测试纸片法为快速、精确的检测嗜冷菌数的方法。

目前在对嗜冷菌检测的研究中，与现代检测技术结合的方法很多，这些方法也在不断的改进，检测的时间也不断地缩短，主要有直接荧光过滤法（direct epifluorescent filter technique，DEFT）、电阻抗方法（impedimetric determination）、流动血细胞法（flow cytometry method，FCM）、酶联免疫吸附技术（ELISA）、PCR-ELISA 法、氨肽酶法、rDNA 核酸序列、肽核酸探针等。但由于现代检测技术需要昂贵的仪器设备和实验药品，在实际应用中还存在一定的局限性。

下面介绍我国的食品安全国家标准食品微生物学检验中规定的小肠结肠炎耶尔森氏菌、单核细胞增生李斯特氏菌的检验方法。

1. 小肠结肠炎耶尔森氏菌检验

（1）检测原理

小肠结肠炎耶尔森氏菌（*Yersinia enterocolitica*）广泛分布于自然界，是一种人畜共患的病原微生物，对人以肠道感染为主，并可成为各种疾病的病原。食品和饮水等受到本菌污染时，往往可引起人的胃肠炎暴发，其症状表现与沙门氏菌食物中毒相似。该菌生长的最适温度为 22～29℃，但它可在 0～4℃条件下发育，为嗜冷性致病性细菌，因此，应特别引起注意的是，已被该菌污染的食品，虽在低温保存，但不能防止其生存和繁殖，这与其他肠道致病菌有所不同。

对食品检验进行处理后，再按照规定的条件进行增菌、选择性增菌、选择性分离培养、生化鉴定、血清分型等处理。检验以检出该菌为主，用生化和血清学进行鉴定，最后得出结果报告。

（2）测试对象

测试对象为食品及食源性疾病的样品。样品的采样和标记、贮存和运输均需按照 GB 4789.1—2010 食品安全国家标准《食品微生物学检验　总则》的规定执行。

（3）简要步骤

按照我国的 GB/T 4789.8—2008《食品卫生微生物学检验　小肠结肠炎耶尔森氏菌检验》的规定，小肠结肠炎耶尔森氏菌检验程序见图 14-5。

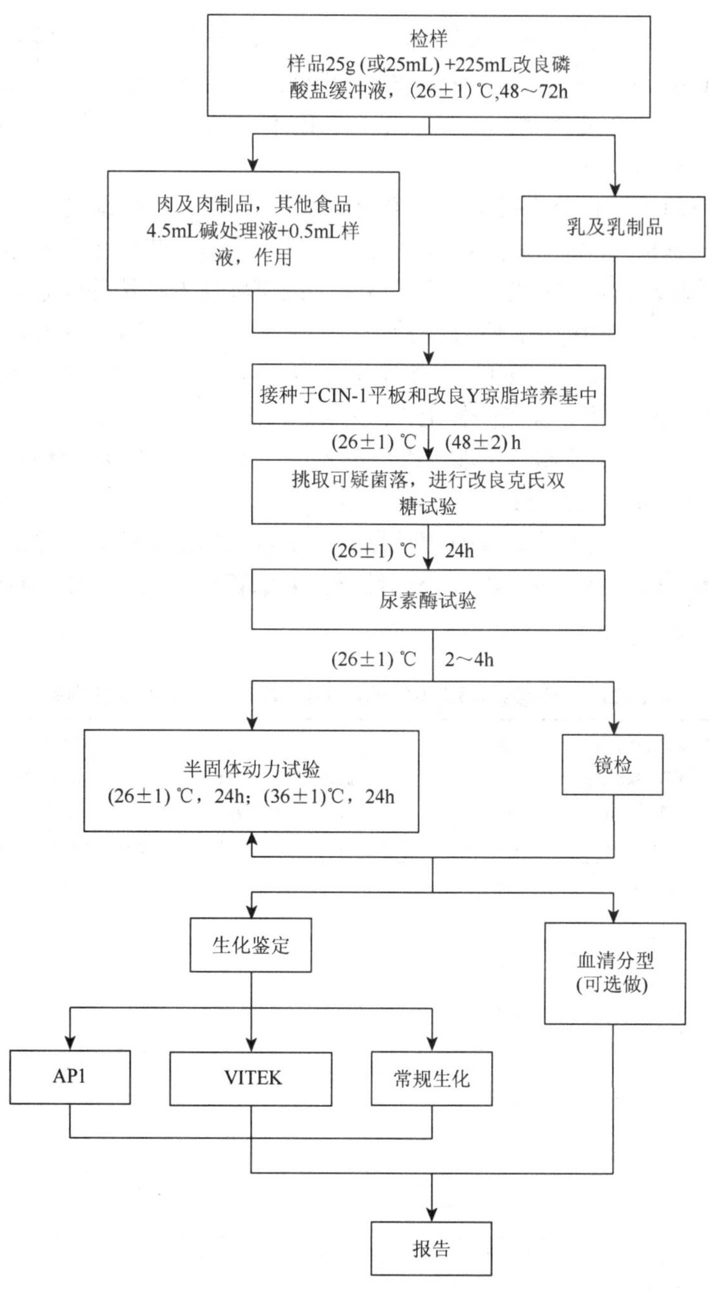

图 14-5　小肠结肠炎耶尔森氏菌检验程序

（4）注意要点

增菌：以无菌操作称取 25g（或 25mL）样品放入含有 225mL 改良磷酸盐缓冲液的无菌均质杯或均质袋中，以 8000r/min 均质 1min，或放入拍击式均质器均质 1min。液体样品或粉末状样品，应振荡混匀。于（26±1）℃增菌 48～72h。

碱处理：除乳及乳制品外，其他食品的增菌液 0.5mL 与碱处理液 4.5mL 充分混合 15s。

分离：将乳及乳制品增菌液或经过碱处理的其他食品增菌液分别接种于 CIN-1 琼脂（cepulodin irgasan novobiocin agar）平板和改良 Y 琼脂平板中，于（26±1）℃培养（48±2）h，典型菌落在 CIN-1 琼脂平板上为红色牛眼状菌落，在改良 Y 琼脂平板上为无色透明、不黏稠的菌落。

改良克氏双糖试验：分别挑取上述可疑菌落 3～5 个，接种改良克氏双糖斜面，于（26±1）℃培养 24h，将斜面和底部皆变黄不产气者做进一步的生化鉴定。

尿素酶试验和动力观察：将改良克氏双糖上的可疑培养物接种到尿素培养基上，注意接种量要大，挑取一接种环，振摇几秒钟，于（26±1）℃培养 2～4h，然后将阳性者接种两管半固体，分别于（26±1）℃和（36±1）℃恒温培养箱中培养 24h。将 26℃有动力的可疑菌落接种至营养琼脂平板上，进行革兰氏染色和生化试验。

革兰氏染色镜检：小肠结肠炎耶尔森氏菌为革兰氏阴性球杆菌，有时呈椭圆或杆状，大小为（0.8～3.0）μm×0.8μm。

生化鉴定：常规生化鉴定，从营养琼脂平板上挑取单个菌落做生化试验，所有的生化反应皆在（26±1）℃条件下培养。小肠结肠炎耶尔森氏菌的主要生化特性及与其他菌的区别见表 14-2。

表 14-2　小肠结肠炎耶尔森氏菌与其他相似菌生化性状鉴别表

项目	小肠结肠炎耶尔森氏菌 *Yersinia enterocolitica*	中间型耶尔森氏菌 *Yersinia intermedia*	弗氏耶尔森氏菌 *Yersinia frederiksenii*	克氏耶尔森氏菌 *Yersinia kristensenii*	假结核耶尔森氏菌 *Yersinia pseudotuberculosis*	鼠疫耶尔森氏菌 *Yersinia pestis*
动力（26℃）	+	+	+	+	+	-
尿素酶	+	+	+	+	+	-
V. P. 试验（26℃）	+	+	+	-	-	-
鸟氨酸脱羧酶	+	+	+	+	-	-
蔗糖	d	+	+	-	-	-
棉子糖	-	+	-	-	-	d
山梨醇	+	+	+	+	-	-
甘露醇	+	+	+	+	+	+
鼠李糖	-	+	+	-	-	+

注：“+”表示阳性；“-”表示阴性；“d”表示有不同生化型。

生化鉴定系统：可选择使用两种生化鉴定系统（API 20E 或 VITEK GNT$^+$）中的任意一种，代替常规的生化鉴定。API 20E，从营养琼脂平板上挑取单个菌落，按照 API 20E 操作手册进行并判读结果。VITEK 全自动细菌生化分析仪，从营养琼脂平板上挑取单个菌落，按照 VITEK GNT$^+$操作手册进行并判定结果。

血清型鉴定：除进行生化鉴定外，可选做血清型鉴定。具体操作方法参见 GB/T 4789.4 中沙门氏菌 O 因子血清分型。

结果报告：综合以上生化特性报告结果，报告 25g（或 25mL）样品中检出或未检出小肠结肠炎耶尔森氏菌。

2. 单核细胞增生李斯特氏菌检验

（1）检测原理

单核细胞增生李斯特氏菌（*Listeria monocytogenes*）在自然界分布广泛，引起食物中毒的食品种类较多，有乳类、肉禽类、鱼贝类及蔬菜等。

对食品检验进行处理后，再按照规定的条件进行增菌、选择性增菌、选择性分离培养、生化鉴定、溶血试验等处理。检验以检出该菌为主，用生化和血清学进行鉴定，最后得出结果报告。

（2）测试对象

测试对象为食品，包括即食类预包装食品、非即食类预包装食品、散装食品或现场制作食品、食源性疾病及食品安全事件的食品样品。各类食品的采样和标记、贮存和运输均需按照 GB 4789.1—2010 食品安全国家标准《食品微生物学检验 总则》的规定执行。

（3）简要步骤

按照我国的 GB 4789.30—2010 食品安全国家标准《食品微生物学检验 单核细胞增生李斯特氏菌检验》的规定，单核细胞增生李斯特氏菌检验程序见图 14-6。

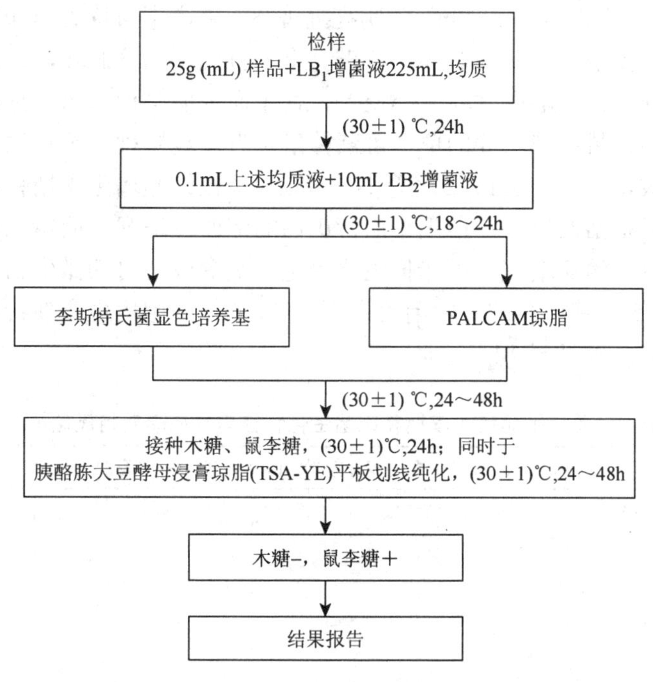

图 14-6　单核细胞增生李斯特氏菌检验程序

（4）操作要点

增菌：以无菌操作取样品 25g（25mL）加到含有 225mL LB_1 增菌液的均质袋中，在拍击式均质器上连续均质 1～2min，或放入盛有 225mL LB_1 增菌液的均质杯中，8000～10 000r/min 均质 1～2min。于（30±1）℃培养 24h，移取 0.1mL，转种于 10mL LB_2 增菌液内，于（30±1）℃培养 18～24h。

分离：取 LB_2 二次增菌液划线接种于 PALCAM 琼脂平板和李斯特氏菌显色培养基上，于（36±1）℃培养 24～48h，观察各个平板上生长的菌落。典型菌落在 PALCAM 琼脂平板上为小的圆形灰绿色菌落，周围有棕黑色水解圈，有些菌落有黑色凹陷。典型菌落在李斯特氏菌显色培养基上的特征按照产品说明进行判定。

初筛：自选择性琼脂平板上分别挑取 5 个以上典型或可疑菌落，分别接种在木糖、鼠李糖发酵管中，于（36±1）℃培养 24h，同时在 TSA-YE 平板上划线纯化，于（30±1）℃培养 24～48h。选择木糖阴性、鼠李糖阳性的纯培养物继续进行鉴定。

鉴定：染色镜检，李斯特氏菌为革兰氏阳性短杆菌，大小为（0.4～0.5）μm×（0.5～2.0）μm。用生理盐水制成菌悬液，在油镜或相差显微镜下观察，该菌出现轻微旋转或翻滚样的运动。动力试验，李斯特氏菌有动力，呈伞状生长或月牙状生长。生化鉴定，挑取纯培养的单个可疑菌落，进行过氧化氢酶试验，过氧化氢酶阳性反应的菌落继续进行糖发酵试验和 MR-V. P. 试验。单核细胞增生李斯特氏菌的主要生化特征见表 14-3。溶血试验，将羊血琼脂平板底面划分为 20～25 个小格，挑取纯培养的单个可疑菌落刺种到血平板上，每格刺种一个菌落，并刺种阳性对照菌（单增李斯特氏菌和伊氏李斯特氏菌）和阴性对照菌（英诺克李斯特氏菌），穿刺时尽量接近底部，但不要触到底面，同时避免琼脂破裂，（36±1）℃培养 24～48h，于明亮处观察，单增李斯特氏菌和斯氏李斯特氏菌在刺种点周围产生狭小的透明溶血环，英诺克李斯特氏菌无溶血环，伊氏李斯特氏菌产生大的透明溶血环。协同溶血试验（cAMP），在羊血琼脂平板上平行划线接种金黄色葡萄球菌和马红球菌，挑取纯培养的单个可疑菌落垂直划线接种于平行线之间，垂直线两端不要触及平行线，于（30±1）℃培养 24～48h。单核细胞增生李斯特氏菌在靠近金黄色葡萄球菌的接种端溶血增强，斯氏李斯特氏菌的溶血也增强，而伊氏李斯特氏菌在靠近马红球菌的接种端溶血增强。可选择生化鉴定试剂盒或全自动微生物生化鉴定系统等对初筛步骤中 3～5 个纯培养的可疑菌落进行鉴定。单核细胞增生李斯特氏菌生化特征与其他李斯特氏菌的区别见表 14-3。

表 14-3 单核细胞增生李斯特氏菌生化特征与其他李斯特氏菌的区别

菌种	溶血反应	葡萄糖	麦芽糖	MR-V. P. 试验	甘露醇	鼠李糖	木糖	七叶苷
单核细胞增生李斯特氏菌（*L. monocytogenes*）	+	+	+	+/+	-	+	-	+
格氏李斯特氏菌（*L. grayi*）	-	+	+	+/+	+	-	-	+
斯氏李斯特氏菌（*L. seeligeri*）	+	+	+	+/+	-	-	+	+
威氏李斯特氏菌（*L. welshimeri*）	-	+	+	+/+	-	V	+	+
伊氏李斯特氏菌（*L. ivanovii*）	+	+	+	+/+	-	-	+	+
英诺克李斯特氏菌（*L. innocua*）	-	+	+	+/+	-	V	-	+

注：“+”表示阳性结果，“-”表示阴性结果，“V”表示反应不定。

小鼠毒力试验（可选择）：将符合上述特性的纯培养物接种于 TSB-YE 中，于（30±1）℃培养 24h，4000r/min 离心 5min，弃上清液，用无菌生理盐水制备成浓度为 10^{10}CFU/mL 的菌悬液，取此菌悬液进行小鼠腹腔注射 3～5 只，每只 0.5mL，观察小鼠死亡情况。致病株于 2～5d 死亡。试验时可用已知菌作对照。单核细胞增生李斯特氏菌、伊氏李斯特氏菌对小鼠有致病性。

结果与报告：综合以上生化试验和溶血试验结果，报告 25g（25mL）样品中检出或未检出单核细胞增生李斯特氏菌。

14.2.4.3　耐热菌与嗜热菌

嗜热菌：又称高温细菌、嗜热微生物，是一类生活在高温环境中的微生物，如火山口及其周围区域、温泉、工厂高温废水排放区等。嗜热菌种类很多，营养范围亦非常广泛，但多数种类营异养生活，自养生活的嗜热菌主要包括产甲烷细菌和硫化细菌，但其中有一部分是混合营养型。根据对温度的不同要求，嗜热菌可划分为3类。①兼性嗜热菌：即最高生长温度为40～50℃，但最适生长温度仍在中温范围内，故又称为耐热菌。一些耐热菌，如乳微细菌、芽胞菌在巴氏杀菌温度下可以100%存活。一些微球菌的耐热性差，如产碱杆菌仅有1%～10%存活。而链球菌（即粪肠球菌）、乳杆菌和一些棒状杆菌是耐热菌，可在60℃下耐受20min，但仅有1%左右的菌株可耐受63℃ 30min。②专性嗜热菌：最适生长温度在40℃以上，40℃以下则生长很差，甚至不能生长。③极端嗜热菌：最适生长温度在65℃以上，最低生长温度在40℃以上。嗜热菌对 pH 的要求，有两个截然不同的范围，嗜酸嗜热的最适 pH 为1.5～4，而另一类群 pH 为5.8～8.5。极端嗜碱的嗜热菌至今尚未发现。

出口食品中嗜热菌芽胞（需氧芽胞总数、平酸芽胞和厌氧芽胞）计数方法如下。

（1）检测原理

嗜热菌芽胞（thermophillic bacterial spore）是在特定的时间中，经 100℃或 106℃热处理后，能在指定的培养环境和非选择性培养基中，55℃培养生长形成菌落的细菌芽胞，包括需氧芽胞、厌氧芽胞，其中需氧芽胞包括平酸菌芽胞，厌氧芽胞包括产硫化氢厌氧菌芽胞和不产硫化氢厌氧菌芽胞。

平酸芽胞（flat-sour bacterial spore）是需氧芽胞杆菌科中的一群高温型细菌芽胞，引起食品酸败变质，产酸不产气，具有嗜热、耐热的特点，最适生长温度为 55℃左右。

将食品检样经过处理，在一定条件下培养后，通过菌落计数报告食品中嗜热菌芽胞的检测结果。

（2）测试对象

测试对象为谷物产品、食品配料和固态乳品（全脂奶粉、脱脂奶粉和奶酪制品）。被检食品的采样和标记、贮存和运输均需按照 GB 4789.1—2010 食品安全国家标准《食品微生物学检验　总则》的规定执行。

（3）简要步骤

按照我国的 SN/T 0178—2011《出口食品嗜热菌芽胞（需氧芽胞总数、平酸芽胞和厌氧芽胞）计数方法》的规定，其检验步骤如下。

1）试样制备。①谷物：将 50g 样品放入灭菌均质杯内，加入 200mL 灭菌蒸馏水，以 8000～10 000r/min 均质 3min，使成均匀的混悬液。②淀粉或面粉：将 20g 样品放入盛有适量玻璃珠的 250mL 灭菌三角烧瓶内，加灭菌蒸馏水至 100mL 刻度线，振摇，使其成为均匀的混悬液。③糖：将 20g 固态糖或相同糖含量的液态糖放入 250mL 灭菌三角烧瓶内，加灭菌蒸馏水至 100mL 刻度线，搅拌，使其溶解，迅速加热至沸腾并维持 5min，立即用水冷却。④固态乳品：将 10g 固态乳品加到 90mL 灭菌磷酸氢二钾溶液中，混匀，制备固态乳品的 1∶10 稀释溶液。用无菌移液管移去 10mL 1∶10 样品稀释液于 90mL 灭菌磷酸氢二钾溶液中制备 1∶100 样品稀释液，更高稀释度的样品稀释液依此法类推。

2）检验方法。需氧嗜热芽胞总数：①谷物、淀粉或面粉。用大口径移液管移取 20mL 谷物混悬液或 10mL 淀粉或面粉混悬液，在搅拌状态下加入盛有 100mL 融化的葡萄糖胰蛋白胨琼脂（55～60℃）的 250mL 三角烧瓶内。将此混合物在沸水或蒸汽柜中放置 15min。轻微搅拌使其尽快冷却，再将全部混合物等量倾注至 5 个灭菌培养皿内。凝固后于其表面覆盖一薄层 2%灭菌琼脂（防止蔓延型菌落出现），待覆盖琼脂凝固后，倒置培养皿于 55℃条件下保持一定湿度培养 48h。②糖。于 5 个灭菌培养皿内各放入 2mL 经热处理的糖溶液，倾入葡萄糖胰蛋白胨琼脂（55～60℃），轻轻摇动，使样液与培养基混合均匀。待凝固后，倒置培养皿于 55℃条件下保持一定湿度培养 48h。③固态乳品。将 1∶10 稀释的样品悬液置于（106±0.5）℃小型压力容器中保持 30min，加热结束后，迅速将样品移至 15～25℃的水浴中冷却，将以上热处理后的 1∶10 稀释液制备成 1∶100 稀释的样品悬液，从第一个样品稀释到最后，倒平皿时间不宜超过 15min。无菌吸取热处理后的 1∶10 样品悬液 1mL，大致等分转移到 3 个无菌培养皿中，每一个平皿倾注约 15mL 已灭菌的 45℃保温的含 0.2%可溶性淀粉的 BCP 脱脂奶粉平板计数培养基，缓慢地混匀样品和培养基。另取 3 个无菌培养皿用同样的方法做一个平行实验，取 1∶100 样品稀释液 1mL 于一个无菌培养皿中，做两个平皿，每一个平皿倾注约 15mL 已灭菌的 45℃保温的含 0.2%可溶性淀粉的 BCP 脱脂奶粉平板计数培养基。如需要，可制备更高稀释度的样品稀释液检测。待平板凝固后，置于培养箱中 55℃培养（48±2）h，为避免培养基水分蒸发，可将培养皿置于塑料袋中。

平酸嗜热菌芽胞：对上述的谷物、淀粉或面粉，以及糖的平板同时进行平酸嗜热菌芽胞检验计数。

产硫化氢厌氧嗜热菌芽胞：将 20mL 样品混悬液分装于 6 支刚刚排气的改良亚硫酸盐琼脂试管内。如样品为谷物、淀粉或面粉，应旋紧试管帽，在加热（在沸水或蒸汽柜中放置 15min）之前和加热过程中轻轻颠倒试管数次，加热后迅速用水冷却试管。预热试管至 55℃，并在此温度下培养 48h。

不产硫化氢厌氧嗜热菌芽胞：将 20mL 样品混悬液分装于 6 支刚刚排气的肝浸液试管内。如样品为谷物、淀粉或面粉，应立即旋紧试管帽，在加热（在沸水或蒸汽柜中放置 15min）之前和加热过程中搓转试管数次。加热后迅速用水冷却。并于各试管内注入 50℃灭菌覆盖琼脂，厚度 5～6cm。待琼脂凝固后，预热试管至 55℃，并在此温度下厌氧培养 48～72h。

3）菌落计数。需氧嗜热菌芽胞总数：①谷物、面粉、淀粉和糖中需氧嗜热菌芽胞计数。计数5个平板上的菌落。5个平板上的菌落数相加，再乘以2即为10g谷物中的需氧嗜热菌芽胞总数。如样品为淀粉、面粉或糖，则5个平板上的菌落数相加，再乘以5即为10g样品中的需氧嗜热菌芽胞总数。②固态乳品中需氧嗜热菌芽胞计数。计数3个平板中黄色或紫色的菌落总和。选择菌落数小于300的平板计数。连在一起的菌落算做一个，如果菌落蔓延生长区域不超过1/4，则计数其他区域的菌落，并且依此推理计算整个平板的菌落数。如果蔓延生长区域超过1/4，则该平板不做计数。取1mL稀释液中形成的菌落的平均值，乘以相应的稀释倍数，即为1g样品中的需氧嗜热菌芽胞总数。

平酸嗜热菌芽胞计数：对上述固态乳品的平板再进行检查。计数平板上直径1～5mm、中心有不透明暗色斑点的圆形菌落。在紫色平板上，平酸菌菌落通常被金黄色晕圈围绕着，当接种菌过多（整个平板呈淡黄色）或产低酸的菌株存在时，黄色晕圈不明显或消失。表面以下的菌落致密，两面凸出，近乎针尖状。如对表面以下菌落有怀疑，可挑取此菌落划线培养于葡萄糖胰蛋白胨琼脂平板上，以证实表面菌落的特征。样品中平酸芽胞的计算同谷物、面粉、淀粉和糖中需氧嗜热菌芽胞计数方法。

产硫化氢厌氧嗜热菌芽胞计数：产硫化氢厌氧菌在改良亚硫酸盐培养基中形成乌黑发亮的特殊球形区域，有明显气体产生。某些不产硫化氢厌氧菌产生大量氢气和还原亚硫酸盐，引起琼脂断裂并使整个培养基变黑。但是，这种情况易与上述的黑色球形区域分开。计数 6 支试管中的黑色球形区域。6 支试管中的黑色球形区域数相加，再乘以 2 即为 10g 谷物中的产硫化氢厌氧芽胞数。如样品为淀粉、面粉或糖，则 6 支试管中的黑色球形区域数相加，再乘以 2.5 即为 10g 样品中的产硫化氢厌氧芽胞数。

不产硫化氢厌氧嗜热菌芽胞计数：琼脂断裂，产酸，偶尔伴有干酪气味，被判定为不产硫化氢厌氧嗜热菌。此方法适用于定性试验或作粗略定量估计，不能以单位样品中芽胞数表示结果。

4）报告结果。谷物、面粉、淀粉和糖中需氧嗜热菌芽胞总数、平酸嗜热菌芽胞、产硫化氢厌氧嗜热菌芽胞：按芽胞数/10g 样品报告结果。不产硫化氢厌氧嗜热菌芽胞：按阳性或阴性（＋或–）管数报告结果。固态乳品中需氧嗜热菌芽胞：按芽胞数/10g 样品报告结果。

思考题

1. 食品卫生微生物检验的卫生学意义是什么？
2. 污染食品并可产生毒素的霉菌有哪些？各产生什么毒素？霉菌毒素有何特性？
3. 简述霉菌及其毒素的食品卫生学意义。
4. 什么是大肠菌群？测定食品中大肠菌群的意义是什么？
5. 简述小肠结肠炎耶尔森氏菌和单核细胞增生李斯特氏菌检验的方法和步骤。

参考文献

陈炳卿, 刘志诚, 王茂起. 2001. 现代食品卫生学. 北京: 人民卫生出版社: 745-780.
陈红霞, 李翠华. 2008. 食品微生物学及实验技术. 北京: 化学工业出版社: 16-18.
董明盛, 贾英民. 2006. 食品微生物学. 北京: 中国轻工业出版社: 1-10.
姜培珍. 2006. 食源性疾病与健康. 北京: 化学工业出版社: 50-60.
唐新科, 周平兰. 2008. 农用化学危险品使用安全知识问答. 成都: 西南交通大学出版社: 16-18.
杨宝亮, 杜淑清, 范芬, 等. 2009. 最新实用医学下. 哈尔滨: 黑龙江科学技术出版社: 120-140.
医师资格考试指导用书专家编写组. 2010. 国家医师资格考试医学综合笔试应试指南 公共卫生执业助理医师 2011 修订版. 北京: 人民卫生出版社: 543-550.
于华江. 2010. 食品安全法. 北京: 对外经济贸易大学出版社: 50-60.
International Dairy Federation. 1991b. Enumeration of Psychrotrophic Microorganisms-Colony counts at 65℃. Fed Int Laiterie—Int Dairy Fed Standard no. 101A，Brussels，Beigium.
James M J. 2000. Modern Food Microbiology（the 7th edition）. Berlin: Springer: 25-70.
Karouir, de Baerdemaeker J. 2007. A review of the analytical methods coupled with chemometric tools for the determination of the quality and identity of dairy products. Food Chemistry, 102(3): 621-640.
Wu V C H. 2008. A review of microbial injury and recovery methods in food. Food Microbiology, 25(6): 735-744.

第 15 章 微生物生长预测模型与安全预警技术

概述

微生物的生长预测模型是指利用图形、数学公式等方法表述微生物生长的规律。微生物的生长受到营养水平和外界环境因素的影响，因而表述微生物生长规律的模型也与其密接相关。作为微生物的生长基质，特定的食品营养条件相对固定，因此微生物的生长模型主要与环境因素（如温度、pH、氧气等）有关。

食品中微生物的生长会导致食品的腐败变质，病原菌的生长可能导致人类疾病的发生，因而控制食品中微生物的生长十分必要。与此相对应，建立食品中微生物的数量与食品质量的关联，达到微生物的预警，对保证人类健康更加重要，食品安全预警技术因此而产生。食品安全预警是指应用计算机技术对食品中的危害物（如微生物）的水平进行评估，对其发展趋势进行预测，并在危害物可能超过安全水平时发出预警，从而保证食品消费者的健康。

15.1 微生物生长预测模型

15.1.1 微生物生长预测模型的分类

微生物生长预测模型的分类有多种方法，一般情况下，预测模型是按数学模型进行分类的，有概率模型、运动模型（又称动力学模型）和结合模型等多种。这里介绍得到较多认同的 Whiting 和 Buchanan 的分类方法。Whiting 和 Buchanan 的分类方法基于变量的类型把微生物生长预测模型分为 3 个级别，即模型的 3 个级别：一级、二级和三级模型。一级模型描述在一定生长环境和条件下微生物数量与时间的关系；二级模型描述环境因子的变化如何影响一级模型中的参数；三级模型是计算机程序，是将一个或多个一级模型和二级模型整合成的计算机软件。

1. 一级模型

很多情况下，同类微生物的生长情况可以用曲线来描述，曲线由 3 个部分组成：延滞期、指数期和稳定期。在微生物的生长过程中，环境因素、食品成分和微生物的生长阶段等因素，都会对微生物的生长产生影响。近初级水平（primary level）的微生物模型主要表述微生物数量（或测定仪器的响应值，如浊度）与时间的函数关系。模型可以定量菌落形成单位（CFU/mL）、毒素的形成、底物水平、代谢产物等。初级水平微生物的模型常用线型模型、Logistic 方程（Logistic function）、Gompterz 模型和 Baranyi 模型等。

2. 二级模型

微生物二级模型主要表述一级模型的参数与环境条件（如温度、pH、*Aw* 等）变量之间的函数关系，即描述环境因子的变化如何影响一级模型中的参数。次级水平的微生物模型包括平方根模型（square root model）、Arrhenius 模型（Arrhenius relationship）和响应面模型（response surface model）。

3. 三级模型

三级模型是一种功能强大，操作简便的微生物预测工具，是指初级水平和次级水平模型的电脑软件程序，这些程序可以计算条件变化与微生物反应的对应关系，比较不同条件的影响或对比不同微生物的行为，可应用于食品工业和研究领域。三级模型也称专家系统，它要求使用者具备一定专业知识，清楚系统的使用范围和条件，能对预测结果进行正确的解读。三级模型的主要功能有：根据环境因子的改变预测微生物生长的变化；比较不同环境因子对微生物生长的影响程度；相同环境因子下，比较不同微生物之间生长的差别等。三级模型主要依赖于回归技术。

另一种根据描述微生物数量变化的情况，将预测模型分为生长模型和失活/存活模型，各个特点见表 15-1。

表 15-1　微生物生长预测模型分类及其特点

模型分类	模型名称	特点	表达式	参数定义
生长模型	指数生长模型	在微生物生长的指数期，每个微生物个体以恒定时间间隔进行分裂，细胞数量以 2 的指数方式增加	$N_t=N_0\ e^{kt/\ln 2}$	N_t 为时间为 t 时的微生物细胞数的对数；N_0 为初始菌数；k 为斜率；t 为时间
	Gompterz 函数	加入了延滞期对微生物生长的影响	$N_t=N_0+\alpha_1\exp\{-\exp[-\alpha_2(t-\tau)]\}$	N_t、N_0 分别为以对数单位表达的 t 时和初始的微生物的细胞数；α_1 为稳定期与接种时的微生物数量的差值；α_2 为斜率；τ 为函数曲线弯曲时的拐点
	平方根模型	把微生物生长速率表示为温度的函数	$k^{1/2}=b(T-T_{\min})$	k 为生长速率；T 为温度；$T_{\min}$ 为微生物生长所需的理论最低温度；b 为待估回归系数
	Arrhenius 模型	假定微生物生长率决定于一种酶促反应的速度	$\ln k=\alpha_0+\alpha_1\times 1/T+\alpha_2/T^2+\alpha_3 Aw+\alpha_4 Aw^2$	k 为生长率；α_0～α_4 为模型参数
	多项式模型	微生物的生长受多个因素影响	$y=\alpha+b_1x_1+b_2x_2+\cdots+b_ix_i+b_nx_i{}^2+\cdots+b_tx_i{}^2+\cdots+b_vx_1x_2+\cdots+b_mx_ix_j$	α、b_1～b_m 为回归系数；x_1～x_j 为温度、时间、pH、*Aw* 等影响微生物生长的因素
	概率模型	最可能数（most propable number，MPN）应用于微生物的生长或者产毒，可得出细菌生长或者产毒的概率模型	$P(\%)=(\text{MPN}\times 100)/S$	P 为概率的百分数；MPN 为生长并产毒的最可能孢子数；S 为接种量
失活/存活模型	失活模型	微生物在高温条件下，在短时间内大量死亡，微生物数量下降的对数值与时间的线性关系式和实际情况存在偏差	$N_t=\alpha_1+(\alpha_2-\alpha_1)/\{1+\exp[4k(\tau-t)/(\alpha_2-\alpha_1)]\}$	N_t 为存活微生物细胞数的对数值；α_1 为初始菌数；α_2 为最低菌数；τ 为斜率最大值出现的时间；k 为最大斜率；t 为菌数变化 10 倍的时间
	存活模型	长期冷藏的食品中微生物数量开始都有一个相对稳定的延滞期，之后菌数接近一个线性过程缓慢下降	①$N_t=N_0\ (t<t_1)$ ②$N_t=N_0+\alpha(t-t_1)\ (t>t_1)$	t_1 为延滞期；α 为斜率，值为$-1/D$

15.1.2 微生物生长预测模型介绍（一级模型）

1. 指数生长模型

指数生长模型为在不考虑外界环境下，微生物纯培养的群体生长规律，对数期和衰亡期均呈现线性关系。对数期的线性方程为

$$N_t = N_0 e^{kt/\ln 2}$$

式中，N_t 为时间为 t 时的微生物细胞数的对数；N_0 为初始菌数；t 为时间；k 为斜率，$k = (\log N_2 - \log N_1)/(t_2 - t_1)$。

2. Logistic 方程

在指数增长模型中增加一个密度制约因子（$1-N/K$），就得到生态学上著名的 Logistic 方程，这是微生物生长 S 曲线的最简单的数学模型，其常见表述方式为

$$N_t = \frac{KN_0}{N_0 - (N_0 - K)e^{-rt}}$$

式中，N_t 为 t 时刻群体数量；K 为环境容量；r 称之为生长速率、比生长速率常数、相对生长速率或内禀生长率等。

上式中在正象限的解曲线如图 15-1 所示。可以看出，任何初值大于零的解当 t 趋向于无穷时都趋向于容纳量 K，并且只有当初值 N_0 满足 $0<N_0<K/2$ 时才出现 S 形的解曲线，其中 $K/2$ 是一个常点，此解处曲线存在唯一的一个拐点。当 N 很小时，在一定范围内解存在指数增长模式，然后密度制约影响发生作用，在容纳处种群数量达到饱和。

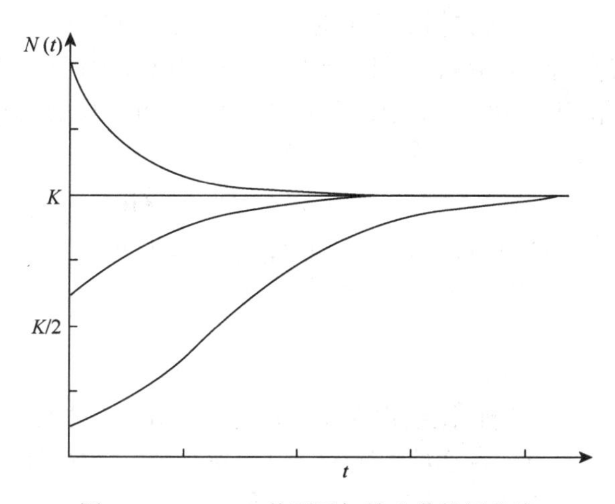

图 15-1 Logistic 从不同初始出发的解曲线

Logistic 或 S 形曲线常划分为 5 个时期：①开始期，也称潜伏期，种群个体数很少，密度增长缓慢；②加速期，随着个体数增加，密度增长逐渐加快；③转折期，当个体数达到饱和密度一半（即 $K/2$）时，密度增长最快；④减速期，个体数超 $K/2$，密度增

长逐渐变慢；⑤饱和期，种群个体数达到 K 值而饱和，这意味着 K 是稳定的。

Logistic 模型的两个参数 r 和 K 均具有重要的生物学意义。r 表示物种的潜在增殖能力，K 是环境容量，即物种在给定环境中的平衡密度，但应注意 K 同其他生态学特征一样，也是随环境（资源量）的改变而改变的。Logistic 模型的重要意义在于它是许多两个相互作用种群增长模型的基础，是研究有限空间内生物种群增长规律的重要数学模型，自 1938 年由荷兰数学生物学家 Verhulst 提出以来，一直被生物学家、生态学家用来模拟、描述各种生物种群增长过程并在相近领域得到广泛渗透和应用。但长期以来并未形成公认或最佳的参数识别方法。另外，密度制约效应采用线性化特性形式，参数 r 在 Logistic 模型中为不变常数项，使其适用范围受到限制。

为了克服 Logistic 经典模型不具有动力学的不足，一个能反应种群动态平衡的非自治 Logistic 被提出，其模型如下。

$$\frac{dN(t)}{dt}=N(t)\left[r(t)-\frac{c}{B(t)}N(t)\right]$$

$$c=N(t)/K$$

式中，$B(t)$为环境所能承受的最大种群数，即环境能够提供维持 $B(t)$个种群所必需的资源，但不能承受 $B(t)+1$ 个个体。当 r 和 B 都是常数时，上述模型平衡态 $N^*=rB/c$，则种群参量 K 为

$$K=\frac{rB}{c},r>0;\ \ K=0,\ \ r<0$$

尽管 Logistic 模型有很多争议，但其仍能够刻画确定性、连续性单种群最普遍的模型之一，其优点是具有完整的解析表达式，明确的生物意义的参数解释和实际应用中对许多观测实验数据的完美拟合。

Logistic 模型考虑的关于内禀增长率 r 的调节因子是依赖瞬时密度的函数 $1-(N/K)$，即在 t 时刻种群的密度制约效应只与 t 时刻的种群密度或数量有关。但在实际情况中，这种调节效应大多数都有某种滞后效应。基于此，考虑种群内调解关系，引入滞后效应，建立较符合实际的 Logistic 滞后模型，其表示如下：

$$y=A/\left\{1+\exp\left[4\mu_m(\lambda-\mathrm{t})/A+2\right]\right\}$$

式中，y 为微生物在时间 t 时相对菌数的常用对数值，即 $\ln N_t/N_0$；A 为相对最大菌浓度，即 $\ln N_{max}/N_0$；μ_m 为生长速率；λ 为延滞期。

3. Baranyi 模型

Baranyi 和 Robertst 指出所谓微生物生长速率是每一瞬时微生物增长的数量（dM/dt），一般认为，微生物生长具有的特征性规律为：每一瞬时微生物数量的变化率与当时微生物的数量成正比，由此微生物增殖模型的微分方程为

$$dM/dt=\mu M$$

式中，μ 为比生长速率，对求微分方程的通解得到微生物数量和时间之间的数学关系表达式：

$$M=Ce^{\mu}$$

式中，C 为任意常数，指数函数 e^{μ} 是模拟增长或衰减过程的基础模型，对于阶梯型生物增长模型而言，这一函数可以表达微生物增殖和死亡的过程。20 世纪 90 年代初，Zamorat 将延滞期（lag phase）参数引入以指数函数作为一级模型的建模当中，为预测微生物学建模的多元化发展奠定基础：

$$M = M_0 \exp\left[\mu(t - t_1)\right]$$

式中，M_0 为初始微生物数量的对数值，μ 为比生长速率，t_1 为延滞期时间长度。

Baranyi 模型被广泛使用的原因有：使用方便，动态环境也可使用，适合多种情况，模型中的参数都具有生理学意义。理论上，预测的准确性是与参数的多少相关的，参数越多越能准确地进行预测，但是参数过多，必然导致模型使用不方便及工作量的增加，而 Baranyi 模型则很好地协调了模型参数和准确性之间的关系，既能进行准确预测，又只使用较少参数。根据文献检索来看，Baranyi 模型也越来越广泛地使用在预测食品微生物领域。

4. Gompterz 双指数函数

Gompterz 双指函数可谓预测微生物学的基座，美国农业部开发的病原菌模型程序 PMP（pathogen modeling program）和英国农粮渔部开发的食品微型模型 FM（food micromode1）都以 Gompterz 函数作为一级模型。Gompterz 对同一年内出生人数和死亡人数进行统计，对二者之间的关系建立了经验模型。这一原理同样适用于微生物。其数学方程式为

$$L(t) = A + C\exp\left\{-\exp\left[-B(T - M)\right]\right\}$$

式中，A 为初始微生物数量对数值；B 为最大升值速率（对数中期）；C 为微生物稳定期数量与初始值之差；M 为量大生长速率时所对应的时刻（即图 15-2 曲线拐点所对应的时刻）。

Gompterz 函数形式不变，其精确性的高低则取决于各个参数的计算（B 和 M）。A 是已知量，C 为稳定期数量与初始值之差。B 和 M 则由二级模型确定（图 15-2）。

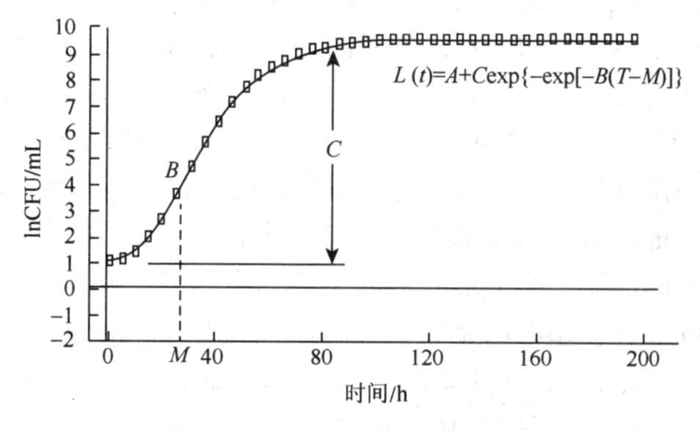

图 15-2　Gompterz 双指数函数

例如，Buchanan 和 Bagi 在氧气充足的条件下，对大肠杆菌 O157：H7 动态生长进行建模，以 Gompterz 为一级模型，以二次响应面方程为二级模型，其 B 和 M 的表达

式为

$$\ln(B)=-11.9212+0.2407\times T+1.8524\times P-0.0657\times S+0.000938\times TP-0.000125\times TS+0.00386\times P^2-0.000295\times T^2-0.1373\times P+0.000489\times S^2$$

$$(1/M)^{0.5}=-0.9272+0.0175\times T+0.2564\times P-0.000138\times S+0.00119\times TP-0.000194\times TS+0.0000697\times PS-0.000209\times T^2-0.0206\times P^2+0.000143\times S^2$$

式中，T 为温度，P 为 pH，S 为 NaCl 的浓度。

定建模所用一级模型之后，二级模型的多项式拟合尤为关键。对 Gompterz 参数的评估则是将曲线上的点与实际值进行比较，用以最小二乘法为标准的重复迭代法。Bratchellth 对以 Gompterz 为一级模型的建模进行误差统计，认为曲线上必须有 10 个以上的点与实际值相吻合，模型才算成功。Gompterz 参数还可与微生物生长参数进行换算：

延滞期 (lag phase duration)=$M-(1/B)$

生长速率 (growth rate)=$(B\times C)/\mathrm{e}$

传代时间(generation time)=$[\log(2)\times \mathrm{e}]/(B\times C)$

延滞期 (lag phase duration)=$M-(0.96/B)$

Zwietering 将同为 S 曲线的 Gompterz、Richards、Schnute 和 Stannard 方程作为一级模型，对植物乳杆菌（*Lactobacillus plantarum*）的生长进行建模，发现 Gompterz 更加准确地描述了其生长情况。并提出了 Gompterz 方程的变形式：

$$\ln N_t/N_0=a\exp\{-\exp[(\mu \mathrm{e}/a)(t_1-t)+1]\}$$

式中，a 为微生物稳定期数量与初始值之差（ln CFU/mL）；μ 为最大生长速率；t_1 为延滞期，h。

需要指出的是 Gompterz 函数具有其内在的特性：M 时刻（即曲线拐点所对应的时刻）发生在微生物数量达到 0.37C 时，而延滞期结束在微生物数量达到 A+0.066C 时。

当然，Gompterz 函数存在局限性。首先，一般而言，微生物生长处于对数期时，其生长曲线具有较好的线性，也就是说可以将这段曲线视为一条直线。而 Gompterz 函数则严格认为该段曲线为非线性，具有拐点（相对最大生长速率）。其次，通过 Gompterz 函数计算延滞期时，由于函数的曲线形式相对固定，延滞期经常被计算为负值。

近年来许多学者对常用的一级模型进行了比较。傅鹏等对 Gompterz 模型和线性模型运用 SAS 统计软件进行拟合，表明线性模型只能描述低温情况下（0℃和 2℃）假单胞菌 P-1 的生长，随着温度的升高，菌的生长曲线呈典型的 S 形，线性模型已经不能很好地拟合实验数据；Gompterz 模型则能很好地拟合实验温度下菌的生长。Juneja 等分别用 Gompterz 模型、Baranyi 模型和 Logistic 模型对鸡肉中沙门氏菌生长情况进行拟合，认为 Gompterz 模型和 Baranyi 模型要明显优于 Logistic 模型，Gompterz 模型是最好的一级模型。Xiong 等比较了 Gompterz 模型和 Baranyi 模型，认为在独立模型分析（即单独分析一级模型）中 Gompterz 模型要优于 Baranyi 模型，但在整体模型分析（即把一级模型和二级模型当作一个整体一起进行分析）中 Baranyi 模型比 Gompterz 模型更好。总的来说，Gompterz 模型和 Baranyi 模型是预测较准确的一级模型，而 Gompterz 模型因其使用更简便而成为目前广泛使用的一级模型。

一级模型使用简单方便，但对微生物生长预测的准确性不高，适合在生长环境和影响因素单一时使用，在情况复杂时应考虑使用其他模型代替。

15.1.3　环境因素对微生物生长影响的数学表达（二级模型）

微生物在食品中的生长受多种因素的影响，如温度、pH、水分活度、氧气浓度、二氧化碳浓度、氧化还原电位、营养物浓度和利用率及防腐剂等。二级模型主要表达一级模型的动力学参数与这些环境变量（温度、pH、水分活度 Aw、气体浓度等）之间的函数关系，较为常用的有平方根模型、Arrhenius 模型、响应面模型等。

Koutsoumanis 用平方根模型建立了温度对金头鲷中假单胞菌生长的模型，用偏差因子和准确因子作为比较指标，表明模型在真实条件下能有效预测鱼的质量。修正的 Arrhenius 模型在表征 pH 与生长速率之间的关系有较好的拟合度。Koutsoumanis 等用 Arrhenius 模型建立了 pH 和温度对绞细牛肉中假单胞菌的生长模型，该模型能预测有氧贮存的绞细牛肉的腐败，其在肉类工业中的运用可能形成有效的管理体系。响应面模型能够描述多种有影响的因素及它们之间的相互作用，李柏林等用响应面模型分析了大肠杆菌动态生长数据，并建立了数学模型来描述培养温度、初始 pH 及 NaCl 浓度对大肠杆菌的需氧、厌氧生长的影响。

1. 温度对于微生物生长的影响

温度是微生物生长最重要的控制因素。因此，大量的模型研究都集中在温度对于微生物生长的影响。

（1）平方根模型

平方根模型的研究和使用都很广泛。它是 Ratkowsky 等根据微生物在 0～40℃温度条件下，生长速率或延滞期倒数的平方根与温度之间存在的线性关系，提出的一个简单的经验模型。关系式如下：

$$\sqrt{\mu_m} = b_1\left(T - T_{\min}\right) \tag{15-1}$$

$$\sqrt{1/\lambda} = b_1\left(T - T_{\min}\right) \tag{15-2}$$

式中，λ 为延滞期的时间，h；b_1 为系数，$℃^{-1}\ h^{-0.05}$；T 为培养温度，℃；$T_{\min}$ 为最低生长温度，℃。

$T_{\min}$ 是假设的概念，指的是微生物没有代谢活动时的温度，是通过外推回归线与温度轴相交而得到的温度。$T_{\min}$ 是平方根方程最重要的参数，它指的是对方程进行外推，得出生长速率为零时的最低温度值。需要指出的是 T 并非表示：当温度低于多少时，微生物停止生长。

当培养温度超过微生物生长的理想温度时，由于蛋白质的变性和酶的失活，微生物生长速率开始下降，公式（15-1）和公式（15-2）不能恰当地描述微生物的生长。Ratkowsky 根据上述情况又把公式（15-1）扩展为如下形式：

$$\mu_m = b_2(T - T_{\min})\left\{1 - \exp\left[c_2(T - T_{\max})\right]\right\} \tag{15-3}$$

式中，$T_{\max}$ 为最高生长温度，℃；c_2 为系数，$℃^{-1}$。

T_{max} 也是假设的概念，指的是微生物生长速率为零时的最高温度，于是公式（15-3）能够描述全温度区域内的微生物的生长。根据许多研究报告，评价不同的恒定贮藏温度对于食品或模拟系统中的多种微生物生长的影响，Ratkowsky 的经验方程都是有效的。

Zwietering 等分析评价了几种模型在描述温度对于植物乳芽胞杆菌生长速率影响方面的效果，发现无论根据拟合的好坏，还是根据使用的难易程度，“平方根”方程的使用效果都最好。但为了避免当温度大于 T_{max} 时，λ、μ_m 会出现正值情况，建议对公式（15-3）修改为

$$\mu_m = b_3^2\left(T - T_{\min}\right)^2\left\{1-\exp\left[c_3\left(T - T_{\max}\right)\right]\right\} \tag{15-4}$$

同时还认为，对于描述延滞期 λ 与温度 T 的函数关系，双曲线函数的效果是比较好的：

$$\ln\lambda = p/(\mathrm{T}/q) \tag{15-5}$$

式中，p 为参数；q 为当延滞期为无期限时的温度，℃。

对于渐近线（A）与温度的函数表达，Zwietering 等选择了基于 Ratkowsky 模型的方程：

$$A = b_4\left\{1-\exp\left[c_4 - \left(T - T_{A,\max}\right)\right]\right\} \tag{15-6}$$

式中，b_4 为在较低生长温度下最终达到的渐近线值；$T_{A,\max}$ 为被观察到的最大生长温度。

（2）Arrhenius 模型

线性的 Arrhenius-Davey 方程也是一个经验方程。Arrhenius 关系式最初用来表征化学反应中，反应速度与温度的关系。$k = A\exp(-E_a/RT)$，其中，k 为反应速度系数；A 为常数；$-E_a$ 为活化能；R 为气体常数；T 为温度（开氏温标）。

后来科学家将其引入预测微生物学建模当中，反应速度系数 k 的角色随之转变为微生物的生长速率。Davey 将自然对数与 Arrhenius 关系式联用，表征生长速率与环境因子之间的关系，其方程为

$$\ln k = -E/RT + a_1(\mathrm{pH})^2 + a_2(\mathrm{pH})^2 + a_3$$

a_1、a_2 和 a_3 是常数项，根据不同微生物而定；E、R 和 T 保持 Arrhenius 关系式中的定义，但在此“E/RT”被视为一常数项 a_0。

Davey 将模型扩展为生长速率与温度和水分活度关系的函数：

$$\ln k = a_0 + a_1/T + a_2/T^2 + a_3Aw + a_4Aw^2$$

式中，k 为生长速率常数；T 为温度，K；Aw 为水分活度；a_0、a_1、a_2、a_3、a_4 为系数。

2. 多种环境因素对微生物生长的影响

关于 pH 对微生物生长速率的影响，Zwietering 等认为也可用 Ratkowsky 的方程（15-3）来描述，只不过用 pH 替换 T，如下式所示：

$$\mu_m = b_5(\mathrm{pH}-\mathrm{pH}_{\min})\left\{1-\exp\left[c_5(\mathrm{pH}-\mathrm{pH}_{\max})\right]\right\} \tag{15-7}$$

式中，pH_{max} 为外推的微生物生长的最高 pH；pH_{min} 为外推的微生物生长的最低 pH；b_5、c_5 为系数。

在建立预测食品微生物生长速率的模型时，如果需要考虑多种环境因素的影响，必须考虑变量的数目和变量之间的独立情况。McMeekin 研究了水分活度与温度对 *Staphylococcus xylosus* 生长的联合作用，发现当 T_{min} 保持固定时，对于每一个 Aw，生长

速率与温度之间的关系都可以用平方根模型来描述，两个变量的联合作用可以用修改的公式（15-8）来表达：

$$\sqrt{\mu_m}=b_6\left(T-T_{\min}\right)\sqrt{Aw-Aw_{\min}} \tag{15-8}$$

式中，$Aw_{\min}$ 为外推的生长速率为零时的 Aw。

1991 年，Adams 等研究了 pH 和非优化温度对小肠结肠炎耶尔森氏菌（*Yersinia enterocolitica*）生长的联合作用，发现两个变量之间是相互独立的，也能够用修改的方程来表达：

$$\sqrt{\mu_m}=b_7\left(T-T_{\min}\right)\sqrt{\mathrm{pH}-\mathrm{pH}_{\min}} \tag{15-9}$$

式中，$\mathrm{pH}_{\min}$ 为外推值，是生长速率为零时的 pH；b_7 为回归系数，不同的酸化剂有不同的 b_7 值。

Zwietering 等研究了联合多种环境因素来预测微生物的生长速率的方法，引入生长因子的概念：

$$\gamma=\frac{\mu}{\mu_{opt}} \tag{15-10}$$

式中，μ 为实际生长速率，h^{-1}；μ_{opt} 为理想条件下的生长速率，h^{-1}；γ 为实际生长因子。

生长因子在理想条件下的值为 1，在非理想条件下为 0～1 的值。

对于特定的微生物来说，μ_{opt} 值是未知的，但是可以对其进行估计。一般细菌的 μ_{opt} 为 $2h^{-1}$，酵母为 $0.75h^{-1}$，霉菌为 $0.25h^{-1}$。

如果温度、pH、水分活度和氧气等环境因素可分别计算出对应的 $\gamma(X)$，它们对微生物生长的联合影响可用下式计算：

$$\gamma=\gamma(T)\times\gamma(\mathrm{pH})\times\gamma(Aw)\times\gamma(\mathrm{O_2}) \tag{15-11}$$

如果所有变量均是在理想条件下，那么实际生长速率将等于 μ_{opt}。如果一个变量低于最低值或高于最大值，那么其 $\gamma(X)$ 值将为零，生长速率也将为零。

使用此方法前应先建立一个有关微生物的数据库，数据应包括：微生物的种类，需氧性，微生物类型（细菌、酵母、霉菌），革兰氏染色（仅对细菌），是否形成芽胞，最低、最高及最适温度，最低、最高及最适 pH，最低、最高及最适水分活度（一般认为最适水分活度近似等于最高水分活度）。

从微生物数据库查到某微生物生长所需的最低、最高及最适温度后，就可以用 Ratkowsky 公式（15-2）及公式（15-3）来计算每一个温度的生长因子：

$$\gamma(T)=\frac{\mu}{\mu_{opt}}=\left(\frac{\left(T-T_{\min}\right)\left\{1-\exp\left[c_2\left(T-T_{\max}\right)\right]\right\}}{\left(T_{opt}-T_{\min}\right)\left\{1-\exp\left[c_2\left(T_{opt}-T_{\max}\right)\right]\right\}}\right)^2 \tag{15-12}$$

$$T_{\min}\leqslant T\leqslant T_{\max}$$

为了计算 c_2 的值，对公式（15-3）求微商，得

$$\frac{d\mu}{dT}=2b(T-T_{\min})\{1-\exp[c_2(T-T_{\max})]\}\times b\{1-\exp[c_2(T-T_{\max})]-c_2(T-T_{\min})\exp[c_2(T-T_{\max})]\} \tag{15-13}$$

当$T = T_{opt}$时，微商为零。由于 b 不可能等于零，T_{opt}不可能等于$T_{\min}$或$T_{\max}$，方程的前半部分不可能为零。因此，方程的后半部分必然为零：

$$1-\exp[c_2(T_{opt}-T_{\max})]-c_2(T_{opt}-T_{\min})\exp[c_2(T_{opt}-T_{\max})]=0 \tag{15-14}$$

上式可以被改写为

$$1-(c_2T_{opt}-c_2T_{\min}+1)\exp\left[c_2(T_{opt}-T_{\max})\right]=0 \tag{15-15}$$

用上式即可计算得出c_2，用得出的c_2代入公式（15-12）就可求出$\gamma(T)$。

用同样方法可求出$\gamma(\text{pH})$。计算如下：

$$\gamma(\text{pH})=\frac{\mu}{\mu_{\text{opt}}}\left(\frac{(\text{pH}-\text{pH}_{\min})\left\{1-\exp\left[c_3(\text{pH}-\text{pH}_{\max})\right]\right\}}{(\text{pH}_{opt}-\text{pH}_{\min})\left\{1-\exp\left[c_3(\text{pH}_{opt}-\text{pH}_{\max})\right]\right\}}\right)^2 \tag{15-16}$$

$$\text{pH}_{\min}\leqslant \text{pH}\leqslant \text{pH}_{\max}$$

$$1-\left(c_2\text{pH}_{opt}-c_2\text{pH}_{\min}+1\right)\exp\left[c_2(\text{pH}_{\text{opt}}-\text{pH}_{\max})\right]=0 \tag{15-17}$$

根据 McMeekin 的公式（15-8），水分活度的生长因子$\gamma(Aw)$可按下式计算：

$$\gamma(Aw)=\frac{Aw-Aw_{\min}}{1-Aw_{\min}} \tag{15-18}$$

对于多数微生物，由于生长速率与氧气的函数关系是不知道的，食品产品中的氧气浓度也不知道，因此，$\gamma(O_2)$简单就取 0 或 1，取值方法见表 15-2。

表 15-2　氧气对$\gamma(O_2)$的影响

	微生物		
	需氧的	兼性厌氧的	厌氧的
食品中含氧	1	1	0
食品中含很少的氧	0	1	0
食品中不含氧	0	1	1

以公式（15-2）、公式（15-17）、公式（15-18）等计算得出$\gamma(T)$、$\gamma(\text{pH})$、$\gamma(Aw)$、$\gamma(O_2)$，再用公式（15-11）算出γ，最后用公式（15-10）就可计算出在 4 种环境因素的联合作用下，某种微生物的实际生长速率。最后还需要指出的是，在考虑温度、pH、水分活度和氧气这 4 个环境因素对微生物的联合作用时，假设它们分别是独立的，相互没有影响的。

平方根模型是用来描述环境因子影响的主要模型，平方根模型使用简单，参数单一，能够很好地预测单因素下微生物的生长情况，但是对于多个影响因素共同作用的微生物生长预测则缺乏准确性。

3. 波动温度对于微生物生长的影响

前面的数学模型都是根据微生物在恒定温度下生长的试验数据建立的，这样的模型很难预测在实际生长和配送系统中的食品微生物生长。为了解决这个问题，Vanimpe 等 1992 年提出了预测食品微生物生长的动力学模型。

在分析了已知的一些恒温预测模型的局限之后，Vanimpe 提出了如下的设计动力学数学模型的要求。

1）模型应能以连续的方式处理随时间变化的温度，全部变量在所有条件下都必须具有实际可能的值。

2）模型应用尽可能少的参数来模拟微生物的生长变化。

3）模型应把食品产品在试验之前的数据也考虑在内。

4）在给定温度下，模型应能转化为一个已被证实清楚有效的现有模型。

5）模型应能满足数学方面的要求，如对所有的值都可以微商。

另外，模型应该使一些非线性参数的估算和现代优化技术的应用是容易的。

基于上述要求以 Gompterz 双指数函数为模型，其动力学模型的建立模式如下：依据方程 Gompterz 双指数函数（$y = a\times\exp[-\exp(b-ct)]$），$y$ 对 t 求微商，得

$$\frac{dy}{dt} = a\times\exp[-\exp(b-ct)][-\exp(b-ct)](-c) \tag{15-19}$$

$$\frac{dy}{dt} = c\times y\ln\frac{a}{y} \tag{15-20}$$

若 t=0，则有

$$y(0) = a\times\exp[-\exp(b)] = A\times\exp\left[-\exp\left(\frac{\mu_m e}{A}\lambda+1\right)\right] \tag{15-21}$$

也就是说，若 t=0，则 y 趋于 0。

当比较突变温度对 Gompterz 双指数函数与公式（15-20）的影响时，发现当时间 t 为 1～20h，温度为 10℃，在 t=20h 时，温度跃升为 30℃。虽然在第一阶段它们的结果是一致的，但温度跃升时，方程 Gompterz 双指数函数的 y 值也表现出一个跃升，这显然是不符合实际的，而公式（15-20）的 y 值表现为一个平滑而连续的上升，这是动力学模型的主要优点。

15.2　预测食品微生物生长

15.2.1　预测食品微生物学模型

预测食品微生物学（predictive food microbiology）是一门在微生物学、数学、统计学和应用计算机学基础上建立起来的新兴学科。它的主要研究方向是设计一系列能描述和预测微生物在特定条件下生长和存活的模型。它根据各种食品微生物在不同加工、贮藏和流通条件下的特征数据，通过计算机处理，判断食品内主要致病菌和腐败菌生长或残存的动态变化，从而对食品的质量和安全性做出快速评估和预测。预测微生物模型是管理食品安全的重要工具，它为定量微生物风险评估（quantitative microbial risk assessment，QMRA）和危害分析与关键控制点（hazard analysis critical control point，HACCP）提供了科学的依据。

20 世纪 80 年代初，Ross 等提出了“微生物预测技术”，从此预测微生物学诞生了。

1983 年，一支由 30 个微生物学家组成的食品小组，用计算机预测了食品的货架期，建立了腐败菌生长的数据库，正式拉开了预测食品微生物的帷幕。近年来，随着计算机技术的发展，预测微生物学得到迅猛发展。预测模型软件的开发和应用，为快速评估环境和食品组分对食品微生物生长的影响，监测产品中微生物生长动态提供了便捷的平台。

建立于计算机基础上的对食品中微生物的生长、残存、毒素产生和死亡进行量化的预测方法，将食品微生物学、统计学等学科结合在一起，建立环境因素（温度、pH、水分活度、防腐剂等）与食品中微生物之间的关系的数学模型。是为了摸清微生物的生长规律，控制食品中有害微生物的生长与繁殖，从而提高食品的微生物质量。食品微生物的预测模型已经发展较长的时间，模型的优点在于利用存在的数据去预测未来的发展趋势。

前面介绍了 Whiting 和 Buchanan 1993 年提出的二级模型的微生物生长预测模型。另外的分类方法把预测微生物学的生长模型分为概率模型、响应面模型和运动模型。概率模型用于预测一些事件发生的可能性，如孢子的萌发或在给定时间内毒素的形成及数量；响应面模型是预测一个特定事件发生的模型，如微生物生长到一定水平所需要的时间或检测出毒素的时间；运动模型是建立有关微生物的生长与环境因素之间的数学模型。

1. 概率模型

概率模型定量评估一定时间内特定的微生物事件出现的机会。该模型最适合于严重危害出现的场合。例如，使用模型描述肉毒杆菌毒素形成的可能性。肉毒杆菌毒素形成的概率 p（每一批中检出毒素样品的比例）以一个对数性的模型来描述毒素形成的可能性与目前变量/因素的水平的关系。任何减少比生长速率 μ 的因素均可减小毒素形成的可能性。

$$\text{毒素形成的概率}(p)=\frac{1}{(1+e^{-\mu})}$$

式中，$\mu=4.679-1.47\times N$；　　N=$NaNO_2$, μg/100g；

$=4.679-11.04\times S$；　　$S=NaCl, g/L$(水溶液)；

$=4.679+0.1299\times T$；　　T为贮存温度(℃)

$=4.679-6.238+0.8264\times S$；　　如果加入1000μg/g异抗坏血酸；

$=4.679-1.7049+0.3987\times N$；　　如果热处理强度大 [(81℃) / 7 min+ (70℃) / 60 min]

$=4.679-0.01973\times N\times T-1.2824$；　　如果加入硝酸盐和聚磷酸盐；

$=4.679+0.99$　　如果加入硝酸盐并高强度热处理

使用的模型是一个回归方程，建模时使用两种可能来表示事件的情况，即成功/失败，毒素形成/毒素未形成。

概率模型的缺点之一是不能提供更多关于变化发生的速度的信息。当多种因素共同影响生长时，响应面模型比平方根模型复杂，但却更有效。

2. 响应面模型

响应面模型（response surface methodology，RSM）是利用合理的试验设计，采用多元二次回归方程拟合因素与响应值之间的函数关系，通过对回归方程的分析来寻求最优工艺参数，解决多变量问题的一种统计方法。用响应面模型优化工艺过程主要涉及 3 步：实验设计、建立数学模型评估相关性、预测响应值考察模型的准确性。

响应面模型（RSM）主要有 3 种常用的试验设计方案：box-Behnken 设计、均匀外壳设计和中心组合设计。

李璇等以影响红茶菌发酵效果的 3 个因素：发酵时间、温度和糖量为考察因子，利用 box-Behnken 中心组合设计方法，用 3 因素 3 水平方式分别进行 17 组试验，得到红茶菌发酵的最优工艺。

TP Oscar 等建立了温度、pH 和接种前 pH 对 BHI 肉汤中生长的沙门氏菌生长影响的响应面模型。V K Juneja 等建立了响应面模型，模拟了温度、pH、氯化钠和焦磷酸钠对大肠杆菌 O157：H7（*E. coli* O157：H7）抗热性的影响，模型形式为多重回归的形式，较准确地预测了在试验范围内这种因素对该种微生物 *D* 值的影响。Olmez HK 等建立了温度、pH、乳酸钠和氯化钠浓度对蜡样芽胞杆菌（*Bacillus cereus*）生长动力学参数影响的多项式模型，预测了其生长的延滞期和生长率，此模型能比较准确地预测 *B. cereus* 的生长动力学参数。

预测 *Yersinia enterocolitica* 在非优化的 pH、温度下生长的模型：

$$\text{LTG}=423.8-2.54T-10.97\times\text{pH}+0.0041T^2+0.52\times(\text{pH})^2+0.0129T\times\text{pH}$$

式中，LTG 为微生物数量增加 100 倍的时间的对数；T 为热力学温度，K；pH 为乙酸作酸化剂时的 pH。

3. 运动模型

运动模型采集一些数据（如描述微生物在对数期的持续时间、繁殖时间等参数）并将其作为因变量。这种方法比响应面模型更加准确，因为生长曲线的不同阶段可以随条件的变化而变化。

实验中的生长数据取得的参数，结果一般与描述微生物生长曲线的数学方程符合。有人用对数方程描述，但更加常用的是 Gompterz 方程。

$$y=a\times\exp[-\exp(b-ct)]$$

式中，y 为细菌的浓度；a、b、c 为常数；t 为时间。

一些模型已开始尝试模拟温度对微生物生长的影响，这时其他因素如 pH、*Aw* 等的影响合并考虑。经典的 Arrhenius 方程说明了化学反应速度常数 k 与绝对温度 T、*Aw* 的关系。

近年来，越来越多的微生物生长预测模型着重建立微生物生长和控制因素之间的数量关系。根据微生物生长与环境因素影响之间的详细知识，通过检测食品中微生物的生长环境，利用预测模型可以预测食品加工、销售、贮存过程中微生物生长繁殖的状况。

4. 食品微生物致死模型

微生物的致死模型适用于预测食品加热处理时微生物的存活和致死数量情况，以及冷冻食品和耐贮藏食品在贮藏期间微生物数量的变化。

线性模型建立始于对梭状菌芽胞热死亡时间的研究，实验表明，微生物的营养细胞和芽胞的致死曲线符合一级反应动力学，为负增长曲线。

$$dM/dt=K/M$$

因此，

$$2.303\lg M_o/M_F=Kt$$

式中，M_o和 M_F分别为初始和最终的微生物细胞群体数量；T 为加热时间；K 为反应速率常数。

将特定温度下微生物数量减少 90%，即将 $M_o/M_F=10$ 或 $\lg(M_o/M_F)=1$ 需要的加热时间定义为 D 值（number decimal reduction），则：

$$D=2.303/k$$

在实践中，D 值由实验求得。当 D 值对加热温度（上升）作图时，发现它们之间的关系也为一级反应动力学的负增长模式，将 D 值变化 10 倍（D_2/D_1）即 ΔD_{10} 或 $\lg D_2/D_1=1$ 的温度差（$T_1-T_2,\Delta T$）定义为 Z 值，即：

$$\lg D_2/D_1=(T_1-T_2)/Z \qquad (15\text{-}22)$$

在实践中，Z 值也由实验求得。

上述结果并不是可以应用于任何一种微生物的，如对李斯特氏菌的致死研究，发现上述的对数——线性关系不适合实验结果，而 Logistic 函数与实验数据符合微生物存活数的对数对时间的关系。

5. 食品中微生物失活/存活的预测模型

在微生物失活/存活预测中用到大量的工程概念，包括热穿透、稠度和温度等对于传热性能的作用及食品几何形状的作用。基于不稳定态传热的热穿透数学模型已经取得进步，目前决定食品中微生物致死动力的各种方法已被提出来，如 Ball’s 方程法、图形致死法及 Stumbo’s 法等。

微生物的失活/存活模型适用于预测食品加热处理时微生物存活与致死数量的情况，以及冷冻食品和耐贮藏食品在贮藏期间微生物数量的变化。

在食品冷冻或货架期贮藏期间，病原菌的数量会有所下降。在许多食品中，微生物失活是由其内部因素引起的。在失活过程中微生物数量呈快速下降的趋势，而存活则是一个缓慢下降的过程。

微生物在高温条件下，会出现短时间内大量死亡的现象，这个过程可以用一个线性的失活模型来表示。此模型可用于 D 值和 Z 值的计算。在一些研究中发现，微生物数量下降的对数值与时间的线性关系式和实际情况存在偏差。Cole 等用一个 Logistic 模型模拟了单核细胞增生李斯特氏菌（*L. monocytogenes*）的失活过程，加入了失活前期的呈肩形的延滞期和呈平缓下降的后期失活过程。

$$N_t=A_1+(A_2-A_1)/\{1+\exp[4k(\tau-t)/(A_2-A_1)]\}$$

式中，N_t 为存活微生物细胞数的对数值；A_1 为初始菌数；A_2 为最低菌数；τ 为斜率最大值出现的时间；k 为最大斜率；t 为菌数变化 10 倍的时间。

在长期冷藏的食品中会有某种微生物数量缓慢下降的现象，这种变化可以用存活模型来表示。一般来说，这类模型开始都有一个相对稳定的延滞期，之后菌数缓慢下降，下降过程接近一个线性过程。Buchanan 等用两个方程模拟了这个过程。

$$N_t = N_0 \qquad t<t_1$$

t_1 为延滞期。此时的细菌数等于接种水平，经过一个延滞期后，细菌数开始下降。

$$N_t = N_0 + A(t - t_1) \qquad t>t_1$$

式中，A 为斜率，即$-1/D$。

Koutsoumanis K 等用一个二项式模拟了肠炎沙门氏菌在希腊鱼子酱中的存活情况。沙门氏菌数的下降决定于鱼子酱 pH、贮存温度及牛至精油的影响。

6. 现代微生物预测软件介绍

growth predictor 预测模型。growth predictor 的一级模型使用了 Baranyi 模型。主要是由于 food micro model 所使用的 Gompterz 模型过高估计了特定微生物的生长速率；此外，growth predictor 用初始生理状态参数 α_0 代替了延滞参数 λ。α_0 是一个 0～1 的无量纲的数字；$\alpha_0 = 0$ 时代表没有生长，但延滞时间为无穷；而 $\alpha_0 = 1$ 时则代表没有延滞，微生物立刻生长。

病原菌模型程序（pathogen modelling program，PMP）由美国农业部微生物食品安全研究机构开发，包括 11 种微生物的 35 种模型。软件能够针对致病菌的生长或失活进行预测，预测包括一种或几种参数：恒定的温度、pH 及水分活度。另外，微生物还有第四种参数引入，如有机酸的种类和浓度、空气成分。但是 PMP 所缺乏的是波动温度下的生长和失活模型。

SSSP 为海产食品腐败和安全预测器，功能包括：相对腐败速率模型，预测温度对货架期的影响；特定海产食品中腐败菌的生长模型；改变模型中的参数使其适用于不同类型的食品或细菌；实测货架期或细菌生长与 SSSP 预测结果比较模块；预测冷熏鲑鱼中单核细胞增生李斯特氏菌和腐败菌共同生长模型。此外，该软件还可预测恒温或波动温度下食品的货架期和微生物生长。

相对腐败速率（RRS）模型是根据货架期数据建立起来的，这些数据来自不同贮藏温度下的感观评定。RRS 模型可以预测不同温度下食品的货架期，用户只需提供已知产品某一温度下的货架期，就可使用 RRS 模型预测其不同温度下的货架期。RRS 模型并不依赖于已确定的腐败响应动力学特性，而可以用于更广泛的领域，如用于只有一种特定腐败菌为优势菌的腐败中。此外，在其他数量众多的水产品中，还有很多未知的因素也可以对 RRS 模型进行补充。

sym previus 数据库根据食品、微生物和环境各自的特点（包括 pH、水分活度、培养条件、生产过程及保存条件等），结合致病菌污染食品能力和流行病学数据，拟合出了微生物的生长情况，根据这些数据和模型可以获得生长速率的预测模型。

ComBase 提供了 19 种食品，29 种微生物，5 种环境因素的模型选择。ComBase 数据库是由成千上万的微生物生长和存活率曲线组成的，根据这些微生物模型的数据，最终建立了一个根据关键因素（温度、pH、盐浓度等）预测一系列致病菌和腐败微生物的在线工具 ComBase predictor。

15.2.2　预测食品微生物学与食品安全

预测食品微生物学基于微生物的数量对环境的响应是可以重现的，通过有关环境因素的信息就可以从过去的观测中预测目前食品中微生物的数量。预测食品微生物学的目的是通过计算机和配套软件，在不进行微生物检测的条件下快速地对食品产品货架期和安全性进行预测。即通过测定微生物在特定控制条件下对环境因素的反应，将反应结果量化并以数学方程式表达，最终根据方程式利用插值法预测微生物在新设定条件下的反应，即利用已建立的方程模型通过计算获得相关数据，而不需要通过繁殖微生物来获得相关数据。

预测食品微生物学的作用有：预测食品的货架期；预测微生物生长；客观评估风险；为新工艺和新产品的设计提供帮助，确保产品的微生物安全。

1. 食品货架寿命的预测

货架期（shelf life），又称货架寿命、保质期、有效期等。食品货架期是指当食品被贮藏在推荐的条件下，能够保持安全；确保理想的感官、理化和微生物特性；保留标签声明的任何营养值的一段时间。其受产品内部因素（包括微生物数量、酶类和生化反应等）、外部环境因素（包括温度、相对湿度、pH、压力和辐射等）及包装材料与包装形式的影响。在食品行业，货架期是十分重要的指标。

现在已知食品货架期的预测方法和预测模型有很多，但大多数方法和模型只适用于一类食品。进行食品货架期预测，首先应了解研究对象的性质，即弄清楚预测食品的货架期主要受哪些因素影响；然后，再选择合适的方法和模型进行预测。

目前从微生物角度进行食品货架期预测的最新模型和技术有如下几个。

1）以温度为基础的动力学预测模型。例如，Arrhenius 方程、WLF（Williams landel ferry）方程、Z 值模型法等。其中，最常用的是 Arrhenius 方程。

2）以微生物生长规律为基础的预测模型。对于主要由微生物引起腐败变质的食品来说，货架期预测的核心是确定特定腐败菌（SSO）并建立相应的生长模型。在此基础上，通过预测 SSO 的生长趋势就可以成功预测食品的货架期。目前几大微生物预测数据库为食品货架期提供了快捷、高效的预报途径，如 PMP、食品预测微生物学（FM）、ComBase 等。

2. 估计微生物生长的决策系统

食品中微生物生长的控制是食品质量控制的重要内容。建立估计微生物生长的决策系统，预测微生物的生长速度，从而控制有害微生物的生长，提高食品质量。

Zwietering 等描述了在食品生产和流通中细菌生长模型专家系统的基础，发展了结合定量数据库和定性数据库的系统，使之能够预测可能的腐败类型和腐败动力学。目前已建立了两个数据库，第一个数据库包括测定微生物生长时极其重要的物理参数（温度、水分活度、pH 和可利用的氧气）；第二个数据库中列出了某些腐败微生物及其生理特征，如温度、水分活度和 pH 范围，以及最适生长条件和最快生长速度。对于那些希望生长的微生物，需参照第二个数据库中的模型，以物理变量为基础计算并估计生长速度。根据预测的生长速度将产品中能够生长的微生物进行分类。在系统中考虑的因素包括：①微生物和产品特征之间的关系；②微生物之间的相互影响（如产酸菌）；③微生物之间的相互影响与产品的结合；④其他因素（如巴氏杀菌对潜在微生物的影响）。

采用该系统能够预测：①在产品中能够生长的所有微生物种类（根据产品的物理参数确定）；②可能导致产品腐败的微生物（根据定性规则确定）。

3. 用于风险评估

预测食品微生物学可以为风险评估提供一种定量的方法。

例如，在肉制品中控制大肠杆菌 O157 的风险评估过程如下。

问题：在 71℃温度条件下加热处理过的肉产品，如果未能在 2h 内冷却到 4.4℃，那么可能幸存下来的大肠杆菌 O157 能否生长？

根据预测食品微生物学，在 180min（t）内将肉产品从初始温度 71℃（T_0）降低到需求温度 4.4℃（T）时可用下列温度曲线表达：$T = T_0 e^{-at}$ 。

给定条件下的冷却常数 a 为0.0077min^{-1}。大肠杆菌 O157的最高生长温度为45.6℃，根据上述公式可以计算出将肉产品从初始温度降低到45.6℃需要44min。大肠杆菌 O157的最适生长温度为36.7℃，用病原菌模型软件可以预测最短的延滞期为84min。肉产品在最适生长温度范围只停留几分钟。这样，128min 已过去，肉产品的温度已降低为15℃。在最佳条件下，大肠杆菌 O157在15℃的世代时间为84min。然而只需再冷却25min，肉产品的温度将低于10℃，而10℃是大肠杆菌 O157最低生长温度。

基于以上分析结果，再结合一些经验与常识，如：①71℃的加热处理可杀死至少 105 个大肠杆菌 O157 的细胞；②任何幸存的细胞可能已严重损伤，需要长时间的恢复；③热处理后肉产品再污染大肠杆菌 O157 的机会可忽略不计。因此，得到结论：在 2h 的冷却过程中由于幸存的大肠杆菌 O157 而导致肉制品成为不安全食品的概率极低。

4. 食品质量管理

预测食品微生物学在食品质量管理中已经起到了重要作用。

利用微生物的生长模型能准确地预测微生物生长速率与温度的关系，进而预测到食品在流通环节中温度变化时微生物的增殖情况和数量。预测微生物学的数学模型在食品微生物学中以计算机为基础的专家系统中起着举足轻重的作用。专家系统提供由数学模型计算出的意见和建议，这些意见和建议与食品微生物学家相同，只不过是把他们的实践经验由计算机综合后给出结论。预测食品微生物学将会促使食品卫生和安全研究产生一个更加完善的方法，将对食品生产的各个环节产生影响，即影响从原材料的收获、处理到加工、贮藏、分配、零售及消费等各个环节。

15.3　食品安全预警系统

食品安全预警系统是通过对食品安全问题的监测、追踪、量化分析、信息通报、预报等，建立起一整套针对食品安全问题的功能系统。从目前已有的概念看，食品安全预警系统是关于预警信息的快速传递、发布机制的一套信息系统。食品安全预警系统的意义：促进食品安全监管工作、保证食品安全、促进和谐社会的发展等。

15.3.1　食品有害物检测数据的收集与积累

食品中的有害物是指在食品生产、流通、餐饮服务等环节，除了食品污染以外的其他可能途径进入食品的有害因素，包括自然存在的有害物、违法添加的非食用物质及被作为食品添加剂使用的对人体健康有害的物质。实施食品安全风险监测与评估，就是对食品安全信息的收集、加工、传递和利用，没有充足的、正确的数据和信息，就无法开展食品安全的风险监测和评估，收集信息是风险监测关键的一步。生产、市场、消费等许多环节都是收集信息的关键步骤，严格的生产监控、科学的质量管理、缜密的安全监测、专业的风险评估，就是食品安全风险监测与评估的核心。通过大量数据的收集与积累，建立完善的食品安全监控信息数据库，是建立食品安全预警系统的前提。

1. 从农田到餐桌，对食品有害物检测数据进行收集与积累

1）食品安全的风险监测与评估，以对食品安全过程信息的掌握为基础。

食品区别于工业产品的生产过程，一般总是以农田作为生产的源头，以人作为消费终点，质量因素环环相扣，任何环节出现偏差，都可能造成安全问题。安全监测与风险评估必须从源头的信息开始收集，才可能对安全风险有全面的评估。从“苏丹红鸭蛋、瘦肉精猪肉”等事件可知，食品的安全问题最终都来源于畜禽的饲料。

2）生产中原料的验证（检验）和半成品的过程检验数据的记录整理加工，可实现食品安全质量的溯源性。

检测是信息来源的主要途径，对原料和半成品的检测，能够获取大量数据，对数据加工整理，收集出关系最终食品质量和安全的重要信息，将这些信息与产品联系在一起。在食品生产或流通过程中，每步都应当进行必要的检测、存档备案等，以获取重要的安全信息，为食品安全的可溯源性提供信息支持。

3）完好的食品的生产、流通过程中的信息链是安全可溯源性的保障。

在原料和半成品、成品的买卖交易过程中，关系安全的信息必须比较完整地传递。从食源到最终产品的信息，买者向卖者索要食品安全信息，均为食品溯源和质量保证资料。食品生产加工的安全信息涉及农业、养殖、加工、运输、包装、销售等多个环节，需要农业、食品、流通多个领域的合作监测。

2. 通过食品质量检测机构，对食品有害物检测数据进行收集与积累

农田、畜牧业、生产企业、市场、消费、卫生医疗等部门为食品安全监测和风险评估提供了大量信息，了解这些信息，加工整理这些信息，从中获取事关安全的有用信息，利用这些信息对食品的安全进行评估，这就是食品安全的风险与评估。对数据的筛选、整理、利用是风险监测和评估的主要方法。例如，对奶粉的安全监测与风险评估，主要是收集牧场、奶牛、饲料、奶农、奶站、奶厂工艺、奶厂工人等方面的信息，从中梳理关系到奶粉安全的部分，整理这些信息，对照相关的安全标准，探究和分析安全风险。

3. 加强食品有害物检测数据与信息收集和管理，及时通报食品安全风险信息

完善食源性疾病信息报告和主动监测系统，逐步建立实现与国际接轨的食源性疾病监测、调查、报告、数据分析机制，将食源性疾病信息报告纳入国家卫生和计划生育委员会现有的传染病报告网络，在全国部分医疗机构设立临床监测点，收集分析可疑食源性疾病信息报告，进一步提高各级卫生部门的食源性疾病调查能力和水平。加快食品安全信息网络建设，建立部门间信息沟通平台，实现信息的互联互通、资源共享，提高信息管理水平和综合利用效率。中国疾病预防控制中心要加强对省级疾控中心的业务指导，发挥国家食品安全风险监测信息收集分析中心的作用，通过收集、整合食品安全监督管理信息和风险监测信息，公布食品安全监测状况，公布重点控制的污染物“黑名单”，进一步完善食品隐患的预警机制，做到早发现、早调查、早预警、早处理。

15.3.2　食品安全的风险分析

风险分析由风险评估、风险管理和风险信息交流 3 个部分组成。风险评估是用定性或定量方式对风险进行科学评估，为风险分析提供科学依据；风险管理是在风险评估的科学基础上，为保护消费者健康、促进食品交易而采取的预防和控制措施，它是权衡政策更替和选择合适的预防和控制方法的过程，为风险分析提供政策基础；风险信息交流是通过风险分析过程交换信息和观点，为风险评估者、风险管理者、消费者、企业、学术团体和其他组织就危害、危害性、与危害性相关的因素和理解等进行广泛的信息和意见沟通，包括风险评估的结论和风险管理的决策。

风险评估的过程可以分为 4 个明显不同的阶段：危害识别、危害描述、暴露评估及风险描述。危害识别主要是指要确定某种物质的毒性（即产生的不良后果），在可能时对这种物质导致不良效果的固有性质进行鉴定。危害描述一般是由毒理学试验获得的数据外推到人，计算人体的每日容许摄入量（ADI 值），为了与人体的摄入水平相比，需要把动物试验的数据外推到低得多的剂量，这种剂量—反应关系的外推存在质和量两方面的不确定性。暴露评估主要根据膳食调查和各种食品中化学物质暴露水平调查的数据进行计算，通过计算可以得到人体对于该种化学物质的暴露量。因此，进行膳食调查和国家食品污染监测计划是准确进行暴露评估的基础。风险描述是就暴露对人群健康产生不良效果的可能性进行估计，需要说明风险评估过程中每一步所涉及的不确定性。

风险管理的首要目标是通过选择和采用适当的措施，尽可能有效地控制食品风险，从而保障公众健康。风险管理措施包括制定最高限量，制定食品标签标准，实施公众教育计划，通过使用其他物质或者改善农业或生产规范以减少某些化学物质的使用等。风险管理可以分为 4 个部分：风险评价、风险管理选择评估、执行管理决定及监控和审查。

有效的风险信息交流的要素包括：风险的性质（包括危害的特征和重要性、风险的

大小和严重程度、情况的紧迫性、风险的变化趋势、危害暴露的可能性、暴露的分布、能够构成显著风险的暴露量、风险人群的性质和规模、最高风险人群）、利益的性质（包括与每种风险有关的实际或者预期利益、受益者和受益方式、风险和利益的平衡点、利益的大小和重要性、所有受影响人群的全部利益）、风险评估的不确定性（包括评估风险的方法、每种不确定性的重要性、所得资料的缺点或不准确度、估计所依据的假设、估计对假设变化的敏感度、有关风险管理决定的估计变化的效果），以及风险管理的选择（包括控制或管理风险的行动、可能减少个人风险的个人行动、选择一个特定风险管理选项的理由、特定选择的有效性、特定选择的利益、风险管理的费用和来源、执行风险管理选择后仍然存在的风险）。通过前面的分析可以看出，风险分析体系是一个完整的框架结构（图 15-3）。

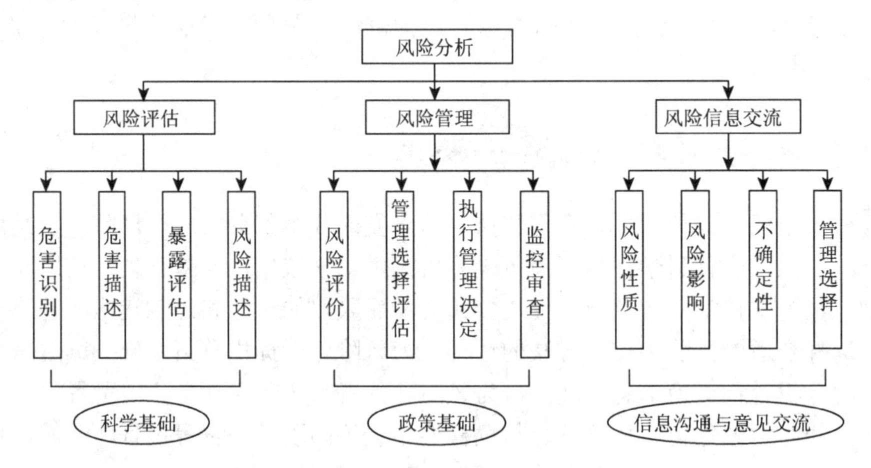

图 15-3　风险分析的框架结构

15.3.3　食品安全的风险评估

1. 风险评估的定义、性质与作用

在技术层面（科学家考虑的角度）而言，风险是危害的严重性和危害发生的可能性的综合。国际食品法典委员会定义风险评估为一个以科学为依据的过程，由以下各步骤组成：危害识别、危害特征描述、暴露评估、风险特征描述。《中华人民共和国食品安全法实施条例》将食品安全风险评估定义为：对食品、食品添加剂中生物性、化学性和物理性危害对人体健康可能造成的不良影响所进行的科学评估，包括危害识别、危害特征描述、暴露评估、风险特征描述等。

2. 风险评估项目的确定和保障条件

（1）确定是否开展风险评估

决定风险评估是否具备可行性与必要性是政府机构的职责。

国际食品法典委员会对需要开展风险评估的项目举例如下：①制定具体的监管标准或其他风险管理措施，以将特定的食源性危害风险降低至可接受的程度（如出现的微生物危害），或用来控制食品中的兽药残留，确保残留物的暴露量不超过每日允许摄入量。②对不同的危害一食品组合进行风险分级，建立风险管理的优先排序（如不同食品种类中的单核细胞增生李斯特氏菌）。③针对特定的食品安全问题，对不同的风险管理措施，分析其经济成本与收益（降低风险影响），从而选取最合适的控制方法。④针对某类优先考虑的危害，评估其“基准”水平，测定实现公众健康目标的进展状况（例如，10年内，将由肠道致病菌引起的食源性疾病发病率降低50%）。⑤证明新的食品生产方法或新的食品加工技术对消费者产生的风险没有明显增加。⑥证明虽然出口国风险管理中所使用的控制系统或方法与进口国之间存在差异，但对消费者产生的风险不会明显增加（即证明等效性），如不同的巴氏杀菌法。

风险评估工作在我国刚刚起步，各界人士对风险评估寄予厚望，几乎所有食品安全事件无论大小和影响范围无一例外要求开展风险评估。外界人士不知晓或者不理解风险评估需要大量的时间与资源，并且开展风险评估受采取风险管理措施的紧迫性、科学信息的有效性等多种因素的影响，对所有的食品安全事件开展风险评估是科学家难以承受之重。

（2）确定风险评估开展的优先顺序

在欧洲，开展一个系统的风险评估项目需要 2～5 年的时间，经费需求至少高达上百万欧元。在我国，粗略估算开展一个系统的风险评估项目至少需要 1～2 年的时间，经费需求也至少数百万元。因此，即使不考虑人力的投入，也应该最大限度地利用有效资源从繁多的风险评估建议中挑选、审议并最终确定每年度风险评估项目。

（3）风险评估的保障条件

1）信息和数据支持，包括：风险的来源和性质、相关检验数据和结论、风险涉及范围、其他有关信息和资料。

2）技术机构支撑。目前，顺利开展风险评估的国家无一不是有相当能力的技术机构支撑。具备一个专门从事食品安全风险评估工作的国家级机构，建立完善的组织和支持机制，提供有效的资源和经费保障，吸纳风险评估的专业人员，培育系统队伍，才能系统、完整地承担各类食品安全风险评估任务，才能从组织上、计划上、程序上和控制条件上保证每一项风险评估项目科学、有效地开展。

15.3.4　食品安全预警系统的建立

食品安全预警系统的结构设计

预警系统结构受制于系统构成要素的不同作用方式与作用机制，系统要素的不同组合决定了预警系统结构的差异，制约着系统功能的实现。为保证预警功能的正常发挥，预警系统至少应由以下部分组成：预警信息采集系统、预警评价指标体系、预警分析与决策系统、报警系统和预警防范与处理系统等。

（1）预警信息采集系统

预警信息采集系统是整个预警系统的基础，其主要职责是全面、准确地搜集食用农产品的要素投入、生产加工、包装销售等方面的动态信息，以及消费者健康方面的资料和信息，并进行初步整理、加工、存储及传输。该系统是保证预警和应急机构获得高质量信息，充分识别、正确分析突发事件的前提条件。

（2）预警评价指标体系

预警评价指标通常分为警情指标和警兆指标，警兆指标又分为景气警兆指标和动向警兆指标。警兆指标根据各事物现象间的表面联系来寻找，也可以根据事物间的因果联系来寻找。具体指标设计要根据预警对象来决定。指标筛选时要注重指标的测度能力、涵义的重要性和全面性，且指标应准确灵敏、可靠充分。

（3）预警分析与决策系统

预警分析与决策系统是利用采集系统提供的风险信息资料计算出具体的指标值，并根据预先设定的警戒线（阈值），对不同预警对象进行预测和推断，甄别出高危品种、高危地区、高危人群等。一般警戒线的确定主要参考历史数据、国际通用标准和专家咨询法。由于界限值的界定带有一定的主观性，因此它必须根据实际情况不断地进行调整和完善。

食品安全预警分析与决策系统主要职责是根据出现的警情来寻找食品不安全警兆，或者根据一些非直接指标显示的警兆，运用分析模型，判断食品安全警情发生的可能性，前者为逆向推演，后者为正向推演。预警的本质是要确定食品不安全发生的风险概率，提供预警信息，因而预警工作的关键就是要运用预警推断系统，揭示食品安全运行的状态是否正常，以及异常现象出现的概率和原因。

（4）报警系统

报警系统是建立在预警分析与决策系统基础上的，对地区的食品安全状况及其薄弱环节做出判断，找出食品安全控制中存在的重大问题，并及时通报给预警和应急机构，以便及时采取对策，防患于未然。报警系统一般由报警机构、报警制度、报警反馈等组成，其主要职责是及时获得警情信息，自动启动警情上报功能，给予不同程度的警情预报，用黄、橙、绿、红等警示灯号显示，或者用巨警、重警、中警、轻警和无警表示警度。

（5）预警防范与处理系统

预警防范与处理系统是预警机制形成的最后一个阶段，它根据报警系统的输出信号，针对不同地区、不同产品的食品安全状况，采取解决和消除危险的一系列办法和措施，使消费者处于一定警戒状态，防范与化解食品安全危害。

思考题

1. 食品安全预警系统的定义及意义。
2. 简述食品安全风险管理应遵循的原则。
3. 简述风险评估的定义、性质与作用。
4. 简述食品安全预警系统的建立。
5. 什么是微生物生长预测模型？
6. 微生物生长预测模型有哪些，各自特点是什么？

参考文献

董明盛, 贾英民. 2006. 食品微生物学. 北京: 中国轻工业出版社.
胡慧希, 季任天. 2008. 国家食品安全预警系统的完善. 食品工业科技, 3: 252-256.
江汉湖. 2002. 食品微生物学. 北京: 中国农业出版社.
李玉锋, 黄丹, 赵丽, 等. 2010. 预测食品微生物学的研究进展. 西华大学学报(自然科学版), 3: 199-201.
王可山, 李秉龙. 2006. 食品安全的风险分析. 中国禽业导刊, 23(4): 10-11.
徐娇, 邵兵. 2011. 试论食品安全风险评估制度. 中国卫生监督杂志, 18(4): 342-350.
赵光辉, 赵改名, 刘蓉, 等. 2010. 预测微生物学的研究进展. 微生物学杂志, 7: 76-81.
Md Fakruddin1, Reaz M M, Khanjada S B M. 2011. Predictive microbiology: Modeling microbial responses in food. Ceylon Journal of Science(Bio. Sci.), 40(2): 121-131.
Omar A O, Steffen B. 2011. Microbial Food Safety: An Introduction. Berlin: Springer.
Thomas J M, Karl R M. 2008. Food Microbiology: An Introduction. America: ASM Press: 5
Tom M, John B, Olivia M, et al. 2008.The future of predictive microbiology: Strategic research, innovative applications and great expectations. International Journal of Food Microbiology, 128: 2-9.